有机化学学习指导

（第二版）

（医学和临床药学类专业）

主　编　何　炜　游文玮

副主编　赵华文　盛　野　季晓晖

科学出版社

北　京

内 容 简 介

本书为“十二五”普通高等教育本科国家级规划教材《有机化学(第五版)》(张生勇、何炜主编,科学出版社)的配套教材。本书在章节编排顺序上与《有机化学(第五版)》教材同步,共 18 章。每章均由五部分组成:学习目标、重点内容提要、解题示例、学生自我测试题及参考答案、教材中的问题及习题解答。本书还配有 6 套综合模拟试题,以便让学生自我检验对有机化学知识的综合掌握能力。

本书可作为高等医学院校临床、预防、口腔、生物技术、营养、康复、临床药学等专业本科生的辅助教材,也可作为相关专业学生的考研和自学参考书。

图书在版编目(CIP)数据

有机化学学习指导/何炜,游文玮主编. —2 版. —北京:科学出版社,2023.12

ISBN 978-7-03-077082-0

Ⅰ. ①有… Ⅱ. ①何… ②游… Ⅲ. ①有机化学-高等学校-教学参考资料 Ⅳ. ①O62

中国国家版本馆 CIP 数据核字(2023)第 226560 号

责任编辑:赵晓霞 丁 里 / 责任校对:杨 赛
责任印制:赵 博 / 封面设计:迷底书装

科学出版社 出版
北京东黄城根北街 16 号
邮政编码:100717
http://www.sciencep.com

保定市中画美凯印刷有限公司印刷
科学出版社发行 各地新华书店经销
*
2016 年 3 月第 一 版 开本:787×1092 1/16
2023 年 12 月第 二 版 印张:21 3/4
2025 年 1 月第十次印刷 字数:501 000

定价: 79.00 元
(如有印装质量问题,我社负责调换)

《有机化学学习指导》

编写委员会

主　编　何　炜　游文玮

副主编　赵华文　盛　野　季晓晖

编　委（按姓名汉语拼音排序）

程　魁（南方医科大学）　郭今心（山东大学）
何　炜（空军军医大学）　何永辉（云南民族大学）
贺　建（陆军军医大学）　胡　琳（重庆大学）
季晓晖（陕西理工大学）　李　伟（重庆医科大学）
李明华（空军军医大学）　秦向阳（空军军医大学）
盛　野（吉林大学）　王平安（空军军医大学）
卫建琮（山西医科大学）　姚　杰（山西医科大学）
姚秋丽（遵义医科大学）　叶晓霞（温州医科大学）
游文玮（南方医科大学）　张　强（陕西理工大学）
张定林（陆军军医大学）　赵华文（陆军军医大学）
赵军龙（西北大学）　周中振（南方医科大学）

主　审　张生勇

第二版前言

本书是“十二五”普通高等教育本科国家级规划教材《有机化学(第五版)》(张生勇、何炜主编,科学出版社)的配套教材,供高等医学院校临床、预防、口腔、生物技术、营养、康复、临床药学等专业的学生学习使用。

张生勇院士主编的《有机化学》在三十年的使用过程中,受到了广大师生的一致好评,这本学习指导是在广大使用者要求下催生的配套教材。编写宗旨是以满足学生复习,掌握基本知识、基本理论、基本反应为原则,培养学生将理论知识活学活用的能力,提高学生自主学习能力和学习效率,帮助学生真正掌握有机化学的精髓并能自如地应用于后续的学习和工作中。

本书在章节编排顺序上与《有机化学(第五版)》教材同步,共 18 章。每章均由五部分组成:学习目标、重点内容提要、解题示例、学生自我测试题及参考答案、教材中的问题及习题解答。学习目标对各章的重要知识点进行了梳理,重点内容提要是对各章节从结构、命名、基本反应、重要反应机理等方面进行简明扼要的归纳小结,遵循有机化学结构决定性质的核心思想。在解题示例中,通过代表性例题的解析,帮助学生拓宽解题思路,达到举一反三的目的,同时指出学生在学习中容易混淆的概念和经常出现的错误。在此基础上,设置大量的习题供学生练习,以提高其解题能力和自学能力。本书还配有 6 套综合模拟试题,以便让学生自我检验对有机化学知识的综合掌握程度。

本书力求做到文字简明扼要、准确易懂,对习题的解析力求由浅入深、分步解析、环环相扣,以启发学生积极思考并能举一反三、触类旁通。另外,本书题型多样,难度适中,兼具复习知识和启迪思维的作用。

本次编写工作由空军军医大学、南方医科大学、陆军军医大学、吉林大学、山东大学、西北大学、山西医科大学、云南民族大学、重庆大学、重庆医科大学、陕西理工大学、遵义医科大学和温州医科大学等十余所院校的教师共同完成,在此谨向为此次编写工作付出心血和汗水的编委们致以诚挚的感谢!感谢科学出版社赵晓霞编辑!

由于我们水平有限,书中不足之处在所难免,恳请使用本书的教师及广大读者批评指正。

何 炜

2023 年 7 月

目　　录

第1章 绪　　论

学 习 目 标

(1) 了解有机化学研究内容，掌握有机化合物的概念、特点、来源及分类。
(2) 掌握有机化合物的结构式及其表示方法。
(3) 掌握共价键的键长、键角、键能和极性与有机化合物性质的关系。
(4) 理解酸碱电子理论，运用该理论分析并解决问题。

重点内容提要

1.1 有机化学和有机化合物

有机化学是研究有机化合物的制备、性质、应用、分离分析、结构鉴定以及化合物之间的相互转化和有关理论的科学。动物、植物、煤和石油是有机化合物的主要天然来源，有机化合物大多含有 C—H 骨架，特点是：数目繁多、结构复杂；热稳定性差、容易燃烧；熔点和沸点低；难溶于水、易溶于有机溶剂；反应速率慢、副反应多。

1.2 有机化合物的结构表示方法

1. 有机化合物的价键式和骨架式

书写步骤：

第一步，计算不饱和度，不饱和度通常用 Δ 或 Ω 表示，它可通过下式计算：

$$\Delta=1+n_4-\frac{n_1-n_3}{2}$$

式中，n_1、n_3 和 n_4 分别代表分子中一价、三价和四价元素的原子数，而二价元素的存在与否与分子的饱和度计算无关。不饱和度值及其含义见表 1-1。

表 1-1 不饱和度值及其含义

Δ	含义：含 1 个双键不饱和度为 1；含 1 个碳-碳三键不饱和度为 2；含 1 个脂肪环不饱和度为 1；含 1 个苯环不饱和度为 4
0	链状的饱和化合物，无双键或环
1	一个双键或一个环
2	①两个双键；②两个环；③一个双键和一个环；④一个三键
3	①一个三键和一个双键；②三个双键；③三个环；④两个双键和一个环；⑤一个双键和两个环；⑥一个三键和一个环
4	一个苯环；其他组合

第二步，根据不饱和度判断化合物结构中可能含有重键和环的数目。

第三步，写出化合物可能的结构式。

1.3　有机化合物中的化学键

有机化合物分子中的原子主要是靠共价键相结合的，共价键的键长、键角、键能及键的极性等属性对有机化合物的结构和性质有重要影响。

1. 键长

分子中的原子处于平衡位置时，两个成键原子核中心之间的距离就是该键的键长。键长取决于成键的两个原子的大小及原子轨道重叠的程度，成键原子及成键的类型不同，其键长也不相同，一般情况下单键最长，双键次之，三键最短，同种类型的键（如 C—H）还与碳原子的杂化状态有关。

2. 键角

共价键具有方向性，两个共价键之间的夹角称为键角。键角的大小与分子的空间构型有关，是影响化合物性质的因素之一，通常情况下，有机分子键角越小，键的稳定性越差。

3. 键能和离解能

在 25 ℃和 0.1 MPa 下，以共价键结合的化合物 AB 在气态时使键断裂，分解为 A 和 B 两个原子（气态）时所消耗的能量称为键能。一个共价键断裂所消耗的能量又称共价键的离解能，键的离解能越大，键越牢固。

4. 键的极性

键的极性是指共用电子对的电子云在两个原子间的分布，电子云平均分布在两个原子核之间的称为非极性键，反之称为极性键。原子间的电负性相差越大，键的极性越强。以极性键结合的双原子分子是极性分子，以极性键结合的多原子分子是否有极性则与分子的几何形状有关。有机化合物的性质与键的极性密切相关，它不仅与物质的熔点、沸点及溶解度有关，而且还能决定在这个键上发生化学反应的类型，并影响与它相连的键的反应活性。

5. 键的极化度

通过外界电场使共价键的电子云重新分布，从而引起共价键极性发生变化的现象称为极化，共价键发生这种变化的能力称为极化度。这种极化是暂时的，当外界电场消失后，共价键及分子的极化状态又恢复原状。

1.4　有机化学中的酸和碱

1. 布朗斯特酸碱质子理论

能够提供质子的为酸，能够接受质子的为碱。酸的强度可用解离常数 K_a 或 pK_a 表示，$pK_a = -\lg K_a$。K_a 越大或 pK_a 越小，说明提供质子的能力越大，酸性就越强。

2. 路易斯酸碱电子理论

能够接受未共用电子对形成共价键的分子或离子称为路易斯（Lewis）酸，能够给出未共用电子的分子或离子为路易斯碱。路易斯酸的电子层结构特征是具有空轨道，能够接受孤对电子，是亲电试剂，在其参与的反应中进攻反应物分子的负电中心，得到电子后形成一个新的共价键。路易斯碱的电子结构特征是具有孤对电子，是亲核试剂，在它参与的反应中进攻反应物分子的正电中心，给予电子后形成一个新的共价键。

1.5　共价键的断裂和反应类型

1. 均裂和异裂

共价键断裂后，两个原子各保留一个电子，这种键的断裂方式称为均裂，它往往借助于较高的温度或光照。由均裂生成的带有未成对电子的原子或原子团称为自由基。

共价键断裂后，共用电子对只归属原来生成共价键两个原子中的一个，这种键的断裂方式称为异裂。它往往被酸、碱或极性试剂所催化，一般都在极性溶剂中进行。

2. 反应类型

有自由基参与的反应称为自由基反应。正负离子参与的反应则为离子型反应。

由亲核试剂(路易斯碱)的进攻而发生的反应称为亲核反应，由亲电试剂(路易斯酸)的进攻而发生的反应称为亲电反应。

解 题 示 例

【例 1-1】 下列化合物全部为路易斯酸的是

A. $H_2\ddot{O}$:、Li^+　　B. —C≡N、NH_3　　C. $AlCl_3$、BF_3　　D. $FeCl_3$、HS^-

【答案】 C。

【解析】 路易斯酸的电子层结构特征是都具有空轨道，能够接受孤对电子。$H_2\ddot{O}$:、NH_3、HS^- 均含孤对电子，是路易斯碱。因此，正确答案为 C。

【例 1-2】 写出下列化合物的构造式：

(1) 3-环丙基丁-1-烯　　(2) 5-丁基-4-异丙基癸烷

【答案】 (1) 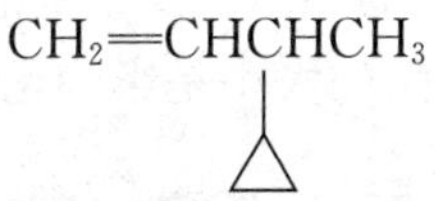　(2) 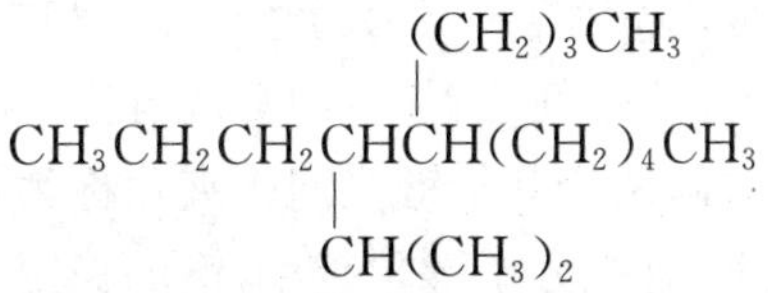

【解析】 构造式是用元素符号和短线表示化合物分子中原子的排列和结合方式的式子。

【例 1-3】 将下列化合物的结构简式改写为价键式和骨架式。

(1) CH_2=$CHCH_2CHO$　　(2) $H_2NCH_2COO^-$

【答案】 (1) 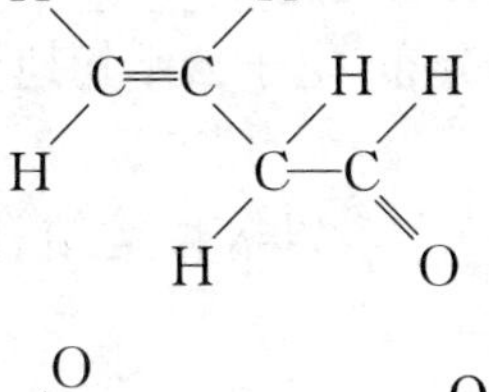　

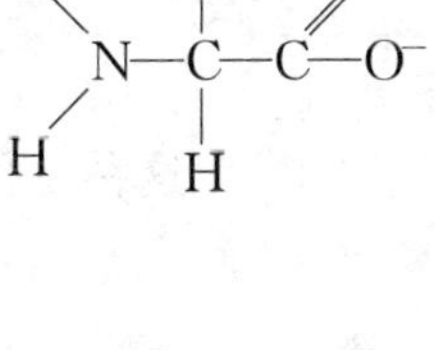　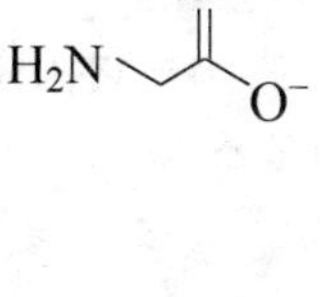

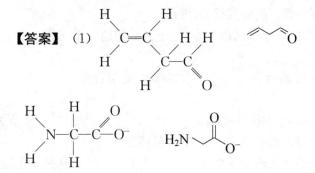

【解析】 价键式是用来描述分子中共价键形象的图示，表示方法为在组成分子的一对原子之间画一短线表示一个电子对键。而骨架式进一步简化，只用键线表示碳架，省略掉碳和氢，只保留杂原子和特性基团，突出有机化合物的骨架，对较复杂的有机物表达比较直观。

【例 1-4】 标明下列反应式中电子转移方向，并说明共价键的断裂方式。

(1) $(CH_3)_3C—C(CH_3)_3 \longrightarrow 2(CH_3)_3C\cdot$

(2) $(CH_3)_3C—O—CH_3 + H^+ \rightleftharpoons (CH_3)_3C—\overset{+}{O}(H)—CH_3 \longrightarrow (CH_3)_3C^+ + CH_3OH$

【答案】 (1) $(CH_3)_3C—C(CH_3)_3 \longrightarrow 2(CH_3)_3C\cdot$ 均裂

(2) $(CH_3)_3C—\ddot{O}—CH_3 + H^+ \longrightarrow (CH_3)_3C—\overset{+}{O}(H)—CH_3$

$(CH_3)_3C—\overset{+}{O}(H)—CH_3 \longrightarrow (CH_3)_3C^+ + CH_3OH$ 异裂

【解析】 共价键的断裂方式分为均裂和异裂，均裂产生自由基，异裂产生正、负离子。

学生自我测试题及参考答案

一、填空题。

1. 有机金属化学和元素有机化学是当代有机化学研究中最为活跃的领域之一，________、________、________和________是目前元素有机化学中四个主要支柱。
2. ________、________、________和________是有机化合物的主要天然来源。
3. 按照碳原子结合方式分类，可将有机化合物分为________和________，后者又可分为________和________，而杂环化合物又分为________和________。
4. 分子中的原子处于平衡位置时，两个成键原子核中心间的距离就是该键的________。
5. 共价键有方向性，两个共价键之间的夹角称为键角，键角的大小是影响化合物性质的因素之一，通常情况下，有机分子键角越小，键的稳定性________。
6. 在温度 25 ℃和压力 0.1 MPa 下，以共价键结合的 A、B 两个原子在气态时使键断裂，分解为 A 和 B 两个原子(气态)时所消耗的能量称为________，一个共价键断裂所消耗的能量又称为共价键的________。
7. 键的离解能反映了共价键的牢固程度：键的离解能越大，键越________。
8. 键的极性是指共用电子对的电子云在两个原子间的分布，电子云平均地分布在两个原子核之间的称为________，反之称为________。
9. 两个键合原子的电负性相差越大，键的极性________，以极性键结合的双原子分子是________。
10. 有机化合物的性质与键的极性密切相关，它不仅与物质的________、________及________有关，而且还能决定在这个键上发生化学反应的类型，并影响与它相连的键的________。
11. 由外界电场的作用而引起共价键极性变化的现象称为________，共价键发生这种变化的能力称为________。

12. 共价键的断裂方式包括________和________。

13. 由均裂生成的带有未成对电子的原子或原子团称为________，碳与其他原子间的共价键异裂时生成的离子称为________离子或________离子。

14. 大多数有机化合物分子间只存在着微弱的________，所以熔点和沸点比较低。

15. 多数有机化合物易溶于有机溶剂难溶于水，但当有机化合物中含有能够与水形成________的基团时，该有机化合物水溶性较好。

二、选择题。

1. 下列物质中不属于有机化合物的是(　　)

A. HCHO　　B. CH_3Cl　　C. CH_3OCH_3　　D. CO

2. 下列各式为构造式的是(　　)

A. C_2H_6　　B. C_7H_8　　C. $CH_2{=}CHCH_3$　　D. $C_2H_4O_2$

3. 下列化学键中键长最长的是(　　)

A. O—H　　B. C—C　　C. C═C　　D. C≡C

4. 下列化合物中结构为平面型分子的是(　　)

A. CH_4　　B. $CH_2{=}CH_2$　　C. NH_3　　D. CH_3OCH_3

5. 下列化合物中具有四面体结构的是(　　)

A. NH_3　　B. CH_3Cl　　C. $CH_2{=}CH_2$　　D. H_2O

6. 下列环醚化合物中最易被 HBr 开环的是(　　)

A. O　　B. O　　C. O　　D. O O

7. 下列化合物为非极性分子的是(　　)

A. CH_3COOH　　B. CH_3Cl　　C. CH_3OCH_3　　D. CO_2

8. 下列化合物中较易溶于水的是(　　)

A. 乙酸　　B. 四氯化碳　　C. 甲苯　　D. 苯酚

9. 碳数相同的化合物乙醇(Ⅰ)、乙烷(Ⅱ)、二甲醚(Ⅲ)的沸点顺序是(　　)

A. Ⅱ＞Ⅰ＞Ⅲ　　B. Ⅰ＞Ⅱ＞Ⅲ　　C. Ⅰ＞Ⅲ＞Ⅱ　　D. Ⅱ＞Ⅲ＞Ⅰ

10. 下列化合物为布朗斯特酸的是(　　)

A. CCl_4　　B. $CH_3CH_2NH_2$　　C. NaCl　　D. CH_3COOH

11. 下列化合物中酸性最强的是(　　)

A. CH_3CH_2COOH　　B. CH_3COOH

C. $CH_2ClCOOH$　　D. $CH_2BrCOOH$

12. 下列硝基苯酚中酸性最强的是(　　)

A. 对硝基苯酚　　B. 邻硝基苯酚　　C. 3,5-二硝基苯酚　　D. 2,4,6-三硝基苯酚

13. 下列化合物碱性大小的顺序为(　　)

①CH_3O^-　②$(CH_3)_2CHO^-$　③$CH_3CH_2O^-$　④$(CH_3)_3CO^-$

A. ①＞③＞②＞④　　B. ④＞②＞③＞①

C. ④＞③＞①＞②　　D. ①＞②＞③＞④

三、判断题。

1. 氯化钠与氯乙烷相对分子质量相近，所以二者的熔、沸点相近。( )
2. 一般来说，芳香族化合物是具有苯环的一类化合物，它们大多具有芳香气味，所以称为芳香族化合物。( )
3. 有机化合物的化学性质主要取决于该分子中的特性基团。( )
4. 分子式是以元素符号表示物质分子组成的式子，可以表明分子的结构。( )
5. 由同种原子组成的双原子分子一定是非极性分子。( )
6. 由极性键组成的多原子分子一定是极性分子。( )
7. 丙烯分子中所有原子在一个平面上。( )
8. 碳-碳单键、碳-碳双键、碳-碳三键这些共价键中，键长最短的是碳-碳单键，键长最长的是碳-碳三键。( )
9. O_2分子的键能和离解能是相同的。( )
10. 极性分子中一定含有极性键。( )
11. 非极性分子中一定含有非极性键。( )
12. 有机化合物中，同一类型的共价键具有相同的离解能。( )
13. 一般来说，提供质子能力越大，酸性越强，所以无机酸的酸性一定比有机酸的酸性强。( )

四、简答题。

1. 有机化学研究的主要内容是什么？
2. 什么是有机化合物？组成有机化合物的元素主要有哪些？
3. 有机化合物数目繁多、结构复杂的原因是什么？
4. 为什么有机化合物的熔点和沸点一般都比较低？熔点和沸点与其相对分子质量有什么关系？
5. 为什么有机化学反应速率慢、副反应多？

五、计算题。

化合物的分子式为C_8H_8O，加入费林试剂无明显变化，加入溴水褪色，试写出可能的结构式。

参考答案

一、1. 有机磷化学，有机氟化学，有机硼化学，有机硅化学　2. 动物，植物，煤，石油　3. 链状化合物，环状化合物，碳环化合物，杂环化合物，脂杂环化合物，芳杂环化合物　4. 键长　5. 越差　6. 键能，离解能　7. 牢固　8. 非极性键，极性键　9. 越强，极性分子　10. 熔点，沸点，溶解度，反应活性　11. 极化，极化度　12. 均裂，异裂　13. 自由基，碳正，碳负　14. 范德华力　15. 氢键

二、1. D　2. C　3. B　4. B　5. B　6. B　7. D　8. A　9. C　10. D　11. C　12. D　13. B

三、1. ×　2. ×　3. √　4. ×　5. √　6. ×　7. ×　8. ×　9. √　10. √　11. ×　12. ×　13. ×

四、1. 有机化学是研究有机化合物的制备、性质、应用、分离分析、结构鉴定以及化合物之间的相互转化和有关理论的科学。

2. 有机化合物的科学定义是碳氢化合物及其衍生物，组成元素主要是 C、H、O、N 和 F、Cl、Br、I 等卤族元素以及 Si、S、P，还有碱金属 Li、Na、K 和碱土金属 Mg，以及过渡金属 Fe、Ni、Ru、Rh、Pd、Os、Ir、Pt 等。

3. 碳原子彼此之间能够用共价键以多种方式结合，生成稳定的、长短不同的直链、侧链或环状化合物；碳是元素周期表中第二周期ⅣA 族元素，具有四个价电子，不仅能与电负性较小的氢原子结合，也能与电

负性较大的氧、硫、卤素等原子形成化学键。

4. 有机化合物分子间靠微弱的范德华力结合在一起，所以熔点和沸点一般比较低，熔点一般在 300 ℃以下。有机化合物都有固定的熔点和沸点，并随着相对分子质量的增加而逐渐升高。

5. 有机化合物之间的反应要经历共价键断裂和新共价键形成的过程，反应速率往往很慢，所以在有机化学反应中，通常采用催化剂、光照射或加热、加压等措施以加速反应。有机化合物一般由多种原子或多个特性基团组成，反应中心往往不局限于分子中的某一个固定部位，常可以在几个部位同时发生反应，得到多种产物，而且生成的初级产物还可能继续发生反应。因此，在有机化学反应中，除生成主要产物外，通常还有副产物生成。

五、不饱和度为

$$\Delta=1+n_4-\frac{n_1-n_3}{2}=1+8-4=5$$

可能的构造式如下：

$-CH=CH_2$ HO　　$-CH=CH_2$ OH　　$HO-$ $-CH=CH_2$　　$-OCH=CH_2$

$-CHO$ CH_3　　$-CHO$ CH_3　　CH_3- $-CHO$　　$-CH_2-CHO$

O $-CH-CH_2$

由于该化合物不能发生银镜反应，排除醛类；可以被溴水氧化，所以结构中含有不饱和键，排除苯基环氧乙烷，所以该化合物可能的结构式为

$-CH=CH_2$ OH　　$-CH=CH_2$ HO　　$HO-$ $-CH=CH_2$　　$-OCH=CH_2$

教材中的问题及习题解答

一、教材中的问题及解答

问题与思考 1-1　请列举一些日常生活中很快进行和很慢进行的有机化学反应的实例。

答　很快进行的反应如酒精灯中酒精的燃烧、淀粉与单质碘结合生成蓝色络合物等；很慢进行的反应如油漆硬化、塑料变性等。

问题与思考 1-2　试解释“相似者相溶”原理。

答　相似相溶原理是指因分子极性不同，极性分子组成的溶质易溶于极性分子组成的溶剂，而难溶于非极性分子组成的溶剂；非极性分子组成的溶质易溶于非极性分子组成的溶剂，而难溶于极性分子组成的溶剂。

问题与思考 1-3　试列举一些路易斯酸的例子和路易斯碱的例子。

答　常见路易斯酸：正离子、金属离子类，如钠离子、烷基正离子、硝基正离子等；受电子分子（缺电子化合物）类，如三氟化硼、三氯化铝、三氧化硫等。

常见路易斯碱：负离子类，如卤离子、氢氧根离子、烷氧基离子等；带有孤对电子的化合物类，如氨、腈、胺、醇、醚、硫醇等。

二、教材中的习题及解答

1. 与无机化合物相比，有机化合物具有哪些特点？

答 有机化合物的特点是：数目繁多，结构复杂；稳定性差，容易燃烧；熔点、沸点较低；难溶于水，易溶于有机溶剂；反应速率慢；反应复杂，副产物多。

2. 计算 $C_7H_7O_2N$ 的不饱和度，并画出可能的结构式。

答 有机化合物的不饱和度计算公式为 $\Delta=1+n_4-\frac{n_1-n_3}{2}$，代入数字得不饱和度为 5，所以可能的部分结构式分别是

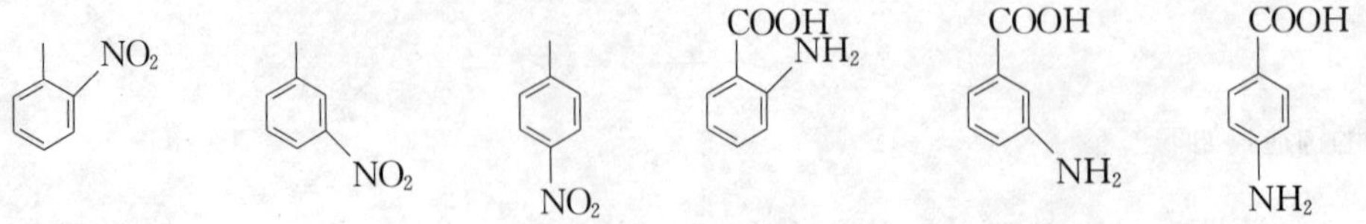

NO_2　　NO_2　　NO_2　　COOH NH_2　　COOH NH_2　　COOH NH_2

3. 说明下列概念。

(1) 均裂和异裂　　(2) 离子型反应和游离基反应　　(3) 亲电反应和亲核反应

(4) 键的极性和键的极化度　　(5) 键长和键角　　(6) 键能和键的离解能

答 (1) 均裂：共价键断裂后，两个成键原子共用的一对电子由两个原子各保留一个。

异裂：共价键断裂后，共用电子对只归属原来生成共价键的两个原子中的一个。

(2) 离子型反应：有离子参加的反应称为离子型反应。

游离基反应：有自由基(游离基)参加的反应称为游离基反应。

(3) 亲电反应：由亲电试剂的进攻而发生的反应称为亲电反应。

亲核反应：由亲核试剂的进攻而发生的反应称为亲核反应。

(4) 键的极性：由成键原子的电负性不同而引起的，当成键原子的电负性不同时，核间的电子云密集区域偏向电负性较大的原子一端，使其带部分负电荷，而电负性较小的原子一端则带部分正电荷，键的正电荷中心与负电荷中心不重合，这样的共价键称为极性共价键。例如，HCl 分子中的 H—Cl 键就是极性共价键。

键的极化度：是指在外界电场的影响下，共价键的电子云重新分布，无论是非极性分子或极性分子的极化状态都将发生变化，使极性分子的极性增强，非极性分子变为极性分子。

(5) 键长：指分子中两成键原子核间的平衡距离。

键角：指分子中同一原子形成的两个化学键之间的夹角，键角是反映分子空间结构的重要因素。

(6) 键能：在 25 ℃和 101.325 kPa 压力下，以共价键结合的化合物 AB 在气态时使键断裂，分解为 A 和 B 两个原子(气态)所消耗的能量称为键能。

键离解能：一个共价键断裂所消耗的能量称为共价键的离解能。

4. 指出下列化合物中所含骨架或特性基团的名称，并说明它们是哪类化合物。

(1) 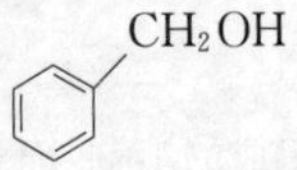 CH_2OH　　(2) 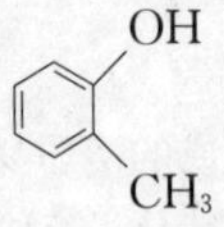 OH，CH_3　　(3) OCH_3

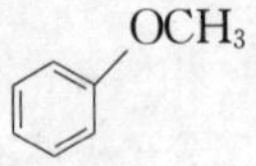

(4) $CH_3CH_2\overset{O}{\overset{\|}{C}}—H$　　(5) $CH_3—\overset{O}{\overset{\|}{C}}—OH$　　(6) $CH_3\underset{NH_2}{\underset{|}{C}}HCOOH$

(7) 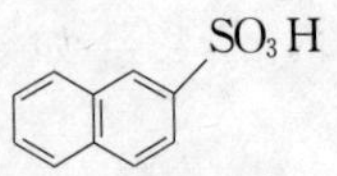 SO_3H　　(8) 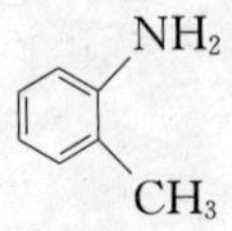 NH_2，CH_3　　(9) 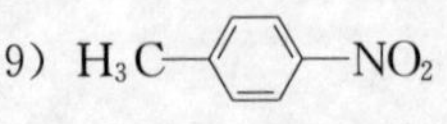 H_3C—⟨苯环⟩—NO_2

答 (1) —OH 醇　　(2) —OH 酚　　(3) —O— 醚

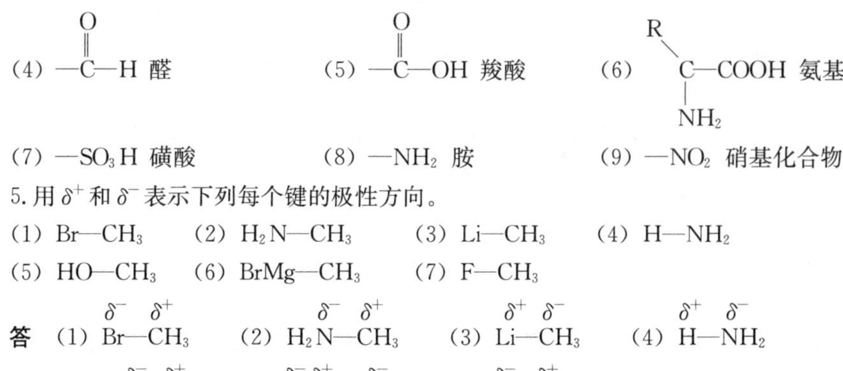

(4) $-\overset{O}{\overset{\|}{C}}-H$ 醛　(5) $-\overset{O}{\overset{\|}{C}}-OH$ 羧酸　(6) $R-\underset{NH_2}{\underset{|}{C}}-COOH$ 氨基酸

(7) $-SO_3H$ 磺酸　(8) $-NH_2$ 胺　(9) $-NO_2$ 硝基化合物

5. 用 δ^+ 和 δ^- 表示下列每个键的极性方向。

(1) $Br-CH_3$　(2) H_2N-CH_3　(3) $Li-CH_3$　(4) $H-NH_2$

(5) $HO-CH_3$　(6) $BrMg-CH_3$　(7) $F-CH_3$

答 (1) $\overset{\delta^-}{Br}-\overset{\delta^+}{CH_3}$　(2) $\overset{\delta^-}{H_2N}-\overset{\delta^+}{CH_3}$　(3) $\overset{\delta^+}{Li}-\overset{\delta^-}{CH_3}$　(4) $\overset{\delta^+}{H}-\overset{\delta^-}{NH_2}$

(5) $\overset{\delta^-}{HO}-\overset{\delta^+}{CH_3}$　(6) $\overset{\delta^-}{Br}\overset{\delta^+}{Mg}-\overset{\delta^-}{CH_3}$　(7) $\overset{\delta^-}{F}-\overset{\delta^+}{CH_3}$

6. 水的 $pK_a=15.74$，乙炔的 $pK_a=25$。水和乙炔相比，哪个酸性更强？氢氧根离子能否与乙炔反应？

答 水的 $pK_a=15.74$ 小于乙炔的 $pK_a=25$，所以水的酸性强。根据强酸强碱反应生成弱酸弱碱原理，氢氧根离子不能与乙炔反应。

7. 甲酸的 $pK_a=3.7$，苦味酸的 $pK_a=0.6$。计算它们的 K_a 值，并说明哪个酸性更强。

答 pK_a(甲酸)$=-\lg K_a$(甲酸)　K_a(甲酸)$=10^{-3.7}$

pK_a(苦味酸)$=-\lg K_a$(苦味酸)　K_a(苦味酸)$=10^{-0.6}$

K_a(苦味酸)$=10^{-0.6}$大于 K_a(甲酸)$=10^{-3.7}$，所以苦味酸的酸性比甲酸强。

8. 氨基离子 H_2N^- 的碱性比羟基离子 HO^- 强。H_2N-H(氨)与 $HO-H$(水)相比，哪个酸性更强？为什么？

答 根据布朗斯特酸碱理论，弱碱的共轭酸酸性较强，氨基离子 H_2N^- 的碱性比羟基离子 HO^- 强，所以水的酸性比氨强。

9. 下列化合物，哪些是路易斯酸？哪些是路易斯碱？哪些既是路易斯酸又是路易斯碱？

(1) CH_3CH_2-O-H　(2) $CH_3-NH-CH_3$　(3) $MgBr_2$

(4) $CH_3-\underset{CH_3}{\underset{|}{B}}-CH_3$　(5) $H-\underset{H}{\underset{|}{\overset{+}{C}}}-H$　(6) $CH_3-\underset{CH_3}{\underset{|}{P}}-CH_3$

答 (4)、(5)是路易斯酸，(1)、(2)、(6)是路易斯碱，(3)既是路易斯酸又是路易斯碱。

(何　炜)

第 2 章　链　　烃

学习目标

(1) 掌握链烃的结构、异构现象和链烃的命名原则；掌握诱导效应、共轭效应的概念及其应用。

(2) 掌握链烃的主要化学性质：烯烃、炔烃、共轭二烯烃的亲电加成反应；烯烃、炔烃的氧化与炔淦反应。

(3) 熟悉烷烃的卤代反应和氧化反应。

(4) 了解自由基取代、亲电加成反应的历程。

重点内容提要

2.1　链烃的结构、异构现象和命名

1. 烷烃、烯烃和炔烃的结构特征

(1) 烷烃只含有 C 和 H 两种元素，通式为 C_nH_{2n+2}。烷烃中碳原子都以 sp^3 杂化的方式与碳或氢原子成键，键角约为 109°28′。

(2) 烯烃是指含有碳-碳双键的烃类化合物，碳-碳双键为其特性基团。双键的碳采取 sp^2 杂化的方式，双键以及与双键直接相连的原子处于同一个平面。

(3) 炔烃是指含有碳-碳三键的不饱和碳氢化合物，碳-碳三键是其特性基团。三键碳采取 sp 杂化，三键碳及与三键碳直接相连的原子处于一条直线上。

烷烃、烯烃和炔烃分子中各种类型碳原子的杂化方式及成键特性如图 2-1 所示。

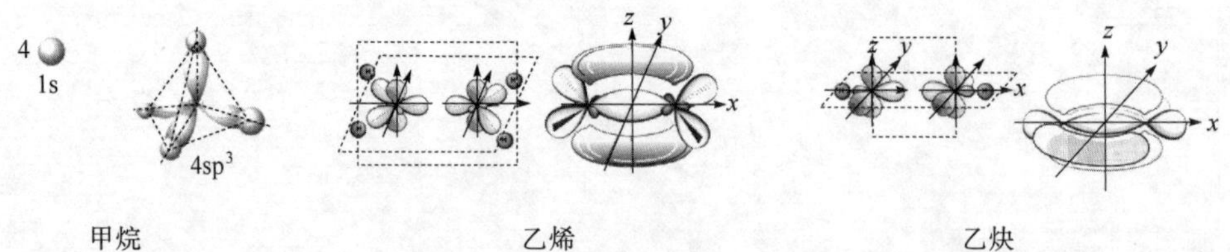

图 2-1　烷烃、烯烃和炔烃分子中各种类型碳原子的杂化方式及成键特性

2. 链烃的异构现象

在有机化学中，分子式相同但分子中原子之间相互连接的次序和方式不同，或原子(基团)在空间的排列方式不同的化合物互称为同分异构体，这种现象称为同分异构现象。各种异构体之间的关系如图 2-2 所示。在这一节要求学生熟悉各种异构体产生的原因，同时需要通过乙烷和丁烷的构象学习，熟悉透视式和纽曼投影式的写法及各构象之间的能量关系。

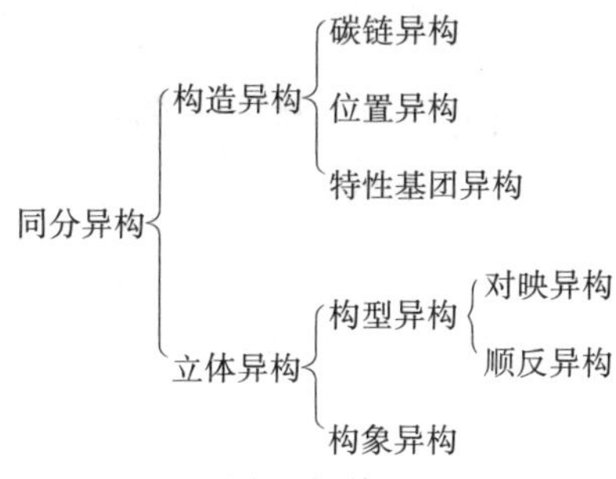

图 2-2 同分异构体之间的关系

3. 链烃的命名

除简单链烃可以用普通命名法命名外，重点要求掌握链烃的系统命名法。系统命名法是2017年中国化学会根据国际纯粹与应用化学联合会(IUPAC)建议的命名指南，使中文命名的基本原则与当前国际命名规则一致而拟定的。其基本要点包括以下内容。

(1) 常见的取代基名称。

常见的一价基有：

$CH_3—$	$CH_3CH_2—$	$CH_3CH_2CH_2—$	$CH_3\underset{\vert}{C}HCH_3$
甲基	乙基	丙基	异丙基

$CH_3CH_2\underset{\vert}{C}HCH_3$	$CH_3\underset{\underset{CH_3}{\vert}}{C}HCH_2—$	$CH_3\overset{\vert}{\underset{\underset{CH_3}{\vert}}{C}}CH_3$
仲丁基	异丁基	叔丁基
$CH_2═CH—$	$H_3C—CH═CH—$	$CH_2═CH—CH_2—$
乙烯基	丙烯基	烯丙基
$HC≡C—$	$H_3C—C≡C—$	$HC≡C—CH_2—$
乙炔基	丙炔基	炔丙基

常见的二价基有：

$H_2C═$	$CH_3CH═$	$(CH_3)_2C═$
亚甲基	亚乙基	亚异丙基

(2) 次序规则。

① 按与主链直接相连的第一原子的原子序数，由大到小排列。

$$I>Br>Cl>S>P>F>O>N>C>D>H$$

② 当第一原子相同时，需要依次比较与第一个原子相连接的次级原子的大小，依此类推直到区分出基团的大小为止。

$$—CH_2CH_3>—CH_3$$

③ 不饱和键相当于连接几个相同的原子。

$$—CH═CH_2>—CH_2CH_3$$

例如，对于下列化合物，需要比较与羟基相连碳原子直接相连接的四个基团的大小时，可以用树状图来进行操作(图 2-3)。

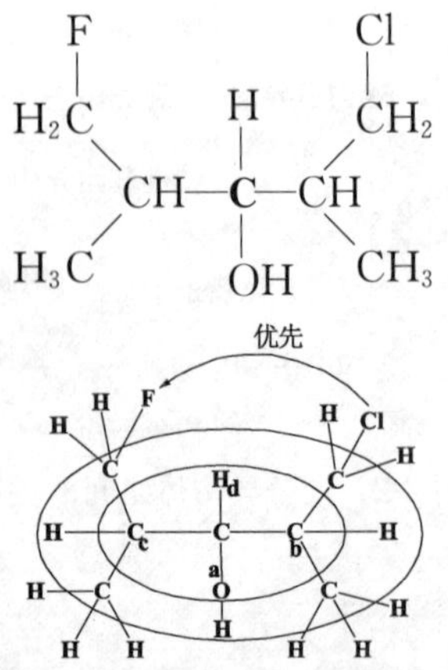

图 2-3 基团次序规则的树状图

根据次序规则，与中心碳原子相连接的四个原子也即第一层上的四个原子可以得出 O>C 和 C>H，但是没有办法判断两个碳原子的优先次序，因此需要进入第二层进行比较。而在第二层中左右两侧均为(C,C,H)，所以仍然没有办法进行比较，此时我们需要进入第三层进行比较。第三层为(F,H,H)和(Cl,H,H)，按次序规则应该是(Cl,H,H)优于(F,H,H)，所以 b 优先于 c。

(3) 有机化合物系统命名的基本格式。

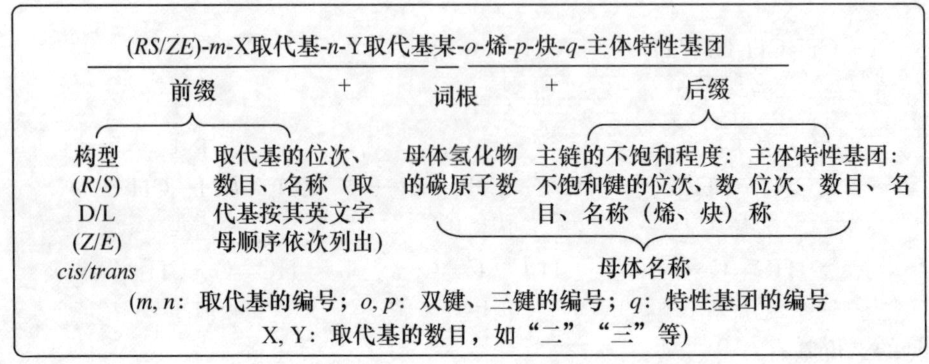

(*RS*/*ZE*)-*m*-X取代基-*n*-Y取代基某-*o*-烯-*p*-炔-*q*-主体特性基团

前缀 + 词根 + 后缀

构型 (*R*/*S*) D/L (*Z*/*E*) *cis*/*trans*

取代基的位次、数目、名称（取代基按其英文字母顺序依次列出）

母体氢化物的碳原子数

主链的不饱和程度：不饱和键的位次、数目、名称（烯、炔）

主体特性基团：位次、数目、名称

母体名称

(*m*, *n*：取代基的编号；*o*, *p*：双键、三键的编号；*q*：特性基团的编号
X, Y：取代基的数目，如“二”“三”等)

如：

(4*R*,7*R*,*E*)-4-乙基-5,7-二甲基癸-5-烯
(4*R*,7*R*,*E*)-4-ethyl-5,7-dimethyldec-5-ene

(4) 特性基团。

特性基团包括加在母体氢化物上的单个杂原子或带有杂原子的基团。若有机物含有多个特性基团，只能选择一个特性基团作为后缀，此基团称为主体基团。各种常见特性基团的高位(优先)次序如下：自由基>负离子>正离子>两性离子化合物(如铵盐)> —CO_2H(羧酸)> —SO_3H(磺酸)> —SO_2H(亚磺酸)> —COOCOR(酸酐)> —CO_2R(酯)> —COX(酰卤)> —$CONH_2$(酰胺)> —CN(腈)> —CHO(醛)> —COR(酮)> —OH(醇、酚)> —SH(硫醇)> —NH_2(胺)> ═NH(亚胺)> —OR(醚)。

另一些特性基团则只能用作前缀或在特性基团类别命名法中作类名，如氟(fluoro)、氯

(chloro)、溴(bromo)、碘(iodo)、亚硝基(nitroso)、硝基(nitro)、烃氧基等。此外,碳-碳双键及碳-碳三键也不作为主体基团。

(5) 主链的选择。

烷烃需要选择含有支链最多的最长碳链作为主链;双键或三键不一定在主链中。

(6) 主链碳原子的编号。

含有多取代基的烃类化合物,应该遵循最低位次组原则给主链进行编号。

例如,对于下列化合物,含有 7 个碳原子的链有两条,而且均含有三条支链,所以需要遵循最低位次组原则来决定主链。横向长链的侧链位次为 2,4,5,弯曲长链的侧链位次为 2,4,6,小的优先,所以横向长链为主链。而在横链上又有两种可能的编号方式,显然根据最低位次组原则,从右至左的编号满足命名规则要求。并且,取代基中异丙基(isobutyl)的首字母比甲基(methyl)的首字母顺序靠前,因此该化合物的中文名称为 4-异丁基-2,5-二甲基庚烷。

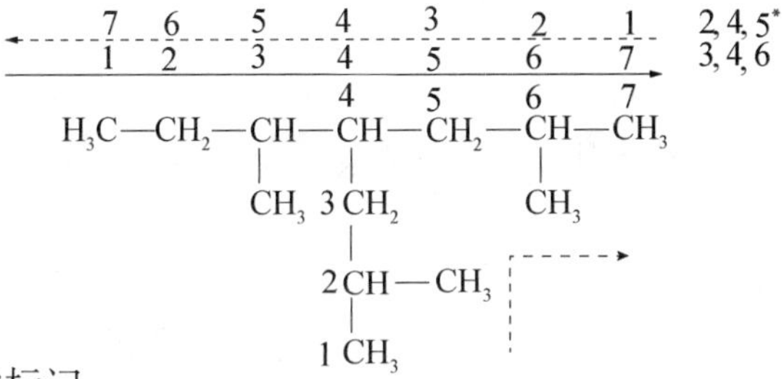

```
    7    6    5    4    3     2    1     2,4,5*
 ←- - - - - - - - - - - - - - - - - -
    1    2    3    4    5     6    7     3,4,6
 ------------------------------------→
                   4    5     6    7
 H3C—CH2—CH—CH—CH2—CH—CH3
              |     |           |
             CH3  3 CH2        CH3
                    |
                  2 CH—CH3  ¦- - - →
                    |
                  1 CH3
```

(7) 构型异构体的标记。

构型异构包括顺反异构和旋光异构,构型异构需要放在名称的最前面,顺反异构可以用"顺""反"或"(E)""(Z)"表示,而对映异构则需要用"(R)""(S)"或"D""L"来表示(详见第 4 章)。例如

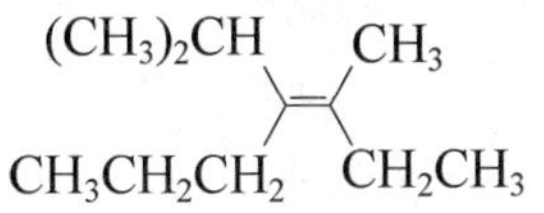

$$\begin{array}{cc} (CH_3)_2CH \quad\quad CH_3 \\ C{=}C \\ CH_3CH_2CH_2 \quad\quad CH_2CH_3 \end{array} \qquad\qquad \begin{array}{cc} H_3C \quad\quad CH_2{-}CH_3 \\ C{=}C \\ H \quad\quad CH_3 \end{array}$$

(E)-4-异丙基-3-甲基庚-3-烯 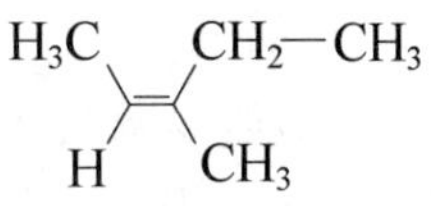　　　　(Z)-3-甲基戊-2-烯

2.2 链烃的性质

1. 物理性质

了解链烃的结构和相应的物理性质如熔点、沸点、溶解度等之间的关系。

2. 烷烃、烯烃、炔烃的重要反应

(1) 烷烃。

卤代反应的自由基反应机理。

链引发阶段:

$$Cl:Cl \xrightarrow{h\nu\text{或高温}} 2Cl\cdot$$

链增长阶段:

$$Cl\cdot + H:CH_3 \longrightarrow HCl + CH_3\cdot$$
$$CH_3\cdot + Cl:Cl \longrightarrow CH_3Cl + Cl\cdot$$

链终止阶段:

$$Cl\cdot + Cl\cdot \longrightarrow Cl_2$$

$$CH_3\cdot + CH_3\cdot \longrightarrow CH_3CH_3$$

$$CH_3\cdot + \cdot Cl \longrightarrow CH_3Cl$$

该反应的特点是：

① 反应活性顺序：$Cl_2 > Br_2 > I_2$。

② 自由基的稳定性顺序：

烯丙型，苄型，叔(3°)>仲(2°)>伯(1°)>甲基自由基>苯型(乙烯型)自由基

$H_2C{=}CH{-}\dot{C}H_2$，$C_6H_5{-}\dot{C}H_2$，$CH_3{-}\dot{C}(CH_3){-}CH_3 > CH_3{-}\dot{C}H{-}CH_3 > CH_3{-}\dot{C}H_2 > \dot{C}H_3 >$

$C_6H_5\cdot\ (H_2C{=}\dot{C}H)$

③ 氢的反应活性：叔氢(3°)>仲氢(2°)>伯氢(1°)。

(2) 不饱和烃。

不饱和烃的化学性质主要是由结构中的特性基团所决定的。此外，与三键碳直接相连的氢原子由于受到三键碳原子杂化方式的影响而显示出极弱的酸性，表现为炔烃的特殊反应——炔淦反应。

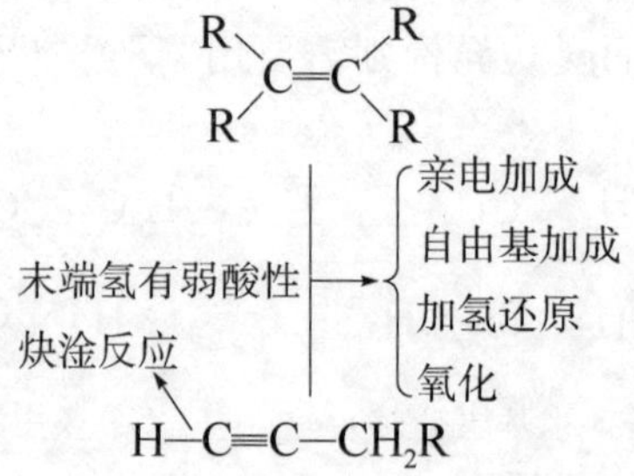

$R_2C{=}CR_2$ / $H{-}C{\equiv}C{-}CH_2R$ → 亲电加成、自由基加成、加氢还原、氧化

末端氢有弱酸性 → 炔淦反应

① 加成反应。

反应	特点
$CH_2{=}CHCH_3 \xrightarrow[H_2]{Pt} H_3C{-}CH_2{-}CH_3$	在催化剂表面进行反应，顺式加成，反应速率与双键上取代基的多少有关
$CH_2{=}CHCH_3 \xrightarrow{X_2} CH_2X{-}CHX{-}CH_3$	活性 $Cl_2 > Br_2 > I_2$，环状鎓离子中间体
$CH_2{=}CHCH_3 \xrightarrow{HX} H_3C{-}CHX{-}CH_3$	活性 HI>HBr>HCl，碳正离子中间体，反式加成产物，遵守马氏规则
$CH_2{=}CHCH_3 \xrightarrow[HBr]{H_2O_2} BrH_2C{-}CH_2CH_3$	自由基机理，反马氏规则
$CH_2{=}CHCH_3 \xrightarrow[HOH]{H^+} H_3C{-}CH(OH){-}CH_3$	酸作催化剂，碳正离子中间体，遵守马氏规则

续表

反应	特点
$RC\equiv CR' \xrightarrow{H_2,林德拉催化剂}$ $(R)(H)C=C(R')(H)$（R、R′同侧，H、H同侧）	顺式加成，只停留在烯烃一步
$RC\equiv CR' \xrightarrow{X_2}$ $(R)(X)C=C(X)(R')$ $\xrightarrow{X_2} RCX_2—CX_2R'$	等物质的量反应得到反式加成产物
$RC\equiv CR' \xrightarrow{HX}$ $(R)(X)C=C(H)(R')$ $\xrightarrow{HX} RCX_2—CH_2R'$	等物质的量反应得到反式加成产物，遵守马氏规则
$RC\equiv CR' \xrightarrow[HOH]{H^+}$ $(R)(HO)C=C(H)(R')$ $\longrightarrow R—\overset{O}{\overset{\Vert}{C}}—CH_2R'$	等物质的量反应得到反式加成产物，遵守马氏规则，经烯醇互变得到羰基化合物

②氧化反应。

反应	特点
$(R)(R')C=C(R'')(H) \xrightarrow[或\ OsO_4/H_2O_2]{KMnO_4(稀或冷)}$ $(R)(R')C(OH)—C(OH)(R'')(H)$	经过环状酯中间体得到顺式产物
$(R)(R')C=C(R'')(H) \xrightarrow[或\ H^+]{KMnO_4(浓,热)}$ $(R)(R')C=O$（酮）$+ O=C(R'')(OH)$（酸）	根据得到的产物可反推原料的结构
$(R)(R')C=C(R'')(H) \xrightarrow[(2)H_2O,Zn]{(1)O_3}$ $(R)(R')C=O$（酮）$+ O=C(R'')(H)$（醛）	根据得到的产物可反推原料的结构
$R—C\equiv C—R' \xrightarrow[或\ O_3/H_2O]{KMnO_4}$ $R—\overset{O}{\overset{\Vert}{C}}—OH + R'—\overset{O}{\overset{\Vert}{C}}—OH$	根据得到的产物可反推原料的结构
$R—C\equiv C—R' \xrightarrow[(2)OH^-/H_2O_2]{(1)B_2H_6}$ $(R)(HO)C=C(R')(H)$ $\longrightarrow R—\overset{O}{\overset{\Vert}{C}}—CH_2R'$	反马氏规则，经烯醇互变得到羰基化合物

③ 炔淦反应。

端基炔烃的特征反应，可用于鉴别或纯化端基炔烃。

$$RC\equiv CH \xrightarrow{[Ag(NH_3)_2]NO_3} RC\equiv CAg\downarrow\ （炔化银，白色沉淀）$$

$$RC\equiv CH \xrightarrow{[Cu(NH_3)_2]Cl} RC\equiv CCu\downarrow\ （炔化亚铜，砖红色沉淀）$$

$$RC\equiv CAg\downarrow,\ RC\equiv CCu\downarrow \xrightarrow[温热]{稀\ HNO_3} RC\equiv CH$$

④ 共轭二烯烃的化学性质。

a. 共轭二烯烃与 X_2 或 HX 可发生 1,2-加成和 1,4-加成，后者称为共轭加成。通常较低温度和非极性溶剂有利于 1,2-加成;较高温度和极性溶剂有利于 1,4-加成。

$$CH_2{=}CH{-}CH{=}CH{-}CH_3 \xrightarrow[\text{或低温}]{Br_2,CCl_4} H_2C(Br){-}CH(Br){-}CH{=}CH{-}CH_3 \quad (1,2\text{-加成})$$

$$CH_2{=}CH{-}CH{=}CH{-}CH_3 \xrightarrow[\text{或高温}]{Br_2,EtOH} H_2C(Br){-}CH{=}CH{-}CH(Br){-}CH_3 \quad (1,4\text{-加成})$$

b. 第尔斯-阿尔德(Diels-Alder)反应。

反应通过环状过渡态进行协同环合反应,具有立体选择性。在较高的温度下反应可逆。

$$R\text{-diene} + R'\text{-alkene} \longrightarrow [\text{R-}\bigcirc\text{-R}']^{+} \longrightarrow R\text{-cyclohexene-}R'$$

苯环过渡态

2.3 电子效应与反应历程

1. 电子效应

有机化合物分子中取代基导致分子中电子云密度分布改变的效应称为电子效应。电子效应分为诱导效应和共轭效应两种。

(1) 诱导效应。

诱导效应包括吸电子诱导效应(−I 效应)和给电子诱导效应(+I 效应)两种类型。诱导效应随着传递距离增加而迅速减弱。一般经过 3 个键以后,影响就变得很小。

诱导效应存在于所有类型的分子中,+I 有助于稳定碳正离子,−I 使碳正离子不稳定。

$$(CH_3)_3C^+ > (CH_3)_2CH\overset{+}{C} > CH_3\overset{+}{C}H_2 > CH_3\overset{+}{C}HCl$$

(2) 共轭效应。

共轭效应包括吸电子共轭效应(−C)和给电子共轭效应(+C)两种类型。

① π-π 共轭。

单、双键交替出现的共轭体系称为 π-π 共轭体系。

$$\overset{\delta^+}{C}{=}\overset{\delta^-}{C}{-}\overset{\delta^+}{C}{=}\overset{\delta^-}{C}{-}\overset{\delta^+}{C}{=}\overset{\delta^-}{C} \qquad \overset{\delta^+}{C}{=}\overset{\delta^-}{C}{-}\overset{\delta^+}{C}{=}\overset{\delta^-}{C}{-}\overset{\delta^+}{C}{=}\overset{\delta^-}{O} \qquad \overset{\delta^+}{C}{=}\overset{\delta^-}{C}{-}\overset{\delta^+}{C}{\equiv}\overset{\delta^-}{N}$$

② p-π 共轭。

与双键相连的原子上的 p 轨道与 π 键轨道形成的共轭体系称为 p-π 共轭体系。

$$H_2C{=}CH{-}\ddot{Cl} \qquad H_2C{=}CH{-}\overset{+}{C}H_2 \qquad C_6H_5\text{-}\ddot{O}$$

③ σ-π 超共轭。

由 σ 键和 π 键所形成的共轭效应称为 σ-π 共轭效应，又称超共轭效应。

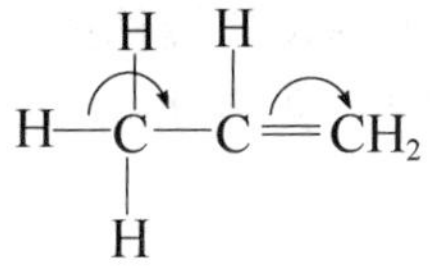

$$H_3C-CH=CH_2$$

④ σ-p 超共轭。

能形成 σ-p 超共轭体系的通常是碳正离子或碳自由基。

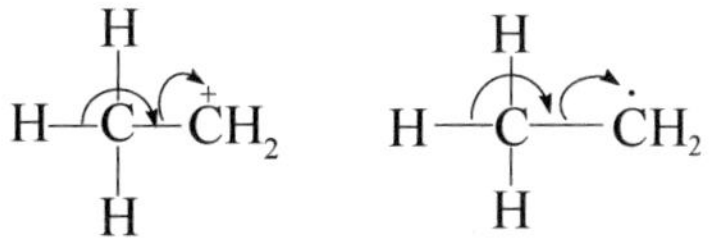

$$H_3C-\overset{+}{C}H_2 \qquad H_3C-\dot{C}H_2$$

共轭效应使体系能量更低，更稳定。

2. 重要的反应机理

(1) 烷烃的自由基反应(参见教材 2.2 节)。

(2) 烯烃的亲电加成。

① 环状𬭩离子中间体机理。

$$C{=}C + \overset{\delta^+}{Br}-\overset{\delta^-}{Br} \xrightarrow{慢} \text{环状溴𬭩离子} \xrightarrow[Br^-]{快} C(Br)-C(Br)$$

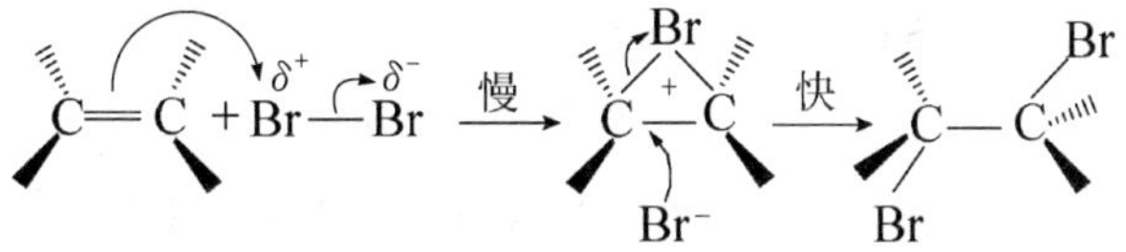

反应的特征：a. 不发生碳架重排；b. 反式加成；c. 遵守马氏规则。

② 碳正离子中间体机理。

$$R-CH=CH_2+H^+ \longrightarrow R-\overset{+}{C}H-CH_3\text{(碳正离子)}$$

$$R-\overset{+}{C}H-CH_3+X^- \longrightarrow R-\underset{X}{\underset{|}{C}H}-CH_3$$

反应的特征：a. 先生成较稳定的碳正离子(可发生碳架重排)；b. 反式加成；c. 遵守马氏规则。

③ 环状过渡态的协同型机理(略)。

解 题 示 例

【例 2-1】 将下列 4 个化合物用系统命名法命名。

(1) 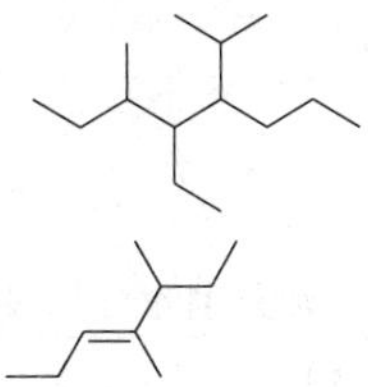　(2)

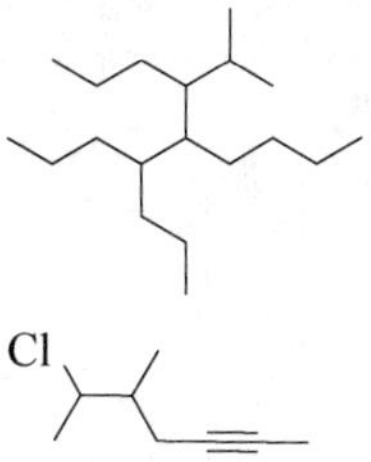

(3) 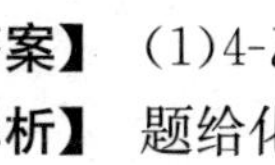　(4)

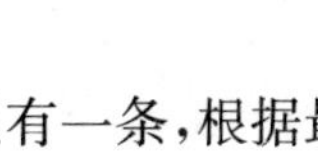

【答案】 (1)4-乙基-5-异丙基-3-甲基辛烷

【解析】 题给化合物分子中的最长碳链只有一条，根据最低位次组原则，应该从左边开始编号。

【答案】 (2)5-丁基-4-异丙基-6-丙基壬烷

【解析】 题给化合物分子中有三条等长的最长链，需要根据取代基最多的优先原则来确定主链，同等情况下，编号时尽可能使得英文字母排序靠前的取代基编号小：

a (√)　　　　b (×)　　　　c (×)

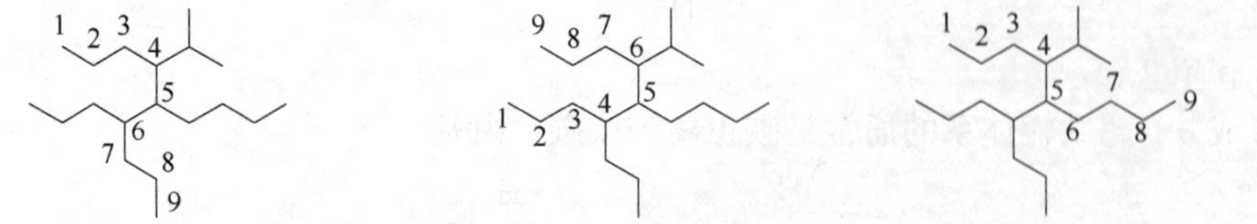

5-丁基-4-异丙基-6-丙基壬烷

5-丁基-6-异丙基-4-丙基壬烷（该编号并未使得英文字母排序靠前的取代基编号尽可能小）

（该主链未包含最多取代基）

【答案】 (3)(E)-4,5-二甲基庚-3-烯

【解析】 对于烯烃的命名，从最靠近双键或者取代基的一端开始编号，若二者编号相同，则从靠近双键的一端开始编号。同时需要根据基团的优先规则确定双键的构型。

【答案】 (4)6-氯-5-甲基庚-2-炔

【解析】 单炔烃的系统命名方法与单烯烃相同。当不饱和键在主链中，若不饱和键与取代基的编号相同，则优先从不饱和键的一端开始编号。

【例 2-2】 在光照或高温条件下，甲烷的氯化按以下机理进行：

$$Cl:Cl \xrightarrow{h\nu\text{或高温}} 2Cl\cdot$$

$$Cl\cdot + H:CH_3 \longrightarrow HCl + \cdot CH_3$$

$$\cdot CH_3 + Cl:Cl \longrightarrow CH_3Cl + Cl\cdot$$

为什么不发生 $Cl\cdot + H:CH_3 \longrightarrow H\cdot + CH_3Cl$ 的反应？

【答案】

$$Cl\cdot + H:CH_3 \longrightarrow H\cdot + CH_3Cl \quad \Delta H = 87.9\ kJ\cdot mol^{-1}$$

$$Cl\cdot + H:CH_3 \longrightarrow HCl + \cdot CH_3 \quad \Delta H = -4.18\ kJ\cdot mol^{-1}$$

从键断裂所需要的能量可以看出，生成 H 自由基的反应需要吸收能量，而生成甲基自由基的反应是放出能量，所以反应有利于后者而不是前者。

【解析】 化学反应为旧键断裂新键形成的过程，此过程需要的能量越低，越利于反应进行。

【例 2-3】 写出下列反应的主要产物。

(1) 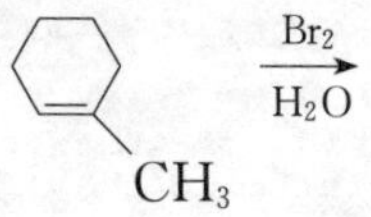 1-甲基环己烯 $\xrightarrow[H_2O]{Br_2}$　　*(2) 1-甲基环己烯 $\xrightarrow[(2)H_2O_2, OH^-]{(1)B_2H_6}$

(3) 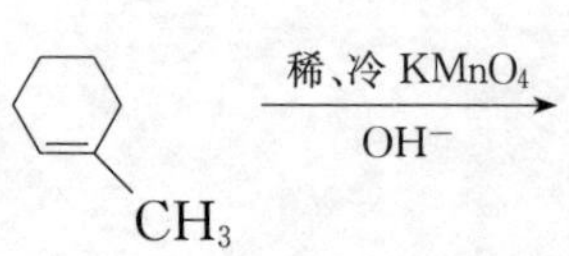 1-甲基环己烯 $\xrightarrow[OH^-]{\text{稀、冷}KMnO_4}$　　(4) H_3C—(双环烯，Cl, Cl) $\xrightarrow{Pd/H_2}$

*(5) 1,3-丁二烯 + C_6H_5(H)C=C(CH_3)NO_2 $\xrightarrow{\triangle}$　　*(6) $CH_3C\equiv C—CH=CHCH_3 \xrightarrow{\text{林德拉}Pd/H_2}$

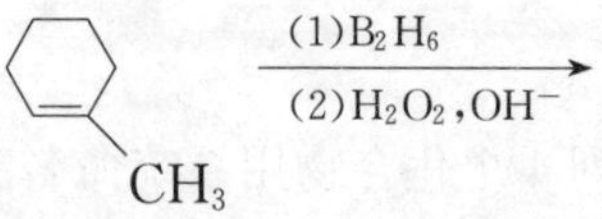

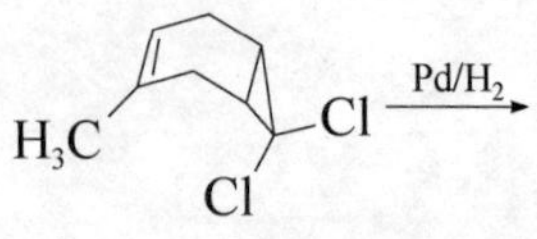

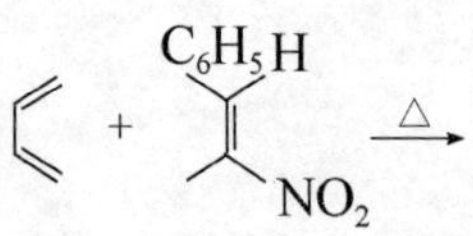

---

* 适于临床药学专业，全书同。

【答案】 (1)

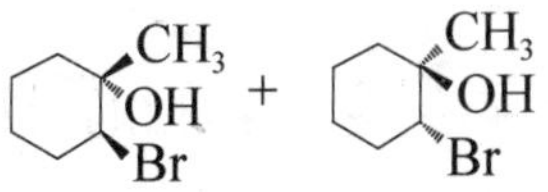

【解析】 (1) 在溴水体系中,发生反应的试剂相当于 HOBr,溴应该加在烃基较少的双键也即含氢较多的碳原子上,符合马氏规则。由于 HOBr 的加成是反式加成,最终得到反式加成产物,而且生成的产物具有手性,所以在非手性的条件下得到的应该是一对对映异构体。

【答案】 (2)

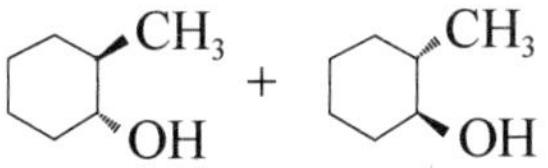

【解析】 (2) 烯烃的硼氢化-氧化反应,生成的产物是醇,醇羟基连接在含氢较少的碳原子上,整个反应生成顺式加成产物。由于该反应生成的化合物有手性,所以在非手性的条件下生成的应该是一对对映异构体。

【答案】 (3)

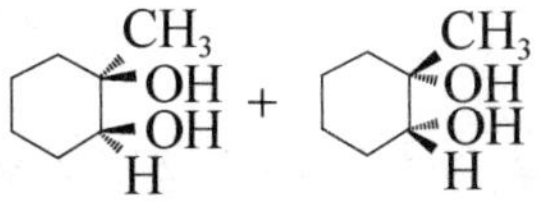

【解析】 (3) 在稀、冷高锰酸钾的条件下,高锰酸钾与烯烃双键经过环状酯中间体而生成顺式邻二醇产物。由于该反应生成的化合物有手性,所以在非手性的条件下生成的应该是一对对映异构体。

【答案】 (4)

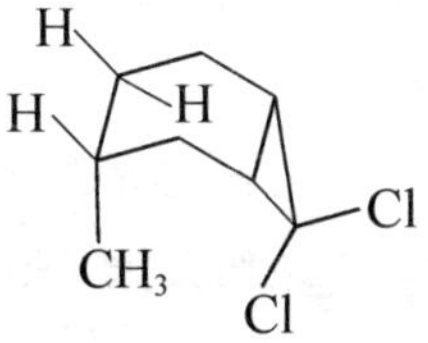

【解析】 (4) 烯烃的催化氢化反应是顺式加成产物,而且从位阻较小的双键一侧进行加成。

【答案】 (5)

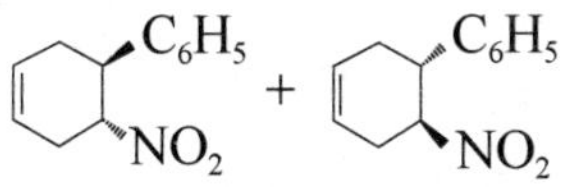

【解析】 (5) 亲双烯体在第尔斯-阿尔德反应的过程中,其相应的构型保持不变。

【答案】 (6)

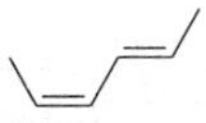

【解析】 (6) 林德拉催化剂可以控制炔烃的氢化反应停留在烯烃这一步,得到反式产物。

【例 2-4】 某烃 A 的分子式为 $C_{10}H_{16}$,在 Pt 催化下加氢得到 2,5-二甲基辛烷,A 经臭氧化还原性水解得到 B(分子式为 $C_5H_6O_3$ 的化合物)和等物质的量的丙酮以及两倍物质的量的甲醛。试推测 A,B 的结构,并用反应式表示其反应的过程。

【答案】 化合物 A、B 的结构为

OHC CHO
O
A B

化合物 A 发生的化学反应方程式如下:

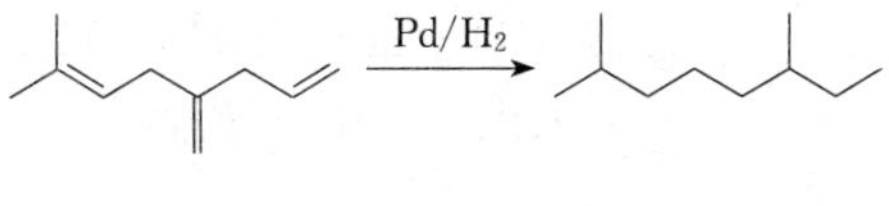

Pd/H_2

$$\xrightarrow{O_3}\ \xrightarrow{Zn/H_2O}\ \text{O}\quad +2HCHO+OHC\quad CHO\quad \text{O}$$

【解析】 经计算化合物 A 的不饱和度为 3，催化氢化并不改变化合物 A 的骨架，因此可以首先写出 A 的碳骨架。

在基本的骨架确定之后，可以根据 A 经臭氧化还原性水解产物反推双键在 A 中的位置：

由此推得化合物 A 的结构为，臭氧化还原水解产物为 B。

【例 2-5】 某炔烃 A 可以与$[Ag(NH_3)_2]NO_3$发生炔淦反应而得到炔化银产物，A 经酸性$KMnO_4$氧化后得到等物质的量的丙酸和二氧化碳，试推测 A 的结构。

【答案】 A 可以与$[Ag(NH_3)_2]NO_3$发生炔淦反应说明 A 为末端炔烃，根据氧化反应之后得到的产物

$$CH_3CH_2COOH+CO_2$$

可以反推化合物 A 的结构为

$$CH_3CH_2C{\equiv}CH$$

【解析】 炔淦反应是末端炔烃检验的经典方法，现象明显，还可用于鉴别。

学生自我测试题及参考答案

一、命名下列化合物或写出结构式。

1. $CH_3CH_2CH_2\underset{|}{\overset{CH_3}{CH}}CH_3$（$CH_3$ 连在 CH 上）

2. $\begin{matrix} CH_3 & & CH_3 \\ & C{=}C & \\ H & & CH(CH_3)_2 \end{matrix}$

3. $\begin{matrix} CH_3 & & CH_2CH_3 \\ & C{=}C & \\ CH_3CH_2 & & CH_2CH_2CH_3 \end{matrix}$

4. $\begin{matrix} CH_3 & & CH_2CH_2CH_3 \\ & C{=}C & \\ H & & CH_2CH_3 \end{matrix}$

5. $CH_3CH(CH_2CH_2CH_3)CH(C_2H_5)CH_2CH(CH_3)CH_3$（原式：$CH_3CHCHCH_2CHCH_3$，上方取代基 C_2H_5、CH_3，下方取代基 $CH_2CH_2CH_3$）

6. $CH_3C(CH_3)_2{-}CH(CH_3)CH_2CH_2CH_3$（原式：$CH_3C{-}CHCH_2CH_2CH_3$，上方取代基 H_3C、CH_3，下方取代基 CH_3）

7. $(CH_3)_3CC(CH_3)_2CHCH_3$，下方取代基 CH_2CH_3

8. $C_2H_5CHC_2H_5$，下方取代基 $CH{=}CH_2$

9. $CH_3CH{=}CHCH_2C{\equiv}CCH_3$

10. $CH_3CH{=}CHC{\equiv}CH$

11. 反-丁-2-烯酸

12. 2,2,3-三甲基丁烷

13. 3-环丙基丁-1-烯　　14. 5-丁基-4-异丙基癸烷
15. (*E*)-3-甲基己-2-烯　　16. 2,3,4-三甲基戊-2-烯
17. (*Z*)-2-溴戊-2-烯　　18. (*E*)-3-氯甲基-4,4-二甲基戊-2-烯

二、填空题。

1. 烯烃与溴单质的亲电加成反应是通过________中间体进行的。
2. 写出一种鉴别烷烃和烯烃所用的化学试剂:________。
3. 列出一种鉴别丁-1-烯和丁-1-炔的化学试剂:________。
4. 电子效应可分为________和________。
5. 不对称烯烃与不对称试剂发生加成反应时遵循________。
6. 正丁烷的四种典型构象相比较,其热力学能最低的构象为________。
7. 在 $CH_3CH(CH_2CH_2CH_3)CH(C_2H_5)CH_2CH(CH_3)CH_3$ 分子中有________个叔碳原子。
8. C_5H_{12}分子中同分异构体熔点最高的是________。
9. 某有机物 1 mol 和 5 mol 氧气恰好完全燃烧,生成 4 mol 二氧化碳和 4 mol 水,则此有机物的分子式为________。
10. 用 Br_2 的 CCl_4 溶液鉴定碳-碳双键,其反应历程是________。

三、选择题。

1. 烷烃的通式为(　　)
A. C_nH_{2n+1}　　B. C_nH_{2n-2}　　C. C_nH_{2n}　　D. C_nH_{2n+2}
2. 烯烃与 HBr 的加成反应,其反应历程是(　　)
A. 自由基反应　　B. 亲电加成反应　　C. 碳正离子反应　　D. 碳负离子反应
3. 分子 $CH_3—CH=\overset{*}{C}H_2$ 中,带 * 号碳原子的杂化状态为(　　)
A. sp^3　　B. sp^2　　C. sp　　D. dsp^2
4. 分子 $CH_2=CHCH_2C≡CH$ 中,sp 杂化原子有(　　)个
A. 2　　B. 3　　C. 4　　D. 5
5. 烯烃分子中,围绕双键碳原子的键角一般最接近(　　)
A. 109.5°　　B. 120°　　C. 180°　　D. 90°
6. 下列碳正离子最稳定的是(　　)
A. $CH_3\overset{+}{C}HC(CH_3)_2CH_3$　　B. $CH_3\overset{+}{C}(CH_3)CH_2CH_3$　　C. $\overset{+}{C}H_2CH_2C(CH_3)_2CH_3$　　D. CH_3^+
7. 下列化合物中,能使高锰酸钾溶液和溴水都褪色的是(　　)
A. $CH_2=CH(CH_2)_3CH_3$　　B. $CH_3(CH_2)_4CH_3$
C. (苯环结构)　　D. (环己烷结构)

8. 丁-1-烯与溴化氢加成反应生成的主要产物是(　　)

A. 1-溴丁烷　B. 2-溴丁烷　C. 1-溴丁-1-烯　D. 2-溴丁-1-烯

9. 下列碳正离子最稳定的是(　　)

A. [结构式：甲基环己基碳正离子，正电荷在环上] B. [结构式：环己基甲基碳正离子 $\overset{+}{C}H_2$] C. [结构式：1-甲基环己基碳正离子] D. [结构式：苯基乙基碳正离子 $C_6H_5\overset{+}{C}HCH_3$]

10. 烷烃分子中，键角一般最接近(　　)

A. 109.5°　B. 120°　C. 180°　D. 90°

11. 正丁烷的四种典型构象相比较，其热力学能最高的构象为(　　)

A. 全重叠式　B. 邻位交叉式　C. 部分重叠式　D. 对位交叉式

12. 新戊烷氯化反应的反应历程是(　　)

A. 自由基反应　B. 亲电加成反应

C. 碳正离子重排　D. 碳负离子重排

13. C_5H_{12}有(　　)个同分异构体

A. 2　B. 3　C. 4　D. 5

14. 在 $CH_3CH_2CH_2\underset{}{CH}(CH_3)CH_3$ 分子中有(　　)个伯碳原子

A. 3　B. 4　C. 5　D. 6

15. 乙炔分子的空间构型是(　　)

A. 正四面体形　B. 平面四边形　C. 直线形　D. 三角锥形

16. 下列四个同分异构体中(　　)的沸点最高

A. 正己烷　B. 2-甲基戊烷　C. 2,3-二甲基丁烷　D. 2,2-二甲基丁烷

17. 光照下，烷烃的卤代反应是通过哪一种中间体进行的(　　)

A. 碳正离子　B. 自由基　C. 碳负离子　D. 协同反应，无中间体

18. 烷烃分子中C原子的空间几何形状是(　　)

A. 四面体形　B. 平面四边形　C. 直线形　D. 三角锥形

19. 在下列哪种条件下能发生甲烷氯化反应(　　)

A. 甲烷与氯气在室温下混合　B. 先将氯气用光照射再迅速与甲烷混合

C. 酸催化下甲烷与氯气室温下混合　D. 碱催化下甲烷与氯气室温下混合

20. 构造式为 $CH_3CHClCH{=}CHCH_3$ 的立体异构体数目是(　　)

A. 2种　B. 4种　C. 3种　D. 1种

21. 1 mol某有机物和8 mol氧气恰好完全燃烧，生成5 mol二氧化碳和6 mol水，则此有机物的分子式为(　　)

A. C_5H_{12}　B. $C_5H_{10}O$　C. $C_5H_8O_2$　D. C_5H_8O

22. 下列电负性大小顺序排列正确的是(　　)

A. $—F>—I>—OCH_3>—C_6H_5>—OH$

B. $—F>—Cl>—Br>—I>—OH$

C. $—OH>—I>—Br>—Cl>—F$

D. $—F>—OCH_3>—I>—C_6H_5>—OH$

23. 丁-1,3-二烯中存在的共轭体系是(　　)

A. π-π 共轭　　B. p-π 共轭　　C. p-p 共轭　　D. p-σ 共轭

24. 在 $CH_2=CH-Cl$ 分子中，氯原子与碳-碳双键作用的共轭体系是（　　）

A. π-π 共轭　　B. p-π 共轭　　C. σ-π 共轭　　D. p-σ 共轭

25. 在过氧化物存在下，烯烃与 HBr 的加成反应是反马氏规则的，其反应历程是（　　）

A. 自由基反应　　B. 亲电加成反应　　C. 碳正离子反应　　D. 碳负离子反应

26. HBr 与 3,3-二甲基丁-1-烯加成生成 2-溴-2,3-二甲基丁烷的机理是（　　）

A. 先形成碳正离子再重排　　B. 先形成自由基再重排

C. 先形成碳负离子再重排　　D. 先形成碳正离子不重排

27. 下列化合物中哪些可能有 Z/E 异构体（　　）

A. 2-甲基丁-2-烯　　B. 2,3-二甲基丁-2-烯

C. 2-甲基丁-1-烯　　D. 戊-2-烯

28. 某烯烃经臭氧化和还原水解后只得 CH_3COCH_3，该烯烃为（　　）

A. $(CH_3)_2C=CHCH_3$　　B. $CH_3CH=CH_2$

C. $(CH_3)_2C=C(CH_3)_2$　　D. $(CH_3)_2C=CH_2$

29. C≡C（Ⅰ），C=C（Ⅱ），C—C（Ⅲ）的键长次序为（　　）

A. Ⅰ>Ⅱ>Ⅲ　　B. Ⅱ>Ⅲ>Ⅰ　　C. Ⅲ>Ⅱ>Ⅰ　　D. Ⅲ>Ⅰ>Ⅱ

30. 下列化合物中，构成分子的原子全部处于同一平面的是（　　）

A. 乙烯　　B. 戊-1,4-二烯　　C. 2-甲基丁-1,3-二烯　　D. 丙烯

31. 区别己烷、己-1-烯和己-1-炔的试剂是（　　）

A. Br_2/CCl_4　　B. Br_2/CCl_4 和 $[Ag(NH_3)_2]NO_3$

C. $KMnO_4+H^+$　　D. 加 H_2

32. 有一分子式为 $C_{10}H_{18}$，在 300 ℃及 Ni 催化下吸收两分子氢气，剧烈氧化产物为丙酮、丁二酸及丙酸的化合物是（　　）

A. $CH_3CH_2C(CH_3)=CHCH_2CH_2CH=CHCH_3$

B. $CH_3CH_2CH=CHCH_2CH=C(CH_3)_2$

C. $CH_3CH_2CH=CHCH_2CH_2CH=C(CH_3)_2$

D. (环戊基)$CHCH_2CH=C(CH_3)_2$

33. 下列基团排列符合次序规则的是（　　）

A. $-C\equiv CH>-CH_2CH_3>-C_6H_5>-CH=CH_2>-CH_3$

B. $-C\equiv CH>-CH_2CH_3>-C_6H_5>-CH=CH_2>-CH_3$

C. $-C_6H_5>-C\equiv CH>-CH=CH_2>-CH_2CH_3>-CH_3$

D. $-C_6H_5>-C\equiv CH>-CH_2CH_3>-CH=CH_2>-CH_3$

34. 下列基团排列不符合次序规则的是(　　)

A. —I>—Br>—Cl>—S>—P

B. $—(CH_3)_3C>—CH(CH_3)_2>—CH_2CH_3>—CH_3$

C. $—C_6H_5>—C\equiv CH>—CH=CH_2>—CH_2CH_3>—CH_3$

D. $—C_6H_5>—C\equiv CH>—I>—Br$

35. 下列化合物沸点最低的是(　　)

A. 正己烷　　B. 3-甲基戊烷　　C. 2,3-二甲基丁烷　D. 2,2-二甲基丁烷

四、完成下列反应。

1. $CH_3CH_2C\equiv CH \xrightarrow[\text{稀 } H_2SO_4]{HgSO_4}$

2. $C_6H_5—C\equiv CH \xrightarrow[H_2O]{HgSO_4/H^+}$

3. $CH_3CH_2C\equiv CH \xrightarrow{KMnO_4/H^+}$

4. $\underset{\mid \atop Cl}{CH}=\underset{\mid \atop F}{C}CH_2C\equiv CH + [Ag(NH_3)_2]NO_3 \longrightarrow$

5. $CH_2=CHCH=CH_2 + Br_2(1\ mol) \xrightarrow{\text{低温}}$

6. $CH_2=CHCH=CH_2 + Br_2(1\ mol) \xrightarrow{\text{高温}}$

7. $C_6H_5—CH=CHCH=CH_2 \xrightarrow{HCl(1\ mol)}$

8. $CH_3CH_2C\equiv CCH_3 \xrightarrow[H^+]{KMnO_4}$

9. $CH_2=\underset{\mid \atop CH_3}{C}CH_2CH_3 \xrightarrow{\text{冷、稀 } KMnO_4}$

10. $CH_2=\underset{\mid \atop CH_3}{C}CH_2CH_3 \xrightarrow[H_2O_2]{HBr}$

11. 2,4-二甲基戊-2-烯 $\xrightarrow{HI}$

12. 己-1-炔 $\xrightarrow{HBr(\text{过量})}$

13. 丁-1-炔 $\xrightarrow{[Ag(NH_3)_2]NO_3}$

14. 丁-1-烯 $\xrightarrow[H^+]{H_2O}$

15. 2-甲基丙烯 $\xrightarrow[\text{过氧化物}]{HI}$

16. 戊-2-烯 $\xrightarrow[\triangle]{KMnO_4}$

五、鉴别题。

用适当的化学方法区别丁-1-烯、正丁烷和丁-1-炔。

六、推断题。

1. A、B两个化合物具有相同的分子式 C_5H_8，氢化后都可生成2-甲基丁烷，它们也都能与两分子溴加成，A可与硝酸银氨作用产生白色沉淀，B则不反应。试推测A和B的结构，并写出反应式。
2. 化合物A($C_{10}H_{18}$)催化氢化为 $C_{10}H_{22}$。A用 $KMnO_4$ 氧化得到 $CH_3COCH_2CH_2COOH$、丙酮及乙酸。请推导A可能的构造式。
3. 化合物A及B是异构体，它们都含C 88.82%，H 11.18%。都能使 Br_2/CCl_4 褪色。与 $[Ag(NH_3)_2]NO_3$ 反应，A生成白色沉淀，B无沉淀。氧化时，A得 CO_2 及丙酸，B生成 CO_2 及草酸。推导A及B的构造式，说明推导的理由并写出有关的反应式。
4. 某烃 C_6H_{12} 能使溴水溶液褪色，催化氢化得己烷。此烃用 $KMnO_4$ 酸性溶液氧化可得两种不同的羧酸。试推导这个烃的构造式。
5. 某烃A(C_7H_{14})，用 $KMnO_4$ 氧化或用 O_3 处理后与 Zn/H_2O 反应，均各得两种产物，且两种方式所得产物相同。推导A的构造式。
6. 某烃A(C_6H_{10})催化氢化生成2-甲基戊烷。在 Hg^{2+} 存在下，A水合得酮。A能与 $[Ag(NH_3)_2]NO_3$ 生成白色沉淀。A可能是什么？
7. 某化合物的相对分子质量为82，1 mol该化合物能吸收2 mol H_2。它与CuCl氨溶液不生成沉淀。如与1 mol H_2 反应，主产物是己-3-烯。此化合物可能的构造式是什么？

*七、写出下列两个反应发生时可能采取的反应机理。

1. $H_3C—C(CH_3)_2—CH═CH_2 + HCl \longrightarrow (CH_3)_2CCl—CH(CH_3)_2$

（即 $(CH_3)_2CCH(CH_3)_2$，Cl连于第一个C上）

2. 环己烯 $+ Br_2 \xrightarrow{CCl_4}$ 1,2-二溴环己烷（BrH / H Br）（外消旋体）

参考答案

一、1. 2-甲基戊烷 2. (*E*)-3,4-二甲基戊-2-烯 3. (*Z*)-4-乙基-3-甲基庚-3-烯 4. (*Z*)-3-乙基己-2-烯 5. 4-乙基-2,5-二甲基辛烷 6. 2,2,3-三甲基己烷 7. 2,2,3,3,4-五甲基己烷 8. 3-乙基戊-1-烯 9. 庚-2-烯-5-炔 10. 戊-3-烯-1-炔

11. $H_3C—CH═CH—COOH$（反式） 12. $(CH_3)_3C—CH(CH_3)_2$ 13. $CH_2═CHCH(C_3H_5)CH_3$（CH上连环丙基）

14. $CH_3CH_2CH_2CH[CH(CH_3)_2]CH[(CH_2)_3CH_3](CH_2)_4CH_3$ 15. $(CH_3)(H)C═C(CH_3)(CH_2CH_2CH_3)$

16. $(CH_3)_2C═C(CH_3)CH(CH_3)_2$ 17. $(CH_3)(Br)C═C(H)(C_2H_5)$

18. $\begin{matrix} H & & CH_2Cl \\ & C{=}C & \\ CH_3 & & C(CH_3)_3 \end{matrix}$

二、1. 溴鎓离子 2. 溴的四氯化碳溶液 3. 硝酸银氨溶液 4. 诱导效应，共轭效应 5. 马氏规则 6. 对位交叉式 7. 3 8. 新戊烷 9. $C_4H_8O_2$ 10. 亲电加成反应

三、1. D 2. B 3. B 4. A 5. B 6. B 7. A 8. B 9. D 10. A 11. A 12. A 13. B 14. A 15. C 16. A 17. B 18. A 19. B 20. B 21. A 22. B 23. A 24. B 25. A 26. A 27. D 28. C 29. C 30. A 31. B 32. C 33. C 34. D 35. D

四、1. $CH_3CH_2\overset{O}{\overset{\|}{C}}CH_3$ 2. $C_6H_5\overset{O}{\overset{\|}{C}}CH_3$ 3. $CH_3CH_2COOH + CO_2\uparrow$ 4. $\underset{Cl}{\underset{|}{CH}}{=}\underset{F}{\underset{|}{C}}CH_2C{\equiv}CAg$

5. $CH_2{=}CH\underset{Br}{\underset{|}{C}H}\underset{Br}{\underset{|}{C}H_2}$ 6. $\underset{Br}{\underset{|}{CH_2}}CH{=}CH\underset{Br}{\underset{|}{CH_2}}$

7. $C_6H_5CH{=}CH\underset{Cl}{\underset{|}{CH}}CH_3 + C_6H_5{-}\underset{Cl}{\underset{|}{CH}}{-}CH{=}CH{-}CH_3$

8. $CH_3CH_2COOH + CH_3COOH$ 9. $\overset{OH}{\overset{|}{CH_2}}\overset{OH}{\overset{|}{\underset{CH_3}{\underset{|}{C}}}}CH_2CH_3$ 10. $\overset{Br}{\overset{|}{CH_2}}\underset{CH_3}{\underset{|}{CH}}CH_2CH_3$

11. $CH_3\overset{I}{\overset{|}{\underset{CH_3}{\underset{|}{C}}}}CH_2\overset{CH_3}{\overset{|}{CH}}CH_3$ 12. $CH_3\overset{Br}{\overset{|}{\underset{Br}{\underset{|}{C}}}}CH_2CH_2CH_2CH_3$ 13. $CH_3CH_2C{\equiv}CAg$

14. $CH_3\underset{OH}{\underset{|}{CH}}CH_2CH_3$ 15. $CH_3{-}\overset{I}{\overset{|}{\underset{CH_3}{\underset{|}{C}}}}{-}CH_3$ 16. $CH_3CH_2COOH + CH_3COOH$

五、
正丁烷、丁-1-烯、丁-1-炔 $\xrightarrow{Br_2/CCl_4}$ 正丁烷：不褪色；丁-1-烯：褪色；丁-1-炔：褪色

褪色者 $\xrightarrow{[Ag(NH_3)_2]^+}$ 丁-1-烯：无沉淀；丁-1-炔：白色沉淀

六、1. A 和 B 的可能结构为

$AgC{\equiv}C\underset{CH_3}{\underset{|}{CH}}CH_3$

$\uparrow [Ag(NH_3)_2]^+$

A $CH{\equiv}C\underset{CH_3}{\underset{|}{CH}}CH_3$

B $CH_2{=}CH\underset{CH_3}{\underset{|}{C}}{=}CH_2$

A、B $\xrightarrow{2H_2}$ $CH_3CH_2\underset{CH_3}{\underset{|}{CH}}CH_3$

2. A 的可能结构为 $(CH_3)_2C{=}\overset{CH_3}{\overset{|}{C}}CH_2CH_2CH{=}CHCH_3$

3. 根据题给条件中化合物 A 和化合物 B 分子中碳和氢的比例 88.82/12.01＝7.39，11.18/1.008＝11.09

可以推算出这两个化合物的分子式为$(C_2H_3)_n$。因此，从题给条件可以推导出化合物 A 的结构式和相应的反应如下：

$$CH_3CH_2C\equiv CH \xrightarrow{Br_2/CCl_4} CH_3CH_2\overset{Br}{\underset{Br}{C}}-\overset{Br}{\underset{Br}{C}}H$$

$$CH_3CH_2C\equiv CH \xrightarrow{AgNO_3\text{-}NH_3} CH_3CH_2C\equiv CAg\downarrow$$

$$CH_3CH_2C\equiv CH \xrightarrow{[O]} CH_3CH_2COOH + CO_2\uparrow$$

同样，从题给条件可以推导出化合物 B 的结构式和相应的反应如下：

$$CH_2=CH-CH=CH_2 \xrightarrow{Br_2/CCl_4} \underset{Br}{CH_2}-\underset{Br}{CH}-\underset{Br}{CH}-\underset{Br}{CH_2}\ \text{溴水褪色}$$

$$CH_2=CH-CH=CH_2 \xrightarrow{AgNO_3\text{-}NH_3} \text{无反应}$$

$$CH_2=CH-CH=CH_2 \xrightarrow{KMnO_4} 2CO_2\uparrow + \begin{array}{c}COOH\\|\\COOH\end{array}$$

4. 该化合物可能的结构式及相应的推导依据为

（己-3-烯） **或** （己-2-烯） **或** （己-1-烯）

$$\text{己-2-烯} \xrightarrow{[O]} CH_3CH_2CH_2COOH + CH_3COOH$$

$$\text{己-1-烯} \xrightarrow{[O]} CH_3CH_2CH_2CH_2COOH + HCOOH,\quad HCOOH \xrightarrow{\triangle} CO_2\uparrow$$

5. 根据分子式 C_7H_{14} 以及能被 $KMnO_4$ 和 O_3 氧化，说明 A 为单烯烃，不同结构的烯烃被 $KMnO_4$ 氧化分别得 CO_2、酮或酸，被 O_3 氧化分别得到 HCHO、酮或醛，两种氧化方式得到相同的产物都是酮。因此，C_7H_{14} 的氧化产物若为酮，则其构造式应为 2,3-二甲基戊-2-烯。

$$CH_3\underset{CH_3}{C}=\overset{CH_3}{C}CH_2CH_3$$

其相应的化学反应方程式为

$$CH_3\underset{CH_3}{C}=\overset{CH_3}{C}CH_2CH_3 \xrightarrow{KMnO_4/H^+} CH_3\overset{O}{\overset{\|}{C}}CH_3 + CH_3\overset{O}{\overset{\|}{C}}CH_2CH_3$$

$$CH_3\underset{CH_3}{C}=\overset{CH_3}{C}CH_2CH_3 \xrightarrow[(2)Zn/H_2O]{(1)O_3} CH_3\overset{O}{\overset{\|}{C}}CH_3 + CH_3\overset{O}{\overset{\|}{C}}CH_2CH_3$$

6. 根据分子式 C_6H_{10} 以及能与$[Ag(NH_3)_2]NO_3$生成白色沉淀说明 A 为末端炔烃。A 催化氢化产物为 $CH_3\underset{CH_3}{C}HCH_2CH_2CH_3$，可推导出 A 的构造式为 $CH_3\underset{CH_3}{C}HCH_2C\equiv CH$（4-甲基戊-1-炔）。

化合物 A 发生的相应反应方程式为

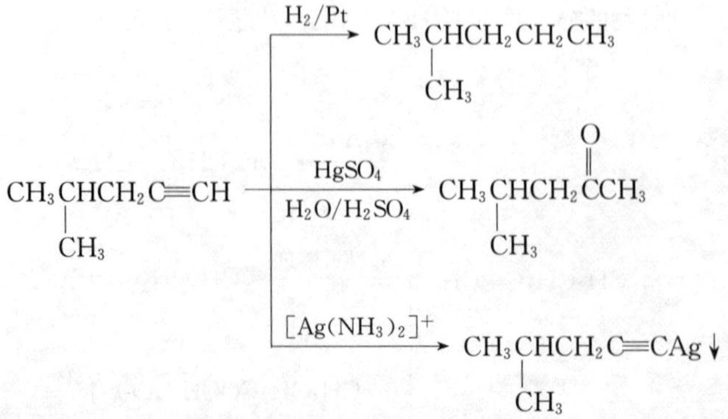

$$CH_3CHCH_2C{\equiv}CH\ (\text{2-位 }CH_3)\ \xrightarrow{H_2/Pt}\ CH_3CHCH_2CH_2CH_3\ (\text{2-位 }CH_3)$$

$$CH_3CHCH_2C{\equiv}CH\ \xrightarrow[H_2O/H_2SO_4]{HgSO_4}\ CH_3CHCH_2\overset{O}{\overset{\|}{C}}CH_3\ (\text{2-位 }CH_3)$$

$$CH_3CHCH_2C{\equiv}CH\ \xrightarrow{[Ag(NH_3)_2]^+}\ CH_3CHCH_2C{\equiv}CAg\downarrow\ (\text{2-位 }CH_3)$$

7. 该化合物的结构为 $CH_3CH_2C{\equiv}CCH_2CH_3$。

七、1. 该反应发生时可能经过的反应过程或机理为

$$(CH_3)_3C{-}CH{=}CH_2 + H{-}Cl \longrightarrow CH_3\overset{CH_3}{\underset{CH_3}{C}}\overset{+}{C}HCH_3 \longrightarrow CH_3\overset{CH_3}{\overset{+}{C}}\underset{CH_3}{CH}CH_3 \xrightarrow{Cl^-} (CH_3)_2\underset{Cl}{C}CH(CH_3)_2$$

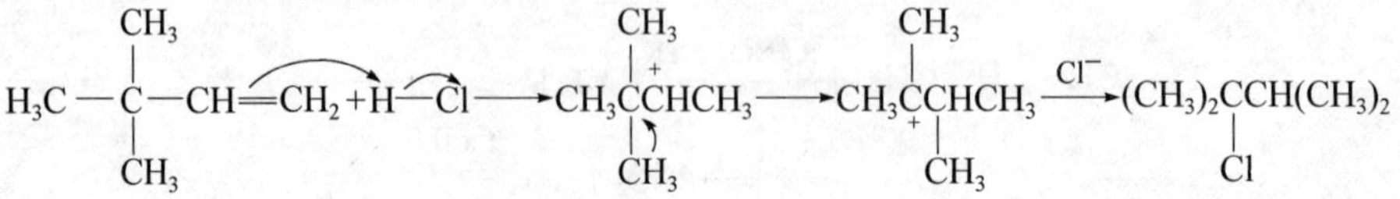

2. 该反应发生时可能经过的反应过程或机理为

$$\text{环己烯} + \overset{\delta+}{Br}{-}\overset{\delta-}{Br} \longrightarrow \text{溴鎓离子}\ (Br^-) \longrightarrow \text{反-1,2-二溴环己烷 (两种对映体)}$$

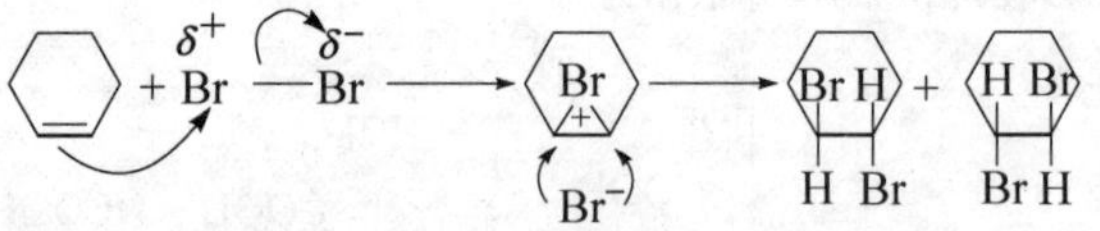

教材中的问题及习题解答

一、教材中的问题及解答

问题与思考 2-1　请写出己烷的五种异构体的构造式并将这些化合物中的仲碳原子和叔碳原子标识出来。

答

∗:仲碳原子;△:叔碳原子。

问题与思考 2-2　用纽曼式表示化合物 $BrCH_2CH_2Cl$ 几种较稳定的构象。哪一种构象最稳定？平衡体系中，哪一种构象异构体的含量最多？为什么？

答

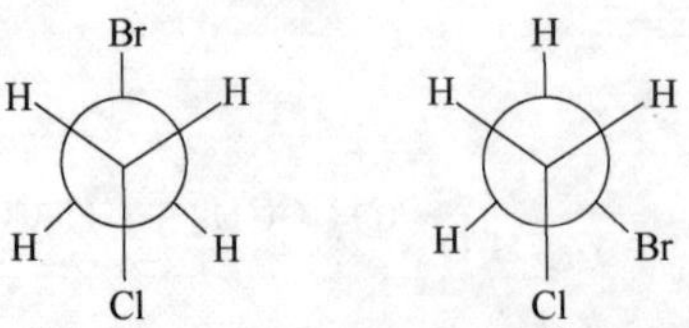

Ⅰ　Ⅱ

在 $BrCH_2CH_2Cl$ 中较稳定的构象是对位交叉式和邻位交叉式，其中对位交叉式Ⅰ在平衡体系中的含量最多，因为在这种构象中，体积较大的两个原子之间的距离最大，排斥力最小，能量最低。

问题与思考 2-3　请写出下列化合物的中文系统命名。

(1)

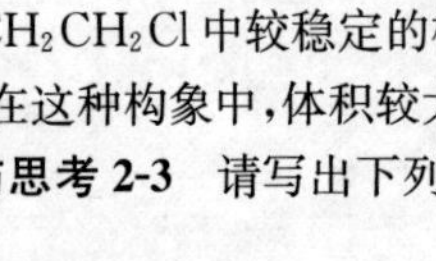

(2)　H　CH_3

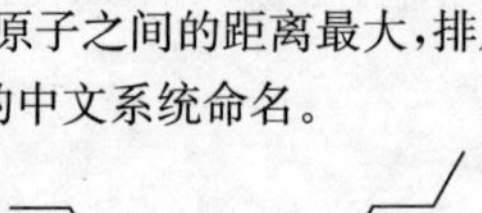

答　(1) 6-乙基-4-甲基癸烷　(2) (*Z*)-3,6-二甲基十一碳-5-烯

问题与思考 2-4　请写出下列化合物的构造式。

(1) 3,3-二乙基戊烷　　(2) 6-氯-5-甲基庚-2-炔

答

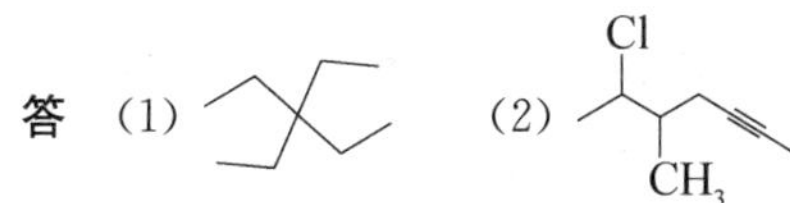

问题与思考 2-5　请思考下列反应的主要产物可能是什么。

(1) 环己亚基$=CHCH_3$ $\xrightarrow{HI}$　　(2) 环己亚基$=CHCH_3$ $\xrightarrow[过氧化物]{HI}$

答　在这两种条件下，会得到同一种产物，因为过氧化物效应只针对 HBr 这种特殊的试剂才起作用。

1-碘-1-乙基环己烷（环己烷环上同一碳连 I 和 CH_2CH_3）

问题与思考 2-6　请用化学方法区别下列三种化合物。

丁-1-炔　　丁-1-烯　　丁烷

答　丁-1-炔、丁-1-烯、丁烷 $\xrightarrow{[Ag(NH_3)_2]NO_3}$ {白色沉淀；无现象；无现象}，后两者 $\xrightarrow{Br/CCl_4}$ {褪色；无现象}

二、教材中的习题及解答

1. 指出 $CH_3CH{=}CH_2$ 和 $CH_2{=}CHCH_2C{\equiv}CH$ 中各碳原子的杂化状态(sp^3、sp^2、sp)。

答　$\overset{sp^3}{CH_3}-\overset{sp^2}{CH}=\overset{sp^2}{CH_2}$　　$\overset{sp^2}{CH_2}=\overset{sp^2}{CH}-\overset{sp^3}{CH_2}-\overset{sp}{C}\equiv\overset{sp}{C}H$

2. 命名下列化合物。

(1) $(CH_3)_2CHCH_2CH_3$　　(2) $CH_3CH_2CH(CH_3)C(CH_3)_2CH_2CH_3$

(3) $CH_3CH(CH_3)CH(CH_3)CH_3$　　(4) $(CH_3)_3CC(CH_3)_2CH(CH_2CH_3)CH_3$

(5) $C_2H_5C(=CH_2)CH_2CH_3$　　(6) $CH{\equiv}CC(CH_3)_2CH_2CH{=}CH_2$

答　(1) 异戊烷(2-甲基丁烷)　　(2) 3,3,4-三甲基己烷

(3) 2,3-二甲基丁烷　　(4) 2,2,3,3,4-五甲基己烷

(5) 3-甲亚基戊烷　　(6) 4,4-二甲基己-1-烯-5-炔

3. 写出下列化合物的构造式。

(1) 3-乙基-2-甲基戊烷　　(2) 4-乙基-2,3-二甲基己烷

(3) 2,3-二甲基丁-1-烯　　(4) 2-甲基丁-2-烯

(5) 顺-3,4-二甲基戊-2-烯　　(6) (2*Z*,4*E*)-己-2,4-二烯

答　(1) $CH_3CH(CH_3)CH(C_2H_5)CH_2CH_3$　　(2) $CH_3CH(CH_3)CH(CH_3)CH(C_2H_5)CH_2CH_3$

(3) $CH_2{=}C(CH_3)CH(CH_3)CH_3$ （$CH_2{=}CCHCH_3$，C 上连 CH_3，C 下连 CH_3） (4) $CH_3C(CH_3){=}CHCH_3$

(5) $CH_3(H)C{=}C(CH_3)CH(CH_3)_2$ （C=C：左上 CH_3，左下 H；右上 CH_3，右下 $CH(CH_3)_2$） (6) $CH_3(H)C{=}C(H)$—$C(H){=}C(H)CH_3$ （C=C：左上 CH_3，左下 H，右下 H；右上连 C=C，其上 H，右上 CH_3，右下 H）

4. 下列各式中，哪几个是同一化合物？

(1) $(CH_3)_2CHCH_2CH(CH_3)CH_2CH_3$ (2) $CH_2(CH_3)CH(CH_3)CH_2CH(CH_3)CH_3$

(3) $CH_3CH(CH_3)CH(CH_3)CH_2CH_2CH_3$ (4) $CH_3{-}C(CH_3)(CH_2CH_3){-}CH_2$，$H_3CH_2C$

(5) $CH_3{-}C(CH_3)(C_2H_5){-}CH_2CH_2CH_3$ (6) $CH_3CH(CH_2CH_3)CH_2CH(CH_3)CH_3$

答 (1)、(2)、(6)为同一化合物；(4)、(5)为同一化合物。

5. 下列化合物中，哪些有顺反异构体？如有，写出异构体的构型式并命名(Z/E 法)。

(1) 3-乙基-4-甲基己-3-烯 (2) 1-氯戊-2-烯

(3) 戊-1,3-二烯 (4) 庚-2,4-二烯

答 (2)、(3)、(4)有顺反异构体。

(2) $ClCH_2(H)C{=}C(H)C_2H_5$（CH_2Cl 与 C_2H_5 同侧）

(Z)-1-氯戊-2-烯

$ClCH_2(H)C{=}C(H)C_2H_5$（CH_2Cl 与 C_2H_5 异侧）

(E)-1-氯戊-2-烯

(3) $CH_2{=}CH(H)C{=}C(H)CH_3$（$CH_2{=}CH$ 与 CH_3 同侧）

(Z)-戊-1,3-二烯

$CH_2{=}CH(H)C{=}C(H)CH_3$（$CH_2{=}CH$ 与 CH_3 异侧）

(E)-戊-1,3-二烯

(4) $H_3C(H)C{=}C(H)$—$C(H){=}C(H)CH_2CH_3$

($2Z,4Z$)-庚-2,4-二烯

$H_3C(H)C{=}C(H)$—$C(H){=}C(H)CH_2CH_3$

($2E,4E$)-庚-2,4-二烯

$H_3C(H)C{=}C(H)$—$C(H){=}C(H)CH_2CH_3$

($2Z,4E$)-庚-2,4-二烯

$H_3C(H)C{=}C(H)$—$C(H){=}C(H)CH_2CH_3$

($2E,4Z$)-庚-2,4-二烯

6. 用系统命名法命名下列顺反异构体。

答　(1) (Z)-2-氯戊-2-烯　　(2) (Z)-3-甲基戊-2-烯

7. 写出分子式为 C_4H_8 的各个烯烃的顺反异构体的构型式并分别用系统命名法命名。

答　$CH_2=CHCH_2CH_3$　　$CH_3CH=CHCH_3$

丁-1-烯　　丁-2-烯

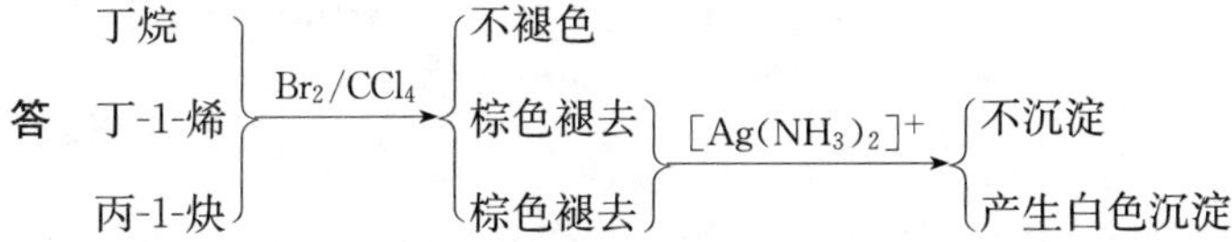

(Z)-丁-2-烯　　(E)-丁-2-烯　　2-甲基丙-1-烯

8. 下列化合物的命名如有错误，请改正。

(1) $CH_3CH(CH_2CH_3)CH_2CH_3$　2-乙基丁烷

(2) $(CH_3)_2CHCH_2CH(CH_3)C_2H_5$　2,4-二甲基己烷

(3) $(CH_3)_3CCH_2CH(CH_3)CH_2CH_3$　1,1,1-三甲基-3-甲基戊烷

(4) $CH_3CH_2CH(CH_3)C(CH_3)_3$　2,3,3-三甲基戊烷

答　(1) 错误，正确命名应为：3-甲基戊烷；(2) 正确；(3) 错误，正确命名应为：2,2,4-三甲基己烷；(4) 错误，正确命名应为：2,2,3-三甲基戊烷。

9. 用化学方法如何鉴别丁烷、丁-1-烯和丙-1-炔？

答　丁烷、丁-1-烯、丙-1-炔 $\xrightarrow{Br_2/CCl_4}$ 丁烷：不褪色；丁-1-烯：棕色褪去；丙-1-炔：棕色褪去

棕色褪去的两者 $\xrightarrow{[Ag(NH_3)_2]^+}$ 丁-1-烯：不沉淀；丙-1-炔：产生白色沉淀

10. 用反应式分别表示 2-甲基丁-1-烯与下列试剂的反应。

(1) 溴/CCl_4　(2) 5%$KMnO_4$溶液　(3) HI　(4) H_2/Pt

(5) HBr(有过氧化物存在)　(6) HCl(有过氧化物存在)

答　(1) $CH_2=C(CH_3)CH_2CH_3 \xrightarrow{Br_2/CCl_4} CH_2Br-CBr(CH_3)CH_2CH_3$

(2) $CH_2=C(CH_3)CH_2CH_3 \xrightarrow{5\%KMnO_4} CH_2(OH)-C(OH)(CH_3)CH_2CH_3$

(3) $CH_2=C(CH_3)CH_2CH_3 \xrightarrow{HI} CH_3-CI(CH_3)CH_2CH_3$

(4) $CH_2=C(CH_3)CH_2CH_3 \xrightarrow{H_2/Pt} CH_3-CH(CH_3)CH_2CH_3$

(5) $CH_2\!=\!\underset{\large|\atop CH_3}{C}CH_2CH_3 \xrightarrow[\text{过氧化物}]{HBr} CH_2Br\!-\!\underset{\large|\atop CH_3}{C}HCH_2CH_3$

(6) $CH_2\!=\!\underset{\large|\atop CH_3}{C}CH_2CH_3 \xrightarrow[\text{过氧化物}]{HCl} CH_3\!-\!\overset{Cl\atop\large|}{\underset{\large|\atop CH_3}{C}}CH_2CH_3$

11. 下列反应的主要产物是什么？写出其构造式(简写式)及名称。

(1) 2,4-二甲基戊-2-烯$\xrightarrow{HI}$

(2) 己-1-炔$\xrightarrow{HBr(过量)}$

(3) 辛 -1- 炔 $\xrightarrow[H_2O]{Hg^{2+},H_2SO_4}$; 辛 -1- 炔 $\xrightarrow{AgNO_3\text{-}NH_3}$

(4) 2-甲基丁-1,3-二烯 $\xrightarrow{Cl_2(1\ mol)}$; 2-甲基丁-1,3-二烯 $\xrightarrow{Cl_2(2\ mol)}$

(5) 2-甲基丙烯$\xrightarrow[\text{过氧化物}]{HI}$

(6) 丁-1-烯$\xrightarrow[H^+]{H_2O}$

(7) 2-甲基丁-1-烯$\xrightarrow[\text{过氧化物}]{HBr}$

(8) 戊-2-烯$\xrightarrow[\triangle]{KMnO_4}$

(9) 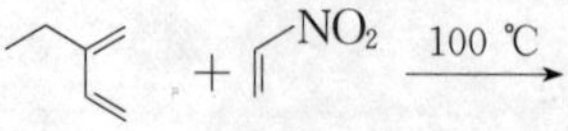 (2-乙基丁-1,3-二烯骨架式) + $\diagup\!\!NO_2$ $\xrightarrow{100\ ℃}$

(10) 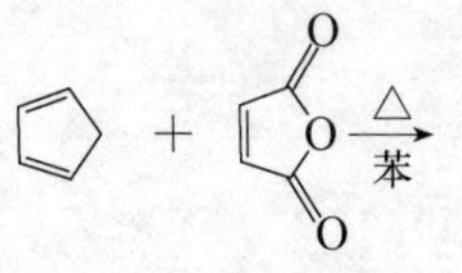 (环戊二烯) + (马来酸酐，O、O、O) $\xrightarrow[\text{苯}]{\triangle}$

(11) 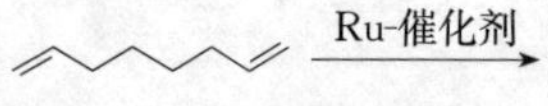 (辛-1,7-二烯骨架式) $\xrightarrow{Ru\text{-催化剂}}$

(12) 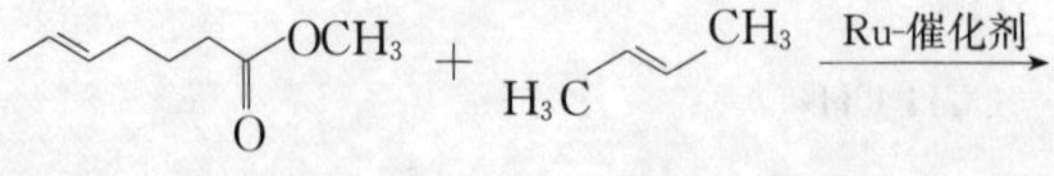 (己-5-烯酸甲酯骨架式，OCH_3，O) + $H_3C\diagup\!\!=\!\!\diagup CH_3$ $\xrightarrow{Ru\text{-催化剂}}$

答 (1) $CH_3\overset{I\atop\large|}{\underset{\large|\atop CH_3}{C}}CH_2\overset{CH_3\atop\large|}{C}HCH_3$ 2-碘-2,4-二甲基戊烷

(2) $CH_3\overset{Br\atop\large|}{\underset{\large|\atop Br}{C}}CH_2CH_2CH_2CH_3$ 2,2-二溴己烷

(3) $CH_3C(=O)(CH_2)_5CH_3$　辛-2-酮　$AgC\equiv C-(CH_2)_5CH_3$　辛-1-炔-1-基银

(4)

$CH_2Cl-C(CH_3)(Cl)-CH=CH_2$　3,4-二氯-3-甲基丁-1-烯

$CH_2=C(CH_3)-CHCl-CH_2Cl$　3,4-二氯-2-甲基丁-1-烯　　$CH_2Cl-C(CH_3)(Cl)-CHCl-CH_2Cl$　1,2,3,4-四氯-2-甲基丁烷

$CH_2Cl-C(CH_3)=CH-CH_2Cl$　1,4-二氯-2-甲基丁-2-烯

(5) $CH_3-C(I)(CH_3)-CH_3$　2-碘-2-甲基丙烷

(6) $CH_3CH(OH)CH_2CH_3$　丁-2-醇

(7) $CH_2(Br)-CH(CH_3)-CH_2-CH_3$　1-溴-2-甲基丁烷

(8) CH_3COOH(乙酸)+CH_3CH_2COOH(丙酸)

(9) 1-乙基-5-硝基环己-1-烯 + 1-乙基-4-硝基环己-1-烯

(10)

(11) 环己烯 + $CH_2=CH_2$ 乙烯；(12) (Z)-丁-2-烯 + OCH_3 (Z)-庚-5-烯酸甲酯

12. 哪些烯烃经臭氧氧化再以 Zn/H_2O 处理后可得以下化合物?

(1) $CH_3CH_2CH_2CHO+HCHO$

(2) $(CH_3)_2CHCHO+CH_3CHO$

(3) $CH_3CHO+(H_3C)_2C=O$

(4) 2 mol $(H_3C)_2C=O$

(5) $CH_3CHO+OHC—CH_2—CHO\ +HCHO$

答 (1) $CH_3CH_2CH_2CH=CH_2$

(2) $(CH_3)_2CHCH=CHCH_3$

(3) $CH_3CH=C(CH_3)_2$

(4) $(H_3C)_2C=C(CH_3)_2$

(5) $CH_3CH=CHCH_2CH=CH_2$

13. 分子式为C_4H_8的两种化合物与氢溴酸作用生成相同的卤代烷。试推测这两种化合物的构造式。

答 根据分子式C_4H_8，且可以与 HBr 加成，说明该化合物为单烯烃，C_4H_8的同分异构体有三个：$CH_2=CHCH_2CH_3$(A)，$CH_3CH=CHCH_3$(B)和 $CH_2=C(CH_3)CH_3$(C)。其中 A 和 B 与 HBr 加成生成相同的卤代烷。故这两种化合物为$CH_2=CHCH_2CH_3$(丁-1-烯)和$CH_3CH=CHCH_3$(丁-2-烯)。

14. 分子式为C_4H_6的化合物能使高锰酸钾溶液褪色，但不能与硝酸银的氨溶液发生反应，试写出这些化合物的构造式。

答 根据分子式C_4H_6，以及能使$KMnO_4$溶液褪色，说明该化合物为炔烃或二烯烃。C_4H_6的同分异构体有三个：$CH\equiv CCH_2CH_3$(A)，$CH_3C\equiv CCH_3$(B) 和 $CH_2=CHCH=CH_2$(C)，其中只有 A 能与硝酸银的氨溶液反应，故该化合物为 $CH_3C\equiv CCH_3$(丁-2-炔)或$CH_2=CHCH=CH_2$(丁-1,3-二烯)。

15. 1 mol 分子式为$C_{11}H_{20}$的烃催化氢化时可吸收 2 mol H_2。其臭氧化物以 Zn/H_2O 处理后，生成丁酮、丁二醛($OHCCH_2CH_2CHO$)及丙醛(CH_3CH_2CHO)。试写出这种物质可能的构造式。

答 $CH_3CH_2C(CH_3)=CHCH_2CH_2CH=CHCH_2CH_3$

(姚秋丽)

第 3 章　环　　烃

学习目标

(1) 掌握单环脂环烃和单环芳香烃的构造异构与命名。
(2) 掌握脂环烃的顺反异构与构型标记。
(3) 熟悉脂环烃的稳定性与环大小的关系。
(4) 理解环己烷及取代环己烷的构象异构。
(5) 熟悉共振论的基本内容,并用以表示分子、离子结构。
(6) 掌握苯的结构和苯的亲电取代反应,理解反应机理。
(7) 熟悉取代基对苯环上亲电取代反应的影响:致活、致钝作用和定位效应。
(8) 熟悉休克尔(Hückel)规则,并用以判断芳香性。

重点内容提要

3.1 脂环烃

环烃是含碳环的碳氢化合物,分为脂环烃和芳香烃。

1. 脂环烃的分类和命名

根据分子中碳-碳键的特征,脂环烃分为环烷烃、环烯烃和环炔烃;根据环的数目,又分为单环脂烃和多环脂烃。根据环的大小,单环烷烃分为小环、普通环、中环和大环。

单环烷烃常用键线式(骨架式)表示:正多边形的每个角代表一个碳原子,C 和连在 C 上的 H 都不写出。

单环烷烃的命名,根据成环碳原子数称为"环某烷"。带支链的环烷烃以环烷烃为母体命名。一取代单环烷烃的命名,将取代基的名称置于母体名"环某烷"之前。二取代、多取代单环烷烃的命名,根据"最低(小)位次组"原则给环碳原子编号,确定取代基的位次;取代基按其英文名称的字母顺序列于母体名之前。

2. 环烷烃的结构

(1) 构造异构。环的大小、取代基的种类、取代基的位置等不同均可形成构造异构体。

(2) 顺反异构。两个或两个以上的环碳原子都连有取代基时,环烷烃存在顺反异构体。两个取代基在环平面同侧的为顺式构型,用"*cis*"标记;两个取代基在环平面异侧的为反式构型,用"*trans*"标记。

(3) 环烷烃的稳定性与构象。环中碳原子都是 sp^3 杂化,小环中的 C—C 键是"弯曲键"。环丙烷、环丁烷有较大的环张力,不稳定。环戊烷的环张力很小,比较稳定。环己烷没有环张力,最稳定。环丙烷是平面分子，环丁烷最稳定的构象是弯曲形，环戊烷最稳定的构象是信封形。

由于键角偏离正常值而引起的张力称为角张力。因为重叠式构象引起的张力称为扭转张力。

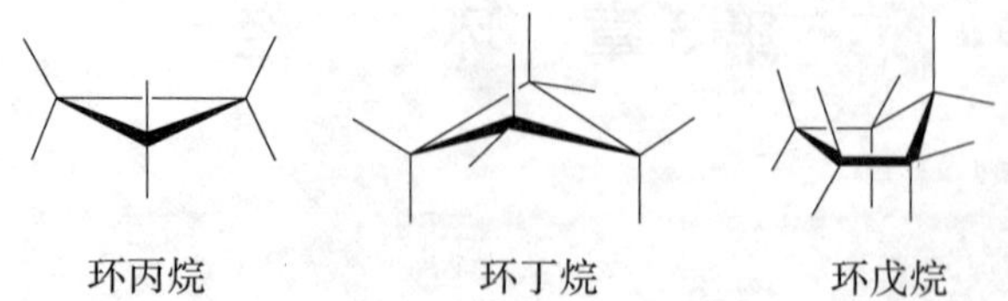

环丙烷　　环丁烷　　环戊烷

(4) 环己烷的构象。

① 环己烷最稳定的构象是椅式构象。每个碳原子都是 sp^3 杂化，是典型的四面体构型。从每个碳-碳键看，都是交叉式构象。C_2、C_3、C_5、C_6 在同一平面内，C_1、C_4 分别在环平面的两侧。从另一个角度观察，6 个碳原子间隔分布在互相平行的两个平面内。每个碳原子所连的两个氢原子分别伸向环平面的两侧，一个在 a 键，另一个在 e 键。6 个 a 键相间分布在环两侧，6 个 e 键也相间分布在环两侧。

② 通过环翻转，一种椅式构象转变为另一种椅式构象。a 键变 e 键，e 键变 a 键。

③ 一取代环己烷，取代基在 e 键的椅式构象较稳定。取代基在 a 键时有"1,3-二竖键作用"。

④ 二取代、多取代环己烷，取代基都在或多数在 e 键的构象最稳定。如不能，则体积较大基团在 e 键的构象较稳定。

⑤ 十氢萘有顺反异构体，顺式异构体有构象异构体，反式异构体没有。

⑥ 环己烷的另一种典型构象是船式构象。其中，C_2、C_3、C_5、C_6 在同一平面内，是重叠式构象；C_1、C_4 在环平面的同侧，两个"旗杆"氢之间有较大的排斥力。

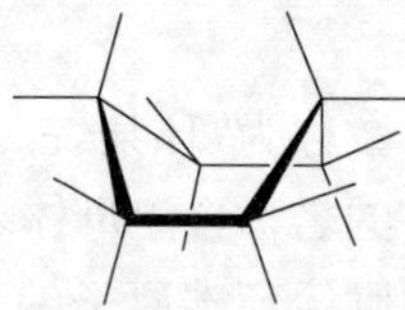

3. 脂环烃的性质

与含相同碳原子数的开链烷烃相比，环烷烃的熔点、沸点、相对密度等都较高。

环烷烃的典型反应是小环的开环反应。与烷烃相似，环烷烃难以被氧化。

$$\triangle + H_2 \xrightarrow[80℃]{Ni}$$

$$\triangle + Cl_2 \xrightarrow{CCl_4} \text{Cl} \quad \text{Cl}$$

$$\triangle + HI \longrightarrow \text{I}$$

3.2 芳香烃

芳香烃分为苯型芳香烃和非苯型芳香烃。苯型芳香烃分为单环芳香烃和多环芳香烃。

1. 苯的结构

苯分子是平面构型。每个碳原子都是 sp^2 杂化,分别与相邻的两个碳原子和一个氢原子形成 σ 键,键角都是 120°,对称性高。6 个 p 轨道平行重叠,形成环闭的共轭体系,非常稳定。苯常用下列两种结构式表示:

2. 苯的同系物的异构现象和命名

单环芳香烃以苯为母体、侧链作取代基命名。最常见的芳香烃基是苯基和苄基。

二取代苯有三种位置异构体:邻、间、对,用数字标记分别是 1,2-、1,3-和 1,4-,用字母标记分别是 *o*-、*m*-、*p*-。

G
邻位　邻位
间位　间位
对位

3. 苯及其同系物的性质

苯的 π 电子云分布在环平面两侧,易与亲电试剂反应,在苯环上分别引入卤素原子、硝基、磺酸基、烷基和酰基。

$C_6H_6 \xrightarrow[FeX_3]{X_2} C_6H_5X$ (X=Cl,Br) 卤代反应

$C_6H_6 \xrightarrow[\triangle]{浓 HNO_3+浓 H_2SO_4} C_6H_5NO_2$ 硝化反应

$C_6H_6 \xrightarrow{浓 H_2SO_4} C_6H_5SO_3H$ 磺化反应

$C_6H_6 \xrightarrow[AlX_3]{RX} C_6H_5R$ 烷基化反应

$C_6H_6 \xrightarrow[AlX_3]{RCOCl 或 (RCO)_2O} C_6H_5COR$ 酰基化反应

侧链的特征反应是 α 位的卤代和整个侧链的氧化。在光照或加热时,α-H 被卤素取代。与苯环直接相连的碳上有氢,则被酸性高锰酸钾溶液氧化为苯甲酸;没有氢则不能氧化。

4. 苯环上亲电取代反应的历程

苯环上的取代反应是亲电取代反应,分两步完成。第一步,苯与亲电试剂结合,生成碳正

离子；卤代、硝化、磺化、烷基化和酰基化反应的亲电试剂分别是 X^+（Cl^+、Br^+）、$^+NO_2$、SO_3/$^+SO_3H$、R^+和^+COR。第二步，碳正离子失去 H^+，恢复苯环结构，生成取代产物。

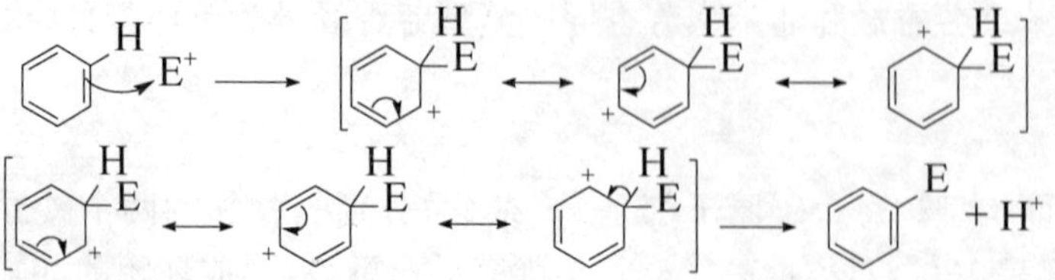

5. 取代基对苯环上亲电取代反应的影响

取代的苯发生苯环上的亲电取代反应，取代基通过诱导效应和共轭效应对反应的活性和反应的位置予以影响。给苯环提供电子、使反应比苯容易的，称为活化基团；活化基团的特点是直接与苯环相连的原子没有形成不饱和键且多数有孤对电子。—O^-、—NR_2、—NH_2、—OH、—OR、—NHCOR、—OCOR、—R、—Ph 等都是活化基团，它们的致活作用按从前到后的顺序越来越弱。从苯环吸引电子、使反应比苯更困难的取代基，称为钝化基团；钝化基团的特点是与苯环直接相连的原子带正电荷或部分正电荷。—$^+NR_3$、—NO_2、—CF_3、—CN、—SO_3H、—CHO、—COR、—COOH、—COOR、—CONHR、—X 等都是钝化基团，它们的致钝作用按从前到后的顺序越来越弱。

使反应(主要)发生在取代基邻、对位的，称为邻、对位定位取代基。使反应(主要)发生在取代基间位的，称为间位定位取代基。活化基团都是邻、对位定位取代基；间位定位取代基都是钝化基团。卤素特殊，是钝化基团，属于邻、对位定位取代基。

二取代苯亲电取代反应的位置由两个取代基共同决定。当两者的定位效应不一致时，总是以致活作用较强或致钝作用较弱的取代基决定的为主。另外，空间效应使得间位二取代基的共同邻位不易发生反应。

3.3 多环芳香烃

多环芳香烃分为多苯代脂烃类、联苯类和稠环芳香烃类。萘是最简单的稠环芳香烃。致癌芳香烃是以 3,4-苯并芘为代表的含四个及四个以上苯环、具有特征结构域的一些稠苯芳香烃。

3.4 非苯型芳香烃和休克尔规则

休克尔规则：含有($4n+2$)个 π 电子的单环平面共轭体系有芳香性。

环丙-2-烯-1-基正离子、环戊-2,4-二烯-1-基负离子、环庚-2,4,6-三烯-1-基正离子都是具有芳香性的非苯芳香离子。[10]轮烯无芳香性，[14]轮烯、[18]轮烯都有芳香性。

3.5 共振论

当一个分子或离子可以写出两种及两种以上路易斯结构式时，它的真实结构用任何一种路易斯结构式都不能准确表达，用这些路易斯结构式一起来表达，真实结构是所有共振式的共振杂化体，这些路易斯结构式称为共振式。书写时，共振式之间用双向直箭头连接，整体放在一个方括号内。

解 题 示 例

【例 3-1】 命名化合物。

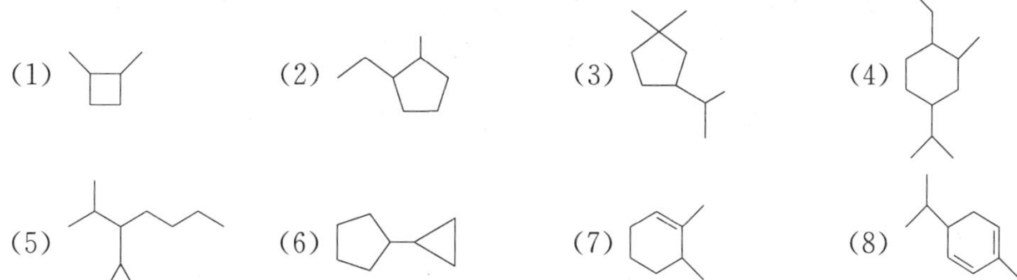

【答案】 (1) 1,2-二甲基环丁烷　　(2) 1-乙基-2-甲基环戊烷

(3) 3-异丙基-1,1-二甲基环戊烷　　(4) 1-乙基-4-异丙基-2-甲基环己烷

(5) (2-甲基庚-3-基)环丙烷　　(6) 环丙基环戊烷

(7) 1,6-二甲基环己烯　　(8) 5-异丙基-2-甲基环己-1,3-二烯

【解析】 带支链的环烷烃,以支链作取代基、环烷烃为母体命名,环碳原子编号取"最低(小)位次组"。取代基按其英文名称的字母顺序列于母体名"环某烷"之前。(2)的甲基和乙基,一个是1-位,一个是2-位,名称中先写"乙基",所以连乙基的环碳原子定为1-位。(5)的支链作取代基,它最长碳链含7个碳原子,故称"庚基";要使取代基中与环相连碳原子的位次较低,故称"庚-3-基";"庚-3-基"的2-位上连一个甲基,故取代基的名称为"2-甲基庚-3-基"。(6)属于"联环母体氢化物",两环不同,以较小的环作取代基、较大的环为母体命名。

环烯烃命名,碳-碳双键总是取1,2-位。然后再考虑使其他双键及取代基的位次较低。

【例 3-2】 画出下列化合物最稳定的构象式。

(1) 甲基环己烷　(2) *trans*-1,2-二甲基环己烷　(3) *cis*-1,3-二甲基环己烷

(4) *cis*-4-叔丁基-1-甲基环己烷　　(5)

【答案】

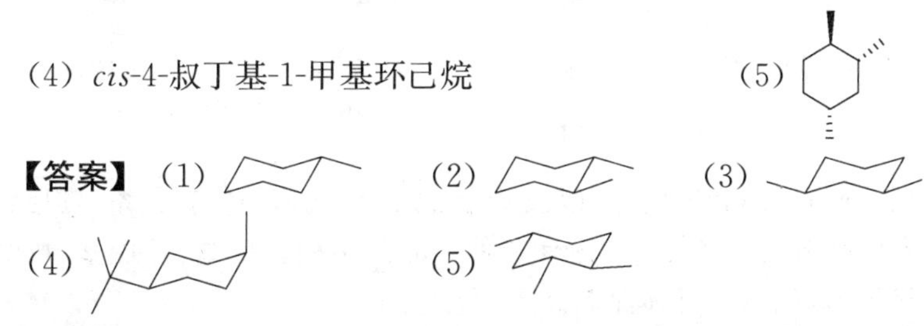

【解析】 一取代,取代基在e键上的构象稳定。二取代和多取代,首先看构型,如果取代基能够都在e键上,这种构象稳定。如果不能都在e键上,体积大的取代基在e键上的构象稳定。

【例 3-3】 写出反应 + HBr ⟶ 的主要产物。

【答案】

。

【解析】 取代环丙烷与卤化氢反应,在连取代基最多和最少的碳原子之间断键,卤原子连到原来连取代基多的碳上(类似于马氏规则)。

【例 3-4】 用化学方法鉴别下列化合物:丙烷、丙烯、丙炔和环丙烷。

【答案】

	$[Ag(NH_3)_2]NO_3$	Br_2/CCl_4	$KMnO_4, H^+$
丙烷	(－)	(－)	
丙烯	(－)	褪色	褪色
丙炔	白色沉淀		
环丙烷	(－)	褪色	(－)

【解析】 烷烃难氧化，不能加成。烯烃能氧化，能加成。炔烃能氧化，能加成；炔氢相对活泼，端基炔烃能生成炔淦。环烷烃可发生加成性开环反应，但是难氧化。

【例 3-5】 、、、和，相对稳定性如何？

【答案】 稳定性：＞＞＞＞。

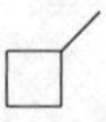

【解析】 环烷烃中，除环己烷外，都有环张力。小环烷烃的环张力较大，环丙烷的最大。

【例 3-6】 写出下列化合物的结构式。

(1) 二甲苯　(2) 三甲苯　(3) 1-乙基-2-甲基苯

(4) (5-甲基己-2-基)苯　(5) 环己基苯　(6) 乙炔基苯

【答案】 (1) 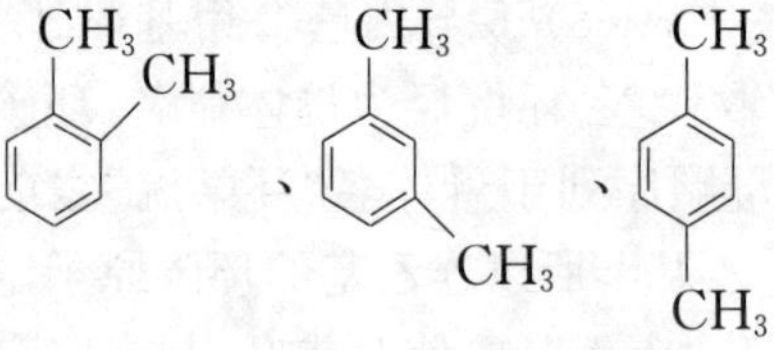 CH_3 CH_3 、 CH_3 CH_3 、 CH_3 CH_3

(2) CH_3 CH_3 CH_3 、 CH_3 CH_3 CH_3 、 CH_3 H_3C CH_3

(3) CH_3 CH_2CH_3 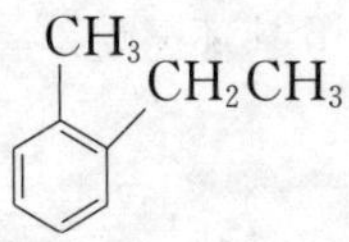　(4)

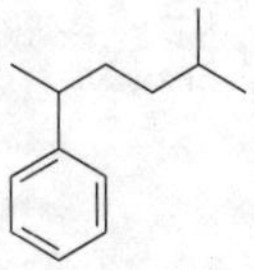

(5) 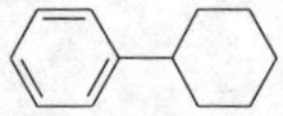　(6) 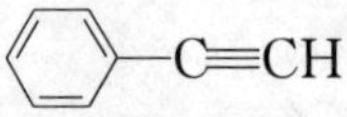 $C{\equiv}CH$

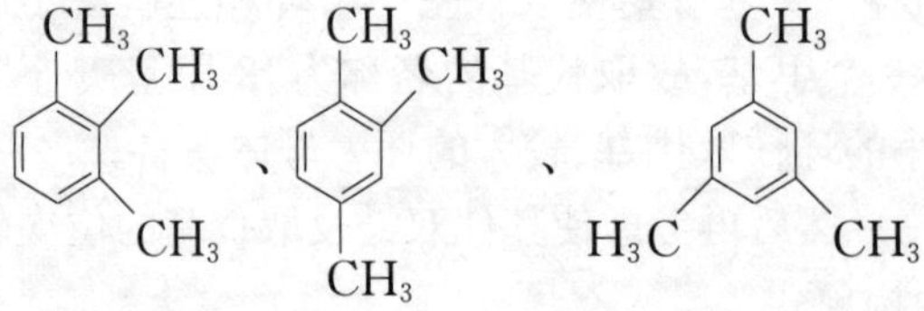

【解析】 根据命名规则，分清母体和取代基，以及两个、多个取代基的位置关系，逐层转换成结构式。(1)和(2)未标明取代基的位置关系，各有 3 种可能的结构。烷基、烯烃基、炔烃基或环己基以下的环烷基取代的苯，以苯为母体命名。

【例 3-7】 将下列化合物按溴代反应速率由快到慢的顺序排列。

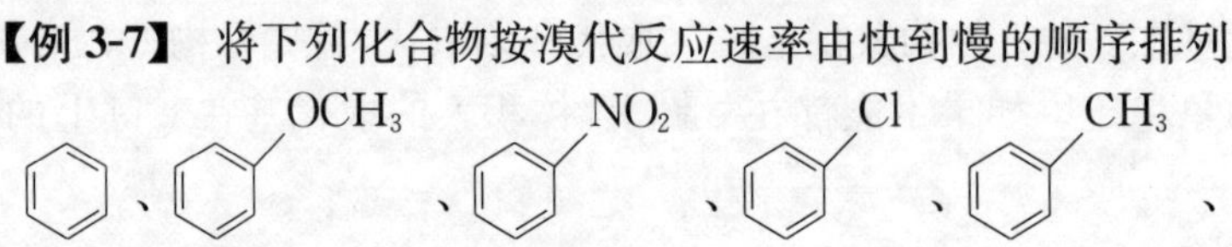

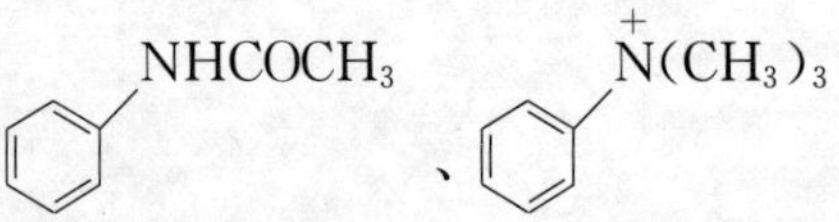

、OCH_3 、NO_2 、Cl 、CH_3 、

$NHCOCH_3$ 、$\overset{+}{N}(CH_3)_3$

【答案】

OCH_3 ＞ $NHCOCH_3$ ＞ CH_3 ＞ ＞ Cl ＞

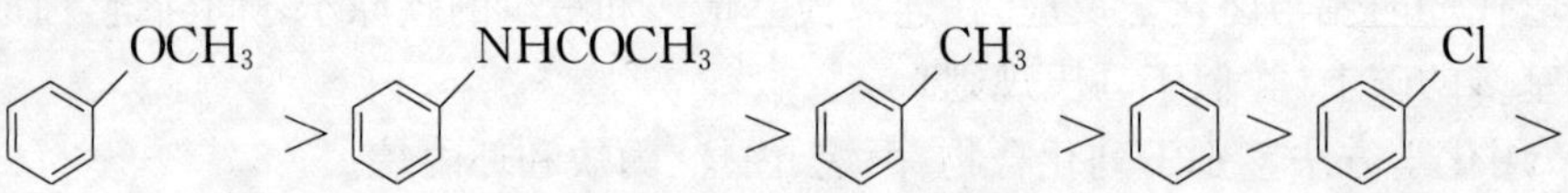

NO_2　>　$\overset{+}{N}(CH_3)_3$

【解析】 取代基对苯环上发生亲电取代反应的活性有影响，有活化基团和钝化基团之分，其致活、致钝作用又有强弱之别。—OCH_3 是强致活基团，—$NHCOCH_3$ 是中等致活基团，—CH_3 是弱致活基团；—Cl 是弱致钝基团，—NO_2 是中等致钝基团，—$^{+}N(CH_3)_3$ 是强致钝基团。故反应活性由高到低的顺序如上。

【例 3-8】 用箭头标示芳香亲电取代反应发生的位置。

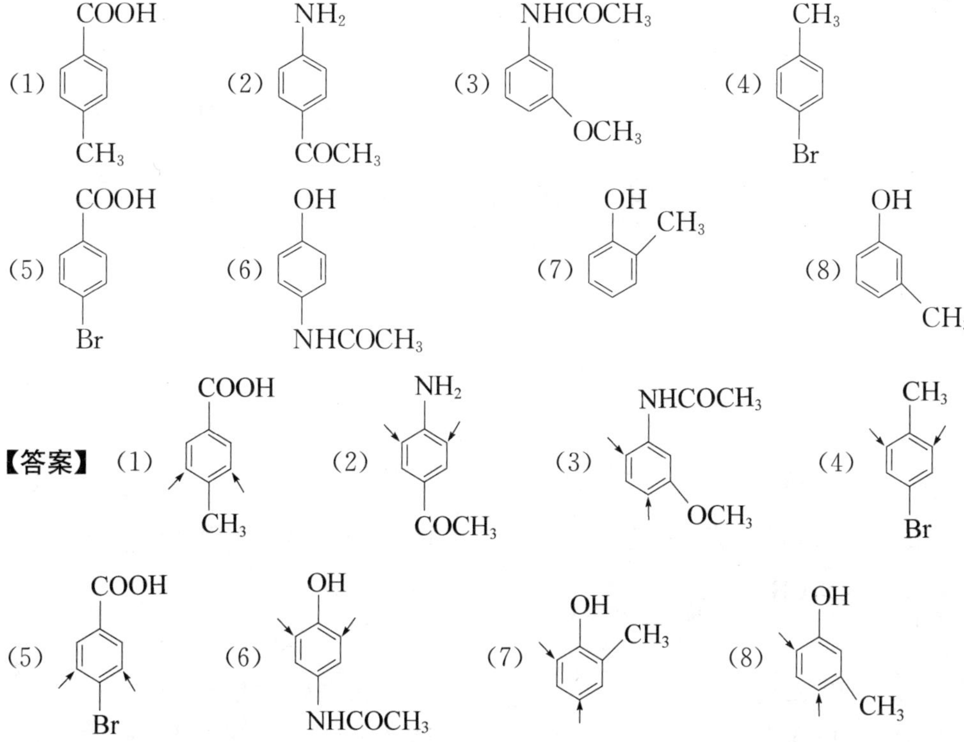

【解析】 取代基对苯环上发生的亲电取代反应有定位效应。二取代苯定位的规律是：①致活基团和致钝基团同时存在时，以致活基团的作用为主；②不同的致活基团同时存在时，以较强致活基团的作用为主；③不同的致钝基团同时存在时，以较弱致钝基团的作用为主；④1,3-二取代，因为空间位阻，2-位一般不反应。

【例 3-9】 如何从苯制备 4-溴-3-硝基苯甲酸？

【答案】 苯 $\xrightarrow[AlCl_3]{CH_3Cl}$ 甲苯 $\xrightarrow[Fe]{Br_2}$ 邻溴甲苯 + 对溴甲苯

对溴甲苯 $\xrightarrow[\triangle]{KMnO_4,H^+}$ 对溴苯甲酸 $\xrightarrow[浓 H_2SO_4]{浓 HNO_3}$ 4-溴-3-硝基苯甲酸

【解析】 羧基不能直接引入苯环，一般从烷基氧化生成。烷基是邻、对位定取代基，而羧基是间位定位取代基。需要注意目标化合物中各取代基的定位效应，统筹考虑反应的顺序。

【例 3-10】 判断下列物质有无芳香性。

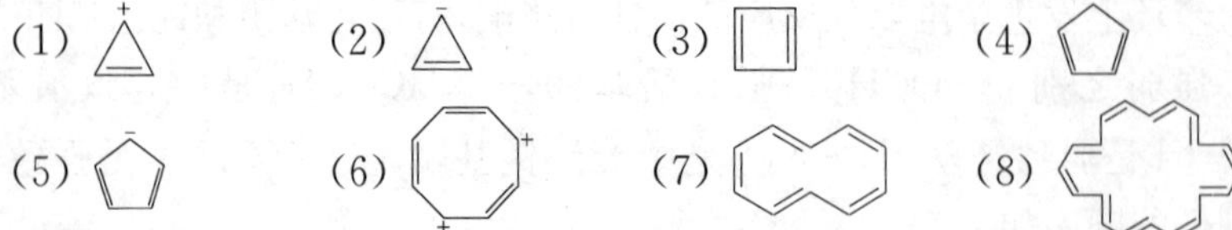

【答案】 (1)、(5)、(6)有芳香性，(2)、(3)、(4)、(7)、(8)无芳香性。

【解析】 判断芳香性的根据是休克尔规则：成环原子共平面，全部参与共轭，π 电子数符合$(4n+2)$。(2)的 π 电子数为 4；(3)的 π 电子数为 4；(4)有一个饱和碳原子，没有形成闭合的共轭体系；(7)的碳原子不共平面，因为氢之间有排斥 H H；(8)是[20]轮烯，π 电子数为 20。

学生自我测试题及参考答案

一、选择题。

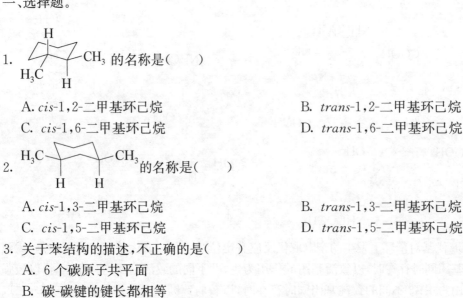

1. H, CH_3, H_3C, H 的名称是(　　)

A. *cis*-1,2-二甲基环己烷　　B. *trans*-1,2-二甲基环己烷

C. *cis*-1,6-二甲基环己烷　　D. *trans*-1,6-二甲基环己烷

2. H_3C, CH_3, H, H 的名称是(　　)

A. *cis*-1,3-二甲基环己烷　　B. *trans*-1,3-二甲基环己烷

C. *cis*-1,5-二甲基环己烷　　D. *trans*-1,5-二甲基环己烷

3. 关于苯结构的描述，不正确的是(　　)

A. 6 个碳原子共平面

B. 碳-碳键的键长都相等

C. 苯是两种重要共振式的共振杂化体

D. 苯以两种共振式存在，它们互相转变的速度极快

4. 甲苯 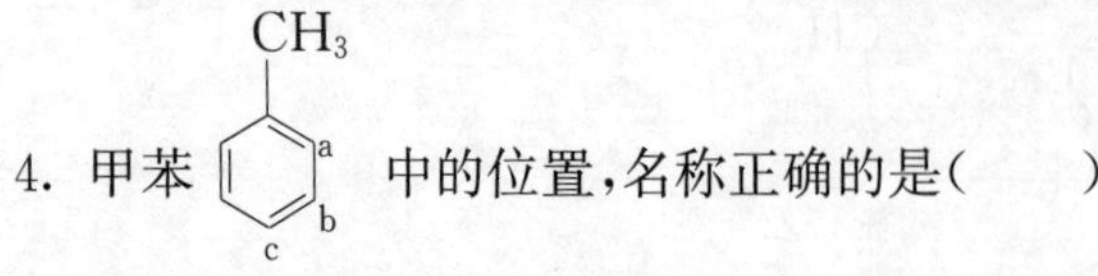

中的位置，名称正确的是(　　)

A. a-邻位；b-间位；c-对位　　B. a-间位；b-邻位；c-对位

C. a-对位；b-间位；c-邻位　　D. a-邻位；b-对位；c-间位

5. 下列化合物中，不属于二取代环已烷的是(　　)

A. 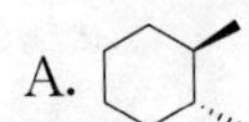　　B. 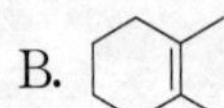　　C. 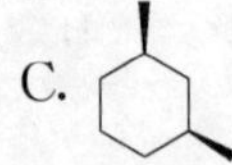　　D. 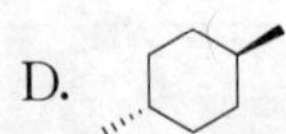

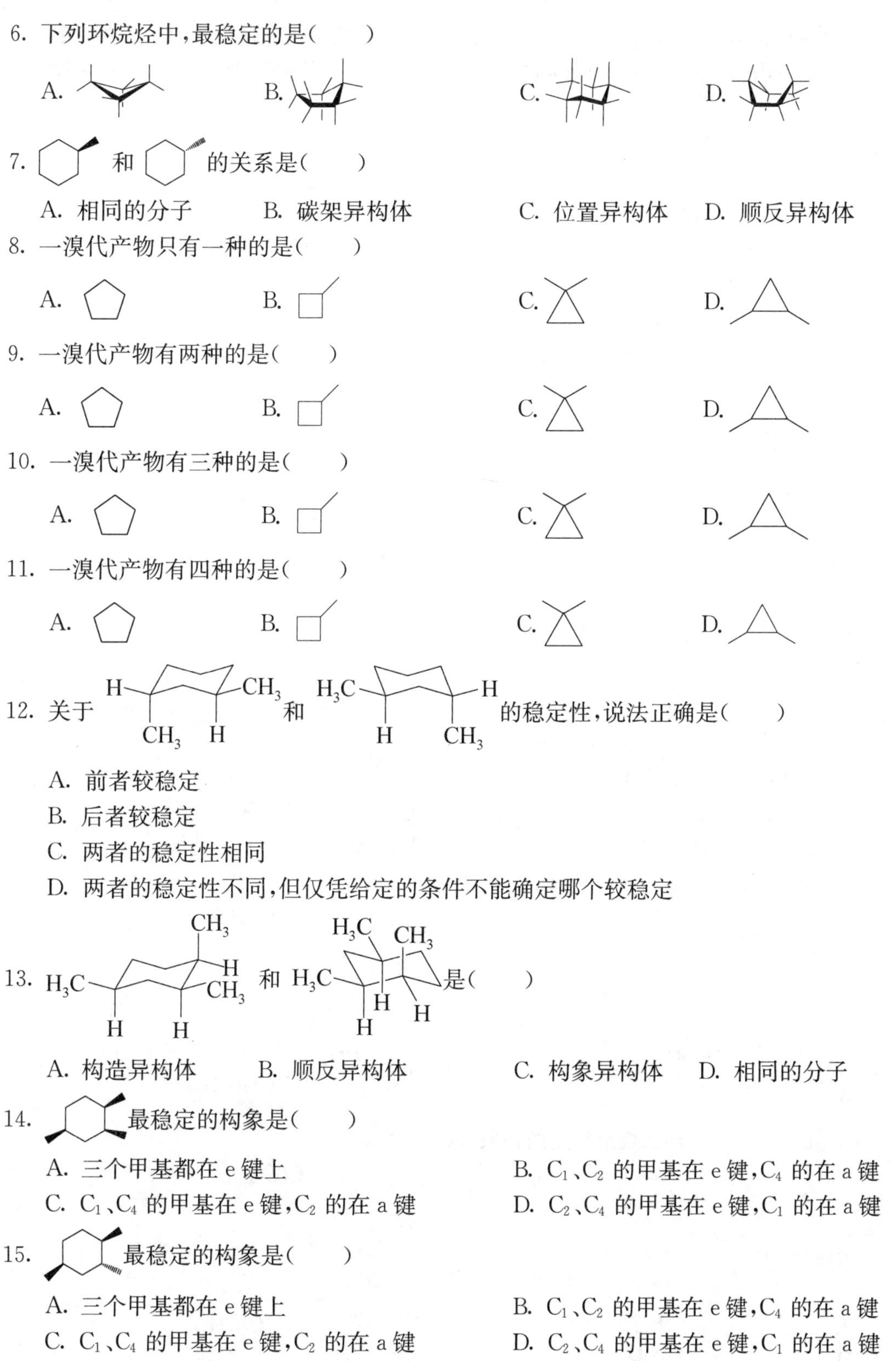

6. 下列环烷烃中，最稳定的是(　　)

A.　　B.　　C.　　D.

7. 和 的关系是(　　)

A. 相同的分子　　B. 碳架异构体　　C. 位置异构体　　D. 顺反异构体

8. 一溴代产物只有一种的是(　　)

A.　　B.　　C.　　D.

9. 一溴代产物有两种的是(　　)

A.　　B.　　C.　　D.

10. 一溴代产物有三种的是(　　)

A.　　B.　　C.　　D.

11. 一溴代产物有四种的是(　　)

A.　　B.　　C.　　D.

12. 关于 和 的稳定性，说法正确是(　　)

A. 前者较稳定

B. 后者较稳定

C. 两者的稳定性相同

D. 两者的稳定性不同，但仅凭给定的条件不能确定哪个较稳定

13. 和 是(　　)

A. 构造异构体　　B. 顺反异构体　　C. 构象异构体　　D. 相同的分子

14. 最稳定的构象是(　　)

A. 三个甲基都在 e 键上

B. C_1、C_2 的甲基在 e 键，C_4 的在 a 键

C. C_1、C_4 的甲基在 e 键，C_2 的在 a 键

D. C_2、C_4 的甲基在 e 键，C_1 的在 a 键

15. 最稳定的构象是(　　)

A. 三个甲基都在 e 键上

B. C_1、C_2 的甲基在 e 键，C_4 的在 a 键

C. C_1、C_4 的甲基在 e 键，C_2 的在 a 键

D. C_2、C_4 的甲基在 e 键，C_1 的在 a 键

16. 最稳定的构象是(　　)

A. 三个甲基都在 e 键上　　B. C_1、C_3 的甲基在 e 键，C_5 的在 a 键

C. C_1、C_5 的甲基在 e 键，C_3 的在 a 键　　D. C_3、C_5 的甲基在 e 键，C_1 的在 a 键

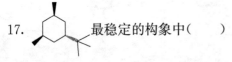

17. 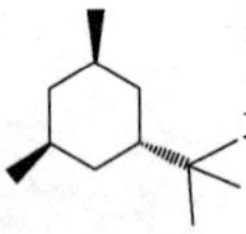 最稳定的构象中（　　）

A. 两个甲基都在 e 键　　B. 两个甲基都在 a 键

C. 叔丁基在 a 键　　D. 一个甲基在 e 键，一个甲基在 a 键

18. 碳原子处在一个平面内的环烷烃是（　　）

A. 环己烷　　B. 环戊烷　　C. 环丁烷　　D. 环丙烷

19. 与其他三者不相同的化合物是（　　）

A. 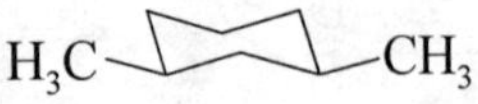 H_3C CH_3　　B. 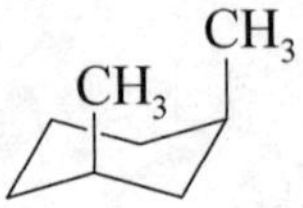 CH_3 CH_3

C. 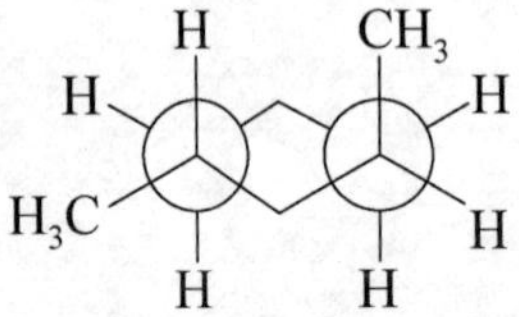 H CH_3 H H H_3C H H H H　　D.

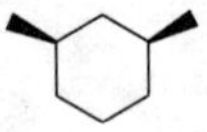

20. *trans*-1,2-二甲基环己烷可以表示成（　　）

A. 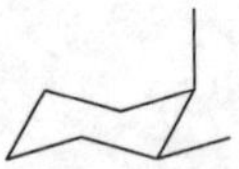　　B. 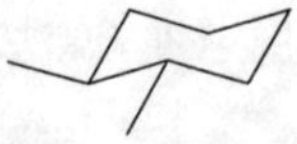　　C. 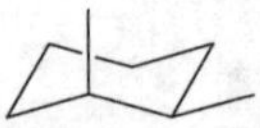　　D.

21. 最稳定的构象中，甲基都在 e 键的是（　　）

A. 1,1-二甲基环己烷　　B. *cis*-1,2-二甲基环己烷

C. *cis*-1,3-二甲基环己烷　　D. *cis*-1,4-二甲基环己烷

22. *trans*-1-异丙基-3-甲基环己烷最稳定的构象是（　　）

A. 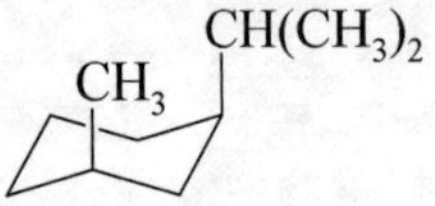 $CH(CH_3)_2$ CH_3　　B. 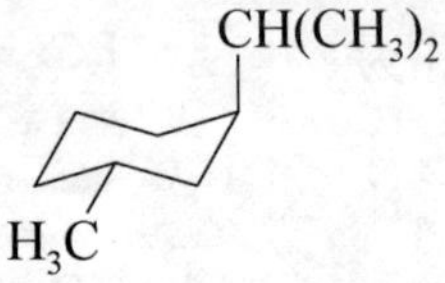 $CH(CH_3)_2$ H_3C

C. 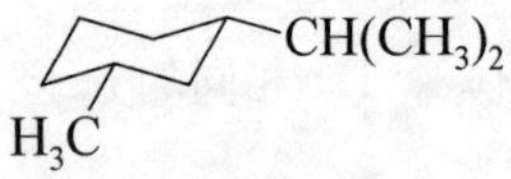 $CH(CH_3)_2$ H_3C　　D. 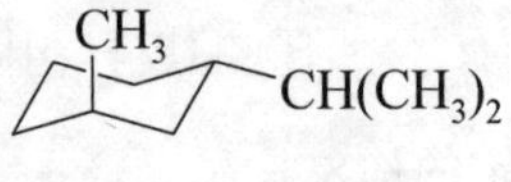 CH_3 $CH(CH_3)_2$

23. *cis*-1-叔丁基-4-甲基环己烷最稳定的构象是（　　）

A. 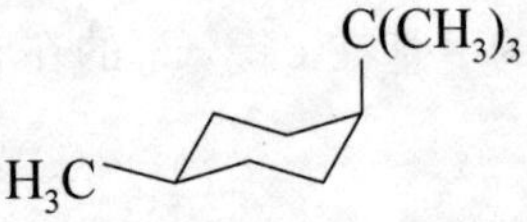 $C(CH_3)_3$ H_3C　　B. $C(CH_3)_3$ CH_3

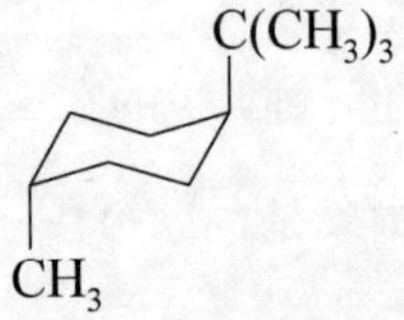

C. 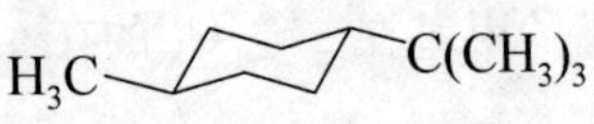 H_3C $C(CH_3)_3$　　D. 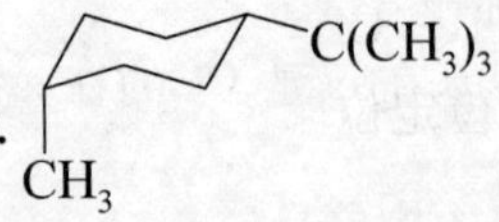 $C(CH_3)_3$ CH_3

24. *trans*-十氢萘最稳定的构象是（　　）

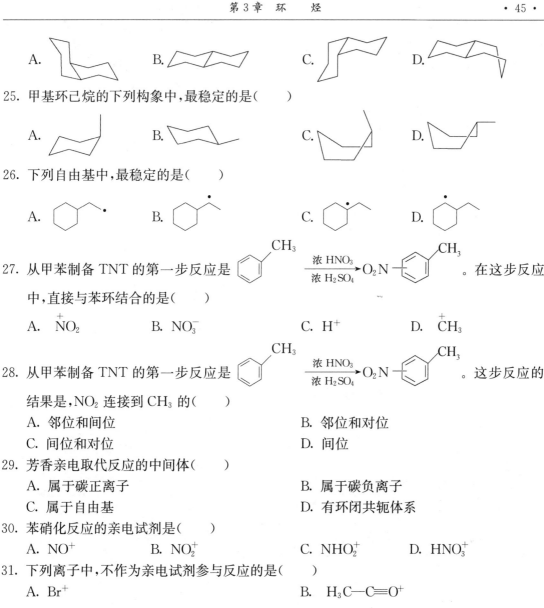

A.　　B.　　C.　　D.

25. 甲基环己烷的下列构象中，最稳定的是(　　)

A.　　B.　　C.　　D.

26. 下列自由基中，最稳定的是(　　)

A.　　B.　　C.　　D.

27. 从甲苯制备 TNT 的第一步反应是 $C_6H_5CH_3 \xrightarrow[\text{浓 } H_2SO_4]{\text{浓 } HNO_3} O_2N\text{—}C_6H_4CH_3$。在这步反应中，直接与苯环结合的是(　　)

A. $\overset{+}{N}O_2$　　B. NO_3^-　　C. H^+　　D. $\overset{+}{C}H_3$

28. 从甲苯制备 TNT 的第一步反应是 $C_6H_5CH_3 \xrightarrow[\text{浓 } H_2SO_4]{\text{浓 } HNO_3} O_2N\text{—}C_6H_4CH_3$。这步反应的结果是，$NO_2$ 连接到 CH_3 的(　　)

A. 邻位和间位　　B. 邻位和对位

C. 间位和对位　　D. 间位

29. 芳香亲电取代反应的中间体(　　)

A. 属于碳正离子　　B. 属于碳负离子

C. 属于自由基　　D. 有环闭共轭体系

30. 苯硝化反应的亲电试剂是(　　)

A. NO^+　　B. NO_2^+　　C. NHO_2^+　　D. HNO_3^+

31. 下列离子中，不作为亲电试剂参与反应的是(　　)

A. Br^+　　B. $H_3C\text{—}C{\equiv}O^+$

C. Cl^-　　D. $H_3C\text{—}\overset{+}{C}H\text{—}CH_3$

32. 在 $FeBr_3$ 作用下，甲苯发生溴代反应的中间体是(　　)

A.　　B.　　C.　　D.

33. 同组中都是邻、对位定位取代基的是(　　)

A. —Cl，—CH_3，—CN　　B. —Br，—OH，—$COCH_3$

C. —Cl，—OH，—CH_3　　D. —CN，—NO_2，—$COCH_3$

34. 同组中都是间位定位取代基的是(　　)

A. —Cl，—CH_3，—CN　　B. —Br，—OH，—$COCH_3$

C. —Cl，—OH，—CH_3　　D. —CN，—NO_2，—$COCH_3$

35. 同组中都是活化基团的是(　　)

A. $—CH_3$,$—NH_2$,$—OCH_3$　　B. $—Cl$,$—NH_2$,$—CH_3$

C. $—CH_3$,$—OCH_3$,$—COCH_3$　　D. $—Cl$,$—CN$,$—NO_2$

36. 同组中都是钝化基团的是(　　)

A. $—CH_3$,$—NH_2$,$—OCH_3$　　B. $—Cl$,$—NH_2$,$—CH_3$

C. $—CH_3$,$—OCH_3$,$—COCH_3$　　D. $—Cl$,$—CN$,$—NO_2$

37. 反应 CH_3 $\xrightarrow[AlCl_3]{}$ 的主要产物是(　　)

A. O　B. CH_3 O　C. CH_3 HO　D. CH_3

38. 反应 CH_3 $\xrightarrow[浓\ H_2SO_4]{浓\ HNO_3}$ 的主要产物是(　　)

A. CH_3 NH_2　B. CH_3 NO_2　C. NO_2　D. CH_2NO_2

39. 反应 CH_3 H_3C $\xrightarrow[浓\ H_2SO_4]{浓\ HNO_3}$ 的主要产物是(　　)

A. CH_3 H_3C NO_2　B. CH_3 NO_2 H_3C　C. CH_3 NO_2 CH_3　D. NO_2 NO_2

40. 反应 CH_3 OCH_3 $\xrightarrow{Br_2}$ 的主要产物是(　　)

A. CH_3 Br　B. CH_2Br OCH_3　C. CH_3 Br OCH_3　D. CH_3 Br OCH_3

41. 发生芳香亲电取代反应,速率最快的是(　　)

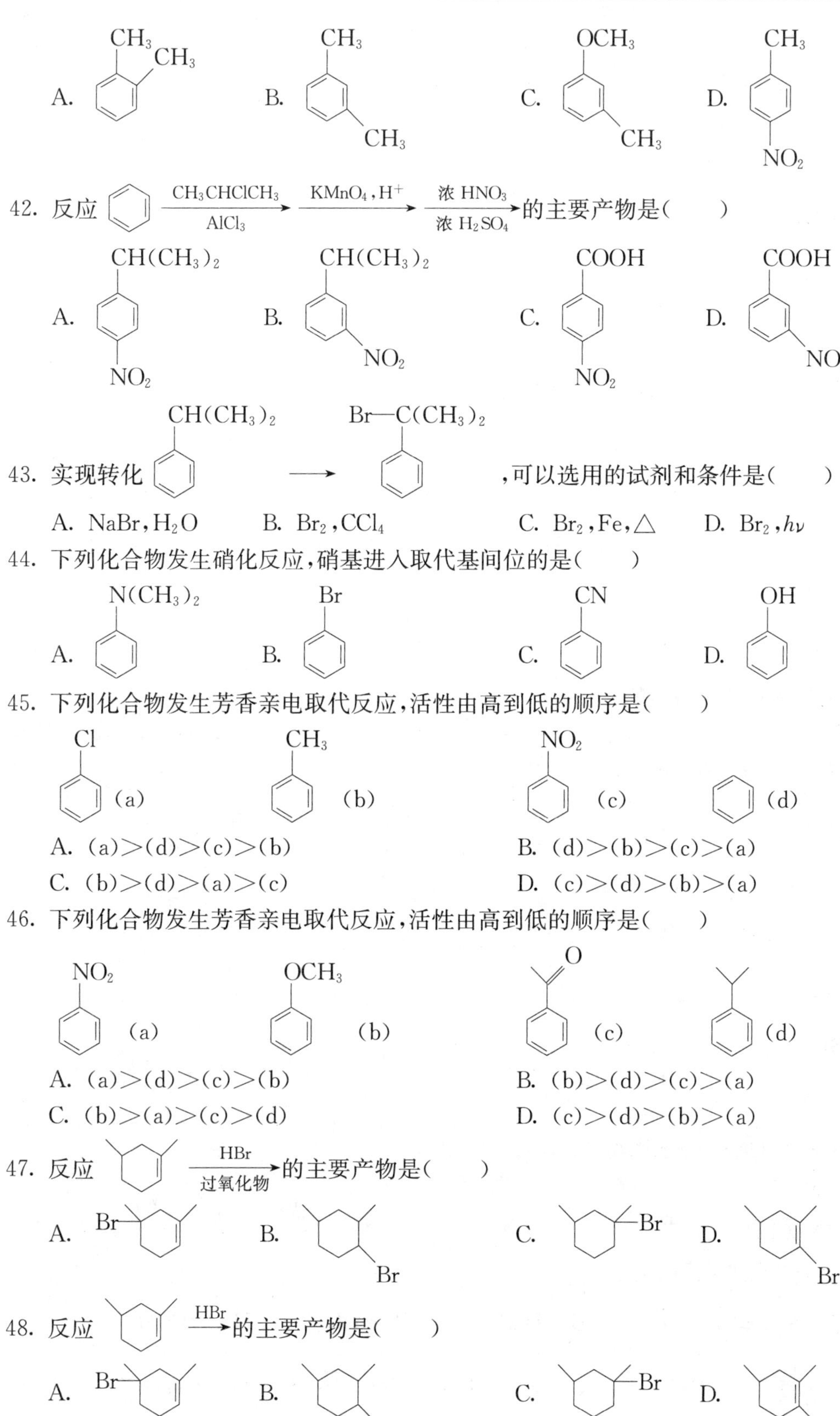

42. 反应 [苯] $\xrightarrow[AlCl_3]{CH_3CHClCH_3}$ $\xrightarrow{KMnO_4, H^+}$ $\xrightarrow[浓 H_2SO_4]{浓 HNO_3}$ 的主要产物是(　　)

43. 实现转化 ，可以选用的试剂和条件是(　　)

A. NaBr, H_2O　　B. Br_2, CCl_4　　C. Br_2, Fe, △　　D. Br_2, $h\nu$

44. 下列化合物发生硝化反应,硝基进入取代基间位的是(　　)

45. 下列化合物发生芳香亲电取代反应,活性由高到低的顺序是(　　)

A. (a)>(d)>(c)>(b)　　B. (d)>(b)>(c)>(a)

C. (b)>(d)>(a)>(c)　　D. (c)>(d)>(b)>(a)

46. 下列化合物发生芳香亲电取代反应,活性由高到低的顺序是(　　)

A. (a)>(d)>(c)>(b)　　B. (b)>(d)>(c)>(a)

C. (b)>(a)>(c)>(d)　　D. (c)>(d)>(b)>(a)

47. 反应 $\xrightarrow[过氧化物]{HBr}$ 的主要产物是(　　)

48. 反应 $\xrightarrow{HBr}$ 的主要产物是(　　)

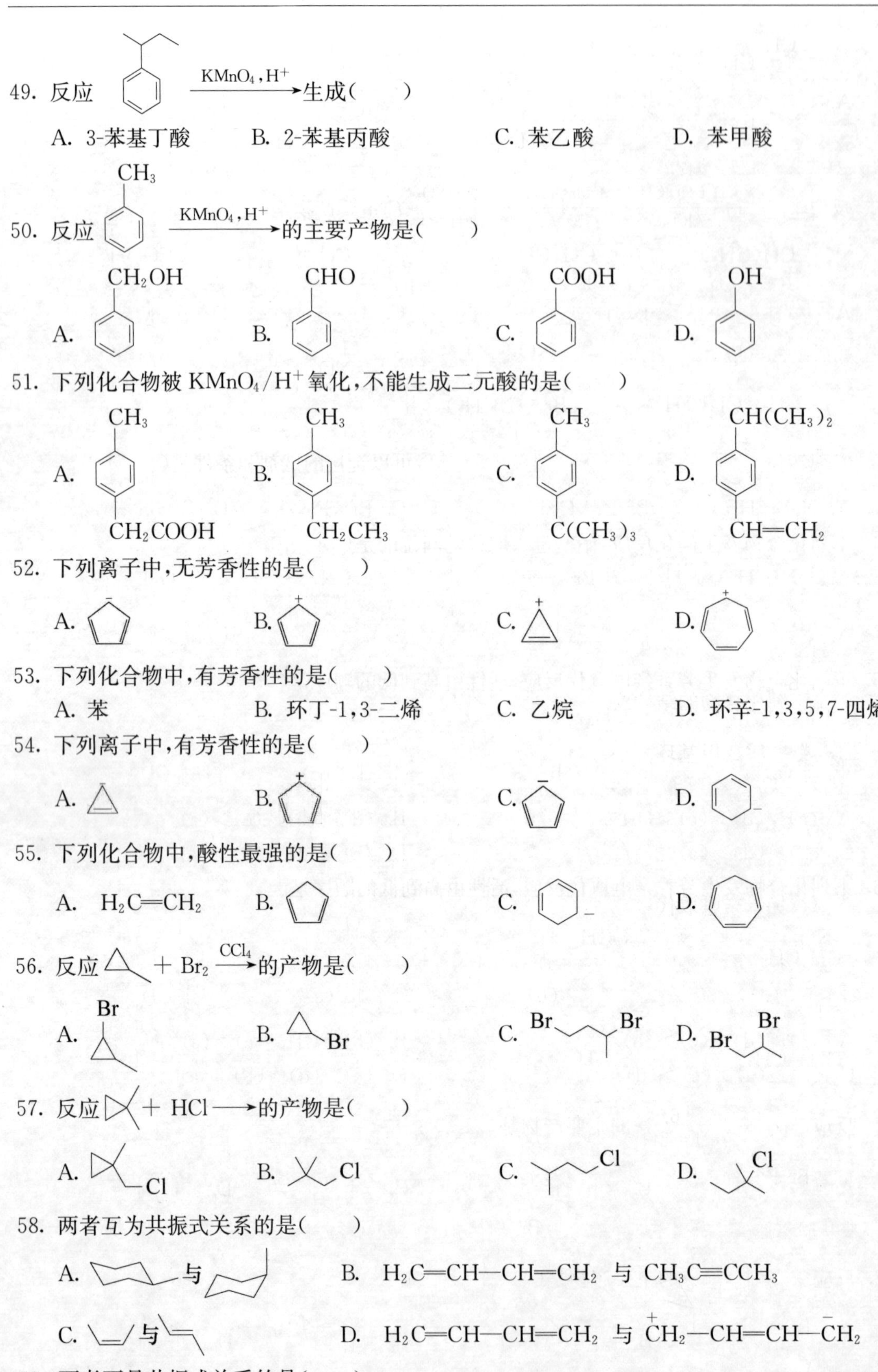

49. 反应 [structure] $\xrightarrow{KMnO_4, H^+}$ 生成(　　)

A. 3-苯基丁酸　　B. 2-苯基丙酸　　C. 苯乙酸　　D. 苯甲酸

50. 反应 [structure: CH_3] $\xrightarrow{KMnO_4, H^+}$ 的主要产物是(　　)

A. CH_2OH　　B. CHO　　C. COOH　　D. OH

51. 下列化合物被 $KMnO_4/H^+$ 氧化，不能生成二元酸的是(　　)

A. CH_3 / CH_2COOH　　B. CH_3 / CH_2CH_3　　C. CH_3 / $C(CH_3)_3$　　D. $CH(CH_3)_2$ / $CH{=}CH_2$

52. 下列离子中，无芳香性的是(　　)

A.　　B.　　C.　　D.

53. 下列化合物中，有芳香性的是(　　)

A. 苯　　B. 环丁-1,3-二烯　　C. 乙烷　　D. 环辛-1,3,5,7-四烯

54. 下列离子中，有芳香性的是(　　)

A.　　B.　　C.　　D.

55. 下列化合物中，酸性最强的是(　　)

A. $H_2C{=}CH_2$　　B.　　C.　　D.

56. 反应 [structure] + Br_2 $\xrightarrow{CCl_4}$ 的产物是(　　)

A. Br　　B. Br　　C. Br　Br　　D. Br　Br

57. 反应 [structure] + HCl ⟶ 的产物是(　　)

A. Cl　　B. Cl　　C. Cl　　D. Cl

58. 两者互为共振式关系的是(　　)

A. [structure] 与 [structure]　　B. $H_2C{=}CH{-}CH{=}CH_2$ 与 $CH_3C{\equiv}CCH_3$

C. [structure] 与 [structure]　　D. $H_2C{=}CH{-}CH{=}CH_2$ 与 $\overset{+}{C}H_2{-}CH{=}CH{-}\overset{-}{C}H_2$

59. 两者不是共振式关系的是(　　)

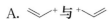

A. 与　　　　B. 与

C. O 与 OH　　　　D. O 与 $\bar{O}$

60. 对共振杂化体贡献相同的是(　　)

A. 与　　　　B. O 与 $\equiv O^+$

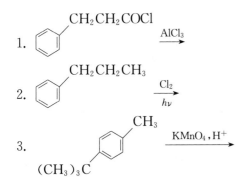

C. 与　　　　D. $\bar{O}$ 与 $\overset{+}{O}$

二、完成下列反应。

1. CH_2CH_2COCl $\xrightarrow{AlCl_3}$

2. $CH_2CH_2CH_3$ $\xrightarrow[h\nu]{Cl_2}$

3. CH_3 $(CH_3)_3C$ $\xrightarrow{KMnO_4,H^+}$

三、画出下列化合物的结构式。

1. *trans*-1-乙基-2-甲基环丙烷　　2. 丁基环丙烷
3. 1,2,4-三甲基环己烷　　4. 环丁基环戊烷
5. 2-异丙基环戊-1,3-二烯　　6. 对叔丁基甲基苯
7. 间二乙苯　　8. 4,4′-二甲基-1,1′-(二)联环己烷

四、用箭头标示亲电取代反应发生的位置。

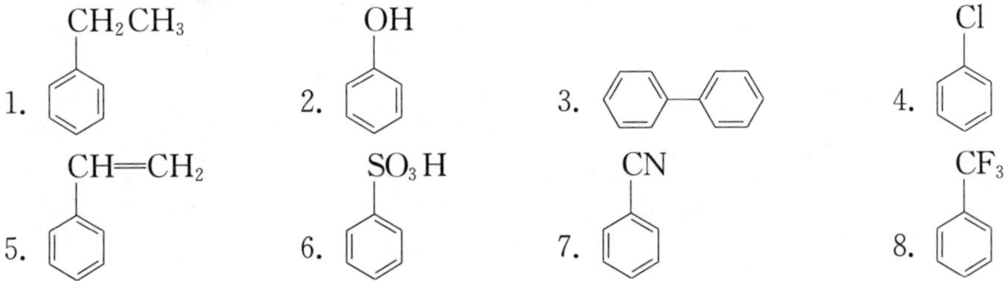

五、问答题。

1. 二甲基环己烷共有几种？哪些有顺反异构体？画出其结构式，标记其构型。

2. 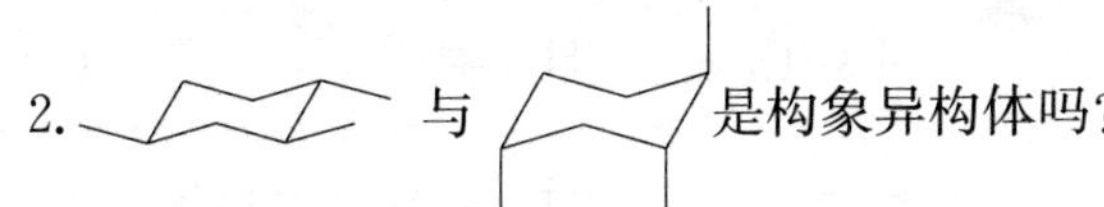 是构象异构体吗？

3. 预测 的化学性质。

4. 用化学方法区别苯和甲苯。

5. 将下列碳正离子按稳定性由高到低的顺序排列。

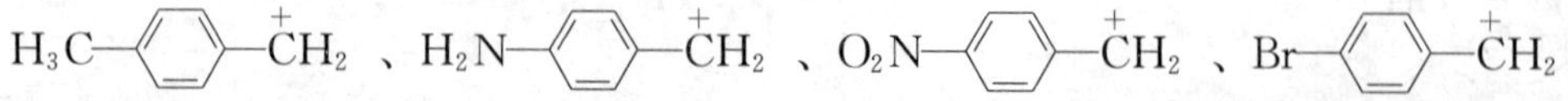

$H_3C-C_6H_4-\overset{+}{C}H_2$ 、$H_2N-C_6H_4-\overset{+}{C}H_2$ 、$O_2N-C_6H_4-\overset{+}{C}H_2$ 、$Br-C_6H_4-\overset{+}{C}H_2$

6. 为什么说苯的卤代、硝化、磺化、烷基化和酰基化反应是芳香亲电取代反应？

7. 如何从甲苯制备 1,3-二氯-2-甲基苯？

8. 化合物 A，分子式为 $C_{16}H_{16}$，可与等物质的量的 H_2 加成，能使 Br_2/CCl_4 溶液褪色，与 $KMnO_4/H^+$ 共热生成二元酸 B。B 的分子式为 $C_8H_6O_4$，一溴代产物只有一种。试推断 A 的结构式。

9. 一同学想通过 NH_2–苯环–$NHCOCH_3$ 磺化制备 NH_2、SO_3H–苯环–$NHCOCH_3$，你认为可行吗？

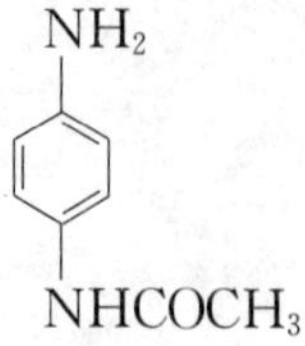

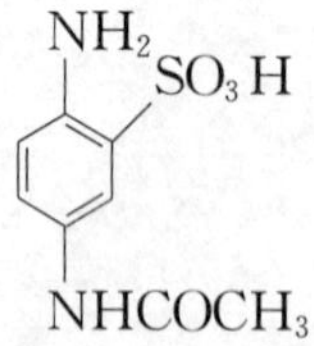

参考答案

一、1. B; 2. A; 3. D; 4. A; 5. B; 6. C; 7. A; 8. A; 9. C; 10. D; 11. B; 12. C; 13. D; 14. D; 15. B; 16. A; 17. B; 18. D; 19. C; 20. B; 21. C; 22. D; 23. D; 24. B; 25. B; 26. C; 27. A; 28. B; 29. A; 30. B; 31. C; 32. C; 33. C; 34. D; 35. A; 36. D; 37. B; 38. B; 39. B; 40. D; 41. C; 42. D; 43. D; 44. C; 45. C; 46. B; 47. B; 48. C; 49. D; 50. C; 51. C; 52. B; 53. A; 54. C; 55. B; 56. C; 57. D; 58. D; 59. C; 60. C.

二、1. （结构式：茚酮，O）。分子内的傅-克酰基化反应。

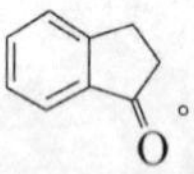

2. 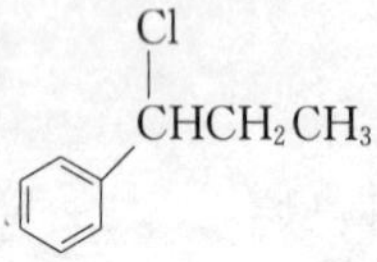 $C_6H_5-CH(Cl)CH_2CH_3$（Cl、$CHCH_2CH_3$）。自由基氯代反应，中间体苄基型自由基最稳定，最容易生成。

3. COOH–苯环–$C(CH_3)_3$。在酸性高锰酸钾作用下，烷基侧链的 α-碳上有氢，才能被氧化。甲基被氧化，叔丁基不能。

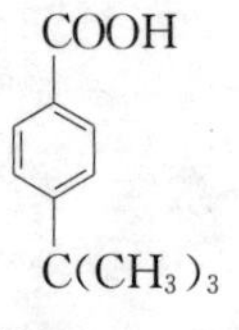

三、1. （结构式） 或 （结构式）　　2. 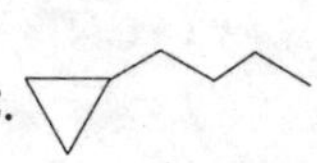 （结构式）

3. 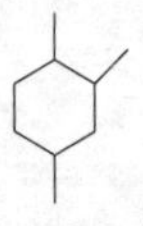 （结构式）　　4. 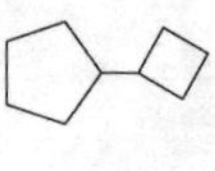 （结构式）

5. 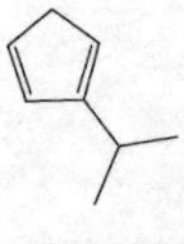 （结构式）　　6. 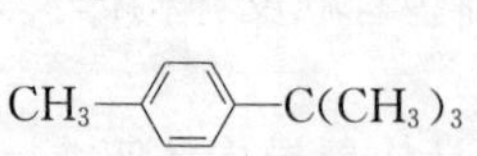 $CH_3-C_6H_4-C(CH_3)_3$

7. 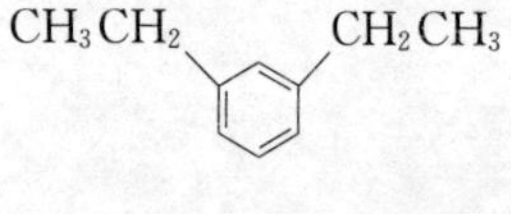 CH_3CH_2、CH_2CH_3（结构式）　　8. 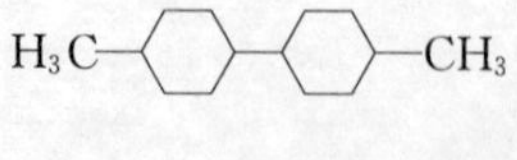 $H_3C-C_6H_{10}-C_6H_{10}-CH_3$

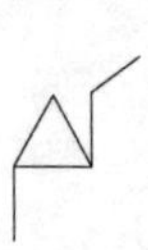

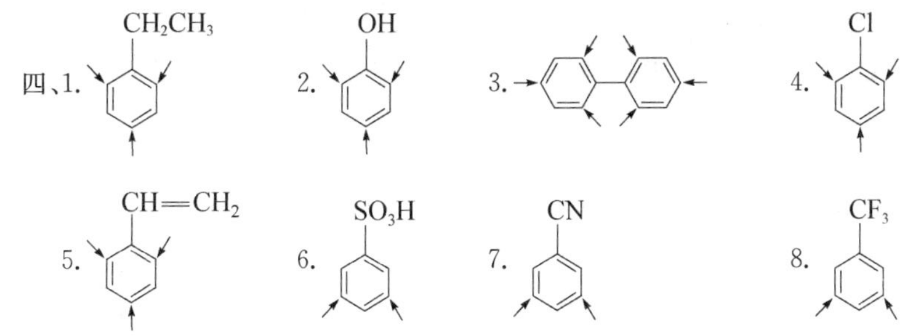

需要注意，$—CF_3$具有较强的吸电子性，是间位定位取代基。

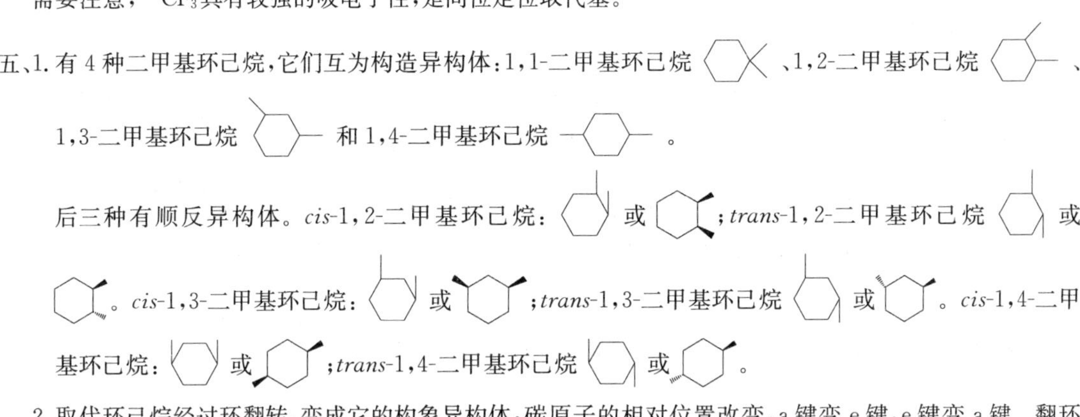

五、1. 有4种二甲基环己烷，它们互为构造异构体：1,1-二甲基环己烷 、1,2-二甲基环己烷 、
1,3-二甲基环己烷 和1,4-二甲基环己烷 。
后三种有顺反异构体。cis-1,2-二甲基环己烷： 或 ；trans-1,2-二甲基环己烷 或
。cis-1,3-二甲基环己烷： 或 ；trans-1,3-二甲基环己烷 或 。cis-1,4-二甲
基环己烷： 或 ；trans-1,4-二甲基环己烷 或 。

2. 取代环己烷经过环翻转，变成它的构象异构体：碳原子的相对位置改变，a键变e键，e键变a键。翻环前后，取代基的相对位置不变，构型不变。 的构象异构体是 ， 是 的构象异构体。

与 不能通过翻环互相转变，不是构象异构体。它们互为对映异构体，将在第4章学习。

3. 环烯烃和烯烃有相似的性质。 能发生加成反应，使Br_2/CCl_4溶液褪色；能发生氧化反应，使$KMnO_4/H^+$溶液褪色。能在光照或高温下发生α-H被取代的反应。

4. 分别与$KMnO_4/H^+$共热，使其褪色的是甲苯。苯环稳定，不易被氧化，侧链则比较容易被氧化。

5. 活化基团是给电子基团，分散正电荷，使碳正离子稳定；钝化基团是吸电子基团，使碳正离子更不稳定。$—NH_2$是强致活基团，$—CH_3$是弱致活基团，$—Br$是弱致钝基团，$—NO_2$是强致钝基团，所以稳定性顺序是

$$H_2N—C_6H_4—\overset{+}{C}H_2 > H_3C—C_6H_4—\overset{+}{C}H_2 > Br—C_6H_4—\overset{+}{C}H_2 > O_2N—C_6H_4—\overset{+}{C}H_2$$

6. 苯的卤代、硝化、磺化、烷基化和酰基化反应是苯分别与相应试剂生成的X^+、$^+NO_2$、$^+SO_3H$、R^+或RCO^+直接作用。它们都是亲电试剂，反应中利用苯提供的一对电子与其成键结合，所以称为亲电反应。反应的最终结果是，这些离子取代了苯中的H^+，所以称为取代反应。在同样或相似条件下，包括苯在内的所有芳香环上的卤代、硝化、磺化、烷基化和酰基化反应都按这种方式进行，所以称为芳香亲电取代反应。

7. 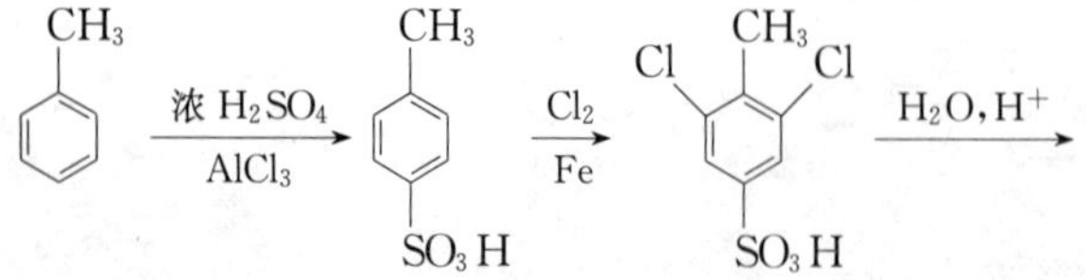 甲苯 $\xrightarrow[AlCl_3]{浓 H_2SO_4}$ 对甲苯磺酸（CH_3, SO_3H） $\xrightarrow[Fe]{Cl_2}$ 3,5-二氯-4-甲基苯磺酸（Cl, CH_3, Cl, SO_3H） $\xrightarrow{H_2O, H^+}$ 2,6-二氯甲苯（Cl, CH_3, Cl）

磺化反应可逆，在苯环上引入磺酸基后进行其他反应，再消除磺酸基。磺酸基是所谓的"占位基"。

8. 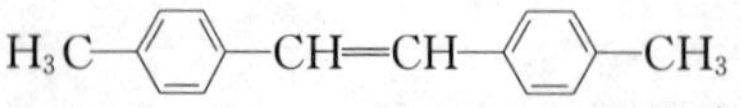 $H_3C-C_6H_4-CH=CH-C_6H_4-CH_3$（对位）或 $H_3C-C_6H_4-CH=CH-C_6H_4-CH_3$（间位）。

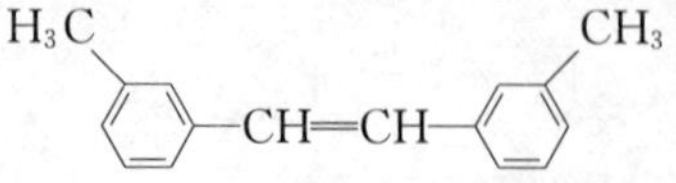

B的分子中碳氢原子数相当，可能含苯环结构。B是二元酸，所以是苯环上连两个羧基。羧基是间位定位基，而B的一溴代产物只有一种，所以B是对苯二甲酸或间苯二甲酸。B由A与 $KMnO_4/H^+$ 共热生成，碳原子数是A的一半，说明A中有两个苯环（此条件下苯环不氧化），而且每个苯环要连两个侧链。A含16个碳原子，除去两个苯环，只剩4个碳原子作为侧链连在苯环上。可与等物质的量的 H_2 加成，说明A中含一个普通碳-碳双键。这样，只能是两个苯环分别连在碳-碳双键两端，各另连一个甲基。

9. 不可行。因为磺化反应要使用浓 H_2SO_4，它首先与 $NH_2-C_6H_4-NHCOCH_3$ 反应生成 $\overset{+}{N}H_3-C_6H_4-NHCOCH_3$。原来的强致活基团、邻、对位定位基—$NH_2$ 变成了强致钝基团、间位定位基—$\overset{+}{N}H_3$。此时，—$\overset{+}{N}H_3$ 与—$NHCOCH_3$ 的定位效应一致，反应生成的是（$\overset{+}{N}H_3$，SO_3H，$NHCOCH_3$，磺酸基在 $NHCOCH_3$ 邻位），而不是（NH_2，SO_3H，$NHCOCH_3$，磺酸基在 NH_2 邻位）。

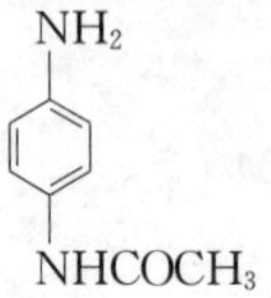

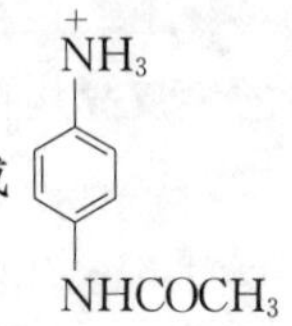

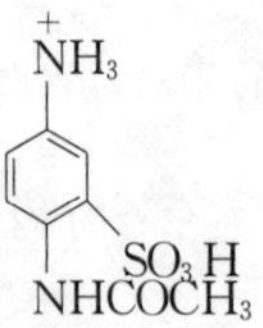

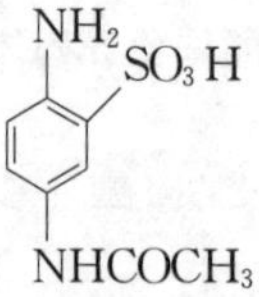

教材中的问题及习题解答

一、教材中的问题及解答

问题与思考 3-1　写出下列化合物的键线式结构式。

(1) 1,4-二甲基环己烷　(2) 1,1,2,3-四甲基环丁烷　(3) 1-乙基-3-甲基环己烷

(4) 1-叔丁基-4-甲基环己烷　(5) 1-甲基环戊烯　(6) 环戊-1,3-二烯

答

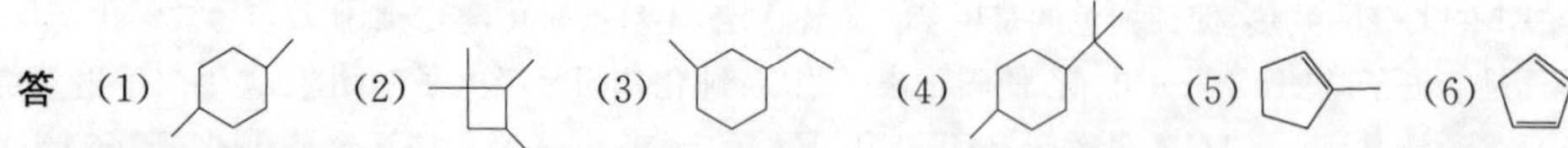

问题与思考 3-2　写出二甲基环丁烷所有构造异构体的键线式结构式，并指出有无顺反异构体。

答　1,1-二甲基环丁烷，（结构式），无顺反异构体；1,2-二甲基环丁烷，（结构式），有顺反异构体；1,3-二甲基环丁烷，（结构式），有顺反异构体。

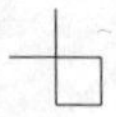

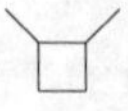

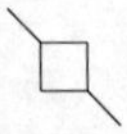

问题与思考 3-3　在纸上画出环己烷的椅式构象。

答　第一步，画两条等长的平行线 AB 和 CD，从左上方向右下方交错开伸展，（图：A B / C D）。

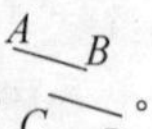

第二步，在两条线的左边确定一点 E，上下与 D 相齐，连接 AE 和 CE，（图：A B / E C D）。

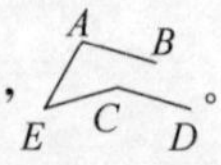

第三步，在 AB 和 CD 的右边确定一点 F，上下与 A 相齐，连接 BF，BF 平行于 CE；连接 DF，DF 平行于 AE。得椅式构象 A B F E C D 。

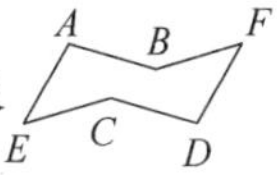

问题与思考 3-4　画出 *trans*-1-异丙基-3-甲基环己烷的两种构象式，指出哪种比较稳定。

答　*trans*-1-异丙基-3-甲基环己烷的取代基——甲基和异丙基分处环平面两侧，只能一个在 a 键，一个在 e 键。体积较大的异丙基在 e 键的构象较稳定。

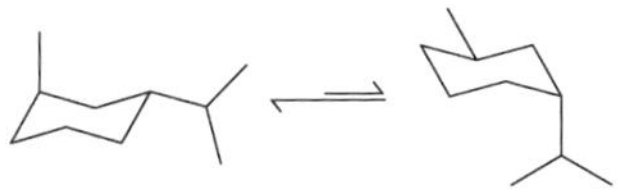

较稳定

问题与思考 3-5　命名下列化合物。

(1) 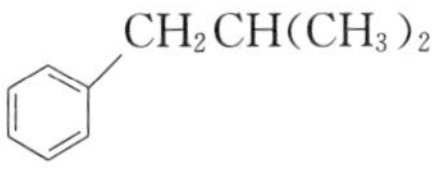 $CH_2CH(CH_3)_2$　(2)  H_3C—CH_3　(3) CH_3 CH_3 H_3C CH_3 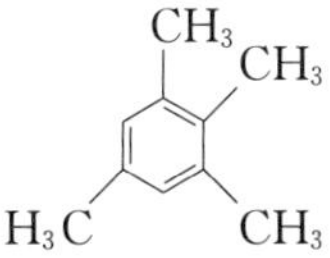　(4)

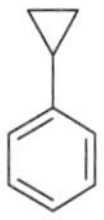

答　(1) 异丁基苯　(2) 对二甲苯　(3) 1,2,3,5-四甲基苯　(4) 环丙基苯

问题与思考 3-6　写出由苯和乙烯在适当条件下生成乙苯的反应式。

答　$+CH_2=CH_2 \xrightarrow{H^+}$ CH_2CH_3

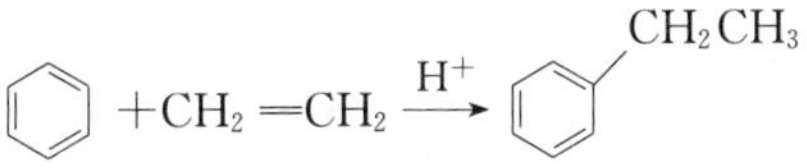

问题与思考 3-7　苯和甲苯是最简单的两种芳香烃，苯对人体的伤害远比甲苯大，试从化学角度予以解释。

答　甲苯容易被氧化，生成苯甲酸，溶于水，随尿液排出体外。苯稳定，难溶于水，不容易排出体外。

二、教材中的习题及解答

1. 写出下列化合物的结构式。

(1) 1,2,3,4-四甲基环庚烷　(2) (2-甲基丁基)环丙烷

(3) 1-异丁基-2-甲基环己烷　(4) 1-异丙基-3-甲基-5-丙基环己烷

(5) *cis*-1-乙基-3-甲基环戊烷　(6) *trans*-1-叔丁基-2-乙基环己烷

(7) 3-甲基环己-1-烯　(8) 1,6-二甲基环己-1-烯

(9) 叔丁基苯　(10) 间二甲苯

(11) 1,3,5-三乙苯　(12) 2-甲基-1,3,5-三硝基苯

答　(1) 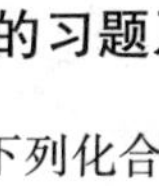　(2)

(3) 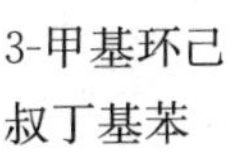　(4)

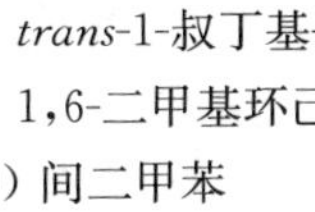

(5) 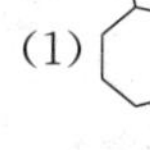　(6)

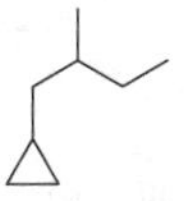

(7) 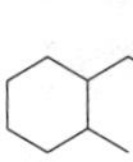　(8)

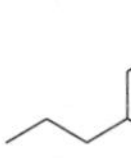

(9) 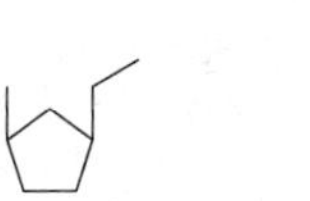 $C(CH_3)_3$　(10)  H_3C CH_3

(11) 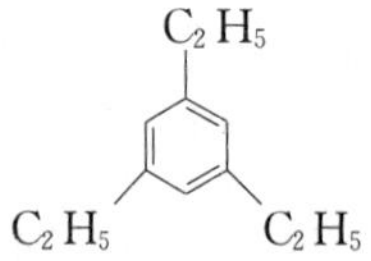 (12)

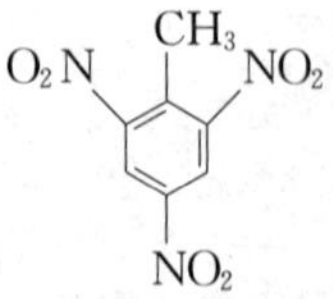

2. 命名下列化合物。

(1) 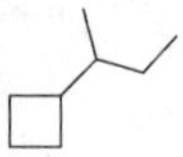 (2)

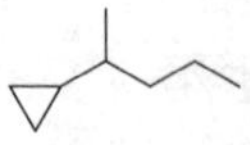

(3) 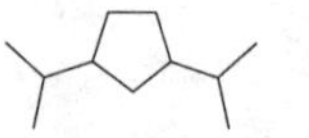 (4)

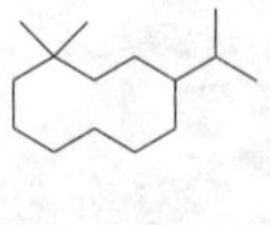

(5) 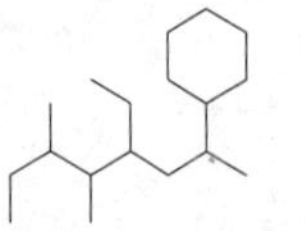 (6)

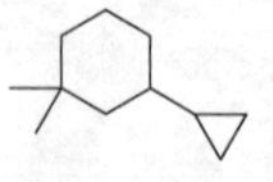

(7) 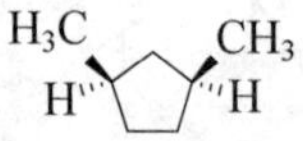 H_3C CH_3 H H (8)

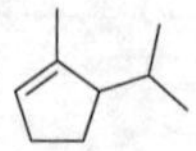

(9) 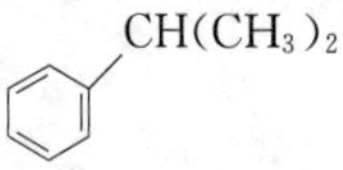 $CH(CH_3)_2$ (10)

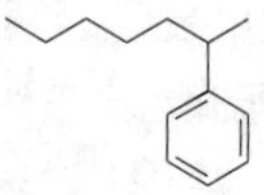

(11) 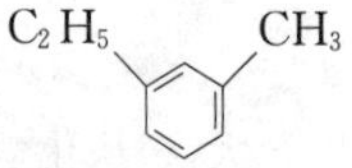 C_2H_5 CH_3 (12) CH_3CH_2—⟨苯环⟩—$CH(CH_3)_2$

答 (1) 丁-2-基环丁烷(仲丁基环丁烷)　(2) 戊-2-基环丙烷[(1-甲基丁基)环丙烷]

(3) 1,3-二异丙基环戊烷　(4) 4-异丙基-1,1-二甲基环癸烷

(5) (4-乙基-5,6-二甲基辛-2-基)环己烷　(6) 3-环丙基-1,1-二甲基环己烷

(7) *cis*-1,3-二甲基环戊烷　(8) 5-异丙基-1-甲基环戊-1-烯

(9) 丙-2-基苯、异丙基苯或(1-甲基乙基)苯　(10) 庚-2-基苯

(11) 1-乙基-3-甲基苯　(12) 1-乙基-4-异丙基苯

3. 比较下列化合物的稳定性。

(1) 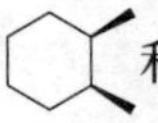 和 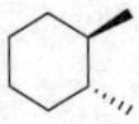　(2) 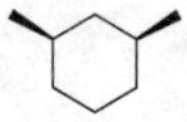 和

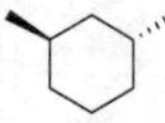

(3) 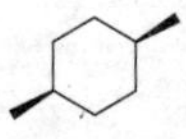 和 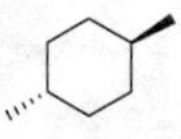　(4) 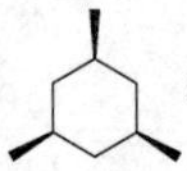 和

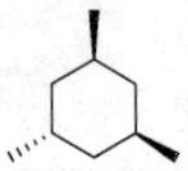

(5) 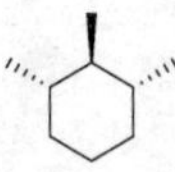 和 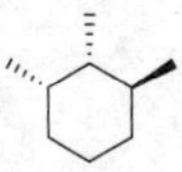　(6) 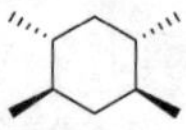 和

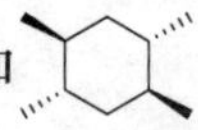

答:(1) 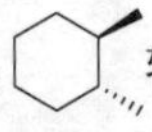 较稳定。它的稳定构象是两个甲基都在 e 键 ,而 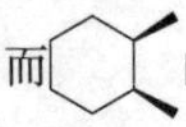 的稳定构象是一个甲基 e 键、另一个甲基 a 键  。

(2) 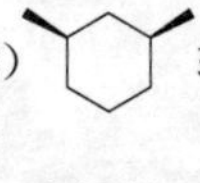 较稳定。它的稳定构象是两个甲基都在 e 键 ,而 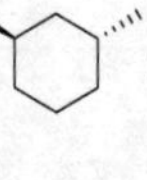 的稳定构象是一个甲基 e 键、另一个甲基 a 键 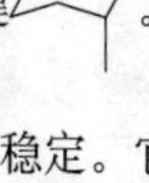 。

(3) 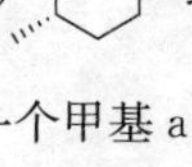 较稳定。它的稳定构象是两个甲基都在 e 键 ,而 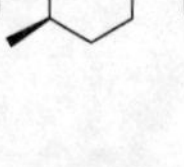 的稳定构象是一个甲基 e 键、另一个甲基 a 键 。

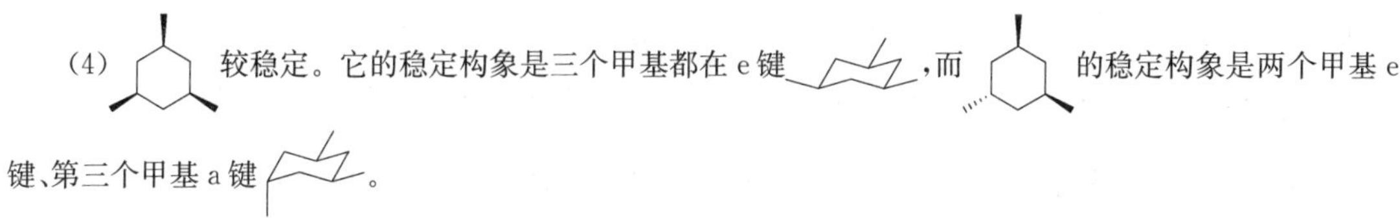

(4) 较稳定。它的稳定构象是三个甲基都在 e 键，而 的稳定构象是两个甲基 e 键、第三个甲基 a 键。

(5) 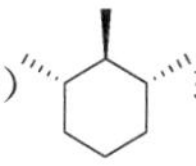 较稳定。它的稳定构象是三个甲基都在 e 键，而 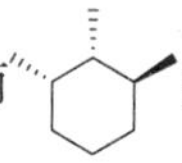 的稳定构象是两个甲基 e 键、第三个甲基 a 键。

(6) 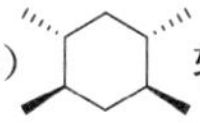 较稳定。它的稳定构象是四个甲基都在 e 键，而 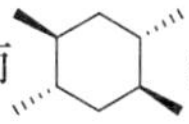 的稳定构象是两个甲基 e 键、另外两个甲基 a 键。

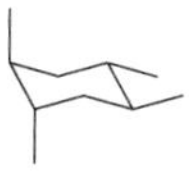

4. 写出下列各式的共振式，并判断相对重要性。

(1) 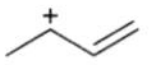 (2)

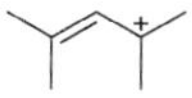

(3) 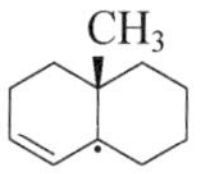 CH_3 (4)

(5)  (6) $CH_3\ddot{\underset{..}{O}}—\overset{+}{C}H_2$

(7) :N≡C—$\ddot{\underset{..}{O}}$:⁻ (8) CH_2═CH—$\ddot{\underset{..}{Br}}$:

答：(1) [⟷]

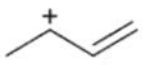

较重要，因为它是二级碳正离子，而 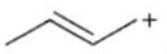 是一级碳正离子。

(2)  [⟷]

两者是等价的，具有同等重要性。

(3) 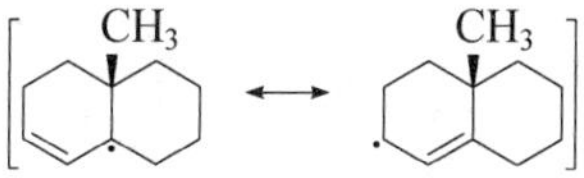 [CH_3 ⟷ CH_3]

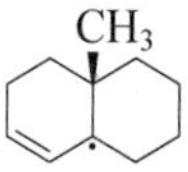

CH_3 较重要，因为它是三级自由基，而 CH_3 是二级自由基。

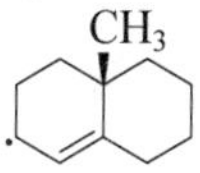

(4)  [⟷]

两者是等价的，具有同等重要性。

(5)  [⟷ ⟷ ⟷ ⟷]

五者是等价的，具有同等重要性。

(6) [$CH_3\ddot{\underset{..}{O}}—\overset{+}{C}H_2$ ⟷ $CH_3\overset{+}{\underset{..}{O}}═CH_2$]

$CH_3\overset{+}{\underset{..}{O}}═CH_2$ 较重要，因为 C 和 O 都满足八隅体结构，而 $CH_3\ddot{\underset{..}{O}}—\overset{+}{C}H_2$ 中带正电荷的 C 不满足八隅体结构。

(7) [:N≡C—$\ddot{\underset{..}{O}}$:⁻ ⟷ ⁻$\ddot{\underset{..}{N}}$═C═$\ddot{\underset{..}{O}}$]

:N≡C—$\ddot{\underset{..}{O}}$:⁻ 较重要，因为它的负电荷在电负性较大的 O 上，而 ⁻$\ddot{\underset{..}{N}}$═C═$\ddot{\underset{..}{O}}$ 的负电荷在电负性较小的

N 上。

(8) $[CH_2{=}CH{-}\ddot{\underset{..}{Br}}: \longleftrightarrow {}^{-}:CH_2{-}CH{=}\ddot{\underset{..}{Br}}^{+}]$

$CH_2{=}CH{-}\ddot{\underset{..}{Br}}:$ 较重要，因为它没有电荷分离，而 $:\overset{-}{C}H_2{-}CH{=}\ddot{\underset{..}{Br}}^{+}$ 中不仅有电荷分离，而且正电荷在电负性较大的 Br 上、负电荷在电负性较小的 C 上。

5. 试用化学方法区别下列各组化合物。

(1) 环己基苯和环己烯-1-基苯

(2) 甲苯、1-甲基环己-1-烯和甲基环己烷

(3) 乙苯、苯乙烯和苯乙炔

答 (1) 环己基苯 / 1-苯基环己-1-烯 $\xrightarrow{Br_2/CCl_2}$ 红棕色 / 褪色

(2) 甲苯 / 1-甲基环己-1-烯 / 甲基环己烷 $\xrightarrow{KMnO_4/H^+}$ 褪色 / 褪色 / 紫色；褪色者 $\xrightarrow{Br_2/CCl_4}$ 红棕色 / 褪色

(3) 乙苯 / 苯乙烯 / 苯乙炔 $\xrightarrow{[Ag(NH_3)_2]^+}$ 不变色 / 不变色 / 白色↓；不变色者 $\xrightarrow{Br_2/CCl_4}$ 红棕色 / 褪色

6. 试以苯为原料合成下列化合物，并说明合成路线的理论根据。

(1) 苯甲酸　　(2) 间硝基苯甲酸

(3) 邻硝基苯甲酸　　(4) 间硝基苯磺酸

(5) 4-溴-3-硝基苯甲酸　　(6) 间溴苯甲酸

答 (1) 苯 $\xrightarrow{CH_3Cl,AlCl_3}$ 甲苯（$C_6H_5CH_3$） $\xrightarrow{KMnO_4/H^+}$ 苯甲酸（C_6H_5COOH）

苯环上的羧基通常不是直接引入，而是通过侧链氧化生成。所以，先烷基化，再氧化。

(2) 苯 $\xrightarrow{CH_3Cl,AlCl_3}$ $C_6H_5CH_3$ $\xrightarrow{KMnO_4/H^+}$ C_6H_5COOH $\xrightarrow{HNO_3,H_2SO_4}$ 间硝基苯甲酸（O_2N、COOH 间位）

硝基和羧基都是间位定位取代基，先引入哪个都可以。另一种途径是先硝化，再烷基化，最后氧化。

(3) 苯 $\xrightarrow{CH_3Cl,AlCl_3}$ $C_6H_5CH_3$ $\xrightarrow{HNO_3,H_2SO_4}$ 对硝基甲苯（CH_3、NO_2 对位） + 邻硝基甲苯（CH_3、NO_2 邻位）

邻硝基甲苯 $\xrightarrow{KMnO_4/H^+}$ 邻硝基苯甲酸（COOH、NO_2 邻位）

硝基和羧基都是间位定位取代基，邻硝基苯甲酸既不能通过苯甲酸的硝化制备，也不能通过硝基苯反应生成。苯甲酸由烷基苯氧化生成，而烷基是邻、对位定位取代基，所以苯甲基化之后，先硝化，分离得到邻甲基硝基苯，再经氧化生成目标化合物。

(4) 苯 $\xrightarrow{SO_3+浓\ H_2SO_4}$ $C_6H_5SO_3H$ $\xrightarrow{HNO_3,H_2SO_4}$ 间硝基苯磺酸（SO_3H、NO_2 间位）

硝基和磺酸基都是间位定位取代基，先引入哪个都可以。

(5) 苯 $\xrightarrow{CH_3Cl, AlCl_3}$ 甲苯 $\xrightarrow{Br_2, FeBr_3}$ 邻溴甲苯 + 对溴甲苯

对溴甲苯 $\xrightarrow{KMnO_4/H^+}$ 对溴苯甲酸 $\xrightarrow{HNO_3, H_2SO_4}$ 4-溴-3-硝基苯甲酸

硝基和羧基都是间位定位取代基，溴是邻、对位定位取代基，而羧基又是从烷基氧化得来，所以不能先硝化。烷基是活化基团，而溴是钝化基团，所以先烷基化，再溴代。

(6) 苯 $\xrightarrow{CH_3Cl, AlCl_3}$ 甲苯 $\xrightarrow{KMnO_4/H^+}$ 苯甲酸 $\xrightarrow{Br, FeBr_3}$ 间溴苯甲酸

溴是邻、对位定位取代基，羧基是间位定位取代基，所以必须先引入羧基，再溴代。

7. 用反应式表示怎样从苯或甲苯转变成下列化合物。

(1) 对二甲苯　　(2) 1-溴-4-甲基苯

(3) 对甲苯磺酸　　(4) 间氯苯甲酸

(5) 间氯苯磺酸　　(6) 间硝基苯乙酮

(7) 2-甲基-5-硝基苯磺酸　　(8) 1,2-二溴-4-硝基苯

答 (1) 甲苯 $\xrightarrow{CH_3Cl, AlCl_3}$ 对二甲苯 + 邻二甲苯

(2) 甲苯 $\xrightarrow{Br_2, FeBr_3}$ 对溴甲苯 + 邻溴甲苯

(3) 甲苯 $\xrightarrow{SO_3+浓\ H_2SO_4}$ 对甲苯磺酸

(4) 甲苯 $\xrightarrow{KMnO_4/H^+}$ 苯甲酸 $\xrightarrow{Cl_2, FeCl_3}$ 间氯苯甲酸

(5) 苯 $\xrightarrow{SO_3+浓\ H_2SO_4}$ 苯磺酸 $\xrightarrow{Cl_2, FeCl_3}$ 间氯苯磺酸

(6) 苯 $\xrightarrow{CH_3COCl, AlCl_3}$ 苯乙酮 $\xrightarrow{HNO_3, H_2SO_4}$ 间硝基苯乙酮

(7) 甲苯 $\xrightarrow{HNO_3, H_2SO_4}$ 对硝基甲苯 + 邻硝基甲苯

$CH_3C_6H_4NO_2 \xrightarrow{SO_3+浓\ H_2SO_4}$ (4-nitrotoluene → 2-methyl-5-nitrobenzenesulfonic acid: CH_3, SO_3H, NO_2)

(8) $C_6H_6 \xrightarrow{Br_2, FeBr_3} C_6H_5Br \xrightarrow{HNO_3, H_2SO_4}$ p-$BrC_6H_4NO_2$ + o-$BrC_6H_4NO_2$

p-$BrC_6H_4NO_2 \xrightarrow{Br_2, FeBr_3}$ 1,2-dibromo-4-nitrobenzene (Br, Br, NO_2)

8. 完成下列反应式。

(1) spiro[2.5]octane $+Br_2 \longrightarrow$

(2) $H_2C{-}CH_2$ / $H_2C{-}CH_2$ (cyclobutane) $+Br_2 \xrightarrow{\triangle}$

(3) $H_3C{-}CH{-}CH_2$ (ring closed by CH_2) $+HBr \longrightarrow$

(4) 1,1-dimethyl-2-ethylcyclopropane (H_3C, H_3C, CH_2CH_3) $+HBr \longrightarrow$

(5) 2,2-dimethylcyclopropyl $CH{=}CH{-}CH_3$ $\xrightarrow[OH^-]{KMnO_4}$

(6) cyclopentane $+Cl_2 \xrightarrow{h\nu}$

(7) cyclohexene $\xrightarrow[(2)\ Zn/H_2O]{(1)\ O_3}$

(8) phenol (OH) $+3Br_2 \longrightarrow$

(9) benzene $+(CH_3CO)_2O \xrightarrow{AlCl_3}$

(10) $C_6H_5CH(CH_3)_2$ $+Cl_2 \xrightarrow{h\nu}$

(11) $C_6H_5CH_3$ $+ClC(C_2H_5)_3 \xrightarrow{AlCl_3}$

(12) tetralin $\xrightarrow[\triangle]{KMnO_4}$

答 (1) 1-bromo-1-(2-bromoethyl)cyclohexane (Br, —Br)　　(2) $Br{-}CH_2CH_2CH_2CH_2{-}Br$

(3)  2-溴丁烷结构式（Br 在 C2 上）　　(4) 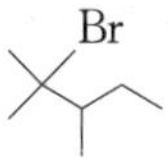 结构式（Br）

(5) 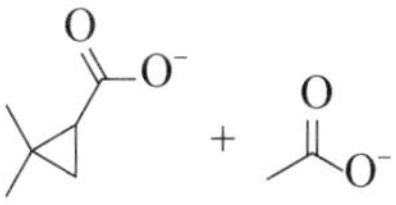 结构式（O, O^-）+ 结构式（O, O^-）　　(6) 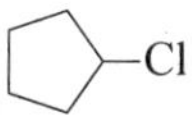 环戊基—Cl + HCl

(7) 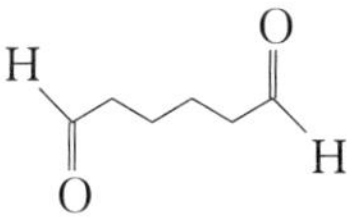 结构式（H, O, O, H）　　(8) 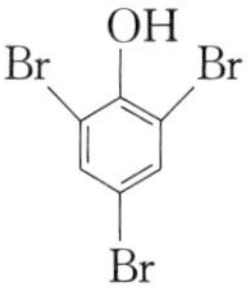 2,4,6-三溴苯酚（OH, Br, Br, Br）+3HBr

(9) 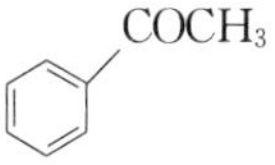 苯环—$COCH_3$　　(10) 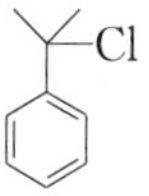 结构式（—Cl，苯环）+HCl

(11) 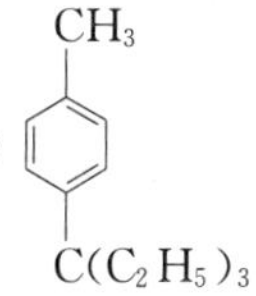 苯环（CH_3，$C(C_2H_5)_3$）　　(12) 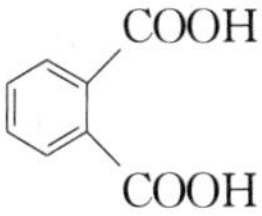 苯环（COOH，COOH）

9. 写出乙苯与下列试剂作用的反应。

(1) $KMnO_4$(△)　(2) Cl_2/Fe　(3) HNO_3-H_2SO_4　(4) H_2/Ni，高温高压

(5) 浓 H_2SO_4(△)　(6) $Br_2/h\nu$　(7) $(CH_3)_2CHCl/AlCl_3$　(8) $CH_3CH_2CH_2Cl/AlCl_3$

答 (1)  $C_6H_5CH_2CH_3 \xrightarrow[\triangle]{KMnO_4} C_6H_5COOH$

(2) 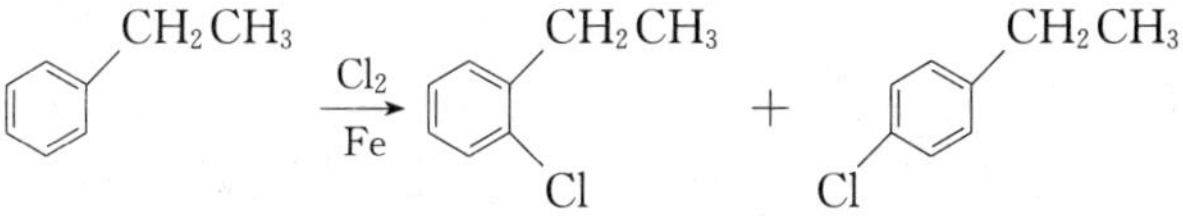 $C_6H_5CH_2CH_3 \xrightarrow[Fe]{Cl_2}$ 邻氯乙苯（CH_2CH_3，Cl）+ 对氯乙苯（CH_2CH_3，Cl）

(3) 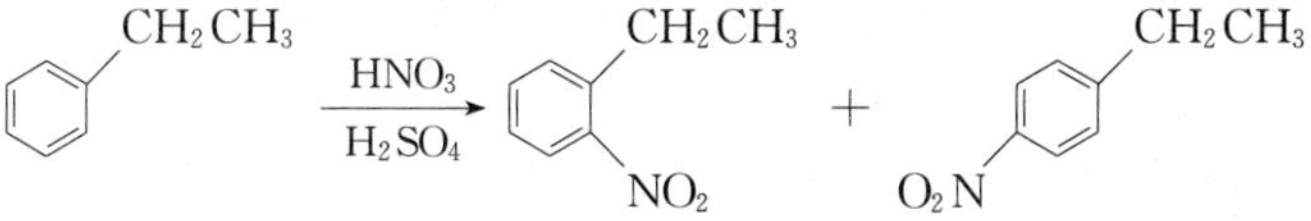 $C_6H_5CH_2CH_3 \xrightarrow[H_2SO_4]{HNO_3}$ 邻硝基乙苯（CH_2CH_3，NO_2）+ 对硝基乙苯（CH_2CH_3，O_2N）

(4) $C_6H_5CH_2CH_3 \xrightarrow[\text{高温、高压}]{H_2,Ni}$ 环己基—CH_2CH_3

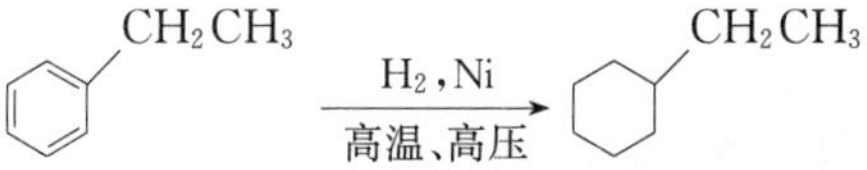

(5) 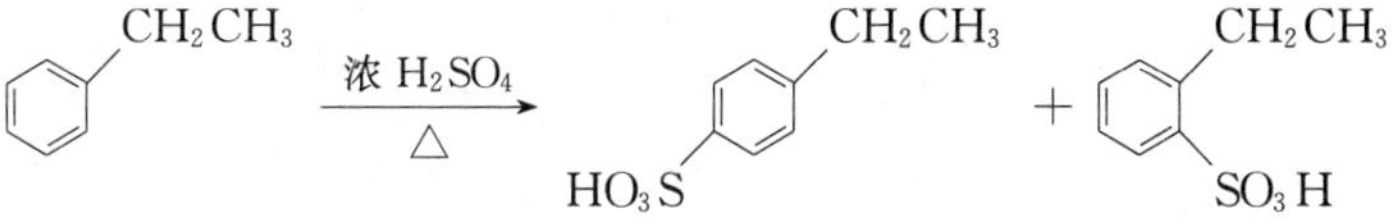 $C_6H_5CH_2CH_3 \xrightarrow[\triangle]{\text{浓 } H_2SO_4}$ 对位（CH_2CH_3，HO_3S）+ 邻位（CH_2CH_3，SO_3H）

(6) 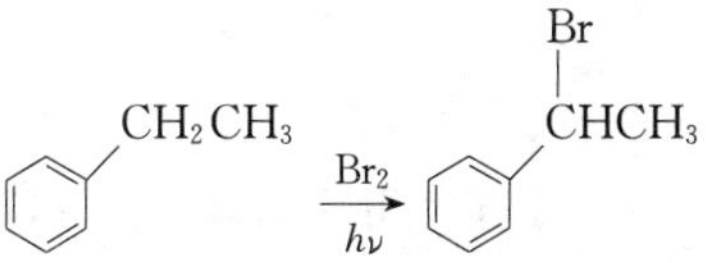 $C_6H_5CH_2CH_3 \xrightarrow[h\nu]{Br_2} C_6H_5CHBrCH_3$ +HBr

(7) 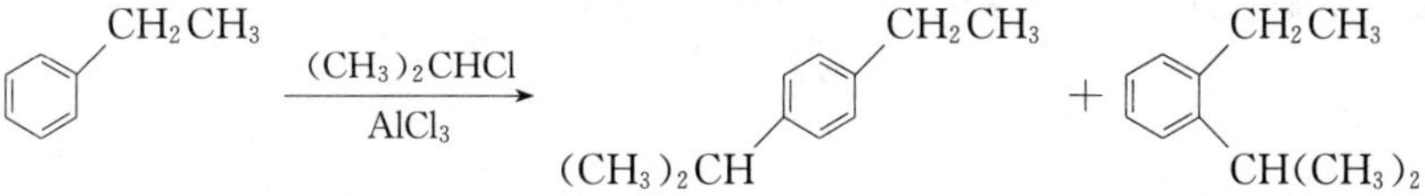 $C_6H_5CH_2CH_3 \xrightarrow[AlCl_3]{(CH_3)_2CHCl}$ 对位（CH_2CH_3，$(CH_3)_2CH$）+ 邻位（CH_2CH_3，$CH(CH_3)_2$）

(8) 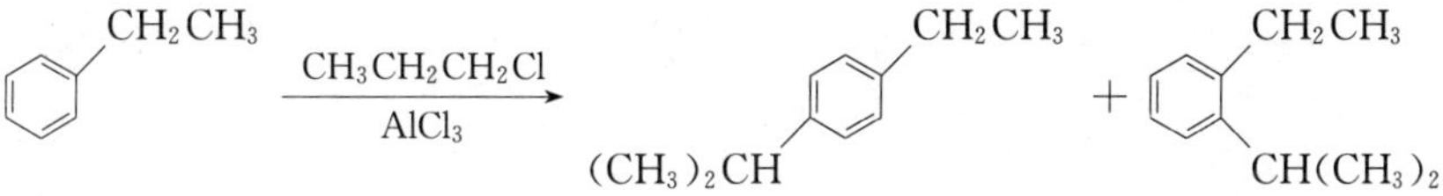 $C_6H_5CH_2CH_3 \xrightarrow[AlCl_3]{CH_3CH_2CH_2Cl}$ 对位（CH_2CH_3，$(CH_3)_2CH$）+ 邻位（CH_2CH_3，$CH(CH_3)_2$）

10. 写出发生如下系列反应所需的试剂。

苯 $\xrightarrow{(1)}$ $C_6H_5CH_2CH_3$ $\xrightarrow{(2)}$ 邻溴乙苯（CH_2CH_3，Br） $\xrightarrow{(3)}$ 邻溴苯甲酸（COOH，Br） $\xrightarrow{(4)}$ （HO_3S，COOH，Br）

答　(1) $CH_3CH_2Br/FeBr_3$　(2) Br_2/Fe　(3) $KMnO_4, H^+$　(4) 浓 H_2SO_4

11. 指出下列各物质硝化时，硝基进入环上的主要位置。

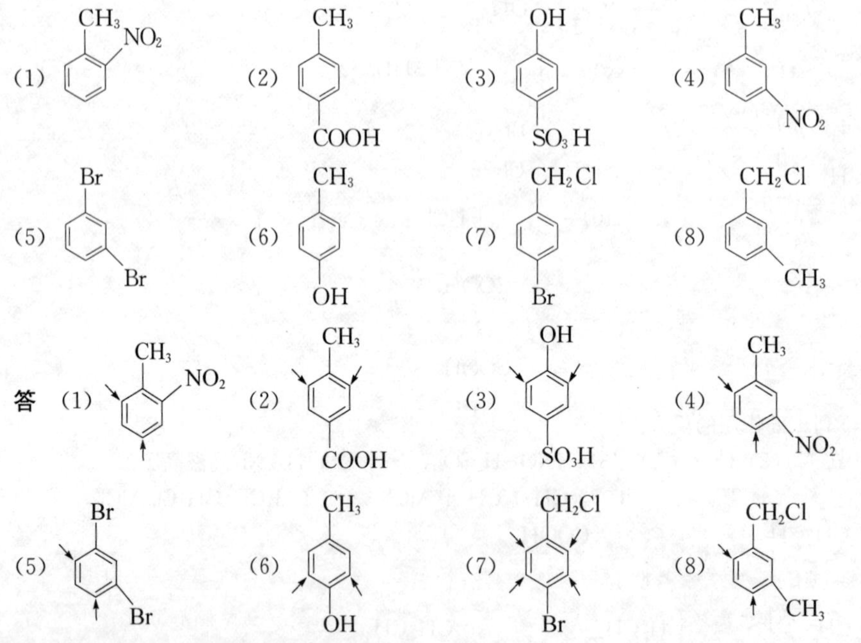

12. 经过元素分析和测定相对分子质量证明，三种芳香烃 A、B、C 的分子式均为 C_9H_{12}。当以 $K_2Cr_2O_7$ 的酸性溶液氧化后，A 变为一元羧酸，B 变为二元羧酸，C 变为三元羧酸。但经浓硝酸和浓硫酸硝化后，A 和 B 分别生成两种一硝基化合物，而 C 则只生成一种一硝基化合物。试推测 A、B、C 的结构并命名。

答

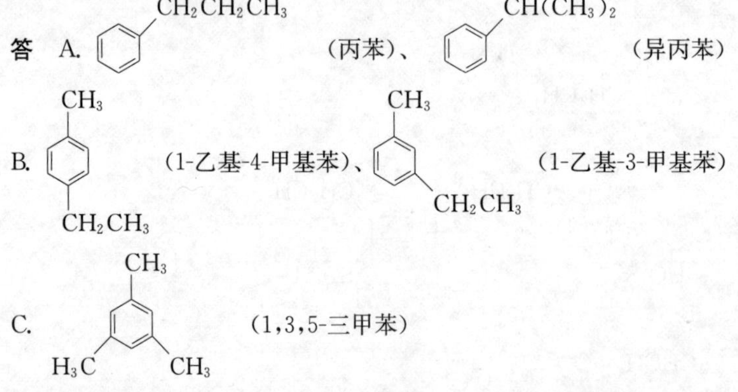

13. 某烃的分子式为 $C_{10}H_{16}$，不含侧链烷基，1 mol 该烃能吸收 1 mol H_2。用 O_3 处理后再用 Zn/H_2O 作用，得到一个对称的二元酮 $C_{10}H_{16}O_2$。请写出这个烃可能的构造式。

答　（双环结构式，两六元环共用的碳碳双键）

（卫建琮　姚　杰）

第 4 章　立 体 化 学

学 习 目 标

（1）掌握光学异构现象的分类，能够辨认各种光学异构体。

（2）掌握旋光度和比旋光度的概念和计算。

（3）理解有关手性的所有概念及术语，包括手性、不对称碳原子、对映异构体、非对映异构体、外消旋体、内消旋体等。

（4）掌握费歇尔投影式的书写规则和注意事项，能够和楔形式互相转换。

（5）掌握立体构型的表示方法，即 D/L 构型表示法和 *R*/*S* 构型表示法。

（6）了解手性化合物的制备方法。

重点内容提要

立体化学是描述分子中原子或基团的空间排布、立体异构体的制备方法以及分子结构对化合物理化性质影响的一门学科。立体异构是指分子的构造相同，但由于分子中原子或原子团在空间的排列方式不同而引起的同分异构现象，它包括构象异构和构型异构。

4.1　物质的旋光性

1. 平面偏振光

光波是电磁波，是横波，其特点之一是传播方向与振动方向垂直。当一束单色光通过尼科耳棱镜或偏振片时，只有振动方向与晶轴平行的光才能通过，因此透射过棱镜之后的光只在一个平面内振动。这种只在一个平面内振动的光称为平面偏振光，简称偏振光。

2. 旋光性和比旋光度

物质能使偏振光振动平面旋转一定角度的性质称为旋光性或光学活性。具有旋光性或光学活性的物质称为旋光性物质或光学活性物质。测定物质旋光度大小的仪器称为旋光仪。

能使偏振光的振动平面向右（顺时针）旋转的化合物称为右旋体，以“+”或“*d*”表示；反之称为左旋体，以“−”或“*l*”表示。

就某一化合物来说，实验测得的旋光度是不固定的，因为它与样品溶液的浓度以及样品管的长度成正比，也与测量时的温度、光源波长以及所使用的溶剂有关。因此，通常用比旋光度$[\alpha]$来表示某一物质的旋光性。

比旋光度是使用钠光（也称 D 线，波长 589 nm）和 1 dm 的样品管，溶液浓度为 1 g · mL^{-1}时的旋光度数。比旋光度的公式如下：

$$[\alpha]_D=\frac{\text{观察到的旋光度}(^\circ)}{\text{样品管长度 }l(\text{dm})\times\text{浓度 }c(\text{g}\cdot\text{mL}^{-1})}=\frac{\alpha}{l\cdot c}$$

一个化合物的比旋光度也与测量时的温度和使用的溶剂有关，所以在表示比旋光度时必须同时注明温度 t(℃)和溶剂。在相同的测定条件下，对每一种旋光性物质来说，比旋光度是一个固定的值。

4.2 化合物的旋光性与其结构的关系

1. 镜像、手性及对映体

当一个化合物的分子与其镜像不能完全重叠时，这种分子就具有手性，必然存在着一个与其镜像相对应的光学异构体。它们的关系就像人的左手和右手，互相对映。

2. 分子的对称性

分子与其镜像是否互相重叠，取决于分子本身是否具有对称性。

判断一个分子是否具有对称性，先要将分子进行某一项对称操作，再看得到的分子立体结构与它原来的立体结构是否完全一致。如果通过某种对称操作后，得到的分子和原来的立体结构完全重叠，那么就说明该分子具有某种对称因素，这种对称因素可以是一个点、一个轴或一个面，分别称为对称中心、对称轴和对称面。

3. 不对称碳原子

与碳原子直接相连的四个原子或基团互不相同(图 4-1，a≠b≠c≠d)，它就没有对称面而具有手性，因此这种碳原子称为手性碳原子或不对称碳原子。

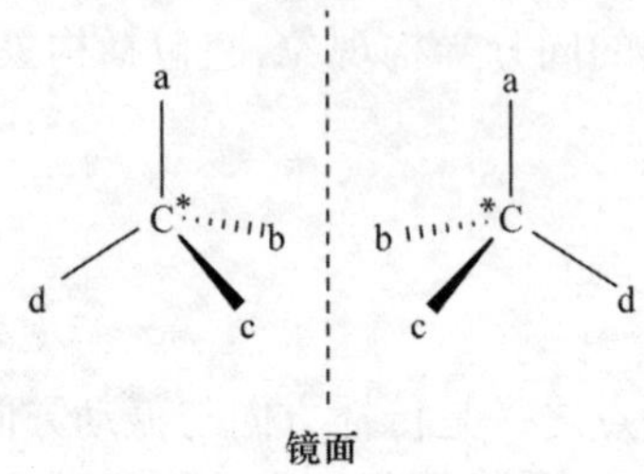

图 4-1 不对称碳原子示意图

4.3 旋光异构体的构型

1. 费歇尔投影式

费歇尔投影式的投影规则如下：把距离观察者较近的与手性碳原子结合的两个键靠近自己(处于纸平面前方，画成实楔形线或横线)，把距离观察者较远的两个键远离自己(处于纸平面后方，画成虚楔形线或竖线)，横线和竖线的垂直平分交叉点即代表手性碳原子。一般将含碳原子的基团放在竖线方向，把命名时编号最小的碳原子放在竖线上端，就得到投影式。费歇尔投影式不能离开纸面翻转，投影式在纸面上转动 180°，获得的投影式构型与原来投影式的构型相同；投影式在纸面上转动 90°，获得的投影式构型与原投影式的构型恰好相反。

2. 绝对构型、相对构型以及构型的表示方法

物质分子中各原子或基团在空间的实际排布称为这种分子的绝对构型。

立体构型的表示方法有 D/L 构型表示法和 R/S 构型系统命名法。以甘油醛为标准，手性碳原子上—OH 在竖线右边的，为右旋甘油醛的构型，称为 D 构型；手性碳原子上—OH 在竖线左边的，为左旋甘油醛的构型，称为 L 构型。手性碳原子的三维构型用 R/S 表示。首先把连接在手性碳原子的四个原子或基团(a、b、c 和 d)按次序规则排列它们的优先顺序，如 a＞b＞c＞d。其次，将此排列顺序中排在最末的 d 放在距观察者最远的地方。再从最优先的 a 到 b 再到 c 的次序观察，如果是顺时针方向排列的，这个手性碳的构型为 R；如果是逆时针方向排列的，则为 S 构型(图 4-2)。

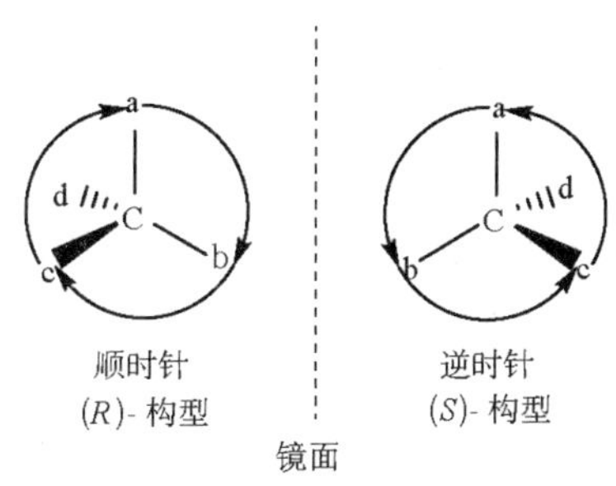

图 4-2　手性碳的 R 和 S 构型

4.4　含多个手性碳原子的分子

1. 非对映体、外消旋体和内消旋体

互相不呈镜像对映关系的光学异构体称为非对映异构体，简称非对映体。由等量的对映体组成的物质称为外消旋体，用(±)-或 *dl*-表示。外消旋体是混合物。由于分子内含有相同的手性碳原子，分子费歇尔投影式的上半部分和下半部分互为实物与镜像的关系，从而使分子内部的旋光性相互抵消的化合物称为内消旋体，内消旋体是纯净物。

2. 含两个以上手性碳原子的分子以及不含手性碳原子的手性分子

一般来说，当分子中含有 n 个不相同的手性碳原子时，就有 2^n 个立体异构体、2^{n-1} 个对映体。有的分子虽不含手性碳原子，但却是手性分子，如手性丙二烯、联芳香烃和螺环烃等。

4.5　手性化合物的制备

一般来说，可以通过化学或生物途径获得手性化合物。化学途径包括手性源合成、化学拆分和不对称合成；生物途径主要指酶催化合成。

手性源合成是以天然手性物质为原料，通过构型保持或构型转化等化学反应合成新的手性化合物。常见的手性源有糖类、有机酸[如(+)-酒石酸、(+)-乳酸、(−)-苹果酸和(+)-抗坏血酸等]、氨基酸、萜类化合物和生物碱等。

化学拆分法是用等物质的量的手性物质(拆分剂)与外消旋体作用生成非对映体，并利用它们性质上的差异将其分离，获得手性化合物的方法。

不对称合成(asymmetric synthesis)是指不具有手性的分子在手性因素的存在下，通过化学反应转化为手性分子的过程。

酶是一种生物催化剂，以其专一性(底物专一、立体专一和活性专一)、高效性著称。通常情况下，酶对其所催化的反应类型和底物种类具有高度的专一性。

4.6 立体异构体与生物活性

作为生命活动重要基础的生物大分子如蛋白质等都具有手性。很多药物的生物活性是通过与蛋白质分子之间严格的手性匹配与手性识别而实现的。

解题示例

【例 4-1】 下列哪些化合物具有对映异构体?

A. 甲苯　B. 顺-1,2-二氯乙烯　C. 1-甲基苯乙胺　D. 1,2,3-丙三醇

【答案】 C

【解析】 画出上述化合物的结构式,就可以判断出 C 具有对映异构体。

【例 4-2】 下列哪组化合物是相同的?

A.
CH_2OH; H—+—Br; H—+—Cl; CH_3 　　 CH_2OH; Br—+—H; Cl—+—H; CH_3

B.
Br; H—+—CH_2OH; H—+—Cl; CH_3 　　 H; HOH_2C—+—Br; H—+—Cl; CH_3

C.
CH_2OH; Br—+—H; H_3C—+—H; Cl 　　 CH_2OH; Br—+—H; H_3C—+—Cl; H

D.
CH_2OH; Br—+—H; Cl—+—H; CH_3 　　 CH_2OH; Br—+—H; H—+—Cl; CH_3

【答案】 B

【解析】 根据费歇尔投影式的书写规则,对上述四组化合物的不对称碳原子的构型一一进行判别,就可以发现 B 组实为相同的化合物。

【例 4-3】 写出下列化合物的费歇尔投影式,并判断不对称碳原子的 R/S 构型。

CO_2H; H; CH_3; Cl

【答案】

CO_2H; H_3C—S—H; Cl

【解析】 本题考查楔形式和费歇尔投影式的相互转换。根据费歇尔投影式的书写规则,依次书写出上述化合物的费歇尔投影式,并判断其 R/S 构型。

【例 4-4】 利用 R/S 构型命名法对例 4-3 给出的化合物进行命名。

【答案】 (S)-2-(4-氯苯基)丙酸

【解析】 在例 4-3 判定其构型的基础上,利用系统命名法(IUPAC 命名)进行命名。

【例 4-5】 判断下列化合物的 R/S 构型并命名。

A. 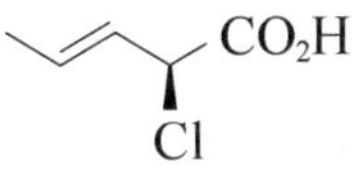 (structure) B. 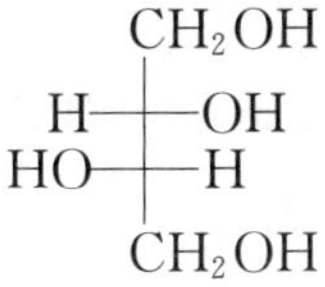 (Fischer projection: CH_2OH; H—OH; HO—H; CH_2OH) C. 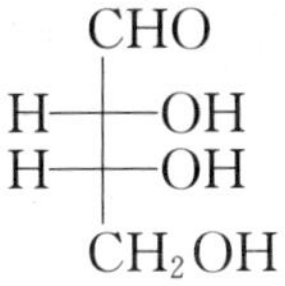 (Fischer projection: CHO; H—OH; H—OH; CH_2OH) D. 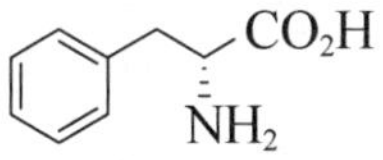 (structure)

【答案】 A. (*S*,*E*)-2-氯戊-3-烯酸　　B. (2*S*,3*S*)-丁-1,2,3,4-四醇

C. (2*R*,3*R*)-2,3,4-三羟基丁醛　　D. (*R*)-2-氨基-3-苯基丙酸

【解析】 先判断其 *R*/*S* 构型,不要忘记烯烃的顺反异构,然后利用系统命名法(IUPAC命名)进行命名。

学生自我测试题及参考答案

一、选择题。

1. 下列有关手性化合物的说法正确的是(　　)
   A. 分子结构中具有手性碳原子的化合物一定是手性化合物
   B. 分子结构中至少含有一个对称面的化合物一定是手性化合物
   C. 分子结构中至少含有一个对称轴的化合物一定是手性化合物
   D. 分子结构中具有手性碳原子的化合物可能是手性化合物
2. 下列有关比旋光度的说法正确的是(　　)
   A. 某分子的比旋光度数值越大,说明该分子中含的不对称碳原子越多
   B. 比旋光度的数值与测定条件无关
   C. 比旋光度的数值与测定波长无关
   D. 比旋光度是手性化合物的物理属性之一
3. 下列说法正确的是(　　)
   A. 含有两个及两个以上不同手性碳原子的化合物必定存在非对映异构体
   B. 只要是手性化合物,必定至少存在一对非对映异构体
   C. 内消旋体是混合物
   D. 外消旋体是纯净物
4. 下列有关费歇尔投影式的说法正确的是(　　)
   A. 费歇尔投影式可离开纸面任意翻转
   B. 费歇尔投影式只能用于表示手性化合物的构型
   C. 费歇尔投影式不离开纸面旋转 180°,其表示的手性化合物的构型不发生变化
   D. 费歇尔投影式不离开纸面旋转 90°,其表示的手性化合物的构型不发生变化

二、简答题。

1. 画出下列化合物的镜像,并指出哪些化合物是手性化合物。

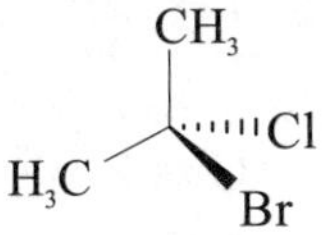

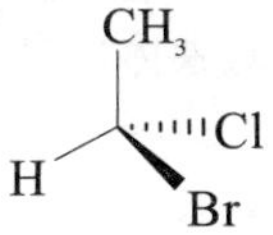

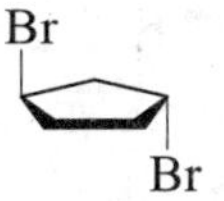

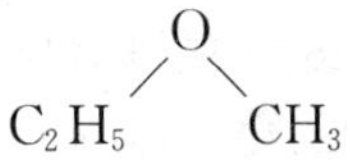

A　　B　　C　　D

2. 画出下列化合物的对称面。

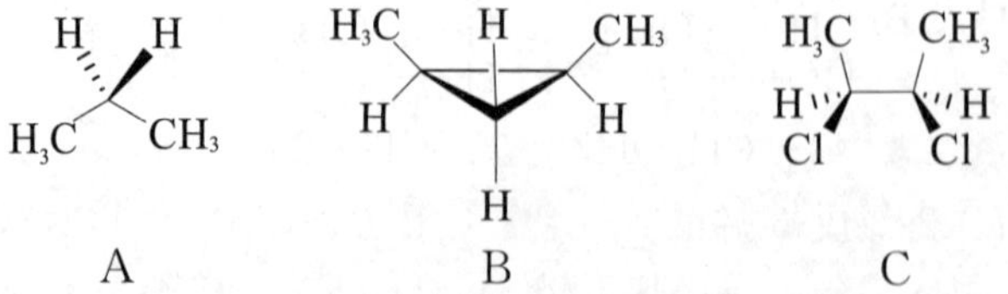

A　　B　　C

3. 舒喘宁的主要成分是沙丁胺醇(albuterol),用于治疗哮喘。其化学结构式如下所示。请用 * 标出不对称碳原子,并用楔形式(仅考虑手性碳原子)画出其一对对映体。

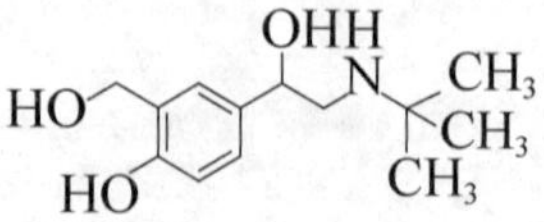

沙丁胺醇

4. 阿利吉伦(aliskiren)是用于治疗高血压的药物,其结构式如下所示。请用 * 标出不对称碳原子,并计算该药物有多少个光学异构体。

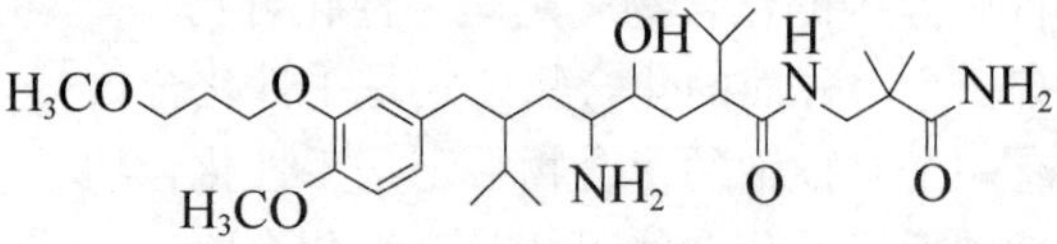

阿利吉伦

5. 阿斯巴甜作为蔗糖的替代品,是一种安全的甜味剂,其结构式如下所示。请用 * 标出其不对称碳原子,并判断其 R/S 构型。

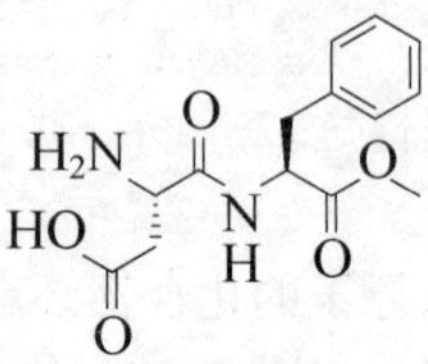

阿斯巴甜

6. 氯吡格雷(商品名波立维,Plavix)是一种预防动脉血栓的药物,目前市场上出售的仅是其(S)-构型的药物。请用楔形式和费歇尔投影式画出该(S)-构型药物构型。

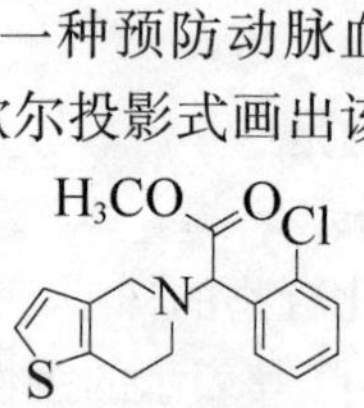

氯吡格雷

7. 对映体过量(enantiomeric excess,简写为 ee)是指单一构型的化合物在一对对映异构体混合物中所占有的百分数的过量值。例如,在一对对映异构体中,(R)-构型的化合物占 75%,而(S)-构型的占 25%,那这一对对映异构体中,(R)-构型的化合物的对映体过量就为(75%-25%)/(75%+25%)=50%ee。根据上述定义计算下列化合物的对映体过量。

A. (R)-构型的化合物占 95%,(S)-构型的占 5%

B. (R)-构型的化合物占 50%,(S)-构型的占 50%

8. 香菜的香味主要来源于香芹酮 A;留兰的香味主要来源于香芹酮 B,A 和 B 互为对映异构体,已知 A 的结构式如下所示,请画出 B 的结构式,并标明 A 和 B 的 R/S 构型。

O
H
香芹酮A

参考答案

一、1. D 2. D 3. A 4. C

二、1. A. B. C. D.

CH_3 Cl Br CH_3 CH_3 Cl Br H Br Br O H_3C C_2H_5

其中,B和C为手性分子。

2. A. B. C.

H H H_3C CH_3 H_3C H CH_3 H H H H_3C CH_3 H Cl H Cl

3.

OH H HO N CH_3 CH_3 HO CH_3 OH HO H NH HO CH_3 H_3C CH_3 OH H HN OH H_3C OH H_3C CH_3

镜面

4.

OH H H_3CO O NH_2 H_3CO NH_2 O O

一共有 $2^4=16$ 个光学异构体。

5.

H_2N O S HO N S H O O

6.

H_3CO O Cl N S H H Cl N S O OCH_3

7. A. (95%－5%)/(95%＋5%)＝90%ee　　B. (50%－50%)/(50%＋50%)＝0%ee

8. 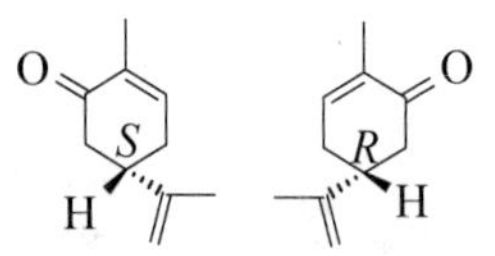 香芹酮 A　香芹酮 B

教材中的问题及习题解答

一、教材中的问题及解答

问题与思考 4-1　指出下列具有旋光异构体的化合物。

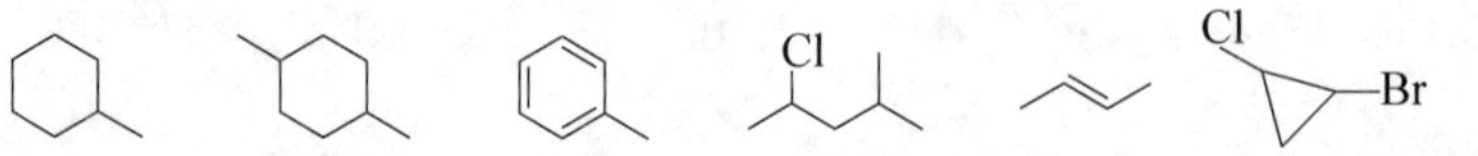

a　b　c　d　e　f

答　d 和 f 具有旋光异构体。

问题与思考 4-2　指出下列化合物具有哪些对称因素。

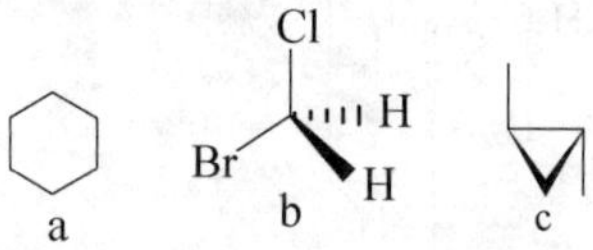

a　b　c

答　a 具有对称面、对称中心和对称轴；b 具有对称面；c 具有对称轴。

问题与思考 4-3　写出下列化合物的费歇尔投影式，并标明不对称碳原子的 *R*/*S* 构型。

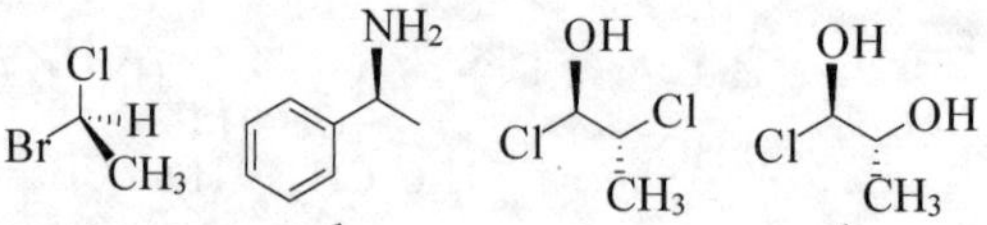

a　b　c　d

答

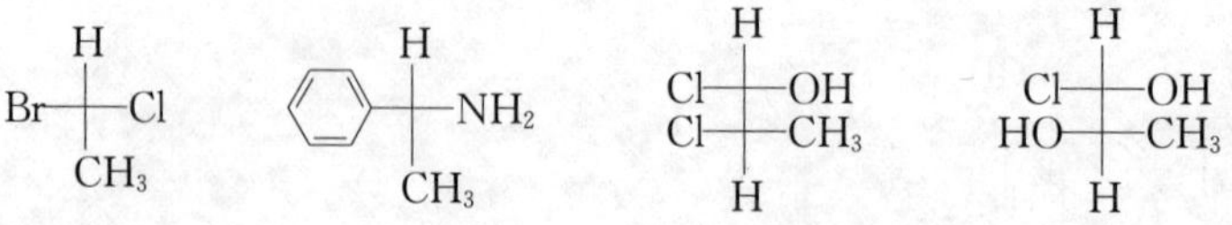

a (*R*)-　b (*S*)-　c (*R*,*R*)-　d (*R*,*R*)-

问题与思考 4-4　举例说明什么是对映异构体、非对映异构体、外消旋体和内消旋体。

答　答案可参考本章对酒石酸的论述。

二、教材中的习题及解答

1. 下列化合物中，可能具有旋光活性的为(　　)。

A. 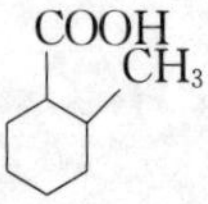　B. 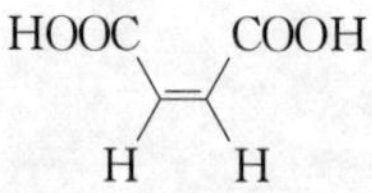　C. 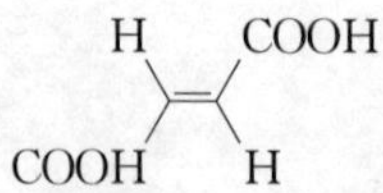　D.

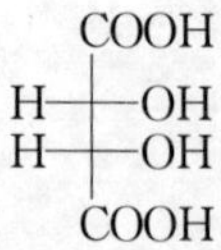

答　A

2. 考察下面的费歇尔投影式，这两种化合物互为(　　)。

A. 同一种化合物　　B. 对映体　　C. 非对映体　　D. 内消旋体

答　A

3. 画出化合物(2*E*,4*S*)-4-溴-3-乙基-2-戊烯的构型，注意表示出正确的立体构型。

答

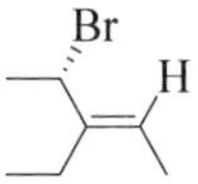

4. 画出(S)-1-氯-2-甲基丁烷的结构式，其在光激发下与氯气反应，生成的产物中含有 1,2-二氯-2-甲基丁烷和 1,4-二氯-2-甲基丁烷，写出反应方程式，说明这两个产物有无光学活性，为什么？

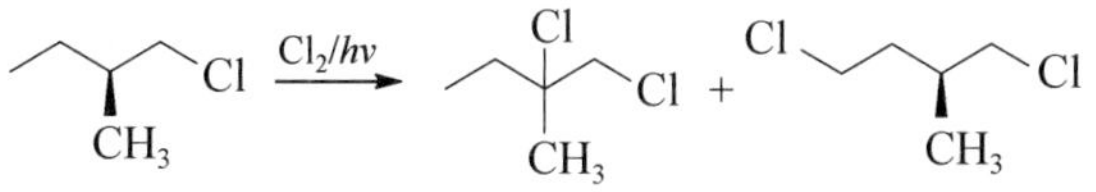

$\xrightarrow{Cl_2/h\nu}$　A + B

答　其中，A 无光学活性，因为是自由基反应，两边进攻机会均等；B 有光学活性，因为反应不涉及手性碳原子中心。

5. 某物质溶于氯仿中，其浓度为 100 mL 溶液中溶解 6.15 g。将部分此溶液放入一根 5 cm 长的样品管中，在旋光仪中测得的旋光度为－1.2°，计算它的比旋光度。

答　经过计算得$[\alpha]_D = \dfrac{\text{观察到的旋光度(度)}}{\text{盛液管长度 } l(\text{dm}) \times \text{浓度 } C(\text{g} \cdot \text{mL}^{-1})} \rightarrow = \dfrac{a}{l \cdot C} = -39.0^{\circ}(c=1, CHCl_3)$。

6. 一光学活性化合物 A，分子式为 C_8H_{12}，A 用钯催化氢化，生成化合物 B(C_8H_{18})，B 无光学活性，A 用林德拉催化剂(Pd/$BaSO_4$)氢化，生成化合物 C(C_8H_{14})。C 为光学活性化合物。A 在液氨中与钠反应生成光学活性化合物 D(C_8H_{14})。试推测 A、B、C、D 的结构。

答　A 的分子式为 C_8H_{12}，可知 A 为炔烯，推断结构有以下两种结果：

①　A　B　C　D

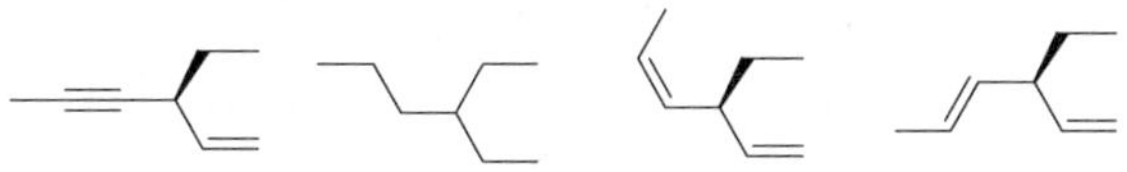

②　A　B　C　D

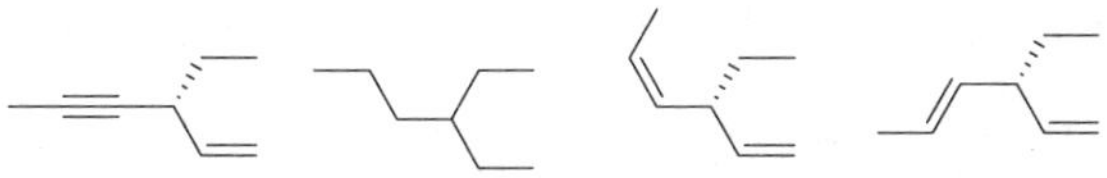

7. 用冷的 $KMnO_4$ 溶液处理顺-2-丁烯生成一个熔点为 32 ℃的邻二醇 A，处理反-2-丁烯却生成熔点为 19 ℃的邻二醇 B。A 和 B 都没有旋光性，但 B 可拆成两个旋光度相等、方向相反的邻二醇。写出 A、B 的结构式并标出它们的构型。

答

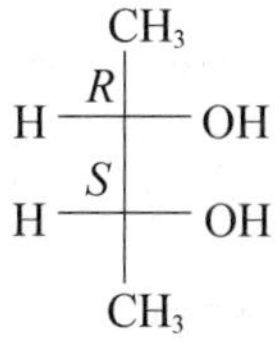

A: CH_3; H—*R*—OH; H—*S*—OH; CH_3

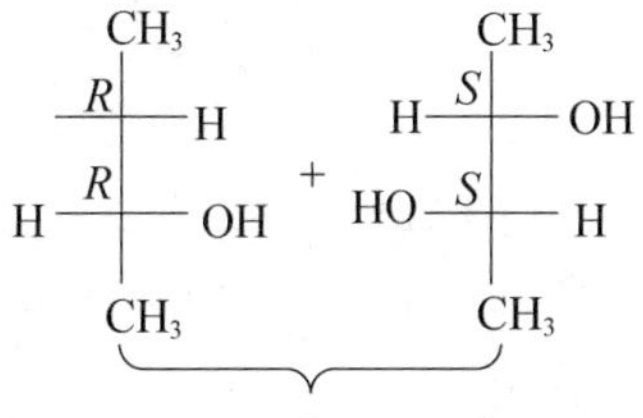

B: CH_3; —*R*—H; H—*R*—OH; CH_3　+　CH_3; H—*S*—OH; HO—*S*—H; CH_3

A 为内消旋体，B 为外消旋体。

8. 下列化合物中哪个有旋光异构体？如有手性碳，用＊号标出，并指出可能有的旋光异构体的数目。

(1) $CH_3CH_2CHCH_3$（CH 上连 Cl）　(2) $CH_3CH{=}C{=}CHCH_3$　(3)（CH_3 取代环戊烯）　(4)

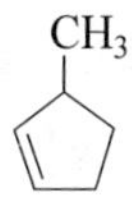

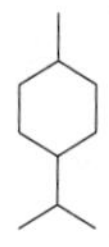

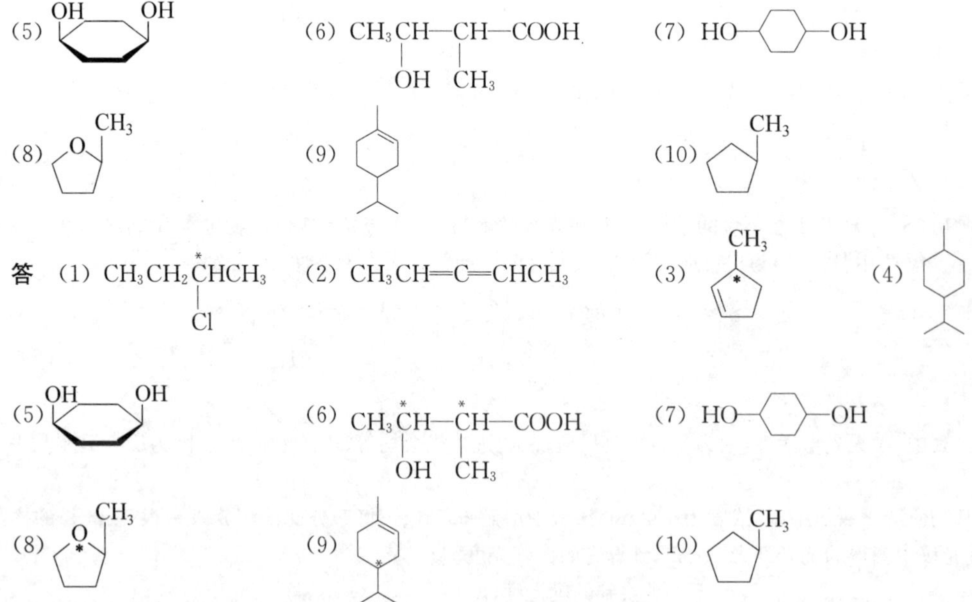

(1)有 2 个,(2)无,(3)有 2 个,(4)无,(5)无,(6)有 4 个,(7)无,(8)有 2 个,(9)有 2 个,(10)无。

9. 分子式 $C_5H_{10}O_2$ 的酸,有旋光性,写出它的一对对映体的费歇尔投影式,并用 R/S 标记法命名。

答

CO_2H（楔形键）　　费歇尔投影式：上 CH_3，左 H，右 C_2H_5，下 CO_2H　　(R)-2-甲基丁酸

CO_2H（虚线键）　　费歇尔投影式：上 CH_3，左 C_2H_5，右 H，下 CO_2H　　(S)-2-甲基丁酸

10. (+)-麻黄碱的费歇尔投影式如下,请判断其不对称碳原子的 R/S 构型。

$$\begin{array}{c} C_6H_5 \\ HO—\overset{R}{+}—H \\ H—\underset{S}{+}—CH_3 \\ NHCH_3 \end{array}$$

11. 指出下列各对化合物间的相互关系(属于哪种异构体,或是相同分子)。

(1) $$\begin{array}{c} COOH \\ H_3C—C—H \\ CH_2 \\ CH_3 \end{array} \qquad \begin{array}{c} H \\ H_3C—C—COOH \\ CH_2 \\ CH_3 \end{array}$$

(2) COOH、C_2H_5、H、CH_3（楔形式）　　COOH、H、H_3C、C_2H_5（楔形式）

(3) $$\begin{array}{c} COOH \\ H—+—OH \\ H—+—CH_3 \\ OH \end{array} \qquad \begin{array}{c} COOH \\ H—+—OH \\ HO—+—H \\ CH_3 \end{array}$$

(4) COOH、OH、苯基、CH_3（楔形式）　　COOH、CH_3、HO、苯基（楔形式）

(5) $$\begin{array}{c} CH_3 \\ H—+—OH \\ CH_3 \end{array} \qquad \begin{array}{c} CH_3 \\ H—+—H \\ CH_2OH \end{array}$$

(6) OH、COOH（环己烷，1,4-取代）　　OH、COOH（环己烷，1,3-取代）

答　(1) 为一对对映体;(2) 为相同分子;(3) 为相同分子;(4) 为相同分子。

(5) 为特性基团位置异构体;(6) 为特性基团位置异构体。

12. 将下述物质溶于非光学活性的溶剂中,哪种溶液具有旋光性?

(1) (2*S*,3*R*)-酒石酸

(2) (2*S*,3*S*)-酒石酸

(3) 化合物(1)与(2)的等量混合物

(4) 化合物(2)与(2*R*,3*R*)-酒石酸的等量混合物

答 (1) 无旋光性;(2) 有旋光性;(3) 有旋光性;(4) 为外消旋体,无旋光性。

(王平安)

第5章　卤　代　烃

学习目标

（1）掌握卤代烃的结构、分类及命名原则。

（2）掌握卤代烃的主要化学性质：亲核取代反应、β-消除反应、格氏试剂的制备及性质。

（3）熟悉卤代烃亲核取代反应及β-消除反应历程。

（4）了解卤原子的种类对反应活性的影响。

重点内容提要

5.1　卤代烃的分类和命名

1. 卤代烃的分类

卤代烃的分类方法有多种，最常使用的分类方法包括以下三种。

（1）按卤原子种类分类。

卤代烃：
- 氟代烃
- 氯代烃
- 溴代烃
- 碘代烃

（2）按烃基结构分类。

卤代烃：
- 卤代烷烃
- 卤代烯烃（包括乙烯型、烯丙型和孤立型）
- 卤代芳烃（包括苯型、苄型和孤立型）

（3）按卤素所连碳原子种类分类。

卤代烃：
- 伯卤代烃（1°卤代烃）
- 仲卤代烃（2°卤代烃）
- 叔卤代烃（3°卤代烃）

2. 卤代烃的命名

除一些特殊的卤代烃常采用俗名外（如$CHCl_3$氯仿，CHI_3碘仿），大多数卤代烃用系统命名法命名。

选择最长碳链作为主链。若最长碳链有多种，则选含取代基最多的碳链作为主链，母体称为“某烷”。从最靠近取代基的一端开始编号。若有多个取代基，则按照“最低位次组”原则进行编号，即将不同位次组的编号由小到大进行比较，最先出现最小编号的位次组为最低位次组。若有两组编号完全相同，则按照取代基英文名称的首字母次序，最靠前的取代基最先编号。按照“*m*-X 取代基-*n*-Y 取代基某烷”的格式依次将取代基按英文字母顺序依次列在母体之前，标明取代基的位次（*m*、*n*）及数目（X、Y），数字与汉字之间以“-”隔开。如分子有手性，需标记其构型。例如

$$\underset{\underset{CH_3}{|}}{CH_3CH}CH_2\underset{\underset{Cl}{|}}{CHCH_3}$$

2-氯-4-甲基戊烷

$$\begin{matrix} H & & & & Br & & H \\ & C & = & C & & & \\ H_3C & & & & CH_2CCH_2CH_3 & & \\ & & & & & CH_3 & \end{matrix}$$

(2*E*,5*R*)-3-溴-5-甲基庚-2-烯

Br　　Br

3,5-二溴环己烯

$$C_6H_5-CH_2\underset{\underset{Cl}{|}}{CH}CH_2CH_3$$

1-苯基-2-氯丁烷

Br

CH_3

对溴甲苯

5.2　卤代烃的物理性质

除某些卤代烷外，卤代烃的密度一般比水大，分子中卤原子增多，密度增大。

5.3　卤代烃的化学性质

C—X 键是极性共价键，碳原子带部分正电荷，易受到亲核试剂的进攻，发生亲核取代反应。此外，C—X 键的极性还可以通过诱导效应影响相邻 *β*-碳上的氢原子，使其活性增加，在碱作用下发生 *β*-消除反应。卤代烃还可以与一些金属反应生成有机金属化合物。

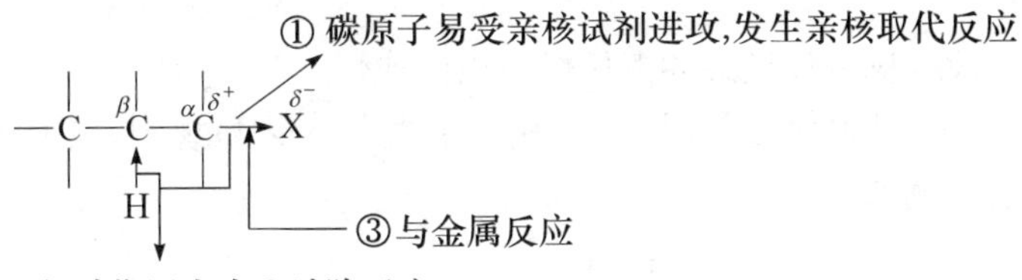

1. 亲核取代反应

$$\underset{\text{亲核试剂}}{Nu^-} + R-X \longrightarrow R-Nu \quad + \quad \underset{\text{离去基团}}{X^-}$$

亲核试剂 Nu^- 可以是负离子（如 OH^-，OR^-，$RCOO^-$，$ONO_2{}^-$，CN^-，$^-C\equiv CH$，N_3^-，HS^-，RS^-，X^-），也可以是具有未共用电子对的中性分子[如 H_2O，ROH，NH_3，$(CH_3)_3N$，H_2S，RSH 等]。

（1）被羟基取代生成醇。

$$RCH_2-X + NaOH \xrightarrow{\text{水}} \underset{\text{醇}}{RCH_2OH} + NaX$$

（2）被烷氧基取代生成醚。

$$R-X + R'ONa \longrightarrow \underset{\text{醚}}{R-O-R'} + NaX$$

此反应中 R—X 一般为伯卤代烷,仲、叔卤代烷与醇钠反应时,主要发生 β-消除反应生成烯烃。

(3) 被氰基取代生成腈。

$$RCH_2X + NaCN \xrightarrow{\text{醇}} \underset{\text{腈}}{RCH_2CN} + NaX$$

CN 的引入使产物分子比反应物分子增加了一个碳原子,CN 可进一步转化为—COOH 等基团,故该方法是有机合成中增长碳链的方法之一。

同样,此反应只适用于伯卤代烷,仲、叔卤代烷在反应中会发生 β-消除反应转变为烯烃。

(4) 被硝酸根取代生成硝酸酯。

$$RX + AgNO_3 \xrightarrow{\text{醇}} \underset{\text{硝酸酯}}{RONO_2} + AgX\downarrow$$

此反应可用于鉴别卤化物,因卤原子不同或烃基不同的卤代烃,其亲核取代反应活性有差异。活性顺序为烯丙型(或苄型)卤代烃>叔卤代烃>仲卤代烃>伯卤代烃>乙烯型(或苯型)卤代烃;烃基相同时,不同卤代烃活性顺序为 RI>RBr>RCl。

(5) 被氨基取代生成胺。

$$R—X + NH_3 \longrightarrow \underset{\text{胺}}{R—NH_2} + NH_4X$$

2. β-消除反应

$$R—\overset{\overset{\displaystyle H}{|}}{\underset{\underset{\displaystyle H}{|}}{\overset{\beta}{C}}}—\underset{\underset{\displaystyle X}{|}}{\overset{\alpha}{C}H_2} + KOH \xrightarrow[\triangle]{\text{乙醇}} \underset{\text{烯烃}}{RCH=CH_2} + KX + H_2O$$

β-消除反应的活性:叔卤代烃>仲卤代烃>伯卤代烃。

仲卤代烃和叔卤代烃脱卤化氢时,遵守札依采夫(Sayzeff)规则,氢原子主要从含氢较少的 β -碳原子上脱去。例如

$$CH_3CH_2CHBrCH_3 \xrightarrow[\triangle]{KOH, C_2H_5OH} \underset{\text{主产物}}{CH_3CH=CHCH_3} + CH_3CH_2CH=CH_2$$

但也有例外,当卤代烯烃和卤代芳烃发生消除反应时,生成的主要产物是共轭烯烃,不一定遵守札依采夫规则。例如

$$C_6H_5CH_2CHBr\overset{\overset{\displaystyle CH_3}{|}}{C}HCH_3 \xrightarrow{CH_3O^-} \underset{\text{主产物}}{C_6H_5CH=CH\overset{\overset{\displaystyle CH_3}{|}}{C}HCH_3} + C_6H_5CH_2CH=\overset{\overset{\displaystyle CH_3}{|}}{C}CH_3$$

3. 与金属反应生成有机金属化合物

$$\underset{X=Cl,Br}{R—X} + Mg \xrightarrow{\text{无水乙醚}} \underset{\text{格氏试剂}}{R—MgX}$$

格氏试剂非常活泼，是有机合成中一类重要的碳亲核试剂，与含活性氢的化合物（水、醇、酸）、卤代烃、羰基化合物、酯以及二氧化碳等反应生成多种类型的化合物，在有机合成中的应用十分广泛。例如

$$R-MgX \xrightarrow{R'X} R-R' \quad \text{烷烃}$$

$$R-MgX \xrightarrow{R'-\overset{O}{\overset{\|}{C}}H} R-\underset{H}{\underset{|}{\overset{OH}{\overset{|}{C}}}}-R' \quad \text{仲醇}$$

$$R-MgX \xrightarrow{R'-\overset{O}{\overset{\|}{C}}-R''} R-\underset{R''}{\underset{|}{\overset{OH}{\overset{|}{C}}}}-R' \quad \text{叔醇}$$

$$R-MgX \xrightarrow{R'-\overset{O}{\overset{\|}{C}}-OR''} R'-\overset{O}{\overset{\|}{C}}-R \xrightarrow{R-MgX} R-\underset{R}{\underset{|}{\overset{OH}{\overset{|}{C}}}}-R' \quad \text{叔醇}$$

$$R-MgX \xrightarrow{CO_2} R-COOH \quad \text{羧酸}$$

$$R-MgX \xrightarrow[\text{或 } R'OH \text{ 或 } R'OOH]{H_2O} R-H \quad \text{烷烃}$$

（1）卤素相同时，生成格氏试剂的难易顺序为伯卤代烷＞仲卤代烷＞叔卤代烷；烷基相同时，其顺序为碘代烷＞溴代烷＞氯代烷。

（2）格氏试剂与醛、酮、酯的反应在后续章节中介绍。

5.4　反应历程

1. 亲核取代反应历程

亲核取代反应包括 S_N2 和 S_N1 两种历程，两者的特点见表 5-1。

表 5-1　S_N2 与 S_N1 历程的比较

	S_N2	S_N1
动力学特点	双分子协同反应	单分子反应，生成 C^+ 为决速步骤
立体化学	产物构型翻转（瓦尔登反转）	产物外消旋化
重排产物	无	有
反应活性	卤甲烷＞伯＞仲＞叔	叔＞仲＞伯＞卤甲烷
卤素影响	RI＞RBr＞RCl	RI＞RBr＞RCl

通常情况下，S_N2 与 S_N1 历程总是同时并存于同一反应中，而且相互竞争。一般来说，伯卤代烷主要按 S_N2 历程反应，叔卤代烷主要按 S_N1 历程反应，仲卤代烷则既按 S_N1 又按 S_N2 历程反应。除此之外，亲核试剂亲核性的强弱以及溶剂的极性等对亲核取代反应历程的影响也较大。强亲核试剂、非质子型极性溶剂有利于 S_N2 反应，弱亲核试剂、质子型极性溶剂有利于 S_N1 反应。

2. β-消除反应历程

β-消除反应包括 E1 和 E2 两种，两者的特点见表 5-2。

表 5-2　E1 与 E2 历程的比较

	E2	E1
动力学特点	双分子协同反应	单分子反应，生成 C^+ 为决速步聚
碱性影响	强碱有利	强碱有利
重排产物	无	有
反应活性	叔>仲>伯	叔>仲>伯
消除方向	符合札依采夫规则(有例外)	

3. 亲核取代反应和消除反应的竞争

取代反应和消除反应是卤代烷与亲核试剂反应时的两个竞争反应，通过四种不同的反应历程(S_N1，S_N2，E1，E2)得到不同的产物(表 5-3)。

表 5-3　亲核取代反应和消除反应的影响因素

亲核试剂		卤代烃		
		1°	2°	3°
S_N2/E2	亲核性强有利	以 S_N2 为主，若 RX 或 Nu^- 有位阻，则 E2 占优	S_N2/E2 均可，强碱、大体积碱、高温有利于 E2	只发生 E2
S_N1/E1	亲核性弱有利	不发生	S_N1/E1 均可，高温有利于 E1	S_N1/E1 均可，高温有利于 E1

解 题 示 例

【例 5-1】 写出下列各题中所要求异构体的构造式。

(1) 2-氟丙烷的位置异构体

(2) 分子式为 C_4H_9Cl 的化合物中九个氢是等性的

(3) 分子式为 C_4H_9Br 的两种伯烷基溴

(4) 2-碘丁烷的所有位置异构体

(5) 分子式为 $C_5H_{11}Br$ 的三种仲烷基溴

(6) 只有两种等性氢的化合物 $C_5H_{11}Br$

(7) 2-甲基戊烷同氯气反应所能得到的一氯代物的所有异构体

(8) 1-氯-3-甲基戊烷进行氯化反应能生成的二氯代烷的所有异构体

【答案】 (1) $CH_3CH_2CH_2F$

【解析】 位置异构体是指特性基团所处的位置不同，题给化合物分子中 F 连在 2-C 上，故其位置异构体为 F 连在 1-C 上。

【答案】 (2) $H_3C-\overset{CH_3}{\underset{CH_3}{C}}-Cl$

【解析】 上式中所有的 H 均为 1°H。

【答案】 (3) $CH_3CH_2CH_2CH_2Br$　　$CH_3\underset{CH_3}{CH}CH_2Br$

【解析】 伯卤代烷为卤素连在伯碳原子上，先写出分子式为 C_4H_9 的两个伯烷基的结构式，再与 Br 相连。

【答案】 (4) $CH_3CH_2CH_2CH_2I$

【解析】 同(1)，位置异构体是指碳链结构不变，特性基团所处的位置不同。题给化合物分子中 I 连在 2-C 上，故其位置异构体为 I 连在 1-C 上。

【答案】 (5) $CH_3CH_2CH_2\underset{Br}{CH}CH_3$　　$CH_3\underset{CH_3}{CH}\overset{Br}{CH}CH_3$　　$CH_3CH_2\underset{Br}{CH}CH_2CH_3$

【解析】 同(3)，先写出分子式为 C_5H_{11} 的三个仲烷基的结构式，再与 Br 相连。

【答案】 (6) $H_3C-\overset{CH_3}{\underset{CH_3}{C}}-CH_2Br$

【解析】 上式中含有 9 个 1°H 和 2 个 2°H。

【答案】 (7) $ClCH_2\underset{CH_3}{CH}CH_2CH_2CH_3$　　$CH_3\overset{Cl}{\underset{CH_3}{C}}CH_2CH_2CH_3$　　$CH_3\underset{CH_3}{CH}\overset{Cl}{CH}CH_2CH_3$

$CH_3\underset{CH_3}{CH}CH_2\overset{Cl}{CH}CH_3$　　$CH_3\underset{CH_3}{CH}CH_2CH_2CH_2Cl$

【解析】 写出 2-甲基戊烷的结构式 $CH_3\underset{CH_3}{CH}CH_2CH_2CH_3$，再写出其所有一氯代物的异构体。

【答案】 (8) $Cl_2CHCH_2\underset{CH_3}{CH}CH_2CH_3$　　$ClCH_2\underset{Cl}{CH}\overset{CH_3}{CH}CH_2CH_3$　　$ClCH_2CH_2\overset{CH_3}{\underset{Cl}{C}}CH_2CH_3$

$ClCH_2CH_2\overset{CH_2Cl}{CH}CH_2CH_3$　　$ClCH_2CH_2\overset{CH_3}{CH}\underset{Cl}{CH}CH_3$　　$ClCH_2CH_2\overset{CH_3}{CH}CH_2CH_2Cl$

【解析】 同(7)，写出1-氯-3-甲基戊烷的结构式 $ClCH_2CH_2\underset{}{\overset{CH_3}{\overset{|}{C}}}HCH_2CH_3$，再写出其所有二氯代物的异构体。

【例 5-2】 将下列各组化合物按与 $AgNO_3$-乙醇溶液反应的活性进行排序。

(1) a. $CH_3CH_2CH{=}\underset{\underset{Cl}{|}}{C}CH_3$　　b. $CH_3\underset{\underset{Cl}{|}}{C}HCH{=}CHCH_3$

c. $CH_3CH_2CH_2CH_2CH_2Cl$　　d. $ClCH_2CH_2CH_2CH{=}CH_2$

(2) a. CH_3CH_2Br　b. CH_3CH_2Cl　c. CH_3CH_2I

【答案】 (1) b>c~d>a　(2) c>a>b

【解析】 (1)不同类型的卤代烃发生亲核取代反应的难易程度不同。烯丙型卤代烯烃(或苄型卤代芳烃)>卤代烷，孤立型卤代烯烃(或孤立型卤代芳烃)>乙烯型卤代烯烃(或卤代苯)。(2)卤代烃分子的烃基相同而卤素不同时，取代反应的活性顺序为碘代物>溴代物>氯代物。

【例 5-3】 写出下列反应的主要产物。

(1) $(CH_3)_2CH\underset{\underset{Cl}{|}}{C}HCH_3 \xrightarrow[\triangle]{KOH,C_2H_5OH}$

(2) $CH_3CH_2CH_2Br+(CH_3)_3CONa \longrightarrow$

(3) $ClCH_2CH_2CH_2CH_2CH_2I+CH_3ONa(1\ mol) \xrightarrow{CH_3OH}$

(4) 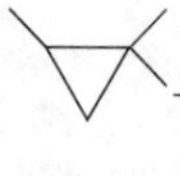 (1,1-二甲基环丙烷) $+HBr \longrightarrow \xrightarrow[\triangle]{KOH,C_2H_5OH}$

(5) $ClCH_2CH_2CH_2CH{=}CH_2 \xrightarrow[ROOR]{HBr} \xrightarrow[无水\ THF]{1\ mol\ Mg}$

(6) 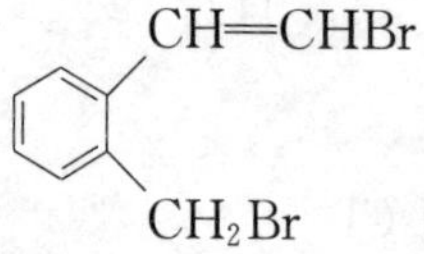 (邻位取代苯：$CH{=}CHBr$，CH_2Br) $\xrightarrow[C_2H_5OH]{AgNO_3}$

【答案】 (1) $(CH_3)_2C{=}CHCH_3$

【解析】 $(CH_3)_2CH\underset{\underset{Cl}{|}}{C}HCH_3$ 为仲卤代烷，在强碱性条件下发生β-消除反应，生成碳正离子中间体$(CH_3)_2CH\overset{+}{C}HCH_3$，该中间体为2°碳正离子，经重排生成3°碳正离子中间体$(CH_3)_2\overset{+}{C}CH_2CH_3$，进一步脱去β-H生成产物烯烃。

【答案】 (2) $CH_3CH_2CH_2OC(CH_3)_3$

【解析】 1-溴丁烷为伯卤代烷，与强亲核试剂叔丁醇钠发生S_N2亲核取代反应，生成产物醚，该方法又称为威廉森醚合成法。

【答案】 (3) $ClCH_2CH_2CH_2CH_2CH_2OCH_3$

【解析】 同(2)，该反应的产物为醚，由于反应物为二卤代烷，与等物质的量的CH_3ONa反应生成单醚。又因为不同卤代烃活性顺序为 RI>RBr>RCl,故 I 被甲氧基取代。

【答案】 (4) 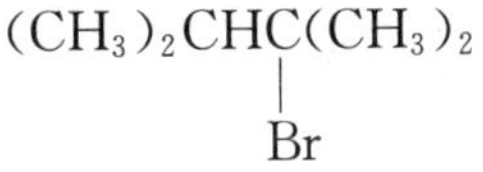 $(CH_3)_2CHC(Br)(CH_3)_2$　　$(CH_3)_2C{=}C(CH_3)_2$

【解析】 烷基取代的环丙烷与卤化氢的反应符合马氏规则。连取代基最多和最少的两个碳原子间的键断开,氢原子加在连氢较多的碳原子上,卤原子加在连氢较少的碳原子上,故第一步的产物应为 $(CH_3)_2CHC(Br)(CH_3)_2$,进一步发生 E1 消除反应生成烯烃。

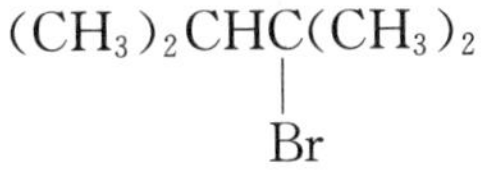

【答案】 (5) $Cl(CH_2)_5Br$　　$Cl(CH_2)_5MgBr$

【解析】 烯烃在过氧化物存在下与 HBr 发生加成反应是反马氏规则的,故产物为 $Cl(CH_2)_5Br$。该产物为二卤代烷,根据碘代物>溴代物>氯代物的活性顺序,与 1 mol Mg 反应时生成的格氏试剂为 $Cl(CH_2)_5MgBr$。

【答案】 (6) 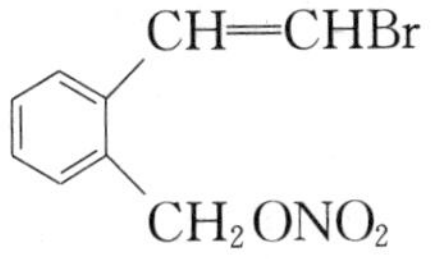 苯环邻位二取代:CH═CHBr,CH_2ONO_2

【解析】 不同类型的卤代烃发生亲核取代反应的活性顺序为烯丙型卤代烯烃(或苄型卤代芳烃)>卤代烷,孤立型卤代烯烃(或孤立型卤代芳烃)>乙烯型卤代烯烃(或卤代苯),故该反应的产物为苯环邻位二取代:CH═CHBr,CH_2ONO_2。

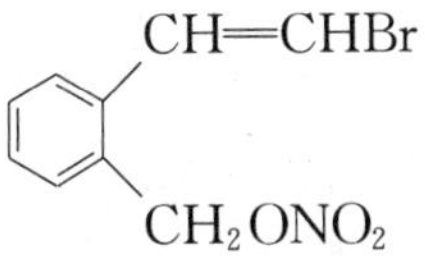

【例 5-4】 下列反应主要是发生亲核取代反应还是消除反应?

(1) $(CH_3)_3C{-}Cl$ 与 NaCN 乙醇溶液反应。

(2) CH_3CH_2Cl 与 NaCN 乙醇溶液反应。

【答案】 (1) 消除反应;(2) 亲核取代反应。

【解析】 因为(1)中的反应物是叔卤代物,CN^- 为强碱,在强碱作用下易发生消除反应。而(2)中的反应物为伯卤代烷,不利于消除反应而有利于亲核取代反应。

【例 5-5】 $(CH_3)_3CCH_2Cl$ 为什么不能按典型的 S_N2 机理进行反应?

【解析】 $(CH_3)_3CCH_2Cl$ 虽为伯氯代烷,但 β-碳原子上的三个甲基的空间位阻大,阻碍了亲核试剂从背面进攻,发生 S_N2 亲核取代反应。

【例 5-6】 写出下列反应的主产物、反应历程及反应活性中间体:

$$(CH_3)_3CCl + C_2H_5OH \longrightarrow$$

【答案】 主要产物为 $(CH_3)_2C{=}CH_2$,E1 反应,活性中间体为 $(CH_3)_3C^+$ 。

【解析】 $(CH_3)_3CCl$ 为叔卤代烷,在无水乙醇中易发生 β-消除反应,生成 $(CH_3)_3C^+$ 中间体,故经过 E1 反应历程。具体反应历程如下:

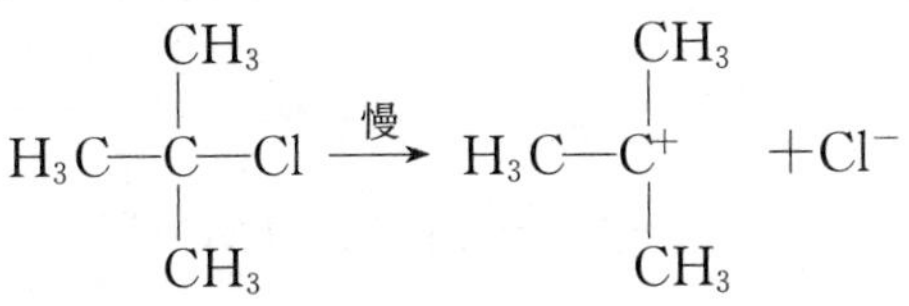

$$H_3C{-}C(CH_3)_2{-}Cl \xrightarrow{慢} H_3C{-}C^+(CH_3)_2 + Cl^-$$

活性中间体

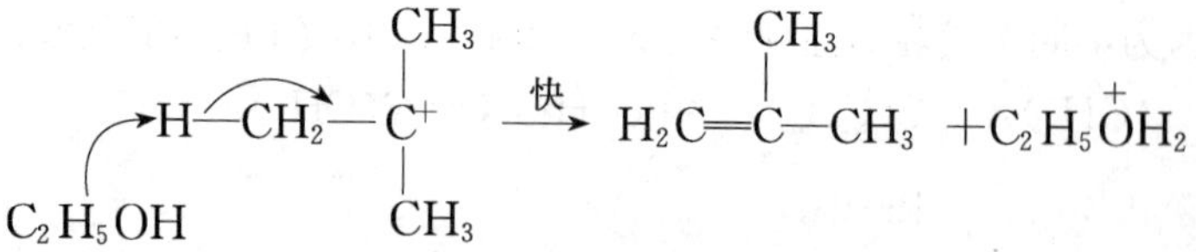

$$C_2H_5OH \curvearrowright H-CH_2-\overset{CH_3}{\underset{CH_3}{C^+}} \xrightarrow{快} H_2C{=}\overset{CH_3}{C}-CH_3 + C_2H_5\overset{+}{O}H_2$$

【例 5-7】 下列哪些化合物可用于制备稳定的格氏试剂？

(1) $CH_3C{\equiv}CCH_2I$　　(2) $ClCH_2CH_2CH_2CH_2OH$

(3) $ClCH_2COOH$　　(4) 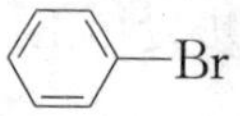 C_6H_5-Br

【答案】 (1)和(4)。

【解析】 格氏试剂是由卤代烃在无水乙醚或四氢呋喃中与金属镁反应得到。而(2)和(3)虽为卤代烃，但因分子中含有活泼氢，能与格氏试剂反应，故不能用于制备格氏试剂。

【例 5-8】 不饱和卤代烃 A 的分子式为 C_5H_7Br，具有旋光性。A 催化加氢后生成卤代烷 B，B 仍具有旋光性。试写出 A 和 B 的构造式。

【答案】 A. $HC{\equiv}CCH_2\underset{Br}{CH}CH_3$　　B. $CH_3CH_2CH_2\underset{Br}{CH}CH_3$

【解析】 经计算化合物 A 的不饱和度为 2，且具有旋光性，因此写出 A 可能的构造式为

① 3-溴环戊烯（环戊烯环上连 Br）　② $HC{\equiv}C\underset{Br}{CH}CH_2CH_3$　③ $HC{\equiv}CCH_2\underset{Br}{CH}CH_3$

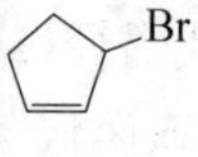

A 催化氢化后生成卤代烷 B，B 仍具有旋光性，上述三种化合物催化氢化后的构造式为

④ 溴代环戊烷（环戊烷环上连 Br）　⑤ $CH_3CH_2\underset{Br}{CH}CH_2CH_3$　⑥ $CH_3CH_2CH_2\underset{Br}{CH}CH_3$

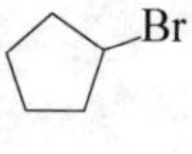

其中只有化合物⑥具有旋光性，故 A、B 的构造式分别为

A. $HC{\equiv}CCH_2\underset{Br}{CH}CH_3$　　B. $CH_3CH_2CH_2\underset{Br}{CH}CH_3$

学生自我测试题及参考答案

一、用系统命名法命名下列化合物。

1. $(CH_3)_2CBrCHClCH_2CHFCH_3$
2. $(CH_3)_2CHCH{=}CHCHClCH_3$
3. $(CH_3)_3CCH_2CH_2C{\equiv}CCHBrCH_3$
4. 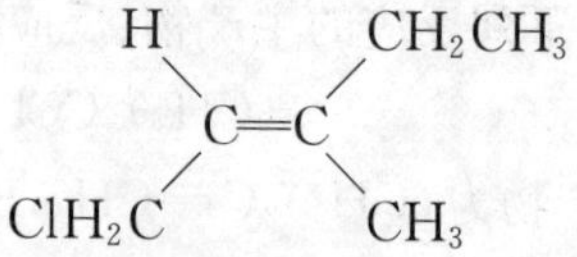 $\overset{H}{\underset{ClH_2C}{}}C{=}C\overset{CH_2CH_3}{\underset{CH_3}{}}$
5. 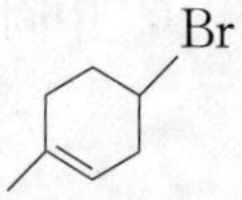 （1-甲基环己烯环，4 位连 Br）
6. $(CH_3)_2CHCH_2CHClCH_3$
7. 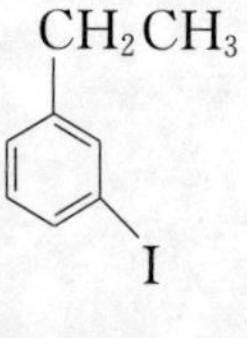 （苯环上连 CH_2CH_3，间位连 I）
8. 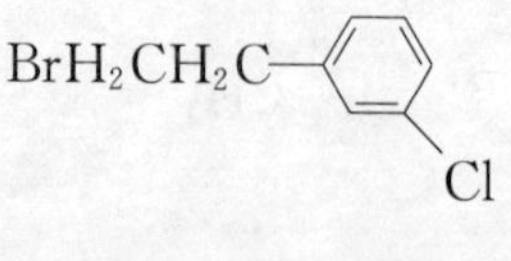 $BrH_2CH_2C-C_6H_4-Cl$（Cl 在间位）

9. 10.

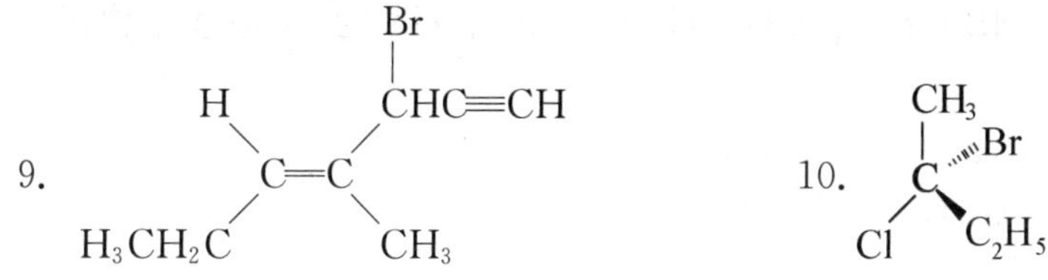

二、写出下列化合物的构造式。

1. 氯仿 2. 烯丙基溴 3. 苄基氯 4. 3-溴环戊烯 5. (*Z*)-1-溴丁-3-苯基-2-烯

三、选择题。

1. 下列化合物中与 NaOH 水溶液最易反应的是(　　)

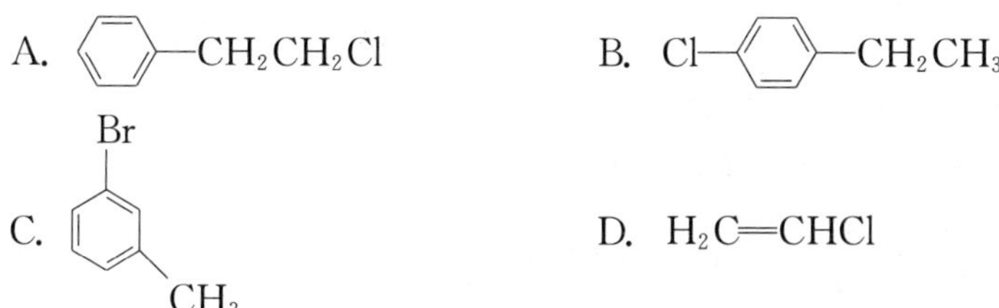

D. $H_2C{=}CHCl$

2. 与 $AgNO_3$ 乙醇溶液反应生成沉淀的化合物是(　　)

A. 氯乙烯　　B. 二氯乙烯　　C. 氯苯　　D. 苄基氯

3. 下列化合物中，预测与 NaOH 乙醇溶液反应最快的是(　　)

A. $CH_3CH_2CH(CH_3)Br$　　B. $(CH_3)_3CBr$

C. $CH_3CH_2CH_2CH_2Br$　　D. ⬡—Br

4. 某溴代烃的分子式为 $C_6H_4Br_2$，经 $Br_2(FeBr_3)$ 一溴取代反应仅得一种化合物。该溴代烃的结构式为(　　)

A. Br, Br（间位二溴苯）　　B. Br, Br（对位二溴苯）

C.

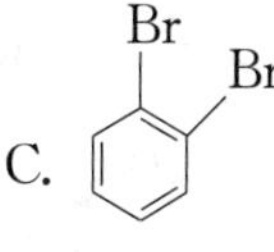

D. 以上都不是

5. (邻氯苄基溴) —CH_2Br（Cl）在加热条件下与 $AgNO_3$ 醇溶液反应生成(　　)

A. 褐色沉淀　　B. 棕色沉淀　　C. 白色沉淀　　D. 淡黄色沉淀

6. (Cl, CH_3 环己烷) 在 KOH 的乙醇溶液中反应，主要产物是(　　)

A. (OH, CH_3 环己烷)　　B. (OC_2H_5, CH_3 环己烷)　　C. (CH_3 环己烯)　　D. (CH_3 环己烯)

7. 化合物①CH_3CHICH_3、②$CH_3CHBrCH_3$、③$CH_3CHClCH_3$ 消除 HX 时，反应速率快慢顺序为（　　）

A. ①>②>③　　B. ②>①>③　　C. ②>③>①　　D. ③>②>①

8. 下列氯代烷进行 S_N1 反应时，反应活性最大的是（　　）

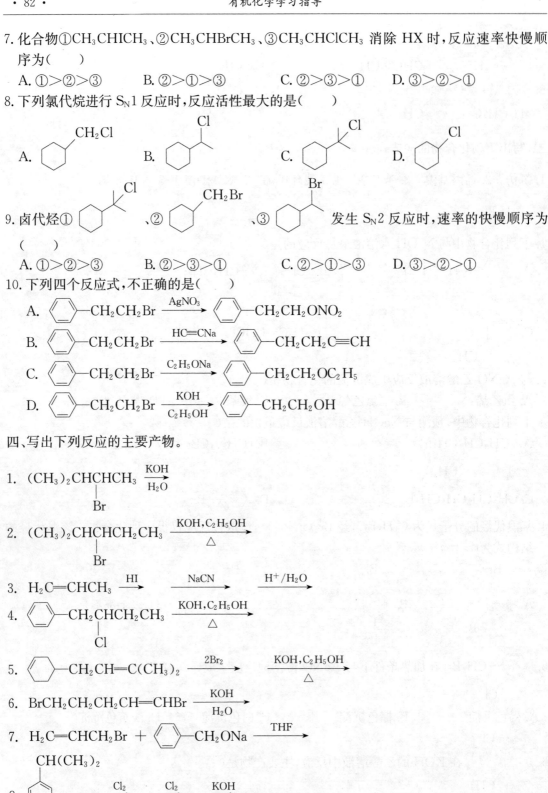

A. 环己基-CH_2Cl　　B. 环己基-CH(Cl)CH_3　　C. 环己基-C(Cl)$(CH_3)_2$　　D. 环己基-Cl

9. 卤代烃① 环己基-C(Cl)$(CH_3)_2$、② 环己基-CH_2Br、③ 环己基-CH(Br)CH_3 发生 S_N2 反应时，速率的快慢顺序为（　　）

A. ①>②>③　　B. ②>③>①　　C. ②>①>③　　D. ③>②>①

10. 下列四个反应式，不正确的是（　　）

A. $C_6H_5-CH_2CH_2Br \xrightarrow{AgNO_3} C_6H_5-CH_2CH_2ONO_2$

B. $C_6H_5-CH_2CH_2Br \xrightarrow{HC\equiv CNa} C_6H_5-CH_2CH_2C\equiv CH$

C. $C_6H_5-CH_2CH_2Br \xrightarrow{C_2H_5ONa} C_6H_5-CH_2CH_2OC_2H_5$

D. $C_6H_5-CH_2CH_2Br \xrightarrow[C_2H_5OH]{KOH} C_6H_5-CH_2CH_2OH$

四、写出下列反应的主要产物。

1. $(CH_3)_2CHCH(Br)CH_3 \xrightarrow[H_2O]{KOH}$

2. $(CH_3)_2CHCH(Br)CH_2CH_3 \xrightarrow[\triangle]{KOH,C_2H_5OH}$

3. $H_2C{=}CHCH_3 \xrightarrow{HI} \xrightarrow{NaCN} \xrightarrow{H^+/H_2O}$

4. $C_6H_5-CH_2CH(Cl)CH_2CH_3 \xrightarrow[\triangle]{KOH,C_2H_5OH}$

5. 环己烯基$-CH_2CH{=}C(CH_3)_2 \xrightarrow{2Br_2} \xrightarrow[\triangle]{KOH,C_2H_5OH}$

6. $BrCH_2CH_2CH_2CH{=}CHBr \xrightarrow[H_2O]{KOH}$

7. $H_2C{=}CHCH_2Br + C_6H_5-CH_2ONa \xrightarrow{THF}$

8. $C_6H_5-CH(CH_3)_2 \xrightarrow[FeCl_3]{Cl_2} \xrightarrow[h\nu]{Cl_2} \xrightarrow[H_2O]{KOH}$

9. $Cl-C_6H_4-C(Cl)(CH_3)_2 \xrightarrow[\triangle]{KOH,C_2H_5OH} \xrightarrow{HOCl}$

10. 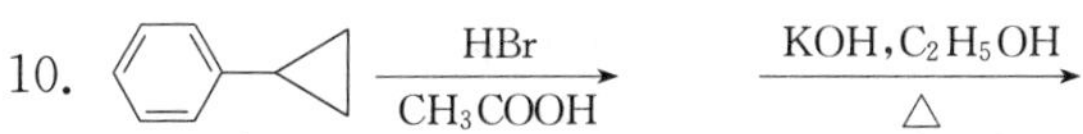

五、用简单的化学方法区别下列各组化合物。

1. 1-氯丙烷,1-氯丙烯,3-氯丙烯
2. 叔丁烷和叔丁基氯
3. 己-1,5-二烯,5-溴-己-1-烯,5-溴-己-1-炔
4. Cl-环己烷，4-叔丁基-1-甲基环己烷（CH_3，$C(CH_3)_3$），3-甲基环己烯（CH_3），对叔丁基甲苯（CH_3，$C(CH_3)_3$）

六、推断题。

1. 氯代烷 A 的分子式为 $C_5H_{11}Cl$,与 NaOH 的醇溶液共热只生成一种烯烃 B。B 经酸性高锰酸钾氧化生成酮 C 和二氧化碳。而 B 与 HCl 加成生成的主要产物是 A 的异构体 D。试推测 A、B、C 和 D 的构造式。
2. 芳香族卤代烃 A 的分子式为 $C_9H_{11}Br$,具有旋光性,A 与 $AgNO_3$ 乙醇溶液作用立即产生沉淀,与 NaOH 的醇溶液共热生成烯烃 B;B 与 HBr 在过氧化物存在下加成生成 A 的异构体 C;将 B 用酸性 $KMnO_4$ 溶液氧化,生成对苯二甲酸。试推测 A、B 和 C 的构造式。

参考答案

一、1. 2-溴-3-氯-5-氟-2-甲基己烷　　2. 2-氯-5-甲基己-3-烯
3. 2-溴-7,7-二甲基辛 -3-炔　　4. (*E*)- 1-氯-3-甲基戊- 2-烯
5. 4-溴-1-甲基-环己烯　　6. 2-氯-4-甲基戊烷
7. 1-乙基-3-碘苯　　8. 2-溴-1-间氯苯基乙烷
9. (*E*)- 3-溴-4-甲基-庚-4-烯-1-炔　　10. (*R*)- 2-溴-2-氯-丁烷

二、1. $CHCl_3$　　2. $CH_2{=}CHCH_2Br$

3. C_6H_5—CH_2Cl　　4. 3-溴环戊烯（Br）

5. $C_6H_5(H_3C)C{=}C(CH_2Br)H$（$C_6H_5$ 与 CH_2Br 同侧，H_3C 与 H 同侧）

三、1. A　2. D　3. B　4. B　5. D　6. D　7. A　8. C　9. B　10. D

四、1. $(CH_3)_2CHCH(OH)CH_3$　　2. $(CH_3)_2C{=}CHCH_2CH_3$

3. CH_3CHICH_3　$CH_3CH(CH_3)CN$　$CH_3CH(CH_3)COOH$　　4. C_6H_5—$CH{=}CHCH_2CH_3$

5. Br, Br-环己基—$CH_2CHBrCBr(CH_3)_2$　　环己烯基—$CH{=}CHC(CH_3){=}CH_2$　　6. $HOCH_2CH_2CH_2CH{=}CHBr$

7. $H_2C{=}CHCH_2OCH_2$—C_6H_5　　8. p-ClC_6H_4—$CH(CH_3)_2$　　p-ClC_6H_4—$CCl(CH_3)_2$　　p-ClC_6H_4—$C(OH)(CH_3)_2$

9. $Cl-C_6H_4-C(CH_3)=CH_2$ $Cl-C_6H_4-C(OH)(CH_3)CH_2Cl$ 10. $C_6H_5-CH(Br)CH_2CH_3$ $C_6H_5-CH=CHCH_3$

五、1. 1-氯丙烷、1-氯丙烯、3-氯丙烯 $\xrightarrow[\text{室温}]{AgNO_3/EtOH}$ 1-氯丙烷：（—）$\xrightarrow{\text{加热}}$ AgCl↓；1-氯丙烯：（—）$\xrightarrow{\text{加热}}$（—）；3-氯丙烯：AgCl↓

2. 叔丁烷、叔丁基氯 $\xrightarrow[\text{乙醇},\triangle]{AgNO_3}$ 叔丁烷：（—）；叔丁基氯：AgCl↓

3. 己-1,5-二烯、5-氯己-1-烯、5-氯己-1-炔 $\xrightarrow[\text{乙醇}]{AgNO_3}$ 己-1,5-二烯：（—）；5-氯己-1-烯：AgCl↓ $\xrightarrow{[Ag(NH_3)_2]NO_3}$（—）；5-氯己-1-炔：AgCl↓ $\xrightarrow{[Ag(NH_3)_2]NO_3}$ 炔化银沉淀

4. 氯代环己烷、1-甲基-4-叔丁基环己烷、4-甲基环己烯、4-叔丁基甲苯 $\xrightarrow[\text{乙醇}]{AgNO_3}$

氯代环己烷：AgCl↓

1-甲基-4-叔丁基环己烷：（—） $\xrightarrow[CCl_4]{Br_2}$ （—） $\xrightarrow[H_2SO_4]{KMnO_4}$ （—）

4-甲基环己烯：（—） $\xrightarrow[CCl_4]{Br_2}$ 褪色

4-叔丁基甲苯：（—） $\xrightarrow[CCl_4]{Br_2}$ （—） $\xrightarrow[H_2SO_4]{KMnO_4}$ 褪色

六、1. A. $CH_3CH_2CH(CH_3)CH_2Cl$ B. $CH_3CH_2C(CH_3)=CH_2$ C. $CH_3CH_2COCH_3$ D. $CH_3CH_2CCl(CH_3)_2$

2. A. $H_3C-C_6H_4-CH(Br)CH_3$ B. $H_3C-C_6H_4-CH=CH_2$ C. $H_3C-C_6H_4-CH_2CH_2Br$

教材中的问题及习题解答

一、教材中的问题及解答

问题与思考 5-1 请写出下列反应的主要产物。

$$C_6H_5CH_2Cl + NaCN \longrightarrow \qquad \xrightarrow{H_3O^+}$$

$$(CH_3)_2CHCH_2CH_2CH_2I + N_3^- \longrightarrow \qquad \xrightarrow[Pd/C]{H_2}$$

答 （benzyl–CH_2–CN）　（benzyl–CH_2–COOH）

$(CH_3)_2CHCH_2CH_2CH_2N_3$　$(CH_3)_2CHCH_2CH_2CH_2NH_2$

问题与思考 5-2　氯化十六烷吡啶(cetylpyridinium chloride,CPC)是一种抗菌剂,能够杀死细菌和其他微生物,常作为牙膏、漱口剂、喷喉剂和呼吸喷剂等的成分,CPC 由以下反应制备,请写出 CPC 的结构式。

吡啶 N: + $CH_3(CH_2)_{15}Cl$ ⟶

答　$C_5H_5N^+–(CH_2)_{15}CH_3$　Cl^-

问题与思考 5-3　请标记出下列卤代烷结构中的 β-H,并画出其与 $KOC(CH_3)_3$ 反应的主要消除产物结构。

(1) $(CH_3)_2CHCH_2CH_2CH_2Cl$　(2) （Br 取代的骨架结构）　(3) （1-甲基-1-氯环己烷）　(4) $C_6H_5–CH_2CHBrCH(CH_3)CH_3$

答　(1) $(CH_3)_2CHCH_2\overset{*}{C}H_2CH_2Cl$　消除产物　$(CH_3)_2CHCH_2CH{=}CH_2$

(2) $(CH_3)_2\overset{*}{C}H–C(Br)(\overset{*}{C}H_3)–\overset{*}{C}H_2CH_3$　消除产物　$(H_3C)_2C{=}C(CH_2CH_3)(CH_3)$

(3) （环己烷，$\overset{*}{C}H_3$、Cl，两侧 $\overset{*}{H}$）　消除产物　（1-甲基-6-氯环己烯：CH_3、Cl）

(4) $C_6H_5–\overset{*}{C}H_2CHBr\overset{*}{C}H(CH_3)CH_3$　消除产物　$C_6H_5–CH{=}CHCH(CH_3)CH_3$

问题与思考 5-4　请画出下列卤代烷发生 S_N2 反应的主要产物。

(1) 2-溴丁烷与甲醇钠　(2) (*R*)-2-溴丁烷与甲醇钠　(3) (*S*)-2-氯戊烷与氢氧化钠水溶液

(4) 3-溴己烷与氢氧化钠水溶液　(5) *cis*-1-溴-4-甲基环己烷与氢氧化钠水溶液

答　(1) $CH_3CH_2CH(OCH_3)CH_3$　(2) （OCH_3、H、C_2H_5、CH_3 立体结构）　(3) （CH_3、H、C_3H_7、OH 立体结构）

(4) $CH_3CH_2CH(OH)CH_2CH_2CH_3$　(5) （反-4-甲基环己醇椅式构象：CH_3、OH）

问题与思考 5-5　请将下列卤代烷按照 S_N2 反应的活性由强到弱排序。

(1) 1-氯-2-甲基丁烷　(2) 1-氯-3-甲基丁烷　(3) 2-氯-2-甲基丁烷　(4) 1-氯丁烷

答　(4)>(2)>(1)>(3)。

问题与思考 5-6　请将下列化合物按照发生 S_N1 反应的活性由强到弱排序。

(1) $(CH_3)_2CBrCH_2CH_3$　$(CH_3)_2CHCH_2CH_2Br$　$(CH_3)_2CHCHBrCH_3$

(2) （环己基–CH_2Cl）　（1-甲基-1-氯环己烷：CH_3、Cl）　（1-甲基-2-氯环己烷：CH_3、Cl）

(3) $CH_3CH{=}CHCH_2CH_2Cl$　$CH_3CH{=}CHCHClCH_3$　$CH_3CH{=}CClCH_2CH_3$

答 (1) $(CH_3)_2CBrCH_2CH_3$ > $(CH_3)_2CHCHBrCH_3$ > $(CH_3)_2CHCH_2CH_2Br$

(2) 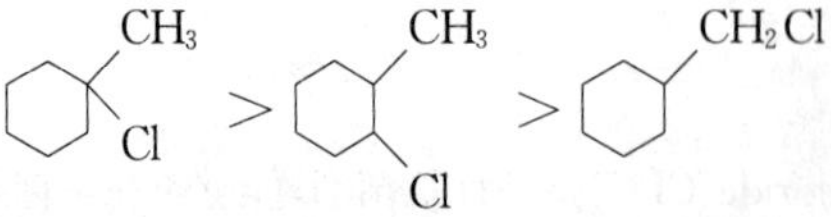 CH_3、Cl > CH_3、Cl > CH_2Cl

(3) $CH_3CH{=}CHCHClCH_3$ > $CH_3CH{=}CHCH_2CH_2Cl$ > $CH_3CH{=}CClCH_2CH_3$

问题与思考 5-7 请将下列化合物按照发生 E2 反应的活性由强到弱排序。

(1) $(CH_3)_2CBrCH_2CH_2CH_3$　$(CH_3)_2CHCH_2CH_2CH_2Br$　$(CH_3)_2CHCH_2CHBrCH_3$

(2) 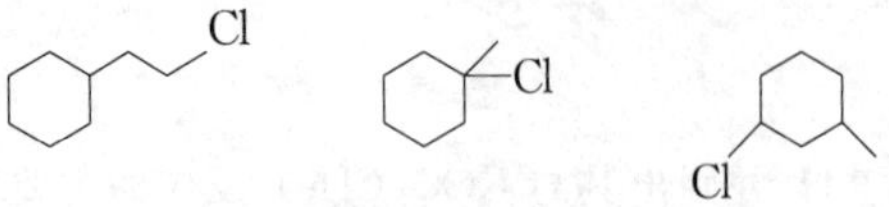 Cl　Cl　Cl

答 (1) $(CH_3)_2CBrCH_2CH_2CH_3$ > $(CH_3)_2CHCH_2CHBrCH_3$ > $(CH_3)_2CHCH_2CH_2CH_2Br$

(2) 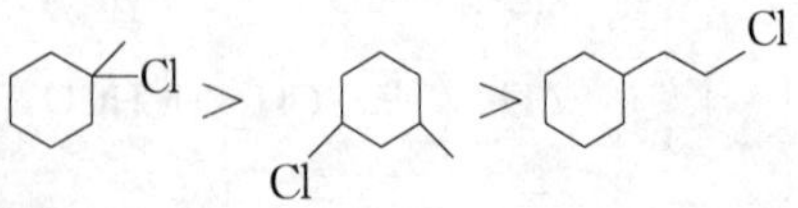 Cl > Cl > Cl

问题与思考 5-8 请写出下列卤代烷在 KOH 乙醇溶液中发生消除反应的主要产物。

(1) 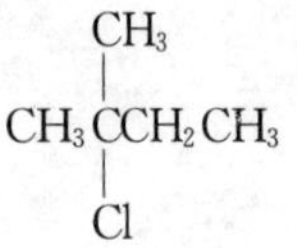
CH_3
$CH_3CCH_2CH_3$
Cl

(2)
CH_3
$CH_3CHCHCH_3$
Br

(3)
CH_3
$CH_3C—CHCH_3$
CH_3Br

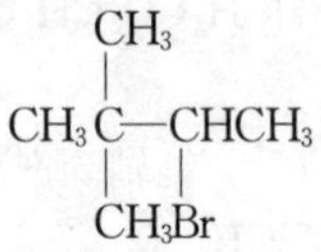

答

(1) 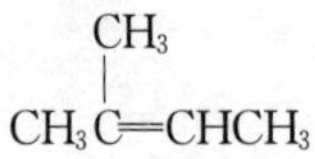
CH_3
$CH_3C{=}CHCH_3$

(2) 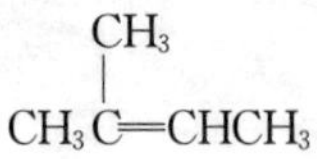
CH_3
$CH_3C{=}CHCH_3$

(3)
CH_3
$CH_3C{=}CCH_3$
CH_3

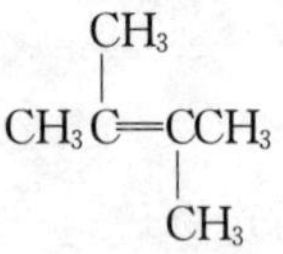

二、教材中的习题及解答

1. 用系统命名法命名下列化合物。

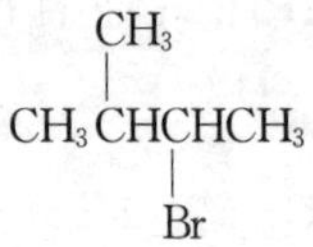

(1) 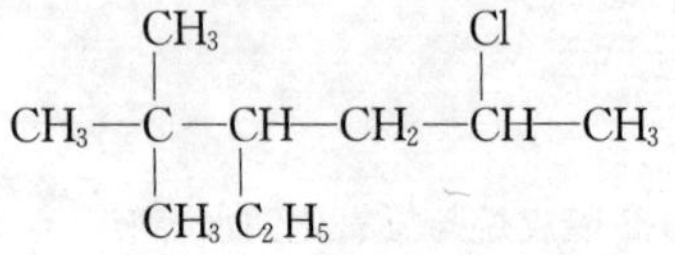
CH_3　　　　Cl
$CH_3—C—CH—CH_2—CH—CH_3$
CH_3　C_2H_5

(2) Br、Br

(3) Cl

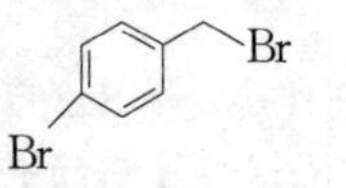

(4)
H_3C　　CH_2Br
C=C
ClH_2C　　CH_3

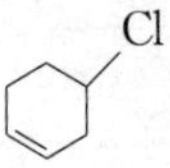

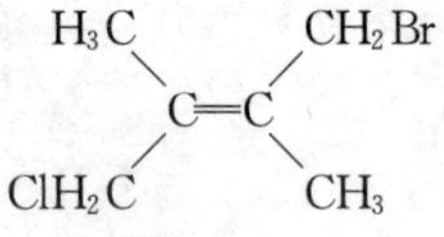

(5)
CH_3
$CH_3—C—CH_2CH_2C{\equiv}CCHCH_3$
CH_3　　　　　　Br

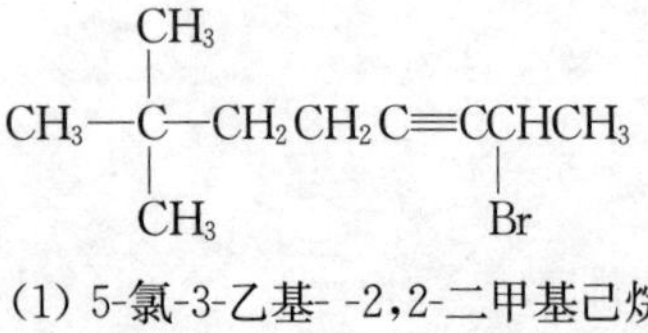

(6) 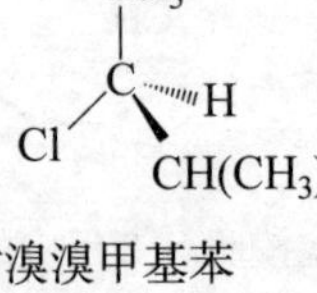
CH_3
C　H
Cl　$CH(CH_3)_2$

答 (1) 5-氯-3-乙基-2,2-二甲基己烷　(2) 对溴溴甲基苯

(3) 4-氯环己烯　(4) (*E*)-1-溴-4-氯-2,3-二甲基丁-2-烯

(5) 2-溴-7,7-二甲基辛-3-炔　(6) (*S*)-2-氯-3-甲基丁烷

2. 写出下列化合物的构造式。

(1) 二氯甲烷　(2) 1,3-二氯戊烷　(3) 氯仿

(4) 苄基溴　(5) (*Z*)-1-溴-3-苯基丁-2-烯　(6) (*R*)-3-溴-3-甲基己烷

(7) 烯丙基氯　(8) 3-氯-1-甲基环戊烯

答 (1) CH_2Cl_2 (2) $ClCH_2CH_2CHClCH_2CH_3$ (3) $CHCl_3$ (4) 苄基溴（$C_6H_5CH_2Br$）

(5) $C_6H_5(H_3C)C{=}CH(CH_2Br)$ (6) $C(CH_3)(C_2H_5)(C_3H_7)Br$ (7) $CH_2{=}CHCH_2Cl$ (8) 1-甲基-4-氯环戊烯（H_3C，Cl）

3. 写出下列反应的主要产物。

(1) $CH_2{=}CHCH_2Br+NaOC_2H_5 \longrightarrow$

(2) 烯丙基环己烷 $\xrightarrow{HI}$ $\xrightarrow{NaCN}$ $\xrightarrow{H^+/H_2O}$

(3) 间溴苄基溴（CH_2Br，Br）$+NaOH \longrightarrow$

(4) $C_6H_5CH_2CHBrCH_2CH_3 \xrightarrow[C_2H_5OH]{KOH}$

(5) 氯苯（Cl）$+Mg \xrightarrow{\text{THF}}$ $\xrightarrow[H^+/H_2O]{CO_2}$

(6) $H\text{—}C(CH_3)(CH_2CH_3)\text{—}Br+NaOH \xrightarrow{S_N2}$

(7) 环己烷 $\xrightarrow[光]{Cl_2}$ $\xrightarrow[C_2H_5OH]{KOH}$ $\xrightarrow{稀、冷\ KMnO_4}$

(8) 邻位取代苯（$\text{—}CH{=}CHBr$，CH_2Cl）$\xrightarrow{NaCN}$

(9) 1-溴-2-甲基环己烷（Br，CH_3）$\xrightarrow[乙醇]{NaOH}$

(10) $H\text{—}C(CH(CH_3)_2)(H_3C)\text{—}Br \xrightarrow[S_N2]{CH_3NH_2}$

答 (1) $H_2C{=}CHCH_2OC_2H_5$

(2) 环己基-$CH_2CH(I)CH_3$　环己基-$CH_2CH(CN)CH_3$　环己基-$CH_2CH(COOH)CH_3$

(3) 间溴苄醇（CH_2OH，Br）

(4) $C_6H_5CH{=}CHCH_2CH_3$

(5) 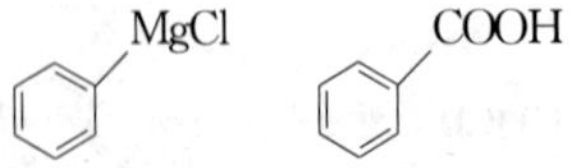 MgCl　　COOH

(6) 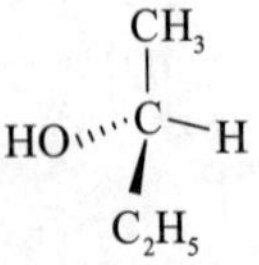 CH_3　HO—C—H　C_2H_5

(7) 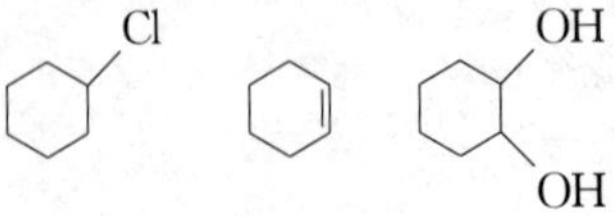 Cl　　　OH　OH

(8) 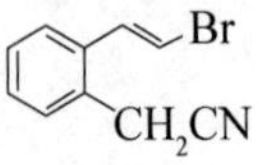 Br　CH_2CN

(9) 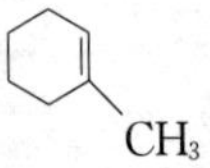 CH_3

(10) 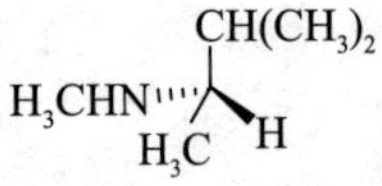 $CH(CH_3)_2$　H_3CHN　H　H_3C

4. 卤代烷与氢氧化钠在乙醇水溶液中进行反应，从下列现象判断哪些属于S_N2历程，哪些属于S_N1历程。

(1) 产物的构型完全转变。

(2) 有重排产物。

(3) 增加氢氧化物的浓度，反应速率明显加快。

(4) 叔卤代烷反应速率明显大于仲卤代烷。

(5) 反应不分阶段一步完成。

(6) 具有旋光性的反应物水解后得到外消旋体。

答　(1)、(3)、(5)属S_N2历程，(2)、(4)、(6)属S_N1历程。

5. 比较下列卤代烷在进行S_N2反应时的反应速率大小。

(1) 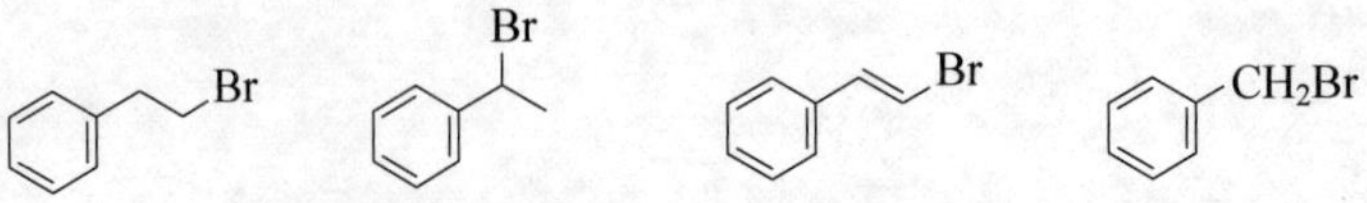 Br　　Br　　Br　　CH_2Br

(2) C_2H_5Cl　　C_2H_5Br　　C_2H_5I

答　(1) 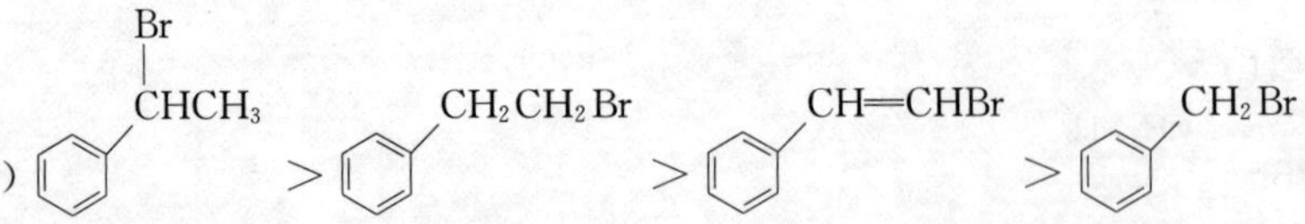 Br $CHCH_3$ > CH_2CH_2Br > $CH{=}CHBr$ > CH_2Br

(2) $C_2H_5I > C_2H_5Br > C_2H_5Cl$

6. 比较下列卤代烷进行S_N1反应时的反应速率大小。

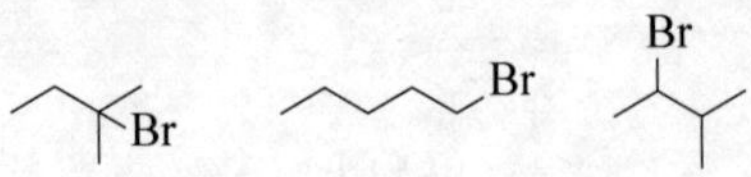

Br　　Br　　Br

答　Br > Br > Br

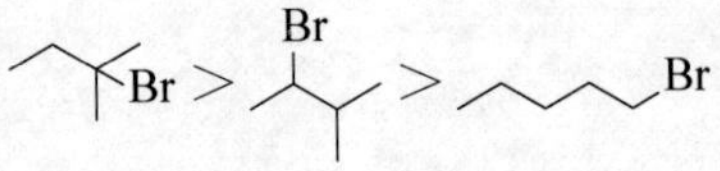

7. 用化学方法区别下列各组化合物。

(1) 正己烷和正丁基氯　　(2) 烯丙基氯和苄基氯　　(3) 对溴甲苯和溴苄

答 (1) 正己烷、正丁基氯 $\xrightarrow[\text{乙醇},\triangle]{AgNO_3}$ 正己烷 (—)；正丁基氯 $AgCl\downarrow$

(2) 烯丙基氯、氯苄 $\xrightarrow{Br_2/CCl_4}$ 烯丙基氯 褪色；氯苄 (—)

(3) 对溴甲苯、溴苄 $\xrightarrow[\text{乙醇},\triangle]{AgNO_3}$ 对溴甲苯 (—)；溴苄 $AgBr\downarrow$

8. 试写出氯苄与下列试剂反应的主要产物。

(1) NaCN (2) $(CH_3)_2NH$ (3) C_2H_5ONa (4) Cl_2,光

(5) Cl_2,Fe (6) $KMnO_4$,H^+ (7) C_6H_6,$AlCl_3$

答 $C_6H_5CH_2Cl$：

$\xrightarrow{NaCN}$ $C_6H_5CH_2CN$

$\xrightarrow{(CH_3)_2NH}$ $C_6H_5CH_2N(CH_3)_2$

$\xrightarrow{C_2H_5ONa}$ $C_6H_5CH_2OC_2H_5$

$\xrightarrow{Cl_2,\text{光}}$ $C_6H_5CHCl_2$ + $C_6H_5CCl_3$

$\xrightarrow{Cl_2,Fe}$ 邻氯苄基氯（$o\text{-}ClC_6H_4CH_2Cl$）+ 对氯苄基氯（$p\text{-}ClC_6H_4CH_2Cl$）

$\xrightarrow[H^+]{KMnO_4}$ C_6H_5COOH

$\xrightarrow[AlCl_3]{C_6H_6}$ $C_6H_5\text{—}CH_2\text{—}C_6H_5$

9. 卤代烃 A(C_3H_7Br)与氢氧化钠的乙醇溶液作用生成化合物 B(C_3H_6)，氧化 B 得到两个碳的酸(C)、CO_2 和水。使 B 与氢溴酸作用得到 A 的异构体 D。推导 A、B、C、D 的构造式。

答 $\underset{A}{CH_3CH_2CH_2Br} \xrightarrow{NaOH} \underset{B}{CH_3CH{=}CH_2} \xrightarrow{[O]} \underset{C}{CH_3COOH} + CO_2\uparrow + H_2O$

$B \xrightarrow{HBr} \underset{D}{CH_3CHBrCH_3}$（$CH_3\underset{Br}{\underset{|}{C}H}CH_3$）

10. 化合物 A 的分子式为 $C_5H_{11}Br$，和 NaOH 水溶液共热后生成 B($C_5H_{12}O$)。B 具有旋光性，能和钠作用放出氢气，和浓硫酸共热生成 C。C 在酸性条件下和 $KMnO_4$ 反应生成酮和羧酸的混合物。试推测 A、B、C 的结构。

答 A. $(CH_3)_2CHCHBrCH_3$ B. $(CH_3)_2CHCH(OH)CH_3$ C. $(CH_3)_2C{=}CHCH_3$

（秦向阳）

第6章 有机波谱学

学习目标

(1) 掌握紫外-可见光谱、红外光谱、核磁共振谱、质谱的谱图表示方法及谱图特征。

(2) 理解吸光度、摩尔吸光系数、透光度、最大吸收波长 λ_{max}、K带、R带、特征频率区、指纹区、波数、屏蔽效应、化学位移、自旋偶合、自旋裂分、分子离子峰、质荷比、丰度等概念。

(3) 掌握有机化合物结构中常见特性基团的红外特征吸收峰和常见碳链基团上质子的化学位移。

(4) 熟悉紫外光谱、红外光谱、核磁共振谱和质谱在有机化合物结构分析上的应用,了解图谱的解析过程和方法。

(5) 了解紫外-可见光谱、红外光谱、核磁共振谱、质谱产生的基本原理。

重点内容提要

紫外-可见光谱、红外光谱、核磁共振谱属于吸收光谱,质谱不属于吸收光谱。

6.1 紫外-可见光谱

1. 基本原理和基本概念

(1) 朗伯-比尔(Lambert-Beer)定律。

溶液对单色光的吸收遵循朗伯-比尔定律,其关系式为

$$A=\varepsilon cl=\lg \frac{1}{T}$$

式中,A 称为吸光度;c 是溶液的物质的量浓度;l 是吸收池厚度(单位 cm);ε 是摩尔吸光系数;T 是透光度。在波长一定的条件下,吸光系数只与物质的结构有关,因此可用 ε 来衡量物质对单色光的吸收强度。在UV谱中,吸收带具有较大的波长范围,通常用最大吸收波长 λ_{max} 来表示吸收带的位置,它是紫外光谱的特征常数。

(2) 电子跃迁与紫外光谱的产生。

核外电子跃迁共有4种:$n\rightarrow\pi^*$ 跃迁,$\pi\rightarrow\pi^*$ 跃迁,$n\rightarrow\sigma^*$ 跃迁,$\sigma\rightarrow\sigma^*$ 跃迁。一般情况下,$n\rightarrow\sigma^*$ 跃迁和 $\sigma\rightarrow\sigma^*$ 跃迁所需的能量较大,其对应的吸收光波长处于远紫外区,波长小于200 nm,所以紫外光谱实际涉及的电子跃迁主要是 $n\rightarrow\pi^*$ 跃迁和 $\pi\rightarrow\pi^*$ 跃迁两种类型。

① $n\rightarrow\pi^*$ 跃迁。

这种跃迁所需的能量较小,吸收的紫外光波长一般都在250 nm以上。该跃迁所对应的紫外吸收很有特征,波长较长,而强度很弱($\varepsilon<100$)。分子中如果含有 $\gt C=O$,$-NO_2$ 和

—N═N—等基团时都会产生 $n \to \pi^*$ 跃迁。由 $n \to \pi^*$ 跃迁而产生的紫外吸收带称为 R 带。例如，丙酮的 R 带：$\lambda_{max}=279$ nm($\varepsilon=15$)。

② $\pi \to \pi^*$ 跃迁。

通常将由 $\pi \to \pi^*$ 跃迁而产生的紫外吸收带称为 K 带。共轭体系中共轭链增长，K 带的紫外吸收向长波方向移动，且强度增大。芳香族化合物的共轭体系中，$\pi \to \pi^*$ 跃迁可能产生两个以上的吸收带。例如，苯的 $\pi \to \pi^*$ 跃迁有三个吸收带，E_1 带、E_2 带和 B 带。该跃迁紫外吸收波长较短。

(3) 紫外光谱的常用术语。

发色团：能引起紫外光谱特征吸收的不饱和基团。

助色团：某些基团或原子本身在近紫外光区没有吸收，但当它与发色团相连时，能使吸收峰的波长和吸收强度增大。

红移：受取代基或溶剂的影响，吸收峰向长波方向移动的现象。

蓝移：受取代基或溶剂的影响，吸收峰向短波方向移动的现象。

2. 紫外-可见光谱在有机化合物结构分析中的应用

紫外-可见光谱主要用于判断有机化合物是否存在共轭体系，利用紫外光谱谱带的位置、形状、强度推测有机化合物各特性基团之间是否共轭，以及连接在共轭体系碳上的取代基的数目和位置，进而推测有机化合物的结构。常利用紫外光谱对已知结构的有机化合物进行定量分析。

6.2　红外光谱

1. 分子振动和红外光谱的产生

分子振动形式如下：

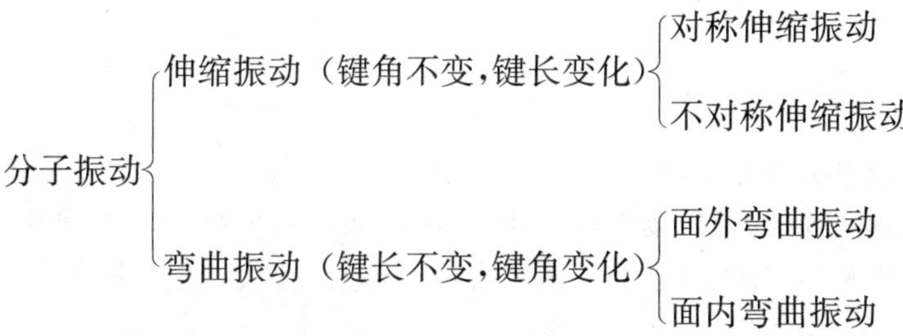

红外光谱的产生必须满足以下两个条件：

(1) 红外光的频率与分子中某基团振动频率一致。

(2) 分子振动引起瞬间偶极矩变化。

2. 红外光谱图

根据红外吸收曲线的吸收峰位置（峰位）、吸收峰形状（峰形）和吸收峰强度（峰强）可推断化合物中是否存在某些特性基团，进而判断未知化合物的结构。

特性基团区：也称特征频率区，波数为 4000～1500 cm^{-1} 的红外吸收峰（带）。

指纹区：波数为 1500～400 cm^{-1} 的红外吸收峰（带）。

3. 红外光谱的解析

红外光谱主要显示特性基团的存在。因此，在解析红外光谱时，一般先在特征频率区寻找最富特征性的红外吸收带，然后寻找对应的相关吸收峰，确定分子中存在的特性基团。参考被测样品的各种数据，如相对分子质量、分子式、沸点、熔点、折光率等，并通过分子式计算出化合物的不饱和度(Δ)，初步判断出化合物的结构。最后查阅标准谱图进行对比和核实。

6.3 核磁共振谱

1. 核磁共振基本原理

可用自旋量子数 I 来描述原子核自旋的特性。一个 I 不为零的自旋核有循环的电流，会产生磁场。如果无外加磁场，不同自旋取向的原子核具有相同的能量；如果有外加磁场，不同自旋取向的原子核具有不同的能量状态，这就构成了核磁能级。

如果在垂直于 H_0 的方向上外加一个电磁场，当电磁波的能量 $h\nu$(h 为普朗克常量，ν 为电磁波的频率)与自旋核两种取向的能级差 ΔE 相等时，处于低能级的自旋核就会吸收电磁波能量而跃迁到高能级，这种现象称为核磁共振(nuclear magnetic resonance，NMR)。最常用的是质子核磁共振谱(^{1}H NMR)。

2. 屏蔽效应和化学位移

有机化合物分子中，质子核外存在着运动的电子，循环电子在外加磁场中会产生一个与外磁场方向相反的感应磁场，感应磁场会部分抵消外磁场的强度，使氢原子核所感受到的磁场强度略小于仪器提供的外磁场强度。这种现象称为屏蔽效应。

由于各种质子核外的化学环境并非完全一样，所以核所受到的屏蔽作用也不尽相同，各种质子发生核磁共振时所需的外磁场强度就有微小差别，由此导致了不同类型的质子在核磁共振谱中吸收峰的位置差异。这种差别称为化学位移(δ)。

3. 影响化学位移的因素

(1) 电负性。

电负性大的原子或基团吸电子能力强，使附近的^{1}H 周围的电子云密度下降，屏蔽作用变弱(去屏蔽作用增强)，核磁共振所需的外磁场强度变小，即共振吸收峰向低磁场方向移动，化学位移 δ 值增大；给电子基团使^{1}H 周围的电子云密度升高，屏蔽效应大，共振信号出现在高场，δ 值减小。

(2) 各向异性效应。

分子中基团的电子云分布不是球形对称的。在外磁场中，它们所产生的感应磁场在周围空间各个方向上的磁性并不完全相同，因此对邻近不同方向上的氢核的化学位移将产生不同的影响，使 δ 值升高或降低。这种现象称为各向异性效应。例如，在苯环中心及平面上下感应磁场的方向与 H_0 相反，起到屏蔽作用(shielding effect)。而在苯环周围侧面，感应磁场方向与 H_0 一致，起到去屏蔽作用(deshielding effect)。

除电负性和各向异性对 δ 有影响外，氢键和质子处在的空间位置对质子的 δ 也有影响。氢键的形成能使羟基或其他基团上的氢核的化学位移明显增大，氢键起到了相当于去屏蔽的作用。

4. 吸收峰的面积与氢原子数目

在核磁共振谱中，吸收峰的面积与产生信号的质子数成正比，因此可以由积分曲线的高度来计算各类质子数的比例关系。

5. 自旋偶合与自旋裂分

(1) 自旋偶合一般发生在相隔三个单键的自旋核之间（$\overset{\text{H}}{\underset{|}{}}\!\!\text{C}—\overset{\text{H}}{\underset{|}{}}\!\!\text{C}$）。超过三个单键的偶合称为远程偶合，这种偶合很弱（共轭体系除外）。同一碳上磁不等价的自旋核也能发生自旋偶合。磁不等价自旋核均能发生自旋偶合，产生自旋裂分。磁等价的自旋核之间也会发生自旋偶合，但不发生自旋裂分。

(2) 对于简单的初级谱，裂分峰的数目符合(n+1)规律，某质子的相邻碳上有 n 个磁等价的质子，那么在^{1}H NMR 谱中将产生一组(n+1)重峰，并且各峰的强度之比为$(a+b)^n$展开式的系数之比。

在核磁图谱中一般用 s、d、t、q、m 分别表示单峰、二重峰、三重峰、四重峰、多重峰。

6. 核磁共振谱的应用

通过分析核磁共振谱提供的吸收峰数目、位置、强度和峰的裂分数据，能够获得大量的分子结构信息，帮助我们推测有机化合物的基本结构骨架。

(1) 吸收峰的数目，揭示分子中有几种不同“种类”的质子。

(2) 吸收峰的位置，揭示每种质子的不同化学环境。

(3) 吸收峰的强度，揭示每种质子的数目之比。

(4) 自旋-自旋裂分，揭示质子附近的取代情况及空间排列。

6.4　质谱

1. 基本原理

有机化合物分子在高真空中受热气化，受到粒子流轰击之后，会失去一个电子变成带正电荷的分子离子，分子离子其实是正离子自由基。分子离子在粒子流的进一步轰击下，又会发生键的断裂（裂解）而形成各种碎片离子。这些离子在电场和磁场的综合作用下，按照质荷比（质量和电荷之比 m/z）的大小顺序记录下来，所形成的谱图称为质谱。

2. 有机化合物裂解的一般规律

一般情况下，键的极化度越大越容易发生断裂；产生的碎片离子越稳定，也越有利于发生裂解。裂解的方式大体上可分为单纯裂解和重排裂解两大类。

(1) 单纯裂解。

只发生共价键单纯断裂的裂解称为单纯裂解。各类化合物都有其特征的裂解过程，在质谱中产生特征的离子峰。例如，烯烃分子离子的裂解，优先发生的是产生稳定的烯丙基型碳正离子的裂解。

$$[\text{R—CH═CH—CH}_2\text{—R}']^{\ddagger} \xrightarrow{-\dot{\text{R}}'} \text{R—CH═CH—}\overset{+}{\text{C}}\text{H}_2 \longleftrightarrow \text{R—}\overset{+}{\text{C}}\text{H—CH═CH}_2$$

m/z=41,55,69 等

在烯烃的质谱中，基峰大都是烯丙基型离子峰。

带有侧链的芳香环化合物，容易发生以下裂解过程：

$$\left[\text{C}_6\text{H}_5\text{—CH}_2\text{—R}\right]^{+\cdot} \xrightarrow{-\dot{\text{R}}} \text{C}_6\text{H}_5\text{—}\overset{+}{\text{C}}\text{H}_2 \longrightarrow \text{卓鎓离子}$$

$m/z = 91$　　卓鎓离子

在质谱中产生 $m/z = 91$、强度很大的苄基离子峰。

含有杂原子的分子容易发生 α-裂解或 β-裂解。例如

酮　$\text{R—C(R')}{=}\text{O}^{+\cdot} \xrightarrow{\alpha\text{-裂解}} \text{R'C}{\equiv}\overset{+}{\text{O}} + \dot{\text{R}}$

m/z=43,57,71等

醚　$\text{CH}_3\text{CH}_2\text{—CH(CH}_3\text{)—}\overset{+\cdot}{\text{O}}\text{—CH}_2\text{CH}_3 \xrightarrow[-\cdot\text{CH}_3]{\beta\text{-裂解}} \text{CH}_3\text{CH}_2\text{CH}{=}\overset{+}{\text{O}}\text{—CH}_2\text{CH}_3$

m/z=87

$\text{CH}_3\text{CH}_2\text{—CH(CH}_3\text{)—}\overset{+\cdot}{\text{O}}\text{—CH}_2\text{CH}_3 \xrightarrow[-\cdot\text{CH}_2\text{CH}_3]{\beta\text{-裂解}} \text{CH}_3\text{CH}{=}\overset{+}{\text{O}}\text{—CH}_2\text{CH}_3$

m/z=73

(2) 重排裂解。

如果在共价键断裂的过程中伴随有原子或基团的迁移重排，这种裂解就称为重排裂解。最常见的重排裂解是麦氏(Mclafferty)重排裂解。凡是具有 γ-H 的醛、酮、链烯、酰胺、酯、腈、芳香环化合物都能产生麦氏重排裂解。重排裂解离子峰的强度很大且具有特征性，谱图中容易识别。例如

丁酸　$\text{HO—C(}{=}\overset{+}{\text{O}}\text{)—CH}_2\text{—CH}_2\text{—CH}_2\text{—H} \xrightarrow[-\text{CH}_2{=}\text{CH}_2]{\text{麦氏重排裂解}} \text{HO—C(—}\overset{+}{\text{O}}\text{—H)}{=}\text{CH}_2$

m/z=60

3. 质谱的应用

根据质谱中主要离子峰的 m/z 值和相对强度以及主要离子峰之间的质量差，可以判断出主要的碎片离子结构以及裂解过程中可能丢失的中性碎片基团。根据裂解规律，分析可能的裂解过程，进而推测出有机化合物的结构。

解 题 示 例

【例 6-1】 用其他方法已测得 β-水芹烯的结构式可能是 A 或 B。UV 数据：$\lambda_{max} = 231$ nm ($\varepsilon = 9000$)，请推断水芹烯的确切结构。

A　　B

【答案】 紫外光谱中 200～250 nm 有强的吸收带(K 带)，表示分子中含有共轭二烯，所以可以推定 β-水芹烯的构造式应该为 A。

【解析】 本题考查紫外光谱中特征吸收带，并以此推断结构。

【例 6-2】 1,2-二苯代乙烯有两种构型Ⅰ、Ⅱ，UV 数据：Ⅰ $\lambda_{max}=280$ nm，$\varepsilon=14000$；Ⅱ $\lambda_{max}=290$ nm，$\varepsilon=27000$。请给出化合物Ⅰ、Ⅱ的构型，并解释依据。

【答案】 1,2-二苯代乙烯有反式和顺式两种构型，由于顺式构型的空间位阻比反式构型的大，共轭效果没有反式构型的好，所以反式构型的 λ_{max} 及 ε 值大于顺式构型，由此可以鉴别两种异构体。

H　H　　　H　H

Ⅰ　　　　Ⅱ

【解析】 烯烃的顺反构型在紫外光谱中有明显差异，可以此推断构型。

【例 6-3】 为什么共轭双键分子中双键数目越多，其 $\pi\rightarrow\pi^*$ 跃迁吸收带波长越长？请解释原因。

【答案】 按照分子轨道理论，共轭双键数目越多，其电子离域程度越高，成键 π 轨道和反键 π^* 轨道之间的能量差变小，发生跃迁时需要的能量就小，对应的波长就长。

【解析】 根据分子轨道理论和能量与波长的公式解释。

【例 6-4】 分析正十一烷的 IR 谱(图 6-1)。

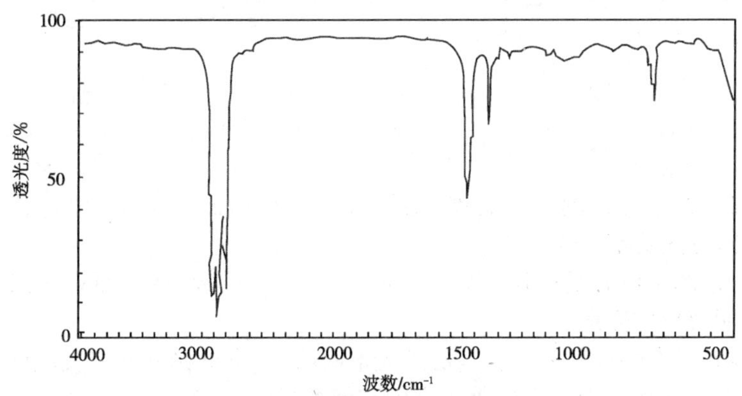

图 6-1　正十一烷的 IR 谱(液膜)

【答案】 IR 谱中 4000～1500 cm^{-1}，只有在 2900～2850 cm^{-1} 有一多重峰，这是 $\nu_{(sp^3)C-H}$ 的吸收峰。在 1470～1460 cm^{-1} 和 1380～1370 cm^{-1} 各有一个吸收峰，是 δ_{C-H} 的吸收峰。这是一张典型的饱和烃的红外光谱。

【解析】 本题考查饱和烷烃的红外光谱特征吸收峰。

【例 6-5】 有一种液体化合物，其红外光谱见图 6-2，已知它的分子式为 $C_4H_8O_2$，沸点 77 ℃，试推断其结构。

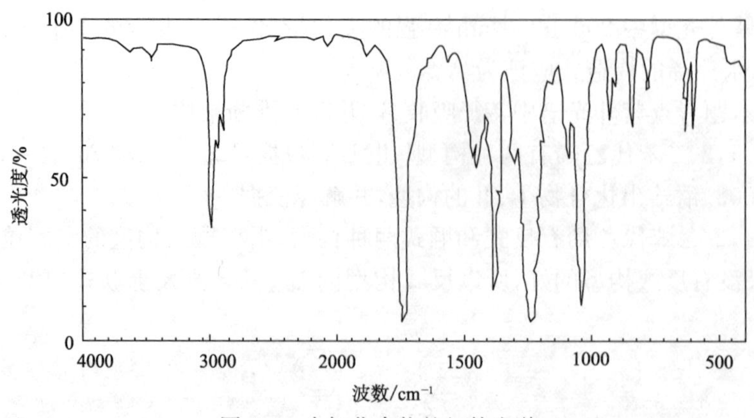

图 6-2　未知化合物的红外光谱

【答案】 计算化合物的不饱和度为 $\Delta=1+4-\frac{8}{2}=1$，说明化合物含一个双键或一个环；红外光谱图中在 3000～2850 cm^{-1} 有一多重峰，这是 $\nu_{(sp^3)C-H}$ 的吸收峰，～1740 cm^{-1} 处有一强吸收峰为羰基吸收峰；1300～1200 cm^{-1}，1100～1050 cm^{-1} 有两个强吸收峰，为两个 C—O 的吸收峰，说明化合物含有酯基。并结合沸点 77 ℃，从而判断此化合物为乙酸乙酯。

【解析】 本题考查根据不饱和度计算来判断分子的不饱和程度，根据红外光谱判断特性基团，结合物理数据，综合判断化合物的结构。

【例 6-6】 怎样应用红外光谱判断下列化学反应已完成？

(1) 环己醇 $\xrightarrow{[O]}$ 环己酮

(2) $\xrightarrow[(2)Zn/H_2O]{(1)O_3}$ =O + O=

【答案】 (1) 在红外谱图中没有观察到 3650～3200 cm^{-1} 羟基吸收峰，而观察到～1720 cm^{-1} 羰基吸收峰，可证明此反应完成。

(2) 在红外谱图中没有观察到 1675～1640 cm^{-1} C＝C 吸收峰，而观察到～1720 cm^{-1} 羰基吸收峰，可证明此反应完成。

【解析】 本题考查特性基团的特征红外光谱吸收，并据此判断有机反应的进行情况。

【例 6-7】 下列各组化合物在红外光谱中有何差异？

(1) 环戊烯 和 1-戊炔　(2) 乙酸甲酯（OCH$_3$）和 丙酸（OH）　(3) 2-丁酮 和 丁烯醇（OH）

(4) 1,1-二甲氧基环己烷（OCH$_3$, OCH$_3$）和 庚酸甲酯（OCH$_3$）　(5) 2-丁炔 和 1-丁炔

【答案】 在红外光谱图中这几组化合物的吸收峰如下：

(1) 环戊烯，1675～1640 cm^{-1} 有 C＝C 吸收峰，3100～3020 cm^{-1} 有 ＝C—H 吸收峰。1-戊炔，2260～2100 cm^{-1} 有 C≡C 吸收峰，3300～3200 cm^{-1} 有 ≡C—H 吸收峰。

(2) 乙酸甲酯（OCH$_3$），～1740 cm^{-1} 处有羰基强吸收峰；1300～1200 cm^{-1}，1100～1050 cm^{-1} 有两

个强吸收峰，为两个 C—O 的吸收峰。O／OH，3300～2500 cm^{-1}有羧基强宽吸收峰；1725～1700 cm^{-1}有羰基吸收峰，1320～1210 cm^{-1}有 C—O 的吸收峰。

(3) O 有羰基吸收峰，OH有 C═C 和羟基吸收峰。

(4) OCH_3／OCH_3 有醚键吸收峰，OCH_3／O 有酯基吸收峰。

(5) —≡— 只有 C≡C 吸收峰，≡— 有 C≡C 和 ≡C—H 吸收峰。

【解析】 本题考查化合物骨架和特性基团不同，其特征红外光谱吸收的差异。

【例 6-8】 下面所指的质子，其屏蔽效应是否相同？为什么？

$$\begin{array}{ccc} & H_2\ H_1 & \\ H_2— & —\!\!\!+\!\!\!—\!\!\!+\!\!\!— & —Cl \\ & H_2\ H_1 & \end{array}$$

【答案】 两种质子的屏蔽效应不同。氯乙烷中氯原子的诱导效应使分子中的电子云向氯原子方向偏转，屏蔽效应小，对离氯原子近的原子影响大，对远的原子影响小，所以有两种不同化学环境的质子，H_1的屏蔽效应小，H_2 的屏蔽效应大。

【解析】 本题考查屏蔽效应对核磁共振氢谱化学位移的影响。

*【例 6-9】** 某化合物 $C_6H_{12}Cl_2O_2$ 的^1H NMR 谱如图 6-3 所示，试推断化合物结构式。

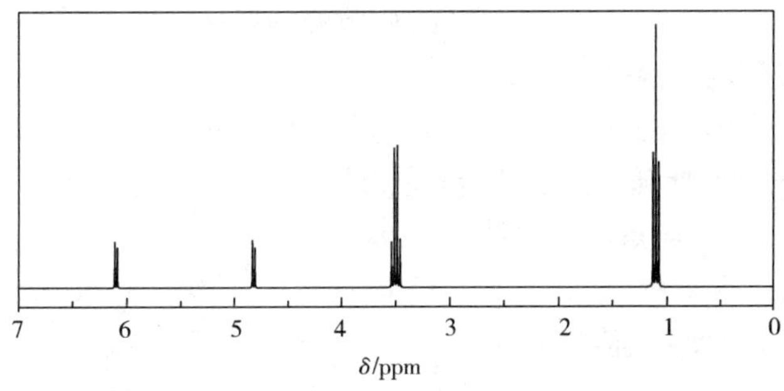

图 6-3　化合物 $C_6H_{12}Cl_2O_2$ 的^1H NMR 谱

【答案】 化合物的不饱和度为 $\Delta=1+6-\frac{14}{2}=0$，从$^1H$ NMR 谱中可以看出此化合物有四组峰，说明有四种不同化学环境的质子。其中一组 δ 3.5 ppm 四重峰，一组 δ 1.1 ppm 三重峰，可推出化合物中有 CH_3CH_2—结构；一组 δ 4.8 ppm 二重峰，δ 6.1 ppm 二重峰，可推出化合物中有 ＞CH—CH＜ 结构。所以化合物的结构为

$$\begin{array}{ll} CH_3CH_2—O & \quad Cl \\ \qquad\qquad \diagdown\!—\!\diagup & \\ CH_3CH_2—O & \quad Cl \end{array}$$

【解析】 本题考查根据核磁共振氢谱判断有机化合物结构。

*【例 6-10】** 某中性化合物 $C_7H_{13}O_2Br$，不发生生成腙或肟的反应，IR 谱在～3000 cm^{-1}处没有特征吸收峰，在 2850～2950 cm^{-1} 呈强峰，另一强峰在～1740 cm^{-1}，其^1H NMR 谱为：δ 1.0 ppm(3H，t)，δ 1.3 ppm(6H，d)，δ 2.1 ppm(2H，m)，δ 4.2 ppm(1H，t)，δ 4.6 ppm(1H，m)，试推

测该化合物的结构。

【答案】 根据分子式计算不饱和度 $\Delta=1$，根据 IR 谱在～3000 cm^{-1} 处没有特征吸收峰，另一强峰在～1740 cm^{-1} 以及不发生生成腙或肟的反应，推断存在酯基—COOR；根据 ^1H NMR 谱 δ 1.0 ppm(3H,t)、δ 2.1 ppm(2H,m)以及 δ 4.2 ppm(1H,t)推断存在 CH_3CH_2CHBr—，根据 ^1H NMR 谱 δ 1.3 ppm(6H,d)和 δ 4.6 ppm(1H,m)推断存在 —C(=O)—O—CH(CH_3)$_2$。故该化合物的结构为

$CH_3CH_2CH(Br)COOCH(CH_3)_2$

【解析】 本题考查根据红外、核磁氢谱数据综合判断有机化合物结构的能力。

学生自我测试题及参考答案

一、选择题。

1. 紫外-可见光谱的产生是由外层价电子能级跃迁所致，其能级差的大小决定了（　　）

A. 吸收峰的强度　　B. 吸收峰的数目

C. 吸收峰的位置　　D. 吸收峰的形状

2. 紫外光谱是带状光谱的原因是（　　）

A. 紫外光能量大　　B. 波长短　　C. 电子能级差大

D. 电子能级跃迁的同时伴随有振动及转动能级跃迁

3. 化合物中，下列跃迁所需能量最高的是（　　）

A. $\sigma\to\sigma^*$　　B. $\pi\to\pi^*$　　C. $n\to\sigma^*$　　D. $n\to\pi^*$

4. 下列化合物中，紫外吸收 λ_{max} 值最大的是（　　）

A.　　B.　　C.　　D.

5. 下列化合物中，在近紫外区（200～400nm）无吸收的是（　　）

A.　　B.　　C.　　D.

6. 下列 4 种不饱和酮，紫外吸收 λ_{max} 值最大的是（　　）

A. OH O　　B. O　　C. O　　D. O R

*7. 化合物 C_6H_5COCl 中只有一个羰基，却在 1773 cm^{-1} 和 1736 cm^{-1} 处出现两个吸收峰，这是因为（　　）

A. 诱导效应　　B. 共轭效应　　C. 费米共振　　D. 偶合效应

8. 下列特性基团在红外光谱中吸收峰频率最高的是（　　）

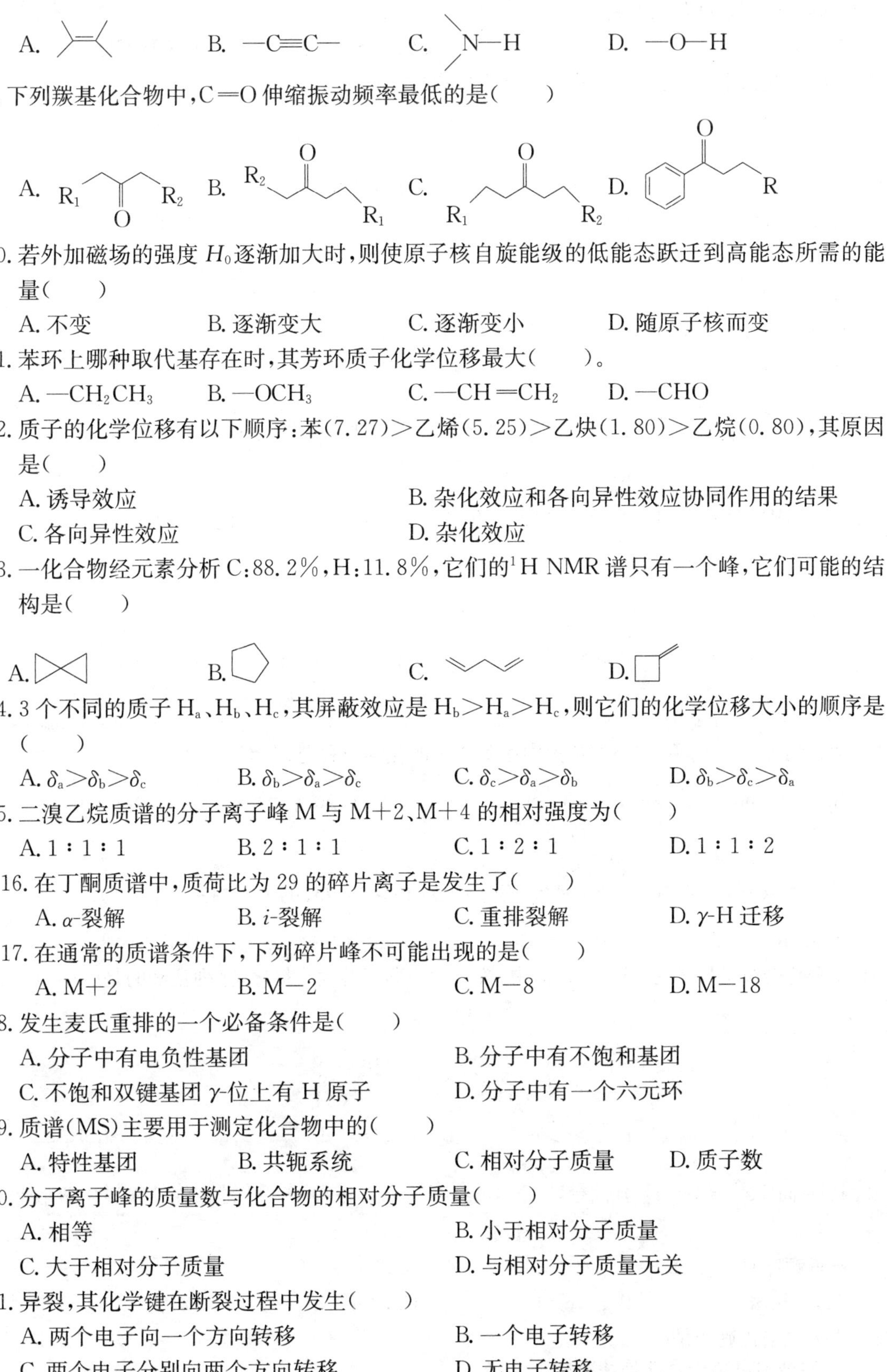

A. (C=C 结构)　B. —C≡C—　C. N—H　D. —O—H

9. 下列羰基化合物中，C═O 伸缩振动频率最低的是(　　)

A.　B.　C.　D.

10. 若外加磁场的强度 H_0 逐渐加大时，则使原子核自旋能级的低能态跃迁到高能态所需的能量(　　)

A. 不变　B. 逐渐变大　C. 逐渐变小　D. 随原子核而变

11. 苯环上哪种取代基存在时，其芳环质子化学位移最大(　　)。

A. $—CH_2CH_3$　B. $—OCH_3$　C. $—CH═CH_2$　D. —CHO

12. 质子的化学位移有以下顺序：苯(7.27)＞乙烯(5.25)＞乙炔(1.80)＞乙烷(0.80)，其原因是(　　)

A. 诱导效应　B. 杂化效应和各向异性效应协同作用的结果

C. 各向异性效应　D. 杂化效应

13. 一化合物经元素分析 C：88.2%，H：11.8%，它们的 ^{1}H NMR 谱只有一个峰，它们可能的结构是(　　)

A.　B.　C.　D.

14. 3 个不同的质子 H_a、H_b、H_c，其屏蔽效应是 $H_b>H_a>H_c$，则它们的化学位移大小的顺序是(　　)

A. $\delta_a>\delta_b>\delta_c$　B. $\delta_b>\delta_a>\delta_c$　C. $\delta_c>\delta_a>\delta_b$　D. $\delta_b>\delta_c>\delta_a$

15. 二溴乙烷质谱的分子离子峰 M 与 M+2、M+4 的相对强度为(　　)

A. 1∶1∶1　B. 2∶1∶1　C. 1∶2∶1　D. 1∶1∶2

*16. 在丁酮质谱中，质荷比为 29 的碎片离子是发生了(　　)

A. α-裂解　B. i-裂解　C. 重排裂解　D. γ-H 迁移

*17. 在通常的质谱条件下，下列碎片峰不可能出现的是(　　)

A. M+2　B. M−2　C. M−8　D. M−18

18. 发生麦氏重排的一个必备条件是(　　)

A. 分子中有电负性基团　B. 分子中有不饱和基团

C. 不饱和双键基团 γ-位上有 H 原子　D. 分子中有一个六元环

19. 质谱(MS)主要用于测定化合物中的(　　)

A. 特性基团　B. 共轭系统　C. 相对分子质量　D. 质子数

20. 分子离子峰的质量数与化合物的相对分子质量(　　)

A. 相等　B. 小于相对分子质量

C. 大于相对分子质量　D. 与相对分子质量无关

21. 异裂，其化学键在断裂过程中发生(　　)

A. 两个电子向一个方向转移　B. 一个电子转移

C. 两个电子分别向两个方向转移　D. 无电子转移

22. 下列基团不是助色团的是(　　)

A. —OH　　B. —Cl　　C. —SH　　D. CH_3CH_2—

23. 在红外光谱中,下列化合物的 $\nu_{C=C}$ 的频率最大的是(　　)

A. (亚甲基环己烷)　　B. (亚甲基环戊烷)　　C. (亚甲基环丁烷)　　D. (亚甲基环丙烷)

24. 某化合物在 3000～2500 cm^{-1}有散而宽的峰,其可能为(　　)

A. 有机酸　　B. 醛　　C. 醇　　D. 醚

25. 在 IR 中,化合物 R—C≡N 中的三键在(　　)

A. ～3300 cm^{-1}　　B. 2260～2240 cm^{-1}　　C. 2100～2000 cm^{-1}　　D. 1475～1300 cm^{-1}

26. 在苯乙酮分子的氢谱中,处于最低场的质子信号为(　　)

A. 邻位质子　　B. 间位质子　　C. 对位质子　　D. 甲基质子

27. 化合物 (碳酸二叔丁酯) 的 ^1H NMR 谱中应该有(　　)种不同的 ^1H 核

A. 1　　B. 2　　C. 3　　D. 4

28. ^1H NMR 谱中,下列各组化合物按 ^1H 化学位移值从大到小排列的顺序为(　　)

a. $H_2C=CH_2$　　b. HC≡CH　　c. HCHO　　d. 苯

A. a＞b＞c＞d　　B. d＞c＞b＞a　　C. c＞d＞a＞b　　D. b＞c＞a＞d

29. 化合物 (苯乙酮) 在 ^1H NMR 谱中甲基质子的化学位移范围为(　　)

A. 0～1 ppm　　B. 2～3 ppm　　C. 4～6 ppm　　D. 6～8 ppm

30. ^1H NMR 谱中,判断 $\overset{a}{C}H_3\overset{b}{C}H_2\overset{c}{C}H_2COO\overset{d}{H}$ 分子中 ^1H 核化学位移的大小顺序为(　　)

A. a＞b＞c＞d　　B. d＞c＞b＞a　　C. c＞b＞a＞d　　D. d＞a＞b＞c

31. 下列化合物的质子在 ^1H NMR 谱中,按化学位移值的大小排序,排列正确的是(　　)

$\overset{a}{C}H_3-C(=O)-O-\overset{b}{C}H_2-\overset{c}{C}H_3$

A. a＞b＞c　　B. b＞a＞c　　C. c＞a＞b　　D. a＞c＞b

32. 特性基团 a. $-\overset{|}{\underset{|}{C}}-H$, b. $=C(-)H$, c. ≡C—H,三种 C—H 键在红外光谱中吸收频率高低顺序是(　　)

A. a＞b＞c　　B. a＞c＞b　　C. b＞c＞a　　D. c＞b＞a

33. 下列说法正确的是(　　)

A. 质谱中母离子峰就是基准峰

B. 氢原子周围的电子云密度越大，化学位移值 δ 越大

C. 化合物的紫外吸收随共轭体系的增长而波长变短

D. 通过质谱中母离子峰的质荷比测得分子的摩尔质量

34. 有一羰基化合物，其分子式为 $C_5H_{10}O$，^1H NMR 谱中 δ 1.05 ppm（三重峰），δ 2.47 ppm（四重峰），其结构式可能是（　　）

A. $CH_3CH_2COCH_2CH_3$　　B. $CH_3COCH(CH_3)_2$

C. $(CH_3)_3CCHO$　　D. $CH_3CH_2CH_2CH_2CHO$

35. 下列化合物的质子在 ^1H NMR 谱中，按化学位移值的大小排序，排列正确的是（　　）

$$\underset{a}{FCH_2}\underset{b}{CH_2}\underset{c}{CH_2}Br$$

A. a>b>c　　B. b>c>a　　C. c>a>b　　D. a>c>b

二、将下列化合物按 K 吸收带波长大小顺序排列，并说明排列的理由。

三、已知某化合物的分子式为 $C_5H_7O_2N$，试根据 IR 谱（图 6-4）及 NMR 谱（图 6-5）推测该化合物的构造式。

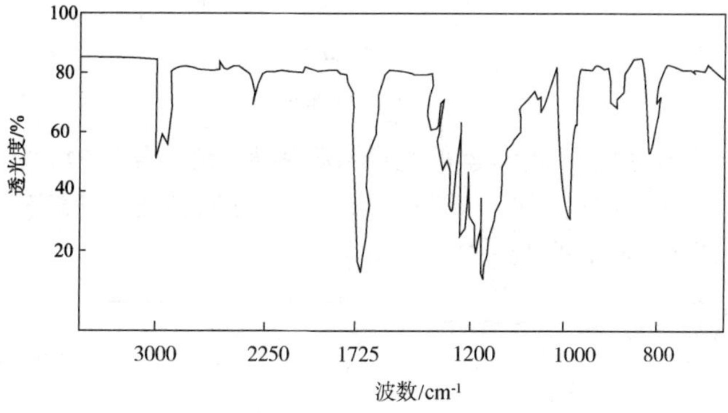

图 6-4　化合物的红外光谱

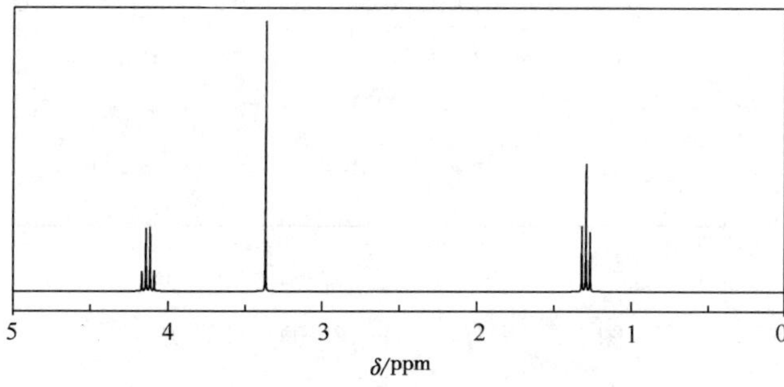

图 6-5　化合物的 ^1H NMR 谱

四、试确定下列已知质荷比的离子可能存在的化学式。

(1) m/z 为 71，只含 C、H、O 三种元素

(2) m/z 为 57，只含 C、H、N 三种元素

(3) m/z 为 58，只含 C、H 两种元素

* 五、已知某取代苯的质谱图如图 6-6 所示，试确定下列 4 种化合物的哪一种结构与谱图数据一致（主要考虑 m/z 分别为 119，105 和 77 的离子峰）。

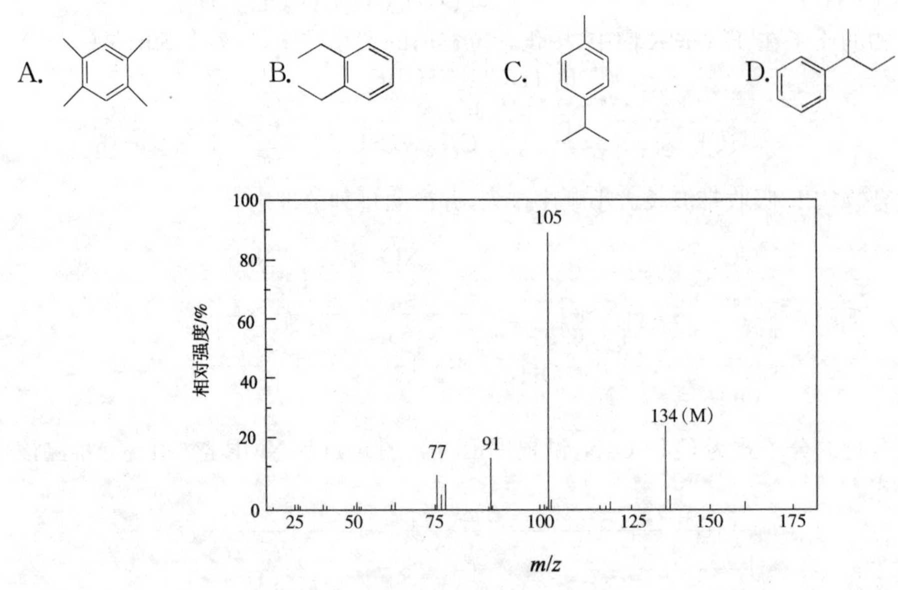

图 6-6　某取代苯的质谱

* 六、某未知物的分子式为 $C_9H_{10}O_2$，紫外光谱数据表明：该化合物的 λ_{max} 在 264 nm、262 nm、257 nm、252 nm（ε_{max} 101、158、147、194）；红外光谱、核磁共振谱、质谱分别如图 6-7、图 6-8、图 6-9 所示，试推断其结构。

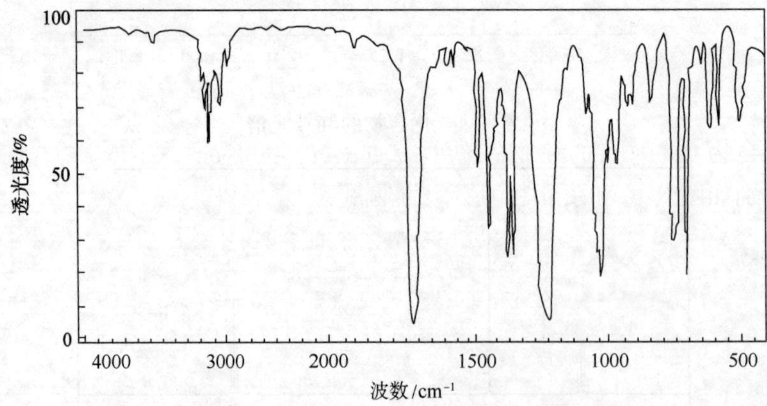

图 6-7　化合物 $C_9H_{10}O_2$ 的红外光谱

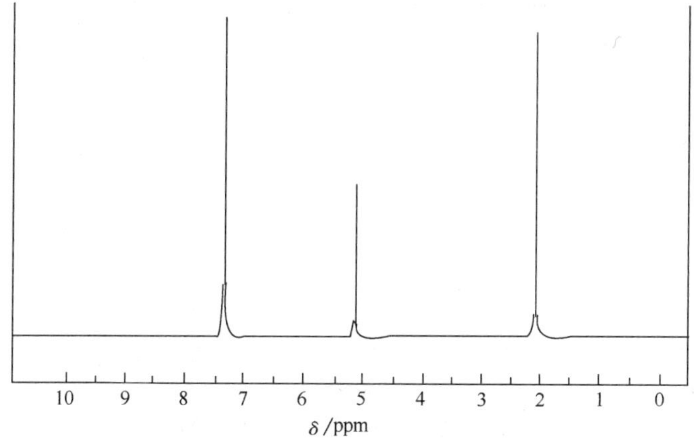

图 6-8　化合物 $C_9H_{10}O_2$ 的核磁共振谱

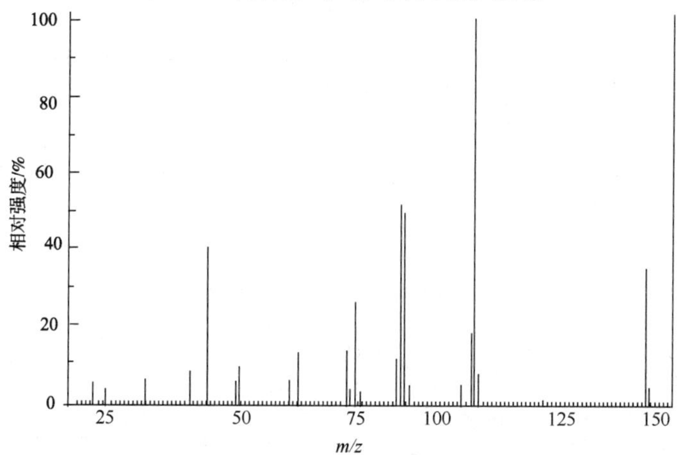

图 6-9　化合物 $C_9H_{10}O_2$ 的质谱

七、化合物 $C_5H_{10}O_2$ 的光谱数据如下：IR 谱 1250 cm^{-1}、1750 cm^{-1} 处有强吸收峰；^1H NMR 谱 δ 1.2 ppm(双峰，6H)，δ 1.9 ppm(单峰，3H)，δ 5.0 ppm(七重峰，1H)。推断化合物的结构。

八、化合物 $C_3H_5ClO_2$ 的光谱数据如下：^1H NMR 谱 δ 1.73 ppm(双峰，3H)、δ 4.47 ppm(四重峰，1H)、δ 11.22 ppm(单峰，1H)。推断化合物的结构。

*九、某芳香化合物 C_6H_6OS 的红外光谱在 3091 cm^{-1}、1662 cm^{-1} 有吸收峰，红外光谱和核磁共振谱分别如图 6-10 和图 6-11 所示。推断化合物的结构。

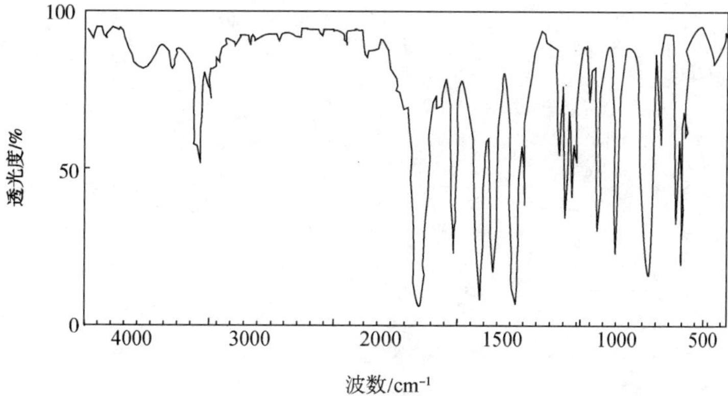

图 6-10　化合物 C_6H_6OS 的红外光谱

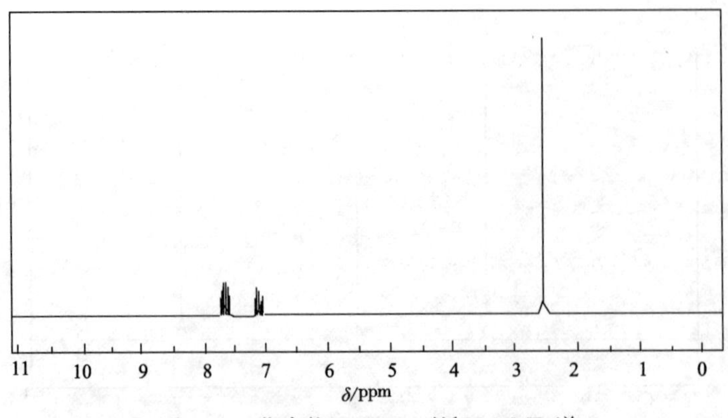

图 6-11　化合物 C_6H_6OS 的 ^1H NMR 谱

参考答案

一、1. C　2. D　3. A　4. B　5. B　6. C　7. C　8. D　9. D　10. B　11. D　12. B　13. A　14. C　15. C　16. B　17. C　18. C　19. C　20. A　21. A　22. D　23. D　24. A　25. B　26. A　27. A　28. C　29. B　30. B　31. B　32. D　33. D　34. A　35. D

二、硝基、羟基都是强的助色基团，甲基是弱的助色基团。邻位由于有空间位阻，使共轭减弱，助色效应减弱。所以 K 带 λ_{max} 的排列顺序为

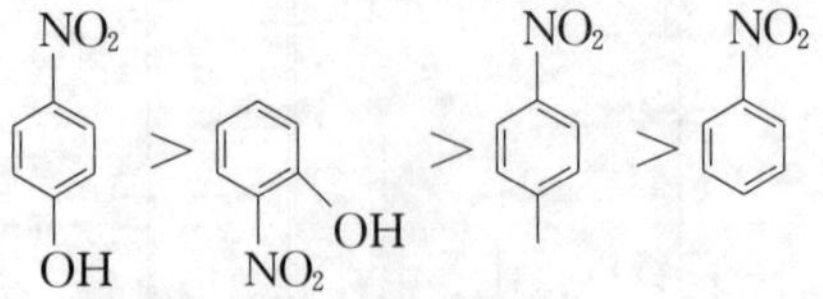

NO_2 / OH　>　OH / NO_2　>　NO_2　>　NO_2

三、N≡C　O　O

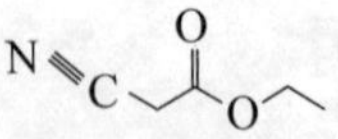

四、(1) C_4H_7O 或 $C_3H_3O_2$　　(2) CH_3N_3 或 $C_2H_5N_2$ 或 C_3H_7N　　(3) C_4H_{10}

五、D. 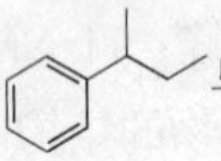 与谱图一致。m/z 119 相当于苄基离子开裂失去 CH_3，m/z 105 相当于苄基离子开裂失去 C_2H_5，m/z 77 为乙烯基开裂后的产物 $C_6H_5^+$。

六、O　O

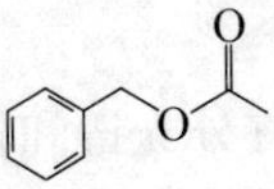

七、CH_3　O　CH　H_3C　O　CH_3

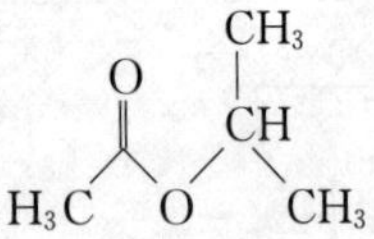

八、H_3C　O　OH　Cl

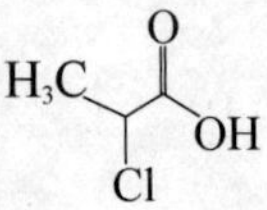

九、S　O

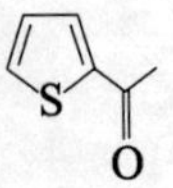

教材中的问题及习题解答

一、教材中的问题及解答

问题与思考 6-1　下列三种环烯化合物，它们的 K 吸收带分别为 λ_{max1}、λ_{max2}、λ_{max3}，其中 $\lambda_{max1}>\lambda_{max2}>\lambda_{max3}$。请找出它们对应的结构。

a. 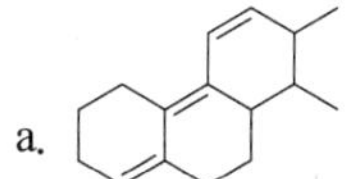　b. 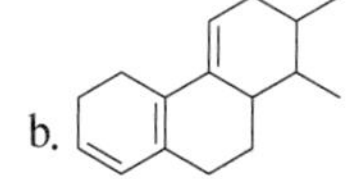　c. 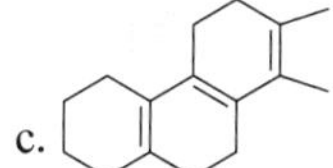

答　λ_{max1}(c)$>\lambda_{max2}$(b)$>\lambda_{max3}$(a)。

问题与思考 6-2　利用红外光谱可鉴别下列哪几对化合物？

(1) a. $CH_3CHOHCH_3$　　b. $CH_3CH_2CH_2OH$

(2) a. $CH_3C\equiv CCH_3$　b. $CH_3CH_2C\equiv CH$

(3) a. $CH_3CH_2OCH_2CH_3$　b. $CH_3COCH_2CH_3$

(4) a. $(CH_3)_2C=C(CH_3)_2$　b. $(CH_3)_2C=CH_2$

答　(1)、(2)、(3)、(4)。

问题与思考 6-3　预测下列化合物的^{1}H NMR 谱有几种核磁信号峰、各峰分裂情况、峰面积之比。

(1) $CH_3CH_2CH_2CH_3$　(2) $CH_3CH_2CO_2CH_2CH_3$

(3) $CH_3CH_2OCH_3$　　(4) $(CH_3)_2CHCHClCH_3$

答　(1) 核磁信号峰：两组峰；各峰分裂：一个三重峰，一个四重峰；峰面积比：2∶3。

(2) 核磁信号峰：四组峰；各峰分裂：三重峰，四重峰，三重峰，四重峰；峰面积比：2∶2∶3∶3。

(3) 核磁信号峰：三组峰；各峰分裂：三重峰，四重峰，单峰；峰面积比：2∶3∶3。

(4) 核磁信号峰：四组峰；各峰分裂：二个二重峰，二个多重峰；峰面积比：1∶1∶3∶6。

注：按照低场到高场的顺序列峰面积之比

二、教材中的习题及解答

1. $CH_3CH=CH—CHO$ 分子中有几种类型的价电子？哪一种电子跃迁的能量最高？在紫外光谱中将产生哪些吸收带？

答　价电子跃迁类型有四种：$n\rightarrow\pi^*$ 跃迁，$\pi\rightarrow\pi^*$ 跃迁，$n\rightarrow\sigma^*$ 跃迁，$\sigma\rightarrow\sigma^*$ 跃迁。能量最高的跃迁是 $\sigma\rightarrow\sigma^*$ 跃迁。在紫外光谱中将产生 $n\rightarrow\pi^*$ 跃迁的 R 带，$\pi\rightarrow\pi^*$ 跃迁的 K 带。

2. 排列下列各组化合物的紫外光谱 λ_{max} 的大小顺序。

(1) $CH_2=CH—CH_2—CH=CHNH_2$　$CH_3CH=CH—CH=CHNH_2$　$CH_3CH_2CH_2CH_2CH_2NH_2$

(2) 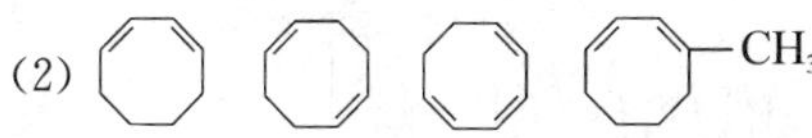

答　(1) $CH_3CH=CH—CH=CHNH_2>CH_2=CH—CH_2—CH=CHNH_2>CH_3CH_2CH_2CH_2CH_2NH_2$

(2) 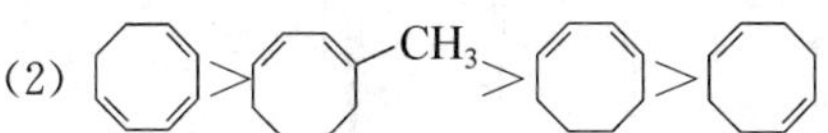

3. 有 A、B 两种环己二烯，A 的紫外-可见光谱的 λ_{max} 为 256 nm(ε=800)，B 在 210 nm 以上无吸收峰。试写出 A、B 的结构。

答　A. 　B.

4. 红外光谱产生的条件是什么？

答　① 红外光的频率与分子中某基团振动频率一致；② 分子振动引起瞬间偶极矩变化，完全对称的分子没有偶极矩变化，辐射不能引起共振，无红外活性。非对称分子有偶极矩，属红外活性，如 HCl。

5. 排列下列各键收缩振动吸收波数的大小次序。

(1) O—H　(2) C═C　(3) C—H　(4) C≡N　(5) C═O

答　吸收波数的大小顺序：O—H>C—H>C≡N>C═O>C═C。

6. 化合物 A(C_5H_3NO)，其红外光谱给出 1725 cm^{-1}、2210 cm^{-1}、2280 cm^{-1}吸收峰，A 最可能的结构式是什么？

答　在 IR 中有 1725 cm^{-1}、2210 cm^{-1}、2280 cm^{-1}吸收峰，分别对应羰基、碳-碳三键、碳-氮三键。而分子的不饱和度为 5[1+5−(3−1)/2]，所以分子结构应为

$$H-\overset{\overset{\displaystyle O}{\|}}{C}-C\equiv C-CH_2-C\equiv N \quad 或 \quad H-\overset{\overset{\displaystyle O}{\|}}{C}-CH_2-C\equiv C-C\equiv N$$

7. 试分析苯乙腈红外光谱(图 6-12)中各特征吸收峰的归属。

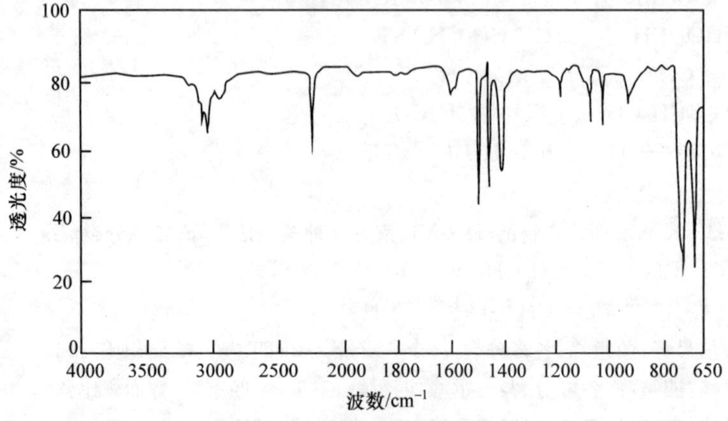

图 6-12　苯乙腈的红外光谱

答　大于 3000 cm^{-1}吸收峰为苯环 C—H 的伸缩振动，3000～2850 cm^{-1}吸收峰为亚甲基的伸缩振动，2280 cm^{-1}吸收峰为—CN 的伸缩振动，1600 cm^{-1}、1500 cm^{-1}、1450 cm^{-1}吸收峰为苯环骨架的伸缩振动。

8. 已知某化合物的构造式可能是

$$C_6H_5-\overset{\overset{\displaystyle O}{\|}}{C}-CH(CH_3)_2 \quad 或 \quad \text{2-甲基环己酮（环己酮环上，羰基邻位带 }CH_3\text{）}$$

试根据红外光谱(图 6-13)确定该化合物的构造式，并指出各特征吸收峰的归属。

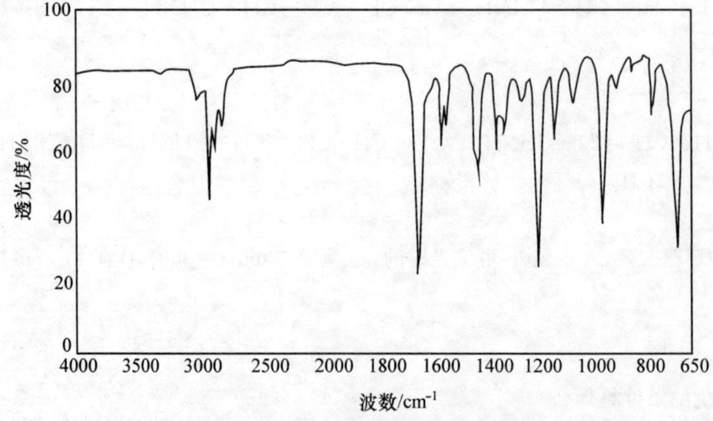

图 6-13　某化合物的红外光谱(液膜)

答　化合物为 $C_6H_5-C(=O)-CH(CH_3)_2$，大于 3000 cm^{-1} 为苯环 ν_{C-H} 的吸收峰，3000～2850 cm^{-1} 为甲基、次甲基 ν_{C-H} 的吸收峰，1700 cm^{-1} 左右有很强的吸收峰，是 $\nu_{C=O}$ 的吸收峰，因为羰基和苯环共轭吸收频率移向低波数。1600 cm^{-1} 和 1585 cm^{-1} 有两个吸收峰，属于苯环骨架 $\nu_{C=C}$ 的吸收峰，由此判断化合物中含有苯环。

9. 为什么炔氢的化学位移位于烷烃和烯烃之间？

答　由于各向异性效应，$\equiv C-H$ 中的氢正好处在屏蔽区，而 $=C-H$ 中的氢处在去屏蔽区，故炔氢的化学位移小于烯烃；sp 杂化的碳原子电负性比 sp^3 杂化的碳原子电负性大，故炔氢的化学位移大于烷烃。

10. 某样品在 60 MHz 的 ^1H NMR 谱中有四个单峰，化学位移分别为 64 Hz、88 Hz、136 Hz、358 Hz。试计算该样品在 100 MHz 的 ^1H NMR 谱中四个吸收峰的化学位移，分别用 ppm 和 Hz 两种单位表示。

答　化学位移分别为 64 Hz，88 Hz，136 Hz，358 Hz。该样品在 100 MHz 的 ^1H NMR 谱中四个吸收峰的化学位移用 ppm 单位表示为 1.07、1.47、2.27、5.97，用 Hz 单位表示为 107 Hz、147 Hz、227 Hz、597 Hz。

11. 试比较下列化合物中，各分子内不同质子 δ 值的大小。

(1) $(CH_3)_2CH-O-CH(CH_3)_2$（a 为 CH_3，b 为 H）　(2) $Cl-CH_2-CH_2-Br$（a、b 分别为两个碳上的 H）　(3) $\underset{a}{CH_3}\underset{b}{CH_2}\underset{c}{CH_2}NO_2$

答　(1) $\delta_b>\delta_a$，(2) $\delta_a>\delta_b$，(3) $\delta_c>\delta_b>\delta_a$。

12. 已知某化合物的分子式为 C_8H_9Br，^1H NMR 谱如图 6-14 所示，其中峰面积之比为 5∶1∶3(从低场到高场的顺序)。试推测该化合物的构造式，并指出各组峰的归属。

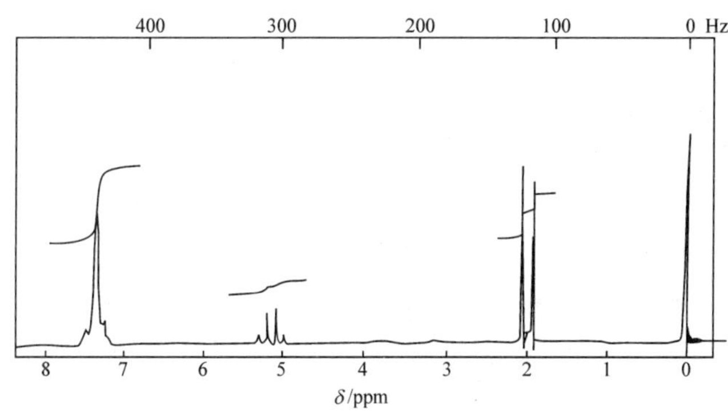

图 6-14　C_8H_9Br 的 ^1H NMR 谱

答　该化合物的构造式为 $C_6H_5-CH(Br)-CH_3$，δ 2.0 ppm 左右的二重峰为—CH_3 三个质子的吸收峰，δ 5.2 ppm左右的四重峰为—CBrH 一个质子的吸收峰，δ 7.2 ppm 左右的多重峰为苯环五个质子的吸收峰。

13. $C_8H_{18}O$ 的 ^1H NMR 谱图中只在 δ 1.0 ppm 处出现一组峰，请推断此化合物的结构。

答　化合物的结构为 $(CH_3)_3C-O-C(CH_3)_3$。

14. 试推测 2-戊烯($CH_3CH=CH-CH_2CH_3$)的质谱中基峰的 m/z 值，并用式子表示其裂解过程。

答

$$CH_3CH=CHCH_2CH_3 \xrightarrow{-e^-} [CH_3CH=CHCH_2CH_3]^{+\cdot} \longrightarrow CH_3CH=CHCH_2^+ + \cdot CH_3$$

$m/z=55$

15. 图 6-15 为 $C_6H_5-CH(CH_3)CH_2CH_3$ 的质谱。请指出哪个峰为 M 峰，哪个峰为基峰，并解释基峰产生的裂解过程。

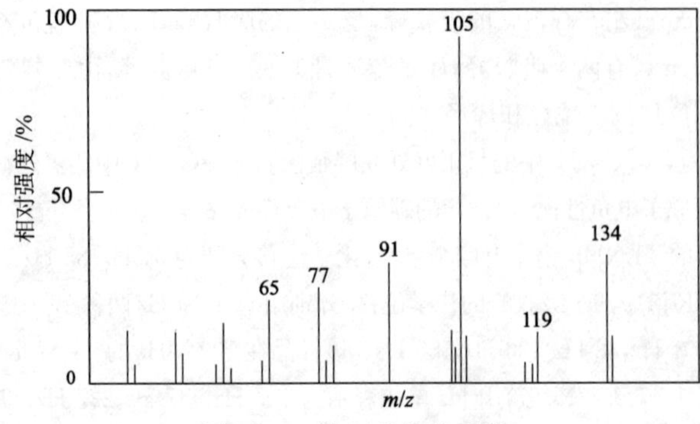

图 6-15　仲丁基苯的质谱

答　135 为 M 峰，105 为基峰。裂解过程如下：

$$C_6H_5-\underset{}{CH}(CH_3)CH_2CH_3 \xrightarrow{-e^-} \left[C_6H_5-CH(CH_3)CH_2CH_3\right]^{\cdot +} \xrightarrow{-\dot{C}H_2CH_3} C_6H_5-\overset{+}{C}H-CH_3$$

（游文玮）

第 7 章　醇、酚和醚

学习目标

(1) 掌握醇、酚、醚的结构、命名，醇、酚、醚及环氧化合物的主要化学性质。
(2) 熟悉醇、酚、醚的部分重要反应的反应机理，醇、酚、醚的光谱特征。
(3) 了解醇、酚、醚的一些重要用途。

重点内容提要

7.1　醇、酚、醚的结构与命名

1. 醇、酚、醚的结构

醇、酚、醚是烃的含氧衍生物，其特性基团(旧称特性基团)分别为醇羟基、酚羟基、醚键。结构通式为

R—OH	Ar—OH	(Ar)R—O—R′(Ar′)
醇	酚	醚

醇羟基通常只连接在 sp^3 杂化的饱和碳原子上。醇羟基中的氧原子为不等性 sp^3 杂化状态，其中两个 sp^3 杂化轨道分别与碳原子以及氢原子形成碳-氧键和氧-氢键，电子云均偏向于氧原子，为极性共价键。剩余两个 sp^3 杂化轨道被两对孤对电子占据。酚羟基直接与芳环 sp^2 杂化碳原子相连。酚羟基中的氧原子 p 轨道的孤对电子能与苯环形成共轭体系，氧原子上的电子向苯环转移，结果是：①碳-氧键极性减弱，难于断裂；②氧-氢键的极性增强，易于断裂；③苯环上电子云密度相对增加。

脂肪醚键中的氧原子为不等性 sp^3 杂化状态，其未成键的两个 sp^3 杂化轨道含两对孤对电子。芳香醚醚键中的氧原子是 sp^2 杂化。

2. 醇、酚、醚的命名

醇和酚的系统命名法都是以羟基特性基团作为母体，称为“某醇”或“某酚”，并遵循羟基位次最低原则进行编号。其他命名原则与烷烃相同。

醚可按照取代法、特性基团类别法或者置换法三者之一来命名。

7.2　醇、酚、醚的化学性质

7.2.1　醇的化学性质

醇的化学性质主要表现在以下几个方面：

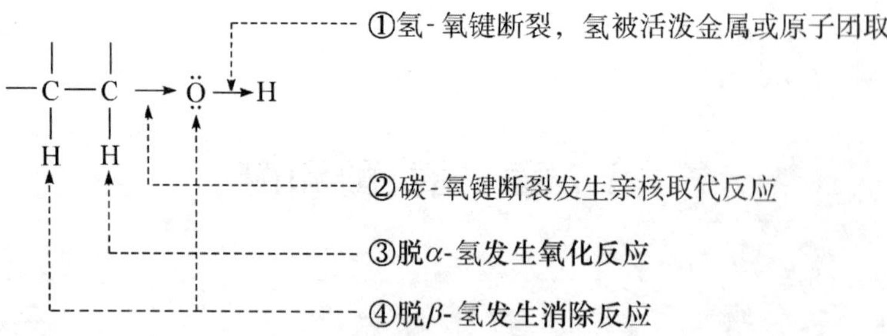

1. 氢-氧键断裂的反应

(1) 与活泼金属的反应。醇能够与钠、钾、镁、铝等活泼金属发生反应，羟基上的氢被金属取代，生成醇金属。

$$2ROH + 2Na \longrightarrow 2RONa + H_2\uparrow$$

在液相中，不同结构的醇生成醇金属的速率为伯醇＞仲醇＞叔醇。

(2) 与无机含氧酸的酯化反应。醇可与硝酸、亚硝酸、硫酸和磷酸等无机含氧酸作用生成无机酸酯。

$$ROH + HNO_2 \longrightarrow RONO + H_2O$$

2. 醇羟基被取代的反应

(1) 与氢卤酸的反应。醇与氢卤酸反应时，醇羟基被卤素原子取代生成卤代烃和水。

$$ROH + HX \rightleftharpoons RX + H_2O$$

相同类型的醇与不同的氢卤酸反应的活性顺序为 HI＞HBr＞HCl；不同类型的醇与相同的氢卤酸反应的活性顺序为烯丙型或苄型醇＞叔醇＞仲醇＞伯醇。浓盐酸和无水 $ZnCl_2$ 的混合液称为卢卡斯(Lucas)试剂，可用来鉴别伯、仲、叔醇。

(2) 与卤化磷或氯化亚砜的反应。卤化磷或氯化亚砜与醇反应时，不形成碳正离子，引起重排的机会较少。实验室中常采用这些试剂由醇制备卤代烃。

$$3ROH + PX_3 \longrightarrow 3RX + H_3PO_3\ (X = Br, I)$$

$$ROH + SOCl_2 \longrightarrow RCl + SO_2\uparrow + HCl\uparrow$$

3. 消除反应

(1)醇的分子内脱水反应。醇与浓 H_2SO_4 共热发生分子内脱水反应(dehydrolysis)生成烯烃。

$$RCH_2CH_2OH \xrightarrow[\triangle]{浓硫酸} RCH{=}CH_2$$

三种醇的活性顺序是叔醇＞仲醇＞伯醇。仲醇及叔醇进行分子内脱水时，遵从札依采夫规则，即主产物是碳-碳双键上烷基最多的烯烃。

(2)醇的分子间脱水反应。某些醇在适宜的反应条件下分子间脱水形成醚。

$$RCH_2CH_2OH \xrightarrow[\triangle]{浓硫酸} RCH_2CH_2OCH_2CH_2R$$

4. 氧化反应

(1) 强氧化剂氧化。在强氧化剂作用下，伯醇氧化成醛，醛继续氧化生成羧酸；仲醇氧化成酮；叔醇由于没有 α-氢，在一般条件下不被氧化。

$$RCH_2OH \xrightarrow[\text{或}-2H]{[O]} R\overset{\overset{\large O}{\|}}{C}-H \xrightarrow{[O]} R\overset{\overset{\large O}{\|}}{C}-OH$$

$$R-\underset{}{\overset{\overset{\large OH}{|}}{C}H}-R' \xrightarrow[\text{或}-2H]{[O]} R-\overset{\overset{\large O}{\|}}{C}-R'$$

常用的强氧化剂有铬酸、酸性重铬酸钾或高锰酸钾等。

(2) 选择性氧化剂氧化。PCC($C_5H_5NH^+ClCrO_3^-$),PDC[$(C_5H_5NH)_2^{2+}Cr_2O_7^{2-}$]以及沙瑞特(Sarrett)试剂[$CrO_3\cdot(C_5H_5N)_2$]是高选择性氧化剂,可用于由伯醇制备醛,由不饱和醇制备不饱和醛、酮。例如

$$\underset{\text{烯丙醇}}{CH_2=CHCH_2OH} \xrightarrow[CH_2Cl_2]{\text{沙瑞特试剂}} \underset{\text{丙烯醛}}{CH_2=CHCHO}$$

(3) 催化脱氢。将伯醇、仲醇的蒸气在高温下通过活性铜或银催化剂,经高温脱氢生成相应的醛、酮,此法主要用于工业生产。

$$RCH_2OH \xrightarrow[300\ ^\circ C]{Cu} RCHO + H_2\uparrow$$

$$R_2CHOH \xrightarrow[300\ ^\circ C]{Cu} R-\overset{\overset{\large O}{\|}}{C}-R + H_2\uparrow$$

5. 邻二醇的特殊性质

(1) 与氢氧化铜的反应。

$$\begin{array}{l} CH_2-OH \\ | \\ CH-OH \\ | \\ CH_2-OH \end{array} + Cu(OH)_2 \longrightarrow \underset{\text{甘油铜(深蓝色)}}{\begin{array}{l} CH_2-O\diagdown \\ |\qquad\qquad Cu \\ CH-O\diagup \\ | \\ CH_2-OH \end{array}} + 2H_2O$$

实验室中可利用此反应来鉴定具有两个相邻羟基的多元醇。

(2) 被高碘酸或四乙酸铅氧化。

$$\underset{\quad|\qquad\quad|}{RCH-CHR'}\atop{OH\quad OH} \xrightarrow{HIO_4} \underset{\text{醛}}{R-\underset{\underset{\large O}{\|}}{C}-H} + \underset{\text{醛}}{R'-\underset{\underset{\large O}{\|}}{C}-H} + HIO_3 + H_2O$$

该反应是定量进行的,每断裂一根碳-碳键需要 1 分子 HIO_4,故可根据消耗 HIO_4 的物质的量及氧化产物推测邻二醇的结构。

(3) 频哪醇(pinacol)重排。化合物 2,3-二甲基丁-2,3-二醇俗称频哪醇。频哪醇在酸性试剂(如硫酸)作用下脱去一分子水生成碳正离子后,碳骨架会发生重排,生成的化合物称为频哪酮(pinacolone)。

$$H_3C-\underset{OH}{\overset{CH_3}{C}}-\underset{OH}{\overset{CH_3}{C}}-CH_3 \xrightarrow{H_2SO_4} H_3C-\underset{CH_3}{\overset{CH_3}{C}}-\overset{O}{\overset{\|}{C}}-CH_3$$

频哪醇　　　　频哪酮

重排所得的产物取决于以下两点:①优先生成较稳定的碳正离子;②基团的迁移能力,一般是芳基>烷基>氢。

7.2.2 酚的化学性质

1. 酸性

苯酚(phenol)具有弱酸性,除酚羟基上的氢能被活泼金属取代外,还能与强碱溶液作用生成盐和水。

$$ArOH + NaOH \longrightarrow Ar-ONa + H_2O$$

酚钠

苯酚的酸性($pK_a=10$)比水和醇强,比碳酸和有机酸弱。

2. 酚羟基的烷基化和酰基化

(1) 酚酯的生成。

$$C_6H_5OH + CH_3\overset{O}{\overset{\|}{C}}-O-\overset{O}{\overset{\|}{C}}CH_3 \xrightarrow{H_2SO_4} C_6H_5-O-\overset{O}{\overset{\|}{C}}-CH_3$$

(2) 酚醚的生成。

通常采用威廉森(Williamson)反应或酚与一些甲基化试剂如 CH_3I 或 $(CH_3)_2SO_4$ 反应来制备。

$$C_6H_5ONa + R-X \longrightarrow C_6H_5OR$$

$$C_6H_5OH + (CH_3)_2SO_4 \xrightarrow[H_2O]{NaOH} C_6H_5OCH_3$$

3. 氧化反应

$$C_6H_5OH + 2[O] \longrightarrow O=C_6H_4=O + H_2O$$

对苯醌

4. 亲电取代反应

$$\text{C}_6\text{H}_5\text{OH} + \begin{cases} Br_2 \longrightarrow \text{2,4,6-三溴苯酚} \\ HNO_3(\text{稀}) \xrightarrow{\text{室温}} \text{对硝基苯酚} + \text{邻硝基苯酚} \\ H_2SO_4(\text{浓}) \xrightarrow{\triangle} \text{对羟基苯磺酸}(SO_3H) \end{cases}$$

5. 酚与三氯化铁的反应

大多数酚和具有($-\overset{|}{C}=\overset{|}{C}-OH$)结构的烯醇型化合物能与三氯化铁溶液发生显色反应,可用于这类化合物的鉴别。

7.2.3　醚的化学性质

醚是比较稳定的化合物,在碱性或弱酸性条件下,醚通常不发生反应,因此常用作有机反应的溶剂。它的一些反应与醚氧原子上的孤对电子有关。

1. 𬭩盐的生成

醚键上的氧原子具有未共用电子对,能与强酸或路易斯酸生成𬭩盐(oxonium salt)。

$$R-\ddot{O}-R + HCl \longrightarrow [R-\overset{H}{\overset{\uparrow}{O}}-R]^+Cl^-$$

𬭩盐

用此反应可区别烷烃和醚。

2. 醚键的断裂

醚与氢卤酸加热,醚键发生断裂,生成醇和卤代烃。氢卤酸使醚键断裂的能力为 HI>HBr>HCl。HI 是最有效的断裂醚键的反应试剂。例如

$$CH_3OCH_3 + HI \xrightarrow{\triangle} CH_3I + CH_3OH$$

$$CH_3OH \xrightarrow{HI} CH_3I + H_2O$$

3. 烷基醚的氧化

含有 α-氢的烷基醚受烃氧基的影响,在空气中放置时会被氧气氧化,生成过氧化物(peroxide)，乙醚的氧化反应可表示如下：

$$C_2H_5OC_2H_5 \xrightarrow{O_2} \underset{\displaystyle OOH}{CH_3CHOC_2H_5} + \underset{\displaystyle \underset{\displaystyle CH_3CHOC_2H_5}{O-O}}{CH_3CHOC_2H_5}$$

氢过氧化乙醚　　过氧化乙醚

4. 克莱森重排

将烯丙基苯基醚加热至 200 ℃时，会发生分子内的重排反应，生成 2-烯丙基苯酚。重排时烯丙基进入酚羟基的邻位。当两个邻位均有取代基时，则进入对位，邻、对位都有取代基时，不能发生重排反应。

$$C_6H_5OCH_2CH{=}CH_2 \xrightarrow{\triangle} \text{2-}(CH_2CH{=}CH_2)C_6H_4OH$$

$$\text{2,6-}(CH_3)_2C_6H_3OCH_2CH{=}CH_2 \xrightarrow{\triangle} \text{4-}(CH_2CH{=}CH_2)\text{-2,6-}(CH_3)_2C_6H_2OH$$

5. 环氧化合物的开环反应

环氧乙烷是有机合成中的重要中间体，在酸或碱催化下极易与多种含活泼氢的化合物以及某些亲核试剂发生碳-氧键断裂的开环反应。

$$\underset{\backslash O/}{CH_2-CH_2} \xrightarrow{H_2O/H^+} HOCH_2CH_2OH \quad \text{乙二醇}$$

$$\xrightarrow{ROH/H^+} ROCH_2CH_2OH \quad \text{乙二醇单醚}$$

$$\xrightarrow{HX} XCH_2CH_2OH \quad \text{2-卤代醇}$$

$$\xrightarrow{HCN} HOCH_2CH_2CN \quad \beta\text{-羟基丙腈}$$

$$\xrightarrow{R-MgX} RCH_2CH_2OMgX \xrightarrow{H_3O^+} RCH_2CH_2OH \quad \text{醇}$$

不对称结构的环氧化合物发生开环反应时，开环方向如下：

（环氧化合物结构：C(H)(H)—C(H)(R)，O 桥连；取代少的 C—O 键处标注“碱催化开环”，取代多的 C—O 键处标注“酸催化开环”）

解题示例

【例 7-1】 用系统命名法命名下列化合物。

(1)  $CH_2{=}CH\underset{OH}{\underset{|}{C}}H\underset{CH_3}{\underset{|}{C}}HCH_3$

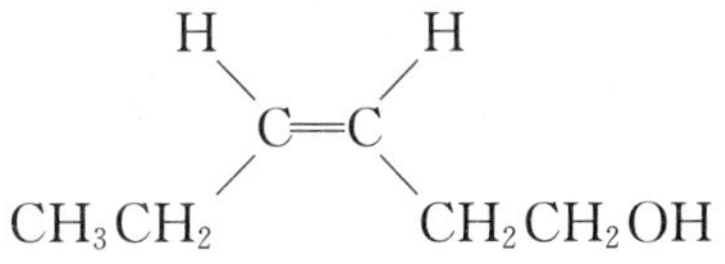

(2) $\begin{matrix} H & & H \\ & C{=}C & \\ CH_3CH_2 & & CH_2CH_2OH \end{matrix}$（H 与 H 位于双键同侧）

(3) $CH_3{-}O{-}\overset{CH_3}{\overset{|}{C}}HCH_3$

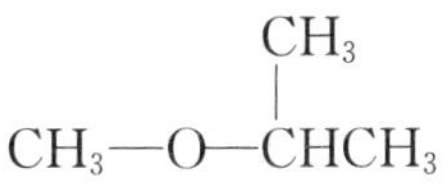

(4)  HO—⟨苯环⟩—OCH_3（对位）

【答案】 (1) 4-甲基戊-1-烯-3-醇

【解析】 此化合物为不饱和醇，需选择既包括连接羟基的碳，又包括不饱和键在内的最长碳链作为主链，从靠近羟基一端开始编号，并根据主链所含碳原子数目称为某烯醇，标明羟基及不饱和键的位置。

【答案】 (2) 顺己-3-烯-1-醇 或(Z)-己-3-烯-1-醇

【解析】 此化合物为不饱和醇，并表示出了顺反异构体的构型，故在系统命名法的名称中还需要根据基团的优先规则确定烯键的几何构型。

【答案】 (3) 异丙基甲基醚

【解析】 此化合物为混合醚，混合醚的名称可称为“某某醚”，按照烃基的英文名称字母顺序先后列出。

【答案】 (4) 4-甲氧基苯酚

【解析】 将烷氧基作为取代基，苯酚为母体。

【例 7-2】 写出 1,2-环氧丙烷与下列试剂反应生成的主要产物名称。

(1) 甲醇钠/甲醇　　(2) 甲醇/H^+

【答案】 (1) 1-甲氧基丙-2-醇

【解析】 不对称环氧乙烷在碱性条件或强亲核试剂作用下的开环反应，亲核试剂主要进攻取代基较少的环碳原子：

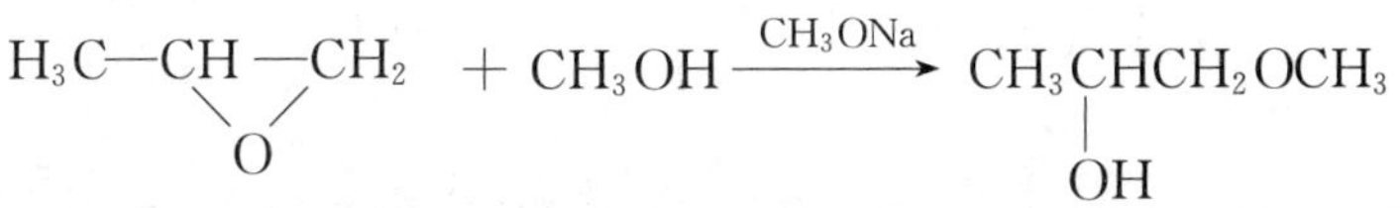

$$H_3C{-}\underset{\backslash\ O\ /}{CH{-}CH_2} + CH_3OH \xrightarrow{CH_3ONa} CH_3\underset{OH}{\underset{|}{C}}HCH_2OCH_3$$

【答案】 (2)2-甲氧基丙-1-醇

【解析】 不对称环氧乙烷在酸性条件下的开环反应，亲核试剂优先进攻取代基较多的环碳原子：

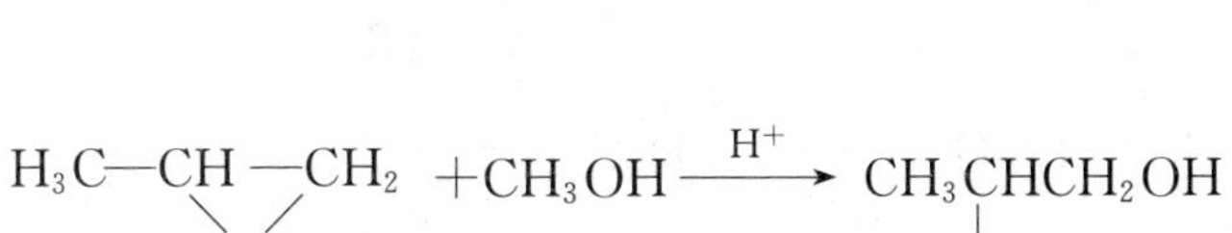

$$H_3C{-}\underset{\backslash\ O\ /}{CH{-}CH_2} + CH_3OH \xrightarrow{H^+} CH_3\underset{OCH_3}{\underset{|}{C}}HCH_2OH$$

【例 7-3】 将下列化合物按沸点由高到低排列次序。

(1) 正丁醇　(2) 丙醇　(3) 丙烷

【答案】 沸点由高到低顺序为:(1)正丁醇>(2)丙醇>(3)丙烷。

【解析】 醇分子之间可以形成氢键缔合,要将其变为气态,除需要克服分子间的范德华力外,还需要破坏氢键,因此正丁醇和丙醇的沸点高于丙烷。正丁醇比丙醇的相对分子质量大,因此沸点更高。

【例 7-4】 化合物 A 分子式为 $C_6H_{14}O$,能与钠作用,在酸催化作用下可脱水生成 B,用冷 $KMnO_4$ 溶液氧化 B 可得到 C,其分子式为 $C_6H_{14}O_2$,C 与 HIO_4 作用只得丙酮,试推测 A、B、C 的构造式。

【答案】 A、B、C 的构造式如下:

A. $(H_3C)_2C(OH)—CH(CH_3)_2$　　B. $(H_3C)_2C{=}C(CH_3)_2$　　C. $(H_3C)_2C(OH)—C(OH)(CH_3)_2$

【解析】 分析题意,A 分子式中只有一个氧原子,能与钠作用说明 A 为醇,酸催化作用下可脱水生成 B 应为烯烃,用冷 $KMnO_4$ 溶液氧化得到的 C 应具有邻二醇的结构,C 与 HIO_4 作用只得丙酮,说明 C 是对称的邻二醇结构,并且由题可推知 A、B、C 均为 6 个碳原子,说明 B 也为对称的烯烃结构。

涉及的反应方程式如下:

$$(H_3C)_2C(OH)—CH(CH_3)_2 \xrightarrow{Na} (H_3C)_2C(ONa)—CH(CH_3)_2$$

$$(H_3C)_2C(OH)—CH(CH_3)_2 \xrightarrow[\triangle]{H^+} (H_3C)_2C{=}C(CH_3)_2$$

$$(H_3C)_2C{=}C(CH_3)_2 \xrightarrow[H_2O]{KMnO_4} (H_3C)_2C(OH)—C(OH)(CH_3)_2$$

$$(H_3C)_2C(OH)—C(OH)(CH_3)_2 \xrightarrow{HIO_4} 2\ (H_3C)_2C{=}O$$

学生自我测试题及参考答案

一、命名下列化合物。

1. $(H_3C)_2CH—C{\equiv}C—CH_2OH$

2. H_3C—(环己烯环)—OH

3. $C_6H_5—CH_2—CH(OCH_3)—CH_2OH$

4. HO—(苯环,邻位 OCH_3)—NO_2

5. C_6H_5—O—CH—CH_3（CH 上连 CH_3）　　6. CH_3—CH—CH—CH_3（两个 CH 之间以 O 相连成环）

二、选择题。

(一)单选题

1. 下列醇中,与金属钠反应最快的是(　　)

A. 正丙醇　B. 丁-2-醇　C. 2-甲基丁-2-醇　D. 2,2-二甲基丙-1-醇

2. 下列醇与氢溴酸反应的速率最快的是(　　)

A. 甲醇　B. 丁-1-醇　C.　丁-2-醇　D.　叔丁醇

3. 化合物①甲醇、②异丙醇、③苯酚、④碳酸的酸性由强到弱的顺序正确的是(　　)

A. ①>②>③>④　B. ④>③>②>①　C. ②>①>③>④　D. ④>③>①>②

4. 下列物质既能与 $FeCl_3$ 发生显色反应,又能与 $NaHCO_3$ 反应放出 CO_2 的是(　　)

A. 苯环邻位取代：COOH、OH　B. 苯环邻位取代：COOH、$OCOCH_3$　C. 苯环邻位取代：$COOCH_3$、OH　D. 苯环邻位取代：$CONH_2$、OH

5. 环己烯环上相邻两碳分别连 CH_3（在双键碳上）和 OH　按系统命名法命名,其名称是(　　)

A. 2-甲基-3-羟基环己烯　B. 2-甲基环己烯-3-醇

C. 2-甲基-1-羟基环己烯　D. 2-甲基环己-2-烯-1-醇

6. 分别向下列物质中同时加入卢卡斯试剂,最先出现浑浊的是(　　)

A. $CH_3CH_2CH_2OH$　B. $(CH_3)_2CHOH$　C. $(CH_3)_3COH$　D. CH_3CH_2COOH

7. 丁-2-醇氧化脱氢的主要产物是(　　)

A. 丁酮　B. 丁醛　C. 丁-2-烯　D. 乙醚

8. 甲酚的含苯环的构造异构体的数目是(　　)

A. 2 种　B. 3 种　C. 4 种　D. 5 种

9. 下列有机物不是醇的是(　　)

A. 饱和烃分子中的氢原子被羟基取代后的化合物

B. 脂环烃分子中的氢原子被羟基取代后的化合物

C. 苯环上的氢原子被羟基取代后的化合物

D. 苯环侧链上的氢原子被羟基取代后的化合物

10. 磺化反应属于(　　)

A. 加成反应　B. 取代反应　C. 卤代反应　D. 氧化反应

11. 酸性条件下,1,2-环氧丙烷与甲醇反应得到的产物是(　　)

A. 1-甲氧基丙-2-醇　B. 2-甲氧基丙-1-醇

C. 2-甲氧基丙-2-醇　D. 1-甲氧基丙醇

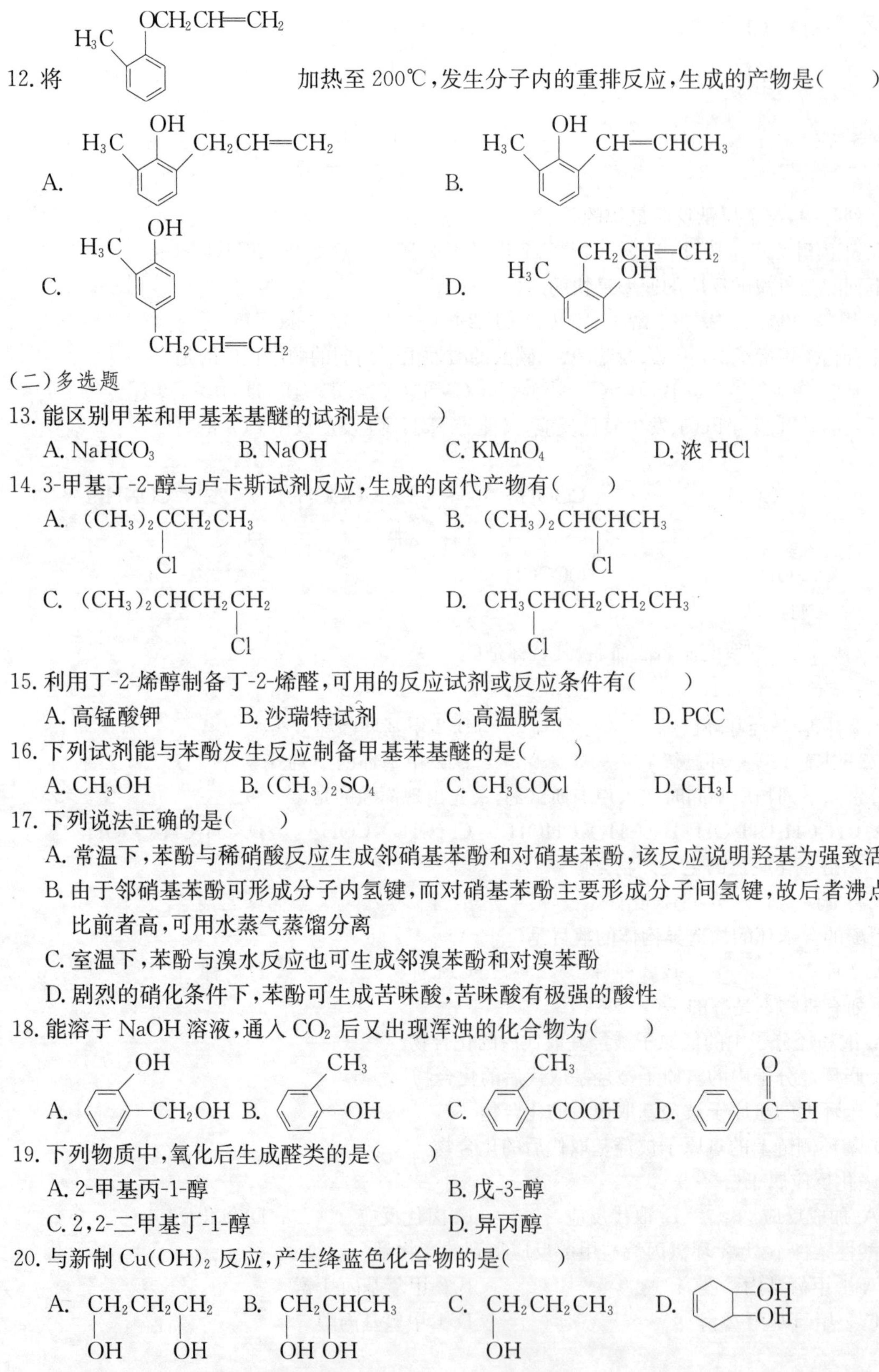

12. 将（邻甲基苯基烯丙基醚）加热至 200℃，发生分子内的重排反应，生成的产物是(　　)

(二)多选题

13. 能区别甲苯和甲基苯基醚的试剂是(　　)

A. $NaHCO_3$　　B. NaOH　　C. $KMnO_4$　　D. 浓 HCl

14. 3-甲基丁-2-醇与卢卡斯试剂反应，生成的卤代产物有(　　)

15. 利用丁-2-烯醇制备丁-2-烯醛，可用的反应试剂或反应条件有(　　)

A. 高锰酸钾　　B. 沙瑞特试剂　　C. 高温脱氢　　D. PCC

16. 下列试剂能与苯酚发生反应制备甲基苯基醚的是(　　)

A. CH_3OH　　B. $(CH_3)_2SO_4$　　C. CH_3COCl　　D. CH_3I

17. 下列说法正确的是(　　)

A. 常温下，苯酚与稀硝酸反应生成邻硝基苯酚和对硝基苯酚，该反应说明羟基为强致活基

B. 由于邻硝基苯酚可形成分子内氢键，而对硝基苯酚主要形成分子间氢键，故后者沸点远比前者高，可用水蒸气蒸馏分离

C. 室温下，苯酚与溴水反应也可生成邻溴苯酚和对溴苯酚

D. 剧烈的硝化条件下，苯酚可生成苦味酸，苦味酸有极强的酸性

18. 能溶于 NaOH 溶液，通入 CO_2 后又出现浑浊的化合物为(　　)

19. 下列物质中，氧化后生成醛类的是(　　)

A. 2-甲基丙-1-醇　　B. 戊-3-醇

C. 2,2-二甲基丁-1-醇　　D. 异丙醇

20. 与新制 $Cu(OH)_2$ 反应，产生绛蓝色化合物的是(　　)

21. 鉴别苯酚和环己醇可选用试剂(　　)

A. Na　　B. $FeCl_3$　　C. Br_2/H_2O　　D. $CuSO_4$

(三)X 型题

22. 下列化合物：

A. $CH_3CH_2CH_2OH$　　B. $(CH_3)_2CHOH$　　C. $(CH_3)_3COH$　　D. $\underset{OH}{CH_2}\underset{OH}{CH}CH_3$

(1) 沸点最高的是(　　)；

(2) 加入卢卡斯试剂，最先出现浑浊的是(　　)；

(3) 不能被 $KMnO_4$ 氧化的是(　　)；

(4) 与新制 $Cu(OH)_2$ 反应，产生绛蓝色化合物的是(　　)。

23. 下列化合物：

A. 苯甲醇　　B. 间甲苯酚　　C. 甲基苯基醚　　D. 2-甲基环己醇

(1) 能与 $FeCl_3$ 溶液显色的化合物是(　　)；

(2) 不能被 $KMnO_4$ 氧化的是(　　)；

(3) 与氢卤酸反应生成苯酚的是(　　)；

(4) 可溶于浓盐酸和浓硫酸中的是(　　)。

24. 下列试剂：

A. $K_2Cr_2O_7/H_2SO_4$　　B. 沙瑞特试剂　　C. CH_3I　　D. $CH_3OH/\ CH_3ONa$

(1) 能把苯酚氧化生成对苯醌的是(　　)；

(2) 与苯酚反应能生成甲基苯基醚的是(　　)；

(3) 与 1,2-环氧丙烷反应生成的主产物是 1-甲氧基丙-2-醇，该试剂是(　　)；

(4) 把丁-2-烯醇氧化成丁-2-烯醛的是(　　)。

三、写出下列反应的主要产物。

1. $CH_3\overset{CH_3}{\underset{OH}{C}}CH_3$ ＋(浓)HCl ⟶

2. $CH_2OH-CHOH-CH_2OH$ ＋HNO_3 ⟶

3. $CH_3CH_2\underset{OH}{CH}CH_3$ ＋(浓)H_2SO_4 $\xrightarrow[170\ ℃]{\triangle}$

4. (四氢吡喺环，环中含 O)＋HI(过量) $\xrightarrow{\triangle}$

5. $H_3C-\overset{CH_3}{C}-CH_2$（C 与 CH_2 间以 O 成环氧）＋NH_3 ⟶

6. 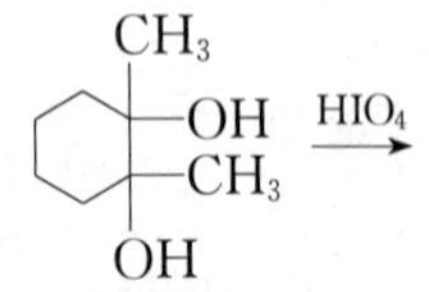 1-甲基-2-甲基环己烷-1,2-二醇（结构式：环己烷环上C1连 CH_3 和 OH，C2连 CH_3 和 OH） $\xrightarrow{HIO_4}$

7. 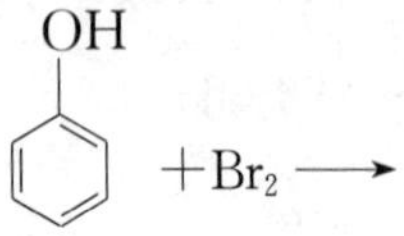 苯酚（结构式：苯环上连 OH） $+Br_2 \longrightarrow$

8. 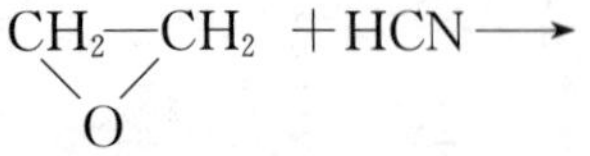 $\underset{\diagdown\ O\ \diagup}{CH_2—CH_2}$ $+HCN \longrightarrow$

四、简答题。

1. 为什么丙醇易溶于水，而丙烷不溶于水？

2. 为什么甲醚的沸点为-24.9 ℃，而其同分异构体乙醇的沸点为 78.3 ℃？

五、推断题。

1. 某化合物 A($C_8H_{10}O$)不溶于 $NaHCO_3$，但溶于 NaOH，与溴水反应可很快生成化合物 B($C_8H_7OBr_3$)。试推断 A 和 B 的结构式。

2. 化合物 A 的分子式为 $C_6H_{10}O$，能与金属钠反应，既能使溴的四氯化碳溶液褪色又能使酸性高锰酸钾褪色。A 催化加氢得到化合物 B，B 的分子式为 $C_6H_{12}O$，它也能与金属钠作用。B 经氧化得 C，C 的分子式与 A 相同。B 与浓硫酸共热得 D，D 经催化加氢可得环己烷。试推测 A、B、C、D 的结构式。

3. 芳香化合物 A 的分子式为 C_7H_8O，A 与钠不反应，与氢碘酸反应生成化合物 B 和 C。B 能溶于 NaOH 并与 $FeCl_3$溶液作用呈紫色，C 与硝酸银水溶液作用生成黄色碘化银沉淀。试写出 A、B、C 的结构式。

参考答案

一、1. 4-甲基戊-2-炔-1-醇　　2. 5-甲基环己-2-烯-1-醇

3. 2-甲氧基-3-苯基丙-1-醇　　4. 3-甲氧基-4-硝基苯酚

5. 异丙基苯基醚　　6. 1,2-二甲基环氧乙烷

二、(一)单选题

1. A　2. D　3. D　4. A　5. D　6. C　7. A　8. D　9. C　10. B　11. B　12. A

(二)多选题

13. CD　14. AB　15. BCD　16. BD　17. ABD　18. AB　19. AC　20. BD　21. BC

(三)X 型题

22. DCCD　23. BCCC　24. ACDB

三、

1. 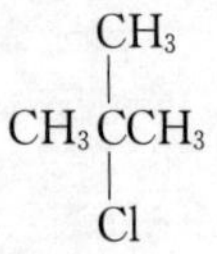 $CH_3C(CH_3)(Cl)CH_3$（CH_3CCH_3，中间碳上连 CH_3 和 Cl）

2. CH_2ONO_2—$CHONO_2$—CH_2ONO_2

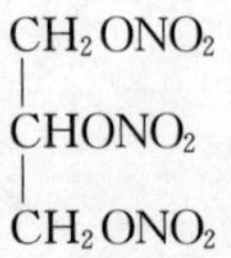

3. $CH_3CH═CHCH_3$

4. $ICH_2CH_2CH_2CH_2CH_2I$

5. 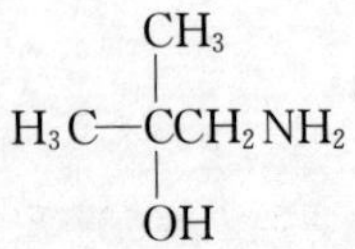 $H_3C—C(CH_3)(OH)—CH_2NH_2$

6. 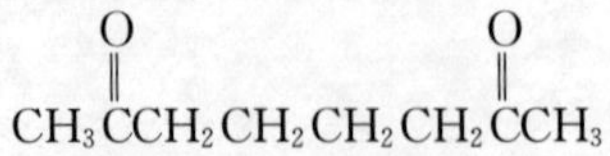 $CH_3\overset{O}{\overset{\|}{C}}CH_2CH_2CH_2CH_2\overset{O}{\overset{\|}{C}}CH_3$

7. 2,4,6-三溴苯酚（结构式：苯环上 OH，邻位两个 Br，对位 Br）　　8. $HOCH_2CH_2CN$

四、1. 丙醇分子中的羟基与水分子之间可以形成氢键，而丙烷分子与水分子不能形成氢键缔合，因此丙醇易溶于水，而丙烷不溶于水。

2. 甲醚分子间不能形成氢键，而乙醇分子间能形成氢键，因此乙醇的沸点比甲醚高得多。

五、1. A 的结构可能是：（苯环上 OH，间位 CH_2CH_3）　或　（苯环上 OH，两个间位 CH_3，即 H_3C、CH_3）

B 的结构可能是：（苯环上 OH，两个邻位 Br，对位 Br，间位 CH_2CH_3）　或　（苯环上 OH，两个邻位 Br，对位 Br，两个间位 H_3C、CH_3）

2. A.（环己烯醇，OH）　或　（环己烯醇，OH）　B.（环己醇，OH）　C.（环己酮，O）　D.（环己烯）

3. A. 苯基—OCH_3　　B. HO—苯基　　C. CH_3I

教材中的问题及习题解答

一、教材中的问题及解答

问题与思考 7-1　一种化合物被高碘酸氧化后，生成丙酮、乙醛和甲酸，试推断它的结构。

答　$H_3C-C(CH_3)(OH)-CH(OH)-CH(OH)-CH_3$

问题与思考 7-2　某一有机混合物由环己烷、环己醇和苯酚组成，试用简单的方法将它们分离成单一的物质。

答

有机混合物 $\xrightarrow[\text{洗涤}]{\text{NaOH 水溶液}}$

- 水相 $\xrightarrow[\text{酸化}]{\text{HCl}}$ $\xrightarrow{\text{乙酸乙酯萃取}}$ $\xrightarrow[\text{干燥}]{\text{无水 }Na_2SO_4}$ $\xrightarrow{\text{蒸馏除去乙酸乙酯}}$ 苯酚
- 有机相 $\xrightarrow[\text{干燥}]{\text{无水 }Na_2SO_4}$ $\xrightarrow{\text{蒸馏}}$ 依次蒸出环己烷和环己醇

问题与思考 7-3　以环氧乙烷为原料合成下列化合物。

(1) $CH_3CH_2OCH_2CH_2OCH_2CH_2OH$　　(2) $HOCH_2CH_2NHCH_2CH_2OH$

答　(1) 环氧乙烷 $\xrightarrow[CH_3CH_2OH]{H^+}$ $CH_3CH_2OCH_2CH_2OH$ $\xrightarrow[H^+]{\text{环氧乙烷}}$ $CH_3CH_2OCH_2CH_2OCH_2CH_2OH$

(2) 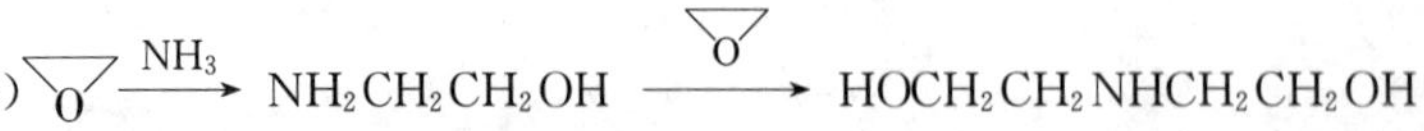 环氧乙烷 $\xrightarrow{NH_3}$ $NH_2CH_2CH_2OH$ $\xrightarrow{\text{环氧乙烷}}$ $HOCH_2CH_2NHCH_2CH_2OH$

二、教材中的习题及解答

1. 用系统命名法命名下列化合物。

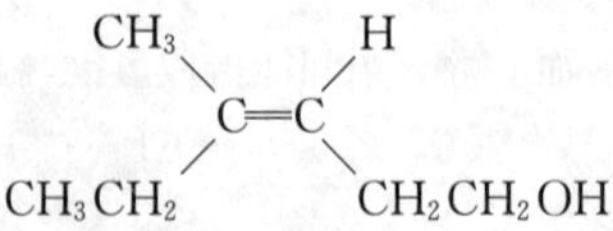

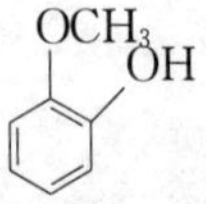

(1) 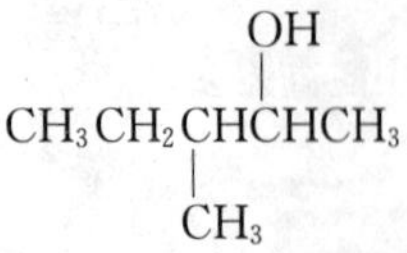 $CH_3CH_2CH(CH_3)CH(OH)CH_3$　　(2) $(CH_3)(CH_3CH_2)C=CH(CH_2CH_2OH)$

(3) 邻甲氧基苯酚（OCH_3, OH）　　(4) 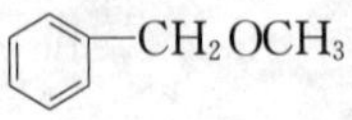 $C_6H_5CH_2OCH_3$

(5) 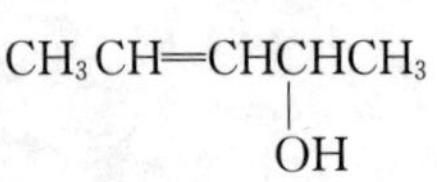 $CH_3CH=CHCH(OH)CH_3$　　(6) 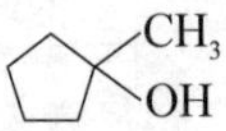 1-甲基环戊醇（CH_3, OH）

(7) 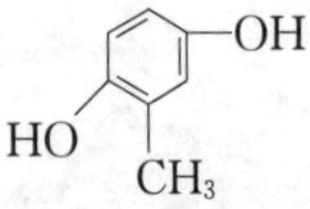 苯环上 OH、HO、CH_3　　(8) $(CH_3)_2CHOC_2H_5$

(9) 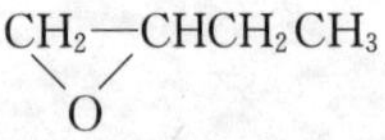 CH_2—$CHCH_2CH_3$（环氧，O）　　(10) 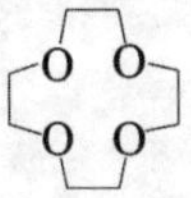 12-冠-4 结构

答 (1) 3-甲基戊-2-醇　　(2) (*Z*)-4-甲基己-3-烯-1-醇

(3) 2-甲氧基苯酚　　(4) 苄基甲基醚

(5) 戊-3-烯-2-醇　　(6) 1-甲基环戊醇

(7) 2-甲基苯-1,4-二酚　　(8) 乙基异丙基醚

(9) 1,2-环氧丁烷　　(10) 12-冠-4

2. 写出下列化合物的结构式。

(1) 异丙醇　　(2) 反-4-甲基环己-1-醇(优势构象)

(3) 4-甲氧基萘-1-酚　　(4) 苦味酸

(5) 四氢呋喃　　(6) 苯并-15-冠-5

(7) 甲基苯基醚(茴香醚)　　(8) 2-甲基-2,3-环氧丁烷

答 (1) 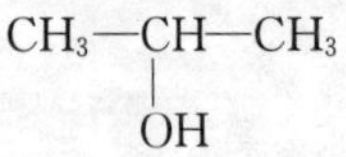 $CH_3—CH(OH)—CH_3$　　(2) 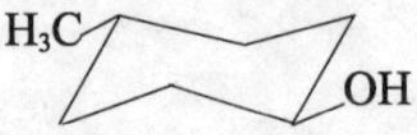 椅式环己烷，H_3C 与 OH 均处于平伏键

(3) 萘环 1 位 OH，4 位 OCH_3 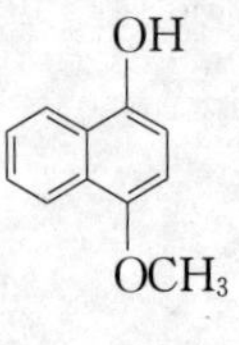　　(4) 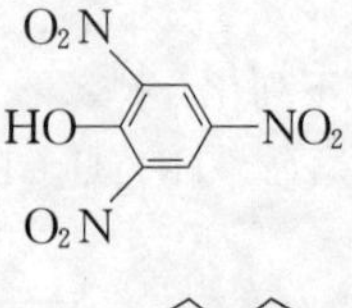 苯环上 HO，两个 O_2N 及 NO_2

(5) 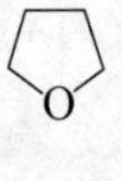 四氢呋喃环（O）　　(6) 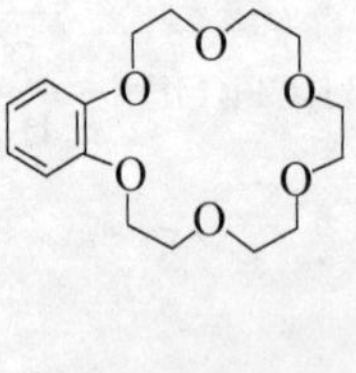 苯并-15-冠-5 结构（O）

(7) $C_6H_5-OCH_3$　　(8) $H_3C-C(CH_3)-CH-CH_3$（环氧，O 桥连两碳）

3. 将下列化合物按沸点高低排列次序。

(1) 丙-2-醇　(2) 丙三醇　(3) 乙醚

(4) 丙-1,2-二醇　(5) 乙醇　(6) 甲醇

答　(2)＞(4)＞(1)＞(5)＞(6)＞(3)。

4. 将下列化合物按酸性大小排列次序。

(1) 对硝基苯酚　(2) 间甲基苯酚　(3) 环己醇　(4) 2,4-二硝基苯酚

答　(4)＞(1)＞(2)＞(3)。

5. 写出下列反应的主要产物。

(1) $CH_3CH_2-C(CH_3)(OH)-CH_3$ ＋(浓)HCl $\longrightarrow$

(2) $(CH_3)_2CHCH_2CH_2OH + HNO_3 \longrightarrow$

(3) $CH_3CH(CH_3)CH(OH)CH_3$ ＋(浓)H_2SO_4 $\xrightarrow[170\ ℃]{\triangle}$

(4) $H_3C-C_6H_4-OCH_3$（对位） $\xrightarrow[\triangle]{HI}$

(5) $CH_3-CH-CH_2$（环氧，O 桥连） ＋ CH_3OH $\xrightarrow{H_2SO_4}$

(6) 1-甲基环己-1,2-二醇（CH_3、OH、OH） ＋ HIO_4 $\longrightarrow$

(7) 对甲基苯酚（OH、CH_3） ＋ Br_2 $\longrightarrow$

(8) $C_6H_5-CH=CHCH_2OH$ $\xrightarrow{\text{沙瑞特试剂}}$

(9) 苯环上含 $OCH_2CH=CH_2$，两邻位分别为 H_3C 和 Cl $\xrightarrow{\triangle}$

(10) $H_3C-C(Ph)(OH)-C(Ph)(OH)-CH_3$ $\xrightarrow{H^+}$

答　(1) $CH_3CH_2-C(CH_3)(Cl)-CH_3$　　(2) $(CH_3)_2CHCH_2CH_2ONO_2$

(3) $H_3C-\underset{|}{\overset{CH_3}{|}}C=CHCH_3$ (3) $H_3C-C(CH_3)=CHCH_3$

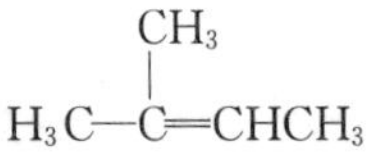

(4) 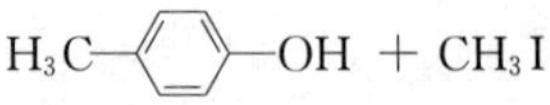 $H_3C-C_6H_4-OH + CH_3I$（对甲基苯酚）

(5) 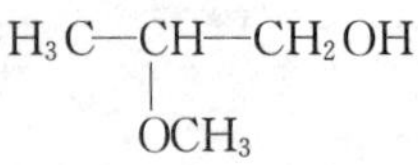 $H_3C-CH(OCH_3)-CH_2OH$

(6) 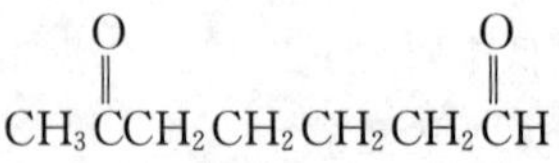 $CH_3\overset{O}{\overset{\|}{C}}CH_2CH_2CH_2CH_2\overset{O}{\overset{\|}{C}}H$

(7) 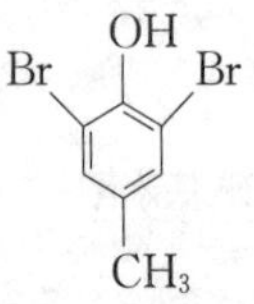 2,6-二溴-4-甲基苯酚（OH，Br，Br，CH_3）

(8) 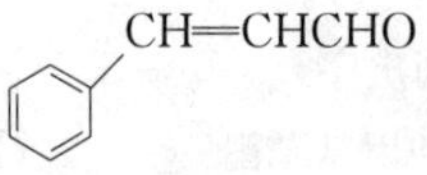 $C_6H_5-CH=CHCHO$

(9) 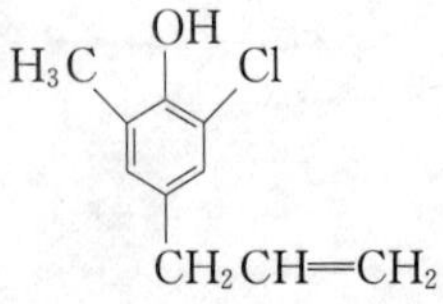 2-甲基-6-氯-4-烯丙基苯酚（OH，H_3C，Cl，$CH_2CH=CH_2$）

(10) 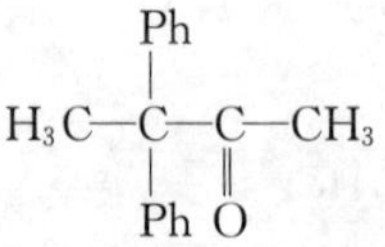 $H_3C-C(Ph)_2-\overset{O}{\overset{\|}{C}}-CH_3$

6. 用简单的化学方法鉴别下列各组化合物。

(1) 丁烷、丁烯、丁醇

(2) 2-甲基丙-2-醇、丁-2-醇、异丁醇

(3) 苯酚、苄醇、甲基苯基醚

(4) 丁烷、乙醚、正丁醇

答 (1) 丁烷、丁烯、丁醇 $\xrightarrow{Br_2/CCl_4}$ 丁烯：溴水红棕色褪去；丁烷、丁醇：无明显现象 $\xrightarrow{KMnO_4}$ 丁烷：无明显现象；丁醇：紫红色褪去

(2) 2-甲基丙-2-醇、丁-2-醇、异丁醇 $\xrightarrow{\text{卢卡斯试剂}}$ 溶液立即浑浊；溶液几分钟后浑浊；无明显现象

(3) 苯酚、苄醇、甲基苯基醚 $\xrightarrow{Br_2/H_2O}$ 苯酚：白色沉淀；苄醇、甲基苯基醚：无明显现象 $\xrightarrow{KMnO_4}$ 苄醇：紫红色褪去；甲基苯基醚：无明显现象

(4) 丁烷、乙醚、正丁醇 $\xrightarrow{KMnO_4}$ 丁烷、乙醚：无明显现象；正丁醇：紫红色褪去；丁烷、乙醚 $\xrightarrow{H_2SO_4}$ 丁烷：分层；乙醚：溶解，溶液澄清

7. 利用威廉森法制备苄基异丙基醚和乙基苯基醚时，应如何选原料？写出反应方程式。

答 威廉森法是由醇钠或酚钠充当亲核试剂，与卤代烃发生反应生成醚，反应条件为强碱性。而仲卤代烃和叔卤代烃在强碱性条件下容易发生消除反应生成烯烃，因此一般条件下应选用伯卤代烃作为反应原料。

在制备苄基异丙基醚时，应采用苄基溴和异丙醇钠为原料，而不用苯甲醇钠和异丙基溴为原料。

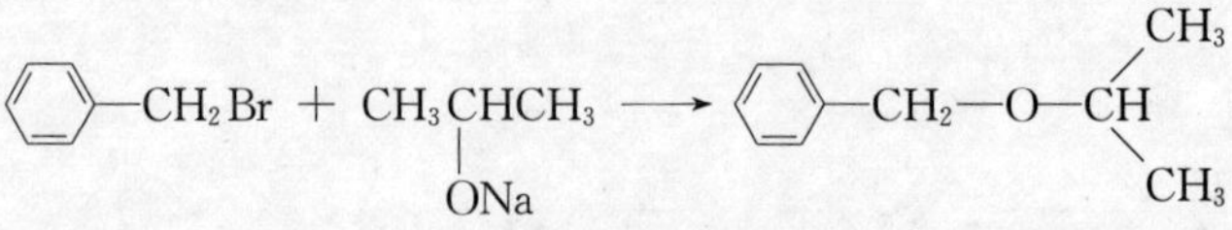

$$C_6H_5-CH_2Br + CH_3\underset{ONa}{\underset{|}{C}}HCH_3 \longrightarrow C_6H_5-CH_2-O-CH(CH_3)_2$$

由于卤代芳烃难以发生亲核取代反应，因此在制备单芳基醚时，往往选用酚钠作为反应原料。故在制备乙基苯基醚时，应选用苯酚钠和卤乙烷作为原料，而不用卤苯和乙醇钠作为原料。

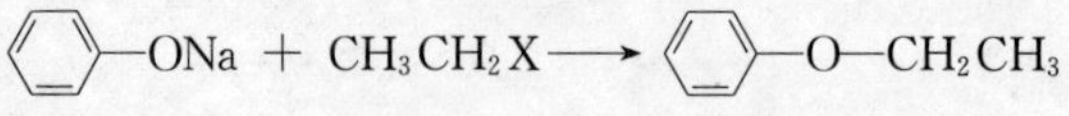

$$C_6H_5-ONa + CH_3CH_2X \longrightarrow C_6H_5-O-CH_2CH_3$$

8. 某化合物 A 分子式为 C_7H_8O，不溶于水及稀盐酸，也不溶于 $NaHCO_3$ 溶液，但溶于 NaOH 溶液。A 用溴水处理后，迅速生成 B($C_7H_5OBr_3$)，请写出 A 的结构式。若 A 不溶于 NaOH，但溶于浓盐酸中，则 A 的结构式又如何呢？

答　A 的结构式分别为

间甲基苯酚（苯环上连 —OH，间位连 CH_3）　　苯甲醚（苯环—OCH_3）

9. 分子式为 $C_5H_{12}O$ 的化合物 A 能与金属钠反应放出氢气，与卢卡斯试剂作用时几分钟后出现浑浊。A 与浓硫酸共热可得 B(C_5H_{10})，用稀、冷的高锰酸钾水溶液处理 B 可以得到产物 C($C_5H_{12}O_2$)，C 在高碘酸的作用下最终生成乙醛和丙酮。试推测 A 的结构，写出相关反应式。

答　A 的结构为

$$H_3C-CH(CH_3)-CH(OH)CH_3$$

相关反应式：

$$H_3C-CH(CH_3)-CH(OH)CH_3 \xrightarrow{Na} H_3C-CH(CH_3)-CH(ONa)CH_3 + H_2\uparrow$$

$$H_3C-CH(CH_3)-CH(OH)CH_3 \xrightarrow[ZnCl_2]{HCl} H_3C-CH(CH_3)-CHClCH_3 + CH_3-CCl(CH_3)-CH_2CH_3$$

$$H_3C-CH(CH_3)-CH(OH)CH_3 \xrightarrow[\triangle]{浓\ H_2SO_4} H_3C-C(CH_3){=}CHCH_3 \xrightarrow{稀、冷\ KMnO_4} H_3C-C(OH)(CH_3)-CH(OH)CH_3$$

$$\xrightarrow{HIO_4} H_3C-\overset{O}{\overset{\|}{C}}-CH_3 + H_3C-\overset{O}{\overset{\|}{C}}-H$$

10. A、B 两种化合物的分子式均为 C_7H_8O，都不与三氯化铁溶液发生显色反应。A 可与金属钠反应，B 不反应。B 在浓氢碘酸的作用下得到 C 和 D。C 与三氯化铁溶液作用呈紫色，D 可以与硝酸银的乙醇溶液产生黄色沉淀。试写出 A、B、C、D 的可能结构式，写出相关反应式。

答　A. $C_6H_5CH_2OH$（苯甲醇）　B. $C_6H_5OCH_3$（苯甲醚）　C. C_6H_5OH（苯酚）　D. CH_3I

相关反应式：

$$C_6H_5CH_2OH \xrightarrow{Na} C_6H_5CH_2ONa + H_2\uparrow$$

$$C_6H_5OCH_3 \xrightarrow[\triangle]{HI} C_6H_5OH + CH_3I$$

（赵军龙）

第8章　醛、酮和醌

学习目标

(1) 掌握醛、酮特性基团的结构特征和命名规则。

(2) 掌握醛、酮的主要化学性质：醛、酮与不同亲核试剂发生的亲核加成反应、醇醛缩合反应、歧化反应、氧化反应、还原反应等；亲核加成反应的影响因素；含 α-H 醛或酮的碘仿反应，酮式与烯醇式互变异构现象及形成稳定的烯醇式结构的条件，羟醛缩合反应；α,β-不饱和醛、酮的1,2或1,4位的亲核加成反应或迈克尔(Michanel)加成反应。

(3) 熟悉亲核加成反应的机理及电子效应、空间效应对亲核加成反应难易程度的影响，熟悉曼尼希反应、维悌希反应。

(4) 熟悉醛、酮的分类和物理性质，特征波谱，典型醛、酮化合物的结构、用途。

(5) 了解醌类化合物的结构及其物理、化学性质。

重点内容提要

醛、酮和醌都是含羰基的化合物。酮是羰基的碳原子上连两个烃基的化合物，特性基团为酮基。醛是羰基的碳原子上连一个烃基和至少一个氢原子的化合物，特性基团为醛基。醌是分子中含有共轭环己烯二酮基本结构的一类化合物。

8.1　醛和酮

1. 醛和酮的分类和命名

(1) 分类。

根据醛、酮分子中所含醛基或酮基的数目，分为一元及多元醛或酮；根据烃基的类型，分为脂肪、脂环及芳香醛、酮；根据分子中是否含有不饱和键，分为饱和及不饱和醛、酮。

碳原子数相同的链状饱和一元醛及饱和一元酮是同分异构体。

(2) 命名。

简单的醛、酮常用习惯命名法。结构比较复杂的醛或酮多采用系统命名法命名。醛(酮)命名时，选择包括羰基碳原子在内的最长碳链作主链，称为某醛或某酮。从醛基的碳或酮分子中靠近酮基的一端开始，对主链上的碳原子依次编号。

2. 醛和酮的物理性质

常温下，甲醛是气体，低级的醛和酮是液体，高级的醛和酮是固体。醛、酮的沸点比相对分子质量相近的烷烃高，但比醇低。

甲醛、乙醛、丙酮等低级的醛和酮能与水混溶。随着相对分子质量增大，醛或酮在水中的溶解度迅速减小。醛和酮能溶于有机溶剂中。有的酮如丙酮、丁酮等能溶解许多有机化合物，常用作溶剂。

红外光谱中，羰基伸缩振动吸收峰发生在 1800～1650 cm^{-1}，酮羰基的特征伸缩振动吸收峰在 1710 cm^{-1}，醛羰基的特征伸缩振动吸收峰在 1725 cm^{-1}。

^1H 核磁共振谱中，醛基中氢的化学位移为 δ 9～10 ppm；醛、酮 α-H 的化学位移为 δ 2.1～2.4 ppm。

^{13}C 核磁共振谱中，醛和酮的羰基碳的化学位移约为 200 ppm，α-C 的化学位移为30 ppm（甲基）到 40 ppm（亚甲基）。

质谱中，醛、酮的主要裂解方式为 α-裂解，产生酰基阳离子。醛基氢裂解后，产生M－1的特征峰，可用于区别醛和酮。如果长链醛和酮的羰基 γ-位有氢存在时，除发生 α-裂解外，还容易进行麦氏重排。

3. 醛和酮的化学性质

羰基碳为 sp^2 杂化，由于氧的电负性比碳强，氧带部分负电荷，碳带部分正电荷，羰基为强极性共价键，故羰基的碳-氧双键易发生亲核加成反应。醛、酮的化学性质表现如下：

1. 亲核加成
4. 氢化还原
2. α -活泼氢的反应
①烯醇式
②α-H 的卤化反应
③羟醛缩合
3. 醛的氧化

（1）亲核加成反应（nucleophilic addition）。

醛或酮能与多种亲核试剂[HCN、$NaHSO_3$、水、醇、氨及其衍生物（用通式 $H_2N—G$ 表示）等]发生亲核加成反应，通式如下：

$$\text{RC(=O)R}'\text{(或H)} \xrightarrow{Nu^-} \text{R}-\text{C(O}^-\text{)(Nu)}-\text{H或R}' \xrightarrow{H_3O^+} \text{R}-\text{C(OH)(Nu)}-\text{H或R}'$$

$Nu^- = CN^-、HSO_3^-、HO^-、RO^-、H_2N^-$ 或 RHN^-

醛、酮亲核加成反应的活性不仅取决于亲核试剂的性质，也受空间效应和电子效应的影响。一般是羰基上连有吸电子基团，反应速率快；羰基上所连基团体积越大，反应速率越慢。

① 加氢氰酸。

$$\text{RC(=O)R}'\text{或H} + HCN \rightleftharpoons \text{R}-\text{C(OH)(CN)}-\text{H或R}'$$

α-羟基腈

α-羟基腈（α-cyanohydrin）比原来的醛或酮多一个碳原子，因此该反应可用于增长碳链。

不同的醛或酮反应的活性顺序为甲醛＞脂肪醛＞芳香醛＞甲基酮及八个碳以下的脂环

酮>非甲基脂肪酮>芳香酮。

② 加亚硫酸氢钠。

$$RC(=O)H(CH_3) + \overset{+}{Na}HSO_3^- \rightleftharpoons \left[R-\underset{(H_3C)H}{\overset{O^-}{C}}-SO_3H \right]^- Na^+ \rightleftharpoons R-\underset{(H_3C)H}{\overset{OH}{C}}-SO_3Na$$

(α-羟基磺酸钠)(溶于水)

③ 加醇。

$$RC(=O)H + R'OH \overset{H^+}{\rightleftharpoons} R-\underset{H}{\overset{OH}{C}}-OR'$$

(α-羟基醚)(半缩醛)

$$R-\underset{H}{\overset{OH}{C}}-OR' + R'OH \overset{H^+}{\rightleftharpoons} R-\underset{H}{\overset{OR'}{C}}-OR' + H_2O$$

(偕二醚) (缩醛)

在无水 HCl 或无水强酸的催化下，醛能与醇(R′OH)发生加成反应，先生成 α-羟基醚即半缩醛，半缩醛不稳定，会分解为原来的醛及醇。在酸催化下，半缩醛能与另一分子醇反应，脱去一分子水，成为比较稳定的缩醛。缩醛对碱、氧化剂、还原剂稳定，但能被酸水解为原来的醛和醇，有时在室温下用稀酸就能使它水解。因此，醛与醇生成缩醛的反应在有机合成上可以用作保护醛基。

酮与醇生成缩酮(ketal)的反应比醛与醇的反应慢得多，因此需采取一定的方法脱水，或用其他试剂。

$$\underset{H}{\overset{R}{}}C{=}O + HOCH_2CH_2OH \xrightarrow{H^+} \underset{H}{\overset{R}{}}C\langle\text{O-CH}_2\text{CH}_2\text{-O}\rangle$$

环状缩醛

$$\underset{R'}{\overset{R}{}}C{=}O + HOCH_2CH_2OH \xrightarrow{H^+} \underset{R'}{\overset{R}{}}C\langle\text{O-CH}_2\text{CH}_2\text{-O}\rangle$$

环状缩酮

④ 水合。

醛或酮与水的反应是可逆反应，生成物是偕二醇(gemdiol)。

$$RC(=O)H(R') + HOH \rightleftharpoons R-\underset{(R')H}{\overset{OH}{C}}-OH$$

偕二醇

⑤ 与氨及氨的衍生物的反应。

醛或酮都能与氨(NH_3)或氨的衍生物(如伯胺,$H_2N—G$)发生亲核加成-消去反应。

$$\mathrm{R(R')C{=}O + H_2N{-}H \xrightarrow{-H_2O} R(R')C{=}NH}$$

亚胺(不稳定)

$$\mathrm{R(R')C{=}O + H_2N{-}OH \xrightarrow{-H_2O} R(R')C{=}N{-}OH}$$

肟

$$\mathrm{R(R')C{=}O + H_2N{-}NH_2 \xrightarrow{-H_2O} R(R')C{=}N{-}NH_2}$$

腙

$$\mathrm{R(R')C{=}O + H_2NNHC_6H_5 \xrightarrow{-H_2O} R(R')C{=}NNHC_6H_5}$$

苯腙

$$\mathrm{R(R')C{=}O + H_2NNH{-}C_6H_3(2\text{-}NO_2)(4\text{-}NO_2) \xrightarrow{-H_2O} R(R')C{=}NNH{-}C_6H_3(2\text{-}NO_2)(4\text{-}NO_2)}$$

2,4-二硝基苯腙

$$\mathrm{R(R')C{=}O + H_2N{-}NH{-}C({=}O){-}NH_2 \xrightarrow{-H_2O} R(R')C{=}N{-}NH{-}C({=}O){-}NH_2}$$

缩氨基脲

生成物一般是很好的结晶体,并且有一定的熔点,因此可以用来鉴别醛和酮。这些氨的衍生物称为羰基试剂(carbonyl reagent)。

⑥ 与格氏试剂的反应。

格氏试剂(Grignard reagent)与醛或酮反应,水解后生成醇。

$$\underset{\text{醛或酮}}{\mathrm{>C{=}O}} + \underset{\text{格氏试剂}}{\mathrm{R{-}MgX}} \longrightarrow \mathrm{>C(R){-}OMgX} \xrightarrow{H_3O^+} \mathrm{>C(R){-}OH}$$

格氏反应虽然有一定的局限性,但它依然是最有价值的合成手段之一,尤其在合成复杂结构的醇时非常有用。

醛、酮亲核加成反应和最终产物总结如下:

	亲核试剂	亲核加成产物	最终产物
$\mathrm{R(R')HC{=}O}$	HCN	$\mathrm{R(R')HC(OH)CN}$	$\mathrm{R(R')HC(OH)CN}$
	$NaHSO_3$	$\mathrm{R(R')HC(OH)SO_3Na}$	$\mathrm{R(R')HC(OH)SO_3Na}$
	HOR″	$\mathrm{R(R')HC(OH)OR''}$	$\mathrm{R(R')HC(OR'')OR''}$
	NH_2OH	$\mathrm{R(R')HC(OH)NHOH}$	$\mathrm{R(R')HC{=}N{-}OH}$
	NH_2NH_2	$\mathrm{R(R')HC(OH)NHNH_2}$	$\mathrm{R(R')HC{=}N{-}NH_2}$
	$NH_2NHC_6H_5$	$\mathrm{R(R')HC(OH)NHNHC_6H_5}$	$\mathrm{R(R')HC{=}N{-}NHC_6H_5}$
	$\mathrm{NH_2NH{-}C_6H_3(NO_2)_2}$（2,4-二硝基苯肼）	$\mathrm{R(R')HC(OH){-}NH{-}NH{-}C_6H_3(NO_2)_2}$	$\mathrm{R(R')HC{=}N{-}NH{-}C_6H_3(NO_2)_2}$
	$\mathrm{H_2N{-}NH{-}C(O){-}NH_2}$	$\mathrm{R(R')HC(OH){-}NH{-}NH{-}C(O){-}NH_2}$	$\mathrm{R(R')HC{=}N{-}NH{-}C(O){-}NH_2}$
	C_6H_5MgBr	$\mathrm{R(R')HC(OMgBr)C_6H_5}$	$\mathrm{R(R')HC(OH)C_6H_5}$

(2) α-H 的反应。

① 烯醇化。

含 α-H 的醛或酮，受羰基的影响，α-H 有离去成质子的能力，生成碳负离子，其负电荷通过 p-π 共轭分散到羰基碳和氧上而比较稳定。因此，含有 α-H 的醛或酮在溶液中存在酮式与烯醇式两种异构体。

$$\underset{\text{酮式}}{\mathrm{H{-}\overset{|}{\underset{|}{C}}{-}C({=}O){-}}} \rightleftharpoons \mathrm{H^+} + \left[\underset{\text{碳负离子}}{\mathrm{{-}\ddot{C}^{-}{-}C({=}\ddot{O}:)}} \longleftrightarrow \underset{\text{烯醇阴离子}}{\mathrm{{>}C{=}C{<}\ddot{O}:^-}}\right] \rightleftharpoons \underset{\text{烯醇式}}{\mathrm{{>}C{=}C{<}OH}}$$

② α-H 的卤化。

含 α-H 的饱和醛或酮能与卤素反应，生成 α-卤代醛(酮)。含有三个 α-H 的乙醛及甲基酮与卤素的 NaOH 溶液作用时，反应不会停止在卤化阶段，而是生成卤仿及羧酸盐。

$$R-CO-CH_3 \xrightarrow{X_2/OH^-} R-CO-CX_3 \xrightarrow{OH^-} \underset{\text{三卤甲烷}}{CHX_3}\downarrow + RCOO^-$$

碘仿是难溶于水的黄色固体，具有特殊的气味，所以碘仿反应可用于区分乙醛、甲基酮与其他的醛、酮。

③ 羟醛缩合反应。

含 α-H 的醛在稀碱催化下，发生加成反应，得到一分子 β-羟基醛，再加热可获得 α,β-不饱和醛，称为羟醛缩合反应。

$$RCH_2-CHO + R-CH_2-CHO \underset{}{\overset{\text{稀 }OH^-}{\rightleftharpoons}} RCH_2-CH(OH)-CH(R)-CHO \xrightarrow{\triangle} RCH_2-CH=C(R)-CHO$$

芳香醛与含 α-H 的醛、酮在碱性条件下发生交叉羟醛缩合反应，失水得到 α,β-不饱和醛或酮，称为克莱森-施密特缩合反应。

$$C_6H_5-CHO + H_3C-CHO \xrightarrow{OH^-} C_6H_5-CH(OH)-CH(H)-CHO \xrightarrow{-H_2O} C_6H_5-CH=CH-CHO$$

羟醛缩合反应是增长碳链的一种重要方法。

羟醛缩合反应历程：

第一步

$$H\ddot{O}:^- + H_2C(H)-CHO \longrightarrow \left[CH_2=CH-\ddot{O}:^- \longleftrightarrow :^-CH_2-CHO \right] + H_2O$$

第二步

$$H_3C-CHO + :^-CH_2-CHO \longrightarrow CH_3-CH(\ddot{O}:^-)-CH_2-CHO$$

第三步

$$CH_3-\underset{H}{\overset{:\ddot{O}:^-}{C}}-CH_2-\overset{O}{\overset{\|}{C}}-H + H_2O \longrightarrow CH_3-\underset{H}{\overset{OH}{C}}-CH_3-\overset{O}{\overset{\|}{C}}-H + HO^-$$

④ 曼尼希反应。

含有 α-H 的醛(酮)与甲醛和胺(伯胺或仲胺)缩合,在羰基的 α-位引入一个胺甲基。

$$C_6H_5-\overset{O}{\overset{\|}{C}}-CH_3 + H-\overset{O}{\overset{\|}{C}}-H + HN(CH_3)_2 \xrightarrow{HCl} C_6H_5-\overset{O}{\overset{\|}{C}}-CH_2-CH_2-N(CH_3)_2$$

(3) 歧化反应。

在浓碱存在下,不含 α-H 的醛可以发生分子间的氧化-还原反应,生成相应的羧酸和醇。该反应又称为康尼查罗反应。

$$C_6H_5-\overset{O}{\overset{\|}{C}}-H + H-\overset{O}{\overset{\|}{C}}-H \xrightarrow[\triangle]{\text{浓 NaOH}} C_6H_5-CH_2OH + H-\overset{O}{\overset{\|}{C}}-ONa$$

(4) 维悌希(Wittig)反应。

醛、酮和磷叶立德(烃代亚甲基三苯基磷)试剂作用,羰基氧被亚甲基取代生成相应烯烃和三苯基氧磷。磷叶立德又称为维悌希试剂。

$$\underset{\text{磷叶立德}}{Ph_3\overset{+}{P}-\underset{R}{\overset{H}{C^-}}} + R'-\overset{O}{\overset{\|}{C}}-R'' \longrightarrow \underset{\text{烯烃}}{\overset{H}{\underset{R}{}}C=C\overset{R'}{\underset{R''}{}}} + Ph_3P=O$$

(5) 还原反应。

醛及酮都能在一定条件下被还原。由于所用试剂及反应条件不同,可以得到不同的还原产物。

① 还原为醇。

a. H_2/催化剂:羰基化合物在加热条件下可催化氢化为相应的醇(1°或 2°)。

$$R-\overset{O}{\overset{\|}{C}}-H \xrightarrow[\triangle]{H_2/Ni} RCH_2OH$$

$$R-\overset{O}{\overset{\|}{C}}-R' \xrightarrow[\triangle]{H_2/Ni} R-\underset{R'}{\overset{OH}{C}}-H$$

b. 金属氢化物:氢化铝锂($LiAlH_4$)、硼氢化钠($NaBH_4$)等很容易把醛或酮还原为相应的醇,而碳-碳双键或碳-碳三键不被还原。

$$CH_3-CH=CH-\overset{\overset{O}{\|}}{C}-H \xrightarrow{NaBH_4} CH_3-CH=CH-CH_2-OH$$

丁-2-烯醛（巴豆醛）　　丁-2-烯-1-醇

$$C_6H_5-CH=CH-\overset{\overset{O}{\|}}{C}-H \xrightarrow{LiAlH_4} C_6H_5-CH=CH-CH_2OH$$

肉桂醛　　肉桂醇

② 还原为烃。

a. 克莱门森还原法：醛或酮与锌汞齐（Zn-Hg）及浓盐酸共热时，羰基被还原成亚甲基，得到相应的烃。该方法适用于对酸稳定的醛或酮的还原。

$$C_6H_5-\overset{\overset{O}{\|}}{C}-CH_3 \xrightarrow{Zn\text{-}Hg, HCl} C_6H_5-CH_2CH_3$$

b. 沃尔夫-凯惜纳-黄鸣龙还原：在高沸点溶剂如二甘醇[$(HOCH_2CH_2)_2O$，沸点 245 ℃]中，于 KOH 或 NaOH 存在下，用肼将对碱稳定的醛或酮还原为相应的烃。

$$R-\overset{\overset{O}{\|}}{C}-R' + H_2NNH_2 \xrightarrow[(HOCH_2CH_2)_2O]{KOH, 180\ ℃} RCH_2R' + N_2$$

（6）氧化反应。

醛基能被强氧化剂（$KMnO_4$、铬酸等）和弱氧化剂[如 Ag_2O、托伦试剂（Tollens' reagent）、费林试剂（Fehling's reagent）、本尼迪克特试剂（Benedict's reagent）等]氧化成羧酸。在同样条件下，酮不发生反应，故可区分醛与酮。费林试剂不能氧化芳香醛，故用于区别脂肪醛和芳香醛。

$$R-\overset{\overset{O}{\|}}{C}-H \xrightarrow[\text{（托伦试剂）}]{[Ag(NH_3)_2]OH} R-\overset{\overset{O}{\|}}{C}-ONH_4 + Ag\downarrow$$

$$R-\overset{\overset{O}{\|}}{C}-H \xrightarrow[\text{（费林试剂或本尼迪克特试剂）}]{Cu(OH)_2, Na^+} R-\overset{\overset{O}{\|}}{C}-ONa + Cu_2O\downarrow$$

$$C_6H_5-\overset{\overset{O}{\|}}{C}-H \xrightarrow{\text{费林试剂}} \text{不反应}$$

4. α，β-不饱和醛、酮

α，β-不饱和醛、酮含有碳-碳双键和羰基两个特性基团，具有一些特殊的化学反应。

（1）亲核加成反应。

α,β-不饱和醛、酮能发生亲核加成反应，而且具有羰基碳-氧双键加成（1，2-加成）和碳-碳双键共轭加成（1，4-加成）两种加成方式。

$+\ Nu^-$ 1,2-加成；1,4-加成

A^+ 当A^+为H^+时,发生互变

当α,β-不饱和醛、酮与亲核试剂 RNH_2、$NaHSO_3$ 和 HCN 加成时，以 1，4-加成产物为主。

$$C_6H_5-CH{=}CH-CHO + NaHSO_3 \longrightarrow C_6H_5-CH(SO_3Na)-CH_2-CHO$$

$$C_6H_5-CH{=}CH-CO-C_6H_5 \xrightarrow[CH_3COOH]{NaCN} C_6H_5-CH(CN)-CH_2-CO-C_6H_5$$

当α,β-不饱和醛、酮与格氏试剂、有机锂加成时，以 1，2-加成产物为主。

$$\text{2-环己烯酮} \xrightarrow[(2)H_3O^+]{(1)CH_3MgBr/\text{乙醚或}\ CH_3Li} \text{1-甲基-2-环己烯-1-醇（HO, CH}_3\text{）}$$

（2）迈克尔加成反应。

α,β-不饱和醛、酮可与碳负离子进行 1，4-共轭加成反应，由于碳负离子加到β-碳上，导致碳-碳键形成。

$$\text{1,3-环己二酮} + H_2C{=}CH{-}\overset{O}{\overset{\|}{C}}{-}C_6H_5 \xrightarrow[CH_3OH]{KOH} \text{2-}(CH_2{-}CH_2{-}\overset{O}{\overset{\|}{C}}{-}C_6H_5)\text{-1,3-环己二酮}$$

(3) 插烯规则。

2-丁烯醛的甲基氢具有羰基 α-H 的活性，在稀碱作用下，2-丁烯醛可发生羟醛缩合。

$$CH_3{-}CH{=}CH{-}\overset{O}{\overset{\|}{C}}{-}H + CH_3{-}CH{=}CH{-}\overset{O}{\overset{\|}{C}}{-}H \xrightarrow{\text{稀碱}}$$

$$CH_3{-}CH{=}CH{-}\overset{OH}{\overset{|}{C}H}{-}CH_2{-}CH{=}CH{-}\overset{O}{\overset{\|}{C}}{-}H \xrightarrow{-H_2O}$$

$$CH_3{-}CH{=}CH{-}CH{=}CH{-}CH{=}CH{-}\overset{O}{\overset{\|}{C}}{-}H$$

(4) 还原反应。

对于 α,β-不饱和醛、酮，选择不同的还原剂，可实现选择性还原。若用 $LiAlH_4$ 和 $NaBH_4$ 为催化剂，可选择性地还原羰基；若用拉尼(Raney)Ni 为催化剂，还原为饱和醇；若用 Pd/C 为催化剂，控制氢的用量，可选择性地还原碳-碳双键，而不影响羰基。

$$C_6H_5{-}CH{=}CH{-}\overset{O}{\overset{\|}{C}}{-}H \xrightarrow[(2)H_3O^+]{(1)NaBH_4} C_6H_5{-}CH{=}CH{-}CH_2{-}OH$$

$$C_6H_5{-}CH{=}CH{-}\overset{O}{\overset{\|}{C}}{-}H \xrightarrow[\text{高温、高压}]{H_2/Ni} C_6H_5{-}CH_2{-}CH_2{-}CH_2{-}OH$$

$$\text{八氢萘-2-酮(含C=C)} \xrightarrow[Pd/C]{H_2} \text{十氢萘-2-酮}$$

8.2　醌

醌(quinone)是分子中含有共轭环己烯二酮基本结构的一类化合物。

对苯醌(1,4-苯醌)　邻苯醌(1,2-苯醌)　2-甲基-1,4-苯醌

醌的主要化学性质如下。

1. 还原

醌易还原为相应的酚。

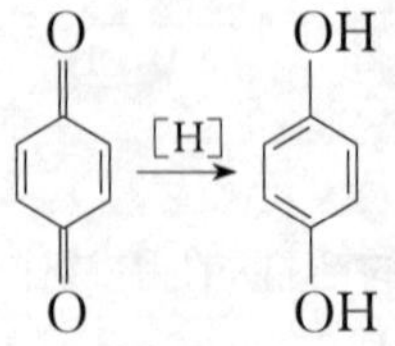

2. 加成

醌类含有羰基，故能发生羰基上的加成（缩合）反应。

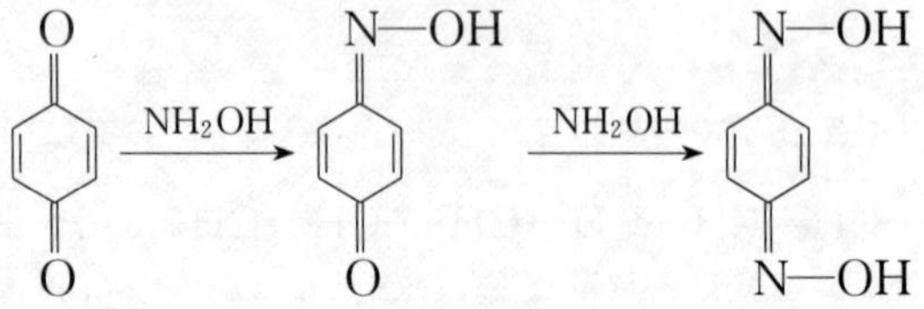

对苯醌一肟　对苯醌二肟

醌的碳-碳双键也可以发生加成反应。

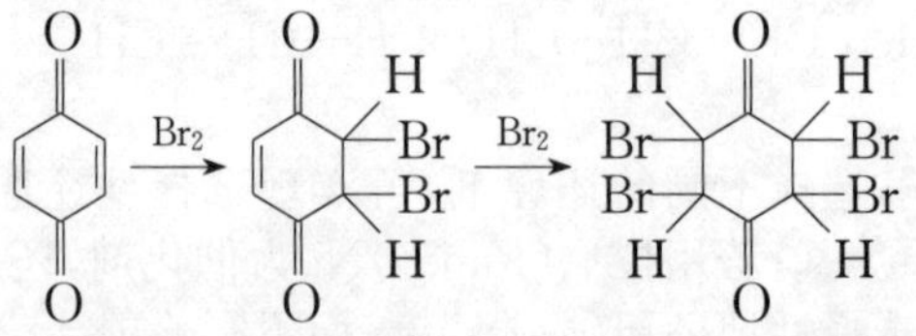

对苯醌为典型的亲双烯体，能与共轭二烯烃发生第尔斯-阿尔德反应。

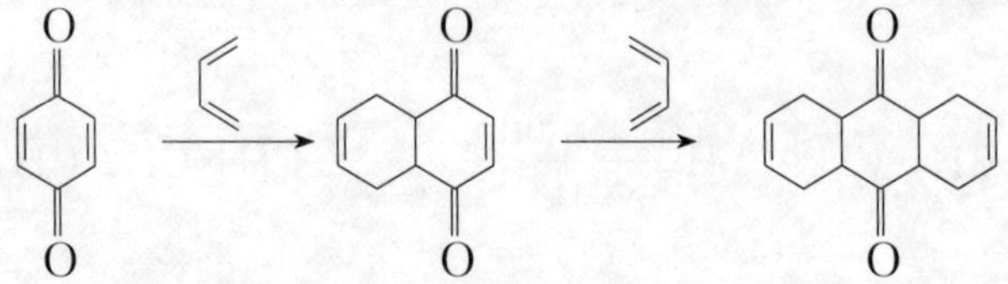

醌是α,β-不饱和酮，存在碳-碳双键和碳-氧双键共轭体系，能与氯化氢、溴化氢等发生1,4-加成反应。

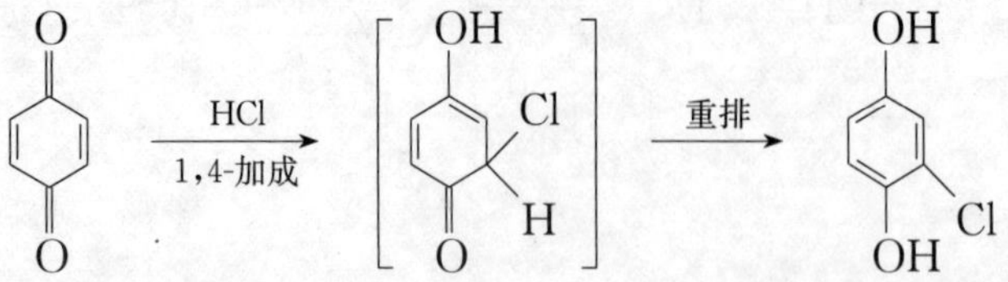

解题示例

【例 8-1】 命名下列化合物。

(1) 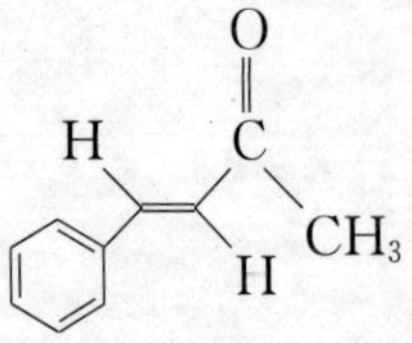　(2)

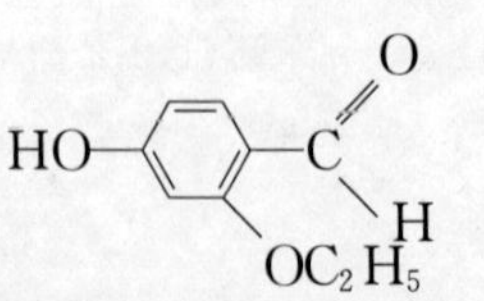

【解析】 (1) 为 α,β-不饱和酮，主链应包括双键和羰基，苯环作为取代基，需标明双键的构型。

(2) 为芳香醛，选择主特性基团的优先次序为醛基>羟基>乙氧基。

【例 8-2】 完成下列转化。

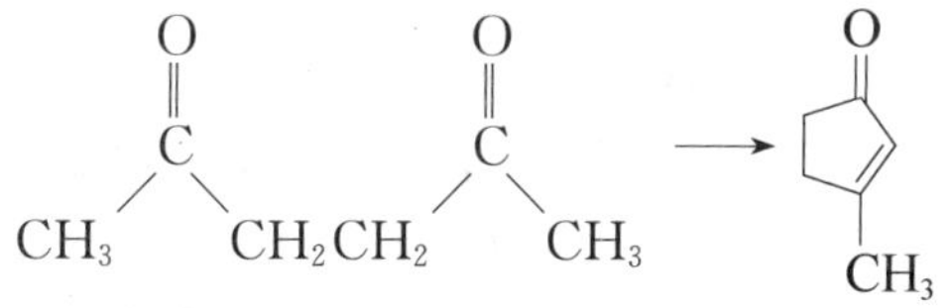

$$CH_3-\overset{O}{\overset{\|}{C}}-CH_2CH_2-\overset{O}{\overset{\|}{C}}-CH_3 \longrightarrow \text{3-甲基-2-环戊烯-1-酮}$$

【答案】

$$CH_3-\overset{O}{\overset{\|}{C}}-CH_2CH_2-\overset{O}{\overset{\|}{C}}-CH_3 \xrightarrow{NaOH} O{=}C\langle\begin{matrix}CH_2CH_2 & C(OH)(CH_3)\\ CH_2 & \end{matrix}\rangle \xrightarrow{\triangle} \text{3-甲基-2-环戊烯-1-酮} + H_2O$$

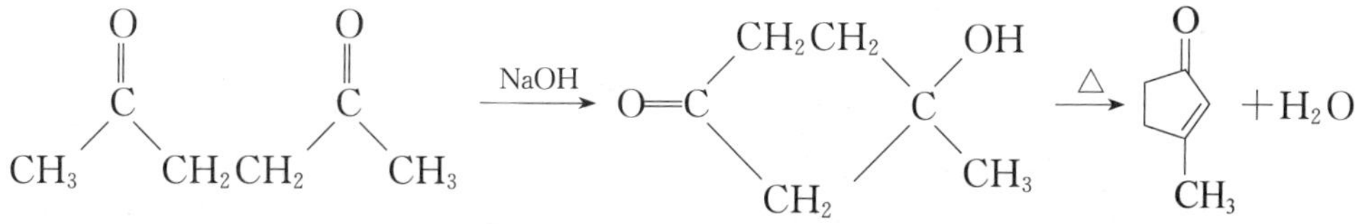

【解析】 反应物为羰基化合物，含有活性 α-H。产物为 α,β-不饱和环酮，产物碳原子数没有增减，属于分子内环合。该环合过程可以通过分子内的羟醛缩合反应完成。首先在碱性环境中失去 α-H，形成 α-碳负离子，碳负离子作为亲核试剂进攻羰基碳，发生亲核加成反应，生成环状醇。再加热，脱水，形成 α,β-不饱和环酮。

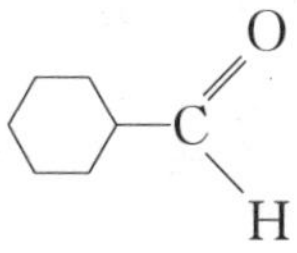

【例 8-3】 鉴别下列化合物。

(1) A. 甲醛　　B. 丁醛　　C. 苯甲醛

(2) A. 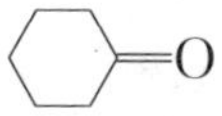 环己酮（$C_6H_{10}{=}O$）　　B. 环己基甲醛（$C_6H_{11}-CHO$）　　C. 环己基甲基酮（$C_6H_{11}-CO-CH_3$）

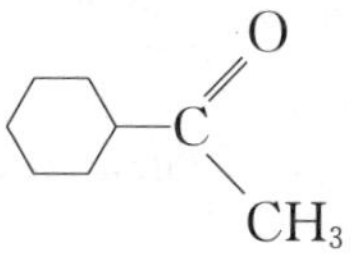

【答案】 (1) 加费林试剂，A、B 均出现砖红色沉淀，C 无明显现象；向 A、B 中加入席夫(Schiff)试剂，再加入浓硫酸，A 显紫红色，B 无色。

(2) 加 I_2/NaOH 溶液，C 有黄色沉淀，而 A、B 无明显现象。加托伦试剂，B 有银镜，A 无明显现象。

【解析】 本题考查醛和酮的经典化学反应，并以此鉴别。还可用图来表示。

【例 8-4】 化合物 A($C_9H_{10}O$)碘仿反应呈阴性，IR 谱中 1690 cm^{-1} 处有强吸收峰；^1H NMR谱中 δ 值为 1.2 ppm(3H，三重峰)，3.0 ppm(2H，四重峰)，7.7 ppm(5H，多重峰)。试推测化合物 A 的结构。

A 的同分异构体 B，碘仿反应呈阳性，IR 谱中 1705 cm^{-1} 处有强吸收峰；^1H NMR 谱中 δ 值为 2.0 ppm(3H，单峰)，3.5 ppm(2H，单峰)，7.1 ppm(5H，多重峰)。试推测化合物 B 的结构。

【答案】 A 和 B 的结构为

A. 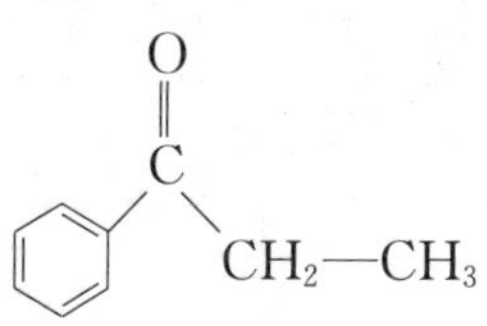 $C_6H_5-\overset{O}{\overset{\|}{C}}-CH_2-CH_3$　　B. 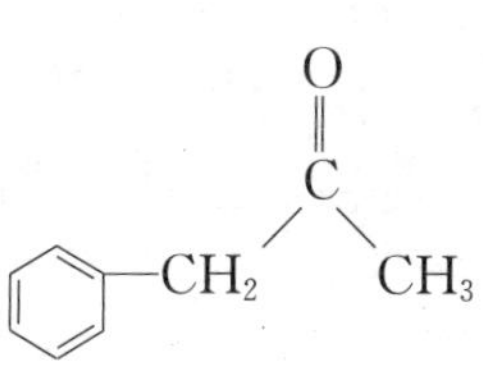 $C_6H_5-CH_2-\overset{O}{\overset{\|}{C}}-CH_3$

【解析】 化合物 A 的分子式为 $C_9H_{10}O$，不饱和度为 5，应含苯环结构。A 的异构体能发生碘仿反应，应含有甲基酮结构。A 和 B 的 IR 光谱进一步证实，A 和 B 中含有羰基。^1H NMR谱中，δ=1.2 ppm 时，为 3H 三重峰，应为甲基；δ=3.0 ppm 时，为 2H 四重峰，应为亚甲基，且甲基和亚甲基之间存在偶合，即 A 中含有—CH_2CH_3 结构单元；δ=7.1 ppm 时，为 5H 多重峰，说明苯环是单取代苯衍生物，表明 C=O 键直接与苯环相连。而 B 的 ^1H NMR谱中，δ=2.0 ppm 时，为 3H 单峰，δ=3.5 ppm 时，为 2H 单峰，表明甲基和亚甲基之间没有偶合，且能发生碘仿反应，表明羰基没有与苯环直接相连。

【例 8-5】 化合物 A、B 和 C，分子式均为 C_4H_8O；A、B 能与氨基脲反应生成沉淀而 C 不能；B 能与费林试剂反应而 A、C 不能；A、C 能发生碘仿反应而 B 不能。试写出 A、B 和 C 的可能结构式。

【答案】A、B、C 可能的结构为

A. $CH_3CH_2COCH_3$　　B. $CH_3CH_2CH_2CHO$ 或 $(CH_3)_2CHCHO$

C. $CH_3CH(OH)CH=CH_2$

【解析】 据分子式 C_4H_8O 计算，不饱和度为 1，表明 A、B 和 C 均含有一个双键。A、B 能与氨基脲反应，表明 A、B 含有羰基，C 不含有羰基。B 能与费林试剂反应而 A、C 不能，表明 B 是醛，A 是酮。A、C 能发生碘仿反应而 B 不能，表明 A 是甲基酮，C 是仲醇。

学生自我测试题及参考答案

一、写出下列有机化合物的名称。

1. $CH_3C(CH_3)_2CH_2CHO$　　2. C_6H_5CHO（苯环—CHO）　　3. $C_6H_5COCH_2CH_3$（苯环—CO—CH_2CH_3）

4. $(CH_3)_2CHCOCH_2CH_3$　　5. H_3C—C_6H_4—CHO（对位）　　6. H_3C—环己酮（4-位，C=O）

7. $(CH_3)_2C(OH)—CH(CH_3)—CHO$　　8. 环戊基—CO—CH_3　　9. C_6H_5—$C(CH_3)_2$—CO—CH_3

10. C_2H_5—(环己烯酮环)=O

11. $CH_3COCH_2COCH_3$（$CH_3-\overset{O}{\overset{\|}{C}}-CH_2-\overset{O}{\overset{\|}{C}}-CH_3$）

12. $CH_3-CH=CHCH_2-\overset{O}{\overset{\|}{C}}-H$

二、写出下列有机化合物的构造式。

1. 苯乙酮　2. 4-乙基-3-甲基-2-庚酮　3. 6-环戊基-3-甲基-2-己酮
4. 4-溴-4-甲基戊醛　5. 3-戊烯醛　6. 丙二醛
7. 3-甲基环戊酮　8. 3-对甲基苯基丙醛　9. 间羟基苯甲醛　10. 肉桂醛

三、写出丙醛与下列试剂反应的主要产物。

1. $LiAlH_4$，后水解　2. 稀 NaOH 水溶液，加热　3. 饱和亚硫酸氢钠溶液
4. 酸性 NaCN 溶液　5. C_6H_5MgBr，然后水解　6. 托伦试剂
7. $HOCH_2CH_2OH$，干燥 HCl　8. 2，4-二硝基苯肼

四、完成反应式。

1. O=(环己基)(OCH$_3$)(OCH$_3$) $\xrightarrow[\text{一缩二乙二醇}]{H_2NNH_2,NaOH}$

2. $CH_3-CH=CHCH_2-\overset{O}{\overset{\|}{C}}-H \xrightarrow{LiAlH_4}$

3. (环己酮) $\xrightarrow[(2)H_3O^+]{(1)CH_3CH_2MgBr}$

4. (环丁酮) $\xrightarrow{HCN}$

5. $H_3C-C_6H_4-CHO + HCHO \xrightarrow[\triangle]{\text{浓 NaOH}}$

6. (环己酮) + $C_6H_5-\overset{O}{\overset{\|}{C}}-CH=CH_2 \xrightarrow{C_2H_5ONa}$

7. $C_6H_5-\overset{O}{\overset{\|}{C}}-CH_3 + Ph_3P=CHCH_3 \longrightarrow$

五、以 HCN 的亲核加成反应为例，排列下列化合物的反应活性顺序。

1. $C_6H_5-C(=O)-C_6H_5$　　2. $C_6H_5-C(=O)-CH_3$　　3. $Cl_3C-C(=O)-H$　　4. $ClH_2C-C(=O)-H$

5. $C_6H_5-C(=O)-H$　　6. $H_3C-C(=O)-H$

六、用简单的化学方法区别下列各组化合物。

1. $H_3C-CH_2-CH_2-CH(OH)-CH_3$　　$H_3C-CH_2-CH_2-CH_2-CH_2-OH$　　$H_3C-CH_2-CH_2-C(=O)-CH_3$　　$H_3C-CH_2-CH_2-CH_2-C(=O)-H$

2. $C_6H_5-C(=O)-H$　　C_6H_5-OH　　$C_6H_5-CH_2-Cl$　　C_6H_5-Cl

七、推断题。

1. 化合物 A 的分子式为 $C_5H_{10}O$，能发生碘仿反应，也可与 2，4-二硝基苯肼反应。A 氢化还原后得到化合物 B($C_5H_{12}O$)。B 与浓硫酸共热得主要产物 C(C_5H_{10})，化合物 C 没有顺反异构现象。试推测 A、B 和 C 的结构式。
2. 某化合物 A，其分子式为 $C_{10}H_{16}O$，能发生银镜反应，A 对 220 nm 的紫外有强烈吸收，核磁共振数据表明 A 有三个甲基，双键上氢原子的核磁共振信号相互间无偶合作用。A 经臭氧化还原水解后得等物质的量的乙二醛、丙酮和化合物 B，B 的分子式为 $C_5H_8O_2$，B 能发生银镜反应和碘仿反应。试推出化合物 A 和 B 的合理结构式。
3. 饱和酮 A 的分子式为 $C_7H_{12}O$，与 CH_3MgBr 反应后，经酸水解得醇 B($C_8H_{16}O$)，B 通过 $KHSO_4$ 脱水处理得两个异构体烯烃 C 和 D(C_8H_{14})的混合物。C 能通过 A 和 $CH_2{=}PPh_3$ 反应制得。D 通过臭氧分解得酮醛 E($C_8H_{14}O_2$)，E 用湿的氧化银氧化，得酮酸 F($C_8H_{14}O_3$)，F 用碘和 NaOH 处理，酸化后得到 3-甲基己二酸。试写出 A～F 可能的构造式。

八、根据指定条件合成下列化合物。

1. 从苯乙醛合成 3-苯基丙烯。　　2. 从乙醛合成丁-1，3-二烯。

3. 从丙醛合成 2-甲基戊烷。　　4. 由 3 个碳以下的醛合成 (2,4-二甲基-1,3-二氧六环结构式)。

九、选择题。

1. 下列化合物中，最易进行烯醇化的是(　　)

A. CH_3COCH_3　　B. $CH_3COCH_2COCH_3$

C. 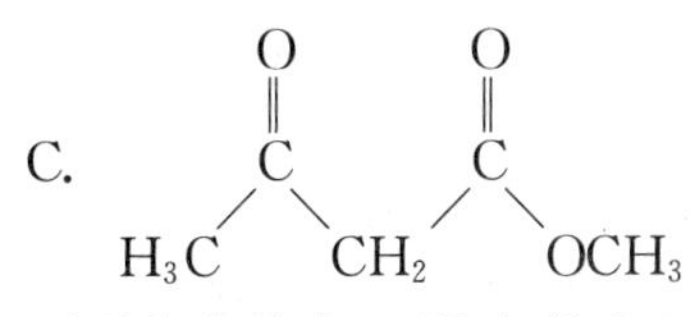　　D. $CH_3COCH_2COC_6H_5$

2. 下列化合物中，不能与饱和 $NaHSO_3$ 溶液反应的是(　　)

A. 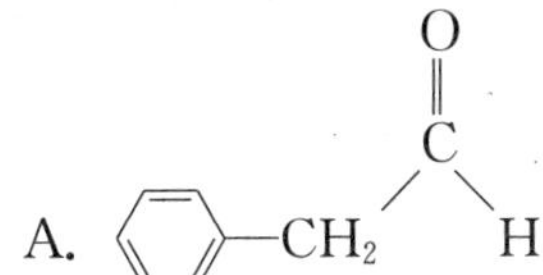　　B. $C_6H_5COCH_3$　　C. 环己酮（环己基$=O$）　　D. 环己基$-CHO$

3. 将 $CH_3-CH=CH-CHO$ 氧化为 $CH_3-CH=CH-COOH$，最合适的氧化剂是(　　)

A. $K_2Cr_2O_7/H^+$　　B. 托伦试剂　　C. $KMnO_4/H^+$　　D. 浓硝酸

4. 下列化合物中，不易被酸水解的是(　　)

A. H_3CO-（四氢呋喃-2-基）　　B. 1,3-二氧五环　　C. 1,4-二氧六环　　D. 1,3-二氧六环

5. 下列化合物中，能发生碘仿反应的是(　　)

A. 2-甲基丁醛　　B. 异丙醇　　C. 3-戊酮　　D. 丙醇

6. 下列化合物按羰基亲核加成反应活性由大到小的顺序是(　　)

a. 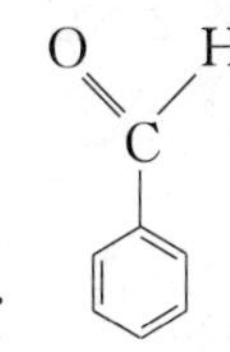　　b. $p-NO_2C_6H_4CHO$　　c. 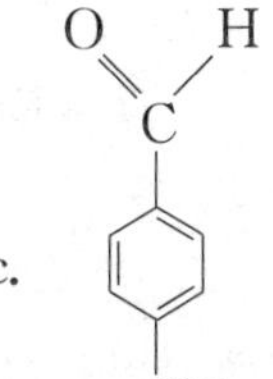　　d. 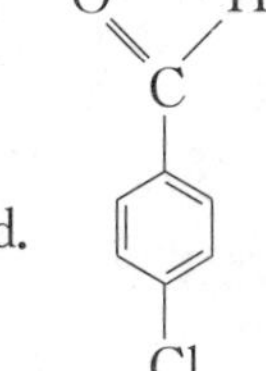

A. b>d>a>c　　B. a>b>c>d　　C. b>c>d>a　　D. d>c>b>a

7. 检查丙酮中含有少量乙醛的试剂是(　　)

A. I_2+NaOH　　B. 亚硫酸氢钠　　C. 羟胺　　D. 品红亚硫酸试剂

8. 下列化合物中，亲核加成反应活性最大的是(　　)

A. 环己酮（$C_6H_{10}=O$）　　B. $C_6H_5COCH_3$　　C. H_3C-CHO　　D. $H_3C-CO-CH_3$

9. 下列化合物中，能发生康尼查罗反应的是（　　）

A. 乙醛　　B. 丙酮　　C. 丙醛　　D. 苯甲醛

10. 碳负离子与 α,β-不饱和醛、酮化合物的反应是（　　）

A. 曼尼希反应　　B. 维悌希反应　　C. 迈克尔反应　　D. 康尼查罗反应

11. 下列化合物中，沸点最高的是（　　）

A. 正丁醛　　B. 正丁醇　　C. 正戊烷　　D. 乙醚

参考答案

一、1. 3,3-二甲基丁醛　　2. 苯甲醛

3. 1-苯基丙-1-酮　　4. 2-甲基戊-3-酮

5. 对甲基苯甲醛　　6. 4-甲基环己酮

7. 2,3-二甲基-3-羟基丁醛　　8. 环戊基乙酮

9. 3-甲基-3-苯基丁-2-酮　　10. 4-乙基环己-2-烯-1-酮

11. 戊-2,4-二酮　　12. 3-戊烯醛

二、

1. $C_6H_5-CO-CH_3$

2. $H_3C-CO-CH(CH_3)CH(CH_2CH_3)CH_2CH_2CH_3$

3. $H_3C-CO-CH(CH_3)CH_2CH_2CH_2-C_5H_9$（环戊基）

4. $(CH_3)_2CBrCH_2CH_2-CHO$

5. $CH_3-CH=CHCH_2-CHO$

6. $OHC-CH_2-CHO$

7. $H_3C-C_5H_7=O$（3-甲基环戊酮）

8. $H_3C-C_6H_4-CH_2CH_2-CHO$

9. 间羟基苯甲醛（$HO-C_6H_4-CHO$）

10. $C_6H_5-CH=CH-CHO$

三、

1. $CH_3CH_2CH_2OH$

2. $CH_3CH_2CH=C(CH_3)-CHO$

3. $CH_3CH_2CH(OH)SO_3Na$

4. $CH_3CH_2CH(OH)COOH$

5. $CH_3CH_2CH(OH)-C_6H_5$

6. $CH_3CH_2COONH_4 + Ag\downarrow$

7. CH_3CH_2CH（1,3-二氧戊环）

8. $CH_3CH_2CH=NNH-C_6H_3(NO_2)_2$（2,4-二硝基苯基）

四、

1. 1,1-二甲氧基环己烷（$C_6H_{10}(OCH_3)_2$）

2. $CH_3-CH=CHCH_2CH_2OH$

3. 1-乙基环己醇（$C_6H_{10}(OH)CH_2CH_3$）

4. 1-羟基环丁甲腈（$C_4H_6(OH)CN$）

5. $H_3C-C_6H_4-CH_2OH + HCOONa$

6. 2-($CH_2CH_2COC_6H_5$)环己酮

7. $C_6H_5-C(CH_3)=CHCH_3$

五、1<2<5<6<4<3

六、1.

$CH_3CH_2CH_2CH(OH)CH_3$、$CH_3CH_2CH_2CH_2CH_2OH$、$CH_3CH_2CH_2COCH_3$、$CH_3CH_2CH_2CH_2CHO$ —(2,4-二硝基苯肼 $O_2N-C_6H_3(NO_2)-NHNH_2$)→

- 无明显现象、无明显现象 —(I_2 / NaOH)→ 黄色沉淀、无明显现象
- 黄色沉淀、黄色沉淀 —(托伦试剂 / NaOH)→ 无明显现象、银镜出现

2.

苯甲醛、苯酚、$C_6H_5-CH_2-Cl$、C_6H_5-Cl $\xrightarrow{O_2N-C_6H_3(NO_2)-NHNH_2}$ {黄色沉淀；无明显现象、无明显现象、无明显现象} $\xrightarrow{溴水}$ {白色沉淀；无明显现象、无明显现象} $\xrightarrow[CH_3CH_2OH]{AgNO_3}$ {白色沉淀；无明显现象}

七、

1. A. $CH_3-\overset{O}{\overset{\|}{C}}-CH(CH_3)CH_3$　B. $CH_3-\underset{H}{\overset{OH}{C}}-\underset{CH_3}{CH}CH_3$　C. $(CH_3)(H)C{=}C(CH_3)_2$

2. A. $(CH_3)_2C{=}CHCH_2CH_2C(CH_3){=}CH-CHO$　B. $CH_3COCH_2CH_2CHO$

3. A. $H_3C-C_6H_{10}{=}O$（4-甲基环己酮）　B. $H_3C-C_6H_{10}(CH_3)(OH)$　C. $H_3C-C_6H_{10}{=}CH_2$

D. $H_3C-C_6H_9-CH_3$（1,4-二甲基环己烯）　E. $OHC-CH(CH_3)-CH_2CH_2-CO-CH_3$　F. $HOOC-CH(CH_3)-CH_2CH_2-CO-CH_3$

八、

1. $Ph_3P+CH_3Br \longrightarrow Ph_3P^{+}-CH_3Br^{-} \xrightarrow{PhLi} Ph_3P{=}CH_2 \xrightarrow{C_6H_5CH_2CHO} C_6H_5-CH_2CH{=}CH_2$

2. $H_3C-CHO + H_3C-CHO \xrightarrow{NaOH} CH_3\underset{OH}{CH}-CH_2-CHO \xrightarrow{NaBH_4} CH_3\underset{OH}{CH}-CH_2CH_2OH$

$\xrightarrow{H_2SO_4} CH_2{=}CH-CH{=}CH_2$

3. $2CH_3CH_2-CHO \xrightarrow{稀\ NaOH} CH_3CH_2\overset{OH}{CH}-\underset{CH_3}{CH}-CHO \xrightarrow{-H_3O^+} CH_3CH_2CH{=}\underset{CH_3}{C}-CHO \xrightarrow[HCl]{Zn\text{-}Hg}$

$CH_3CH_2CH{=}C(CH_3)_2 \xrightarrow{H_2/Ni} CH_3CH_2CH_2-\underset{CH_3}{CH}-CH_3$

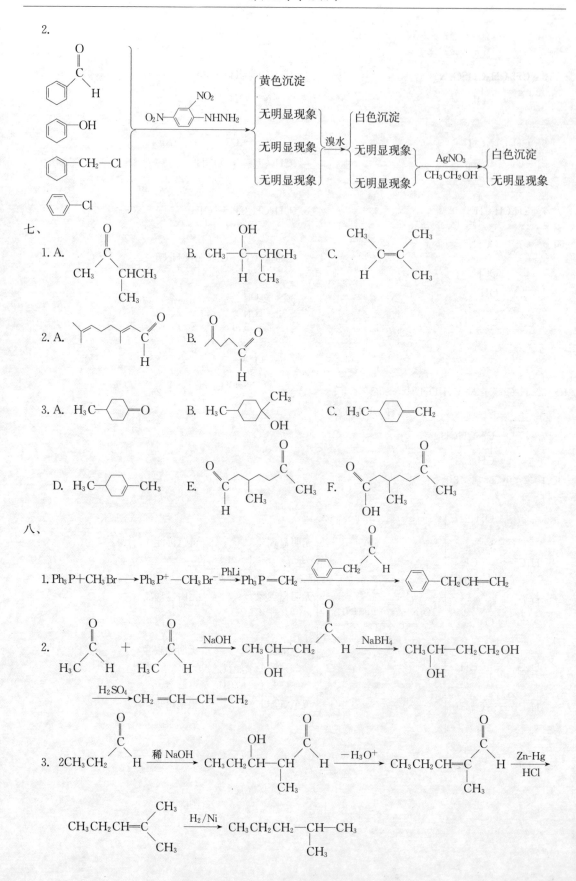

4. $2CH_3CHO \xrightarrow{\text{稀 NaOH}} CH_3CH(OH)CH_2CHO \xrightarrow{H_2/Ni} CH_3CH(OH)CH_2CH_2OH + CH_3CHO \xrightarrow[HCl]{CH_3CHO}$ 2,4-二甲基-1,3-二噁烷

九、1. D　2. B　3. B　4. C　5. B　6. A　7. D　8. C　9. D　10. C　11. B

教材中的问题及习题解答

一、教材中的问题及解答

问题与思考 8-1　下列化合物中，与亚硫酸氢钠可以发生反应的是哪几个？哪一个反应速率最快？

(1) 环己酮　(2) 苯乙酮　(3) 丙醛　(4) 苯甲醛　(5) 二苯酮

答　能发生反应的化合物：(1)环己酮、(3)丙醛、(4)苯甲醛。反应速率最快：(3)丙醛。

问题与思考 8-2　写出 2-丁酮、苯甲醛分别与下列试剂反应的产物。

(1) 乙二醇/干氯化氢　(2) ①乙基溴化镁/无水乙醚；②水合氢正离子

(3) ①乙炔钠；②水/水合氢正离子　(4) 亚硫酸氢钠

答　2-丁酮的产物：

(1) H_3C、H_3CH_2C 取代的 1,3-二氧戊环（缩酮）　(2) $H_3C-C(OH)(CH_2CH_3)-CH_2CH_3$

(3) $H_3C-C(OH)(C\equiv CH)-CH_2CH_3$　(4) $H_3C-C(OH)(SO_3Na)-CH_2CH_3$

苯甲醛的产物：

(1) C_6H_5-CH 的 1,3-二氧戊环（缩醛）　(2) $C_6H_5-CH(OH)-CH_2CH_3$

(3) $C_6H_5-CH(OH)-C\equiv CH$　(4) $C_6H_5-CH(OH)-SO_3Na$

问题与思考 8-3　化合物 A($C_6H_{12}O_3$)有碘仿反应，但不与托伦试剂反应。将 A 与稀硫酸一起煮沸，得到 B，B 可与托伦试剂反应。A 的红外光谱图在 1710 cm^{-1} 处有强吸收，其氢核磁共振谱的化学位移为 2.1 ppm，(s，3H)，2.6 ppm(d，2H)，3.6 ppm(s，6H)，4.1 ppm(t，1H)。试推导 A 的结构。

答　A 的结构：

$$CH_3-\overset{O}{\overset{\|}{C}}-CH_2-CH(OCH_3)_2$$

二、教材中的习题及解答

1. 写出分子式为 $C_5H_{10}O$ 的所有醛及酮的构造式并命名。

答 (1) $CH_3CH_2CH_2CH_2\overset{\overset{\displaystyle O}{\|}}{C}H$，戊醛

(2) $(CH_3)_2CHCH_2\overset{\overset{\displaystyle O}{\|}}{C}H$，3-甲基丁醛

(3) $CH_3CH_2\underset{\underset{\displaystyle CH_3}{|}}{CH}\overset{\overset{\displaystyle O}{\|}}{C}H$，2-甲基丁醛

(4) $(CH_3)_3C\overset{\overset{\displaystyle O}{\|}}{C}H$，2,2-二甲基丙醛

(5) $CH_3CH_2CH_2\overset{\overset{\displaystyle O}{\|}}{C}CH_3$，戊-2-酮

(6) $CH_3CH_2\overset{\overset{\displaystyle O}{\|}}{C}CH_2CH_3$，戊-3-酮

(7) $(CH_3)_2CH\overset{\overset{\displaystyle O}{\|}}{C}CH_3$，3-甲基丁-2-酮

2. 将下列化合物命名。

(1) $(CH_3)_2CH\overset{\overset{\displaystyle O}{\|}}{C}H$

(2) $CH_3\underset{\underset{\displaystyle C_2H_5}{|}}{CH}CH_2\overset{\overset{\displaystyle O}{\|}}{C}H$

(3) $(CH_3)_2CH\overset{\overset{\displaystyle O}{\|}}{C}CH_2CH_3$

(4) CH_3O— —$\overset{\overset{\displaystyle O}{\|}}{C}H$

(5) —$\overset{\overset{\displaystyle O}{\|}}{C}CH_2Br$

(6) —$\overset{\overset{\displaystyle O}{\|}}{C}CH_3$

(7) $CH_2{=}CH\overset{\overset{\displaystyle O}{\|}}{C}C_2H_5$

(8) —$\underset{\underset{\displaystyle CH_3}{|}}{CH}\overset{\overset{\displaystyle CH_3}{|}}{CH}CH_2\overset{\overset{\displaystyle O}{\|}}{C}H$

(9) O, CH_3

(10) $CH_3\overset{\overset{\displaystyle O}{\|}}{C}CH_2\overset{\overset{\displaystyle O}{\|}}{C}C(CH_3)_3$

答 (1) 2-甲基丙醛

(2) 3-甲基戊醛

(3) 2-甲基戊-3-酮

(4) 3-甲氧基苯甲醛

(5) 2-溴-1-苯基-乙酮

(6) 环戊基甲基甲酮

(7) 1-戊烯-3-酮　　(8) 4-环己基-3-甲基戊醛

(9) 2-甲基环戊酮　　(10) 5,5-甲基己-2,4-二酮

3. 写出下列化合物的构造式。

(1) 丙烯醛　　(2) 环己基甲醛　　(3) 4-甲基戊-2-酮

(4) 3-甲基环己酮　　(5) 1,1,3-三溴丙酮　　(6) 4-溴-1-苯基-2-戊酮

(7) 二苯甲酮　　(8) 邻羟基苯甲醛　　(9) 戊-3-烯醛

(10) 丁二醛　　(11) 3,3′-二甲基二苯甲酮　　(12) 6-甲氧基-2-萘甲醛

答 (1) $CH_2{=}CH{-}C(=O)H$　(2) 环己基$-C(=O)H$　(3) $H_3C{-}C(=O){-}CH_2CHCH_3$（$CH_3$ 支链）

(4) 环己酮（3-位 CH_3）　(5) $Br_2CH{-}C(=O){-}CH_2Br$　(6) $C_6H_5{-}CH_2{-}C(=O){-}CH_2CHCH_3$（Br 支链）

(7) $C_6H_5{-}C(=O){-}C_6H_5$　(8) 苯环$-C(=O)H$（邻位 OH）　(9) $CH_3{-}CH{=}CHCH_2{-}C(=O)H$

(10) $H{-}C(=O){-}CH_2CH_2{-}C(=O){-}H$　(11) H_3C-苯环$-C(=O)-$苯环-CH_3　(12) CH_3O-萘环$-C(=O)H$

4. 写出分子式为 C_8H_8O 含有苯环的羰基化合物的结构和名称。

答 (1) $C_6H_5{-}CH_2{-}C(=O)H$，苯乙醛　　(2) 苯环$-C(=O)H$（邻位 CH_3），2-甲基苯甲醛

(3) 苯环$-C(=O)H$（间位 CH_3），3-甲基苯甲醛　　(4) $H_3C{-}C_6H_4{-}C(=O)H$，4-甲基苯甲醛

(5) $C_6H_5{-}C(=O){-}CH_3$，苯乙酮

5. 用反应式分别表示甲醛、乙醛、丙酮、苯乙酮及环戊酮的化学反应。

(1) 分别与 HCN、$NaHSO_3$、水、乙醇、羟胺及 2,4-二硝基苯肼的反应

(2) α-卤代

(3) 羟醛缩合

(4) 醛的氧化及醛和酮的还原

(5) 碘仿反应

答 (1)

$$HCHO + \begin{cases} HCN \longrightarrow H_2C(OH)CN \\ NaHSO_3 \longrightarrow H_2C(OH)SO_3Na \\ H_2O \longrightarrow H_2C(OH)_2 \\ CH_3CH_2OH \longrightarrow H_2C(OCH_2CH_3)_2 \\ H_2NOH \longrightarrow H_2C{=}NOH \\ H_2NHN\text{-}C_6H_3(O_2N)\text{-}NO_2 \longrightarrow H_2C{=}NHN\text{-}C_6H_3(O_2N)\text{-}NO_2 \end{cases}$$

$$CH_3CHO + \begin{cases} HCN \longrightarrow H_3C\text{-}CH(OH)CN \\ NaHSO_3 \longrightarrow H_3C\text{-}CH(OH)SO_3Na \\ H_2O \longrightarrow H_3C\text{-}CH(OH)_2 \\ CH_3CH_2OH \longrightarrow H_3C\text{-}CH(OCH_2CH_3)_2 \\ H_2NOH \longrightarrow H_3C\text{-}CH{=}NOH \\ H_2NHN\text{-}C_6H_3(O_2N)\text{-}NO_2 \longrightarrow H_3C\text{-}CH{=}NHN\text{-}C_6H_3(O_2N)\text{-}NO_2 \end{cases}$$

$$CH_3COCH_3 + \begin{cases} HCN \longrightarrow (CH_3)_2C(OH)CN \\ NaHSO_3 \longrightarrow (CH_3)_2C(OH)SO_3Na \\ H_2O \longrightarrow (CH_3)_2C(OH)OH \\ CH_3CH_2OH \longrightarrow (CH_3)_2C(OCH_2CH_3)_2 \\ H_2NOH \longrightarrow (CH_3)_2C{=}NOH \\ H_2NHN\text{-}C_6H_3(NO_2)_2\text{-}2,4 \longrightarrow (CH_3)_2C{=}NHN\text{-}C_6H_3(NO_2)_2\text{-}2,4 \end{cases}$$

$$C_6H_5COCH_3 + \begin{cases} HCN \longrightarrow C_6H_5C(OH)(CN)CH_3 \\ NaHSO_3 \longrightarrow C_6H_5C(OH)(SO_3Na)CH_3 \\ H_2O \longrightarrow C_6H_5C(OH)(OH)CH_3 \\ CH_3CH_2OH \longrightarrow C_6H_5C(OCH_2CH_3)_2CH_3 \\ H_2NOH \longrightarrow C_6H_5(CH_3)C{=}NOH \\ H_2NHN\text{-}C_6H_3(NO_2)_2\text{-}2,4 \longrightarrow C_6H_5(CH_3)C{=}NHN\text{-}C_6H_3(NO_2)_2\text{-}2,4 \end{cases}$$

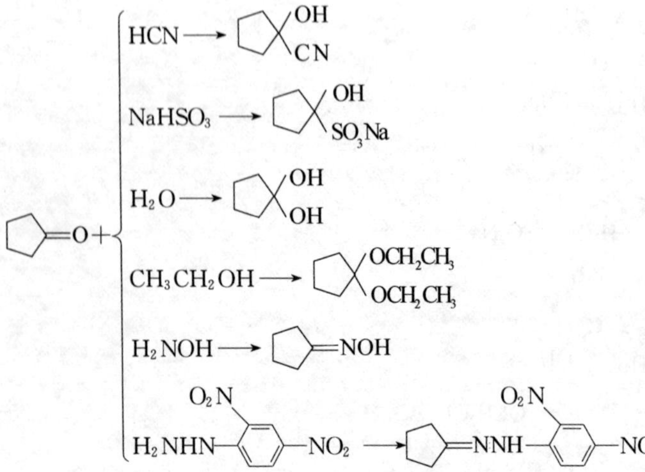

环戊酮 + {
$HCN \longrightarrow$ 1-羟基环戊基甲腈（OH, CN）
$NaHSO_3 \longrightarrow$ （OH, SO_3Na）
$H_2O \longrightarrow$ （OH, OH）
$CH_3CH_2OH \longrightarrow$ （OCH_2CH_3, OCH_2CH_3）
$H_2NOH \longrightarrow$ 环戊酮肟（=NOH）
H_2NHN-C₆H₃(O_2N)-NO_2 $\longrightarrow$ 环戊酮=NNH-C₆H₃(O_2N)-NO_2
}

（2）

CH_3CHO、CH_3COCH_3、$C_6H_5COCH_3$、环戊酮 $\xrightarrow{\alpha\text{-卤代}}$ {
XH_2C-CHO + $X_2HC-CHO$ + X_3C-CHO
$H_2C-CO-CH_2X$
$C_6H_5-CO-CH_2X$
2-卤代环戊酮（X）
}

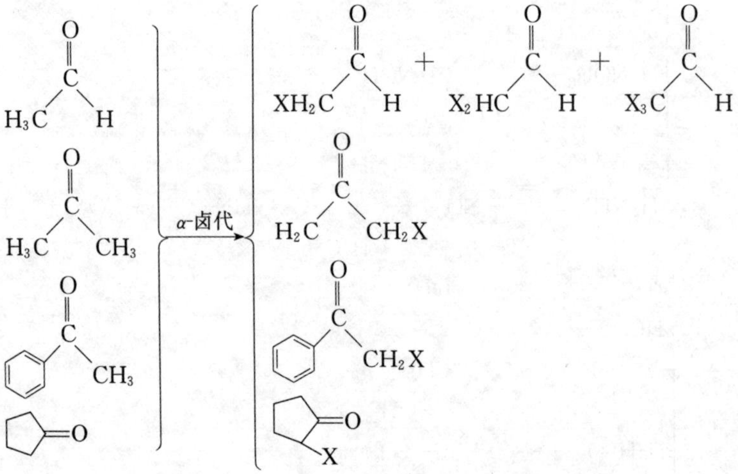

（3）

CH_3CHO、CH_3COCH_3、$C_6H_5COCH_3$、环戊酮 $\xrightarrow{\text{稀碱}}$ {
$CH_3CH(OH)-CH_2-CHO$
$CH_3C(OH)(CH_3)-CH_2-CO-CH_3$
$C_6H_5C(OH)(CH_3)-CH_2-CO-C_6H_5$
2-(1-羟基环戊基)环戊酮（OH, O）
}

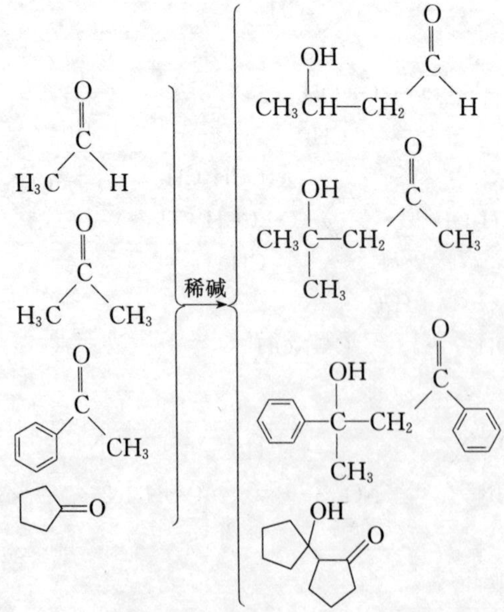

(4)

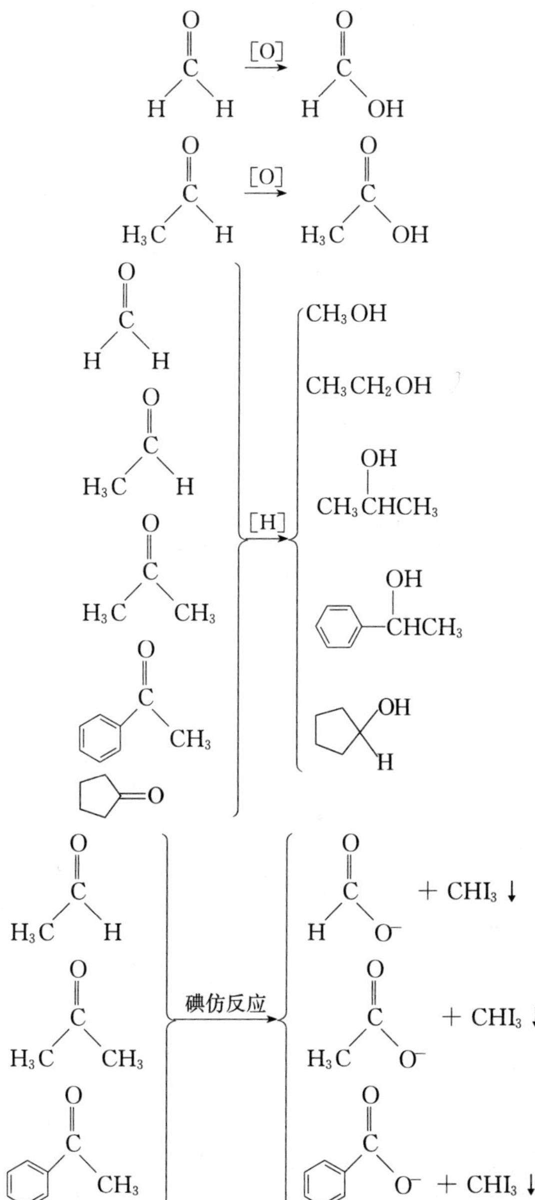

(5)

6.完成下列反应。

(1) 丙酮＋氨基脲$\longrightarrow$

(2) 2,2-二甲基丙醛＋甲醛$\xrightarrow{\text{浓 } OH^-}$

(3) 2,2-二甲基丙醛＋2,4-二硝基苯肼$\longrightarrow$

(4) 丁-1-炔＋水$\xrightarrow{Hg^{2+}/H^+}$

(5) 丙烯醛＋托伦试剂$\longrightarrow$

(6) 环丁酮＋羟胺$\longrightarrow$

(7) 二叔丁酮＋$NaHSO_3$$\longrightarrow$

(8) 丙醛$\xrightarrow{OH^-}$

(9) 丁-2-醇＋$I_2$$\xrightarrow{OH^-}$

(10) 环己酮＋$Br_2$$\longrightarrow$

(11) 对甲基苯甲醛＋乙醛$\xrightarrow{OH^-}$

(12) 对甲基苯甲醛$\xrightarrow{浓\ OH^-}$

(13) 对甲基苯甲醛＋$KMnO_4$⟶

答 (1) $(H_3C)_2C{=}N{-}NH{-}C({=}O){-}NH_2$

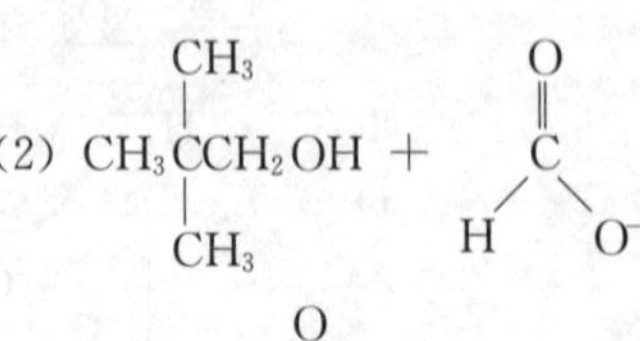

(2) $CH_3C(CH_3)_2CH_2OH + HC({=}O)O^-$

(3) $CH_3C(CH_3)_2CH{=}NNH{-}C_6H_3(NO_2)_2$（2,4-二硝基苯基）

(4) $CH_3CH_2C({=}O)CH_3$

(5) $CH_2{=}CH{-}C({=}O)OH$

(6) 环丁酮肟（$\square{=}NOH$）

(7) 不反应

(8) $CH_3CH_2CH(OH){-}CH(CH_3){-}C({=}O)H$

(9) $CH_3CH_2C({=}O)OH + CHI_3\downarrow$

(10) 2-溴环己酮（环己烷环上$=O$，邻位 Br）

(11) $H_3C{-}C_6H_4{-}CH{=}CH{-}C({=}O)H$

(12) $H_3C{-}C_6H_4{-}C({=}O)O^-$ ＋ $H_3C{-}C_6H_4{-}CH_2OH$

(13) $HO{-}C({=}O){-}C_6H_4{-}C({=}O){-}OH$

7. 将下列化合物按羰基的活性由大到小排列。

2,2,4,4-四甲基戊-3-酮，丙醛，丁酮，乙醛，萘-2-甲醛

答　乙醛＞丙醛＞萘-2-甲醛＞丁酮＞2,2,4,4-四甲基戊-3-酮。

8. 下列化合物中哪些能与饱和 $NaHSO_3$ 加成？哪些能发生碘仿反应？分别写出反应产物。

(1) 丁酮	(2) 丁醛	(3) 乙醇	(4) 苯甲醛
(5) 戊-3-酮	(6) 苯乙酮	(7) 丁-2-醇	(8) 2,2-二甲基丙醛
(9) 2-甲基环戊酮	(10) 乙醛	(11) 己-2,5-二酮	

答

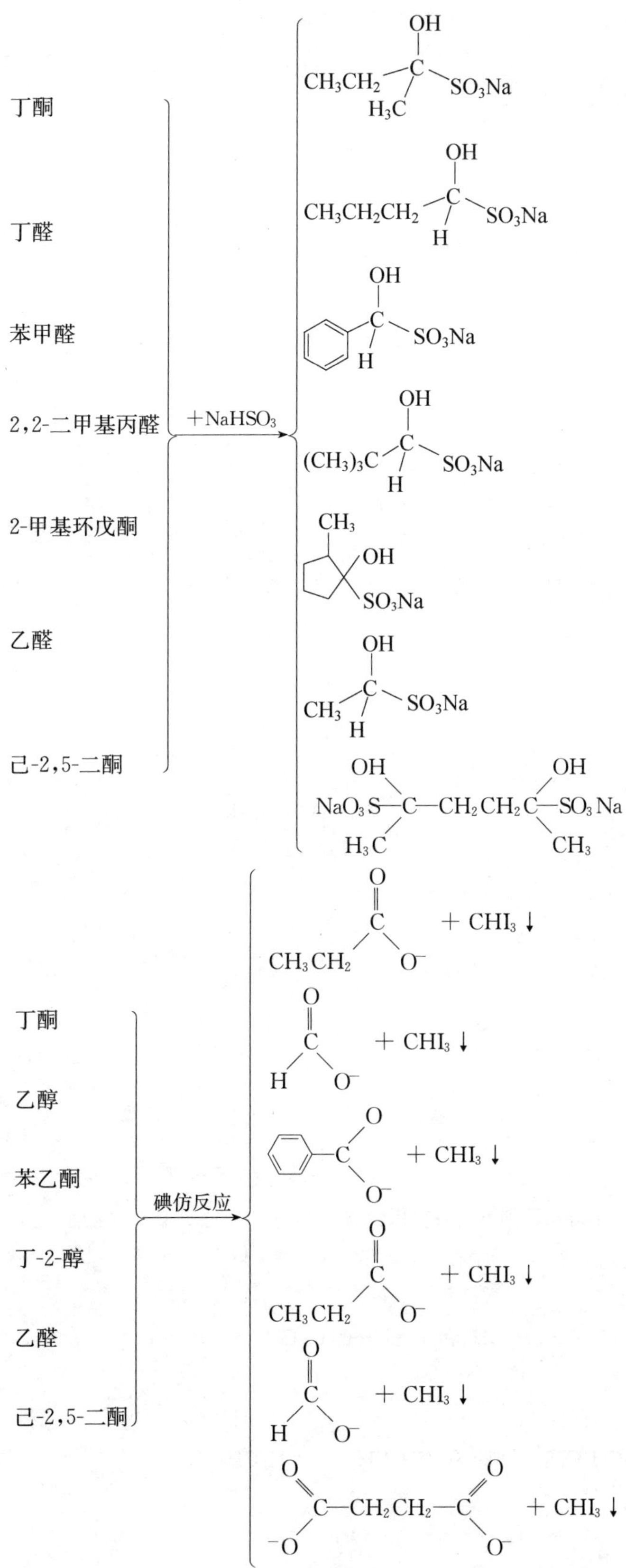
丁酮
丁醛
苯甲醛
2,2-二甲基丙醛
2-甲基环戊酮
乙醛
己-2,5-二酮
+NaHSO3
丁酮
乙醇
苯乙酮
丁-2-醇
乙醛
己-2,5-二酮
碘仿反应

9.完成下列反应。

(1) 2-甲基环戊酮 $\xrightarrow[H^+]{CH_3OH(过量)}$　　(2) $CH_3COCH_3 \xrightarrow[H^+]{HOCH_2CH_2OH}$

(3) $C_6H_5COCH_3 \xrightarrow[(2)H_3O^+]{(1)CH_3MgBr}$　　(4) $CH_3COCH_3 \xrightarrow[(2)H_3O^+]{(1)CH_3MgBr}$

(5) 糠醛 + $CH_3COCH_2CH_3 \xrightarrow{H_3O^+}$　　(6) C_6H_5CHO + 2-甲基环己酮 $\xrightarrow{NaOH}$

(7) $C_6H_5CHO + CH_3COCH_2C_6H_5 \xrightarrow[\triangle]{哌啶,C_6H_6}$

答 (1) 1,1-二甲氧基-2-甲基环戊烷（OCH_3, OCH_3, CH_3）　　(2) 2,2-二甲基-1,3-二氧戊环（H_3C, CH_3）

(3) $C_6H_5C(OH)(CH_3)_2$　　(4) $(CH_3)_3COH$

(5) 呋喃基$-CH=CH-CO-CH_2CH_3$　　(6) $C_6H_5-CH=$（2-甲基环己酮-6-亚基）$-CH_3$

(7) $C_6H_5-CH=CH-CO-CH_2-C_6H_5$

10.用简单的化学方法区别下列各组化合物。

(1) $C_6H_5-CH=CHCH_2OH$ 和 $C_6H_5-CH=CH-CHO$

(2) $CH_3CH_2CH_2CH_2CHO$ 和 $CH_3CH_2COCH_2CH_3$

(3) $C_6H_5CH_2COCH_2CH_3$ 和 $C_6H_5-CH(OH)CH_2CH_2CH_3$

(4) $C_6H_5-CH_2-C(=O)H$ 和 $C_6H_5C(=O)CH_3$

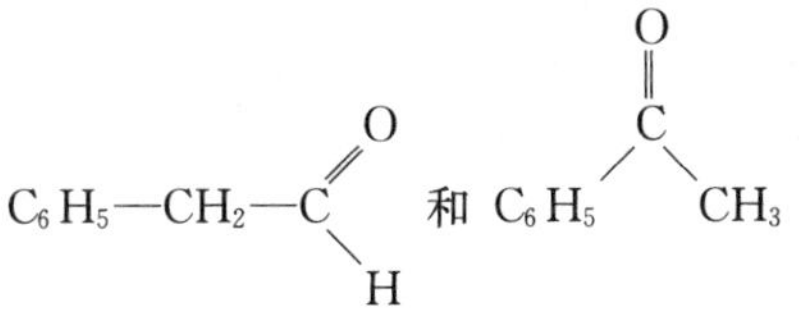

(5) $C_6H_5C(=O)CH_2CH_2CH_3$ 和 $CH_3CH_2C(=O)CH_2CH_3$ 和 $CH_3CH(OH)CH_2CH_2CH_2CH_3$

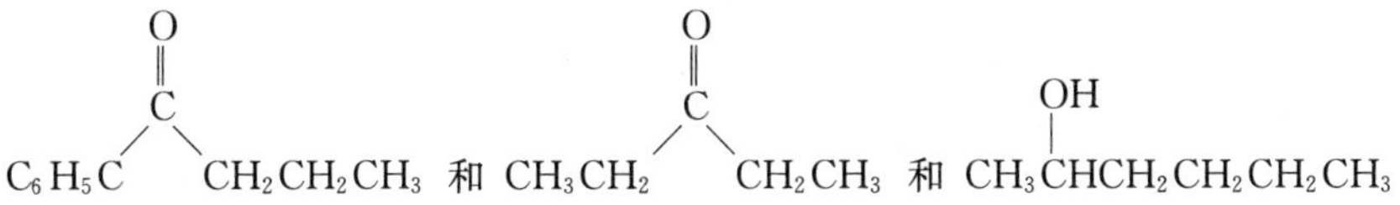

(6) 乙醛和戊醛

(7) 丙醛、苯乙酮和环己酮

(8) 苯甲醇、对甲苯酚、苯乙酮和苯甲醛

(9) 丁-3-炔-1-醇和戊-1-烯-3-酮

答 (1) 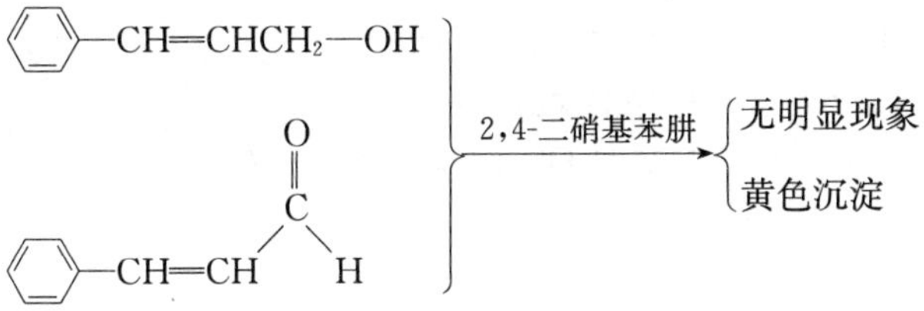 $C_6H_5-CH=CHCH_2-OH$、$C_6H_5-CH=CH-C(=O)H$ $\xrightarrow{2,4\text{-二硝基苯肼}}$ 无明显现象；黄色沉淀

(2) $CH_3CH_2CH_2CH_2C(=O)H$、$CH_3CH_2C(=O)CH_2CH_3$ $\xrightarrow{\text{托伦试剂}}$ 银镜；无明显现象

(3) $C_6H_5CH_2COCH_2CH_3$、$C_6H_5CH(OH)CH_2CH_2CH_3$ $\xrightarrow{2,4\text{-二硝基苯肼}}$ 黄色沉淀；无明显现象

(4) $C_6H_5-CH_2-C(=O)H$、$C_6H_5C(=O)CH_3$ $\xrightarrow{\text{碘仿反应}}$ 无明显现象；黄色沉淀

(5) $C_6H_5C(=O)CH_2CH_2CH_3$、$CH_3CH_2C(=O)CH_2CH_3$、$CH_3CH(OH)CH_2CH_2CH_2CH_3$ $\xrightarrow{\text{碘仿反应}}$ 黄色沉淀；无明显现象；黄色沉淀

黄色沉淀（第一、三者）$\xrightarrow{2,4\text{-二硝基苯肼}}$ 黄色沉淀；无明显现象

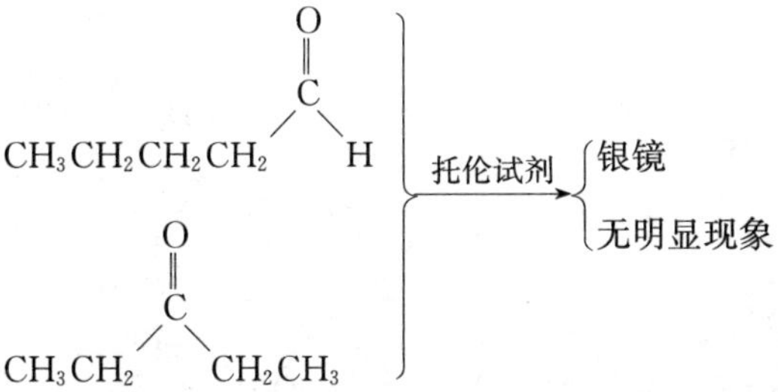

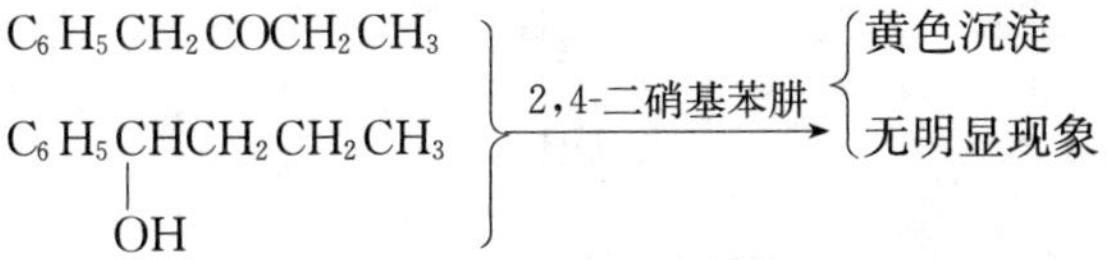

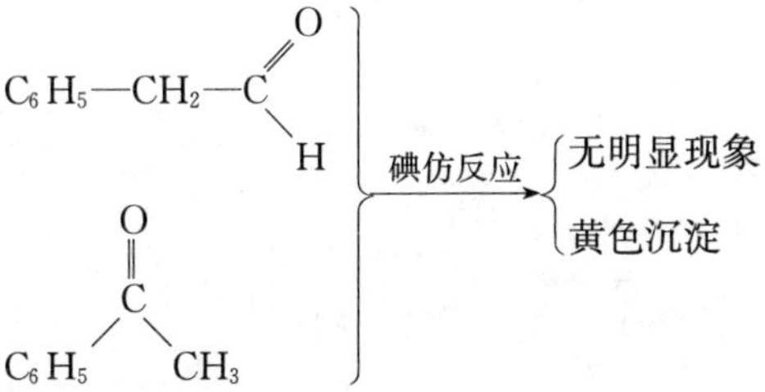

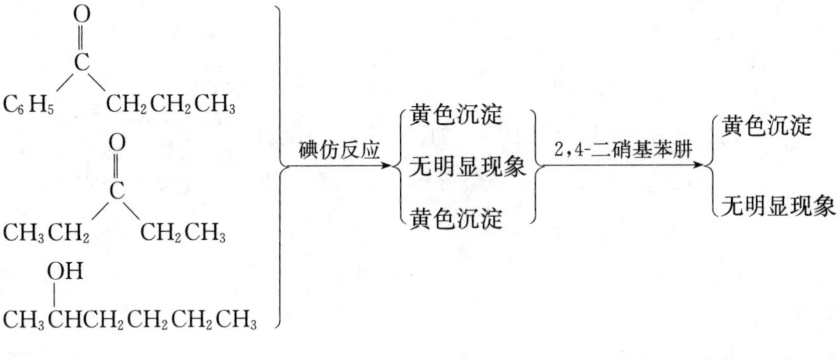

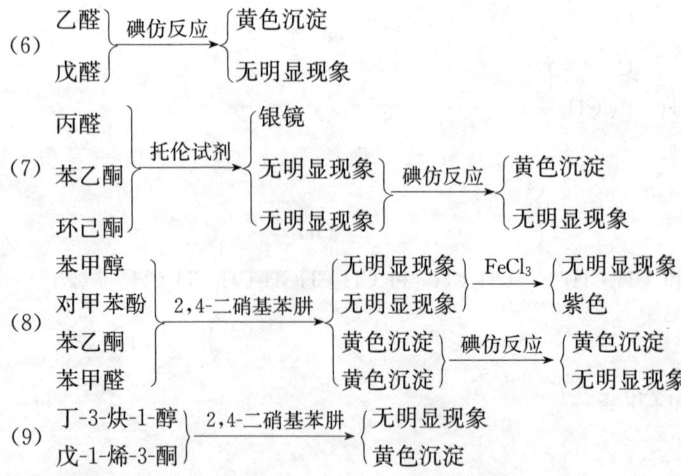

11. 以丙醛为例，说明羰基化合物的下列各反应的反应历程。

(1) 与 HCN　　(2) 与 $NaHSO_3$

(3) 羟醛缩合　　(4) 与 C_2H_5OH

(5) 与苯肼　　(6) α-卤代

答 (1)

$$\underset{CH_3CH_2}{\overset{H}{}}\overset{\delta^+}{C}=\overset{\delta^-}{O} + :CN^- \underset{}{\overset{慢}{\rightleftharpoons}} CH_3CH_2-\underset{H}{\overset{O^-}{C}}-CN + H-CN \overset{快}{\rightleftharpoons} CH_3CH_2-\underset{H}{\overset{OH}{C}}-CN + CN^-$$

(2)

$$\underset{H_3CH_2C}{\overset{H}{}}C=O + {}^-O-\underset{..}{\overset{O}{\overset{\|}{S}}}-OH \overset{慢}{\rightleftharpoons} H_3CH_2C-\underset{H}{\overset{O^-}{C}}-SO_3H \overset{快}{\rightleftharpoons}$$

$$H_3CH_2C-\underset{H}{\overset{OH}{C}}-SO_3^- \overset{Na^+,快}{\rightleftharpoons} H_3CH_2C-\underset{H}{\overset{OH}{C}}-SO_3^-Na^+$$

(3) 第一步：

$$H-\overset{O}{\overset{\|}{C}}-\underset{H}{CH}-CH_3 + :\ddot{O}H \overset{慢}{\rightleftharpoons} \left[H-\overset{:\ddot{O}^-}{C}=CH-CH_3 \longleftrightarrow H-\overset{:O:}{\overset{\|}{C}}-\overset{-}{\underset{..}{C}}H-CH_3 \right] + H_2O$$

第二步：

$$H-\overset{:O:}{\overset{\|}{C}}-\underset{..}{\overset{-}{C}}H-CH_3 + H-\overset{O}{\overset{\|}{C}}-CH_2-CH_3 \longrightarrow CH_3CH_2-\underset{H}{\overset{:\ddot{O}:^-}{C}}-\underset{CH_3}{CH}-\overset{O}{\overset{\|}{C}}-H$$

第三步：

$$CH_3CH_2CH(\ddot{O}^-)CH(CH_3)CHO + H_2O \longrightarrow CH_3CH_2CH(OH)CH(CH_3)CHO + OH^-$$

(4)

$$CH_3CH_2CH{=}\ddot{O} \xrightleftharpoons{H^+} \left[CH_3CH_2CH{=}\overset{+}{O}H \longleftrightarrow CH_3CH_2\overset{+}{C}H{-}\ddot{O}H\right] \xrightleftharpoons{H\ddot{O}-CH_2CH_3} CH_3CH_2CH(\ddot{O}H)\overset{+}{O}(H)CH_2CH_3$$

$$\xrightleftharpoons{-H^+} CH_3CH_2CH(OH){-}O{-}CH_2CH_3$$

$$CH_3CH_2CH(OH){-}O{-}CH_2CH_3 \xrightleftharpoons{H^+} CH_3CH_2CH(\overset{+}{O}H_2){-}\ddot{O}{-}CH_2CH_3 \xrightleftharpoons{-H_2O} CH_3CH_2{-}CH{=}\overset{+}{O}{-}CH_2CH_3 \xrightleftharpoons{H\ddot{O}-CH_2CH_3}$$

$$CH_3CH_2CH(OCH_2CH_3){-}\overset{+}{O}(H){-}CH_2CH_3 \xrightleftharpoons{-H^+} CH_3CH_2CH(OCH_2CH_3){-}O{-}CH_2CH_3$$

(5)

$$CH_3CH_2CH{=}O \xrightleftharpoons{H^+} \left[CH_3CH_2CH{=}\overset{+}{O}H \longleftrightarrow CH_3CH_2\overset{+}{C}H{-}OH\right] \xrightleftharpoons{H_2\ddot{N}NH-C_6H_5} CH_3CH_2CH(OH)\overset{+}{N}H_2NH{-}C_6H_5$$

$$\xrightleftharpoons{-H^+} CH_3CH_2CH(OH)NHNH{-}C_6H_5 \xrightleftharpoons{H^+} CH_3CH_2CH(\overset{+}{O}H_2)\ddot{N}(H)NH{-}C_6H_5 \xrightleftharpoons{-H_2O} CH_3CH_2CH{=}\overset{+}{N}(H)NH{-}C_6H_5$$

$$\xrightleftharpoons{-H^+} CH_3CH_2CH{=}NNH{-}C_6H_5$$

(6)

$$HC(=O)CH_2CH_3 + {}^-\ddot{O}H \underset{}{\overset{慢}{\rightleftharpoons}} \left[HC(\ddot{O}^-){=}CH{-}CH_3 \longleftrightarrow HC(=O){-}\overset{-}{\ddot{C}}H{-}CH_3\right] + \overset{\delta^+}{Br}{-}\overset{\delta^-}{Br} \xrightarrow{快} CH_3{-}CH(Br){-}CHO + Br^-$$

12. 用反应式表示如何完成以下的转变。

(1) 乙炔⟶乙醇　　(2) 丙烯⟶丙酮

(3) 丙醛⟶2-羟基丁酸　　(4) 2-甲基丁-2-醇⟶2-甲基丙酸

（5）丁醛⟶2-乙基-3-羟基己醛　　（6）苯⟶丙苯

（7）戊醛⟶4-甲基壬烷

答　（1）$CH\equiv CH \xrightarrow[H^+]{HgSO_4} CH_3CHO \xrightarrow{H_2/Ni} CH_3CH_2OH$

（2）$CH_3CH{=}CH_2 + H_2O \xrightarrow{H_2SO_4} CH_3CH(OH)CH_3 \xrightarrow{K_2Cr_2O_7/H^+} CH_3COCH_3$

（3）$CH_3CH_2CHO + HCN \longrightarrow CH_3CH_2CH(OH)CN \xrightarrow{H_3O^+} CH_3CH_2CH(OH)COOH$

（4）$(CH_3)_2C(OH)CH_2CH_3 \xrightarrow{-H_2O} (CH_3)_2C{=}CHCH_3 \xrightarrow[(2)H_2O_2,OH^-]{(1)BH_3,HF} CH_3{-}CH(CH_3){-}CH(OH)CH_3$

$\xrightarrow{K_2Cr_2O_7/H^+} CH_3{-}CH(CH_3){-}COCH_3 \xrightarrow{I_2/KOH} CH_3{-}CH(CH_3){-}COOH$

（5）$CH_3CH_2CH_2CHO + CH_3CH_2CH_2CHO \xrightarrow{稀碱} CH_3CH_2CH_2CH(OH){-}CH(CH_2CH_3){-}CHO$

（6）$C_6H_6 \xrightarrow[Fe]{Br_2} C_6H_5{-}Br + Mg \xrightarrow{干燥乙醚} C_6H_5{-}MgBr + CH_3CH_2CHO$

$\xrightarrow{干燥乙醚} C_6H_5CH(OMgBr)CH_2CH_3 \xrightarrow{H_3O^+} C_6H_5CH(OH)CH_2CH_3 \xrightarrow{CrO_3} C_6H_5COCH_2CH_3$

$\xrightarrow[HCl]{Zn\text{-}Hg} C_6H_5{-}CH_2CH_2CH_3$

（7）$CH_3CH_2CH_2CH_2CHO + CH_3CH_2CH_2CH_2CHO \xrightarrow[\triangle]{稀碱}$

$CH_3CH_2CH_2CH_2CH{=}C(CH_2CH_2CH_3){-}CHO$

$$\xrightarrow[\text{控制}]{H_2/Ni} CH_3CH_2CH_2CH_2CH_2\underset{\displaystyle CH_2CH_2CH_3}{CH}-\overset{\displaystyle O}{\overset{\|}{C}}-H \xrightarrow[HCl]{Zn\text{-}Hg} CH_3CH_2CH_2CH_2CH_2\underset{\displaystyle CH_2CH_2CH_3}{CH}-CH_3$$

13. 化合物 A 的相对分子质量为 86，^1H 核磁共振谱中，δ 9.7 ppm(1H,s)，δ 1.2 ppm(9H,s)。红外光谱中，在 1730 cm^{-1}有强吸收峰。A 无碘仿反应，但能与 $NaHSO_3$ 加成。试写出 A 的构造式。

答　A 的构造式：

$$(H_3C)_3C-\overset{\displaystyle O}{\overset{\|}{C}}-H$$

14. 化合物 A(C_8H_8O)与托伦试剂无作用，但与 2,4-二硝基苯肼生成相应的苯腙，也有碘仿反应。A 经克莱门森还原得乙苯。推导 A 的构造式。

答　A 的构造式：

$$C_6H_5-\overset{\displaystyle O}{\overset{\|}{C}}-CH_3$$

15. 某烃 A(C_5H_{10})能使 Br_2/CCl_4 迅速褪色。A 溶于冷的浓 H_2SO_4 中，再与水共热得 B($C_5H_{12}O$)。B 与 CrO_3 · HOAc 反应得 C($C_5H_{10}O$)。B 及 C 都有碘仿反应，同时生成异丁酸盐。推导 A、B、C 可能的构造式。

答　A、B、C 可能的构造式：

$$\text{A.}\ H_3C-\underset{\displaystyle CH_3}{\underset{|}{CH}}-CH=CH_2 \qquad \text{B.}\ H_3C-\underset{\displaystyle CH_3}{\underset{|}{CH}}-\overset{\displaystyle OH}{\overset{|}{CH}}-CH_3 \qquad \text{C.}\ H_3C-\underset{\displaystyle CH_3}{\underset{|}{CH}}-\overset{\displaystyle O}{\overset{\|}{C}}-CH_3$$

16. 化合物 A($C_6H_{12}O$)与托伦试剂及 $NaHSO_3$ 均无反应，但能与羟胺成肟。A 催化氢化为 B($C_6H_{14}O$)。B 以浓 H_2SO_4 处理得 C(C_6H_{12})。C 臭氧化后再用 Zn/H_2O 处理得两个异构体 D 及 E(C_3H_6O)。D 与托伦试剂无作用，但有碘仿反应；E 能与托伦试剂作用，但无碘仿反应。推导 A、B、C、D、E 可能的构造式，并写出相关反应式。

答　A、B、C、D、E 可能的构造式：

$$\text{A.}\ H_3C-\underset{\displaystyle CH_3}{\underset{|}{CH}}-\overset{\displaystyle O}{\overset{\|}{C}}-CH_2CH_3 \qquad \text{B.}\ H_3C-\underset{\displaystyle CH_3}{\underset{|}{CH}}-\overset{\displaystyle OH}{\overset{|}{CH}}-CH_2CH_3 \qquad \text{C.}\ (H_3C)_2C=CHCH_2CH_3$$

$$\text{D.}\ CH_3-\overset{\displaystyle O}{\overset{\|}{C}}-CH_3 \qquad \text{E.}\ CH_3CH_2-\overset{\displaystyle O}{\overset{\|}{C}}-H$$

$$H_3C-\underset{\displaystyle CH_3}{\underset{|}{CH}}-\overset{\displaystyle O}{\overset{\|}{C}}-CH_2CH_3 + H_2NOH \longrightarrow H_3C-\underset{\displaystyle CH_3}{\underset{|}{CH}}-\overset{\displaystyle NOH}{\overset{\|}{C}}-CH_2CH_3$$

$$H_3C-\underset{\displaystyle CH_3}{\underset{|}{CH}}-\overset{\displaystyle O}{\overset{\|}{C}}-CH_2CH_3 \xrightarrow{H_2/Ni} H_3C-\underset{\displaystyle CH_3}{\underset{|}{CH}}-\overset{\displaystyle OH}{\overset{|}{CH}}-CH_2CH_3$$

$$H_3C-\underset{\displaystyle CH_3}{\underset{|}{CH}}-\overset{\displaystyle OH}{\overset{|}{CH}}-CH_2CH_3 \xrightarrow{\text{浓 } H_2SO_4} (H_3C)_2C=CHCH_2CH_3$$

$$(H_3C)_2C=CHCH_2CH_3 \xrightarrow[(2)Zn/H_2O]{(1)O_3} CH_3-\overset{\displaystyle O}{\overset{\|}{C}}-CH_3 + CH_3CH_2-\overset{\displaystyle O}{\overset{\|}{C}}-H$$

17. A(C_4H_6)在 Hg^{2+} 及 H_2SO_4 存在下与水反应，转变为 B(C_4H_8O)。B 与 I_2-KOH 生成 C($C_3H_6O_2$)的钾盐。A 氧化后得 D($C_2H_4O_2$)。推导 A、B、C、D 可能的构造式。

答　A、B、C、D 可能的构造式：

A. $CH_3C\equiv CCH_3$　　B. $CH_3CH_2-\overset{\displaystyle O}{\overset{\|}{C}}-CH_3$

C. $CH_3CH_2-\overset{\displaystyle O}{\overset{\|}{C}}-OH$　　D. $CH_3-\overset{\displaystyle O}{\overset{\|}{C}}-OH$

18. 化合物 A($C_9H_{10}O_2$)能溶于 NaOH，并能分别与溴水、羟胺及氨基脲发生作用，但不能还原托伦试剂。如用 $LiAlH_4$ 将 A 还原，则生成 B($C_9H_{12}O_2$)。A 及 B 都能发生卤仿反应。A 以 Zn-Hg/HCl 还原得 C($C_9H_{12}O$)。C 与 NaOH 反应后再与 CH_3I 共热得 D($C_{10}H_{14}O$)。以 $KMnO_4$ 将 D 氧化生成对甲氧基苯甲酸。推导 A、B、C、D 可能的构造式。

答　A、B、C、D 可能的构造式：

A. $HO-C_6H_4-CH_2-\overset{\displaystyle O}{\overset{\|}{C}}-CH_3$　　B. $HO-C_6H_4-CH_2-\overset{\displaystyle OH}{\overset{|}{CH}}-CH_3$

C. $HO-C_6H_4-CH_2-CH_2CH_3$　　D. $H_3CO-C_6H_4-CH_2-CH_2CH_3$

19. 化合物 A($C_{12}H_{14}O_2$)可由一个芳香醛与丙酮在碱存在下生成。A 催化氢化时，吸收 2 mol H_2 得 B。A 及 B 分别以 I_2-KOH 处理得碘仿及 C($C_{11}H_{12}O_3$)或 D($C_{11}H_{14}O_3$)。C 或 D 以 $KMnO_4$ 氧化均可得酸 E($C_9H_{10}O_3$)。E 以浓 HI 处理得另一个酸 F($C_7H_6O_3$)。推导 A、B、C、D、E、F 可能的构造式。

答　A、B、C、D、E、F 可能的构造式(每种构造式还有邻、间位两种异构体)：

A. $C_2H_5-O-C_6H_4-CH=CH-\overset{\displaystyle O}{\overset{\|}{C}}-CH_3$

B. $C_2H_5-O-C_6H_4-CH_2CH_2-\overset{\displaystyle OH}{\overset{|}{CH}}-CH_3$

C. $C_2H_5-O-C_6H_4-CH=CH-\overset{\displaystyle O}{\overset{\|}{C}}-OH$

D. $C_2H_5-O-C_6H_4-CH_2-CH_2-COOH$ (4-ethoxyphenyl, para; $-C(=O)OH$)

E. $C_2H_5-O-C_6H_4-COOH$ (para; $-C(=O)OH$)

F. $HO-C_6H_4-COOH$ (para; $-C(=O)OH$)

（李　伟）

第9章 羧酸及取代羧酸

学习目标

(1) 掌握羧酸及取代羧酸的结构和命名。

(2) 掌握羧酸的主要化学性质:①羧酸的酸性及成盐,影响羧酸酸性强弱的因素;②一元和二元羧酸的受热脱羧反应;③羧基中羟基被取代的反应及羧基的还原反应;④羧酸烃基上的卤代反应。

(3) 理解取代羧酸的羟基和羧基相互影响产生的特殊性质:羟基与羧基的相对位置对羧酸酸性的影响,羟基被弱氧化剂氧化,α-、β-、γ-、δ-羟基酸受热发生的不同反应;羰基与羧基的相对位置对羧酸的性质的影响:酸性强弱、脱羧反应难易程度。

(4) 熟悉羧酸的波谱特征。

(5) 了解羧酸和取代羧酸的分类、羧酸亲核加成-消除反应机理及常见的羧酸类化合物。

重点内容提要

9.1 羧酸

1. 分类

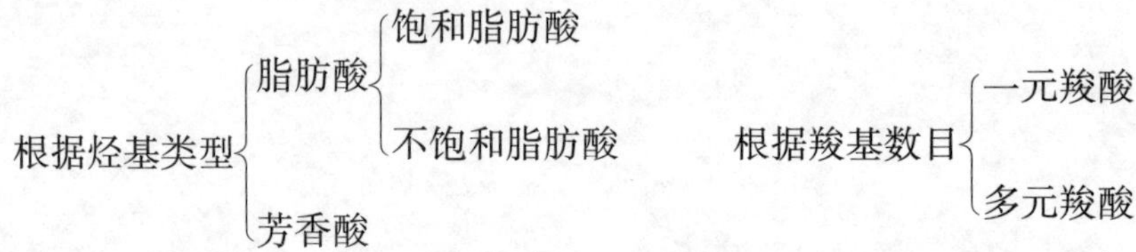

2. 命名

(1) 系统命名法。

羧酸的系统命名法与醛类似,把"醛"字改为"酸"字即可。①脂肪族一元羧酸:选择包括羧基在内的最长碳链作为主链,根据主链碳原子数目称为"某酸",如果采用阿拉伯数字编号,羧基则为1号碳,如果采用希腊字母进行编号,则与羧基直接相连的碳为α碳,与羧基相连的第二个碳为β碳,以此类推;②脂肪族二元酸:选择包含两个羧基的最长碳链作主链,根据主链碳原子的数目称为"某二酸";③脂环酸和芳香酸:把环作为相应脂肪酸的取代基;④不饱和羧酸:选取包含不饱和键和羧基在内的最长碳链作主链,根据主链碳原子数目称为"某烯酸"或"某炔酸",并把不饱和键的位次写在烯酸前面。例如

$$CH_3CH{=}CHCOOH$$

丁-2-烯酸

（2）俗名。

羧酸的俗名根据来源而命名。甲酸最初是蒸馏蚂蚁得到的，所以称为蚁酸；乙酸最初发现于食醋中，又称为醋酸；乙二酸最早于酸模草中得到，故称草酸等。

3. 结构

羧酸是分子中含有羧基（—COOH）的一类有机化合物。羧基由羰基和羟基组成，羧基碳原子采用 sp^2 杂化，羰基的 π 键与羟基氧 p 轨道中未共用电子对形成 p-π共轭体系（图 9-1）。羧基 p-π共轭效应使羰基碳的正电性降低，与醛、酮羰基相比，发生亲核反应的活性降低。

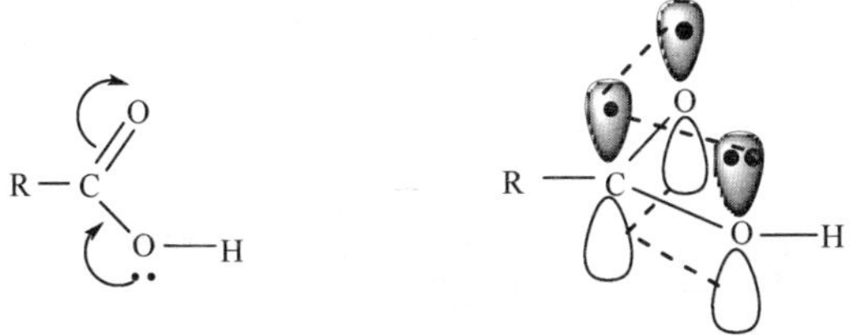

图 9-1　羧基中 p-π 共轭示意图

4. 羧酸的物理性质及波谱特征

（1）了解羧酸结构与常见的物理性质（如熔点、沸点、水溶性）之间的关系。

（2）了解羧酸的特征红外光谱、核磁共振氢谱、质谱。

5. 化学性质

羧酸的化学反应主要发生在羧基及受羧基影响的 α-氢原子上，表现为羧基的酸性反应（成盐）、羟基被亲核取代反应、脱羧反应、羧基的还原及 α-氢的卤代反应等。羧酸的化学性质归纳如图 9-2 所示。

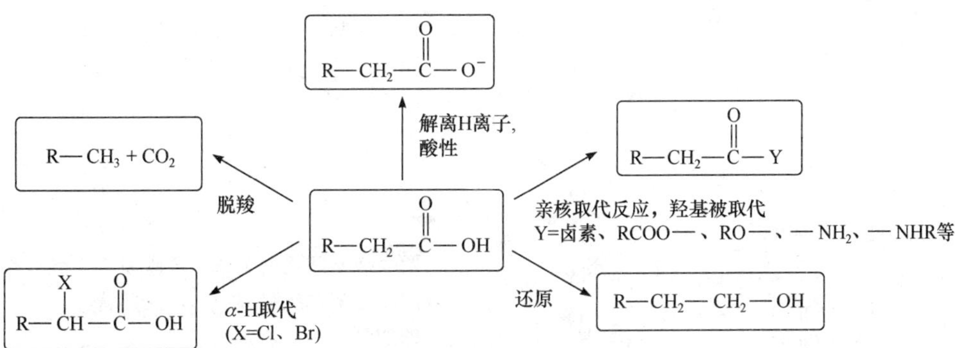

图 9-2　羧酸的化学性质

（1）酸性。

$$\mathrm{R{-}\overset{\displaystyle O}{\overset{\|}{C}}{-}O{-}H \rightleftharpoons R{-}\overset{\displaystyle O}{\overset{\|}{C}}{-}O^- + H^+}$$

羧酸的酸性强弱受烃基（R）部分取代基的电子效应（诱导效应＋共轭效应）影响。一般情况下，吸电子效应使羧酸酸性增强；给电子效应使羧酸酸性减弱。

羧酸是一种弱酸，其能与强碱发生成盐反应。

$$RCOOH + NaOH \longrightarrow RCOONa + H_2O$$

利用此性质可改善含羧基化合物的水溶性，羧酸转化成羧酸盐后其水溶性增大，可用于药物剂型转化。

(2) 羰基碳上的亲核取代反应。

$RCOOH + PX_3、PX_5\text{或}SOCl_2 \longrightarrow RCOX$	根据酰卤的沸点选用不同的试剂制备
$RCOOH \xrightarrow{P_2O_5\text{或}\triangle} (RCO)_2O$	高温（能形成五元或六元环状酸酐时温度较低）
$RCOOH + R'OH \xrightarrow{H^+,\triangle} RCOOR'$	酯化反应中，伯醇和仲醇常按照 S_N2 历程进行，羧酸脱羟基；叔醇、苯甲醇、烯丙醇按 S_N1 历程进行，醇脱羟基
$RCOOH + NH_3 \xrightarrow{\triangle} RCONH_2$	羧酸与氨（或胺）室温反应形成盐，高温脱水成酰胺

(3) 脱羧。

一元羧酸：

$$CH_3COONa \xrightarrow[\triangle]{NaOH+CaO} Na_2CO_3 + CH_4\uparrow$$

2,4,6-三硝基苯甲酸（O_2N、NO_2、NO_2 取代的苯甲酸）$\xrightarrow{\triangle}$ 1,3,5-三硝基苯 $+ CO_2$

高温脱羧：羧酸难以发生脱羧反应，需在高温加热条件下发生脱羧反应；但芳香酸和 α-位带有吸电子基团如 Y＝X、NO_2、CN 等的羧酸较易发生脱羧反应

1-甲基-1-(CH_2CH_2COOAg)环己烷 $\xrightarrow[CCl_4]{Br_2}$ 1-甲基-1-(CH_2CH_2Br)环己烷 $+ CO_2\uparrow + AgBr\downarrow$

$$RCH_2COOH + Pb(OAc)_4 + LiCl \xrightarrow[\text{回流}]{\text{苯}} RCH_2Cl + CO_2\uparrow$$

低温脱羧：羧酸在一些特殊催化剂下可以实现低温的脱羧反应

二元羧酸：

$HOOC—COOH$、$HOOC—CH_2—COOH$ $\xrightarrow[-CO_2]{\triangle}$ $HCOOH$、CH_3COOH

两个羧基直接相连或连在同一个碳原子上的二元酸，受热后易脱羧成一元羧酸

丁二酸、戊二酸 $\xrightarrow[-H_2O]{\triangle}$ 丁二酸酐、戊二酸酐（环状酸酐）

两个羧基间隔两个或三个碳原子的二元酸，受热易脱水，形成环状的酸酐

己二酸、庚二酸 $\xrightarrow[-H_2O,-CO_2]{\triangle}$ 环戊酮、环己酮

两个羧基间隔四个或五个碳原子的二元酸，受热易脱水脱羧，生成五元或六元环酮

(4) α-H 的卤代反应。

羧基对 α-H 的活化比羰基弱得多，α-H 需要在红磷、三卤化磷等催化下被卤素取代生成卤

代酸(氯代反应也可以在少量碘催化作用下进行)。控制条件,反应可停留在一取代阶段。

$$CH_3CH_2CH_2CH_2COOH + Br_2 \xrightarrow[70\ ℃]{PBr_3} CH_3CH_2CH_2\underset{\underset{Br}{|}}{C}HCOOH + HBr$$

α-卤代酸很活泼,常用来制备 α-羟基酸和 α-氨基酸。

(5) 羧基的还原。

$$RCOOH \xrightarrow{LiAlH_4} RCH_2OH \quad \text{直接还原}$$

$$RCOOH \xrightarrow{R'OH/H^+} RCOOR' \xrightarrow[\text{或 } Na^+\ C_2H_5OH]{H_2/Pb} RCH_2OH + R'CH_2OH \quad \text{间接还原}$$

$$RCOOH \xrightarrow{SOCl_2} RCOCl \xrightarrow[\text{或 } Na^+\ C_2H_5OH]{H_2/Pb} RCH_2OH$$

6. 羧酸的制法

实验室制法:①醇和醛的氧化;②芳烃侧链的氧化;③氰化物的水解;④由格氏试剂合成;⑤其他方法:碘仿反应、氧化双键。

工业制法:大多采用乙醇和乙醛氧化。

9.2　羟基酸

1. 羟基酸的结构、分类和命名

(1) 结构。分子中同时具有羟基和羧基两种特性基团的化合物。

(2) 分类。根据羟基所连烃基不同,分为醇酸和酚酸两类;根据羟基和羧基的相对位置不同,分为 α-、β-、γ-、δ-羟基酸。

(3) 命名。系统命名以羧酸为母体,羟基作为取代基。

2. 羟基酸的化学性质

(1) 羟基对羧基酸性的影响。

受羟基诱导效应的影响,醇酸的酸性比相应羧酸的酸性强,随着羟基与羧基距离的增加,这种诱导效应逐渐弱。酚酸的酸性也与羟基和羧基的相对位置有关。

(2) 羧基对羟基的影响。

羟基酸中的羟基受羧基的吸电子效应的影响易被氧化,α-羟基酸能被弱氧化剂托伦试剂或稀硝酸氧化。

$$R\overset{\overset{OH}{|}}{C}HCOOH + Ag(NH_3)_2^+ + OH^- \longrightarrow R\overset{\overset{O}{\|}}{C}COO^- + Ag\downarrow + NH_3 + H_2O$$

(3) 羟基酸的受热反应。

$$2R\underset{\underset{OH}{|}}{C}HCOOH \xrightarrow[-2H_2O]{\triangle} \text{(交酯:3,6-二R-1,4-二氧六环-2,5-二酮)} \quad \text{两分子 α-羟基酸脱水形成交酯}$$

$$CH_3\underset{\underset{OH}{|}}{C}HCH_2COOH \xrightarrow[-H_2O]{\triangle} CH_3CH{=}CHCOOH \quad \text{β-羟基酸脱水形成不饱和酸}$$

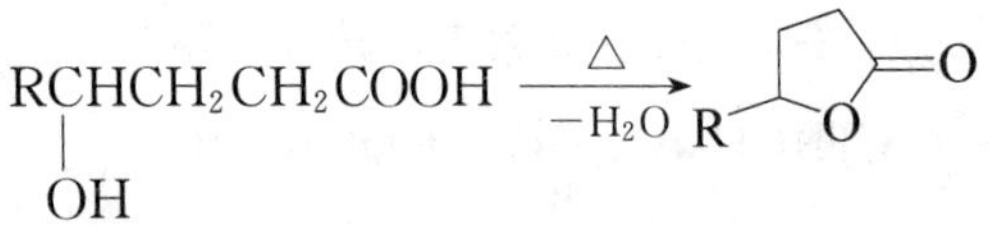

$$\underset{\underset{OH}{|}}{RCHCH_2CH_2COOH} \xrightarrow[-H_2O]{\triangle} \text{R-(五元环内酯, =O)}$$　γ-(或 δ-)羧基酸生成五元(或六元)环状内酯

(4) 酚酸的脱羧反应。

羟基在羧基的邻位或对位的酚酸在加热至熔点以上时,易分解脱羧生成相应的酚。

9.3 羰基酸

1. 羰基酸的结构、分类和命名

(1) 结构。脂肪酸中烃基上的氢原子被氧原子取代后生成的化合物称为羰基酸,分为醛酸和酮酸两类。

(2) 分类。根据羰基和羧基的相对位置不同分为 α-、β-、γ-酮酸。

(3) 命名。系统命名以羧酸为母体,羰基作为取代基。

2. 羰基酸的化学性质

(1) 酸性的变化。

受羰基吸电子诱导效应的影响,羧酸酸性增强。

(2) α-酮酸的反应。

与稀硫酸共热脱羧生成醛,与浓硫酸共热脱去一分子 CO,主产物是羧酸。

(3) β-酮酸的脱羧反应。

室温以上脱羧生成酮,在体内酶的作用下也可发生脱羧反应。

3. 互变异构现象

具有 α-氢的羰基化合物存在一对互变异构体:酮式和烯醇式,即氢原子在 α-碳和羰基氧之间来回移动。烯醇式的稳定性及含量与分子的结构有关,α-氢的活性大,烯醇式能形成长的共轭体系时,烯醇式的含量增加。常见的典型例子是乙酰乙酸乙酯:

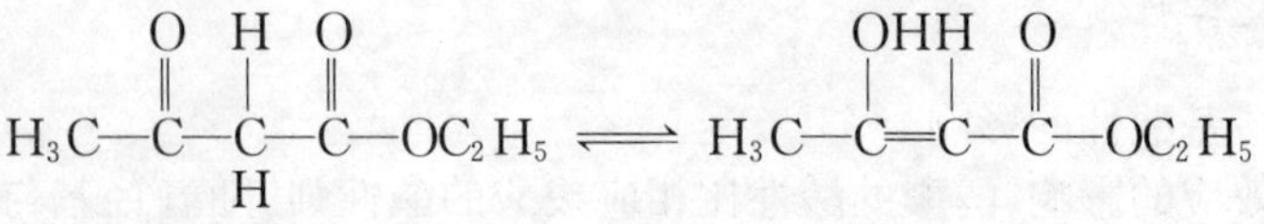

$$H_3C-\overset{\overset{O}{\|}}{C}-\underset{\underset{H}{|}}{\overset{\overset{H}{|}}{C}}-\overset{\overset{O}{\|}}{C}-OC_2H_5 \rightleftharpoons H_3C-\overset{\overset{OH}{|}}{C}=\overset{\overset{H}{|}}{C}-\overset{\overset{O}{\|}}{C}-OC_2H_5$$

酮式(92.5%)　　　　烯醇式(7.5%)

解题示例

【例 9-1】 命名下列化合物。

(1) 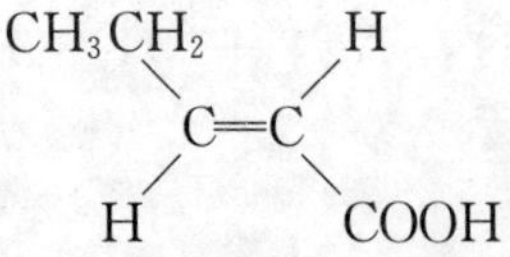 $CH_3CH_2(H)C=C(H)COOH$（CH₃CH₂ 与 H 在左侧，H 与 COOH 在右侧，CH₃CH₂ 与 COOH 处于双键两侧相反位置）

(2) 环己酮的 2-位连有 COOH

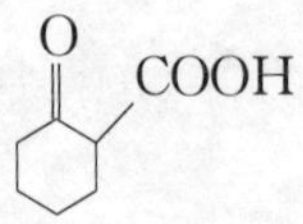

【答案】(1)(*E*)-戊-2-烯酸　　(2)(2-氧代)环己基甲酸

【解析】 化合物(1)和(2)均为多特性基团化合物,命名时首先要确定主特性基团,上述三种特性基团羧基、羰基、双键的优先次序为羧基>羰基>双键。选主链时应选包括两个特性基团在内的最长碳链,编号从羧基一端开始,双键上有顺反异构的需标出构型。

【例 9-2】 比较下列化合物的酸性强弱。

丙二酸　草酸　丙酸　甲酸　甲醇　苯酚

【答案】六个化合物的酸性由强到弱的排列是：

草酸>丙二酸>甲酸>丙酸>苯酚>甲醇

【解析】 本题给出的六个化合物可以分为三类：醇、酚、酸。根据它们分子中与氧原子相连的氢原子的活性得知，其酸性由强到弱排列是酸>酚>醇。

四个羧酸化合物中，酸性强弱可以选用甲酸作为参比对象，其他三个看成是甲酸分子中的氢原子分别被乙基、羧甲基和羧基取代的化合物：丙酸、丙二酸、草酸。其中，乙基是给电子基团，由于给电子诱导效应的影响，不利于羧基中氢原子的解离，因此丙酸的酸性比甲酸弱；羧基是吸电子基团，由于吸电子诱导效应的影响，有利于羧基中氢原子的解离，因此草酸的酸性比甲酸强；羧甲基也为吸电子基团，但其吸引电子能力比羧基弱，所以丙二酸的酸性比甲酸强，但比草酸弱。它们两者的酸性也可以从两个吸电子的羧基的距离远近来判断，吸电子基团距离羧基越近，影响越大，酸性越强。

【例 9-3】 三个互为同分异构体的化合物 A、B、C，分子式为 $C_4H_6O_4$，A 和 B 都能溶于氢氧化钠水溶液，与碳酸钠作用放出二氧化碳气体。A 受热失水形成酸酐，B 受热易发生脱羧反应。C 几乎没有酸性，C 与氢氧化钠水溶液共热生成 D 和 E，其中 D 的酸性比乙酸强，加热能放出二氧化碳气体。E 与酸性高锰酸钾共热，也能生成二氧化碳气体。试推测 A、B、C、D、E 的结构式。

【答案】 根据一系列反应事实可知 A、B、C、D 和 E 的结构式分别为：

A. $HOOCCH_2CH_2COOH$　　B. $CH_3CHCOOH$（CH 上连 COOH）　　C. $COOCH_3$—$COOCH_3$（上下以单键相连）

D. COOH—COOH（上下以单键相连）　　E. CH_3OH

【解析】 要推出本题中 A、B、C、D、E 的结构式，必须熟悉二元羧酸受热时的反应，两个羧基相对位置不同，受热生成的产物不同。两羧基间 2～3 个碳（含羧基碳）的二元羧酸受热脱羧，生成少一个碳的一元羧酸；4～5 个碳的二元羧酸受热脱水，生成环状酸酐。由分子式和题目中 A、B 的反应可推测 A 和 B 为二元羧酸。C 不溶于冷的氢氧化钠水溶液，而在热的氢氧化钠水溶液中反应生成两个新的化合物，说明 C 不显酸性，而是酯类，再由分子式可推知是二元酸的酯类化合物。

【例 9-4】 比较下列化合物酸性强弱。

（1）C_6H_5—COOH（苯甲酸）　　（2）邻硝基苯甲酸（苯环上 COOH 邻位连 NO_2）

（3）间硝基苯甲酸（苯环上 COOH 间位连 O_2N）　　（4）O_2N—C_6H_4—COOH（对硝基苯甲酸）

【答案】（2）>（4）>（3）>（1）。

【解析】 本题主要考查苯环上不同取代基对苯甲酸酸性的影响，取代基对苯甲酸酸性的影响应考虑电子效应（诱导效应＋共轭效应）及空间效应的综合影响。对位硝基吸电子诱导效应和吸电子共轭效应使羧基氢的活性增大，酸性较对硝基苯甲酸弱，但酸性比苯甲酸强；间位硝基只有吸电子的诱导效应，对羧基氢酸性影响比对位的硝基小，酸性较对硝基苯甲酸弱，但酸性比苯甲酸强；邻位既有吸电子诱导效应和吸电子的共轭效应，又有邻位效应，使苯甲酸的酸性明显增加。因此得出化合物的酸性强弱顺序。

学生自我测试题及参考答案

一、用系统命名法命名下列化合物或写出化合物的结构式。

1. 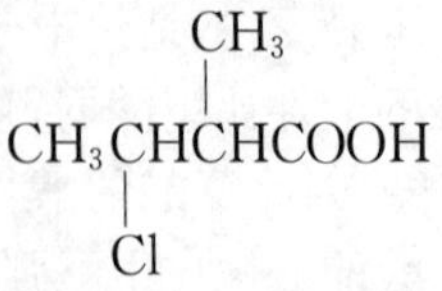 $CH_3CH(Cl)CH(CH_3)COOH$（$CH_3CHCHCOOH$，2-位连 CH_3，3-位连 Cl）　2. $CHBrCOOH$ / CH_2COOH（$HOOCCHBrCH_2COOH$）　3. O_2N—(苯环，邻位 H_3C)—COOH

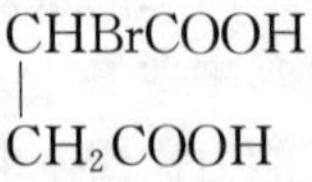

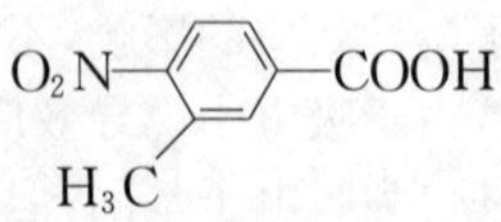

4. 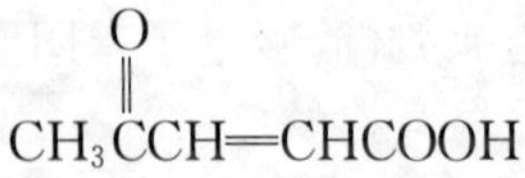 $CH_3C(=O)CH=CHCOOH$　5. 乳酸　6. α-甲基-γ-氧亚基戊酸

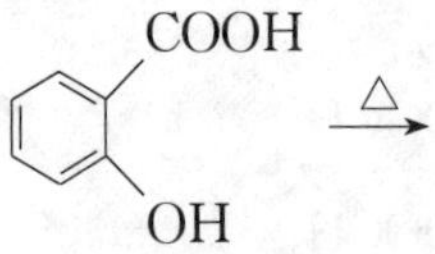

二、写出下列反应的主要产物。

1. 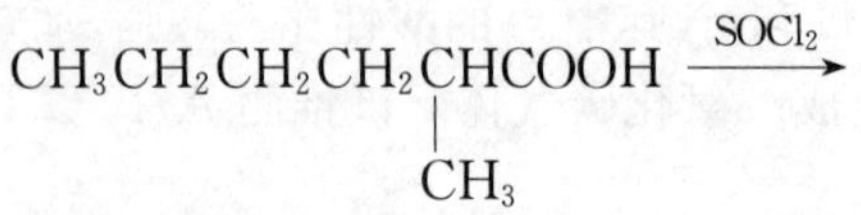 $CH_3CH_2CH_2CH_2CH(CH_3)COOH \xrightarrow{SOCl_2}$　2. 1,1-环戊烷二甲酸 $\xrightarrow{\triangle}$

3. 邻羟基苯甲酸 $\xrightarrow{\triangle}$　4. $CH_3CH_2CH(OH)COOH \xrightarrow{\triangle}$

5. 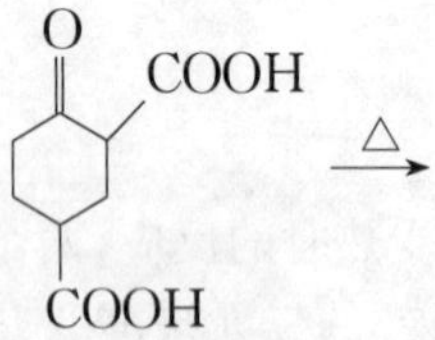 2-氧亚基环己烷-1,4-二甲酸（环己酮，羰基邻位 COOH，另一 COOH 在环上） $\xrightarrow{\triangle}$　6. $CH_3CH_2COCH_2COOH \xrightarrow[\triangle]{H_2SO_4}$

7. 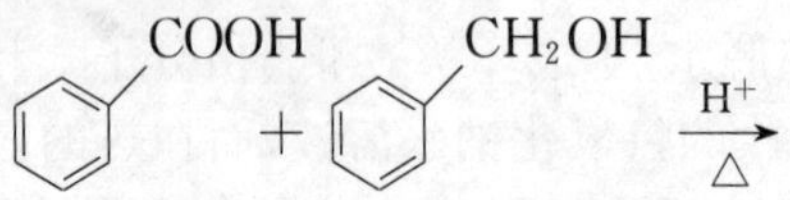 苯甲酸 + 苯甲醇 $\xrightarrow[\triangle]{H^+}$　8. 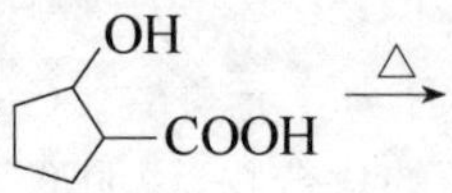 2-羟基环戊烷甲酸 $\xrightarrow{\triangle}$

9. 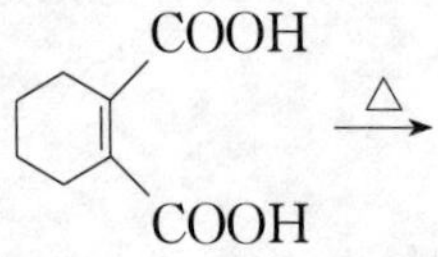 环己烯-1,2-二甲酸 $\xrightarrow{\triangle}$　10. $RCH_2CH_2COOH + R'NH_2 \xrightarrow{\triangle}$

11. $RCH_2COOAg + Br_2 \xrightarrow{CCl_4}$　12. $CH_3CH_2CH=CHCH_2COOH \xrightarrow[(2)H_2O]{(1)LiAlH_4}$

三、比较下列各组化合物的酸性强弱。

1. A. $CH_3CH_2CH(OH)COOH$　B. $CH_3CH(OH)CH_2COOH$
   C. $CH_3CH_2COCOOH$　D. $CH_3CH_2CH_2COOH$

2. A. 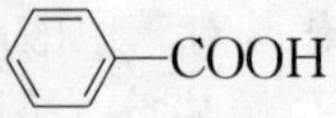 C_6H_5—COOH　B. O_2N—C_6H_4—COOH
   C. H_3CO—C_6H_4—COOH　D. 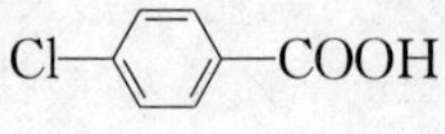 Cl—C_6H_4—COOH

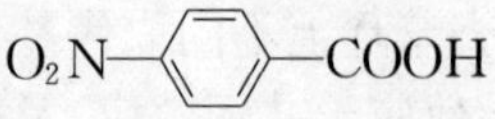

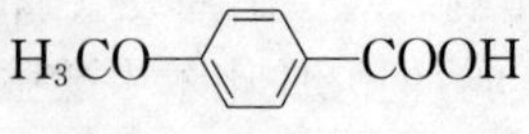

四、选择题。

1. 羧基中存在的共轭效应是（　　）

A. π-π 共轭　　B. p-π 共轭　　C. 超共轭　　D. π-π 共轭和超共轭

2. 在相同条件下，乙醇与下列酸发生酯化反应速率最快的是(　　)

A. $(CH_3)_3CCOOH$　　B. CH_3CH_2COOH

C. $(CH_3)_2CHCOOH$　　D. CH_3COOH

3. 4-甲基-2-己烯酸最多有几种同分异构体(　　)

A. 一种　　B. 两种　　C. 三种　　D. 四种

4. 下列化合物最容易发生脱羧反应的是(　　)

A. 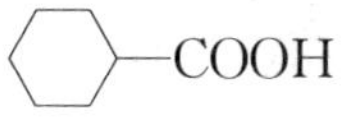 环己基—COOH　　B. $(CH_3)_3CCOOH$

C. CH_3COCH_2COOH　　D. $CH_3CH(OH)CH_2COOH$

5. 下列化合物受热易生成交酯的是(　　)

A. 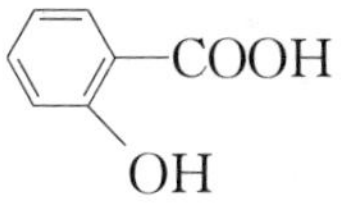 邻羟基苯甲酸（苯环—COOH，邻位 OH）　　B. $CH_3CH(OH)CH_2COOH$

C. CH_3COCH_2COOH　　D. $CH_3CH_2CH(OH)COOH$

6. 化合物 $CH_3CH(CH_3)CH(OH)COOH$ 受热时发生的反应是(　　)

A. 分子间脱水成交酯　　B. 分子内脱水成烯酸

C. 脱羧成醛　　D. 氧化成酮酸

7. 下列化合物能与 $FeCl_3$ 溶液发生显色反应的是(　　)

A. $CH_3COOC_2H_5$　　B. $CH_3COCH_2COOC_2H_5$

C. 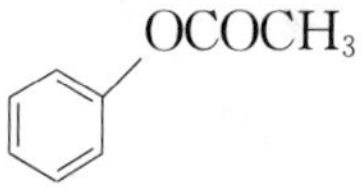 苯环—$OCOCH_3$　　D. 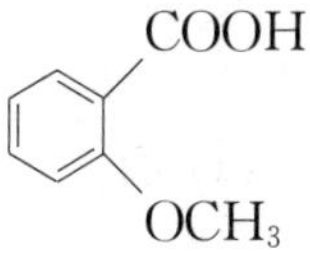 苯环（COOH，邻位 OCH_3）

8. 下列试剂能直接将 CH_3COOH 还原成 CH_3CH_2OH 的是(　　)

A. H_2/Pd　　B. $Na+C_2H_5OH$　　C. $LiAlH_4$　　D. Fe/HCl

五、合成题。

1. 由异丙醇合成 2-甲基丙酸

2. 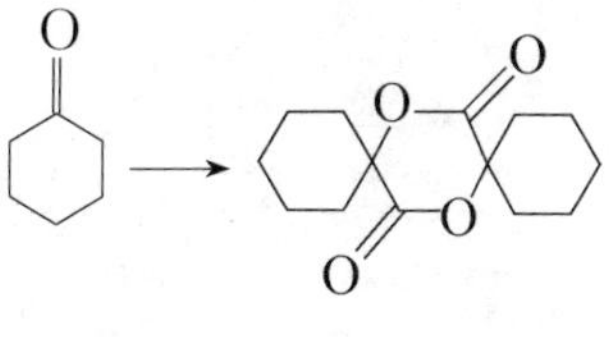 环己酮 ⟶ 双螺环交酯（两个环己烷环经 1,4-二氧六环-2,5-二酮环螺接）

六、试推测分子式为 $C_6H_{10}O_4$ 的下列二元酸的结构式。

1. 加热易脱羧生成 2-甲基丁酸

2. 加热至 300 ℃脱水生成乙基丁二酸酐

3. 与 P_2O_5 共热生成 2,3-二甲基丁二酸酐

七、2-(*N*,*N*-二乙基氨基)-1-苯丙酮是医治厌食症的药物，可以通过以下路线合成，写出 A、B、C、D 所代表的中间体或试剂：

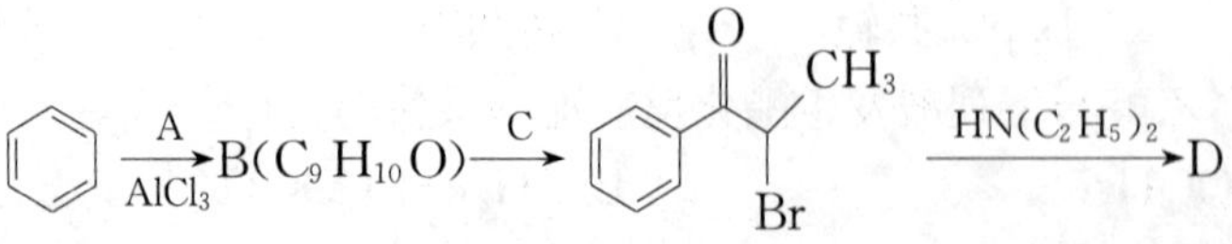

苯 $\xrightarrow[AlCl_3]{A}$ B($C_9H_{10}O$) $\xrightarrow{C}$ $C_6H_5COCH(Br)CH_3$ $\xrightarrow{HN(C_2H_5)_2}$ D

八、化合物 $C_9H_{10}O_2$，IR：波数/cm^{-1}：3000（宽）、1700、1600、1500、1300、1220、910（较宽）、750、702；NMR：δ_H/ppm：2.8～2.9（两组三重峰，有部分重叠，每组 2H），7.35（单峰，5H），11.5（单峰，1H）。试推测化合物的结构，并表明各吸收峰的归属。

九、化合物 A($C_{10}H_{12}O_2$)不溶于氢氧化钠溶液，能与 2,4-二硝基苯肼反应，但不与托伦试剂反应，经酸性高锰酸钾氧化得到对甲氧基苯甲酸。A 经 $LiAlH_4$ 还原得到 B($C_{10}H_{14}O_2$)，A 和 B 都能进行碘仿反应。A 与 HI 反应生成 C($C_9H_{10}O_2$)，A 经锌汞齐还原得到 D($C_{10}H_{14}O$)。试写出 A、B、C、D 可能的结构式。

参考答案

一、1. 3-氯-2-甲基丁酸　2. 2-溴丁二酸　3. 3-甲基-4-硝基苯甲酸

4. 4-氧代戊-2-烯酸　5. $CH_3CH(OH)COOH$　6. $CH_3COCH_2CH(CH_3)COOH$

二、1. $CH_3CH_2CH_2CH_2CH(CH_3)COCl$　2. 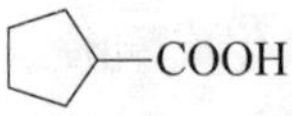 环戊基—COOH　3. 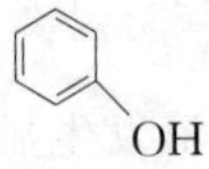 苯酚（C₆H₅OH）

4. 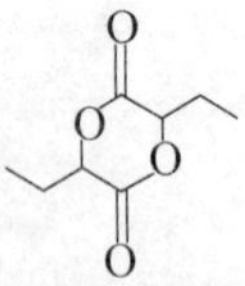 3,6-二乙基-1,4-二氧六环-2,5-二酮（乳酸交酯型结构）　5. 4-氧代环己烷甲酸（COOH）　6. $CH_3CH_2COCH_3$

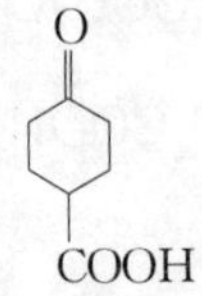

7. 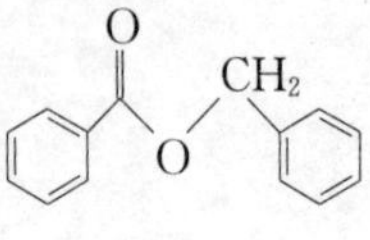 $C_6H_5COOCH_2C_6H_5$　8. 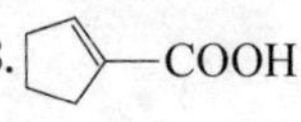 环戊烯-1-基—COOH　9. 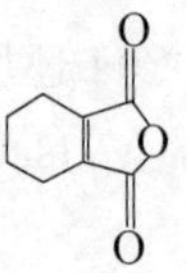 四氢邻苯二甲酸酐

10. RCH_2CH_2CONHR'　11. RCH_2Br　12. $CH_3CH_2CH=CHCH_2CH_2OH$

三、1. C>A>B>D　2. B>D>A>C

四、1. B　2. D　3. D　4. C　5. D　6. A　7. B　8. C

五、1. $(CH_3)_2CHOH \xrightarrow[\triangle]{浓硫酸} CH_3CH=CH_2 \xrightarrow{HBr} (CH_3)_2CHBr \xrightarrow[无水乙醚]{Mg} (CH_3)_2CHMgBr$

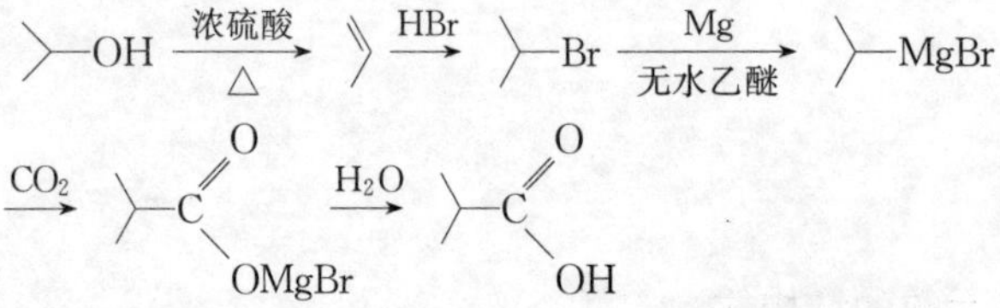

$\xrightarrow{CO_2} (CH_3)_2CHCOOMgBr \xrightarrow{H_2O} (CH_3)_2CHCOOH$

2. 环己酮 $\xrightarrow{H_2/Ni}$ 环己醇 $\xrightarrow[\triangle]{浓 H_2SO_4}$ 环己烯 $\xrightarrow{HBr}$ 溴代环己烷 $\xrightarrow[Mg]{无水乙醚}$ 环己基MgBr $\xrightarrow[CO_2]{无水乙醚}$ 环己基COOMgBr $\xrightarrow{H_2O}$

环己基COOH $\xrightarrow[\triangle]{Br_2/PBr_3}$ 1-溴环己烷甲酸（HOOC、Br） $\xrightarrow[\triangle]{NaOH/C_2H_5OH}$ 1-羟基环己烷甲酸（HOOC、OH） $\xrightarrow{\triangle}$ 交酯（双螺环二酮）

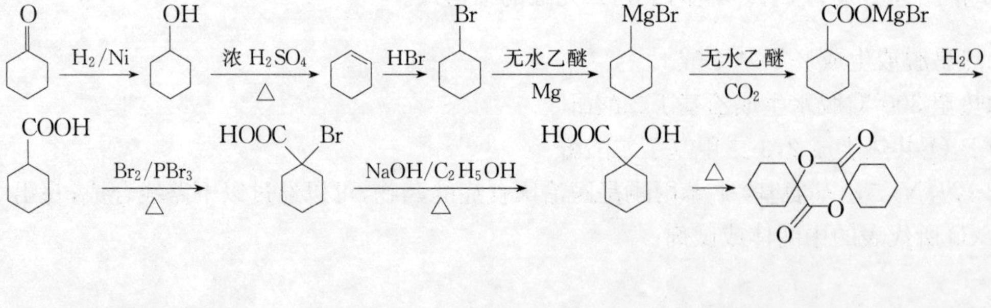

六、1. $CH_3CH_2C(CH_3)(COOH)—COOH$　2. $CH_3CH_2CH(—COOH)—CH_2—COOH$　3. $CH_3CH(—COOH)—CH(CH_3)—COOH$

七、A. CH_3CH_2COCl　B. $C_6H_5COCH_2CH_3$

C. Br_2,CH_3COOH 答到 Br_2 就给分　D. $C_6H_5COCH(CH_3)N(C_2H_5)_2$

八、$C_6H_5CH_2CH_2COOH$

IR:波数/cm^{-1}

3000(宽):羧基中的 O—H,苯环 C—H

1700:C═O

1600:苯环骨架

1500:苯环骨架

1300:—CH_2CH_2 的 C—H

1220:苯环 C—H

910:(较宽):苯环 C—H

750:—CH_2CH_2 的 C—H

702:苯环 C—H

NMR:δ_H/ppm

2.8～2.9(两组三重峰,有部分重叠,每组 2H):—CH_2CH_2

7.35(单峰,5H):苯环 H

11.5(单峰,1H):羧基 H

九、A. $H_3CO—C_6H_4—CH_2COCH_3$　B. $H_3CO—C_6H_4—CH_2CH(OH)CH_3$

C. $HO—C_6H_4—CH_2COCH_3$　D. $CH_3—C_6H_4—CH_2CH_2CH_3$

教材中的问题及习题解答

一、教材中的问题及解答

问题与思考 9-1　比较苯甲酸、对硝基苯甲酸、对甲基苯甲酸和对甲氧基苯甲酸的酸性强弱。

答　酸性由强到弱:对硝基苯甲酸>苯甲酸>对甲基苯甲酸>对甲氧基苯甲酸。

问题与思考 9-2　完成如下转变:

环己酮 ⟶ 环戊酮

答　环己酮 $\xrightarrow{H_2/Ni}$ 环己醇 $\xrightarrow[\triangle]{浓 H_2SO_4}$ 环己烯 $\xrightarrow{KMnO_4/H^+}$ $HOOC(CH_2)_4COOH$ $\xrightarrow{\triangle}$ 环戊酮

问题与思考 9-3　1997 年,聚乳酸被美国食品药品监督管理局(FDA)批准为药用辅料,广泛应用于药物控制释放系统、手术缝合线、骨固定以及骨组织再生等生物医学领域。请用有机化学理论解释聚乳酸的这些生物医学应用依据和优越性。

答 聚乳酸是乳酸单体之间经过酯键结合起来的聚合物，酯键在体液环境下可以自动逐步水解成小分子乳酸单体，乳酸单体是体内正常代谢产物，具有生物相容性。聚乳酸具有缓慢可控自动降解、生物相容性好等优越性。

二、教材中的习题及解答

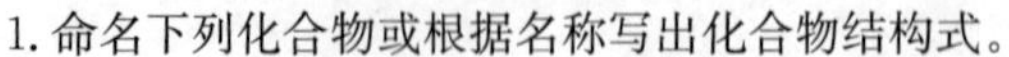

1. 命名下列化合物或根据名称写出化合物结构式。

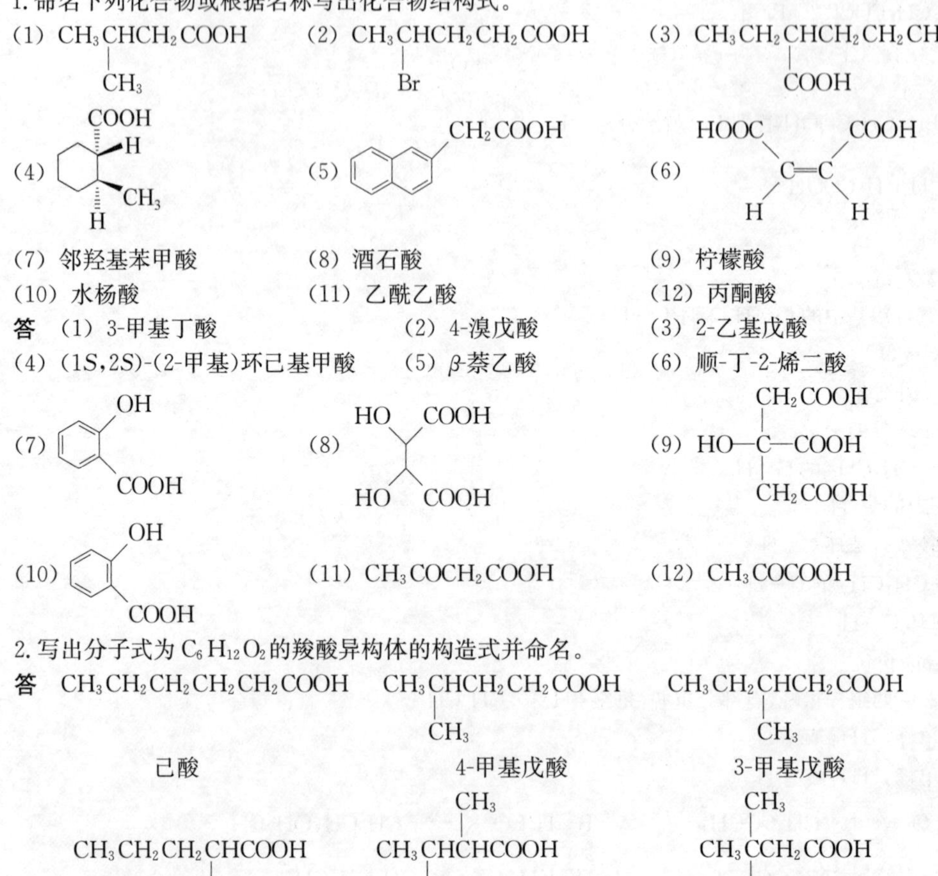

(1) CH_3CHCH_2COOH（CH_3 取代）　(2) $CH_3CHCH_2CH_2COOH$（Br 取代）　(3) $CH_3CH_2CHCH_2CH_2CH_3$（COOH 取代）

(4)　(5)　(6)

(7) 邻羟基苯甲酸　(8) 酒石酸　(9) 柠檬酸

(10) 水杨酸　(11) 乙酰乙酸　(12) 丙酮酸

答 (1) 3-甲基丁酸　(2) 4-溴戊酸　(3) 2-乙基戊酸

(4) (1S,2S)-(2-甲基)环己基甲酸　(5) β-萘乙酸　(6) 顺-丁-2-烯二酸

(7)　(8)　(9)

(10)　(11) CH_3COCH_2COOH　(12) $CH_3COCOOH$

2. 写出分子式为 $C_6H_{12}O_2$ 的羧酸异构体的构造式并命名。

答 $CH_3CH_2CH_2CH_2CH_2COOH$ 己酸　$CH_3CHCH_2CH_2COOH$（CH_3）4-甲基戊酸　$CH_3CH_2CHCH_2COOH$（CH_3）3-甲基戊酸

$CH_3CH_2CH_2CHCOOH$（CH_3）2-甲基戊酸　2,3-二甲基丁酸　3,3-二甲基丁酸

2,2-二甲基丁酸　2-乙基丁酸

3. 写出分子式为 $C_5H_6O_4$ 的不饱和二元酸的各异构体（包括顺反异构体）的构造式（构型式）并命名。

答

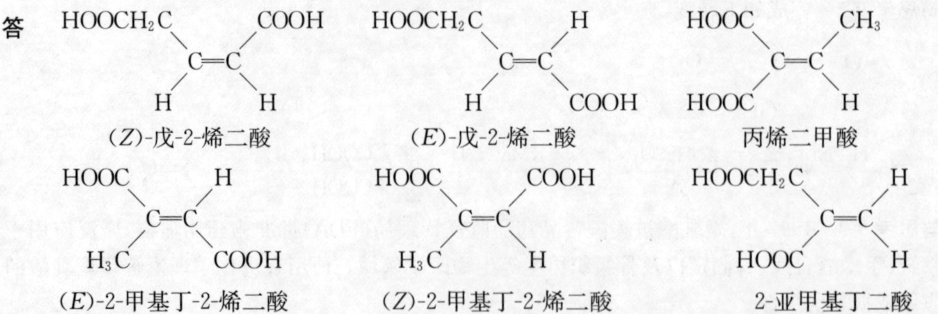

(Z)-戊-2-烯二酸　(E)-戊-2-烯二酸　丙烯二甲酸

(E)-2-甲基丁-2-烯二酸　(Z)-2-甲基丁-2-烯二酸　2-亚甲基丁二酸

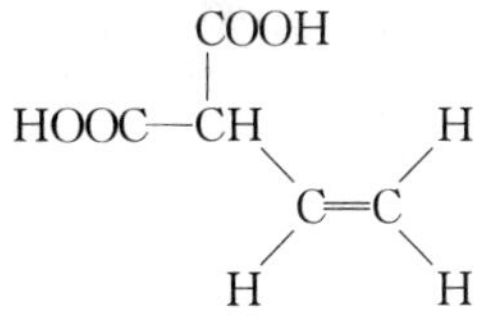

$$\mathrm{HOOC{-}CH(COOH){-}CH{=}CH_2}$$

2-乙烯基丙二酸

4.下列化合物中，哪些能与 $FeCl_3$ 发生显色反应？

(1) $CH_3COCH_2COOC_2H_5$　　(2) $CH_3COCH_2CH_2COOC_2H_5$

(3) 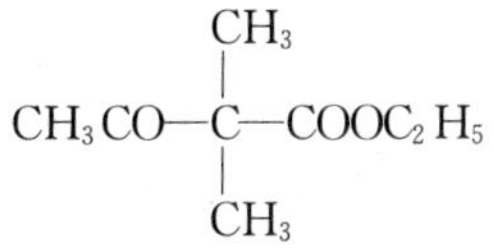 $CH_3CO{-}C(CH_3)_2{-}COOC_2H_5$　　(4)  $CH_3COCH(CH(CH_3)_2)COOC_2H_5$

答 (1)、(4)。

5.按酸性由弱到强的顺序排列下列化合物。

(1) 乙酸，三氯乙酸，二氯乙酸

(2) 苯甲酸，对硝基苯甲酸，邻硝基苯甲酸，2,4-二硝基苯甲酸

(3) 乙酸，苯酚，对硝基苯酚，环己醇

答 (1) 乙酸＜二氯乙酸＜三氯乙酸

(2) 苯甲酸＜对硝基苯甲酸＜邻硝基苯甲酸＜2,4-二硝基苯甲酸

(3) 环己醇＜苯酚＜对硝基苯酚＜乙酸

6.分别写出异丁酸与下列试剂作用的反应式。

(1) Br_2/P，△　(2) $SOCl_2$　(3) C_2H_5OH, H_2SO_4

(4) $NaHCO_3$　(5) $LiAlH_4$　(6) $(CH_3CO)_2O$

答

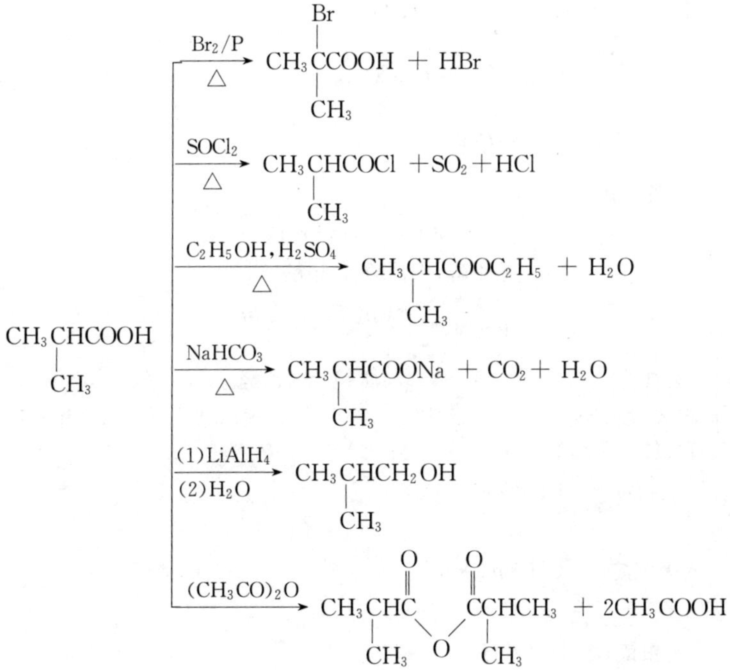

$$CH_3CH(CH_3)COOH \xrightarrow[\triangle]{Br_2/P} CH_3CBr(CH_3)COOH + HBr$$

$$CH_3CH(CH_3)COOH \xrightarrow[\triangle]{SOCl_2} CH_3CH(CH_3)COCl + SO_2 + HCl$$

$$CH_3CH(CH_3)COOH \xrightarrow[\triangle]{C_2H_5OH, H_2SO_4} CH_3CH(CH_3)COOC_2H_5 + H_2O$$

$$CH_3CH(CH_3)COOH \xrightarrow[\triangle]{NaHCO_3} CH_3CH(CH_3)COONa + CO_2 + H_2O$$

$$CH_3CH(CH_3)COOH \xrightarrow[(2)H_2O]{(1)LiAlH_4} CH_3CH(CH_3)CH_2OH$$

$$CH_3CH(CH_3)COOH \xrightarrow{(CH_3CO)_2O} CH_3CH(CH_3)C(=O){-}O{-}C(=O)CH(CH_3)CH_3 + 2CH_3COOH$$

7.下列物质受热后的主要产物是什么？

（1）2-乙基-2-甲基丙二酸 （2）3,4-二甲基己二酸

（3）丁酸 （4）乙二酸

答 （1）2-甲基丁酸 （2）2,3-二甲基环戊酮

（3）较稳定(不变化) （4）甲酸

8.如何从丁酸出发制备下列化合物？

（1）1-丁醇 （2）丁醛 （3）1-溴丁烷

（4）正戊腈 （5）1-丁烯 （6）丁胺

答 （1）$CH_3CH_2CH_2COOH \xrightarrow{LiAlH_4} CH_3CH_2CH_2CH_2OH$

（2）$CH_3CH_2CH_2COOH \xrightarrow{LiAlH_4} CH_3CH_2CH_2CH_2OH \xrightarrow{CrO_3/C_5H_5N} CH_3CH_2CH_2CHO$

（3）$CH_3CH_2CH_2COOH \xrightarrow{LiAlH_4} CH_3CH_2CH_2CH_2OH \xrightarrow[\triangle]{浓\ H_2SO_4} CH_3CH_2CH{=}CH_2$

$\xrightarrow{H_2O_2/HBr} CH_3CH_2CH_2CH_2Br$

（4）$CH_3CH_2CH_2COOH \xrightarrow{LiAlH_4} CH_3CH_2CH_2CH_2OH \xrightarrow[\triangle]{浓\ H_2SO_4} CH_3CH_2CH{=}CH_2$

$\xrightarrow{H_2O_2/HBr} CH_3CH_2CH_2CH_2Br \xrightarrow{NaCN} CH_3CH_2CH_2CH_2CN$

（5）$CH_3CH_2CH_2COOH \xrightarrow{LiAlH_4} CH_3CH_2CH_2CH_2OH \xrightarrow{浓\ H_2SO_4} CH_3CH_2CH{=}CH_2$

（6）$CH_3CH_2CH_2COOH \xrightarrow[\triangle]{NH_3} CH_3CH_2CH_2CONH_2 \xrightarrow{LiAlH_4} CH_3CH_2CH_2CH_2NH_2$

9.写出对甲基苯甲酸与下列试剂反应的方程式。

（1）$LiAlH_4$ （2）CH_3OH,HCl （3）$SOCl_2$

答 （1）$H_3C-C_6H_4-COOH \xrightarrow{LiAlH_4} H_3C-C_6H_4-CH_2OH$

（2）$H_3C-C_6H_4-COOH \xrightarrow{CH_3OH,HCl} H_3C-C_6H_4-COOCH_3$

（3）$H_3C-C_6H_4-COOH \xrightarrow{SOCl_2} H_3C-C_6H_4-COCl$

10.用简单的化学方法区分下列各组化合物。

（1）乙醇,乙醛,乙酸 （2）$CH_3COBr,CH_2BrCOOH$

（3）$HCOOH,CH_3COOH$ （4）苯甲醇,水杨酸,苯甲酸

答

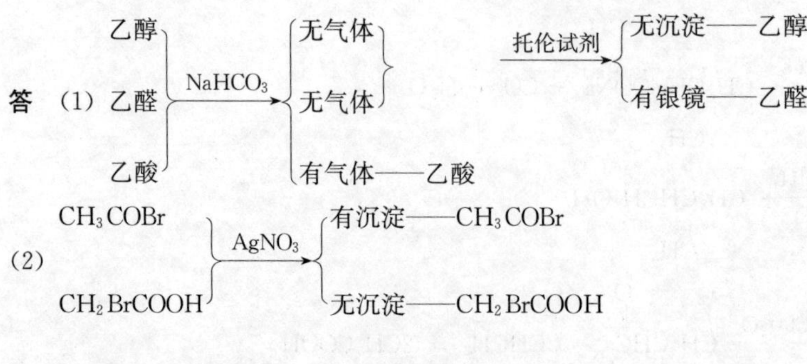

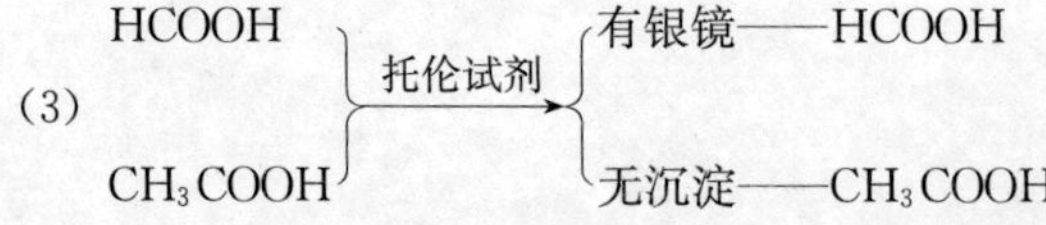

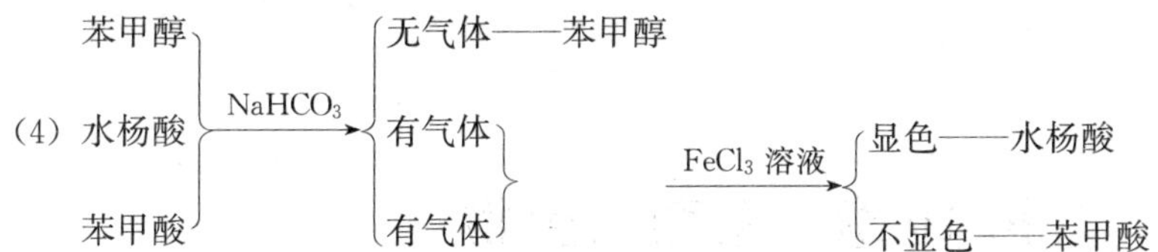

11. 化合物 A($C_6H_{12}O_3$)脱水得 B($C_6H_{10}O_2$)。B 无旋光异构体，但有两个顺反异构体。B 加 1 mol H_2 得 C($C_6H_{12}O_2$)，C 可拆分为两个对映体。在一定条件下，C 与 1 mol Cl_2 反应得 D。D 与 KOH-乙醇溶液反应生成 B 的钾盐。B 氧化时得 E(C_4H_8O)及草酸。E 无银镜反应，但能生成碘仿。推导 A 可能的构造式。

答　A 可能的构造式为

$$CH_3CH_2\overset{\overset{CH_3}{|}}{\underset{\underset{OH}{|}}{C}}CH_2COOH$$

12. 二元酸 A($C_8H_{14}O_4$)加热时转变为非酸的化合物 B($C_7H_{12}O$)。B 以浓 HNO_3 氧化得二元酸 C($C_7H_{12}O_4$)。C 加热时生成酸酐 D($C_7H_{10}O_3$)。A 以 $LiAlH_4$ 还原时可得 E($C_8H_{18}O_2$)。E 脱水生成 3,4-二甲基己-1,5-二烯。推导出 A 可能的构造式，并写出相应的 B、C、D、E 的结构式。

答　A 可能的构造式为

$$HOOCCH_2\underset{\underset{CH_3}{|}}{CH}\overset{\overset{CH_3}{|}}{CH}CH_2COOH$$

B～E 的结构式为

B. 3,4-二甲基环戊酮（环戊酮结构，环上 3,4 位各连一个甲基，C=O）

C. $HOOCCH_2\underset{\underset{CH_3}{|}}{CH}\overset{\overset{CH_3}{|}}{CH}COOH$

D. 3,4-二甲基戊二酸酐（六元环酐，环上含 O 及两个 C=O，两个甲基取代）

E. $HOCH_2CH_2\underset{\underset{CH_3}{|}}{CH}\overset{\overset{CH_3}{|}}{CH}CH_2CH_2OH$

13. 化合物 A($C_7H_6O_3$)溶于 $NaHCO_3$ 溶液，与 $FeCl_3$ 有显色反应。将 A 用 $(CH_3CO)_2O$ 处理后生成 $C_9H_8O_4$，A 与甲醇反应可得 $C_8H_8O_3$，后者硝化后主要生成两种一硝基化合物。推导 A 可能的构造式。

答　A 可能的构造式为

（苯环邻位分别连有 COOH 和 OH，即邻羟基苯甲酸）

（张定林）

第 10 章　羧酸衍生物

学习目标

（1）掌握羧酸衍生物的分类、命名。

（2）掌握羧酸衍生物的主要化学性质：亲核取代反应：水解、醇解、氨解反应及活性顺序；还原反应：不同还原剂的反应特点；克莱森酯缩合反应。

（3）了解光气、脲、胍的结构和主要化学性质。

重点内容提要

10.1　羧酸衍生物的命名

1. 羧酸衍生物的结构特征

（1）羧酸衍生物（酰卤、酯、酸酐和酰胺）的结构特点是都含有酰基，所以羧酸衍生物还可以称为酰基化合物。

（2）羧酸衍生物酰基中 C═O 键电荷分布不均，碳原子带部分正电荷，使其容易受亲核试剂的进攻。这是羧酸衍生物反应活性的根源，碳带正电荷的程度越高，活性越强。

2. 羧酸衍生物的命名原则

把相应羧酸名称去掉“酸”字，加上酰卤、酸酐、酰胺。酯的命名按形成的酸和醇称为某酸某（醇）酯，多元醇的酯常把“酸”名放在后面，称为某醇某酸酯。分子内含有—CO—O—结构的环状化合物称为内酯。

10.2　羧酸衍生物的性质

1. 物理性质

了解羧酸衍生物结构对沸点影响的规律：羧酸衍生物属于极性化合物，但酰卤、酸酐、酯不能形成分子间氢键，沸点低于相应的羧酸；伯、仲、叔三种类型的酰胺沸点受形成分子间氢键能力的影响。

2. 化学性质

（1）亲核取代反应：水解、醇解、氨解。

羧酸衍生物可发生水解、醇解、氨解，其结果是羧酸衍生物 RCO—L 中的离去基团 L 分别被 OH、OR、NH_2（或 NHR、NR_2）取代而生成羧酸、酯、酰胺（或 *N*-取代酰胺）。反应通式如下：

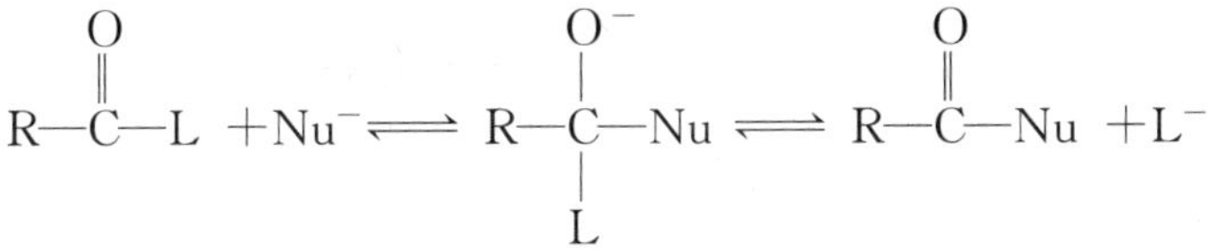

$$R-\overset{\overset{O}{\|}}{C}-L + Nu^- \rightleftharpoons R-\underset{\underset{L}{|}}{\overset{\overset{O^-}{|}}{C}}-Nu \rightleftharpoons R-\overset{\overset{O}{\|}}{C}-Nu + L^-$$

$$L = X, OCOR, OR, NH_2$$

该反应历程属于亲核取代反应，反应中一种羧酸衍生物与亲核试剂作用转化成羧酸或另一种羧酸衍生物，酰基也从一种化合物转移到另一种化合物，所以此类反应也称为酰化反应或酰基转移反应。酰卤和酸酐是优良的酰化剂。

需要重点掌握：决定羧酸衍生物活性的因素，比较四类羧酸衍生物的活性顺序：酰卤＞酸酐＞酯＞酰胺。高活性的羧酸衍生物可以转化为低活性的羧酸衍生物。

（2）还原反应。

酰卤、酸酐和酯都能被氢化铝锂（$LiAlH_4$）还原为伯醇。

（3）克莱森酯缩合反应。

克莱森酯缩合反应的本质是在强碱条件下碳负离子对酯酰基的亲核取代反应。该反应可制备碳链延长的酯的衍生物。重点掌握不含有 α-H 的酯与含有 α-H 的酯进行的交叉克莱森酯缩合反应。

解题示例

【例 10-1】 排列下列羧酸衍生物的水解活性顺序。

（1）$H_3CO-C_6H_4-COCl$（对位）　（2）C_6H_5-COCl

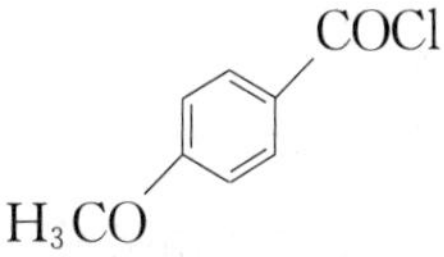

（3）$H_3C-C_6H_4-COCl$（对位）　（4）$NO_2-C_6H_4-COCl$（对位）

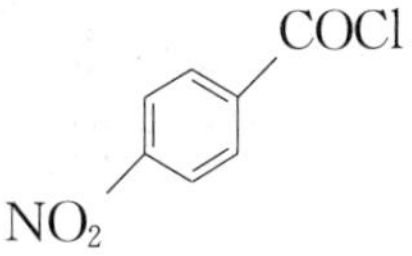

【解析】 羧酸衍生物水解（或醇解、氨解）属于亲核取代反应，酰基碳正电性越高，活性越强。上述化合物均为苯甲酰氯衍生物，由于对苯环的供电子能力—OCH_3＞—CH_3＞—H＞—NO_2，故酰基正电性（4）＞（2）＞（3）＞（1），水解活性按酰基正电性由大到小降低。

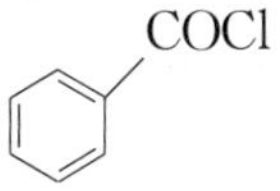

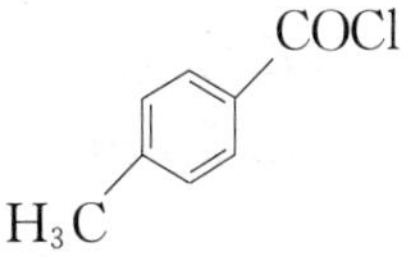

【例 10-2】 用化学方法区分下列化合物：丁酮，乙酸乙酯，β-丁酮酸，丁酰胺。

【解析】

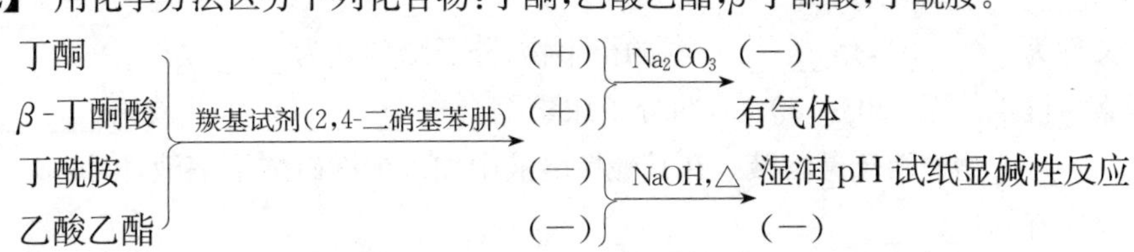

化合物	羰基试剂（2,4-二硝基苯肼）	第二步试剂	现象
丁酮	（＋）	Na_2CO_3	（－）
β-丁酮酸	（＋）	Na_2CO_3	有气体
丁酰胺	（－）	NaOH，△	湿润 pH 试纸显碱性反应
乙酸乙酯	（－）	NaOH，△	（－）

任何用化学方法区分不同化合物的题目，均考虑几种化合物间的化学性质差异。

学生自我测试题及参考答案

一、命名下列化合物。

1. 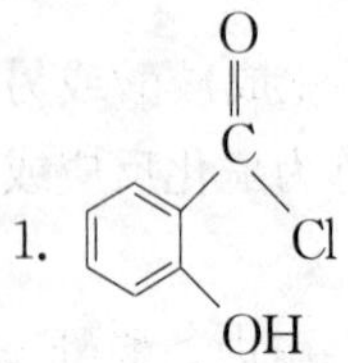

2. $CH_3CH_2CO-O-COCH_3$

3.

4. $CH_3CH(CH_3)COBr$

5. $C_6H_5-COOCH_2-C_6H_5$

6. $o-HOC_6H_4COOCH_3$

7. $C_6H_5CON(CH_3)_2$

8. $C_6H_4(CO)_2NCH_3$

9. $(CH_3CO)_2O$

10. $CH_3CH_2COOCH_2CH_2OH$

11. $CH_2{=}C(CH_3)COOCH_3$

二、写出下列化合物的构造式。

1. DMF　　2. *N*-甲基-*N*-乙基苯甲酰胺　　3. *β*-萘甲酰溴

4. 乙酸异戊醇酯　　5. *γ*-癸内酯　　6. 乙酰苯胺

7. 马来酸酐　　8. 琥珀酸酐　　9. 乙酰水杨酸

10. 对乙酰氨基苯酚

三、填空题。

1. 羧酸衍生物包括________、________、________和________，它们都含共同的特性基团，故它们统称为________基化合物。

2. 尿素又称为________，是________酸的衍生物，分子结构式为________。

3. 将尿素缓慢加热至150～160 ℃，两分子尿素缩合成________，并放出________，可互变成________型而溶于碱溶液。在其碱性溶液中加入少许硫酸铜溶液，溶液显________色，这个反应称为________。

4. 胍的分子结构式为________。

5. 丙二酰脲存在酮式-烯醇式互变异构现象，烯醇式酸性比乙酸强，故常称为________。

6. 酰卤的结构通式是________，酯的结构通式是________。

四、单选题。

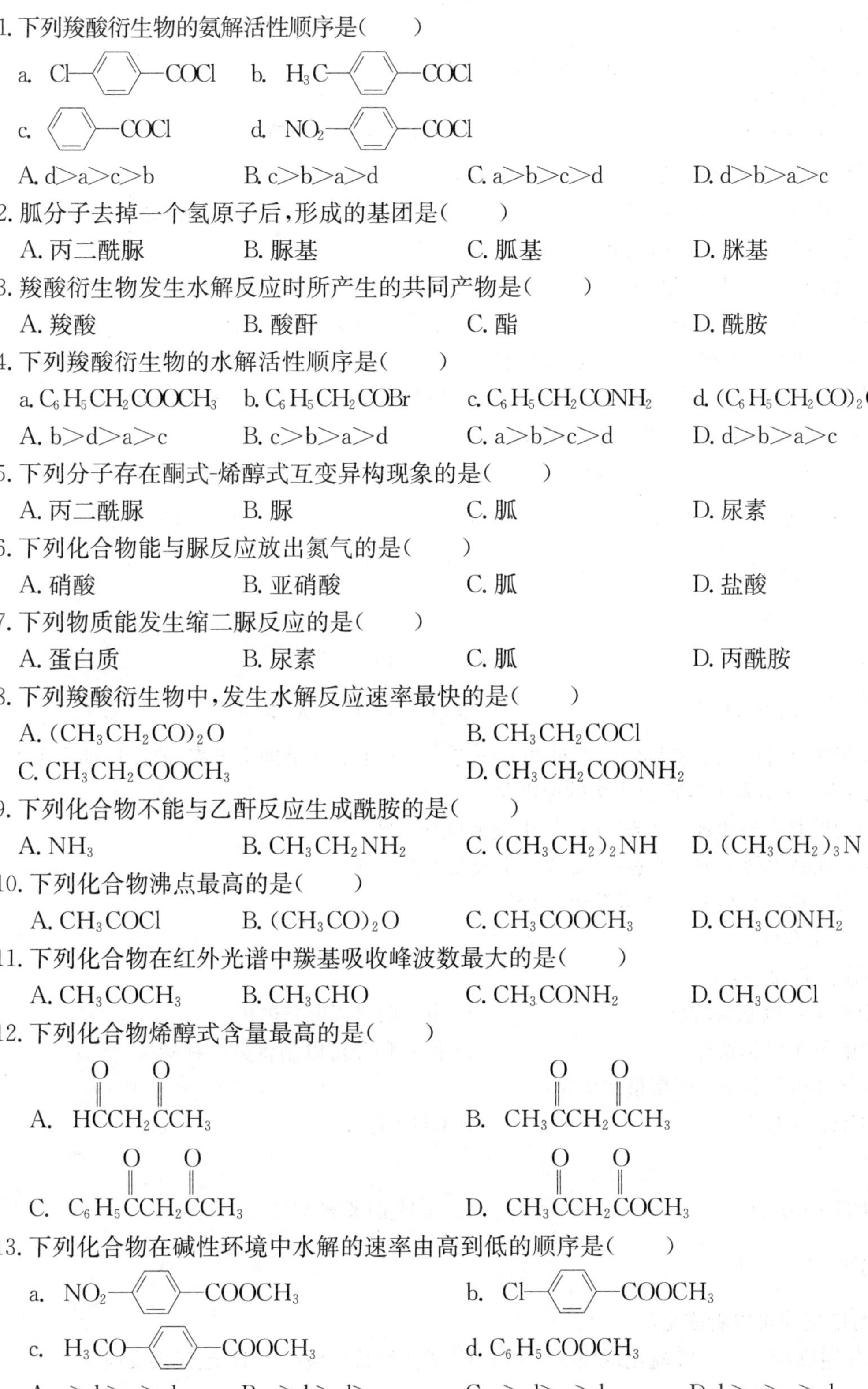

1. 下列羧酸衍生物的氨解活性顺序是(　　)

a. $Cl-C_6H_4-COCl$　b. $H_3C-C_6H_4-COCl$

c. C_6H_5-COCl　d. $NO_2-C_6H_4-COCl$

A. d>a>c>b　B. c>b>a>d　C. a>b>c>d　D. d>b>a>c

2. 胍分子去掉一个氢原子后，形成的基团是(　　)

A. 丙二酰脲　B. 脲基　C. 胍基　D. 脒基

3. 羧酸衍生物发生水解反应时所产生的共同产物是(　　)

A. 羧酸　B. 酸酐　C. 酯　D. 酰胺

4. 下列羧酸衍生物的水解活性顺序是(　　)

a. $C_6H_5CH_2COOCH_3$　b. $C_6H_5CH_2COBr$　c. $C_6H_5CH_2CONH_2$　d. $(C_6H_5CH_2CO)_2O$

A. b>d>a>c　B. c>b>a>d　C. a>b>c>d　D. d>b>a>c

5. 下列分子存在酮式-烯醇式互变异构现象的是(　　)

A. 丙二酰脲　B. 脲　C. 胍　D. 尿素

6. 下列化合物能与脲反应放出氮气的是(　　)

A. 硝酸　B. 亚硝酸　C. 胍　D. 盐酸

7. 下列物质能发生缩二脲反应的是(　　)

A. 蛋白质　B. 尿素　C. 胍　D. 丙酰胺

8. 下列羧酸衍生物中，发生水解反应速率最快的是(　　)

A. $(CH_3CH_2CO)_2O$　B. CH_3CH_2COCl

C. $CH_3CH_2COOCH_3$　D. $CH_3CH_2COONH_2$

9. 下列化合物不能与乙酐反应生成酰胺的是(　　)

A. NH_3　B. $CH_3CH_2NH_2$　C. $(CH_3CH_2)_2NH$　D. $(CH_3CH_2)_3N$

10. 下列化合物沸点最高的是(　　)

A. CH_3COCl　B. $(CH_3CO)_2O$　C. CH_3COOCH_3　D. CH_3CONH_2

11. 下列化合物在红外光谱中羰基吸收峰波数最大的是(　　)

A. CH_3COCH_3　B. CH_3CHO　C. CH_3CONH_2　D. CH_3COCl

12. 下列化合物烯醇式含量最高的是(　　)

A. $HC(=O)CH_2C(=O)CH_3$　B. $CH_3C(=O)CH_2C(=O)CH_3$

C. $C_6H_5C(=O)CH_2C(=O)CH_3$　D. $CH_3C(=O)CH_2C(=O)OCH_3$

13. 下列化合物在碱性环境中水解的速率由高到低的顺序是(　　)

a. $NO_2-C_6H_4-COOCH_3$　b. $Cl-C_6H_4-COOCH_3$

c. $H_3CO-C_6H_4-COOCH_3$　d. $C_6H_5COOCH_3$

A. a>b>c>d　B. a>b>d>c　C. c>d>a>b　D. b>c>a>d

14. 下列化合物在碱性条件下水解的速率最慢的是(　　)

A. $HCOOCH_3$　　B. CH_3COOCH_3

C. $(CH_3)_3CCOOCH_3$　　D. $(CH_3)_2CHCOOCH_3$

15. 下列化合物在碱性条件下水解的速率最快的是(　　)

A. $CH_3COOCH(CH_3)_2$　　B. CH_3COOCH_3

C. $CH_3COOC_2H_5$　　D. $CH_3COOC(CH_3)_3$

16. 下列属于酯水解产物的是(　　)

A. 羧酸和醇　B. 羧酸和醛　C. 醛和酮　D. 羧酸和酮

17. 下列化合物水解顺序排列正确的是(　　)

A. 酰氯>酸酐>酯>酰胺　　B. 酸酐>酰氯>酯>酰胺

C. 酰胺>酯>酸酐>酰氯　　D. 酸酐>酯>酰氯>酰胺

18. 常用于鉴别乙酰乙酸乙酯和丙酮的试剂是(　　)

A. 羰基试剂　B. 三氯化铁溶液　C. 费林试剂　D. 托伦试剂

19. 下列化合物中,不属于羧酸衍生物的是(　　)

A. $H_3C\overset{O}{\overset{\|}{C}}OCH_3$　B. 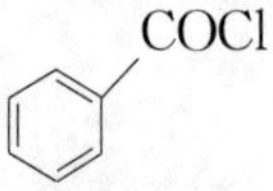 C_6H_5COCl（苯环-COCl）　C. $C_6H_5OCH_3$（苯环-OCH_3）　D. $H_3C\overset{O}{\overset{\|}{C}}NH_2$

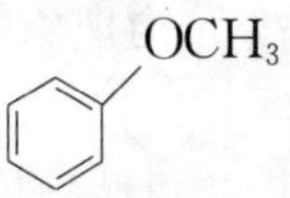

20. 下列化合物不能与三氯化铁发生显色反应的是(　　)

A. 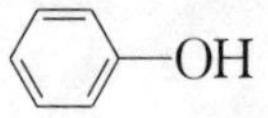 C_6H_5-OH（苯环-OH）　　B. 环己基-OH

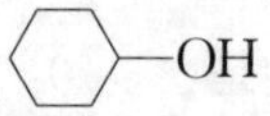

C. $C_6H_5-\overset{O}{\overset{\|}{C}}CH_2\overset{O}{\overset{\|}{C}}CH_3$　　D. $CH_3\overset{O}{\overset{\|}{C}}CH_2\overset{O}{\overset{\|}{C}}OCH_2CH_3$

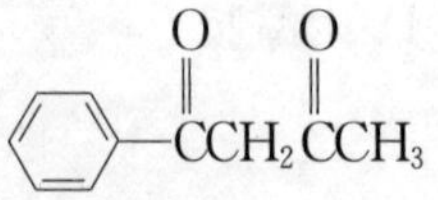

21. 2005年版《中国药典》鉴别阿司匹林的方法之一:"取本品适量加水煮沸,放冷后加入$FeCl_3$试液1滴,即显紫色",解释该法的原因是(　　)

A. 阿司匹林水解生成的乙酸与Fe^{3+}生成紫色配合物

B. 阿司匹林水解生成的水杨酸与Fe^{3+}生成紫色配合物

C. 阿司匹林羧基与Fe^{3+}生成紫色配合物

D. 以上都不是

22. 下列说法错误的是(　　)

A. 由酰卤可以制备酸酐　　B. 由酰胺可以制备酸酐

C. 由酸酐可以制备酯　　D. 由一种酯可以制备另一种酯

23. 下列化合物与氨反应速率最快的是(　　)

A. $(CH_3)_2CHCl$　　B. CH_3COCl

C. $(CH_3CO)_2O$　　D. $CH_3\overset{O}{\overset{\|}{C}}OCH_2CH_3$

五、多选题。

1. 酯的醇解反应可以看成是(　　)

A. 酯化逆反应　B. 酰化反应　C. 酰基转移反应　D. 酯交换反应

2. 能与 $FeCl_3$ 溶液发生显色反应的是(　　)

A. 乙酰乙酸乙酯　　B. 水杨酸甲酯　　C. 2,4-戊二酮　　D. β-羟基丁酸甲酯

3. 能用作酰化剂的有(　　)

A. 乙醇　　B. 乙酐　　C. 丙酮　　D. 乙酰氯

六、完成反应式。

1. 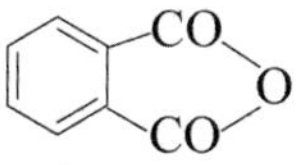 (邻苯二甲酸酐：苯环—CO—O—CO—) $+HO(CH_2)_5CH_3 \longrightarrow$

2. 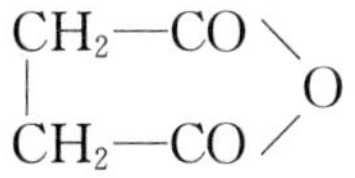 $\begin{matrix} CH_2-CO \\ | \\ CH_2-CO \end{matrix} \!\!> O + CH_3CH_2NH_2 \longrightarrow$

3. $H_2NCONH_2 + H_2O \xrightarrow{\text{脲酶}}$

4. 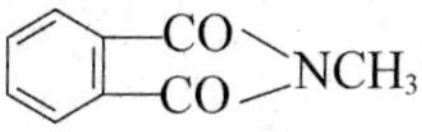 (苯环—CO—NCH₃—CO—) $+H_2O \xrightarrow[\triangle]{OH^-}$

5. 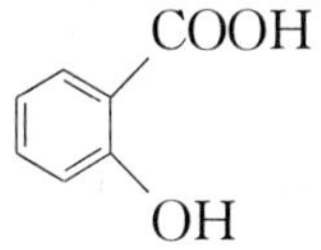 (邻羟基苯甲酸：苯环—COOH，—OH) $+(CH_3CO)_2O \longrightarrow$

6.  $C_6H_5-COOCH_2-C_6H_5 \xrightarrow{OH^-/H_2O}$

7. $H_2NCONH_2 \xrightarrow{NaNO_2/HCl}$

8. $CH_3CH_2\overset{O}{\overset{\|}{C}}OCH{=}CH_2 \xrightarrow{LiAlH_4}$

9. $H_2NCOOCH(CH_3)_2 + H_2O \xrightarrow[\triangle]{OH^-}$

10. 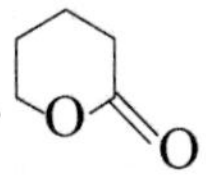 (δ-戊内酯：六元环—O—C=O) $+CH_3CH_2NH_2 \xrightarrow{\triangle}$

11. $(CH_3)_2CH_2OH +\ H_3C-C_6H_4-COCl \longrightarrow$

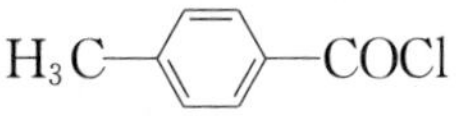

12. $CH_3CH_2COOC_2H_5 \xrightarrow{NaOC_2H_5}$

13. 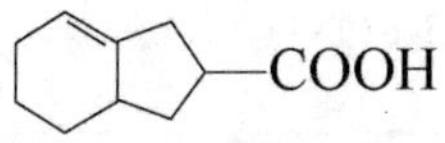 (双环结构)—COOH $\xrightarrow{LiAlH_4}$

14. 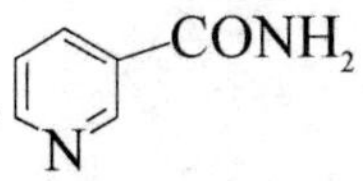 (吡啶环，3-位)—$CONH_2 \xrightarrow[\triangle]{OH^-}$

15. $CH_3CH_2CH_2COOC_2H_5 \xrightarrow[EtOH]{Na}$

16. $CH_3CH_2CH_2CN \xrightarrow{LiAlH_4}$

17. $C_6H_5COOC_2H_5 + NH_2NH_2 \longrightarrow$

七、鉴别题。

1. 用适当的化学方法鉴别乙酰胺、乙酐、甲酸甲酯、乙酰溴

2. 邻甲氧基苯甲酸（2-OCH_3-C_6H_4-COOH） 与 水杨酸甲酯（2-OH-C_6H_4-$COOCH_3$）

八、推断题。

1. 化合物A在酸性水溶液中加热，生成化合物B($C_5H_{10}O_3$)，B与$NaHCO_3$作用放出无色气体，与CrO_3的吡啶溶液作用生成C($C_5H_8O_3$)，B在室温条件下不稳定，易失水又生成A。试写出A、B、C的结构式。
2. 化合物A分子式为$C_9H_7ClO_2$，可与水发生反应生成B($C_9H_8O_3$)。B可溶于$NaHCO_3$溶液，并能与苯肼反应生成固体衍生物，但不与费林试剂反应。把B强烈氧化得到C($C_8H_6O_4$)，C失水可得到酸酐($C_8H_4O_3$)。推测A、B、C的结构，并写出有关反应方程式。
3. A、B、C三种化合物的分子式都是$C_3H_6O_2$，C能与$NaHCO_3$反应放出CO_2气体，A、B不能。把A、B分别放入NaOH溶液中加热，然后酸化，从A得到酸a和醇a，从B得到酸b和醇b，酸b能发生银镜反应而酸a不能。醇a氧化得酸b，醇b氧化得酸a。推测A、B、C的结构。
4. 分子式为$C_4H_6O_4$的三种化合物A、B、C，A、B都能溶解在Na_2CO_3水溶液中同时放出CO_2。A失水得到酸酐，B加热后脱羧生成丙酸。C不能与碳酸钠溶液作用，其与NaOH水溶液共热生成两种化合物D、E，D有酸性，E为中性。在D、E中分别加入酸和$KMnO_4$并加热，都可以放出CO_2。写出A、B、C的结构式。

参考答案

一、1. 水杨酰氯（邻羟基苯甲酰氯） 2. 乙丙酐 3. 邻苯二甲酸酐 4. 2-甲基丙酰溴 5. 苯甲酸苄酯 6. 水杨酸甲酯（邻羟基苯甲酸甲酯） 7. *N*,*N*-二甲基苯甲酰胺 8. *N*-甲基邻苯二甲酰亚胺 9. 乙酐（醋酐） 10. 乙二醇氢丙酸酯（或丙酸-2-羟基乙酯） 11. 2-甲基丙烯酸甲酯

二、1. $HCON(CH_3)_2$ 2. $C_6H_5CON(CH_3)_2$ 3. 2-萘甲酰溴（萘环-COBr）

4. $CH_3COOCH_2CH_2CH(CH_3)_2$ 5. $CH_3(CH_2)_5$-γ-丁内酯（五元环内酯） 6. CH_3CONH-C_6H_5

7. 马来酸酐 8. 琥珀酸酐 9. 2-$OCOCH_3$-C_6H_4-COOH 10. HO-C_6H_4-$NHCOCH_3$

三、1. 酰卤，酸酐，酯，酰胺，酰 2. 脲，碳，H_2NCONH_2 3. 缩二脲，氨气，烯醇，紫，缩二脲反应

4. $H_2NC(=NH)NH_2$ 5. 巴比妥酸 6. RCOX，RCOOR

四、1. A 2. C 3. A 4. A 5. A 6. B 7. A 8. B 9. D 10. D 11. D 12. C 13. B 14. C 15. B 16. A 17. A 18. B 19. C 20. B 21. B 22. B 23. B

解释 7. 两分子尿素脱氨缩合能够生成缩二脲。但“缩二脲反应”指的是含有两个以上酰胺特性基团的分子能够在碱性条件下与硫酸铜溶液发生颜色（通常是紫色）的反应。蛋白质分子中含有两个以上的酰胺

基团，能够发生“缩二脲反应”。

五、1. BCD　2. AC　3. BD

六、1. 邻-$COO(CH_2)_5CH_3$ 苯甲酸（苯环邻位：$COO(CH_2)_5CH_3$，COOH）　2. $CH_2—CONHCH_2CH_3$ / CH_2COOH

3. $NH_3 + CO_2$　4. 邻苯二甲酸（苯环邻位：COOH，COOH）$+ CH_3NH_2$　5. 苯环邻位：COOH，$OCOCH_3$

6. C_6H_5—COOH + C_6H_5—CH_2OH　7. $N_2 + CO_2$

8. $CH_3CH_2CH_2OH + CH_3CH_2OH$　9. $(CH_3)_2CHOH + NH_3 + CO_2$

10. HO—$CH_2CH_2CH_2$—C(=O)—$NHCH_2CH_3$　11. H_3C—C_6H_4—$COOCH(CH_3)_2$

12. $CH_3CH_2COCHCOOC_2H_5$（CH 上连 CH_3）　13. （双环结构）—CH_2OH

14. 吡啶-3-COO^- $+ NH_3$↑　15. $CH_3CH_2CH_2CH_2OH$

16. $CH_3CH_2CH_2CH_2NH_2$　17. $C_6H_5CONHNH_2 + C_2H_5OH$

七、

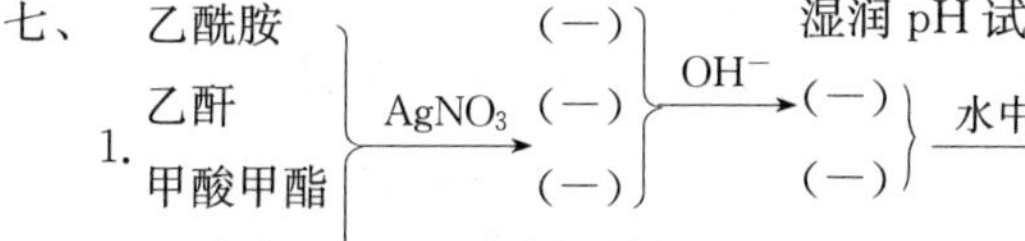

OH⁻ → 湿润 pH 试纸碱性；(—)(—) 水中温热 → 分层消失，全溶解；有分层，不能全溶

2. 使用 $FeCl_3$，后者显紫色

八、1. A.

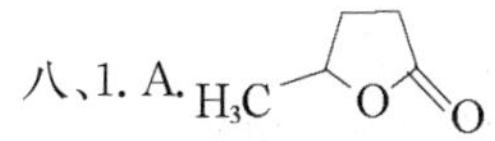

B. $CH_3CHCH_2CH_2COOH$（CH 上连 OH）　C. $CH_3CCH_2CH_2COOH$（C=O）

2. A. 苯环邻位：CHO，CH_2COCl　B. 苯环邻位：CHO，CH_2COOH　C. 苯环邻位：COOH，COOH

3. A. CH_3COOCH_3　B. $HCOOCH_2CH_3$　C. CH_3CH_2COOH

4. A. $HOOCCH_2CH_2COOH$　B. $CH_3CH(COOH)_2$　C. $CH_3OOCCOOCH_3$

教材中的问题及习题解答

一、教材中的问题及解答

问题与思考 10-1　请写出下列常用化学试剂的化学结构。

乙酸乙酯，乙酸酐，*N*,*N*-二甲基甲酰胺(DMF)，甲磺酰氯(MsCl)，对甲苯磺酰氯(TsCl)

答　$CH_3COOC_2H_5$，$H_3C—C(=O)—O—C(=O)—CH_3$，$HC(=O)N(CH_3)_2$，$Cl—S(=O)_2—CH_3$，$CH_3—C_6H_4—S(=O)_2—Cl$

问题与思考 10-2　请解释为什么羧酸衍生物反应的活性顺序是酰卤＞酸酐＞酯＞酰胺。

答　酰卤是羧酸分子中的羟基被卤原子取代后的生成物，酸酐是两个羧酸分子间脱水后的生成物，酯是羧酸和醇的脱水产物，酰胺为羧酸分子中的羟基被氨基或胺基（—NHR，—NR_2）取代后的生成物。羧酸衍生物是一类重要的有机合成原料或有机合成中间体，在有机合成中起着重要的作用。其主要反应有亲核取代反应（包括水解、醇解、氨解、酸解、与有机金属化合物的反应）、还原及它们各自的特殊反应（霍夫曼降解、克莱森酯缩合，里特反应等）。羧酸衍生物的亲核取代反应分两步进行：第一步先加成，形成一个四面体中间体；第二步发生消去，转变成另一个羧酸衍生物。一般来说，总反应速率与这两步反应速率都有关，但第一步更为重要。第一步四面体中间体形成的影响因素：吸电子作用有利于反应，因为它使负电荷稳定；大体积基团存在由于位阻效应会阻碍反应进行。第二步反应取决于离去基团的碱性，碱性越弱的基团越容易离去，因而羧酸衍生物的反应活性顺序为酰卤＞酸酐＞酯＞酰胺。

二、教材中的习题及解答

1. 命名下列化合物或根据名称写出化合物结构式。

(1)  CH_3CH_2COO—(环己基)　(2) 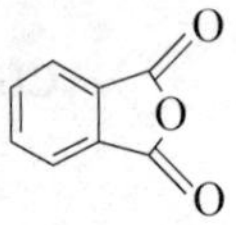 (邻苯二甲酸酐结构)　(3) 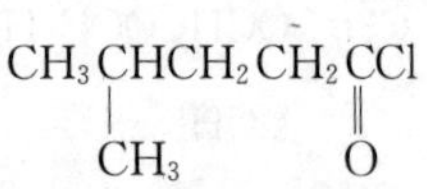 $CH_3CHCH_2CH_2CCl$（C2上连 CH_3，C=O）

(4) $(CH_3CH_2)_2CHCH{=}CHCN$　(5) 乙酰苯胺　(6) 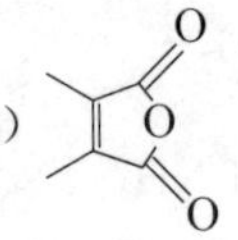 (2,3-二甲基顺丁烯二酸酐结构)

(7) 2,2-二甲基丙酰氯　(8) 丁二酸酐　(9) 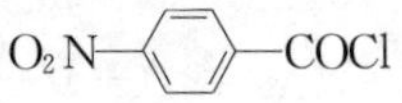 O_2N—(苯环)—COCl

(10) $CH_2{=}CHCOOC_2H_5$　(11) 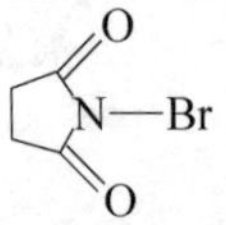 (N-溴代琥珀酰亚胺结构)　(12) 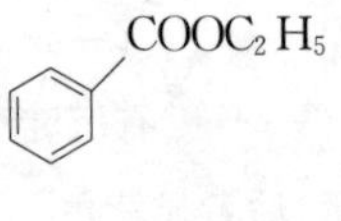 (苯环)—$COOC_2H_5$

答　(1) 丙酸环己酯　(2) 邻苯二甲酸酐　(3) 4-甲基戊酰氯

(4) 4-乙基-2-己烯腈　(5) 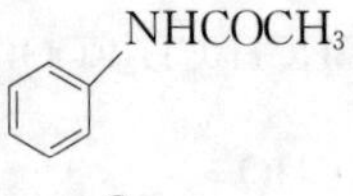 (苯环)—$NHCOCH_3$　(6) 2,3-二甲基顺丁烯二酸酐

(7) 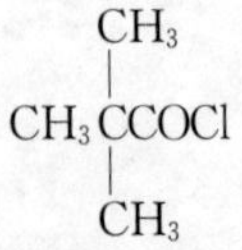 $CH_3C(CH_3)_2COCl$　(8) 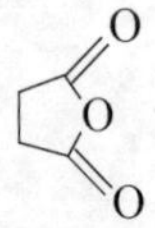 (丁二酸酐结构)　(9) 4-硝基苯甲酰氯

(10) 丙烯酸乙酯　(11) 溴代琥珀酰亚胺　(12) 苯甲酸乙酯

2. 完成下列反应。

(1) 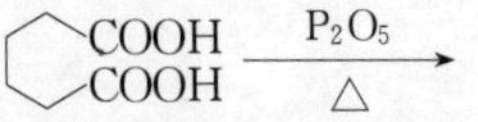 (环己烷-1,2-二甲酸，COOH / COOH) $\xrightarrow[\triangle]{P_2O_5}$

(2) (苯环)—COCl ＋ $CH_3CH_2CH_2CH(OH)CH_3$ ⟶

(3) (丁二酸酐) ＋$CH_3CH_2CH_2CH_2OH$ ⟶

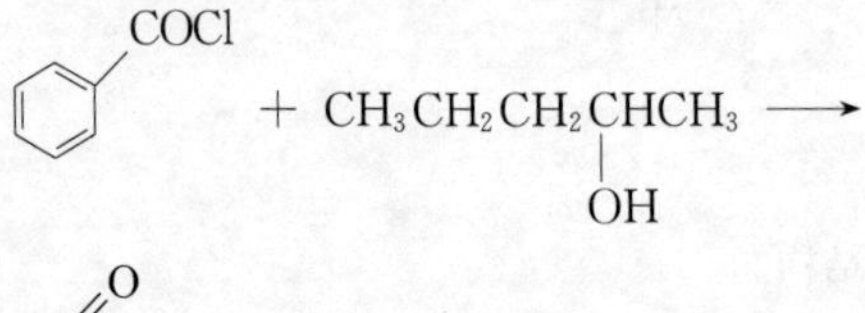

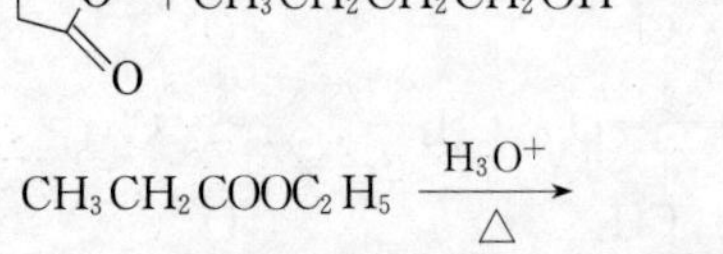

(4) $CH_3CH_2COOC_2H_5$ $\xrightarrow[\triangle]{H_3O^+}$

(5) $(CH_3CH_2CO)_2O \xrightarrow{NH_3}$

(6) $C_6H_5COOCH_2CH_3 + H_2C(COOC_2H_5)_2 \xrightarrow{EtONa} ? \xrightarrow[\triangle]{H_3O^+} ? \xrightarrow{\triangle} ?$

(7) $C_6H_{11}COCl \xrightarrow[Et_3N]{CH_3OH}$

(8) $CH_3CH_2COOC_2H_5 \xrightarrow{LiAlH_4}$

(9) 1-萘甲酰氯 $\xrightarrow[\text{硫-喹啉}]{H_2/Pd\text{-}BaSO_4}$

(10) 4-NC-C_6H_4-COCl $\xrightarrow{LiAlH(OBu\text{-}t)_3}$

(11) $CH_3CH_2CH{=}CHCOOC_2H_5 \xrightarrow{LiAlH_4}$

(12) $CH_3CH_2CH{=}CHCOOC_2H_5 \xrightarrow{Na\text{-}C_2H_5OH}$

(13) 邻苯二甲酸酐 $\xrightarrow[300℃]{NH_3}$

(14) $CH_3COOC_2H_5 + NH_2NH_2 \longrightarrow$

(15) $H_2N\text{-}C_6H_4\text{-}OH \xrightarrow{1\ mol\ (CH_3CO)_2O}$

答　(1) 环戊酮 $+CO_2+H_2O$　　(2) $C_6H_5COOCH(CH_3)CH_2CH_2CH_3$

(3) $CH_3CH_2CH_2CH_2OOCCH_2CH_2COOH$　　(4) $CH_3CH_2COOH+CH_3CH_2OH$

(5) $CH_3CH_2CONH_2+CH_3CH_2COOH$

(6) $C_6H_5COCH(COOCH_2CH_3)_2$，$C_6H_5COCH(COOH)_2$，$C_6H_5COCH_3$

(7) $C_6H_{11}COOCH_3$　　(8) $CH_3CH_2CH_2OH+C_2H_5OH$

(9) 1-萘甲醛　　(10) 4-NC-C_6H_4-CHO

(11) $CH_3CH_2CH{=}CHCH_2OH+C_2H_5OH$　　(12) 产物同(11)

(13) 邻苯二甲酰亚胺（NH）　　(14) $CH_3CONHNH_2$

(15) CH_3CONH—⟨苯环⟩—OH

3. 按要求排序。

(1) 排出下列羧酸衍生物的醇解活性顺序：

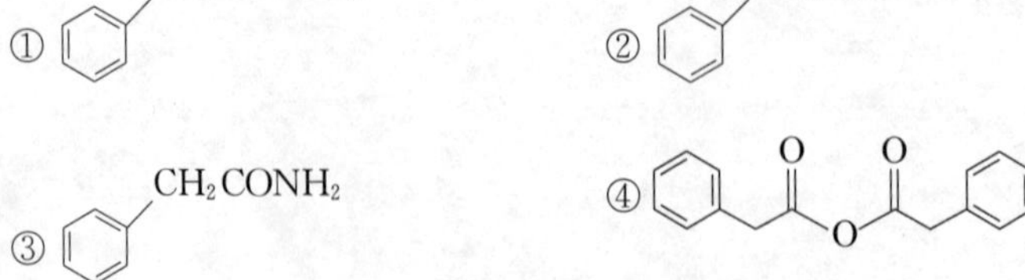

(2) 排出下列化合物的氨解活性顺序：

① Cl—⟨苯环⟩—COCl　　② H_3C—⟨苯环⟩—COCl

③ ⟨苯环⟩—COCl　　④ NO_2—⟨苯环⟩—COCl

(3) 排出下列酯的水解活性顺序：

① $CH_3COOC(CH_3)_3$　　② $CH_3COOCH_2CH_3$

③ $CH_3COOCH(CH_3)_2$　　④ $CH_3COOCH_2CH(CH_3)_2$

答　(1) ②>④>①>③　　(2) ④>①>③>②　　(3) ②>④>③>①

4. 分子式为 $C_4H_8O_3$ 的两种同分异构体 A 和 B，A 酸性条件下水解得到分子式为 $C_3H_8O_2$ 的化合物 C 和另一种化合物 D，C 不能发生碘仿反应，用酸性高锰酸钾氧化得到丙二酸，D 与托伦试剂反应产生银镜。B 加热脱水生成分子式为 $C_4H_6O_2$ 的化合物 E，E 能够使溴的四氯化碳溶液褪色，并经过催化氢化生成分子式为 $C_4H_8O_2$ 的直链羧酸 F。试写出 A、B、C、D、E、F 的结构式。

答　A. $HCOOCH_2CH_2CH_2OH$　　B. $CH_3CH(OH)CH_2COOH$　　C. $HOCH_2CH_2CH_2OH$

D. HCOOH　　E. $CH_3CH{=}CHCOOH$　　F. $CH_3CH_2CH_2COOH$

5. 化合物 A(C_9H_8)能与 Cu_2Cl_2-NH_3 生成红色沉淀。A 与 H_2/Pt 反应生成 B(C_9H_{12})。B 氧化为一酸性物质，它受热后生成一个酸酐 C($C_8H_4O_3$)。推导 A 可能的构造式。

答

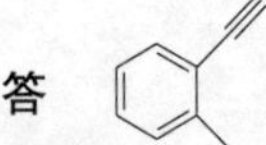

6. 化合物 A，分子式为 $C_4H_6O_4$，加热后得到分子式为 $C_4H_4O_3$ 的化合物 B，将 A 与过量甲醇及少量硫酸一起加热得分子式为 $C_6H_{10}O_4$ 的化合物 C。B 与过量甲醇作用也得到 C。A 与 $LiAlH_4$ 作用后得分子式为 $C_4H_{10}O_2$ 的化合物 D。写出 A、B、C、D 的结构式以及它们相互转化的反应式。

答

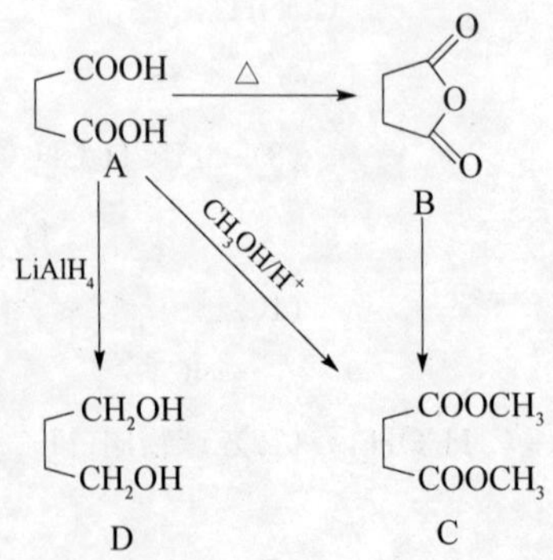

（胡　琳）

第 11 章　含氮有机化合物

学习目标

(1) 掌握胺的结构、分类和命名。

(2) 掌握胺的主要化学性质:胺的碱性与成盐反应、胺的烃基化反应、酰化反应、磺酰化反应及伯胺与亚硝酸的反应。

(3) 掌握季铵碱的霍夫曼消除,芳香重氮盐的偶联反应。

(4) 理解仲、叔胺与亚硝酸的反应,重氮盐的取代反应(被羟基、卤素、氢原子、氰基取代)。

(5) 理解硝基化合物的基本结构及性质。

(6) 了解硝基化合物和胺的光谱性质。

重点内容提要

11.1　硝基化合物

1. 硝基化合物的结构特征及波谱性质

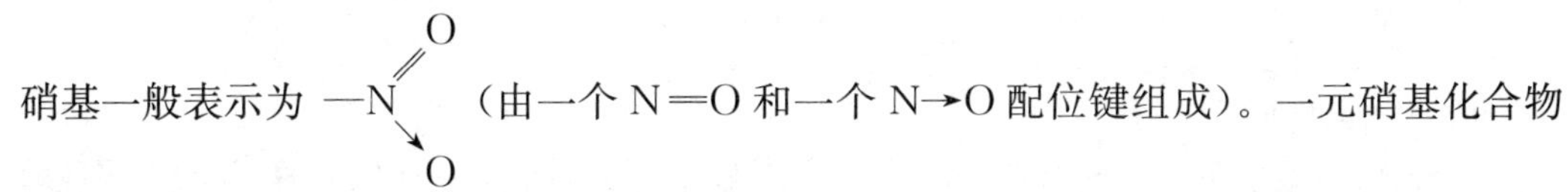

硝基一般表示为 —N(=O)→O (由一个 N═O 和一个 N→O 配位键组成)。一元硝基化合物一般写成 $R—NO_2$,$Ar—NO_2$。

红外光谱:脂肪族硝基化合物在～1560 cm^{-1}和～1350 cm^{-1}有不对称伸缩振动和对称伸缩振动两个强吸收峰,这两个峰的位置受 α-碳原子上取代基电负性和 α,β-不饱和键共轭效应的影响。芳香族硝基化合物的 N—O 不对称伸缩振动峰和对称伸缩振动峰分别在 1550～1510 cm^{-1}和 1365～1335 cm^{-1},与脂肪族硝基化合物相反,并且吸收峰位置受苯环上取代基的影响。大多数芳香族硝基化合物在 850 cm^{-1}或 750 cm^{-1}附近出现吸收谱带。

2. 硝基化合物的化学性质

(1) 酸性。

由于硝基为强吸电子基团,使 α-H 活泼,所以具有 α-H 的硝基化合物能产生假酸式-酸式互变异构,从而具有一定的酸性。

(2) 与羰基化合物缩合。

具有 α-H 的硝基化合物在碱性作用下脱去 α-H 形成碳负离子,与羰基化合物发生亲核加成再消除一分子 H_2O,生成 α,β-不饱和硝基化合物。

(3) 还原反应。

硝基苯在酸性条件下用 Zn 或 Fe 还原,其最终产物是芳香伯胺。

$$\text{C}_6\text{H}_5\text{-NO}_2 \xrightarrow[\text{HCl}]{\text{Fe 或 Zn}} \text{C}_6\text{H}_5\text{-NH}_2$$

（4）硝基对苯环上其他基团的影响。

硝基是强吸电子基团，能够降低苯环上的电子云密度，使亲电取代反应变得困难，但硝基可使邻、对位基团的亲核取代反应活性增加，也使酚的酸性增大。

11.2 胺

1. 胺的分类和命名

胺可看成氨的烃基取代物，根据氨分子中被取代氢原子数目的不同分为伯、仲、叔胺。这种分类与醇以及卤代烷的分类不同。胺根据烃基的种类和氨基的数目又可分为脂肪胺、芳香胺以及一元胺和多元胺。命名时除遵循一般规则外，要注意芳仲胺和芳叔胺的命名，在烃基名称前冠以“*N*”，以表示烃基是连接在氮原子上的。复杂的胺可以将氨基作为取代基命名。命名时要注意“氨”“胺”“铵”的不同用法。相应于无机铵盐和氢氧化铵的四烃基取代物分别称为季铵盐和季铵碱，总称季铵类化合物。

2. 胺的结构

脂肪胺中的氮原子为不等性 sp^3 杂化，其中三个形成 σ 键，一个 sp^3 杂化轨道被未共用电子对占据，分子呈棱锥形构型。当氮上连有三个不同基团时，把未共用电子对看成第四个“基团”，此时产生对映异构体，但是由于两者相互转化的速度快而无法分离。

芳香胺中的氮原子基本也是 sp^3 杂化，但未共用电子对有较多的 p 成分仍可与苯环 π 体系共轭，从而使氮原子上的电子云密度降低，使苯环上电子云密度增高。

3. 胺的性质

（1）光谱性质。

红外光谱：伯胺在 3500～3300 cm^{-1} 有两个伸缩吸收峰，仲胺有一个吸收峰，叔胺无吸收峰。伯胺的 N—H 键弯曲振动在 1650～1590 cm^{-1}，可用于鉴定。仲胺很弱。芳香胺的 C—N 伸缩振动：伯胺 1340～1250 cm^{-1}，仲胺 1350～1250 cm^{-1}，叔胺 1380～1310 cm^{-1}。

核磁共振氢谱：与氮原子直接相连的质子的化学位移变化较大，一般脂肪胺 δ 为 1.0～2.6 ppm，芳香胺 δ 为 2.6～4.7 ppm，不易鉴定。

（2）物理性质。

胺的沸点以及水溶性与氮原子上的未共用电子对能否形成氢键及其强弱有关。相对分子质量相近的低级胺中，由于叔胺氮原子上无氢原子，不能发生氢键缔合，所以沸点最低。沸点顺序为伯胺＞仲胺＞叔胺。胺分子间缔合弱于羧酸，所以相对分子质量相近的各类有机化合物沸点的大致顺序为酰胺＞羧酸＞醇＞胺＞醛＞卤代烃＞醚＞烃。

（3）化学性质。

① 碱性：胺的碱性与氮原子上的电子云密度密切相关，但情况是复杂的。对脂肪胺来说，虽然烃基的＋I 效应可使氮原子电子云密度增高，碱性增强，但与氮原子相连烃基的空间效应以及在水溶液中形成的铵正离子的溶剂化程度对碱性都会产生影响。芳香胺由于氮原子未共用电子对与苯环的共轭，使氮原子电子云密度降低，碱性比氨弱得多。季铵碱在水中全部电离，为强碱。以上含氮有机化合物的碱性按由强到弱的顺序可排列为季铵碱＞脂肪胺＞氨＞芳香胺。

② 酰化反应：通常是伯胺和仲胺氮上的氢原子被乙酰基或苯磺酰基取代的反应。酰化反应广泛应用于鉴别和分离，其中的乙酰化用于降低某些药物的毒性和有机合成中氨基的保护。

兴斯堡反应可用于鉴别或分离伯、仲、叔胺。

③ 与亚硝酸反应：与亚硝酸反应得到不同的产物，这些反应在鉴别和有机合成上很重要。脂肪族或芳香族伯胺与亚硝酸作用都生成重氮盐，但脂肪族重氮盐不稳定，分解为氮气及醇、烯烃和卤代烃的混合物。芳香族重氮盐在低温下稳定。芳香伯胺与亚硝酸作用生成的重氮盐是有机合成中重要的中间体。

仲胺与亚硝酸作用生成黄色的 *N*-亚硝基胺。

脂肪族叔胺与亚硝酸作用生成不稳定的易水解的亚硝酸盐，芳香族叔胺与亚硝酸作用生成 *C*-亚硝基化合物。可以用亚硝酸鉴别伯、仲、叔胺。

④ 烷基化反应：胺作为亲核试剂与卤代烃发生 S_N2 反应，生成仲胺、叔胺和季铵盐。

⑤ 与醛、酮的反应：伯胺与羰基化合物缩合生成含 C═N 的化合物。

11.3　季铵盐和季铵碱

季铵碱是强碱，其碱性与 NaOH 相近。季胺碱是加热发生分解反应，主要取决于是否具有 β-H 原子，如果没有 β-H，发生取代反应；如果有 β-H，就发生霍夫曼消除，主要消除酸性较强的 β-H，得到烯烃和叔胺。

无 β-H：
$$\left[\mathrm{(CH_3)_4N^+}\right]\mathrm{OH^-} \xrightarrow{\triangle} \mathrm{(CH_3)_3N + CH_3OH}$$

有 β-H：
$$\left[\mathrm{(CH_3)_3\overset{+}{N}CH_2CH_2CH_3}\right]\mathrm{OH^-} \xrightarrow{\triangle} \mathrm{(CH_3)_3N + CH_2{=}CHCH_3 + H_2O}$$

11.4　重氮和偶氮化合物

芳香族重氮盐的反应有两大类型，一类是重氮基被其他原子或原子团取代的反应，因都能放出氮气，又称放氮反应，可用来合成一系列用直接取代不能得到的化合物，如由硝基苯制备间溴苯酚。另一类称为偶联反应，它是重氮盐与酚或芳胺在一定条件下形成偶氮化合物的反应，重氮盐正离子的离域作用使其成为弱的亲电试剂，在弱碱性条件下与酚氧负离子偶联；在弱酸性或中性条件下与芳胺偶联。

(1) $\mathrm{Ar{-}N_2^+}$ 的放氮反应（均放出 $+N_2\uparrow$）：

$$\mathrm{Ar{-}N_2^+} \xrightarrow[\triangle]{H_2O} \mathrm{Ar{-}OH}$$

$$\mathrm{Ar{-}N_2^+} \xrightarrow[HCl]{Cu_2Cl_2} \mathrm{Ar{-}Cl}$$

$$\mathrm{Ar{-}N_2^+} \xrightarrow[\triangle]{KI} \mathrm{Ar{-}I}$$

$$\mathrm{Ar{-}N_2^+} \xrightarrow[KCN]{Cu_2(CN)_2} \mathrm{Ar{-}CN}$$

$$\mathrm{Ar{-}N_2^+} \xrightarrow[H_3PO_2]{C_2H_5OH} \mathrm{Ar{-}H}$$

(2) 偶联反应：

$$\mathrm{Ar{-}N_2^+} \xrightarrow{Ar{-}OH(NH_2)} \mathrm{Ar{-}N{=}N{-}Ar{-}OH(NH_2)}$$

解题示例

【例 11-1】 命名下列化合物。

(1) $C_6H_5N(CH_2CH_3)_2$　　(2) $(CH_3)_2CHN^+(CH_3)_3I^-$

(3) $CH_3CH_2NO_2$　　(4) $C_6H_5CH_2N^+H_3Cl^-$

(5) $CH_3CH(CH_3)—CH(CH_3)NHCH_3$　　(6) $(CH_3)_4N^+OH^-$

【答案】 (1) *N*,*N*-二乙基苯胺　　(2) 碘化异丙基三甲基铵

(3) 硝基乙烷　　(4) 氯化苯甲铵(盐酸苯甲胺或苯甲胺盐酸盐)

(5) *N*,3-二甲基丁-2-胺　　(6) 氢氧化四甲铵

【解析】 (1) 这是芳胺类化合物,对于芳香仲胺或叔胺来说,用 *N* 标记取代基的位置。

(2) 这个化合物为季铵盐类化合物,与无机盐的命名类似。

(3) 这是硝基化合物,硝基作取代基,烷烃为母体。

(4) 伯、仲、叔胺的无机盐可按无机盐命名,也可直接称为盐酸苯甲胺。

(5) 结构比较复杂的胺类的命名,可以将氨基作为取代基,烷基作为母体。主链有 4 个碳原子,取代基有甲基、甲氨基,编号依据最小系列原则,使甲基的编号最小,因此甲基为 2 位,甲氨基为 3 位,写取代基时按英文名称的首字母的字母表顺序规则,甲基(methyl),甲氨基(methylamino),所以甲基写在前面。

(6) 该化合物为季铵碱,命名与无机碱类似。

【例 11-2】 将下列各组化合物按碱性强弱顺序排列。

(1) 氨、乙胺、苯胺、三苯胺

(2) 甲胺、苯胺、对硝基苯胺、2,4-二硝基苯胺、二甲胺

【答案】 (1) 乙胺>氨>苯胺>三苯胺

(2) 二甲胺>甲胺>苯胺>对硝基苯胺>2,4-二硝基苯胺

【解析】 (1) 影响胺的碱性因素很多,如电子效应、空间效应以及溶剂化效应等。综合作用的结果,胺的碱性排列顺序如下:脂肪胺>氨>芳香胺。苯胺和三苯胺都是芳香胺,由于氮原子的未共用电子对与苯环共轭,氮原子电子云密度降低,连接苯基的数目越多则胺的碱性越弱,因此有如上排序。

(2) 脂肪胺中碱性的排列依据 pK_b 的数据,多数情况下,仲胺的碱性大于伯胺和叔胺。而—NO_2 又是强吸电子基团,对于芳香胺来说,连接的吸电子基团越多,其碱性越弱,因此有如上排序。

【例 11-3】 用化学方法鉴别下列各组化合物。

(1) 丙胺、甲乙胺、三甲胺

(2) 异丁胺、对甲苯胺

(3) *N*-乙基苯胺、对乙基苯胺、*N*,*N*-二乙基苯胺

【答案】 (1) 丙胺、甲乙胺、三甲胺 $\xrightarrow{C_6H_5SO_2Cl}$ 丙胺:有沉淀;甲乙胺:有沉淀;三甲胺:无沉淀

有沉淀 $\xrightarrow{NaOH}$ 丙胺:溶解;甲乙胺:不溶

或者用下列方法：

丙胺、甲乙胺、三甲胺 $\xrightarrow{NaNO_2+HCl}$ N_2（有气体放出）；黄色油状物（不溶于水）；成盐（水溶性）

（2）异丁胺、对甲苯胺 $\xrightarrow[0\sim5\ ℃]{NaNO_2+HCl}$ N_2（有气体放出）；无气体生成

（3）*N*-乙基苯胺、对乙基苯胺、*N*,*N*-二乙基苯胺 $\xrightarrow{C_6H_5SO_2Cl}$ 有沉淀、有沉淀、无沉淀；有沉淀 $\xrightarrow{NaOH}$ 不溶、溶解

【解析】 (1) 这三个化合物为胺类，依次为伯、仲、叔胺。关于伯、仲、叔胺的鉴别有两种方法，一种是用 HNO_2 鉴别，另一种是用苯磺酰氯与 NaOH 合并鉴别。

(2) 异丁胺是脂肪伯胺，而对甲苯胺是芳香伯胺，因此用 HNO_2 与芳香伯胺在低温条件下的特色反应鉴别，控制反应温度一定要低。

(3) 依次为仲胺、伯胺和叔胺，按照伯、仲、叔胺的鉴别方法鉴别即可。

【例 11-4】 写出下列反应的主要产物。

(1) $H_3C-C_6H_4-NH_2 \xrightarrow[0\sim5\ ℃]{NaNO_2/HCl}$ $\xrightarrow[0\sim5\ ℃]{\alpha\text{-萘酚 (OH)}}$

(2) $HO-C_6H_4-NH_2 + CH_3\overset{O}{\overset{\|}{C}}-Cl\ (1\ mol) \longrightarrow$

(3) $[(CH_3)_3N^+CH_2CH_3]OH^- \xrightarrow{\triangle}$

【答案】 (1) $HO-C_{10}H_6-N{=}N-C_6H_4-CH_3$（萘环编号：1α 位连 OH，2、3，4α 位连偶氮基，5α、6、7、8α）

(2) $HO-C_6H_4-NH-\overset{O}{\overset{\|}{C}}-CH_3$

(3) $(CH_3)_3N+CH_2{=}CH_2+H_2O$

【解析】 (1) 第一步：$NaNO_2$ 和 HCl 混合产生 HNO_2，一般情况下，反应所需要的 HNO_2 都是用 $NaNO_2$ 与 HCl 或 H_2SO_4 反应制得。

此题的反应物为芳香伯胺，在 0～5 ℃ 的条件下与 HNO_2 作用生成芳香重氮盐 $H_3C-C_6H_4-\overset{+}{N}{\equiv}NCl^-$，注意要保持温度在 0～5 ℃，过高则分解放氮。

第二步：反应物芳香重氮盐是弱的亲电试剂，它能与芳胺、酚类等发生偶联反应。偶联反应时，要求进攻的底物的芳环上必须连有强的致活基团（如—OH、—NH_2等）才能发生亲电取代反应。对于萘环来说，电子云密度 α 位＞β 位，而—OH 又是邻、对位定位基，它使直接连接的苯环活化程度更大，两者共同作用的结果是 4 位上的电子云密度最大，因此偶联在 4 位进行。α-羟基萘的编号如下：

（1-萘酚结构式：HO—位于α位(1位)，标注 2、3、4α、5α、6、7、α8）

因此生成答案产物。

（2）这是酰化反应，也可以说是酰氯的醇解或氨解反应。反应机理是亲核试剂对羰基的亲核加成再消除一分子 HCl，结果相当于发生亲核取代反应。注意：酰氯是 1 mol，也就意味着—OH和—NH_2中只有一个被酰化。两者存在竞争，产物取决于两者的亲核能力，强者发生酰化反应。O与N原子是同一周期，但O的电负性大于N，亲核能力—NH_2＞—OH，也就是—NH_2被酰化，因此生成答案产物。

（3）首先判断该化合物的类别为季铵碱，然后看是否有 β-H。如果没有 β-H，发生取代反应。例如

$$(CH_3)_4\overset{+}{N}OH^- \xrightarrow{\triangle} (CH_3)_3N + CH_3OH$$

如果有 β-H，就发生霍夫曼消除，主要消除酸性较强的 β-H。本题只有一种 β-H，则 OH^-进攻并夺取 β-H，同时 C—N 键断裂。因此生成答案产物。

【例 11-5】 合成题。

（1）由苯合成对苯二胺

（2）由甲苯合成 3,5-二溴甲苯

【答案】（1）

$$C_6H_6 \xrightarrow[H_2SO_4]{HNO_3} C_6H_5\text{—}NO_2 \xrightarrow[HCl]{Zn} C_6H_5\text{—}NH_2 \xrightarrow[NaOH]{Ac_2O} C_6H_5\text{—}NHCOCH_3$$

$$\xrightarrow[H_2SO_4]{HNO_3} O_2N\text{—}C_6H_4\text{—}NHCOCH_3 \xrightarrow{Zn/HCl} \xrightarrow[\triangle]{NaOH} H_2N\text{—}C_6H_4\text{—}NH_2$$

（2）

$$C_6H_5\text{—}CH_3 \xrightarrow[H_2SO_4]{HNO_3} O_2N\text{—}C_6H_4\text{—}CH_3 \xrightarrow{Zn/HCl} H_2N\text{—}C_6H_4\text{—}CH_3$$

邻、对位产物，分离

$$\xrightarrow{Br_2} H_2N\text{—}C_6H_2Br_2\text{—}CH_3 \xrightarrow[0\sim5\ ℃]{HNO_2} \xrightarrow{H_3PO_2} 3,5\text{-}Br_2C_6H_3\text{—}CH_3$$

【解析】（1）①氨基不易直接引入，但可以通过硝基还原；②产物为对位，因此考虑先合成一个氨基后再引入第二个（也可通过硝基还原）；③引入第二个硝基时第一个氨基也会被氧化，因此第一个氨基需要保护，采用酰化方法，且酰化后使取代主要进入对位。

（2）甲基是邻、对位定位基，与产物相比，需要在间位引入两个 Br，因此考虑首先在甲基对位引入另一个更活泼的邻、对位定位基，溴代后再脱去，故考虑引入氨基，氨基可由硝基还原制得，氨基的脱去可先将氨基转变成重氮盐，然后脱去。

【例 11-6】 某化合物 A 分子式为 $C_7H_7O_2N$，无碱性，还原后得 B(C_7H_9N)，具有碱性。B 在低温条件下与亚硝酸作用生成 C($C_7H_7N_2Cl$)。加热此化合物 C，放出氮气，并生成对甲苯酚。在碱性溶液中，化合物 C 与苯酚作用生成具有颜色的化合物 $C_{13}H_{12}ON_2$。写出化合物 A 可能的结构式，并写出有关反应方程式。

【答案】 A 可能的结构式：

$$H_3C\text{—}C_6H_4\text{—}NO_2$$

【解析】 首先按题目所给的化合物 A 的分子式,依据不饱和度的公式计算不饱和度:

$$\Delta = n_C + 1 - \frac{n_H - n_N}{2} = 7 + 1 - \frac{7-1}{2} = 5$$

然后根据不饱和度初步确定化合物的大概范围。A 有 5 个不饱和度,又含 7 个碳原子,一个苯环的不饱和度是 4,一个环或一个双键的不饱和度各是 1,因此推测该化合物可能是带有苯环的硝基化合物或带有一个苯环的亚胺类化合物。

再依据其他性质分析结构,A 无碱性,还可以还原,初步判断不是亚胺,依据 B 有碱性,与亚硝酸作用生成 C,加热放出 N_2,并生成对甲苯酚,可判断 C 为芳香重氮盐,且甲基在对位。这样推出 B 可能是对甲基苯胺,则 A 不是亚胺,一定是硝基化合物,从而确定 A 的结构。

最后将确定的结构再逐步验证一遍,无误,基本上推导的结构就是正确的。

化合物 A 的反应过程如下:

$$\underset{A}{H_3C-C_6H_4-NO_2} \xrightarrow[HCl]{Fe} \underset{B}{H_3C-C_6H_4-NH_2} \xrightarrow[0\sim5\ ℃]{NaNO_2+HCl} \underset{C}{H_3C-C_6H_4-N_2^+\,Cl^-} \xrightarrow[\triangle]{H_2O}$$

$$H_3C-C_6H_4-OH + N_2\uparrow$$

$$H_3C-C_6H_4-N_2^+\,Cl^- \xrightarrow{苯酚} H_3C-C_6H_4-N{=}N-C_6H_4-OH$$

学生自我测试题及参考答案

一、命名下列化合物或写出构造式。

1. $CH_3CH(NH_2)CH_2CH(CH_3)OH$　　2. $H_3C-C_6H_4-NO_2$　　3. $H_3C-C_6H_4-NH_2$

4. $C_6H_5-NHC_2H_5$　　5. $C_{10}H_7-NO_2$(1-位硝基萘)　　6. $[C_6H_5-N^+(CH_3)_2-C_{12}H_{25}]Br^-$

7. $C_6H_5SO_2NH_2$　　8. $C_6H_5-CH_2NH_2$　　9. 苄胺

10. 乙二胺　　11. 二乙胺　　12. 胆碱

二、解释下列事实。

1. 化合物 $C_6H_5CH_2NH_2$ 的碱性与烷基胺基本相同,而与芳胺不同。

2. 下列化合物的 pK_b 大小如下:

A. $O_2N-C_6H_4-NH_2$　$pK_b=13.0$　　B. $C_6H_5-NH_2$　$pK_b=9.37$　　C. $H_3C-C_6H_4-NH_2$　$pK_b=8.70$

三、写出分子式为 $C_4H_{11}N$ 的胺的各种异构体并命名，指出各属哪级胺。

四、选择题。

1. 下列化合物具有手性的是(　　)

A. $C_6H_5-N(CH_3)_2$　　B. $H_2N-C_6H_4-SO_2NH_2$

C. $C_6H_5-CH(CH_3)-NH_2$　　D. $C_6H_5-N^+(C_2H_5)(CH_3)-CH=CH_2$

2. 下列化合物碱性最强的是(　　)

A. $C_6H_5-NH_2$　　B. $C_6H_{11}-NH_2$（环己胺）

C. $C_6H_5-CH_2-NH_2$　　D. $C_6H_5-N^+(CH_3)_3OH^-$

3. 下列化合物可能发生偶联反应的是(　　)

A. $C_6H_5-NH_2$　　B. $C_6H_5-C(=O)-NH_2$

C. $C_6H_5-CH_2NH_2$　　D. $C_6H_5-NH-C(=O)-NH_2$

4. 下列化合物碱性最强的是(　　)

A. 对甲氧基苯胺（NH_2, OCH_3）　　B. 对硝基苯胺（NH_2, NO_2）　　C. 对氯苯胺（NH_2, Cl）　　D. 对甲基苯胺（NH_2, CH_3）

5. 下列化合物碱性最强的是(　　)

A. 乙醇胺　　B. 乙胺　　C. 乙酰胺　　D. 苯胺

6. 下列化合物不可以作为亲核试剂的是(　　)

A. $(C_2H_5)_3N$　　B. N-甲基四氢吡咯（N—CH_3）　　C. $(CH_3)_4\overset{+}{N}OH^-$　　D. CH_3NH_2

五、合成题。

1. 苯 ⟶ 苯甲腈（C_6H_5-CN）

2. 苯 → 间溴苯胺（3-溴苯胺，Br 与 NH_2 互为间位）

3. 苯 → $C_6H_5-N=N-C_6H_4-NH_2$（对氨基偶氮苯）

六、完成反应式。

1. α-萘胺（1-萘胺） $\xrightarrow{(CH_3CO)_2O}$

2. $C_6H_5-NO_2 \xrightarrow{Fe+HCl} \xrightarrow[0\sim5\ ℃]{NaNO_2+HCl} \xrightarrow[0\sim5\ ℃]{C_6H_5-OH}$

3. α-硝基萘（1-硝基萘） $\xrightarrow{Fe/Br_2}$

4. 2-甲基四氢吡咯（2-甲基吡咯烷，N—H） $\xrightarrow{CH_3I} \xrightarrow{AgOH} \xrightarrow{\triangle} \xrightarrow{CH_3I} \xrightarrow{AgOH} \xrightarrow{\triangle}$

5. $C_6H_5-N_2^+Cl^- \xrightarrow[HBr]{Cu_2Br_2}$

6. $HOOCCH_2CHCOOH$（CH 上连 NH_2） $\xrightarrow{NaNO_2+HCl} \xrightarrow{\triangle}$

七、鉴别题。

1. ① 哌啶（环己亚胺，N—H）；② 环己基—NH_2

2. ①三甲胺盐酸盐；②溴化四乙基铵

3. ①邻甲苯胺；②*N*-甲基苯胺；③苯甲酸；④邻羟基苯甲酸

八、推断题。

1. 某化合物 A 分子式为 $C_6H_{15}N$，能溶于盐酸，与亚硝酸在室温下作用放出氮气得到 B。B 能发生碘仿反应，且能与浓硫酸共热脱水得 C(C_6H_{12})。C 能使 $KMnO_4$ 溶液褪色，反应后的产物是乙酸和 2-甲基丙酸。试推断 A 的结构式，并写出有关反应方程式。

2. 化合物 A($C_5H_{13}N$)有旋光性，与亚硝酸作用得 B($C_5H_{12}O$)，B 可拆分，氧化得 C($C_5H_{10}O$)，C 与次卤酸钠反应得到异丁酸钠。试推断 A、B、C 的结构式。

参考答案

一、1. 4-氨基戊-2-醇　　2. 对硝基甲苯　　3. 对甲基苯胺

4. *N*-乙基苯胺　　5. α-硝基萘　　6. 溴化十二烷基二甲基苯铵

7. 苯磺酰胺　　8. 苯甲胺(或苄胺)　　9. $C_6H_5-CH_2NH_2$

10. $NH_2CH_2CH_2NH_2$　　11. $(CH_3CH_2)_2NH$　　12. $[HOCH_2CH_2—\overset{+}{N}(CH_3)_3]OH^-$

二、1. 芳胺的碱性比烷基胺弱得多，主要是N上的未共用电子对离域到苯环上，p-π共轭的结果使N的电子云密度降低，接受质子的能力也降低，碱性减弱，而苄胺中N上的未共用电子对与苯环相隔一个碳原子，不能形成共轭，所以其碱性与烷基胺相似。

2. 从 pK_b 值可得，碱性C>B>A，说明取代芳胺的碱性取决于取代苯的性质。芳环上的电子云密度越大，则芳胺的碱性越强，若芳环上连有活化基团，则碱性增强，甲基虽然是弱的活化基团，但使碱性略增，如化合物C；若连有钝化基团则碱性降低，如化合物A。

三、$CH_3CH_2CH_2CH_2NH_2$ 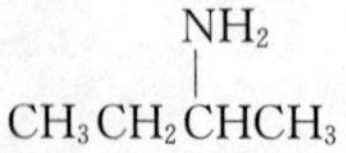 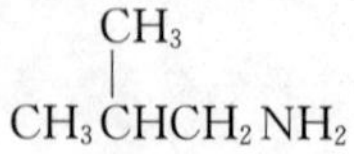　1° 正丁胺

$CH_3CH_2CH(NH_2)CH_3$　1° 仲丁胺

$CH_3CH(CH_3)CH_2NH_2$　1° 异丁胺

$CH_3CH_2CH_2NHCH_3$　2° 甲基(丙基)胺

$CH_3CH_2NHCH_2CH_3$　2° 二乙胺

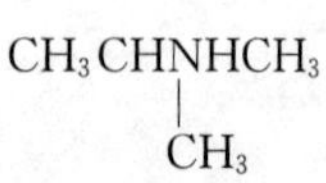

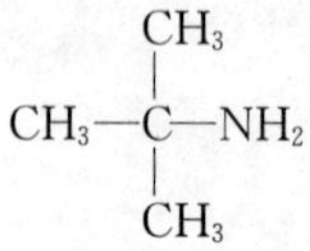

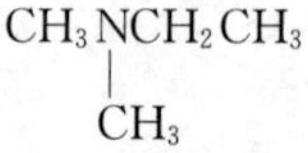

$CH_3CH(CH_3)NHCH_3$　2° 异丙基(甲基)

$CH_3—C(CH_3)_2—NH_2$　1° 叔丁胺

$CH_3N(CH_3)CH_2CH_3$　3° 乙基(二甲基)胺

四、1. C、D　2. D　3. A　4. A　5. B　6. C

五、1. $C_6H_6 \xrightarrow[浓H_2SO_4]{浓HNO_3} C_6H_5NO_2 \xrightarrow{Fe+HCl} C_6H_5NH_2 \xrightarrow[0\sim5\ ℃]{NaNO_2+HCl} C_6H_5N_2^+Cl^- \xrightarrow[KCN]{Cu_2(CN)_2} C_6H_5CN$

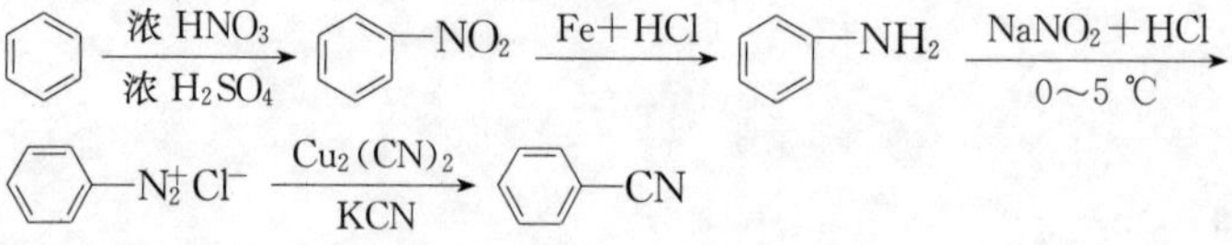

2. $C_6H_6 \xrightarrow[浓H_2SO_4]{浓HNO_3} C_6H_5NO_2 \xrightarrow{Fe/Br_2}$ 间溴硝基苯 $\xrightarrow{Fe+HCl}$ 间溴苯胺

3. $C_6H_6 \xrightarrow[浓H_2SO_4]{浓HNO_3} C_6H_5NO_2 \xrightarrow{Fe+HCl} C_6H_5NH_2 \xrightarrow[0\sim5\ ℃]{NaNO_2+HCl} C_6H_5N_2^+Cl^- \xrightarrow[0\sim5\ ℃]{C_6H_5NH_2} C_6H_5—N{=}N—C_6H_4—NH_2$(对位)

六、1. 1-萘基—NH—C(=O)—CH_3

2. $C_6H_5—NH_2$，$C_6H_5—N_2^+$，$C_6H_5—N{=}N—C_6H_4—OH$

3. 5-溴-1-硝基萘 + 8-溴-1-硝基萘（Br, NO_2）

4. 1,1,2-三甲基四氢吡咯碘化物（I^-，H_3C，CH_3），1,1,2-三甲基四氢吡咯氢氧化物（OH^-，H_3C，CH_3），烯基二甲胺（H_3C，CH_3），烯基三甲基铵氢氧化物（OH^-，H_3C，CH_3，CH_3），1,3-戊二烯

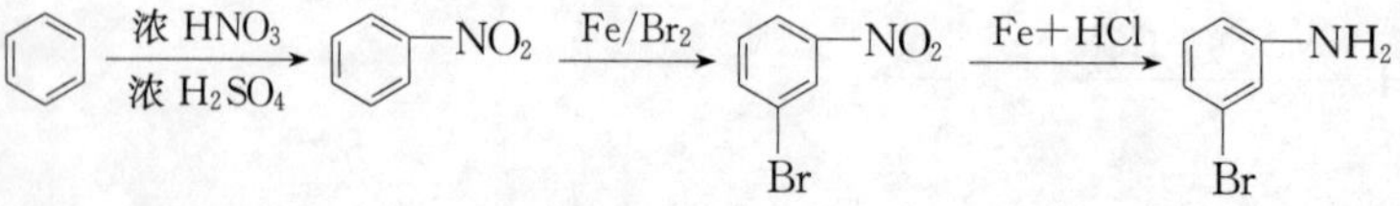

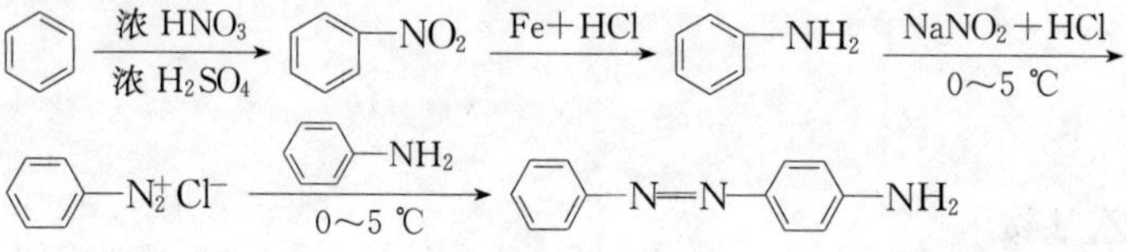

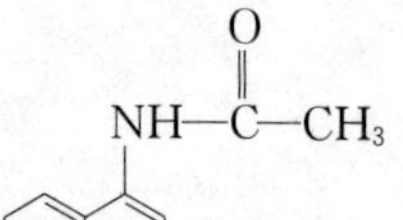

5. $C_6H_5—Br$

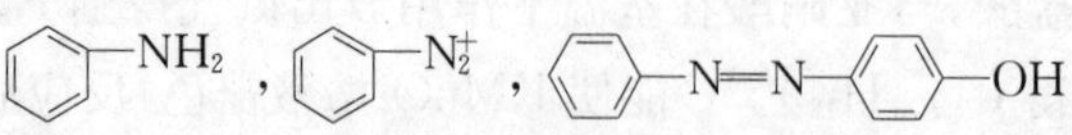

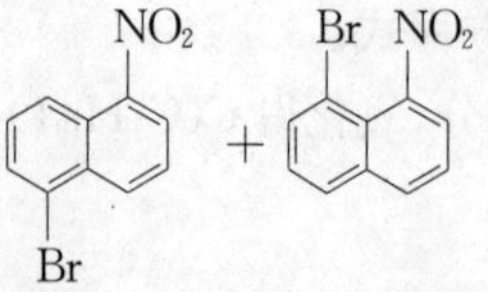

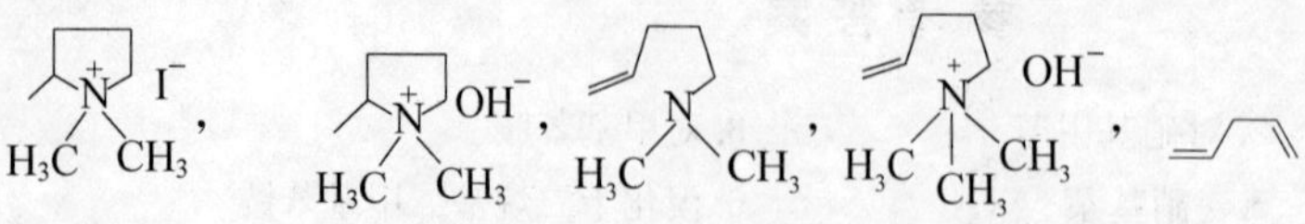

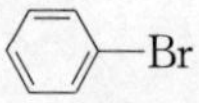

6. $HOOCCH_2CHCOOH$，$HOOCCH{=}CHCOOH$
　　　　　　|
　　　　　OH

七、1. ①② $\xrightarrow{NaNO_2+HCl}$ {黄色物质生成; N_2（有气体放出）}

2. ①② $\xrightarrow{NaOH\ 溶液}$ {浑浊; 无}

3. ①②③④ $\xrightarrow{FeCl_3\ 溶液}$ {① 无, ② 无, ③ 无, ④ 紫红色}；①②③ $\xrightarrow{NaHCO_3\ 溶液}$ {① 无, ② 无, ③ 产生气体}；①② $\xrightarrow[氢氧化钠]{苯磺酰氯}$ {① 溶解, ② 无}

八、1. $CH_3CHCH_2CHCH_3$（NH_2，CH_3）$\xrightarrow[NaNO_2+HCl]{HNO_2}$ $CH_3CHCH_2CHCH_3$（OH，CH_3）

A　　　　　　　　　　　　B

$\xrightarrow{NaOH,I_2}$ CH_3CHCH_2COONa（CH_3）$+CHI_3\downarrow$

$CH_3CHCH_2CHCH_3$（OH，CH_3）$\xrightarrow[\triangle]{浓硫酸}$ $CH_3CH{=}CH{-}CH{-}CH_3$（CH_3）

C

$\xrightarrow{KMnO_4}$ $CH_3CHCOOH$（CH_3）$+CH_3COOH$

2. A. $CH_3CH(NH_2)CH(CH_3)_2$　B. $CH_3CH(OH)CH(CH_3)_2$　C. $(CH_3)_2CH_2COCH_3$

教材中的问题及习题解答

一、教材中的问题及解答

问题与思考 11-1　请归纳氨、胺、铵的读法和用法。

答　氨——读作(ān)，一般用作氨气(NH_3)、氨水($NH_3\cdot H_2O$)，以及氨基($-NH_2$)、亚氨基($=NH$)。

胺——读作(àn)，为烃基取代氨(NH_3)中氢的产物，如苯胺、甲胺等。

铵——读作(ǎn)，一般用作铵根离子(NH_4^+)，由铵根离子形成的氢氧化铵($NH_4^+OH^-$)以及季铵碱($R_4N^+OH^-$)、季铵盐(如 $R_4N^+Cl^-$)等。

问题与思考 11-2　某胺的分子式为 $C_6H_{13}N$，制成季铵盐时，只消耗 1mol 碘甲烷，经两次霍夫曼消除，生成 1,4-戊二烯和三甲胺，判断原胺的结构。

答　该化合物的结构式：

N　CH_3
CH_3

反应过程如下：

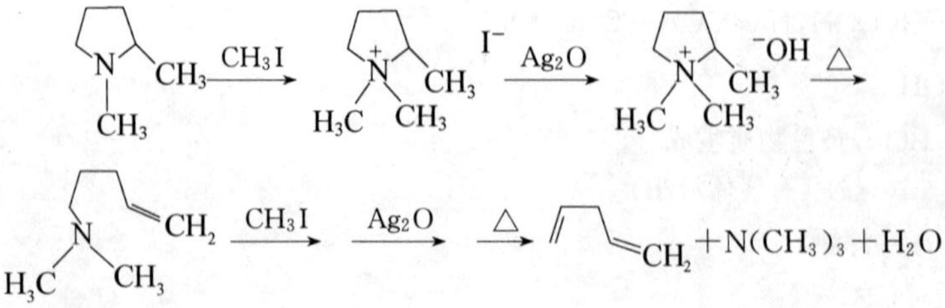

(2-甲基-1-甲基吡咯烷) $\xrightarrow{CH_3I}$ (1,1,2-三甲基吡咯烷鎓) I^- $\xrightarrow{Ag_2O}$ (1,1,2-三甲基吡咯烷鎓) ^-OH $\xrightarrow{\triangle}$

$CH_2=CHCH_2CH_2CH(CH_3)N(CH_3)_2$ ... H_3C—N—CH_3 ... CH_2 $\xrightarrow{CH_3I}$ $\xrightarrow{Ag_2O}$ $\xrightarrow{\triangle}$ $CH_2=CH-CH=CH-CH_2$ ... CH_2 $+N(CH_3)_3+H_2O$

二、教材中的习题及解答

1. 命名下列化合物。

(1) 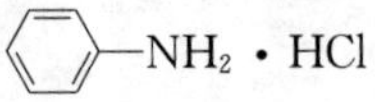 C_6H_5—NH_2 · HCl　　(2) $CH_3NHC_2H_5$

(3) $(CH_3)_4\overset{+}{N}Br^-$　　(4) 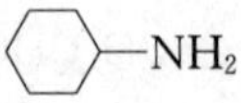 环己基—NH_2

(5) $C_6H_5N(CH_3)(C_2H_5)$　　(6) 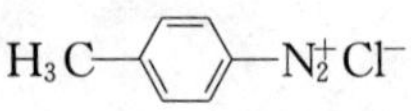 H_3C—C_6H_4—$N_2^+Cl^-$

(7) $H_3C-\underset{CH_3}{CH}-\underset{NH_2}{CH}-CH_2CH_2CH_3$　　(8) $\left[(CH_3)_3NCH_2CH_2OH\right]^+OH^-$

(9) 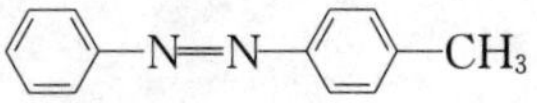 C_6H_5—N=N—C_6H_4—CH_3

答 (1) 盐酸苯胺　(2) 乙基(甲基)胺　(3) 溴化四甲铵
(4) 环己胺　(5) *N*-乙基-*N*-甲基苯胺　(6) 氯化对甲基重氮苯
(7) 2-甲基己-3-胺　(8) 胆碱(氢氧化-*β*-羟乙基三甲基铵)　(9) 4-甲基偶氮苯

2. 写出下列化合物的结构式。

(1) 环己基(乙基)甲基胺　(2) *α*-萘甲胺　(3) 三乙胺　(4) 乙二胺
(5) 二乙胺　(6) 胆碱　(7) 苯磺酰氯

答 (1) 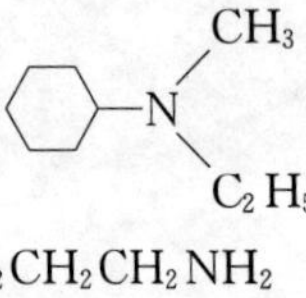 环己基—$N(CH_3)(C_2H_5)$　(2) α-萘基—CH_2NH_2 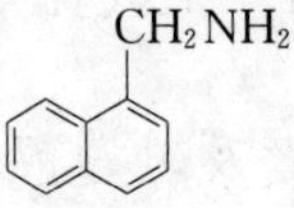　(3) $(C_2H_5)_3N$

(4) $NH_2CH_2CH_2NH_2$　(5) $(C_2H_5)_2NH$　(6) $[(CH_3)_3NCH_2CH_2OH]^+OH^-$

(7) 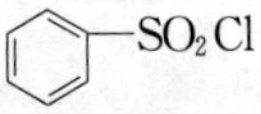 C_6H_5—SO_2Cl

3. 完成反应式。

(1) 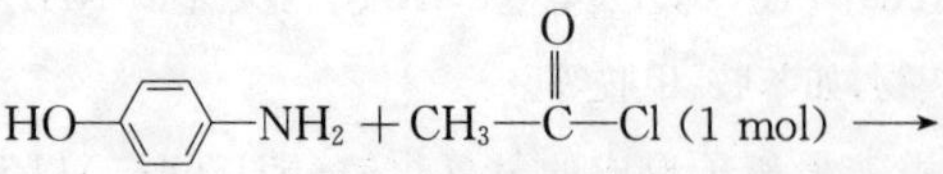 HO—C_6H_4—NH_2 + $CH_3-\overset{O}{\overset{\|}{C}}-Cl$ (1 mol) ⟶

(2) $H_2N-CH_2CH_2CH_2CH_2Br$ ⟶

(3) 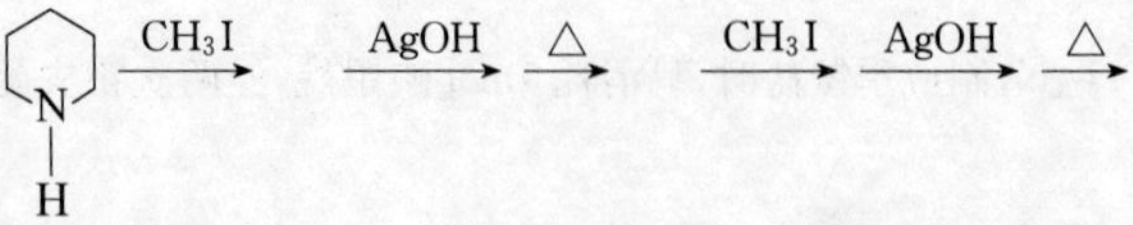 哌啶(N—H) $\xrightarrow{CH_3I}$ $\xrightarrow{AgOH}$ $\xrightarrow{\triangle}$ $\xrightarrow{CH_3I}$ $\xrightarrow{AgOH}$ $\xrightarrow{\triangle}$

(4) $C_6H_5CH_2\underset{^+N(CH_3)_3OH^-}{CH}CH_3$ $\xrightarrow{\triangle}$

(5) 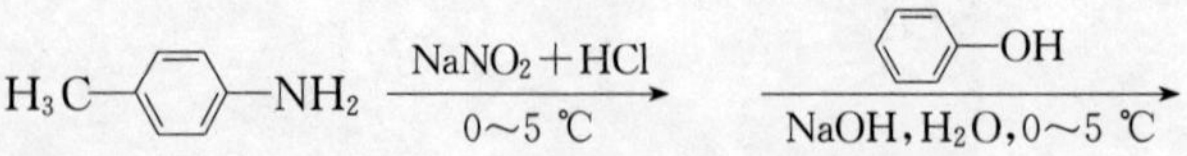 H_3C—C_6H_4—NH_2 $\xrightarrow[0\sim5\ ℃]{NaNO_2+HCl}$ $\xrightarrow[NaOH,H_2O,0\sim5\ ℃]{C_6H_5OH}$

(6) $C_6H_5-SO_2Cl + C_6H_5-NH_2 \longrightarrow \quad \xrightarrow{NaOH}$

(7) 四氢吡咯(N—H) $+ NaNO_2 + HCl \longrightarrow$

(8) $H_3C-C_6H_4-N_2^+Cl^- \xrightarrow[HCl]{CuCl}$

答 (1) $HO-C_6H_4-NH-\overset{O}{\overset{\|}{C}}-CH_3$　　(2) 四氢吡咯(N—H) $+ HBr$

(3) N,N-二甲基哌啶鎓 I^-，N,N-二甲基哌啶鎓 OH^-，$CH_2=CHCH_2CH_2CH_2N(CH_3)_2$，$CH_2=CH-CH=CH_2$　　(4) $C_6H_5-CH=CH-CH_3$

(5) $H_3C-C_6H_4-\overset{+}{N}\equiv NCl^-$，$H_3C-C_6H_4-N=N-C_6H_4-OH$

(6) $C_6H_5-SO_2NH-C_6H_5$，$C_6H_5-SO_2N^{-}-C_6H_5\ Na^+$

(7) N-亚硝基四氢吡咯(N—NO)　　(8) $H_3C-C_6H_4-Cl$

4. 将下列化合物按其碱性由强到弱排序。

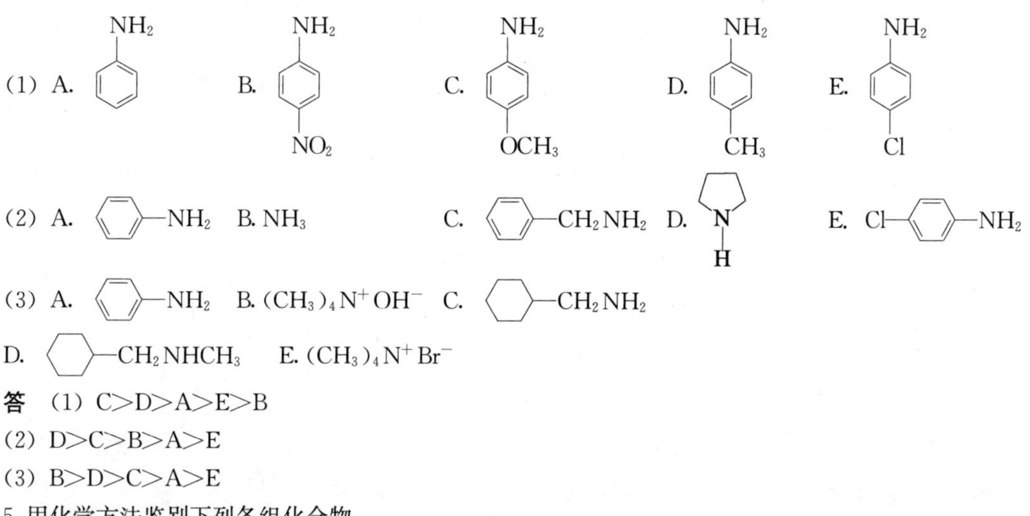

答 (1) C>D>A>E>B

(2) D>C>B>A>E

(3) B>D>C>A>E

5. 用化学方法鉴别下列各组化合物。

(1) 苯甲醛，苯甲胺，苯酚

(2) 对甲基苯胺，*N*-甲基苯胺，*N*，*N*-二甲基苯胺

答 (1) 苯甲醛、苯甲胺、苯酚 $\xrightarrow{FeCl_3}$ 苯甲醛 (－)、苯甲胺 (－)、苯酚 (＋)；苯甲醛、苯甲胺 $\xrightarrow{托伦试剂}$ 苯甲醛 (＋)、苯甲胺 (－)

(2) 对甲基苯胺、*N*-甲基苯胺、*N*，*N*-二甲基苯胺 $\xrightarrow{C_6H_5SO_2Cl}$ 对甲基苯胺 (＋)、*N*-甲基苯胺 (＋)、*N*，*N*-二甲基苯胺 (－)；对甲基苯胺、*N*-甲基苯胺 $\xrightarrow{NaOH}$ 对甲基苯胺 (＋)、*N*-甲基苯胺 (－)

6. 把相对分子质量相近的化合物乙酸、丁烷、三甲胺、丙醇按沸点由高到低的顺序排列，并予以解释。

答 乙酸>丙醇>三甲胺>丁烷。由于羧酸分子间由两个氢键缔合，而醇分子间由一个氢键缔合，所以乙酸的沸点高于丙醇，而三甲胺、丁烷分子间没有氢键形成，但三甲胺的极性比丁烷大，所以三甲胺的沸点高于丁烷。

7. 为什么化合物（曲马朵）在临床应用上将其制成盐酸曲马朵使用？

答　因为该化合物不易溶于水，但是其具有碱性，与酸作用成盐后易溶于水，所以临床应用将其制成盐酸盐的注射剂使用。

8. 化合物A的分子式为$C_6H_{13}N$，与苯磺酰氯作用无明显变化，也不能催化加氢，A与CH_3I反应后用AgOH处理得B($C_7H_{17}NO$)，B经加热分解成叔胺与乙烯。试写出A、B的结构式。

答　A.　　B.

9. 有一化合物A含C、H、O、N、Cl。A与酸的热水溶液反应可得到化合物B和乙酸。B经还原可生成2-氯-1,4-苯二胺。B与亚硝酸作用后生成的产物与Cu_2Br_2反应生成C。C是一氯一溴代硝基苯。试根据上述事实推断A可能的结构。

答　A可能的结构为

另一可能性：B为　　则C为　　而A为

（盛　野）

第12章　杂环化合物及生物碱

学习目标

（1）掌握杂环化合物的分类和命名方法，掌握五元单杂环吡咯、呋喃、噻吩及六元单杂环吡啶的结构及理化性质，掌握稠杂环喹啉、异喹啉和吲哚的结构和理化性质。

（2）了解一些含氮杂环的衍生物的结构及主要性质。

（3）了解生物碱的概念、分类及命名方法。

（4）了解生物碱的物理性质和化学性质。

重点内容提要

12.1　杂环化合物的命名

1. 特定名称的杂环化合物的命名

（1）杂环母核的命名。

将特定的45个杂环母核的英文名称的汉字译音加上“口”字偏旁来表示。

含一个杂原子的杂环，编号从杂原子开始并保证取代基位次最低；也可采用希腊字母编号原则，即从与杂原子相邻的碳原子开始，用希腊字母依次编为α、β、γ、…。环上有多个杂原子时，按O、S、N—H、N—R、N的顺序编号。环上有醛基、羧基、磺酸基等特性基团时，将这些基团作为母体，杂环作为取代基。

异喹啉、嘌呤、蝶啶等少数稠杂环有特定的编号顺序。

（2）标氢和外加氢。

杂环中已包含最多的非聚集双键时，环上饱和原子所连接的氢原子的位置需在名称前用阿拉伯数字标明并用斜体的大写字母“H”表示，称为“标氢”或“指示氢”。

杂环中不含有最多的非聚集双键时，环上的饱和原子所连接的氢原子称为外加氢，需在名称中用阿拉伯数字及中文数字分别标出其位置和数目。例如

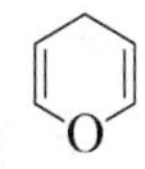

4*H*-吡喃

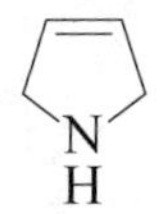

2,5-二氢吡咯

2. 无特定名称的稠杂环的命名

（1）主体环的选择原则。

苯环与杂环并合时，选择杂环作为主体；杂环与杂环并合时，按N、O、S顺序选择主体；杂原子相同时，选择大环为主体；优先选择杂原子数目及种类多的作为主体；当环的大小相同，杂

原子种类和数目相等时,选择并合前杂原子编号较低的为主体。

(2) 并合边的标示。

主体环以 a、b、c、…分别标记边 12、23、34、…;拼合体环用数字标记。标识并合的共有键用该键在拼合体中的数字编号,再以短线连以在主体中的字母标记,外加方括号,数字编号间用逗号隔开,数字的前后次序按两环并合时主体环的编号方向一致的顺序标示。例如

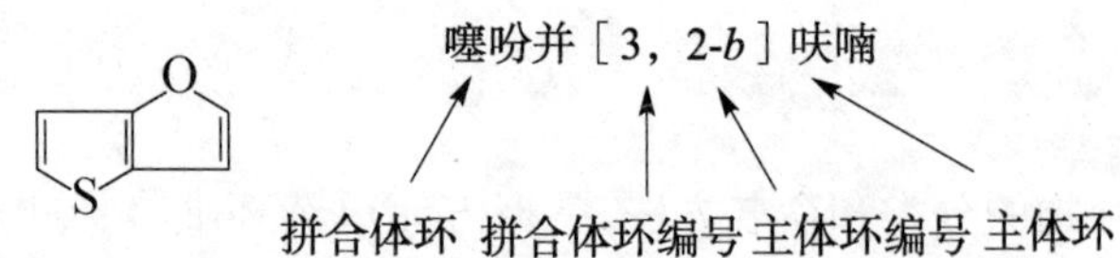

(3) 环系周边的编号。

与稠环芳烃相似,稠合边的碳原子不编号,稠合边的杂原子需要编号,且保证杂原子的编号尽可能最小。

12.2 杂环化合物的结构

1. 五元杂环化合物的结构

呋喃、噻吩和吡咯环上的杂原子氧、硫和氮均为 sp^2 杂化,环上的四个碳原子与杂原子相互以 sp^2 杂化轨道构成 σ 键,杂原子的 p 轨道与碳原子的 p 轨道平行重叠,形成五个原子六个 π 电子的闭合共轭体系(图 12-1),符合休克尔规则,具有芳香性。其芳香性顺序为苯>噻吩>吡咯>呋喃。

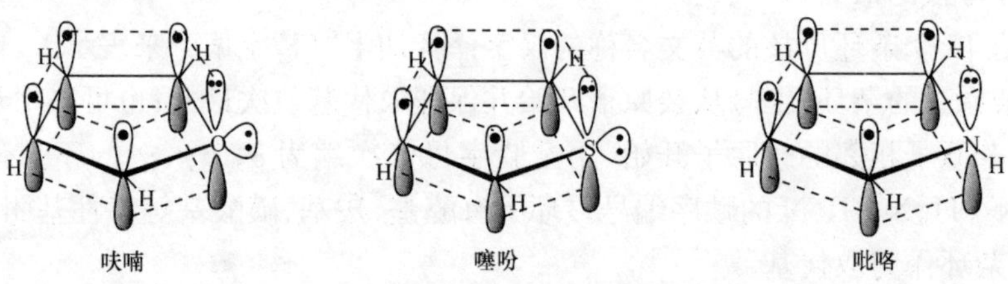

图 12-1 呋喃、噻吩和吡咯的结构

2. 六元杂环化合物的结构

吡啶环上的五个碳原子和氮原子均为 sp^2 杂化,成环的六个原子处于同一平面上,每个原子的 p 轨道"肩并肩"重叠,形成六个原子六个 π 电子的闭合共轭体系(图 12-2)。氮原子上的未共用电子对在 sp^2 杂化轨道上,未参与环系的共轭。

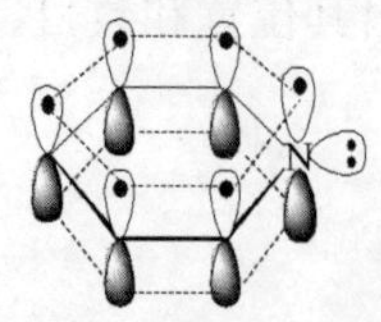

图 12-2 吡啶的结构

12.3 五元和六元杂环化合物的物理性质

了解五元杂环和六元杂环相应的物理性质如熔点、沸点、溶解度等之间的关系。

12.4　杂环化合物的化学性质

1. 五元杂环化合物的主要化学性质

(1) 酸碱性。

吡咯由于氮原子上的未共用电子对参与了环系的共轭，故碱性很弱；同时，氮原子上电子云密度的降低使其所连接的氢原子能以 H^+ 的形式离解，故又显弱酸性，可与金属钾、钠、固体氢氧化钾、氢氧化钠等作用生成盐。

$$\text{吡咯(N–H)} + K \longrightarrow \text{吡咯钾(N–K)} + \frac{1}{2}H_2\uparrow$$

$$\text{吡咯(N–H)} + KOH(s) \xrightarrow{\triangle} \text{吡咯钾(N–K)} + H_2O$$

(2) 亲电取代反应。

吡咯、呋喃、噻吩发生亲电取代反应时亲电试剂主要进攻 α-位，其反应的活性顺序为

吡咯＞呋喃＞噻吩＞苯

① 卤代反应。

$$\text{吡咯} \xrightarrow[\text{EtOH}]{Br_2,\ 0\ ^\circ C} \text{2,3,4,5-四溴吡咯}$$

$$\text{呋喃} \xrightarrow[\text{二氧六环 稀释}]{Br_2,\ 0\ ^\circ C} \text{2-溴呋喃}\quad 86\%$$

② 硝化反应。

呋喃、噻吩和吡咯硝化时，通常选用一些较温和的非质子硝化试剂，如硝酸乙酰酯。

$$\text{吡咯} \xrightarrow[Ac_2O,\ -10\ ^\circ C]{AcONO_2} \text{2-硝基吡咯}(-NO_2)$$

③ 磺化反应。

吡咯、呋喃磺化时仍需使用温和的非质子性磺化试剂，如 *N*-磺酸吡啶。噻吩可以直接磺化，但产率较低。

$$\text{吡咯} + \text{吡啶}^+\text{–}SO_3^- \xrightarrow{100} \xrightarrow{HCl} \text{吡咯-2-}SO_3H$$

④ 傅-克酰基化。

$$\text{吡咯} + (CH_3CO)_2O \xrightarrow{150\sim200\ ^\circ C} \text{吡咯-2-}\overset{O}{\overset{\|}{C}}CH_3$$

2. 六元杂环化合物的主要化学性质

（1）酸碱性。

吡啶具有弱碱性，可与强酸中和成盐。

$$\text{C}_5\text{H}_5\text{N} \xrightarrow{\text{HCl}} \text{C}_5\text{H}_5\overset{+}{\text{N}}\text{H}\,\text{Cl}^-$$

$$\text{C}_5\text{H}_5\text{N} \xrightarrow{\text{SO}_3} \text{C}_5\text{H}_5\overset{+}{\text{N}}-\text{SO}_2-\text{O}^-$$

（2）亲电取代反应。

吡啶发生亲电取代反应的情况与硝基苯类似，不能发生傅-克烷基化和酰基化反应，可发生卤代、磺化、硝化等反应，亲电试剂进攻 β-位。

$$\text{吡啶} \xrightarrow{E^+} \text{3-E-吡啶}$$

12.5 稠杂环化合物

1. 喹啉和异喹啉

喹啉和异喹啉都具有平面形结构，具有芳香性，碱性与吡啶相似。既可以发生亲电取代反应，也可以发生亲核取代反应，其亲电取代反应主要发生在 5 位和 8 位。

$$\text{喹啉} \xrightarrow[\triangle]{\text{浓 } HNO_3\text{，浓 } H_2SO_4} \underset{52\%}{\text{5-}NO_2\text{-喹啉}} + \underset{48\%}{\text{8-}NO_2\text{-喹啉}}$$

$$\text{异喹啉} \xrightarrow[\triangle]{\text{发烟 } H_2SO_4} \underset{35\%}{\text{5-}SO_3H\text{-异喹啉}}$$

喹啉的亲核取代主要发生在 2 位，异喹啉则主要发生在 1 位。

$$\text{喹啉} \xrightarrow[100\ ^\circ\text{C}]{NaNH_2\text{，二甲苯}} \text{2-}NH_2\text{-喹啉}$$

$$\text{异喹啉} \xrightarrow[-10\ ^\circ\text{C}]{KNH_2\text{，液 } NH_3} \text{1-}NH_2\text{-异喹啉}$$

喹啉和异喹啉可以被 $KMnO_4$ 氧化为吡啶二甲酸。

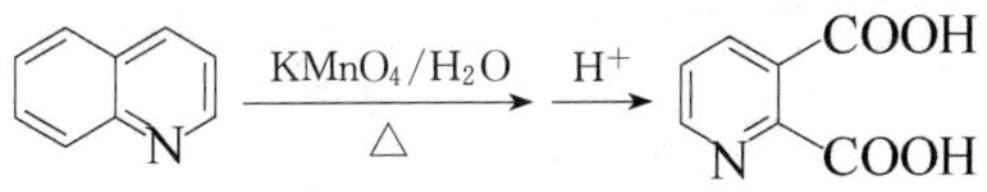

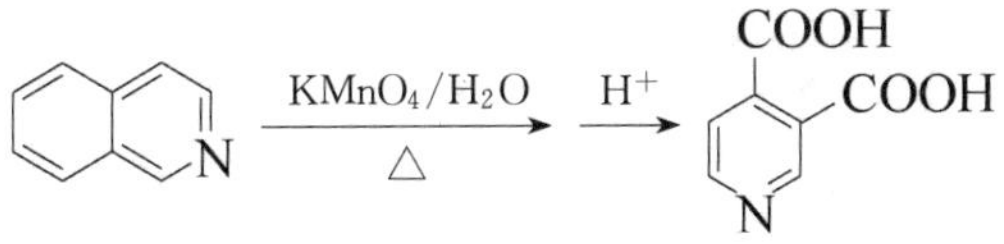

$\xrightarrow[\triangle]{KMnO_4/H_2O}$ $\xrightarrow{H^+}$ COOH COOH

$\xrightarrow[\triangle]{KMnO_4/H_2O}$ $\xrightarrow{H^+}$ COOH COOH

2. 吲哚

吲哚容易发生亲电取代反应。反应主要发生在吡咯环的 3 位。

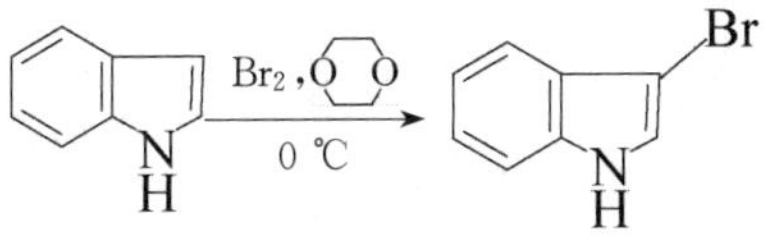

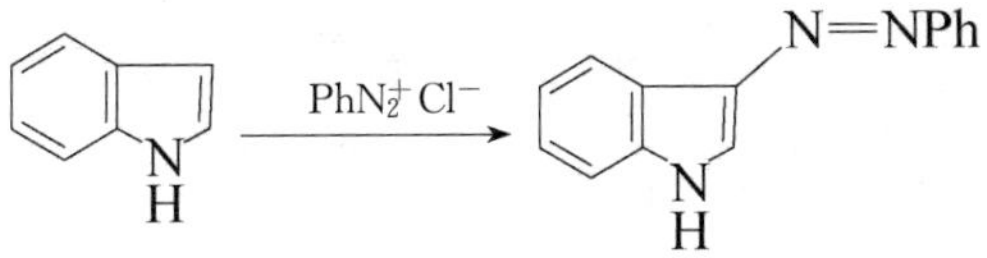

$\xrightarrow[0\ ℃]{Br_2,二氧六环}$ Br

$\xrightarrow{PhN_2^+Cl^-}$ N=NPh

3. 嘌呤及其衍生物

嘌呤存在两种互变异构体(9*H*-嘌呤和 7*H*-嘌呤)，晶体状态下主要以 7*H*-嘌呤的形式存在，在生物体内多以 9*H*-嘌呤的形式存在。

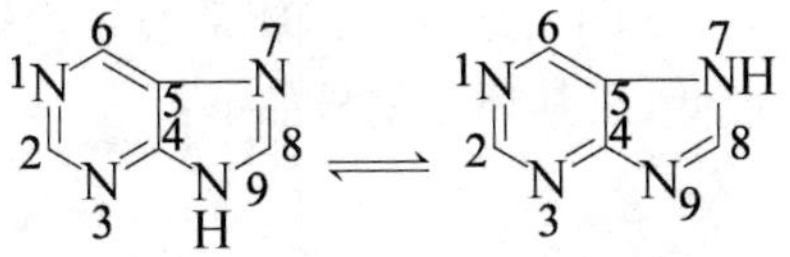

9*H*-嘌呤 ⇌ 7*H*-嘌呤

12.6 重要的含氮杂环化合物及其衍生物

1. 吡啶衍生物

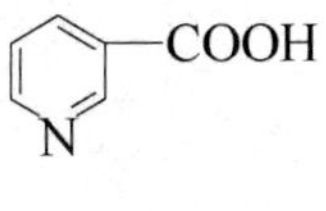

烟酸 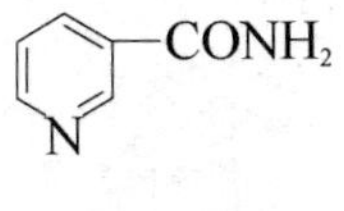　　烟酰胺 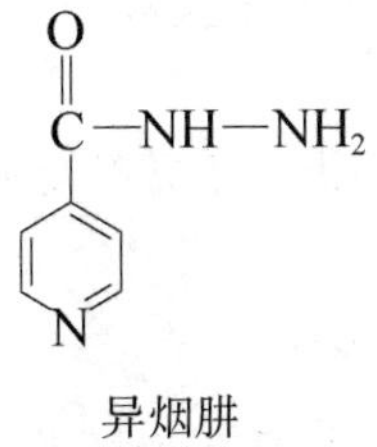　　异烟肼

2. 咪唑和吡唑

咪唑和吡唑的亲电取代活性比吡咯差，反应时，亲电试剂主要进入吡唑的 4 位，咪唑的 4 位和 5 位。

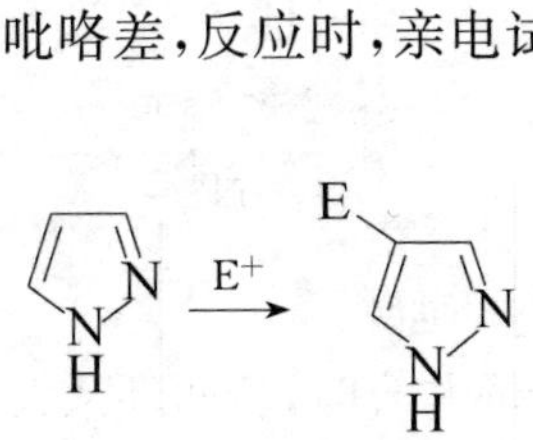

$\xrightarrow{E^+}$ E

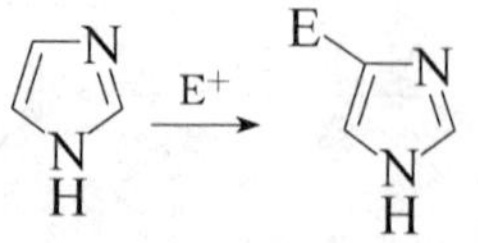

12.7 生物碱

（略）

解题示例

【例 12-1】 命名下列化合物。

（1） 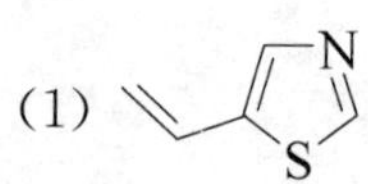

（2） 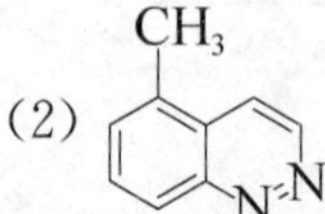

（3）

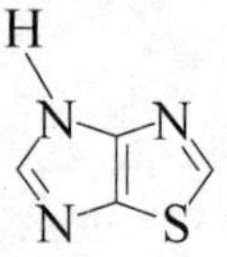

（4）

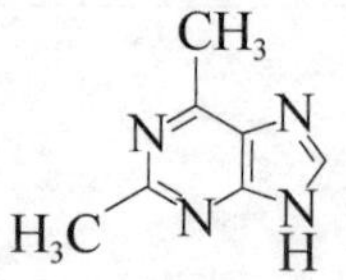

【答案】（1）5-(β-羟乙基)噻唑 （2）5-甲基苯并[e]哒嗪

（3）4H-咪唑并[5,4-d]噻唑 （4）2,6-二甲基嘌呤

【解析】（1）含有两个不同杂原子的杂环，其环系编号优先顺序为 O＞S＞N，且需要保证所有杂原子编号位次尽可能最低，故其环系编号如下：

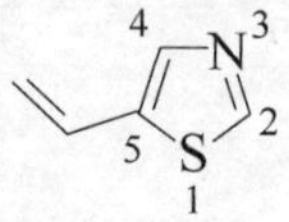

所以化合物名称为 5-(β-羟乙基)噻唑。

（2）① 主体的选择。苯环与杂环并合时，杂环为主体，苯环为拼合体，故应称为苯并哒嗪。

② 并合边的标识。苯并杂环时，苯环的并合边不需标识，主体并合边标识如下：

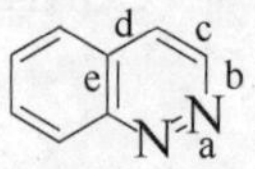

③ 周边编号。与稠环芳烃类似，与并合边相邻的杂原子 N 为 1 位，先编杂环，再编苯环，共用的 C 原子不编号，即

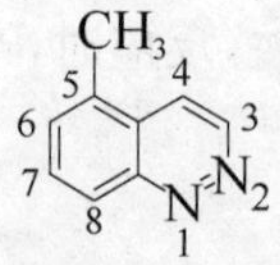

所以化合物名称为 5-甲基苯并[e]哒嗪。

（3）① 主体的选择。杂环与杂环并合时，若两环系大小相同，杂原子数目相等时，应选择杂原子种类多的杂环为主体，即该化合物应选择噻唑为主体，咪唑为拼合体，称为咪唑并噻唑。

② 并合边的标识。并合边标识如下：

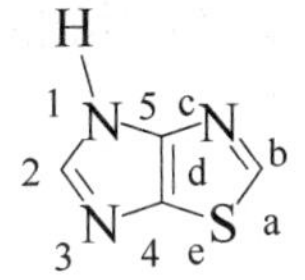

③ 周边编号。与并合边相邻的杂原子 S 为 1 位，先编噻唑环，再编咪唑环，共用的 C 原子不编号，即

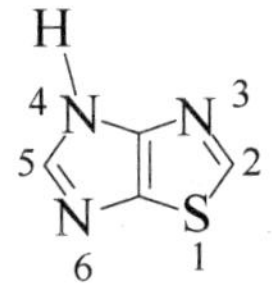

所以化合物名称为 4*H*-咪唑并[5,4-*d*]噻唑。

(4) 母体名称为嘌呤，其具有固定编号，即

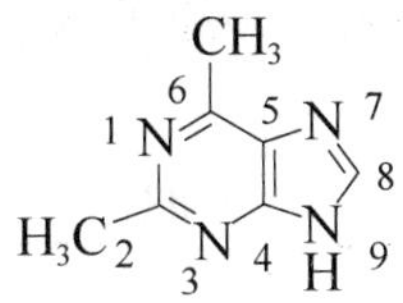

所以化合物名称为 2,6-二甲基嘌呤。

【例 12-2】 将下列化合物按碱性由强到弱排列顺序。

甲胺，苯胺，氨气，吡啶，吡咯，哌啶

【答案】 哌啶＞甲胺＞氨气＞吡啶＞苯胺＞吡咯。

【解析】 脂肪胺中，氮原子为 sp^3 杂化，受电子效应、空间效应和溶剂化效应的综合影响，仲胺的碱性强于伯胺。吡啶和吡咯的氮原子为 sp^2 杂化，其电负性较 sp^3 杂化的氮原子稍大，提供电子的能力稍弱，碱性比脂肪胺弱；苯胺和吡咯氮原子上的孤对电子参与了共轭体系而被离域分散，所以碱性有减弱趋势，但苯胺只有部分电子参与共轭，离域能力较吡咯低，故碱性强于吡咯，但均弱于氮原子未参与共轭的吡啶。所以，碱性由强到弱排列顺序为

哌啶＞甲胺＞氨气＞吡啶＞苯胺＞吡咯

【例 12-3】 比较下列化合物发生亲电取代反应的活性顺序。

呋喃，噻吩，吡咯，吡啶，苯

【答案】 吡咯＞呋喃＞噻吩＞苯＞吡啶。

【解析】 呋喃、噻吩和吡咯属于多 π 电子芳杂环，环上电子云密度高于苯，故其发生亲电取代反应的活性比苯高。而吡啶因杂原子的吸电子诱导效应的影响使环上电子云密度比苯低，所以其亲电取代的活性比苯低。呋喃、噻吩和吡咯的杂原子既有斥电子共轭效应的影响，又有吸电子诱导效应的影响，共轭效应的强弱顺序为 N＞O＞S，诱导效应的强弱顺序为 O＞N＞S，综合结果为 N 的斥电子能力最强，O 其次，S 最弱，因此亲电取代反应的活性顺序为吡咯＞呋喃＞噻吩。综上所述，上述化合物发生亲电取代反应的活性顺序为

吡咯＞呋喃＞噻吩＞苯＞吡啶

【例 12-4】 利用吡咯的弱酸性，使其与 K 或 KOH 成盐后，再与酰卤发生酰化反应，主要得到 *N*-酰基吡咯而不是 *C*-酰基吡咯，试说明原因。

【解析】 吡咯与 K 或 KOH 成盐后，其杂原子 N 上带有负电荷，可作为亲核试剂进攻酰卤分子的羰基 C 而发生亲核取代反应，使酰基主要加到杂原子 N 上而不是 C 原子上。

【例 12-5】 化合物 A 的分子式为 C_6H_8O，其在酸性条件下水解后的产物为 2,5-己二酮，试写出其可能的结构简式。

【答案】 H_3C—(呋喃环, O)—CH_3

【解析】 该化合物的不饱和度为 $\Delta=(2\times6+2-8)/2=3$，可推测其为五元杂环结构，环系中包含两个双键，同时根据其水解的产物为 2,5-己二酮，可逆推出在其两个 α-位各连接一个甲基，所以其结构应为

H_3C—(呋喃环, O)—CH_3

【例 12-6】 试解释为什么咪唑的酸性和碱性都比吡咯强。

【答案】 咪唑与质子结合生成的共轭酸及失去质子生成的共轭碱均有两种能量完全相等的极限式，正电荷或负电荷可以分布在两个杂原子 N 上，共振杂化体的稳定性更好。而吡咯不具备上述条件。

咪唑(N, NH) $\xrightarrow{H^+}$ (NH$^+$, NH) ⟷ (NH, NH$^+$)

咪唑(N, NH) $\xrightarrow{OH^-}$ (N, N$^-$) ⟷ (N$^-$, N)

【解析】 本题考查对共振式的理解及应用。

学生自我测试题及参考答案

一、命名下列化合物。

1. 呋喃环(O)—CHO

2. 吡咯环(NH)，3-位 Br

3. 噻吩环(S)—SO_3H

4. 咪唑环(N, NH)，HS 取代

5. 吡啶环(N)，3-位 $CONH_2$

6. 吡嗪环(N, N)，两个 CH_3

7. 异喹啉(N)，CH_3 取代

8. 吲哚(NH)，3-位 CH_3

*9.　　　　*10.

二、写出下列化合物的结构简式。

1. 3-吡啶甲酸　　2. 5-氯吡唑

3. 3,5-二甲基异噁唑　　4. 5-氨基-3-甲基哒嗪

5. 5-羟甲基噻唑　　6. 4-氨基喹啉

7. 2,6-二羟基嘌呤　　*8. 5-甲基嘧啶

*9. 咪唑并[4,5-*d*]噻唑　　10. *β*-吲哚乙酸

三、选择题。

1. 下列化合物中，碱性最强的是(　　)。

A. 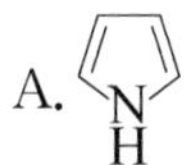　B. 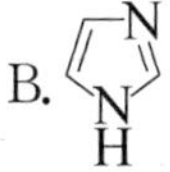　C. 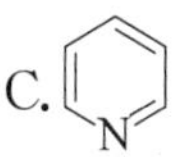　D. 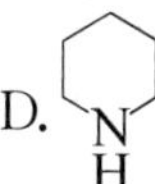

2. 下列化合物中，没有芳香性的是(　　)。

A. 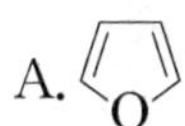　B. 　C. 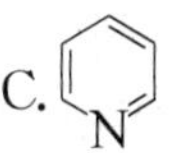　D. 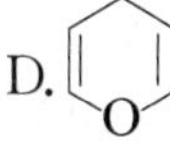

3. 下列化合物中，属于五元杂环化合物的是(　　)。

A. 吡喃　B. 吡啶　C. 呋喃　D. 嘧啶

4. 下列化合物中，芳香性最强的是(　　)。

A. 　B. 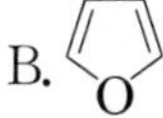　C. 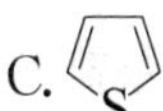　D. 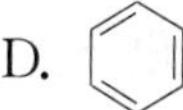

*5. 下列化合物中，能发生第尔斯-阿尔德反应的是(　　)。

A. 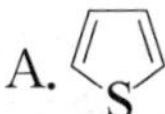　B. 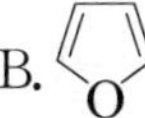　C. 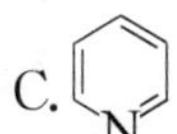　D. 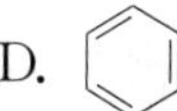

6. 吡啶发生亲电取代反应时，亲电试剂主要进攻其(　　)。

A. *α*-位　B. *β*-位　C. *γ*-位　D. 杂原子 N

7. 下列杂环化合物中，最容易发生亲核取代反应的是(　　)。

A. 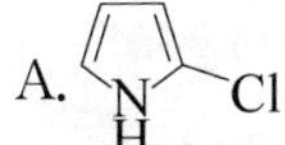　B. 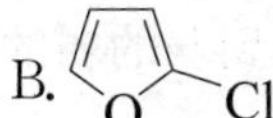　C. 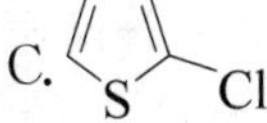　D. 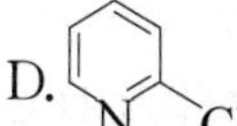

8. 吡咯和呋喃发生硝化反应时，可使用硝化试剂是(　　)。

A. 稀硝酸　B. 浓硝酸　C. 浓硝酸和浓硫酸　D. 硝酸乙酰酯

9. 吡咯和呋喃发生磺化反应时，可使用的磺化试剂是(　　)。

A. 稀硫酸　B. 浓硫酸　C. 吡啶三氧化硫　D. 三氧化硫

*10. 喹啉发生卤代反应时，卤素原子主要进入(　　)。

A. 2 位和 7 位　B. 3 位和 6 位　C. 4 位　D. 5 位和 8 位

*11. 异喹啉发生硝化反应时，硝基主要进入(　　)。

A. 1 位和 4 位　　B. 3 位和 6 位　　C. 7 位　　D. 5 位和 8 位

*12. 喹啉与酸性 $KMnO_4$ 发生氧化反应的主要产物是(　　)。

A. 2,3-吡啶二甲酸　　B. 3,4-吡啶二甲酸

C. 邻苯二甲酸　　D. 苯甲酸

*13. 喹啉发生亲核取代反应时，亲核试剂主要进入(　　)。

A. 2 位　　B. 3 位　　C. 5 位　　D. 6 位

*14. 异喹啉发生亲核取代反应时，亲核试剂主要进入(　　)。

A. 1 位　　B. 3 位　　C. 4 位　　D. 5 位

15. 下列杂环化合物中，不能发生傅-克反应的是(　　)。

A. 呋喃(O)　　B. 吡咯(N-H)　　C. 噻吩(S)　　D. 吡啶(N)

*16. 吲哚发生亲电取代反应时，亲电试剂主要进入(　　)。

A. 2 位　　B. 3 位　　C. 4 位　　D. 5 位

17. 9*H*-嘌呤分子中存在四个杂原子 N，其中碱性最弱的是(　　)。

A. 1 位 N 原子　　B. 3 位 N 原子　　C. 7 位 N 原子　　D. 9 位 N 原子

18. 可用于鉴别吡啶和 *β*-甲基吡啶的试剂是(　　)。

A. 托伦试剂　　B. 卢卡斯试剂　　C. 酸性 $KMnO_4$　　D. $FeCl_3$ 溶液

19. 吡咯、吡啶、哌啶的碱性由强到弱的顺序为(　　)。

A. 吡咯>吡啶>哌啶　　B. 吡咯>哌啶>吡啶

C. 哌啶>吡啶>吡咯　　D. 吡啶>吡咯>哌啶

*20. 下列化合物中，不存在互变异构体的是(　　)。

A. 吲哚　　B. 咪唑　　C. 丙二酰脲　　D. 尿酸

21. 下列杂环化合物中，亲电取代活性最高的是(　　)。

A. 吡咯(N-H)　　B. 呋喃(O)　　C. 噻吩(S)　　D. 吡啶(N)

22. 下列化合物中，碱性最强的是(　　)。

A. NH_3　　B. 苯胺($C_6H_5NH_2$)　　C. $(CH_3)_2NH$　　D. 吡啶(N)

23. 组胺 (咪唑环：①N，②NH；侧链 $CH_2CH_2NH_2$ ③) 分子中三个 N 原子碱性由强到弱的弱的顺序为(　　)。

A. ①>②>③　　B. ③>②>①　　C. ③>①>②　　D. ①>③>②

24. 下列化合物中，具有芳香性的是(　　)。

A. 四氢吡咯　　B. 六氢吡啶　　C. 四氢呋喃　　D. *β*-吡啶甲酸

25. 在室温条件下，加入浓硫酸可除去苯中少量的噻吩，其原因是(　　)。

A. 噻吩不溶于浓硫酸

B. 苯易溶于浓硫酸

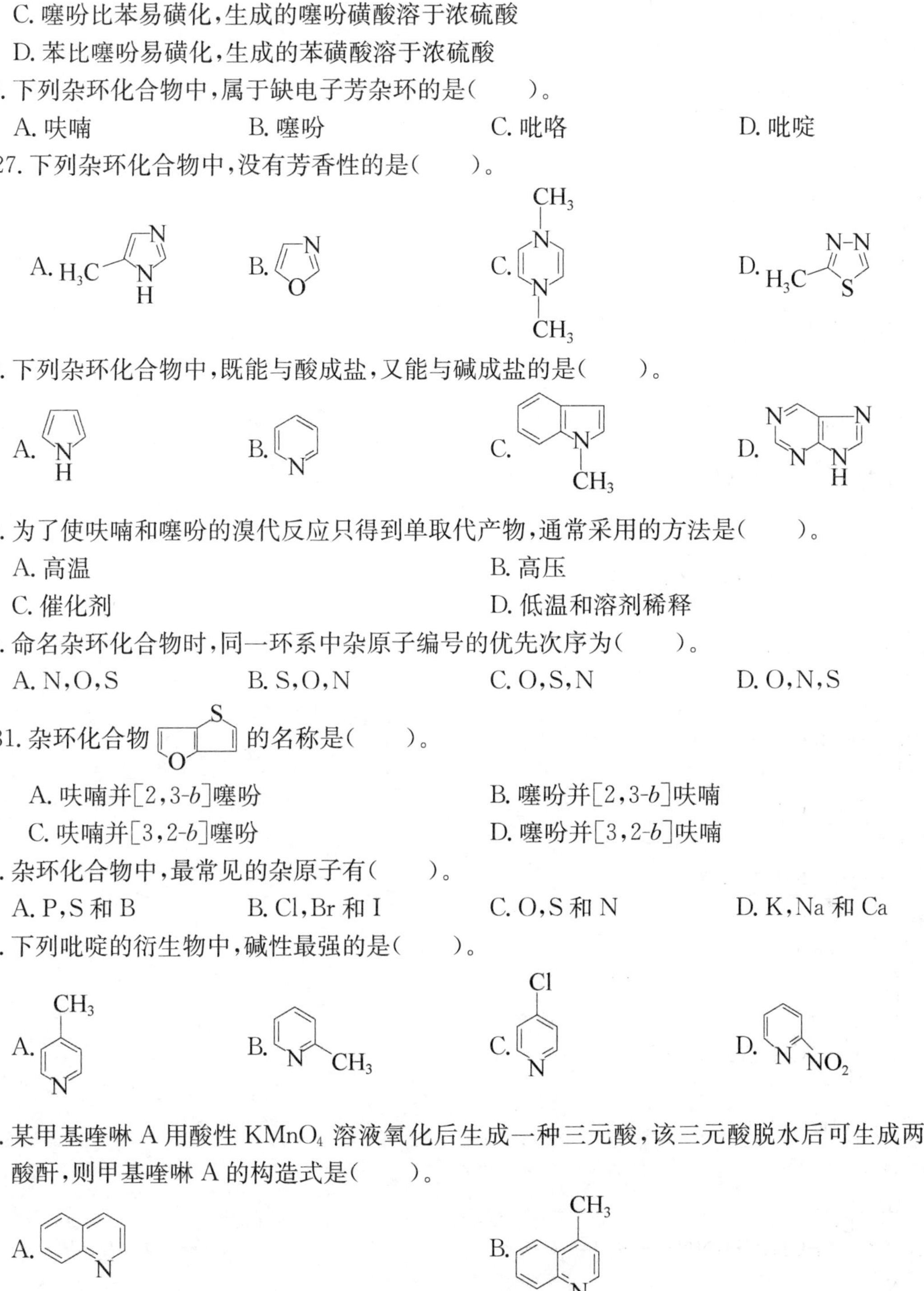

C. 噻吩比苯易磺化，生成的噻吩磺酸溶于浓硫酸

D. 苯比噻吩易磺化，生成的苯磺酸溶于浓硫酸

26. 下列杂环化合物中，属于缺电子芳杂环的是(　　)。

A. 呋喃　　B. 噻吩　　C. 吡咯　　D. 吡啶

*27. 下列杂环化合物中，没有芳香性的是(　　)。

A.　　B.　　C.　　D.

28. 下列杂环化合物中，既能与酸成盐，又能与碱成盐的是(　　)。

A.　　B.　　C.　　D.

29. 为了使呋喃和噻吩的溴代反应只得到单取代产物，通常采用的方法是(　　)。

A. 高温　　B. 高压

C. 催化剂　　D. 低温和溶剂稀释

30. 命名杂环化合物时，同一环系中杂原子编号的优先次序为(　　)。

A. N,O,S　　B. S,O,N　　C. O,S,N　　D. O,N,S

*31. 杂环化合物　的名称是(　　)。

A. 呋喃并[2,3-*b*]噻吩　　B. 噻吩并[2,3-*b*]呋喃

C. 呋喃并[3,2-*b*]噻吩　　D. 噻吩并[3,2-*b*]呋喃

32. 杂环化合物中，最常见的杂原子有(　　)。

A. P,S 和 B　　B. Cl,Br 和 I　　C. O,S 和 N　　D. K,Na 和 Ca

33. 下列吡啶的衍生物中，碱性最强的是(　　)。

A.　　B.　　C.　　D.

34. 某甲基喹啉 A 用酸性 $KMnO_4$ 溶液氧化后生成一种三元酸，该三元酸脱水后可生成两种酸酐，则甲基喹啉 A 的构造式是(　　)。

A.　　B.

C.　　D.

35. 1 mol 异喹啉与 2 mol H_2 催化加氢后的主要产物是(　　)。

A.　　B.　　C.　　D.

四、完成反应式。

1. 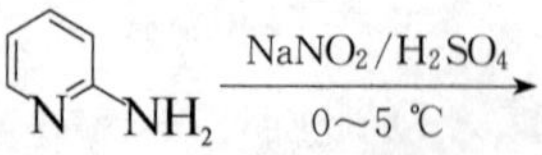 N NH_2 $\xrightarrow[0\sim5\ ℃]{NaNO_2/H_2SO_4}$

2. CH_3 S $+CH_3COCl \xrightarrow{AlCl_3}$

3. H_3C N H CH_3 + $\overset{+}{N}$ SO_3^- 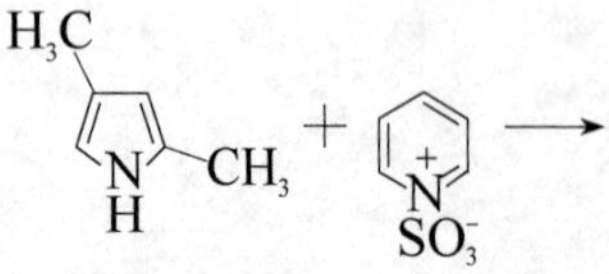 $\longrightarrow$

4. 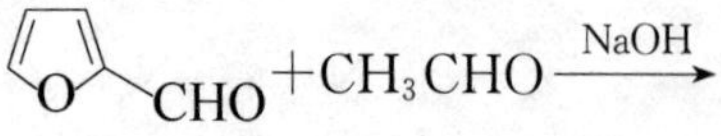 O CHO $+CH_3CHO \xrightarrow{NaOH}$

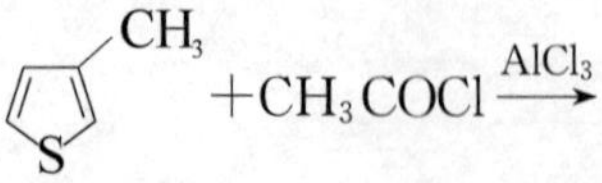

5. 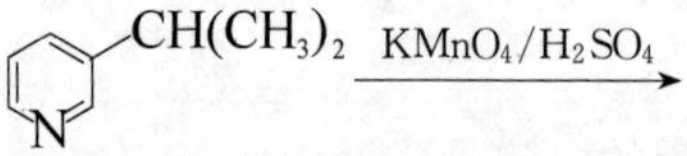 N $CH(CH_3)_2$ $\xrightarrow{KMnO_4/H_2SO_4}$

6. 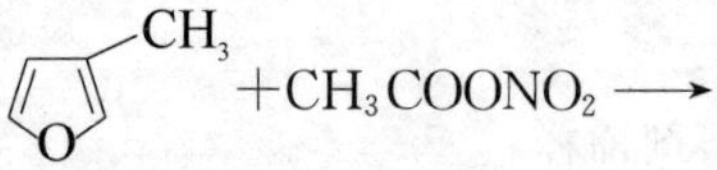 O CH_3 $+CH_3COONO_2 \longrightarrow$

7. 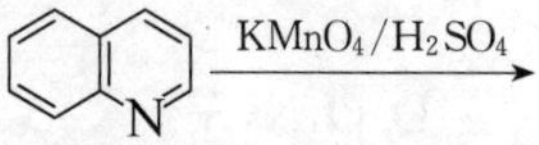 N $\xrightarrow{KMnO_4/H_2SO_4}$

8. 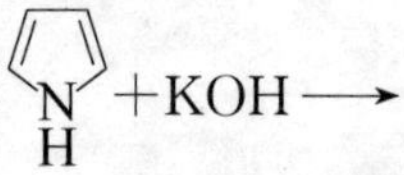 N H $+KOH \longrightarrow$

9. 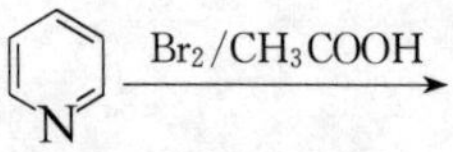 N $\xrightarrow{Br_2/CH_3COOH}$

10. 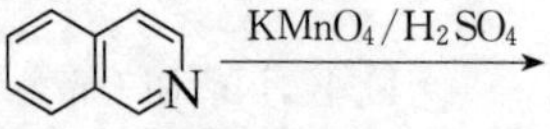 N $\xrightarrow{KMnO_4/H_2SO_4}$

11. 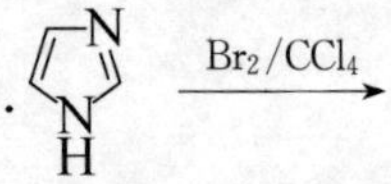 N N H $\xrightarrow{Br_2/CCl_4}$

12. 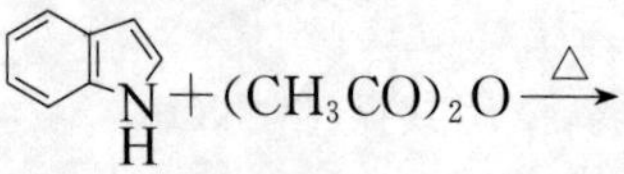 N H $+(CH_3CO)_2O \xrightarrow{\triangle}$

13. 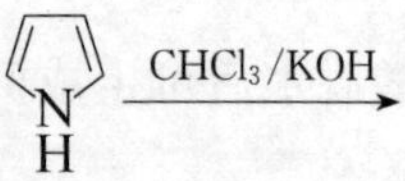 N H $\xrightarrow{CHCl_3/KOH}$

14. 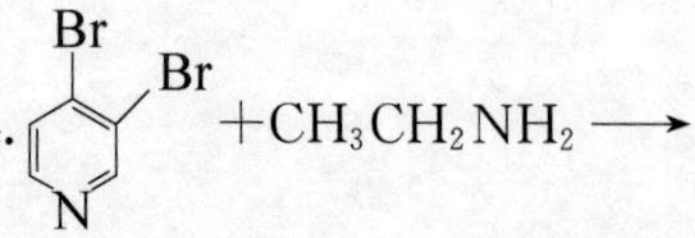 Br Br N $+CH_3CH_2NH_2 \longrightarrow$

15. 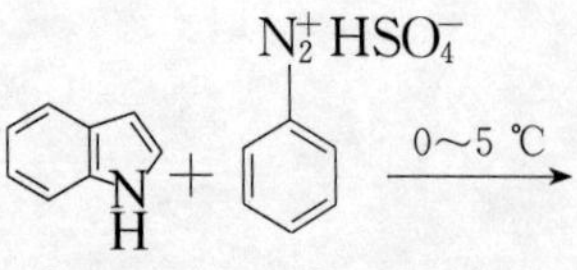 N H + $N_2^+ HSO_4^-$ $\xrightarrow{0\sim5\ ℃}$

16. 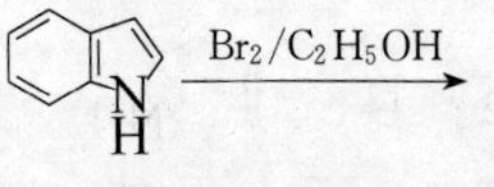 N H $\xrightarrow{Br_2/C_2H_5OH}$

17. 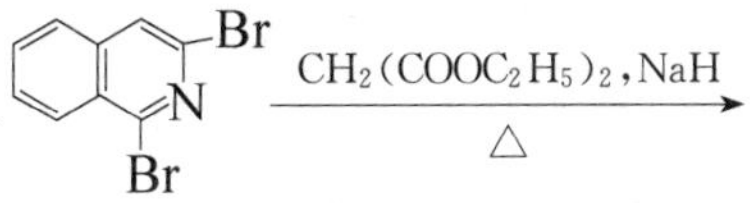 1,3-二溴异喹啉 $\xrightarrow[\triangle]{CH_2(COOC_2H_5)_2,NaH}$

18. 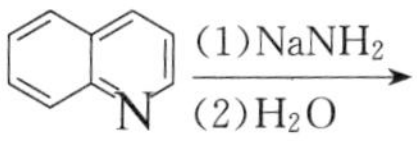 喹啉 $\xrightarrow[(2)H_2O]{(1)NaNH_2}$

五、完成下列转化。

1. 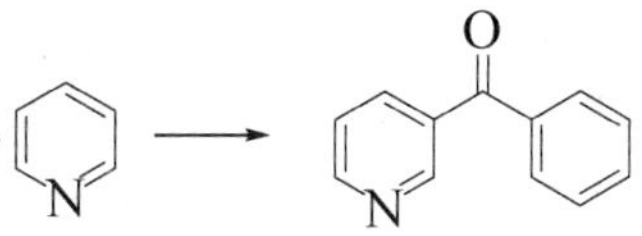 吡啶 ⟶ 3-苯甲酰基吡啶（O）

2. 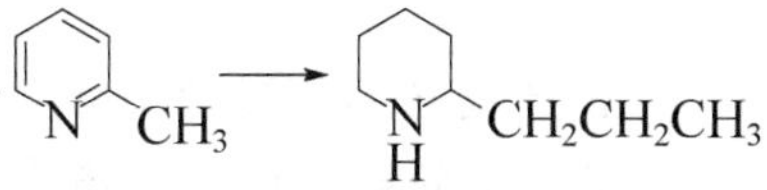 2-甲基吡啶（CH_3）⟶ 2-丙基哌啶（N-H，$CH_2CH_2CH_3$）

3. 4-甲基吡啶（CH_3）⟶ 4-乙酰基吡啶（$COCH_3$）

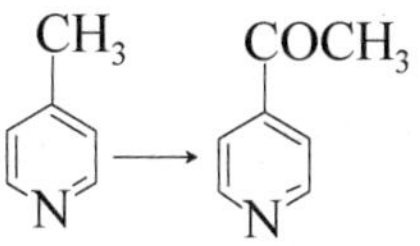

六、简答题。

1. 试用化学方法除去下列混合物中的少量杂质。
   (1) 苯中混有少量噻吩。
   (2) 甲苯中混有少量吡啶。
   (3) 吡啶中混有少量六氢吡啶(哌啶)。
2. 将下列化合物按碱性由强至弱的顺序排列。
   吡咯,吡啶,苯胺,氨,苄胺
3. 试写出 2-氨基吡啶硝化的主要产物,并对其产物和反应条件加以解释。
*4. 呋喃是芳香性最弱的五元杂环,具有共轭双烯的性质,与亲双烯体顺丁烯二酸酐可以发生第尔斯-阿尔德反应,试写出其反应的主要产物的构造式。
5. 吡咯可发生一系列与苯酚相似的反应,如可与重氮盐偶合,试写出反应式。
*6. 甲苯分子中的甲基与 4-甲基吡啶分子中的甲基相比酸性较弱,试用共振论加以解释。
7. 指出下列化合物发生硝化反应时,硝基主要进入的位置。

(1) 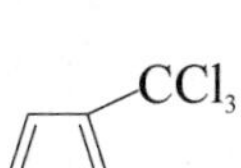 3-甲基呋喃（CH_3，O）　(2) 3-氯吡咯（Cl，N-H）　(3) 2-甲基吡咯（H_3C，N-H）

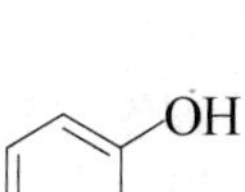

(4) 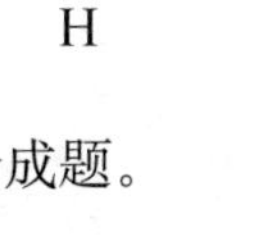 3-三氯甲基吡咯（CCl_3，N-H）　(5) 2-硝基-5-甲基噻吩（O_2N，S，CH_3）　(6) 3-羟基吡啶（OH，N）

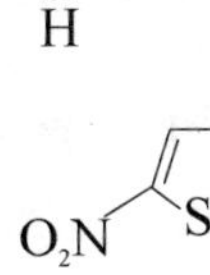

七、合成题。

*1. 吡啶 *N*-氧化物亲电取代反应容易在 α-位或 γ-位上发生,并且与 PCl_3 或 Zn/H^+ 反应后,*N*-氧化物中的氧原子很容易除去,重新得到吡啶。如何利用这个性质,由吡啶合成 4-硝基

吡啶?

*2. 异烟肼（4-吡啶甲酰肼，结构式：吡啶环4位连 $C(=O)NH-NH_2$）又称雷米封，是一种抗结核、抗抑郁药物，试分别用吡啶和*N*-氧化吡啶为原料进行合成。

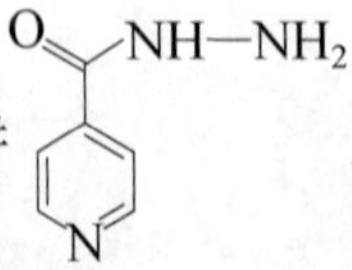

八、推断题。

1. 杂环化合物 $A(C_5H_4O_2)$ 与托伦试剂作用后酸化可得羧酸 $B(C_5H_4O_3)$。将羧酸B的钠盐与碱石灰共热后生成 $C(C_4H_4O)$，C不和金属钠发生反应，也不具有醛和酮的性质。试写出化合物A、B和C的构造式。
2. 化合物A的分子式为 C_5H_7N，完全氢化后的分子式为 $C_5H_{11}N$ 的产物B，B经过两次彻底甲基化、成碱、霍夫曼消除的过程后得到产物 $C(C_5H_8)$，C可与乙烯发生第尔斯-阿尔德反应生成1-甲基环己烯。试写出化合物A、B、C的构造式。
3. 化合物A的分子式为 $C_6H_6O_2$，不能与 $AgNO_3$ 的氨溶液发生反应，但可与羟胺反应生成肟，也可以发生碘仿反应生成α-呋喃甲酸。试推测化合物A的构造式。
4. 含氧杂环衍生物A与强酸水溶液共热后得到产物 $B(C_6H_{10}O_2)$，B可与苯肼发生反应生成苯腙，但不能与托伦试剂和费林试剂发生反应，一分子B与 I_2 的NaOH溶液反应可得到丁二酸二钠和两分子碘仿。试写出化合物A、B的构造式。
5. 罂粟碱是一种生物碱，存在于鸦片中，是一种肌迟缓药，分子式为 $C_{20}H_{21}O_4N$。1 mol罂粟碱与过量的氢碘酸反应可生成4 mol CH_3I，用酸性高锰酸钾溶液氧化可得到下面四种氧化产物：

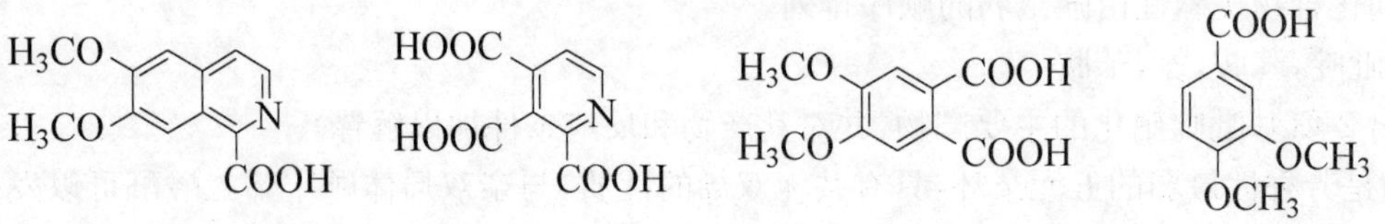

（6,7-二甲氧基异喹啉-1-甲酸，结构式中标注 H_3CO、H_3CO、N、COOH）　（吡啶-2,3,4-三甲酸，结构式中标注 HOOC、HOOC、N、COOH）　（4,5-二甲氧基邻苯二甲酸，结构式中标注 H_3CO、H_3CO、COOH、COOH）　（3,4-二甲氧基苯甲酸，结构式中标注 COOH、OCH_3、OCH_3）

试写出罂粟碱的构造式。

参考答案

一、1. α-呋喃甲醛　　2. 3-溴吡咯

3. α-噻吩磺酸　　4. 4-巯基咪唑

5. β-吡啶甲酰胺　　6. 2,3-二甲基吡嗪

7. 4-甲基异喹啉　　8. 3-甲基吲哚

9. 2-羟基咪唑并[5,4-*d*]噁唑　　*10. 2-(β-羟乙基)-6-羟基嘌呤

二、

1. 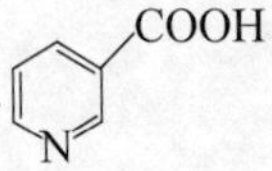 （3-吡啶甲酸，结构式中标注 COOH、N）　　2. （5-氯吡唑，结构式中标注 Cl、N、N、H）

3. （3,5-二甲基异噁唑，结构式中标注 CH_3、H_3C、O、N）　　4. 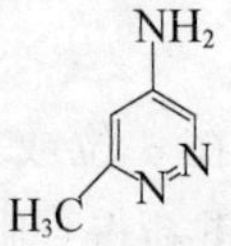 （4-氨基-6-甲基哒嗪，结构式中标注 NH_2、H_3C、N、N）

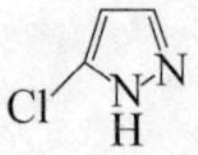

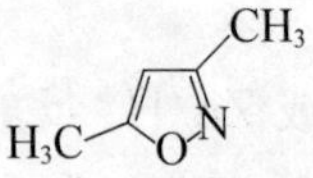

5. HOH_2C–(5-噻唑基)

6. 4-氨基喹啉（NH_2）

7. 2,6-二羟基嘌呤（OH，HO，N，H）

8. H_3C–(5-嘧啶基)

9. 咪唑并噻唑（N，N，S，H）

10. 吲哚-3-乙酸（CH_2COOH，N，H）

三、1. D　2. D　3. C　4. D　5. B　6. B　7. D　8. D　9. C　10. D　11. D　12. A　13. A　14. A　15. D
16. B　17. D　18. C　19. C　20. A　21. A　22. C　23. C　24. D　25. C　26. D　27. C　28. D　29. D
30. C　31. D　32. C　33. A　34. B　35. A

四、1. 2-吡啶基 $N_2^+HSO_4^-$

2. 3-甲基-2-乙酰基噻吩（CH_3，$COCH_3$，S）

3. H_3C，HO_3S，CH_3，N–H（3,5-二甲基吡咯-2-磺酸）

4. 2-呋喃基 $\underset{|}{\overset{OH}{}}CHCH_2CHO$

5. 3-吡啶甲酸（COOH，N）

6. 3-甲基-2-硝基呋喃（CH_3，NO_2，O）

7. 2,3-吡啶二甲酸（COOH，COOH，N）

8. 吡咯钾（N–K）

9. 3-溴吡啶（Br，N）

10. 3,4-吡啶二甲酸（COOH，COOH，N）

11. 4-溴咪唑 ⇌ 5-溴咪唑（Br，N，N–H）

12. 3-乙酰基吲哚（$COCH_3$，N–H）

13. 吡咯-2-甲醛（N–H，CHO）

14. 4-($NHCH_2CH_3$)-3-溴吡啶（$NHCH_2CH_3$，Br，N）

15. 3-(N=N–苯基)吲哚（N–H）

16. 3-溴吲哚（Br，N–H）

17. 3-溴异喹啉-1-基 $CH(COOC_2H_5)_2$（Br，N）

18. 2-氨基喹啉（N，NH_2）

五、1. 吡啶 $\xrightarrow[300\ ℃]{Br_2}$ 3-溴吡啶（Br） $\xrightarrow{Mg/Et_2O}$ 3-吡啶基 MgBr $\xrightarrow[H^+]{CO_2}$ 3-吡啶甲酸（COOH） $\xrightarrow{PCl_3}$ 3-吡啶甲酰氯（COCl）

$\xrightarrow{AlCl_3,\ C_6H_6}$ 3-苯甲酰基吡啶

2. 2-甲基吡啶 $\xrightarrow[OH^-]{CH_3CHO}$ 2-(CH=CHCH$_3$)吡啶 $\xrightarrow{H_2/Pt}$ 2-($CH_2CH_2CH_3$)哌啶

3. 4-甲基吡啶 $\xrightarrow{KMnO_4}$ 4-COOH吡啶 $\xrightarrow{C_2H_5OH/H^+}$ 4-$COOC_2H_5$吡啶 $\xrightarrow[C_2H_5ONa]{CH_3COOC_2H_5}$ 4-$COCH_2COOC_2H_5$吡啶 $\xrightarrow[\triangle]{H^+}$ 4-$COCH_3$吡啶

六、1. (1) 可以在室温下用浓 H_2SO_4 处理，噻吩在室温下与浓硫酸反应生成 α-噻吩磺酸而溶于浓硫酸，苯不发生反应，可萃取分离。

(2) 可以用浓盐酸处理，因为吡啶具有碱性，可与盐酸生成盐溶于水中，经萃取可分离出吡啶。

(3) 六氢吡啶属于仲胺，在氢氧化钠水溶液中与对甲基苯磺酰氯发生亲核取代反应，产物为固体酰胺，经过滤可除去六氢吡啶。

2. 苄胺＞氨＞吡啶＞苯胺＞吡咯

3. 主要产物为 2-氨基-5-硝基吡啶。该反应进行时，比吡啶的硝化反应条件更温和，原因是氨基是亲电取代反应的致活基团，反应发生在 5 位是因为氨基是邻、对位定位基，使 3 位和 5 位的亲电反应活性增加，尤其 5 位又因空间位阻小而表现出更高的活性。

4. 呋喃 + 顺丁烯二酸酐 ⟶ 7-氧杂双环加成产物（Diels-Alder 加合物）

5. 吡咯 + $C_6H_5N_2^+Cl^-$ $\xrightarrow{OH^-}$ 2-(N=N-C_6H_5)吡咯

6. 4-甲基吡啶 $\xrightarrow{B:^-}$ [4-$\ddot{C}H_2^-$吡啶 ⟷ 共振式 ⟷ 共振式（N^-） ⟷ 共振式]

4-甲基吡啶分子中的甲基失去质子后生成的负离子的共振杂化体中，包含电负性较大的氮原子带负电的较稳定的极限式，而甲苯分子中的甲基失去质子后，其共振杂化体没有这种稳定的极限式。

7. (1) 3-甲基呋喃（箭头指 2 位）　(2) 3-氯吡咯（箭头指 2 位）　(3) 2-甲基吡咯（箭头指 5 位）

(4) 3-三氯甲基吡咯（箭头指 5 位）　(5) 2-硝基-5-甲基噻吩（箭头指 3 位）　(6) 3-羟基吡啶（箭头指 2 位）

七、1. 吡啶 $\xrightarrow{H_2O_2}$ 吡啶-N-氧化物 $\xrightarrow{HNO_3/H_2SO_4}$ 4-硝基吡啶-N-氧化物 $\xrightarrow[CHCl_3,\triangle]{PCl_3}$ 4-硝基吡啶（NO_2）

2. 吡啶 $\xrightarrow{H_2O_2}$ 吡啶-N-氧化物 $\xrightarrow{Br_2}$ 4-Br吡啶-N-氧化物 $\xrightarrow{Mg/Et_2O}$ 4-MgBr吡啶-N-氧化物 $\xrightarrow[H^+]{CO_2}$ 4-COOH吡啶-N-氧化物 $\xrightarrow{PCl_3}$ 4-COCl吡啶-N-氧化物

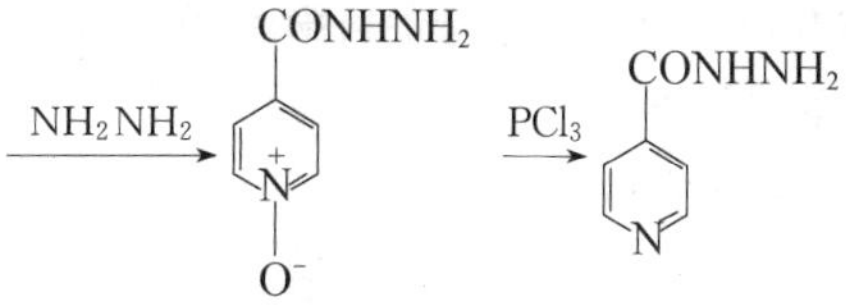

$\xrightarrow{NH_2NH_2}$ (4-CONHNH$_2$ 吡啶 N-氧化物) $\xrightarrow{PCl_3}$ (4-CONHNH$_2$ 吡啶)

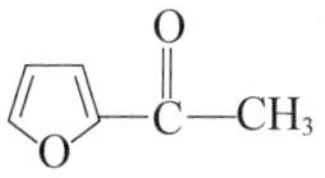

八、1. A. 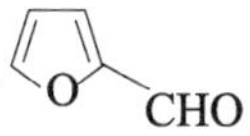 (2-呋喃甲醛, CHO)　B. 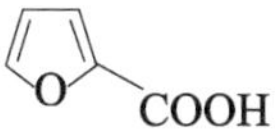 (2-呋喃甲酸, COOH)　C.  (呋喃)

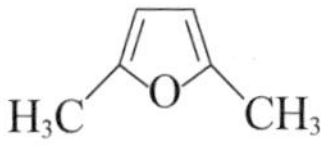

2. A. 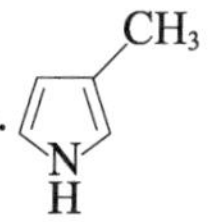 (3-甲基吡咯, CH_3, N-H)　B. 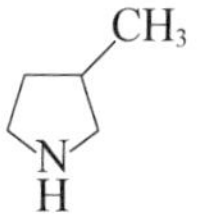 (3-甲基四氢吡咯, CH_3, N-H)　C. $CH_2{=}CH-\overset{CH_3}{\overset{|}{C}}{=}CH_2$

3. (2-乙酰基呋喃, 呋喃-$\overset{O}{\overset{\|}{C}}-CH_3$)

4. A. (2,5-二甲基呋喃, H_3C, CH_3)　B. $CH_3\overset{O}{\overset{\|}{C}}CH_2CH_2\overset{O}{\overset{\|}{C}}CH_3$

5. 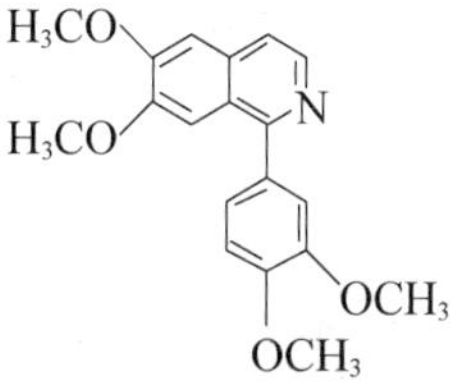 (异喹啉结构: H_3CO, H_3CO, N, OCH_3, OCH_3)

教材中的问题及习题解答

一、教材中的问题及解答

问题与思考 12-1　试总结吡喃类化合物的结构及命名。

答　吡喃是含有一个氧杂原子的六元杂环化合物，有两种异构体，分别为

2*H*-吡喃 　　　4*H*-吡喃

问题与思考 12-2　试解释为什么吡咯、呋喃、噻吩的亲电取代反应在 α-位更容易发生。

答　可以利用反应中间体极限式的相对稳定性对五元杂环亲电取代位置的影响进行解释。

亲电试剂进攻 α-位：

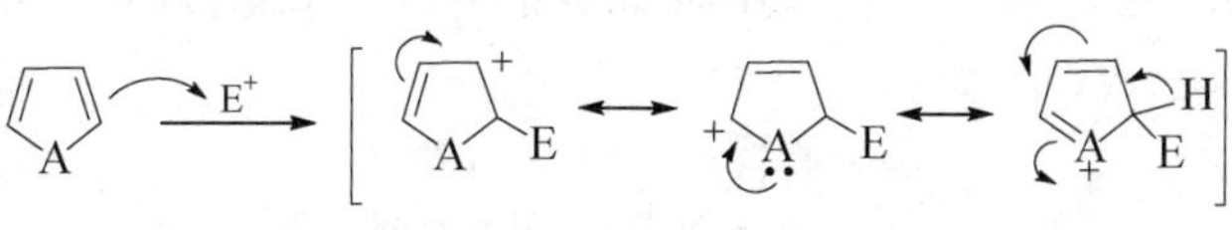

$\xrightarrow{E^+}$ [(Ⅰ) ⟷ (Ⅱ) ⟷ (Ⅲ)]

亲电试剂进攻 β-位：

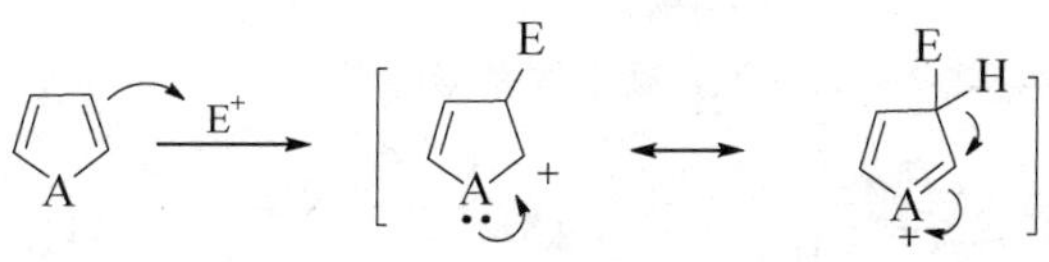

$\xrightarrow{E^+}$ [(Ⅳ) ⟷ (Ⅴ)]

亲电试剂进攻 α-位时，存在三种主要的极限式，而进攻 β-位时，只有两种主要的极限式，参与组成中间体正离子的极限式越多，其共振杂化体越稳定，故优先生成 α-位的取代产物。

问题与思考 12-3 试解释为什么吡啶的亲电取代反应在 β-位更容易发生。

答 亲电试剂进攻吡啶环 α-、β-和 γ-位生成的中间体分别如下：

进攻 α-位

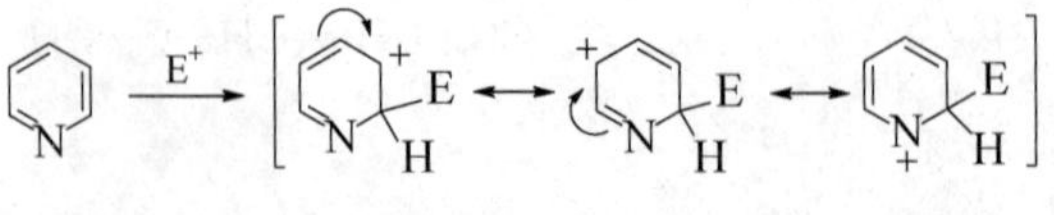

进攻 β-位

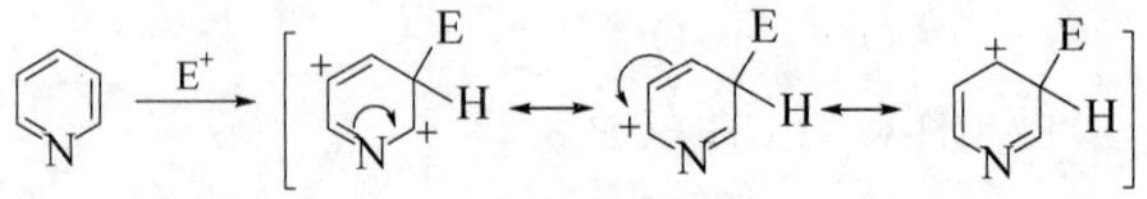

进攻 γ-位

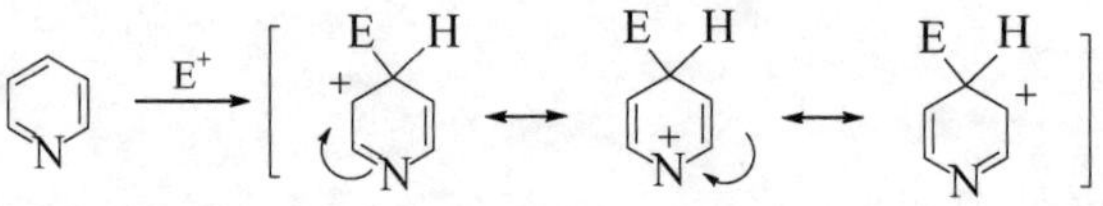

其中，进攻 α-和 γ-位生成的中间体极限式中，均有正电荷分布在电负性较大的氮原子上的极限式，故进攻 α-和 γ-位的中间体稳定性较差，因而亲电试剂主要进攻 β-位。

二、教材中的习题及解答

1. 命名下列化合物。

(1) 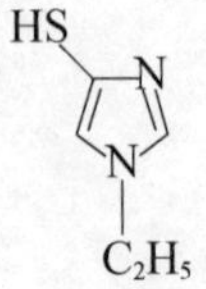 (2) 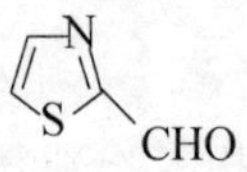 (3) 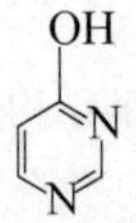 (4)

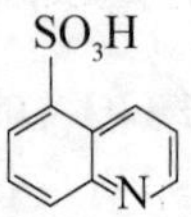

(5) 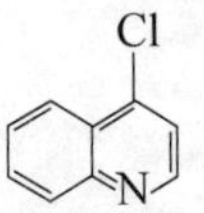 (6) 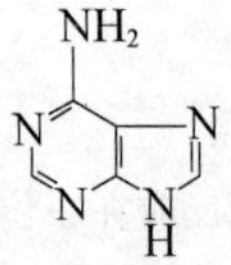 (7) 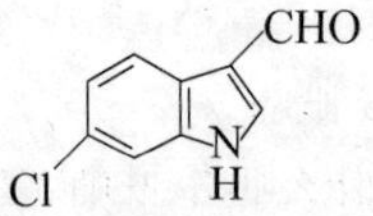 (8)

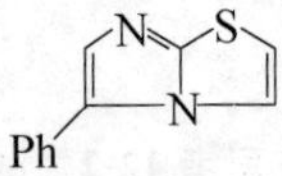

答 (1) 1-乙基-4-巯基咪唑 (2) α-噻唑甲醛 (3) 4-羟基嘧啶 (4) 喹啉-5-磺酸 (5) 4-氯喹啉 (6) 6-氨基嘌呤 (7) 6-氯吲哚-3-甲醛 (8) 5-苯基咪唑并[2,1-*b*]噻唑

2. 写出下列化合物的结构式。

(1) 四氢呋喃　　(2) 糠醛
(3) 8-溴异喹啉　　(4) 溴化 *N*,*N*-二甲基吡咯
(5) β-吡啶甲酰胺　　(6) α-甲基-5-乙烯基吡啶
(7) 6-巯基嘌呤　　(8) 烟酸
(9) 6-溴-3-吲哚甲酸　　(10) 7-氯-1-甲基异喹啉

答 (1) 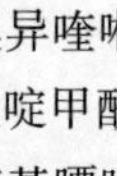 (2) 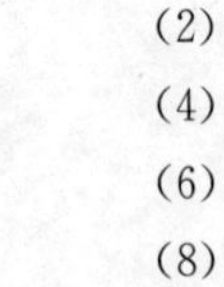 (3)

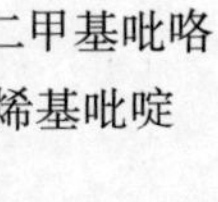

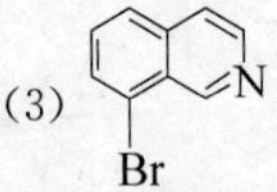

(4)

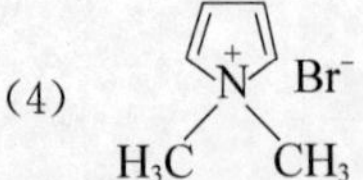

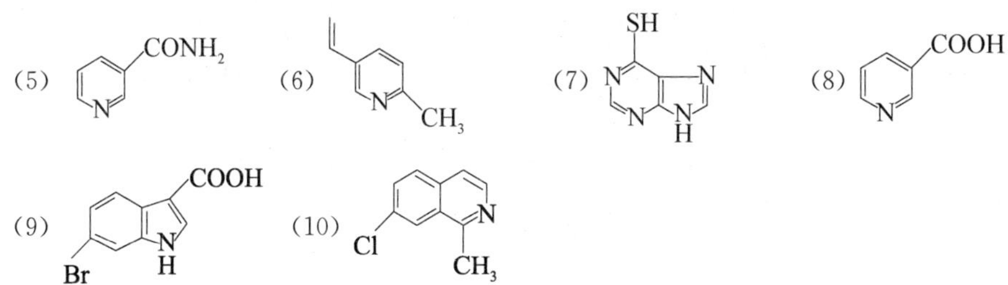

3. 试比较吡咯与吡啶的结构特点及主要化学性质。

答　吡咯的 N 原子上的孤对电子参与了环系的共轭，使其碱性减弱，酸性增强，同时环系属于多 π 电子芳杂环，环上的电子云密度比吡啶高，也比苯高，故参与环上的亲电取代反应比苯更活泼，也比苯更容易与氧化剂作用。而吡啶的杂原子 N 上的孤对电子未参与环系共轭，可以表现出明显的碱性，属于缺 π 电子芳杂环，环上电子云密度比苯低，所以发生亲电取代反应的活性也比苯和吡咯低，同时与苯和吡咯相比，更难与氧化剂发生反应。

4. 为什么吡啶的碱性比六氢吡啶弱？

答　六氢吡啶属于仲胺结构，其氮原子为 sp^3 杂化；吡啶的氮原子为 sp^2 杂化，其杂化轨道的 s 成分多于 sp^3 杂化的氮原子，因此其轨道中的孤对电子离原子核更近，受原子核的约束力更强，不易提供电子，故其碱性比六氢吡啶弱。

5. 写出下列反应的主产物。

(1) 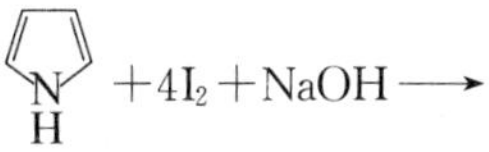 N H $+4I_2+NaOH \longrightarrow$

(2) N $\xrightarrow[\triangle]{\text{浓 } H_2SO_4/HgSO_4}$

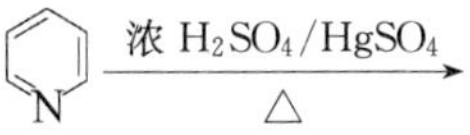

(3) 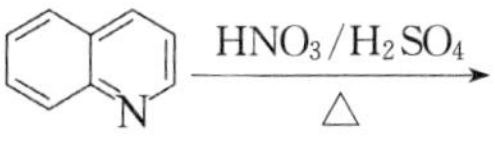 N $\xrightarrow[\triangle]{HNO_3/H_2SO_4}$

(4) 糠醛 $\xrightarrow{[Ag(NH_3)_2]^+}$

(5) 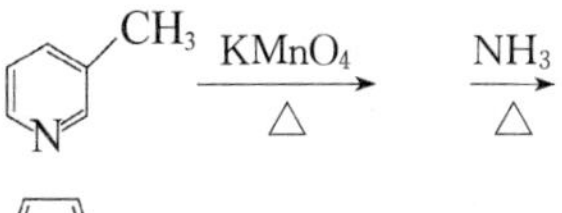 CH_3 N $\xrightarrow[\triangle]{KMnO_4}$　$\xrightarrow[\triangle]{NH_3}$

(6)  S $+(CH_3CO)_2O \longrightarrow$

(7) 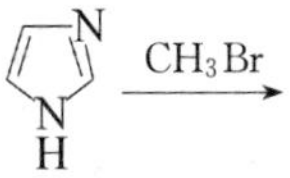 N N H $\xrightarrow{CH_3Br}$

(8) 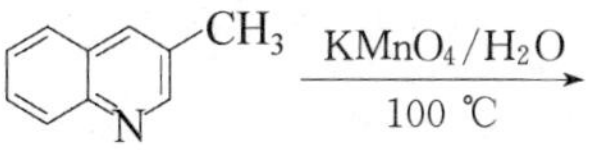 CH_3 N $\xrightarrow[100\ ℃]{KMnO_4/H_2O}$

(9) 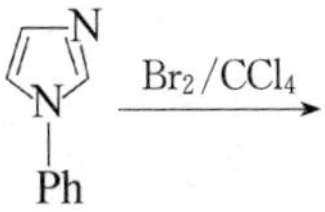 N N Ph $\xrightarrow{Br_2/CCl_4}$

答　(1) 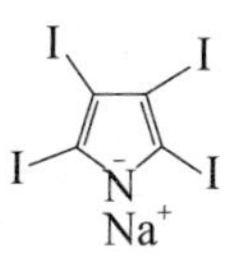 I I I I N Na^+　　(2) 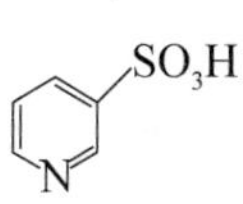 SO_3H N　　(3) 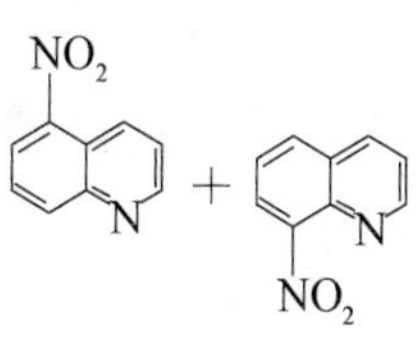 NO_2 N ＋ N NO_2

(4) O COO^- (5) COOH N , $CONH_2$ N (6) S $COCH_3$

(7) CH_3 N^+ Br^- N H (8) HOOC COOH N COOH (9) Br N N Ph

6. 比较下列各组化合物碱性强弱。

(1) 乙胺、氨、苯胺、吡啶和吡咯

(2) 六氢吡啶、吡啶、嘧啶和吡咯

答 (1) 乙胺>氨>吡啶>苯胺>吡咯

(2) 六氢吡啶>吡啶>嘧啶>吡咯

7. 为什么用吡咯钾盐与酰氯反应，得到的产物是 *N*-酰基吡咯而不是 *C*-酰基吡咯？

答 因为吡咯钾盐分子中的杂原子 N 上带有两对孤对电子，其中一对参与了环系的共轭，而另一对电子使氮原子上带负电荷，可作为亲核中心进攻酰氯分子带较多正电荷的羰基 C 原子，发生亲核取代反应，即 N 原子上的酰基化反应，产物为 *N*-酰基吡咯。

8. 生物碱大多属于哪一类化合物？其主要性质有哪些？

答 生物碱属于含氮有机化合物，多数生物碱有含氮杂环，是胺类或季铵类杂环化合物。主要性质包括：碱性、溶解性、沉淀反应和显色反应等。

（何永辉）

第 13 章　含硫、含磷及含砷有机化合物

学 习 目 标

（1）熟悉硫、磷原子的成键特征及含硫、磷有机化合物的结构。

（2）掌握简单的含硫、磷有机化合物的命名。

（3）掌握硫醇、硫醚、磺酸化合物的化学性质。

（4）了解有机磷农药结构、性质，化学毒剂的毒性及其防治。

重点内容提要

13.1　硫醇

1. 结构和命名

醇分子中的氧原子被硫原子取代所形成的化合物称为硫醇(mercaptan)，通式为 R—SH，特性基团—SH 称为巯基(mercapto group，巯音 qiú)，又称为氢硫基。硫醇中的硫原子是用第三层的 s 轨道与 p 轨道进行的不等性 sp^3 杂化。硫原子的 sp^3 杂化轨道与氢原子 1s 轨道重叠程度较差，因而 S—H 键比 O—H 键更易解离。

硫醇的命名方法与醇相似，只是把“醇”改为“硫醇”即可。例如

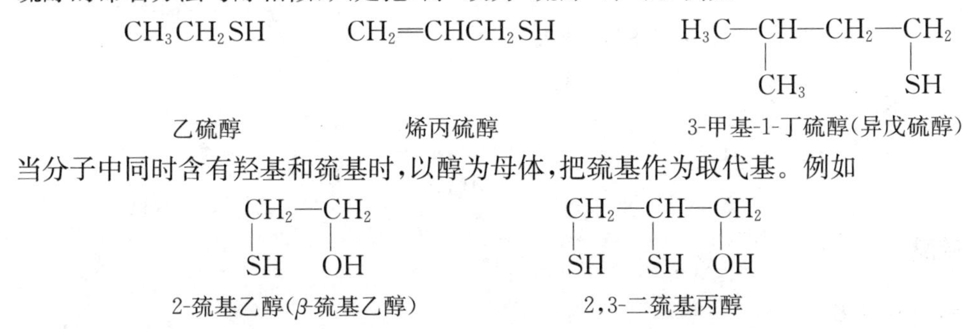

乙硫醇　　烯丙硫醇　　3-甲基-1-丁硫醇(异戊硫醇)

当分子中同时含有羟基和巯基时，以醇为母体，把巯基作为取代基。例如

2-巯基乙醇(β-巯基乙醇)　　2,3-二巯基丙醇

2. 化学性质

（1）弱酸性。

由于硫的原子半径大于氧，其原子核对核外电子束缚作用较弱，外层电子的可极化性大，因此硫醇分子中的 S—H 键比醇分子中的 O—H 键容易解离，即硫醇的酸性比醇强。硫醇可以与碱金属反应，能溶于氢氧化钠或氢氧化钾的乙醇溶液，生成相应的硫醇盐，能与重金属(Pb、Hg、Cu、Ag、Cd 等)的氧化物或盐作用，生成不溶于水的硫醇盐。

$$R—SH \begin{cases} \xrightarrow{Na} R—SNa + H_2 \\ \xrightarrow{NaOH} R—SNa + H_2O \\ \xrightarrow{HgO} (R—S)_2Hg\downarrow(白) + H_2O \\ \xrightarrow{(CH_3COO)_2Pb} (R—S)_2Pb\downarrow(黄) + 2CH_3COOH \end{cases}$$

(2) 氧化。

硫醇可被 O_2、H_2O_2、I_2 和 NaOI 等弱氧化剂氧化成二硫化物。二硫化物中含有二硫键(—S—S—),二硫键存在于蛋白质和激素类物质中,对维系蛋白质分子的构型起着重要的作用。二硫化物在弱还原剂 $NaHSO_3$、Zn 与酸等作用下被还原成硫醇。在高锰酸钾、硝酸等强氧化剂作用下,硫醇可被氧化为亚磺酸,进一步氧化即生成磺酸。

$$R—SH \begin{cases} \underset{[H]}{\overset{[O]}{\rightleftharpoons}} \underset{二硫化物}{R—S—S—R} \xrightarrow{[O]} \underset{磺酸}{R—SO_3H} \\ \xrightarrow{KMnO_4} \underset{亚磺酸}{R—SO_2H} \xrightarrow{[O]} R—SO_3H \end{cases}$$

(3) 酯化。

与醇相似,硫醇可以与羧酸作用生成羧酸硫醇酯。

$$RCOOH + R'SH \longrightarrow RCOSR' + H_2O$$

3. 制备

硫醇可以由卤代烃与硫氢化钾通过亲核取代反应制备,也可以用硫脲与卤代烃反应,然后和氢氧化钠溶液作用,最后酸化制得。

$$RX \begin{cases} \xrightarrow{KSH} RSH + KX \\ \xrightarrow{H_2N-C(=S)-NH_2} [H_2N-C(=\overset{+}{S}R)-NH_2]\overset{-}{X} \xrightarrow[(2)H_3O^+]{(1)NaOH,H_2O} RSH + H_2N-C(=O)-NH_2 \end{cases}$$

13.2 硫醚

1. 结构和命名

醚分子中的氧原子被硫取代所形成的化合物称为硫醚(thio-ether),通式为(Ar)R—S—R′(Ar′),特性基团是硫醚基(C—S—C)。硫醚的命名方法与醚相似,只是把"醚"改为"硫醚"即可。结构较复杂的硫醚可采用系统命名法,即把硫醚作为烃的衍生物,烃硫基作为取代基。例如

$$C_6H_5-CH(CH_3)-CH(SCH_3)-CH_2CH_2CH_2CH_3$$

2-苯基-3-甲硫基庚烷

2. 化学性质

硫醚的化学性质较为稳定，但容易被氧化，氧化产物随氧化剂和氧化条件不同而不同。常温下，弱氧化剂将硫醚氧化为亚砜(sulfoxide)；高温下，强氧化剂将硫醚氧化为砜(sulfone)。

$$CH_3-S-CH_3 \xrightarrow{[O]} \underset{\text{二甲亚砜(DMSO)}}{CH_3-\overset{\overset{\large O}{\|}}{S}-CH_3} \xrightarrow{[O]} \underset{\text{二甲砜}}{CH_3-\overset{\overset{\large O}{\|}}{\underset{\underset{\large O}{\|}}{S}}-CH_3}$$

3. 制备

简单硫醚可由卤代烃与硫化钠或硫化钾制备，混合硫醚的合成则与威廉森醚的合成法类似。

13.3　磺酸及其衍生物

烃分子中的氢原子被磺酸基($-SO_3H$)取代而成的化合物称为磺酸(sulfonic acid)，它也可看成是硫酸分子中的羟基被烃基取代后得到的化合物。磺酸的特性基团是磺酸基($-SO_3H$)，其中芳香磺酸最为重要。

磺酸是强酸，化学性质与羧酸类似，能生成盐、酯、磺酰卤和磺酰胺等。例如

$$C_6H_5-SO_3H \xrightarrow{NaOH} C_6H_5-SO_3Na + H_2O$$

$$C_6H_5-SO_3H \xrightarrow{CH_3OH} C_6H_5-SO_2OCH_3 + H_2O$$

$$C_6H_5-SO_3H \xrightarrow{PCl_5} POCl_3 + H_2O + C_6H_5-SO_2Cl$$

$$C_6H_5-SO_2Cl \xrightarrow{NH_3} C_6H_5-SO_2NH_2 + HCl$$

$$C_6H_5-SO_2Cl \xrightarrow{RNH_2} C_6H_5-SO_2NHR + HCl$$

磺酸可由芳烃磺化直接生成，也可由硫醇氧化得到。羰基化合物与 $NaHSO_3$ 的加成产物为 α-羟基磺酸盐。

13.4　含磷、含砷有机化合物

磷、砷和氮同是周期表中ⅤA 族元素，性质相当接近，所以磷和砷均能形成和胺类似的有机化合物，见表 13-1。

表 13-1　氮、磷、砷的一些类似有机化合物

氮		磷		砷	
氨	NH_3	磷化氢	PH_3	砷化氢	AsH_3
伯胺	RNH_2	伯膦	RPH_2	伯胂	$RAsH_2$
仲胺	R_2NH	仲膦	R_2PH	仲胂	R_2AsH
叔胺	R_3N	叔膦	R_3P	叔胂	R_3As
季铵盐	R_4NX	季鏻盐	R_4PX	季钟盐	R_4AsX

烷基膦与胺相似，磷原子为不等性 sp^3 杂化，一对未成键电子占据一个 sp^3 杂化轨道，具有四面体结构，分子呈棱锥形。但是由于磷原子的未成键电子对受到原子核的约束小，轨道体积大，压迫另外三个 σ 键，致使烷基膦分子中的C—P—C键角小于胺分子中的C—N—C键角。

N: H_3C, CH_3, CH_3, 108°

三甲胺

P: H_3C, CH_3, CH_3, 99°

三甲膦

亚磷酸（H_3PO_3）和磷酸（H_3PO_4）分子中的—OH 被烃基取代后分别得到亚膦酸（phosphonous acid）和膦酸（phosphonic acid）。亚膦酸不稳定，易氧化成膦酸。

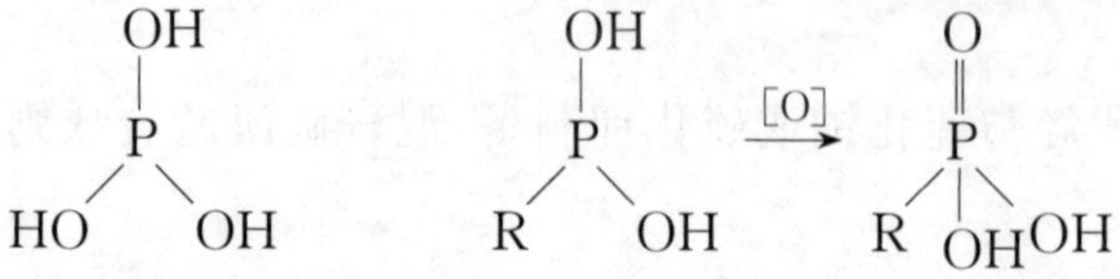

$$P(OH)_3 \qquad R-P(OH)_2 \xrightarrow{[O]} R-P(=O)(OH)_2$$

亚磷酸　　亚膦酸　　膦酸

膦酸与醇或酚脱水也能形成相应的膦酸酯。

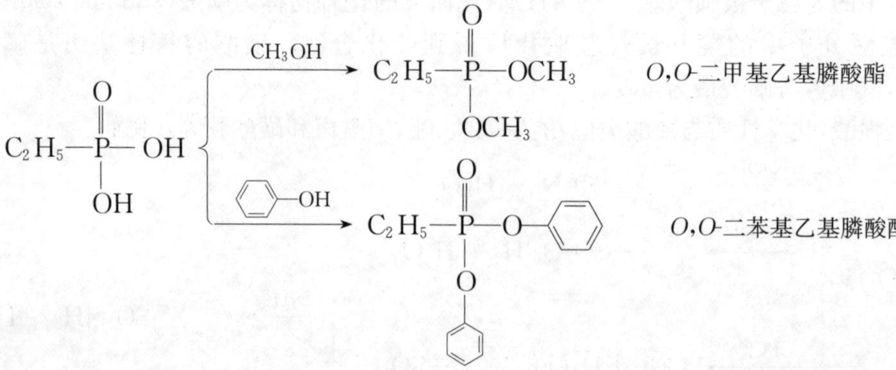

$$C_2H_5-P(=O)(OH)-OH \xrightarrow{CH_3OH} C_2H_5-P(=O)(OCH_3)-OCH_3$$

O,*O*-二甲基乙基膦酸酯

$$C_2H_5-P(=O)(OH)-OH \xrightarrow{C_6H_5OH} C_2H_5-P(=O)(OC_6H_5)-OC_6H_5$$

O,*O*-二苯基乙基膦酸酯

不少含磷有机物在生物体内具有重要的生理功能，如核酸、ATP、磷脂、葡萄糖磷酸酯等，但这些分子不含 P—C 键，而是含有 P—O 键。许多含磷有机化合物有毒或剧毒，可作为农用或环境卫生用杀虫剂，如敌百虫、1605（对硫磷）、敌敌畏等；有的强烈地抑制生物体内乙酰胆碱酯酶，使神经传导物质乙酰胆碱代谢紊乱，从而麻痹神经导致死亡，是神经麻痹性毒剂，如塔崩（tabun）、沙林（sarin）、索曼（soman）、维埃克斯（VX）等。

胂与胺不同之点是它没有碱性。一般含砷的有机化合物都有毒性。例如，路易斯气（Lewisite）是一种含砷的化学毒剂，它与芥子气同属于糜烂性毒剂。作为毒剂它的穿透能力比芥子气更强，对所有组织细胞都有损伤，引起皮肤糜烂，黏膜发炎，并能由各种途径吸收引起全身中毒。

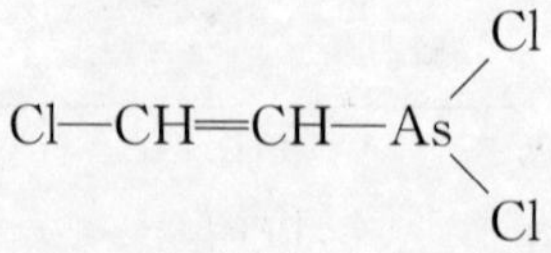

$$Cl-CH=CH-AsCl_2$$

路易斯气（2-氯乙烯二氯化砷）

路易斯气分子中的砷原子上连有两个比较活泼的氯原子，并含有不饱和键，所以它不如芥子气稳定，容易水解、与碱性物质作用、氧化、与二巯基丙醇作用。二巯基丙醇又称 BAL，是英文抗路易斯气（anti-British Lewisite）的缩写。

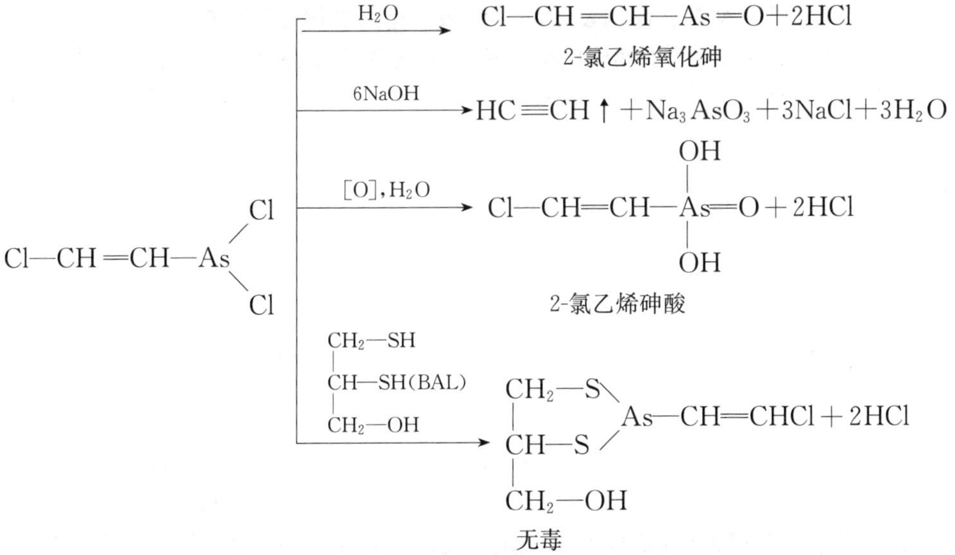

$$Cl-CH=CH-AsCl_2 \xrightarrow{H_2O} Cl-CH=CH-As=O + 2HCl$$

2-氯乙烯氧化砷

$$Cl-CH=CH-AsCl_2 \xrightarrow{6NaOH} HC\equiv CH\uparrow + Na_3AsO_3 + 3NaCl + 3H_2O$$

$$Cl-CH=CH-AsCl_2 \xrightarrow{[O],H_2O} Cl-CH=CH-As(OH)_2=O + 2HCl$$

2-氯乙烯砷酸

$$Cl-CH=CH-AsCl_2 \xrightarrow{CH_2(SH)-CH(SH)-CH_2OH\ (BAL)} \text{(}CH_2-S, CH-S\text{ 环)}As-CH=CHCl + 2HCl$$

（产物：CH_2-S 与 $CH-S$ 与 As 成环，CH 上连 CH_2-OH）

无毒

解题示例

【例 13-1】 用系统命名法命名下列化合物。

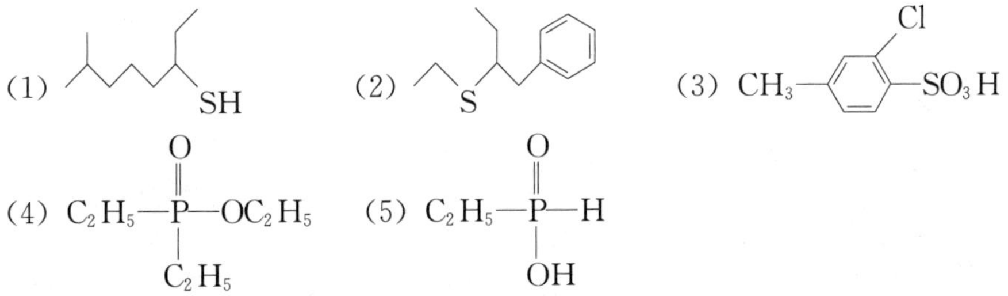

(1) （键线式结构：含 SH 的支链烷烃） (2) （键线式结构：含 S 和苯基的化合物） (3) CH_3—（苯环，邻位 Cl）—SO_3H

(4) $C_2H_5-P(=O)(C_2H_5)-OC_2H_5$ (5) $C_2H_5-P(=O)(OH)-H$

【答案】 (1) 7-甲基-3-辛硫醇 (2) 1-苯基-2-乙硫基丁烷 (3) 2-氯-4-甲基苯磺酸 (4) *O*-乙基二乙基膦酸酯 (5) 乙基亚膦酸

【例 13-2】 应用化学反应方程式说明重金属中毒和用 2,3-二巯基丙醇解毒的机理。

【答案】

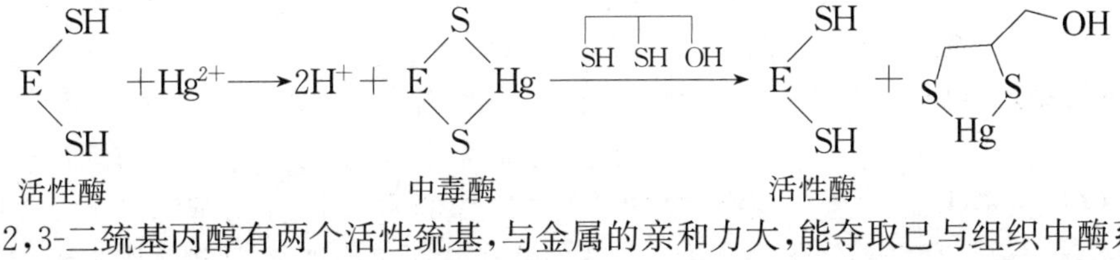

$$E(SH)_2 + Hg^{2+} \longrightarrow 2H^+ + E(S)_2Hg \xrightarrow{CH_2(SH)CH(SH)CH_2OH} E(SH)_2 + \text{(S、S、Hg 五元环，带 }CH_2OH\text{)}$$

活性酶　　中毒酶　　活性酶

【解析】 2,3-二巯基丙醇有两个活性巯基，与金属的亲和力大，能夺取已与组织中酶系统结合的金属，形成不易分解的无毒化合物，从尿中排出，而恢复酶系统的活性，故有解毒功效。

【例 13-3】 用化学方程式表示半胱氨酸在氧化酶的作用下可氧化为胱氨酸，后者又可还原为半胱氨酸。

【答案】

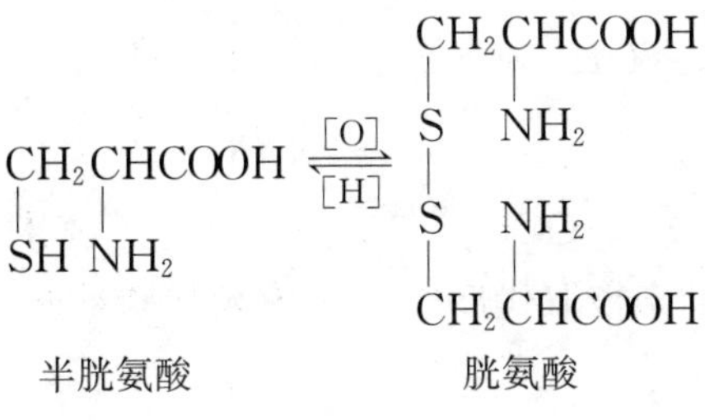

$$\underset{\text{半胱氨酸}}{HS-CH_2CH(NH_2)COOH} \underset{[H]}{\overset{[O]}{\rightleftharpoons}} \underset{\text{胱氨酸}}{HOOCCH(NH_2)CH_2-S-S-CH_2CH(NH_2)COOH}$$

【解析】 本题考察一种常在体内发生的一种酶催化的氧化还原反应方程式。

【例 13-4】 在酶的催化下，生物体内的乙酰辅酶 A 作为亲核试剂与草酰乙酸反应合成柠檬酸，请用化学方程式描述其过程。

【答案】 $CH_3\overset{O}{\overset{\|}{C}}—SCoA \rightleftharpoons \overset{-}{C}H_2\overset{O}{\overset{\|}{C}}—SCoA + H^+$

$$HOOC—\overset{O}{\overset{\|}{C}}—CH_2—COOH + \overset{-}{C}H_2\overset{O}{\overset{\|}{C}}—SCoA \rightleftharpoons HO—C(COOH)(CH_2\overset{O}{\overset{\|}{C}}—SCoA)(CH_2COOH) \xrightarrow{H_2O} HO—C(COOH)(CH_2\overset{O}{\overset{\|}{C}}—OH)(CH_2COOH) + HSCoA$$

柠檬酸

【解析】 本题考察一种常在体内发生的亲核反应的生化反应方程式。

【例 13-5】 完成下列反应式。

(1) $C_6H_5CH_2Br \xrightarrow{K_2S}$

(2) $CH_3CH_2SH \xrightarrow{NaOH} \xrightarrow{C_6H_5CH_2Br}$

(3) $C_2H_5O—\overset{S}{\overset{\|}{P}}(OC_2H_5)—Cl + NaO—C_6H_4—NO_2 \xrightarrow{N(CH_3)_3}$

(4) $CCl_3CHO + HO—P(OCH_3)_2 \longrightarrow$

【答案】 (1) $C_6H_5CH_2Br \xrightarrow{K_2S} C_6H_5CH_2—S—CH_2C_6H_5$

(2) $CH_3CH_2SH \xrightarrow{NaOH} CH_3CH_2SNa \xrightarrow{C_6H_5CH_2Br} CH_3CH_2—S—CH_2C_6H_5$

(3) $C_2H_5O—\overset{S}{\overset{\|}{P}}(OC_2H_5)—Cl + NaO—C_6H_4—NO_2 \xrightarrow{N(CH_3)_3} C_2H_5O—\overset{S}{\overset{\|}{P}}(OC_2H_5)—O—C_6H_4—NO_2$

(4) $CCl_3CHO + HO—P(OCH_3)_2 \longrightarrow H_3CO—\overset{O}{\overset{\|}{P}}(OCH_3)—CH(OH)CCl_3$

【解析】 1、2 考察硫醇的亲核取代反应，3 考察硫代磷酸酯的制备，4 考察二烃基次亚磷酸的亲核加成反应。

学生自我测试题及参考答案

一、命名下列化合物。

1. $(CH_3)_2N-P(=O)(CN)-OC_2H_5$

2. $CH_3CH(CH_3)O-P^{+}(O^{-})(CH_3)-F$

3. $CH_3-P(=O)(F)-OCH(CH_3)C(CH_3)_3$

4. $CH_3CH(CH_3)-CH_2SO_3H$

5. $CH_3O-P(=O)(OCH_3)-CH(OH)-CCl_3$

6. $C_6H_5CH(CH_3)CH_2SO_3H$（苯环上连 $CH(H_3C)CH_2SO_3H$）

7. 对位取代苯：CHO，H_2CS

二、写出下列化合物的构造式。

1. 路易斯气　　2. 芥子气

3. 2,3-二巯基丙-1-磺酸钠　　4. 二甲胂

5. 二苯基膦酸

三、选择题。

*1. 巯基乙酸与氢氧化钠反应的产物为(　　)

A. 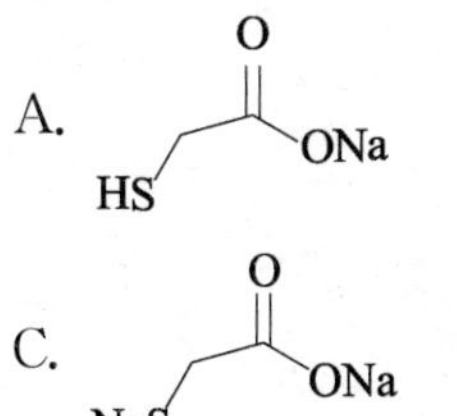

B. $NaSCH_2COOH$

C. $NaSCH_2COONa$

D. $HSCH_2COONa$ + $NaSCH_2COOH$

*2. 要制备重金属汞离子解毒剂二巯基丁二酸钠，应用哪种碱与二巯基丁二酸

($HOOC-CH(SH)-CH(SH)-COOH$)反应(　　)

A. 氢氧化钡　　B. 氢氧化钠　　C. 碳酸氢钠　　D. 碳酸钠

3. 下列化合物的酸性从强到弱的顺序是(　　)

a. 乙酸　　b. 乙磺酸　　c. 乙硫醇　　d. 乙醇

A. b>a>c>d　　B. d>c>b>a　　C. c>b>a>d　　D. d>a>b>c

4. 下列化合物不与碳酸氢钾反应,但能与氢氧化钾反应的是(　　)

A. 丙醇　　B. 2-巯基丙醇　　C. 乙基硫醚　　D. 丙酸

5. 氯胺 B($C_6H_5—SO_2N(Na)Cl$)有杀菌和对化学毒剂的消毒作用,在军事医学上有重要意义,是因为它们与水反应生成(　　)

A. 磺胺具有杀菌作用　　B. 次氯酸钠具有杀菌作用

C. 苯磺酸具有杀菌作用　　D. 盐酸具有杀菌作用

6. 应用硫醇类化合物作为重金属的解毒剂,是因为硫醇类化合物具有(　　)

A. 还原性　　B. 氧化性　　C. 弱酸性　　D. 弱碱性

四、完成反应式。

1. $Cl—CH{=}CH—AsCl_2 + 6NaOH \longrightarrow$

2. $(Cl—CH_2—CH_2)_2S + 2NaOH \xrightarrow{\triangle}$

3. 环己硫醇(SH) $\xrightarrow{H_2O_2}$ $\xrightarrow{KMnO_4}$

4. 苯硫酚(SH) $\xrightarrow{NaOH}$ $\xrightarrow{CH_3I}$

5. 苯甲酸(COOH) + $HSCH_2CH_3$ $\xrightarrow{H^+}$

6. $(Cl—CH_2—CH_2)_2S \xrightarrow{H_2O_2}$ $\xrightarrow{KMnO_4}$

7. HS～～SH $\xrightarrow{I_2}$

参考答案

一、1. 塔崩　　2. 沙林

3. 索曼　　4. 2-甲基丙-1-磺酸

5. *O*,*O*-二甲基-1-羟基-2,2,2-三氯乙基膦酸酯

6. 2-苯基丙烷-1-磺酸

7. 4-甲硫基苯甲醛

二、1. $Cl—CH═CH—AsCl_2$　　2. $(Cl—CH_2—CH_2)_2S$

3. $HSCH_2—CH(SH)—CH_2SO_3Na$　　4. $(CH_3)_2AsH$

5. $(C_6H_5)_2P(=O)OH$

三、1. C　2. C　3. A　4. B　5. B　6. C

四、1. $HC≡CH↑+Na_3AsO_3+3H_2O+3NaCl$

2. $(H_2C═CH)_2S+2NaCl+2H_2O$　　3. 二环己基二硫醚（C₆H₁₁—S—S—C₆H₁₁），环己基磺酸（C₆H₁₁—SO_3H）

4. 苯硫酚钠（C₆H₅—SNa），苯甲硫醚（C₆H₅—S—CH_3）　　5. 硫代苯甲酸 S-乙酯（C₆H₅—CO—S—CH₂CH₃）

6. $(Cl—CH_2—CH_2)_2S═O$，$(Cl—CH_2—CH_2)_2S(═O)_2$　　7. 1,2-二硫戊环

教材中的问题及习题解答

一、教材中的问题及解答

问题与思考 13-1　(1) 为什么乙醇的酸性比乙硫醇弱?

(2) 硫醇和二硫化合物间的氧化还原反应在生物学上有何意义?

答　(1) 由于硫的原子半径大于氧原子,其原子核对核外电子束缚作用较弱,外层电子的可极化性大,因此硫醇分子中的 S—H 键比醇分子中的 O—H 键容易解离,即醇的酸性比硫醇弱。

(2) 半胱氨酸残基中的巯基是所有蛋白质氨基酸残基中最活泼基团,在体内多种反应中扮演着至关重要的角色,能结合亲电子基、重金属离子和氧自由基等有害物质。蛋白质中的二硫键是由半胱氨酸侧链巯基(—SH)共价交联而成,它对稳定蛋白质的空间结构、维持正确的折叠构象、保持及调节其生物活性等都有着举足轻重的作用。

问题与思考 13-2　完成下列反应。

(1) 四氢噻吩 $\xrightarrow{H_2O_2}$

(2) 苯硫酚（C₆H₅—SH） $\xrightarrow{NaOH}$ $\xrightarrow{CH_3CH_2Br}$ $\xrightarrow{KMnO_4}$

答　(1) 四氢噻吩 $\xrightarrow{H_2O_2}$ 四氢噻吩亚砜（环—S═O）

(2) $C_6H_5SH \xrightarrow{NaOH} C_6H_5SNa \xrightarrow{CH_3CH_2Br} C_6H_5SCH_2CH_3 \xrightarrow{KMnO_4} C_6H_5SO_2CH_2CH_3$

问题与思考 13-3 命名下列化合物。

(1) $(C_6H_5)_3P$ (2) $CH_3CH_2PH_2$ (3) $Br-C_6H_4-P(=O)(OH)-OH$ (4) $C_6H_5-P(=O)(OH)-OC_2H_5$

答 (1) 三苯基膦 (2) 乙基膦 (3) 对溴苯基膦酸 (4) *O*-乙基苯基膦酸酯

二、教材中的习题及解答

1. 命名下列化合物。

(1) $(CH_3)_3CSH$ (2) $CH_3SCH_2CH_3$

(3) $CH_3CH_2CH_2SO_3H$ (4) $CH_3CH_2SO_2CH_2CH_3$

(5) $(CH_3)_2CHCH_2CH(SH)CH_3$ (6) $C_6H_5-CH_2SH$

(7) $(CH_3)_3C-S-CH_3$ (8) $CH_3-P(=O)(CH_3)-OH$

答 (1) 叔丁基硫醇 (2) 乙基甲基硫醚 (3) 丙磺酸 (4) 二乙砜

(5) 4-甲基戊-2-硫醇 (6) 苯甲硫醇 (7) 叔丁基甲基硫醚 (8) 二甲基膦酸

2. 写出下列化合物的构造式。

(1) *β*-巯基丙醇 (2) 对甲氧基苯基甲基硫醚

(3) 三苯基膦 (4) 苯基膦酸

(5) 甲基亚磺酸 (6) 二苯亚砜

(7) 甲基磺酰氯 (8) 二乙胂

答 (1) $CH_3CH(SH)CH_2OH$ (2) $H_3CO-C_6H_4-S-CH_3$ (3) $P(C_6H_5)_3$ (4) $C_6H_5-P(=O)(OH)-OH$

(5) CH_3SO_2H (6) $C_6H_5-S(=O)-C_6H_5$ (7) CH_3SO_2Cl (8) $(CH_3CH_2)_2AsH$

3. 完成下列反应。

(1) $C_6H_5-SH \xrightarrow{H_2O_2}$

(2) $CH_3-C_6H_4-SCH_2CH_3 \xrightarrow{H_2O_2}$

(3) $C_6H_5-SO_3H \xrightarrow{PCl_5} ? \xrightarrow{NH_3} ?$

(4) $CH_2(SH)-CH(SH)-CH_2SO_3Na + HgO \longrightarrow$

（5）$Cl—CH=CH—AsCl_2 + HSCH_2—CH_2SH \longrightarrow$

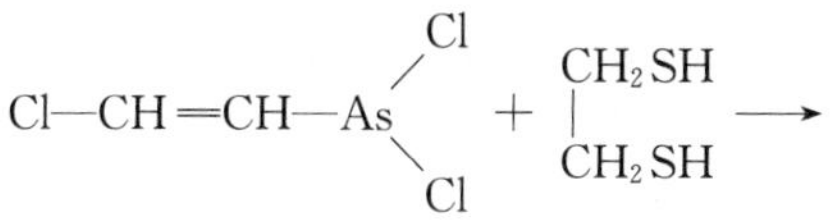

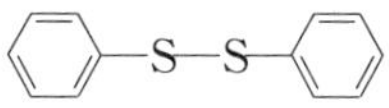

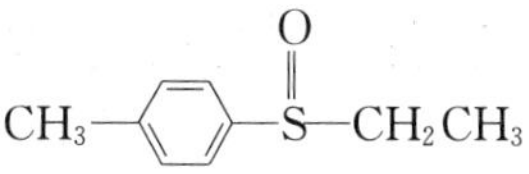

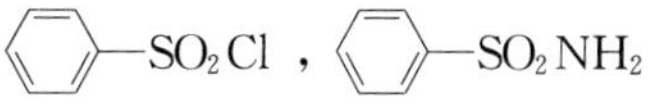

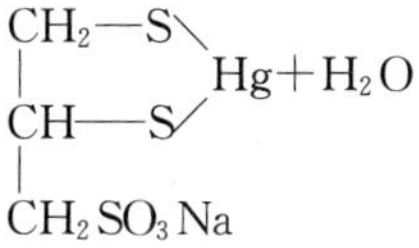

答　（1）$C_6H_5—S—S—C_6H_5$　　（2）$CH_3—C_6H_4—S(=O)—CH_2CH_3$

（3）$C_6H_5—SO_2Cl$，$C_6H_5—SO_2NH_2$　　（4）$CH_2(S—)—CH(S—)—CH_2SO_3Na$（两个 S 与 Hg 成环）$+ H_2O$

（5）$Cl—CH=CH—As(SCH_2)_2$（As 与两个 SCH_2 成环）$+ 2HCl$

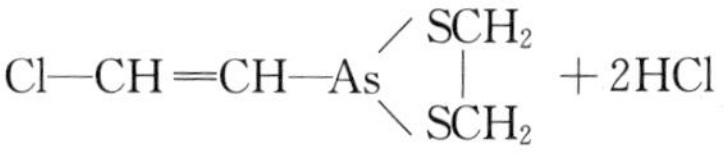

4. 磺酸有哪些化学性质？它在结构上和硫酸氢乙酯有什么不同？

答　磺酸是强酸，化学性质与羧酸类似，能生成盐、酯、磺酰卤和磺酰胺等。在结构上磺酸是硫酸分子中的一个羟基被烃基取代的产物。

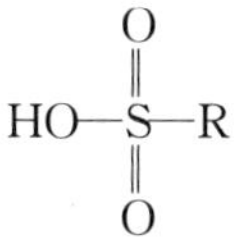

$$HO—S(=O)_2—R \quad 或 \quad HO—S(=O)_2—Ar$$

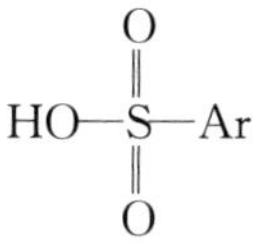

而硫酸氢乙酯可以看成是硫酸分子中一个氢原子被乙基取代的产物。

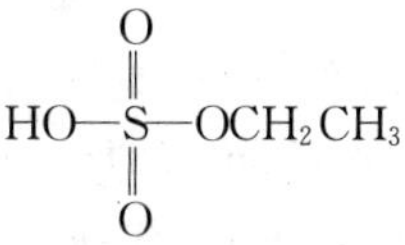

$$HO—S(=O)_2—OCH_2CH_3$$

5. 列举你所知道的神经性毒剂的名称（用俗名）。

答　塔崩（tabun）、沙林（sarin）、索曼（soman）、维埃克斯（VX）。

6. 举例说明可作为重金属或路易斯气中毒的解毒剂属于什么化合物。试写出重金属或路易斯气与此化合物的反应式。

答　作为重金属或路易斯气中毒的解毒剂属于硫醇类化合物。

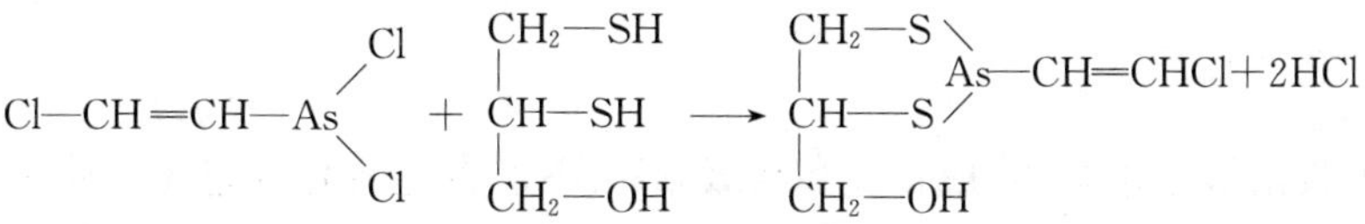

$$Cl—CH=CH—AsCl_2 + HSCH_2—CH(SH)—CH_2OH \longrightarrow CH_2(S—)—CH(S—)—CH_2OH\ (两个 S 与 As 成环)\ As—CH=CHCl + 2HCl$$

（周中振）

第 14 章　脂类、甾族和萜类化合物

学习目标

(1) 掌握油脂的化学性质及皂化值、碘值、酸值等概念。

(2) 掌握甾族化合物的基本骨架及构型。

(3) 熟悉油脂的组成、结构与命名,磷脂和糖脂的结构与分类。

(4) 熟悉萜类化合物的基本结构及异戊二烯规则。

(5) 了解重要甾族化合物、萜类化合物的结构特点与用途。

重点内容提要

14.1　油脂

1. 油脂的组成、结构与命名

油脂是一分子甘油和三分子高级脂肪酸反应生成的酯。

油脂的命名通常把甘油名称写在前面,脂肪酸的名称写在后面,称为甘油某酸酯;有时也将脂肪酸的名称放在前面,醇的名称放在后面,称为三-*O*-某脂酰基甘油。

组成油脂的脂肪酸在结构上的共同特点是:①绝大多数是直链的含偶数碳的高级脂肪酸,一般为 C_{12}～C_{20},尤以 C_{16} 和 C_{18} 的脂肪酸为最多;②有不少脂肪酸是不饱和脂肪酸,以含 1～3 个碳-碳双键的 C_{18} 脂肪酸为主,不饱和键多为顺式构型,多个双键一般不构成共轭体系。

亚油酸、亚麻酸、花生四烯酸是人体必需,但不能在体内合成或体内合成数量不足,必须由食物供给,这些不饱和脂肪酸称为必需脂肪酸。

2. 油脂的化学性质

油脂在碱性溶液中水解,生成甘油和高级脂肪酸盐,此过程称为皂化。使 1 g 油脂完全皂化所需氢氧化钾的质量(mg)称为皂化值。根据皂化值的大小,可以判断油脂中所含甘油酯的平均相对分子质量。皂化值大,表示油脂中所含甘油酯的平均相对分子质量小,油脂含有较低级脂肪酸的甘油酯较多;反之,则表示油脂中所含甘油酯的平均相对分子质量大。

100 g 油脂所能吸收碘的质量(g)称为碘值。碘值大,表示油脂的不饱和程度高。

天然油脂在空气中放置过久就会变质,产生难闻的气味,这个过程称为酸败。中和1 g油脂中的游离脂肪酸所需氢氧化钾的质量(mg)称为油脂的酸值。

14.2　磷脂和糖脂

磷脂是含有磷酸酯类结构的类脂。根据与磷酸成脂的成分不同,磷脂分为甘油磷脂和鞘磷脂。最常见的甘油磷脂有卵磷脂和脑磷脂。

卵磷脂是由甘油、高级脂肪酸、磷酸、胆碱生成的磷脂酰胆碱。脑磷脂是由甘油、高级脂肪酸、磷酸、胆胺生成的磷脂酰胆胺。

鞘磷脂的组成和结构与卵磷脂、脑磷脂不同。其分子中含有一个长链不饱和醇，即(神经)鞘氨(基)醇，而不是甘油。

糖脂由糖、脂肪酸和鞘氨醇构成。

14.3　甾族化合物

甾族化合物由环戊烷并全氢菲母核(又称甾核)和三个侧链组成，其基本骨架为

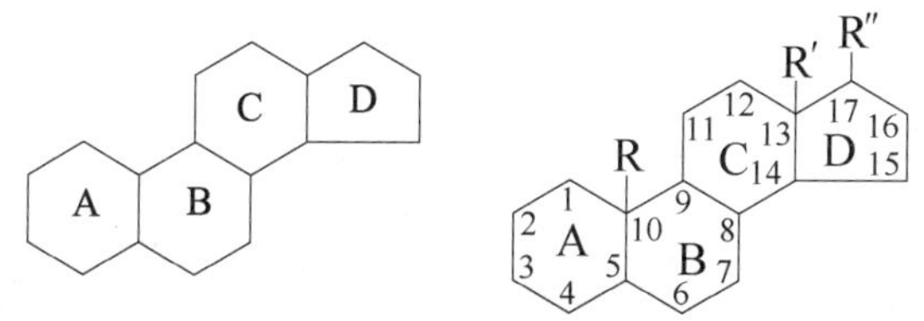

环戊烷并全氢菲　　　　甾族化合物的基本骨架

甾族分为正系和别系两类构型。正系指 A/B 环间以顺式稠合；别系指 A/B 环以反式稠合。二者的 B/C 和 C/D 环的关系均为反式，故只需看 5-H 为 β-者为正系，5-H 为α-者为别系。

甾族化合物的三个侧链中，两个是甲基，一个是含不同碳原子数的碳链或含氧基团。四个环上的其他取代基，其立体化学标识分别采用 α-和 β-表达其取代基与角甲基相反侧或相同侧的相对构型。侧链上手性中心的标识仍按一般的 R/S 体系规则进行。

14.4　萜类化合物

萜类化合物是指由两个或两个以上异戊二烯分子头尾相连而成的聚合物及其含氧衍生物。

根据异戊二烯单元的多少，萜类可分为单萜(两个异戊二烯单元)、倍半萜(三个异戊二烯单元)、二萜(四个异戊二烯单元)等。根据分子中各异戊二烯单元互相连接的方式，萜可分为无环萜和环萜。

单萜是较为重要的萜类，由两个异戊二烯单元组成，根据分子中两个异戊二烯连接方式的不同，单萜类化合物可分为无环单萜(如柠檬醛)、单环单萜(如薄荷醇)、二环单萜(如柠檬烯、樟脑)等。

解 题 示 例

【例 14-1】　写出三-*O*-油酰基甘油完全氢化、加碘、水解和皂化后主要产物的结构式并命名。

【解析】　三-*O*-油酰基甘油是三分子油酸与甘油形成的酯，其结构式为

$$
\begin{array}{l}
\mathrm{H_2C{-}O{-}\overset{\displaystyle O}{\overset{\|}{C}}{-}(CH_2)_7CH{=}CH(CH_2)_7CH_3} \\
\quad | \\
\mathrm{\ HC{-}O{-}\overset{\displaystyle O}{\overset{\|}{C}}{-}(CH_2)_7CH{=}CH(CH_2)_7CH_3} \\
\quad | \\
\mathrm{H_2C{-}O{-}\overset{\displaystyle O}{\overset{\|}{C}}{-}(CH_2)_7CH{=}CH(CH_2)_7CH_3}
\end{array}
$$

它属于酯,因此可以发生水解反应,在碱性条件下可以发生皂化反应。此外,组成该油脂的脂肪酸为不饱和脂肪酸,其双键可以与氢气和碘发生加成反应。

氢化产物为

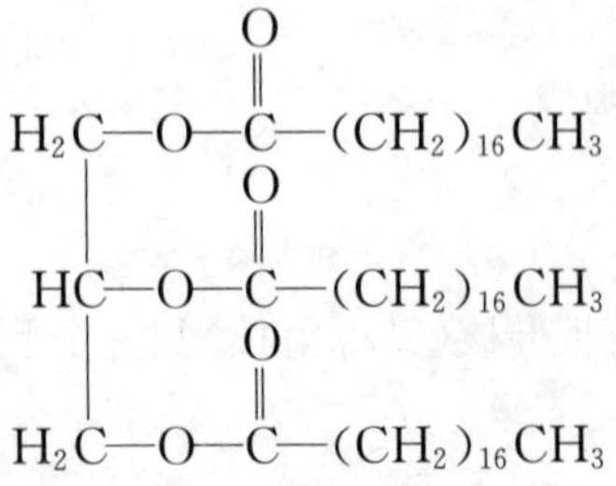

$$\begin{array}{l} H_2C-O-\overset{O}{\overset{\|}{C}}-(CH_2)_{16}CH_3 \\ HC-O-\overset{O}{\overset{\|}{C}}-(CH_2)_{16}CH_3 \\ H_2C-O-\overset{O}{\overset{\|}{C}}-(CH_2)_{16}CH_3 \end{array}$$

三-*O*-硬脂酰基甘油

加碘产物为

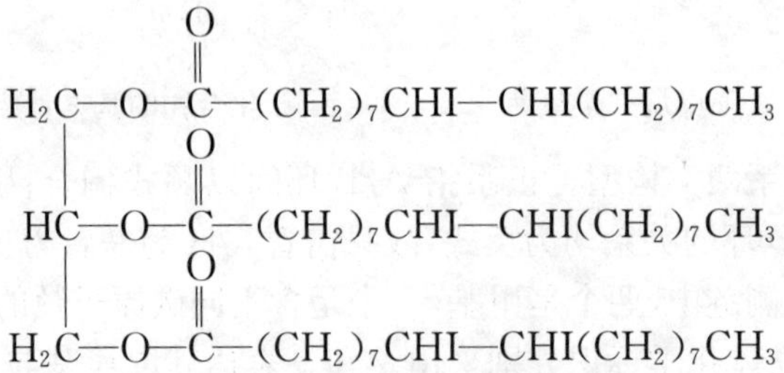

$$\begin{array}{l} H_2C-O-\overset{O}{\overset{\|}{C}}-(CH_2)_7CHI-CHI(CH_2)_7CH_3 \\ HC-O-\overset{O}{\overset{\|}{C}}-(CH_2)_7CHI-CHI(CH_2)_7CH_3 \\ H_2C-O-\overset{O}{\overset{\|}{C}}-(CH_2)_7CHI-CHI(CH_2)_7CH_3 \end{array}$$

9,10-二碘十八碳酰基甘油

水解产物为

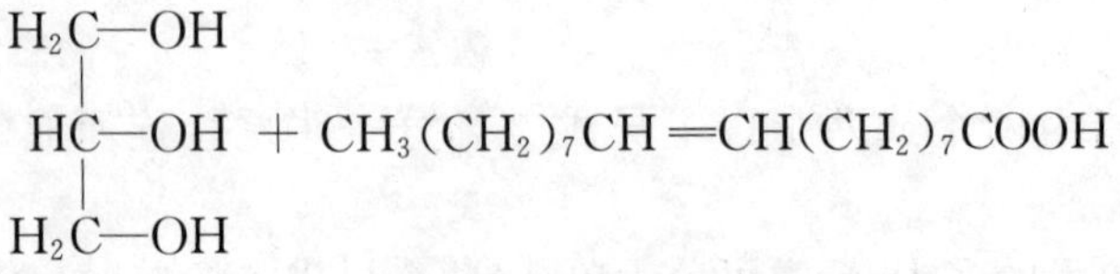

$$\begin{array}{l} H_2C-OH \\ HC-OH \\ H_2C-OH \end{array} + CH_3(CH_2)_7CH=CH(CH_2)_7COOH$$

甘油　　　　9-十八碳烯酸(油酸)

皂化产物为

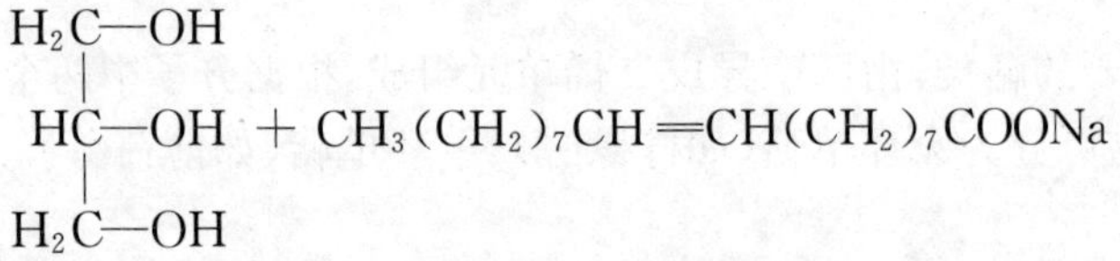

$$\begin{array}{l} H_2C-OH \\ HC-OH \\ H_2C-OH \end{array} + CH_3(CH_2)_7CH=CH(CH_2)_7COONa$$

甘油　　　　9-十八碳烯酸钠

【例 14-2】 胆甾烷有一对 C_5 差向异构体,分别称为 5α-胆甾烷和 5β-胆甾烷(α 表示基团在环平面下方,β 表示基团在环平面上方),它们的结构式如下:

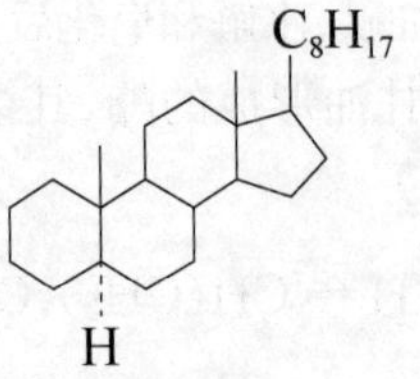

C_8H_{17}　　C_8H_{17}

H　　H

5α-胆甾烷　　5β-胆甾烷

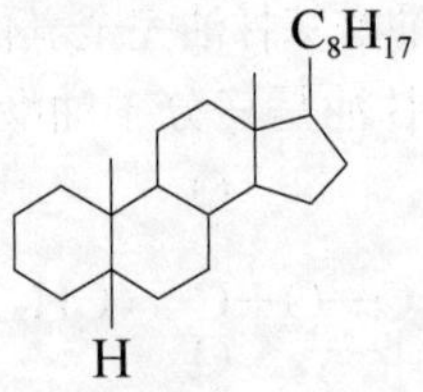

请根据胆甾烷的命名方法命名下列胆甾烷衍生物。

（1） 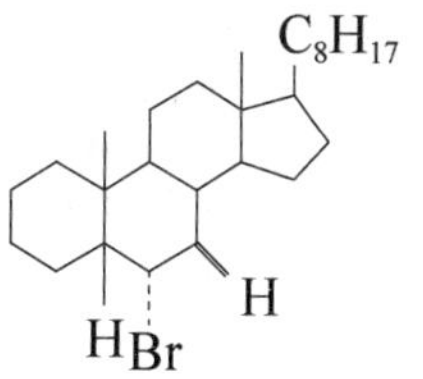　　　　（2）

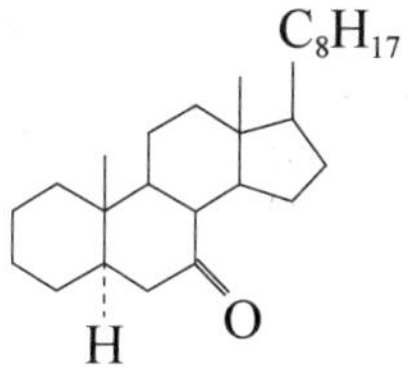

（3） 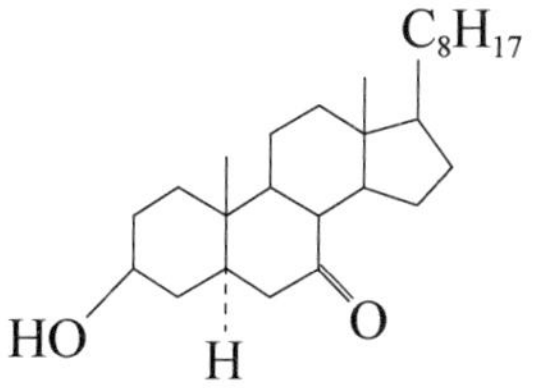　　　　（4）

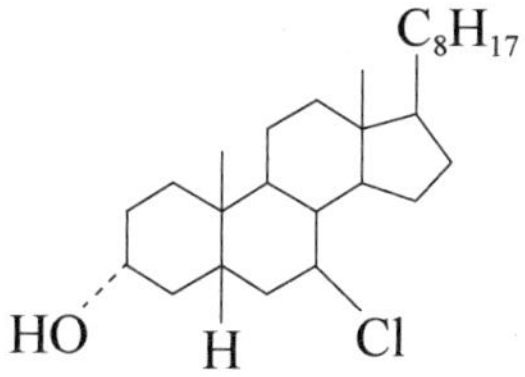

【答案】（1）C_6 上的取代基在环平面下方，C_5 上的 H 在环平面上方，故该物质的名称应为 6α-溴-5β-胆甾-7-酮。

（2）C_5 上的 H 在环平面下方，故该物质的名称应为 5α-胆甾-7-酮。

（3）C_5 上的 H 在环平面下方，C_3 上的羟基在环平面上方，故该物质的名称应为 3β-羟基-5α-胆甾-7-酮。

（4）C_3 上的羟基在环平面下方，C_5 上的 H 在环平面上方，C_7 上的 Cl 在环平面上方，故该物质的名称应为 7β-氯-3α-羟基-5β-胆甾烷。

【例 14-3】　α-萜品烯（$C_{10}H_{16}$）是芫荽油中的一种萜烯，只吸收 2 mol H_2，而生成组成为 $C_{10}H_{20}$ 的烷烃；臭氧分解 α-萜品烯时，得到化合物 A 和乙二醛；用高锰酸钾氧化时，得到化合物 B。

$$CH_3\underset{\underset{O}{\|}}{C}-CH_2CH_2\underset{\underset{O}{\|}}{C}CH(CH_3)_2$$

A

$$HOOC-\overset{\overset{CH_3}{|}}{\underset{\underset{OH}{|}}{C}}-CH_2CH_2\overset{\overset{CH(CH_3)_2}{|}}{\underset{\underset{OH}{|}}{C}}-COOH$$

B

（1）在 α-萜品烯中有几个环（如果有的话）？

（2）根据化合物 A、B 的结构及异戊二烯规则，α-萜品烯可能的结构是什么？

（3）如何证明化合物 B 中—OH 的存在？

【答案】（1）根据 α-萜品烯的组成及只吸收 2 mol H_2，加氢生成饱和烷烃的分子式为 $C_{10}H_{20}$，根据 C_nH_{2n+2} 的通式，还少 2 个氢，故有环存在，并且只有一个环。

（2）α-萜品烯的结构为

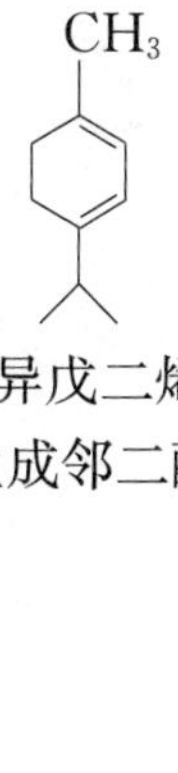

CH_3

甲基的位置只有在上述情况下才符合异戊二烯规则。

（3）α-萜品烯被高锰酸钾氧化时，先生成邻二醇，进一步氧化时，有两个是 3°醇羟基，不被氧化。

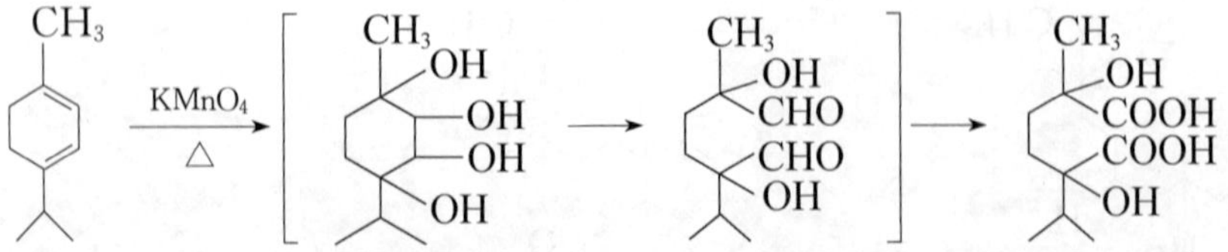

CH_3 —$KMnO_4$/△→ [CH_3, OH, —OH, —OH, OH → CH_3, OH, CHO, CHO, OH] → CH_3, OH, COOH, COOH, OH

学生自我测试题及参考答案

一、写出甘油三硬脂酸酯的皂化反应式。

二、测定油脂酸值的意义是什么?

三、写出磷脂酰胆碱的结构式及其完全水解的反应式。

四、细胞膜的主要成分是什么? 脂双层是如何形成的?

五、写出甲基睾酮分别与下列试剂反应的产物。

1. Br_2/CCl_4　2. HBr　3. ①CH_3CO_3H;②HBr　4. 稀、冷 $KMnO_4$　5. $HOCH_2CH_2OH$/吡啶

六、用简单的化学方法鉴别柠檬醛、樟脑、薄荷醇。

七、动物胆汁中存在的胆酸可与甘氨酸或牛磺酸($H_2NCH_2CH_2SO_3^-$)通过酰胺键结合,形成胆汁酸,它们以 K 或 Na 盐形式存在。胆汁酸盐对饮食中的脂类有增溶作用,可起乳化剂的作用,增加脂酶对脂类的水解和消化吸收作用。

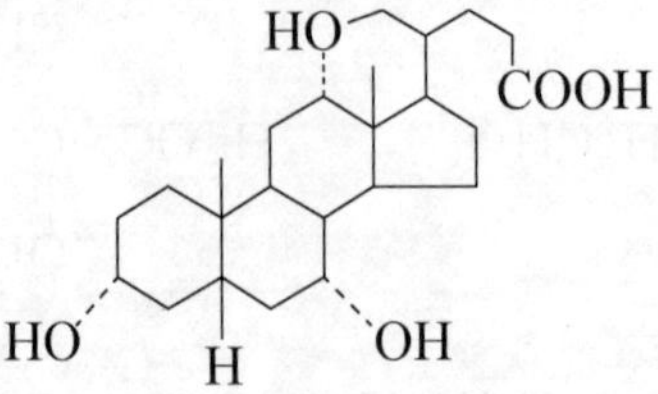

HO, COOH, HO, H, OH

胆酸

1. 胆酸属于甾族化合物的何种构型(5α-还是 5β-)?
2. 结构中的三个—OH 属于何种构型(α-或 β-)?
3. 以甘氨酸为例,写出胆酸与其形成的胆汁酸钠盐。
4. 说明胆汁酸钠盐能促进脂类水解、消化吸收的原因。

八、写出下列反应的主要产物。

1.

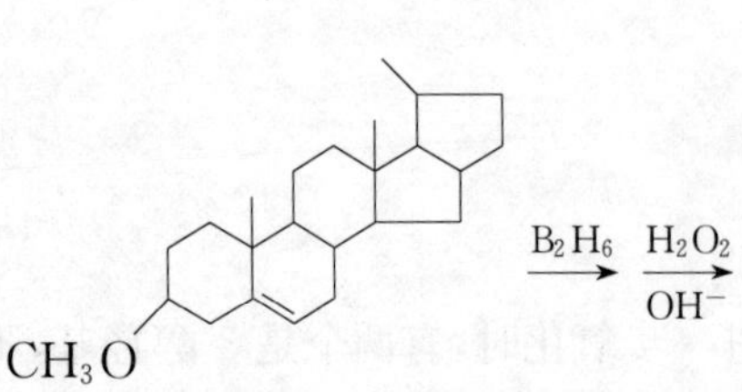

CH_3O　$\xrightarrow{B_2H_6}$　$\xrightarrow[OH^-]{H_2O_2}$

2. （甾体结构：CO_2CH_3，OH，OH）$\xrightarrow[\text{（酯化）}]{ClCOOC_2H_5}$

3. （甾体结构：C_2H_5，CH_3O）$\xrightarrow{C_6H_5CO_3H}$

4. （甾体结构：HO）$\xrightarrow{H_2/Pt}$

九、胆甾酸与胆汁酸有什么不同？

十、标出下列化合物异戊二烯单元，并分别指出它们各属哪种萜类化合物。

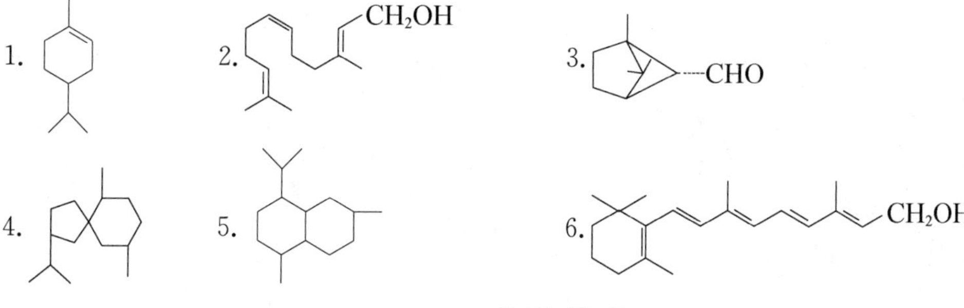

参考答案

一、
$$\begin{array}{l} H_2C-O-\overset{\overset{O}{\|}}{C}-C_{17}H_{35} \\ \ \ | \\ HC-O-\overset{\overset{O}{\|}}{C}-C_{17}H_{35} \\ \ \ | \\ H_2C-O-\overset{\overset{O}{\|}}{C}-C_{17}H_{35} \end{array} + 3NaOH \xrightarrow{\triangle} \begin{array}{l} H_2C-OH \\ \ \ | \\ HC-OH \\ \ \ | \\ H_2C-OH \end{array} + 3C_{17}H_{35}COONa$$

二、油脂的酸值是指中和 1 g 油脂中的游离脂肪酸所需氢氧化钾的质量(mg)。而油脂中的游离脂肪酸是油脂酸败的重要标志，酸值越高，酸败程度越大，当酸值大于 6.0 时，油脂就不能食用。

三、
$$\begin{array}{l} H_2C-O-\overset{\overset{O}{\|}}{C}-R \\ \ \ | \\ HC-O-\overset{\overset{O}{\|}}{C}-R' \\ \ \ | \\ H_2C-O-\overset{\overset{O}{\|}}{\underset{\underset{O^-}{|}}{P}}-OCH_2CH_2\overset{+}{N}(CH_3)_3 \end{array} + 3NaOH \xrightarrow{\triangle} \begin{array}{l} H_2C-OH \\ \ \ | \\ HC-OH \\ \ \ | \\ H_2C-OH \end{array} + \begin{array}{l} R-COONa \\ R'-COONa + HOCH_2CH_2\overset{+}{N}(CH_3)_3OH^- \\ Na_3PO_4 \end{array}$$

四、磷脂是生物细胞膜的基本结构要素。磷脂在同一分子中存在一个亲水性头和两个疏水性尾，在水溶液中，亲水性头朝向水，疏水性尾则相互紧密相聚，避免与水接触，形成热力学上稳定的微团式双分子层结构，即脂双层。

五、1.

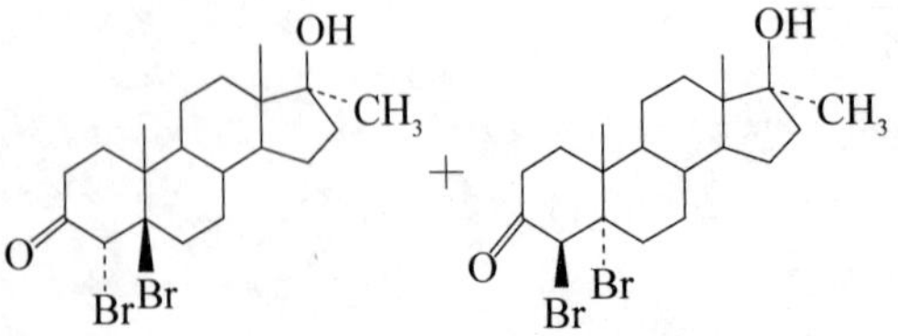

2.

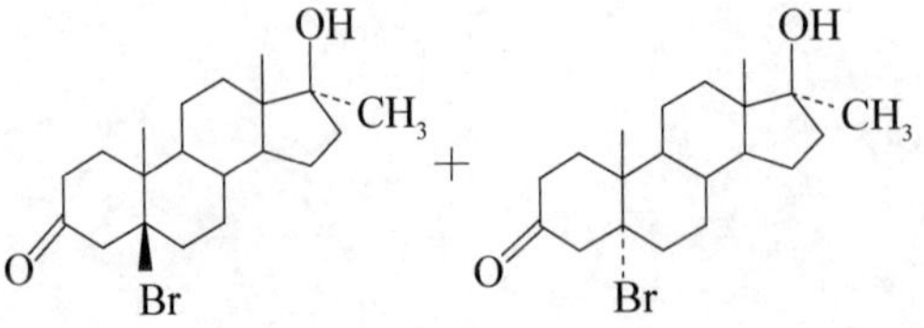

3.

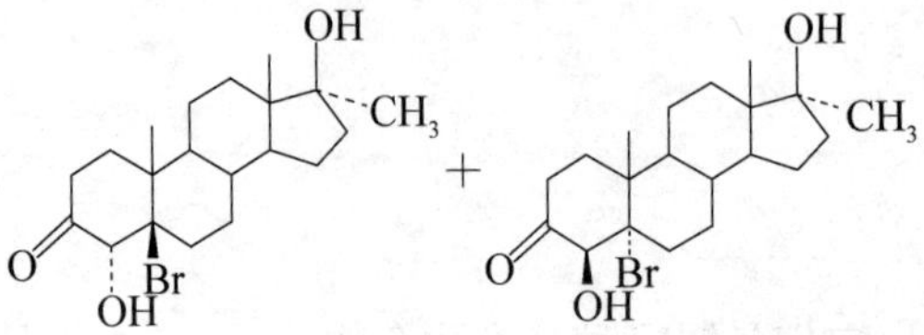

4.

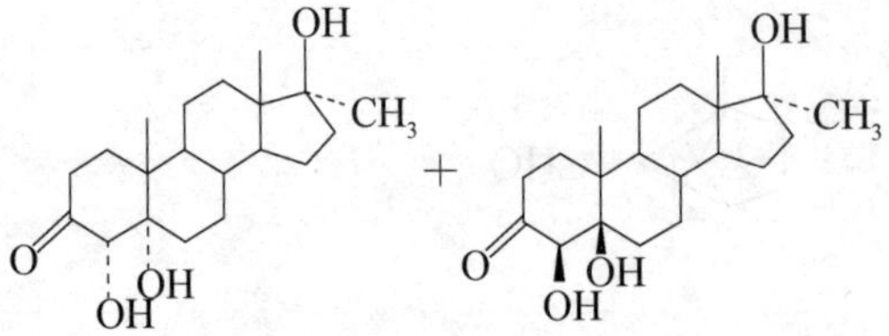

5.

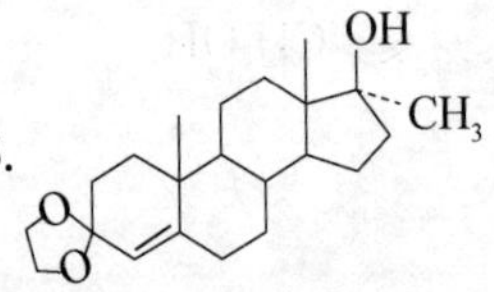

六、柠檬醛、樟脑、薄荷醇 —托伦试剂→ Ag↓（柠檬醛）；（—）、（—） —2,4-二硝基苯肼→ ↓（樟脑）；（—）（薄荷醇）

七、1. 属于 5β-系列，因为 5 位的氢是 β-构型，A/B 是顺式稠合。

2. 三个—OH 均为 α-构型，因虚线表示在环平面下方，即 α-构型。

3.

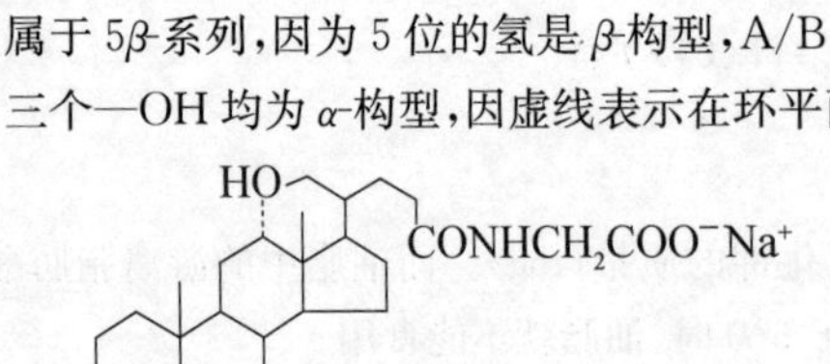

4. 甾环部分为疏水性，侧链为亲水性，故为两性物质，可起乳化剂作用。

八、1.

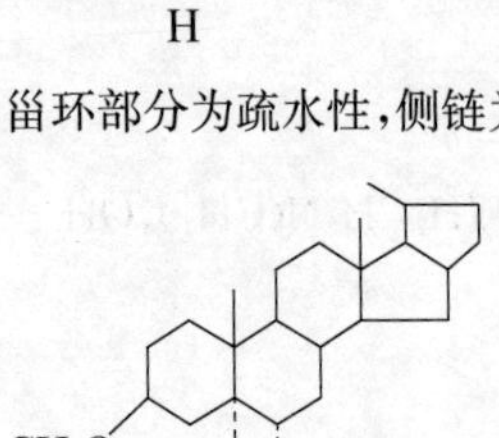

2.

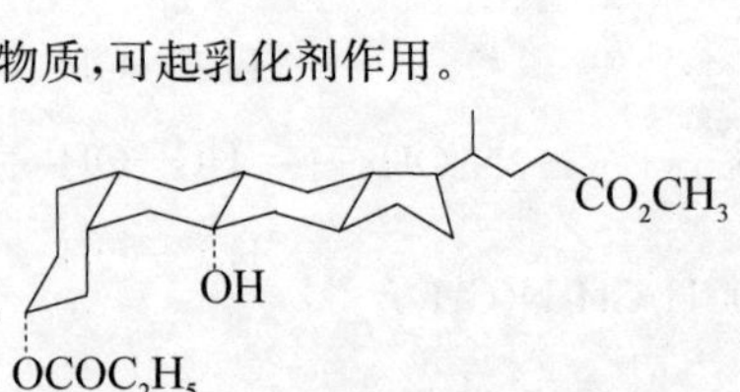

3.　　　　　　　　4.

九、胆汁中含有几种酸，统称胆汁酸。胆汁酸经水解后除去氨基酸等，得到游离的胆甾酸。

十、1. 单萜　　2. 倍半萜　　3. 单萜

4. 倍半萜　　5. 倍半萜　　6. 二萜

教材中的问题及习题解答

一、教材中的问题及解答

问题与思考 14-1　人造黄油(也称人造奶油)可通过油脂氢化制得，人造黄油中为什么反式脂肪酸(TFAs)含量会升高？TFAs 对人类健康有什么影响？

答　人造黄油是通过植物油氢化制得。然而植物油结构中的双键在氢化过程中，顺式双键可能在催化剂的作用下异构化为反式结构，并存在于最终的固态产物中，从而导致人造黄油中反式脂肪酸(TFAs)含量升高。大量研究结果都表明，食物中 TFAs 会影响脂类的代谢，TFAs 在细胞膜中累积，增加了血流中低密度脂蛋白的含量，减少高密度脂蛋白的含量，有增加心血管疾病的风险。也有研究表明，TFAs 对生长发育期的婴幼儿和成长中的青少年也有不良影响。

问题与思考 14-2　油脂、脑磷脂、卵磷脂、鞘磷脂和糖脂的水解产物分别是什么？

答　油脂水解产物为甘油和高级脂肪酸；脑磷脂水解产物为甘油、高级脂肪酸、磷酸和胆胺；卵磷脂水解产物为甘油、高级脂肪酸、磷酸和胆碱；鞘磷脂水解产物为鞘氨醇、磷酸、胆碱；糖脂水解产物为己糖、鞘氨醇和脂肪酸。

问题与思考 14-3　将下列化合物根据萜的分类进行归类，并指出其中的异戊二烯单元。

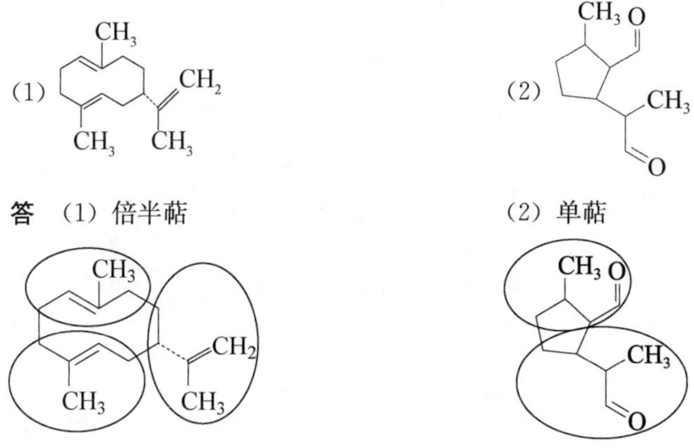

二、教材中的习题及解答

1. 天然油脂所含脂肪酸的结构特点是什么？必需脂肪酸主要有哪几种？

答 天然油脂所含脂肪酸在结构上的共同特点是:①绝大多数是直链的含偶数碳的高级脂肪酸,一般为 C_{12}~C_{20},尤以 C_{16} 和 C_{18} 的脂肪酸为最多;②有不少脂肪酸是不饱和脂肪酸,以含1~3个碳-碳双键的 C_{18} 脂肪酸为主,多个双键一般不构成共轭体系,且不饱和键多为顺式构型。

必需脂肪酸主要有亚油酸、亚麻酸、花生四烯酸等。

2.写出下列物质的构造式(或构型式)。

(1) 油酸 (2) 花生四烯酸(全顺式) (3) 棕榈酸油酸卵磷脂

(4) 鞘氨醇 (5) 亚油酸糖脂 (6) 胆酸

(7) 黄体酮 (8) 前列腺酸 (9) 可的松

答 (1) $CH_3(CH_2)_7CH{=}CH(CH_2)_7COOH$

(2) COOH

(3) $H_2C-O-\overset{O}{\overset{\|}{C}}-(CH_2)_7CH{=}CH(CH_2)_5CH_3$

$HC-O-\overset{O}{\overset{\|}{C}}-(CH_2)_7CH{=}CH(CH_2)_7CH_3$

$H_2C-O-\overset{O}{\overset{\|}{P}}(OH)-O-CH_2-CH_2-\overset{+}{N}(CH_3)_3OH^-$

(4) $CH_3(CH_2)_{12}CH{=}CH-CH(OH)-CH(NH_2)-CH_2OH$

(5) $HO-CH-CH{=}CH(CH_2)_{12}CH_3$

$CH-NH-\overset{O}{C}-(CH_2)_7CH{=}CHCH_2CH{=}CH(CH_2)_4CH_3$

CH_2

HO CH₂OH O O H OH H H H H OH

(6) H₃C HO CH₃ COOH H₃C 12 17 24 3 5 10 7 HO H OH

(7) CH₃ C=O 17 O

(8) COOH

(9) 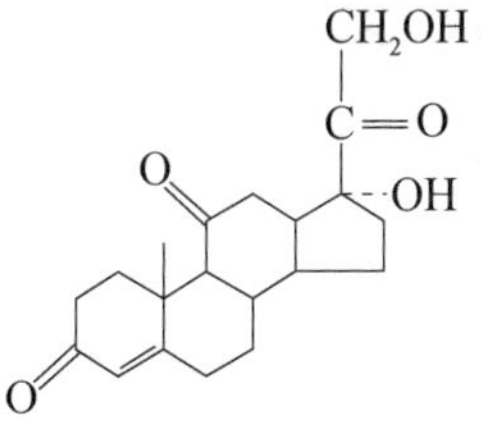 [structure: steroid with CH_2OH, $C{=}O$, OH, O groups]

3. 皂化、皂化值、碘值、酸败和酸值的含义是什么？

答　油脂在碱性溶液中的水解称为皂化。

1 g 油脂完全皂化所需氢氧化钾的质量(mg)称为皂化值。

100 g 油脂所能吸收碘的质量(g)称为碘值。

天然油脂在空气中放置过久就会变质，产生难闻的气味，这个过程称为酸败。

中和 1 g 油脂中的游离脂肪酸所需氢氧化钾的质量(mg)称为酸值。

4. 完成下列反应。

(1)

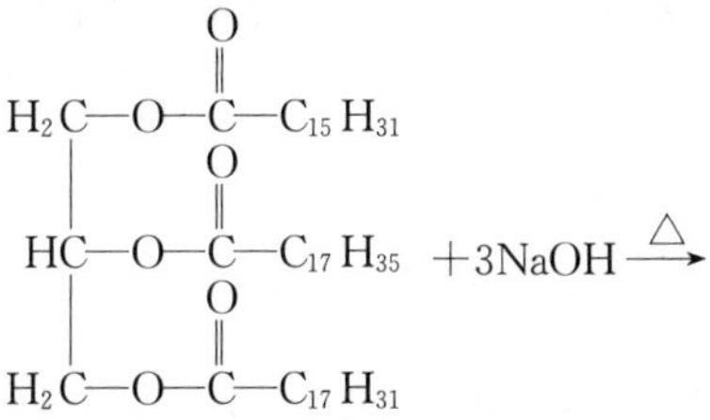

$$\begin{array}{l} H_2C-O-\overset{O}{\overset{\|}{C}}-C_{15}H_{31} \\ \quad | \\ HC-O-\overset{O}{\overset{\|}{C}}-C_{17}H_{35} \\ \quad | \\ H_2C-O-\overset{O}{\overset{\|}{C}}-C_{17}H_{31} \end{array} + 3NaOH \xrightarrow{\triangle}$$

(2)

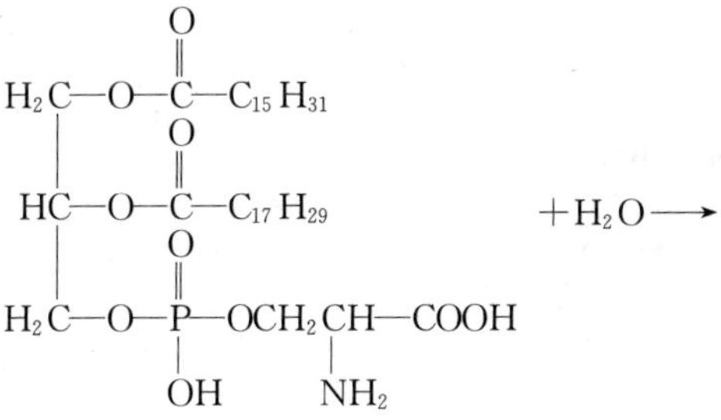

$$\begin{array}{l} H_2C-O-\overset{O}{\overset{\|}{C}}-C_{15}H_{31} \\ \quad | \\ HC-O-\overset{O}{\overset{\|}{C}}-C_{17}H_{29} \\ \quad | \\ H_2C-O-\overset{O}{\overset{\|}{P}}(OH)-OCH_2CH(NH_2)-COOH \end{array} + H_2O \longrightarrow$$

(3) 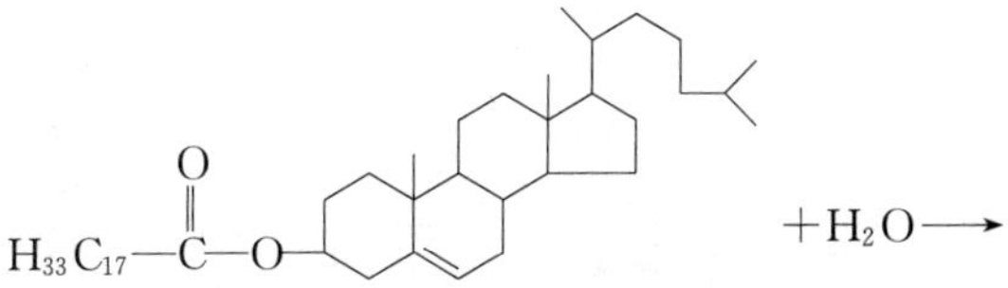 $H_{33}C_{17}-\overset{O}{\overset{\|}{C}}-O-$[cholesterol skeleton] $+H_2O \longrightarrow$

(4) 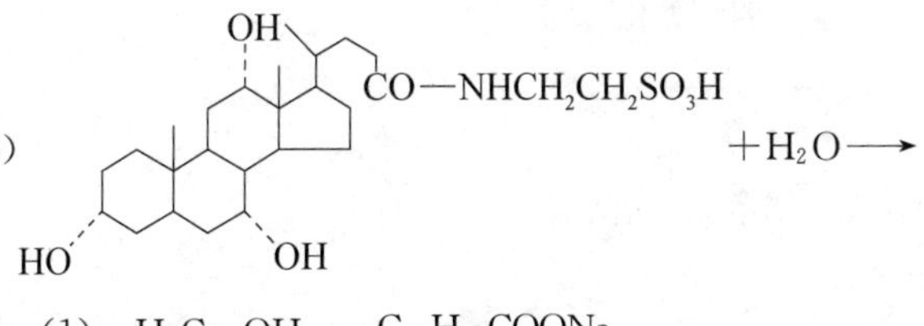 [cholic acid skeleton with HO, OH, OH]$-CO-NHCH_2CH_2SO_3H$ $+H_2O \longrightarrow$

答　(1)

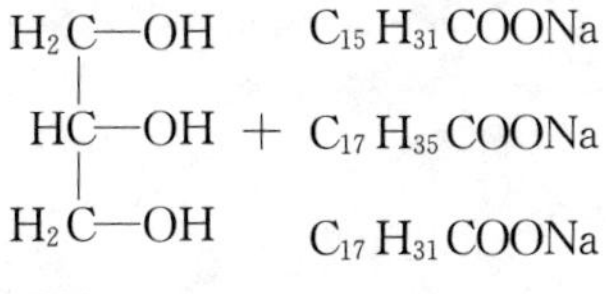

$$\begin{array}{l} H_2C-OH \\ \quad | \\ HC-OH \\ \quad | \\ H_2C-OH \end{array} + \begin{array}{l} C_{15}H_{31}COONa \\ C_{17}H_{35}COONa \\ C_{17}H_{31}COONa \end{array}$$

(2)

$$\begin{array}{l} H_2C-OH \\ \quad | \\ HC-OH \\ \quad | \\ H_2C-OH \end{array} + \begin{array}{l} C_{15}H_{31}COOH \\ C_{17}H_{29}COOH \\ H_3PO_4 \end{array} + HOCH_2\underset{NH_2}{\underset{|}{C}H}-COOH$$

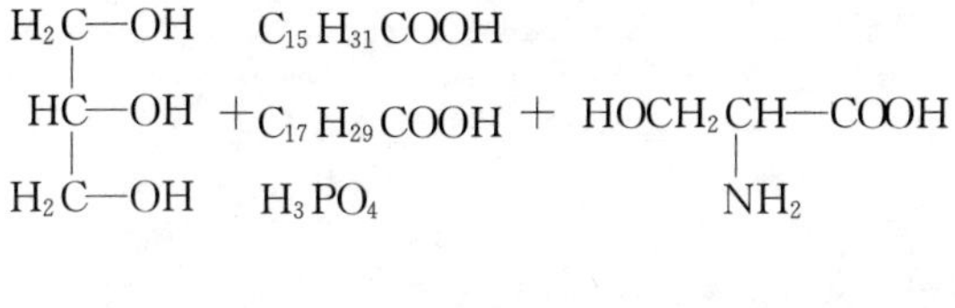

(3) 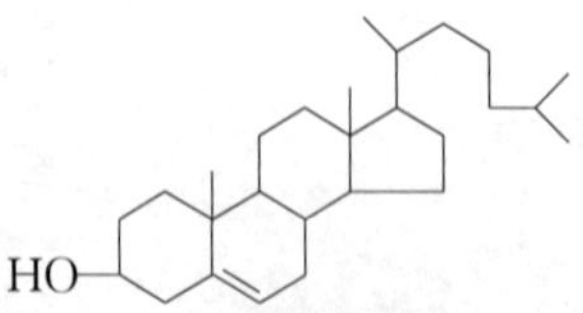 HO—[胆固醇结构式] $+C_{17}H_{33}COOH$

(4) 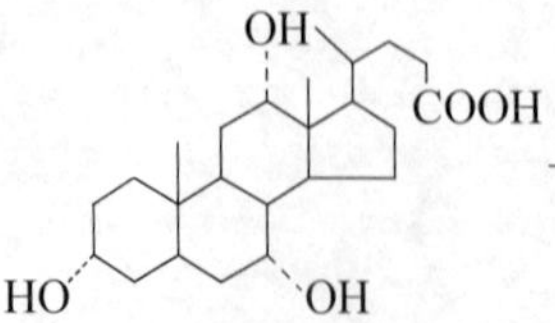 [胆酸结构式, OH, COOH, HO, OH] $+NH_2CH_2CH_2SO_3H$

5. 250 mg 纯橄榄油样品,完全皂化需要 47.5 mg KOH,计算橄榄油中该油脂的平均相对分子质量。

答　该油脂的平均相对分子质量为 884。

6. 某羧酸的碘值为 368,催化氢化后变成硬脂酸,该羧酸有几个双键?

答　两个双键。

7. 卵磷脂、脑磷脂及鞘磷脂的结构有何异同?

答　卵磷脂和脑磷脂同属甘油磷脂,卵磷脂是由甘油、高级脂肪酸、磷酸、胆碱生成的磷脂酰胆碱,脑磷脂是由甘油、高级脂肪酸、磷酸、胆胺生成的磷脂酰胆胺,其结构上相同的是都包含甘油、高级脂肪酸、磷酸部分,而结构差异主要体现在含氮碱基部分不同。

鞘磷脂的组成和结构与卵磷脂、脑磷脂有较大的不同。它不含甘油,而是由鞘氨醇、脂肪酸、磷酸及胆碱组成。鞘氨醇的氨基与脂肪酸以酰胺键连接,鞘氨醇 1 位上的羟基与磷酸成酯,磷酸又以酯的形式与胆碱相结合而形成鞘磷脂。

8. 画出 β-胡萝卜素和红没药烯中的异戊二烯结构单元,并指出它们各属于哪一类萜类化合物。

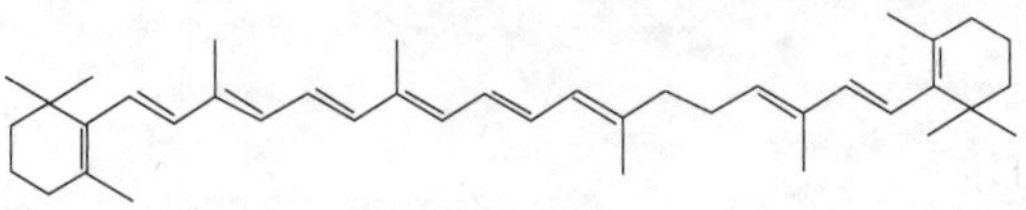

β-胡萝卜素

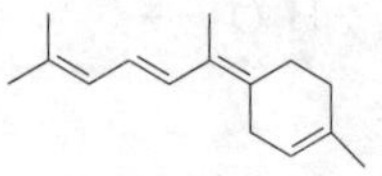

红没药烯

答

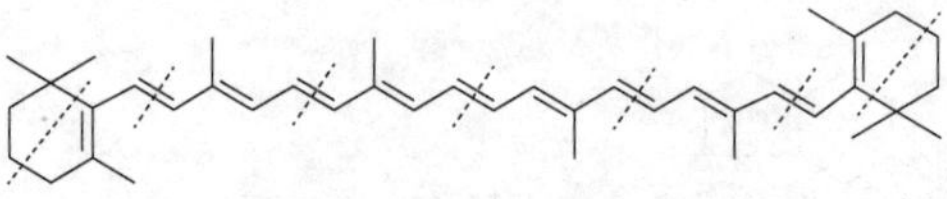

β-胡萝卜素　四萜类化合物

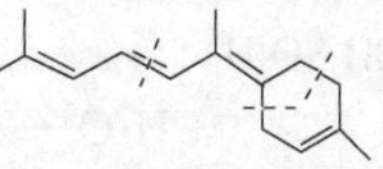

三个异戊二烯单元　倍半萜

(赵华文)

第 15 章　氨基酸、多肽、蛋白质

学习目标

（1）掌握氨基酸的结构特征、化学性质，熟悉氨基酸的分类和命名。

（2）熟悉多肽的结构特征和命名、肽键及多肽链的概念。

*（3）理解多肽的液相合成法和固相合成法。

（4）掌握蛋白质的一级结构，熟悉蛋白质的二级结构，了解蛋白质的三级结构和四级结构。掌握蛋白质的两性电离和等电点。熟悉蛋白质的显色反应，了解蛋白质的胶体性质、盐析、变性和复性。

重点内容提要

15.1　氨基酸

1. 氨基酸的结构、分类和命名

（1）氨基酸的结构。

氨基酸是组成蛋白质的基本成分。组成蛋白质的主要氨基酸有 20 种，均为 α-氨基酸（除脯氨酸外），属于 L 构型（其中甘氨酸无手性）。

（2）氨基酸的分类。

根据氨基酸分子中羧基与氨基的相对数目可把它们分为酸性、碱性和中性氨基酸。还可以根据侧链基团的化学结构分为脂肪族氨基酸、芳香族氨基酸、杂环族氨基酸和杂环亚氨基酸。

（3）氨基酸的命名。

氨基酸常根据来源或某些性质而采用俗名。各种氨基酸常用其英文名称的前三个字母或以单个字母的缩写形式来表示。

有些氨基酸在人体内不能合成或合成的量不足，必须由食物蛋白质补充才能维持机体正常生长发育，称为营养必需氨基酸，必需氨基酸有八种（异、亮、色、苏、苯、赖、蛋、缬）。

2. 氨基酸的性质

物理性质：氨基酸是无色或白色晶体，熔点较高。氨基酸一般都溶于水、强酸、强碱，难溶于乙醚等有机溶剂，除甘氨酸、丙氨酸和亮氨酸外，其他氨基酸都不溶于无水乙醇。

化学性质：氨基酸分子中既有羧基又有氨基，因而它既具有羧酸的性质，也有氨基的性质，又表现出氨基与羧基相互影响的一些特殊性质；同时，侧链基团也能发生一些特征反应。

(1) 两性电离及等电点。

氨基酸分子内部的氨基和羧基相互作用生成的盐称为内盐,又称为两性离子。两性离子既可以与酸反应,又可以与碱反应,表现出两性化合物的特性。溶液的 pH 不同,氨基酸在溶液中所带的电荷也不同。调节溶液 pH,使氨基酸的羧基电离与氨基水解的趋向恰好相等,氨基酸呈电中性。此时的 pH 即为该氨基酸的等电点(pI)。

$$H_2N-CH(R)-COOH \rightleftharpoons$$

$$H_2N-CH(R)-COO^- \underset{OH^-}{\overset{H^+}{\rightleftharpoons}} H_3\overset{+}{N}-CH(R)-COO^- \underset{OH^-}{\overset{H^+}{\rightleftharpoons}} H_3\overset{+}{N}-CH(R)-COOH$$

阴离子 两性离子 阳离子

pH>pI pH=pI pH<pI

在电场的作用下,带电荷的氨基酸粒子向阳极或阴极移动的现象称为电泳。等电点时的氨基酸粒子的净电荷为零,不发生电泳。利用电泳可以分离提纯氨基酸。

(2) 脱水生成肽。

氨基酸分子之间,一分子的羧基与另一分子的氨基在缩水剂的存在下脱水生成含有酰胺键的肽,该酰胺键称为肽键,肽键是多肽和蛋白质中的重要共价键。

$$H_3\overset{+}{N}-CH(R)-COO^- + H_3\overset{+}{N}-CH(R')-COO^- \xrightarrow{-H_2O} H_3\overset{+}{N}-CH(R)-\boxed{CO-NH}-CH(R')-COO^-$$

肽键

(3) 显色反应。

α-氨基酸、肽类和蛋白质与水合茚三酮反应生成蓝紫色的化合物,该反应是鉴定氨基酸、肽类和蛋白质最重要的显色反应。某些氨基酸(包括多肽和蛋白质)因其侧链的特殊结构而与一些试剂发生显色反应,也可以用于氨基酸、多肽和蛋白质的定性和定量分析。

(4) 脱羧反应。

某些 α-氨基酸在一定条件下可脱去羧基,生成少一个碳原子的胺。

$$H_3\overset{+}{N}-CH(R)-COO^- \xrightarrow[\triangle]{Ba(OH)_2} RCH_2NH_2 + CO_2\uparrow$$

(5) 与亚硝酸的放氮反应。

与伯胺一样,氨基酸也能与亚硝酸作用定量地放出氮气,生成 α-羟基酸。

$$H_3\overset{+}{N}-CH(R)-COO^- + HNO_2 \longrightarrow R-\underset{OH}{\overset{H}{C}}-COOH + N_2\uparrow + H_2O$$

（6）与 2,4-二硝基氟苯等试剂的反应。

氨基酸的氨基很容易与 2,4-二硝基氟苯作用，生成稳定的黄色化合物。

$$O_2N\text{-}C_6H_3(NO_2)\text{-}F + H_3\overset{+}{N}\text{-}CH(R)\text{-}COO^- \longrightarrow O_2N\text{-}C_6H_3(NO_2)\text{-}NH\text{-}CH(R)\text{-}COOH + HF$$

15.2　肽

1. 肽的分类和命名

十个和十个以下氨基酸残基形成的肽称为寡肽，十肽以上的称为多肽。链的一端有游离的—NH_3^+，称为氨基末端或 N-端；链的另一端有游离的—COO^-，称为羧基末端或 C-端。

肽的命名是以 C-端的氨基酸为母体，从 N-端开始，依次将每个氨基酸残基的名称写出，并用“酰”字代替某氨基酸的“酸”字，处于 C-端的氨基酸保留原名，称为某氨酰某氨酸。也可用简写表示，即将组成肽链的各种氨基酸的英文简称或中文词头写到一起，氨基酸之间用“-”连接。

*2. 肽链序列的测定

通常可用下列方法分析推测氨基酸在肽链中的排列顺序：①端基分析法；②用酶催化使肽键部分水解；③质谱分析技术。其中，端基分析法又分为 N-端氨基酸单元的分析和 C-端氨基酸单元的分析。N-端氨基酸的分析有桑格尔法和埃德曼降解法。

*3. 多肽的合成

多肽合成主要有化学合成和生物合成两条途径。化学合成法有液相合成法和固相合成法。

（1）液相合成。

多肽的液相合成一般有三个基本步骤：①氨基、羧基以及侧链的保护；②羧基的活化和肽键的形成（接肽）；③脱除保护基和纯化。

（2）固相合成。

多肽的固相合成的基本原理是将合成的肽链羧基借酯键与树脂载体相连，除去氨基保护基，用接肽缩合剂，将一个新的氨基酸羧基连接上，重复以上过程可以合成多肽。多肽的固相合成使多肽合成实现了自动化。

15.3　蛋白质

1. 蛋白质的元素组成

组成蛋白质的主要元素是 C、H、O、N 四种；此外，大多数蛋白质含有 S；少数含有 P、Fe、Cu、Mn、Zn；个别蛋白质含有 I 或其他元素。

2.蛋白质的分类

蛋白质的种类繁多，根据形状可把蛋白质分为纤维蛋白和球形蛋白；根据化学组成可把蛋白质分为单纯蛋白和结合蛋白；根据生理功能可将蛋白质分为活性蛋白质和非活性蛋白质。

3.蛋白质的分子结构

蛋白质的分子结构按层次可分为四级。

(1) 一级结构：多肽链中氨基酸残基的排列顺序称为蛋白质的一级结构。有些蛋白质就是一条多肽链，有些是由两条或几条多肽链构成。

(2) 二级结构：多肽链中各肽键平面通过 α-碳原子的旋转而形成的不同构象称为蛋白质的二级结构。最常见的蛋白质的二级结构的是 α-螺旋和 β-片层结构两类。

(3) 三级结构：蛋白质在 α-螺旋、β-折叠、β-转角和无规卷曲等二级结构的基础上，多肽链间通过侧链的相互作用，按一定方式进一步卷曲，折叠成更复杂的三维空间结构，这种三维空间结构称为蛋白质的三级结构。三级结构是由盐键、氢键、疏水键、范德华力及二硫键来维系的。

(4) 四级结构：复杂的蛋白质分子是由两条或两条以上具有三级结构的肽链所组成，每条肽链称为一个亚基。几个亚基通过氢键、疏水键或静电引力缔合而成一个蛋白质分子。蛋白质中亚基的种类、数目、空间排布及相互作用称为蛋白质的四级结构。

4.蛋白质的性质

(1) 蛋白质的两性电离及等电点。

蛋白质的两端有游离的氨基与羧基，以及肽链的侧链中还有许多极性基团存在，使蛋白质也具有与氨基酸相似的两性电离、等电点的性质及能在电场中发生电泳现象。

(2) 蛋白质的胶体性质和盐析。

蛋白质具有胶体性质。蛋白质在水溶液中的溶解度是由蛋白质周围亲水基团与水形成水化膜的程度以及蛋白质分子带有电荷的情况决定的。加入无机盐(如硫酸铵、氯化钠)使蛋白质发生沉淀析出的作用称为盐析。利用盐析作用可以分离蛋白质。

(3) 蛋白质的变性。

蛋白质的变性是蛋白质受到某些物理因素或化学因素的影响而改变了蛋白质的性质的现象。蛋白质的变性使溶解度降低、黏度增加以及生物活性丧失。

(4) 蛋白质的显色反应。

蛋白质的显色反应有茚三酮反应、缩二脲反应及其他显色反应。蛋白质的显色反应可以用于蛋白质的定性和定量分析。

解题示例

【例 15-1】 某氨基酸的等电点为 9.2，将其溶于纯水中，所得水溶液的 pH 是(　　)

A. 小于 7　　B. 大于 7　　C. 小于 9　　D. 小于 9 而大于 7

【答案】 D

【解析】 将等电点为 9.2 的氨基酸溶于 pH=7 的纯水中时，由于 pH<pI，氨基酸中的氨

基将结合水中的 H^+，导致水溶液的 pH 升高，但 pH 不会超过该氨基酸的等电点。pI＜7 的氨基酸溶于纯水中，其水溶液的 pH 必定小于 7，但该 pH 要大于 pI 值。例如，某氨基酸的 pI＝4.5，则可推测其水溶液的 4.5＜pH＜7。同理，若氨基酸的pI＞7，则可推断其水溶液的 pI＞pH＞7。因此本题选 D。

【例 15-2】 氨基酸的混合物中有天冬氨酸（pI＝2.77）、精氨酸（pI＝10.76）和丝氨酸（pI＝5.68）。在 pH＝7.3 的溶液中电泳向阴极移动的氨基酸是（　　）

A. 天冬氨酸　　B. 精氨酸　　C. 丝氨酸　　D. 天冬氨酸和丝氨酸

【答案】 B

【解析】 氨基酸粒子的净电荷为正时，氨基酸粒子才在电场作用下向阴极移动，当溶液 pH 小于氨基酸的 pI，氨基酸粒子的净电荷方为正。因此本题选 B。

【例 15-3】 指出下列氨基酸在指定的 pH 溶液中进行电泳时的方向。

（1）缬氨酸（pI＝5.96）在 pH＝8 的溶液中

（2）赖氨酸（pI＝9.74）在 pH＝10 的溶液中

（3）丝氨酸（pI＝5.68）在 pH＝1 的溶液中

（4）谷氨酸（pI＝3.22）在 pH＝3 的溶液中

【答案】（1）电泳时向阳极移动

（2）电泳时向阳极移动

（3）电泳时向阴极移动

（4）电泳时向阴极移动

【解析】 当溶液的 pH＞pI 时，氨基酸的羧基酸式电离被抑制，而氨基的碱式电离增大，有利于氨基酸以阴离子形式存在，氨基酸的净电荷为负，电泳时向阳极移动；反之，当 pH＜pI 时，有利于氨基酸以阳离子形式存在，氨基酸的净电荷为正，电泳时向阴极移动。

【例 15-4】 完成化学反应式。

（1）[丙氨酸乙酯结构式：O, O, NH_2] ＋ H_2O $\xrightarrow[\triangle]{HCl(足量)}$

【答案】 [丙氨酸乙酯结构式：O, O, NH_2] ＋ H_2O $\xrightarrow[\triangle]{HCl(足量)}$ [结构式：O, OH, $\overset{+}{N}H_3\overset{-}{Cl}$]

【解析】 在足量盐酸的溶液中加热，酯键能发生水解，NH_2 作为碱性基团也将接受质子生成铵盐。

（2）$H_3\overset{+}{N}$—[丙氨酸结构式：O^-, O] ＋ O_2N—[苯环，NO_2, F] ⟶

【答案】 $H_3\overset{+}{N}$—[丙氨酸结构式：O, O^-] ＋ O_2N—[苯环，NO_2, F] ⟶ O_2N—[苯环，NO_2]—NH—[结构式：O, OH]

【解析】 氨基酸的氨基能与 2,4-二硝基氟苯作用,生成 *N*-(2,4-二硝基苯基)氨基酸。

(3) $H_3\overset{+}{N}$-Ala-Leu-Gly-O^- + H_2O $\xrightarrow{H^+}$

【答案】

$H_3\overset{+}{N}$-Ala-Leu-Gly-O^- + H_2O $\xrightarrow{H^+}$ $H_3\overset{+}{N}CH(CH_3)COO^-$ + $H_3\overset{+}{N}CH_2COO^-$ + $(CH_3)_2CHCH_2CH(\overset{+}{N}H_3)COO^-$

【解析】 肽键在酸性溶液中能水解,三肽完全分解后可得到三个氨基酸。

【例 15-5】 已知某十肽完全水解得到色氨酸、丙氨酸、甘氨酸、谷氨酸各 1 mol,亮氨酸、缬氨酸和半胱氨酸 2 mol。该十肽用盐酸部分水解时得到下列片段:缬-半胱-甘-谷、丙-亮-色和色-亮-缬-半胱。试推测该十肽的氨基酸顺序。

【答案】 该十肽的氨基酸顺序为丙-亮-色-亮-缬-半胱-缬-半胱-甘-谷。

【解析】 根据部分水解得到的片段缬-半胱-甘-谷和色-亮-缬-半胱可推知其中一部分氨基酸序列为甘-谷-色-亮-缬-半胱。再根据部分水解得到的片段丙-亮-色和色-亮-缬-半胱可推知其中一部分氨基酸序列为丙-亮-色-亮-缬-半胱。将这两段氨基酸序列整合起来,可推知该十肽的氨基酸顺序。

【例 15-6】 用化学方程式表示由下列两个二肽合成四肽丙-甘-亮-缬的过程。

(1) 丙-甘　　(2) 亮-缬

【答案】 (1) 用 Boc 保护丙-甘肽中丙氨酸的氨基

H_2N-Ala-Gly-O^- $\xrightarrow{ClCOOC(CH_3)_3}$ $(CH_3)_3COC(O)NH$-Ala-Gly-OH

(2) 用苄基保护亮-缬肽中缬氨酸的羧基

$H_3\overset{+}{N}$-Leu-Val-O^- $\xrightarrow{C_6H_5CH_2OH}$ H_2N-Leu-Val-$OCH_2C_6H_5$

(3) 用缩水剂接肽

Boc-NH-Ala-Gly-O^- + $H_3\overset{+}{N}$-Leu-Val-$OCH_2C_6H_5$ $\xrightarrow[\text{接肽}]{DCC}$

Boc-NH-Ala-Gly-Leu-Val-$OCH_2C_6H_5$

（4）脱苄基

（5）脱 Boc

【解析】 新生成的肽键需由甘氨酸的羧基和亮氨酸的氨基反应，丙氨酸的氨基和缬氨酸的羧基需预先加以保护。

学生自我测试题及参考答案

一、单选题。

1. 下列氨基酸中不与 HNO_2 反应放出氮气的是（　　）

A. 异亮氨酸　　B. 甘氨酸　　C. 苏氨酸　　D. 脯氨酸

2. 鉴别 α-氨基酸时常用的试剂是（　　）

A. 托伦试剂　　B. 费林试剂　　C. 本尼迪克特试剂　　D. 水合茚三酮试剂

3. 下列氨基酸中能使多肽链的 α-螺旋转角的是（　　）

A. 组氨酸　　B. 脯氨酸　　C. 半胱氨酸　　D. 异亮氨酸

4. 下列氨基酸中经氧化能生成含有二硫键的产物的是（　　）

A. 丝氨酸　　B. 组氨酸　　C. 天门冬氨酸　　D. 半胱氨酸

5. 当丙氨酸、丝氨酸、苯丙氨酸、亮氨酸、精氨酸和组氨酸的混合物在 pH=6.0 进行电泳，向阴极移动的氨基酸有（　　）

A. 精氨酸和组氨酸　　B. 丝氨酸和苯丙氨酸

C. 精氨酸、丝氨酸和天冬氨酸　　D. 天冬氨酸和精氨酸

6. 蛋白质的一级结构是指（　　）

A. 是由哪些氨基酸组成　　B. 由几条多肽链组成

C. 氨基酸的排列顺序　　D. 由多少个氨基酸组成

二、多选题。

1. 在生理 pH 下，下列氨基酸中带负电荷的是（　　）

A. 谷氨酸　　B. 色氨酸　　C. 天冬氨酸　　D. 缬氨酸

2. 蛋白质的二级结构包括（　　）

A. α-螺旋　　B. β-片层　　C. β-转角　　D. 无规卷曲

3. 维持蛋白质三级结构的主要键有（　　）

A. 肽键　　B. 疏水键　　C. 离子键　　D. 二硫键

4. 下列蛋白质在 pH=5 的溶液中带正电荷的是（　　）

A. pI 为 4.5 的蛋白质　　B. pI 为 7.4 的蛋白质

C. pI 为 7 的蛋白质　　D. pI 为 2.5 的蛋白质

5. 使蛋白质不可逆变性的方法有(　　)

A. 鞣酸沉淀蛋白　　B. 加热使蛋白沉淀

C. 饱和硫酸铵溶液沉淀蛋白　　D. 重金属盐沉淀蛋白

三、推断题。

1. 某三肽 A($C_{14}H_{19}O_4N_3$)用亚硝酸处理后并经部分水解得 α-羟基-β-苯基丙酸和二肽 B。将 B 用酸水解可得两种产物 C 和 D,其中 C 无旋光活性,D 用亚硝酸处理后得到乳酸。若 C 不处在 A 的 N-端和 C-端,试写出 A 的可能结构式及有关反应式。

2. 利用酸水解获得的碎片判断下列肽的氨基酸顺序。

(1) 一种四肽:该肽含有的氨基酸有丙氨酸、甘氨酸、组氨酸和酪氨酸。酸水解后获得的碎片有组-酪,甘-丙和丙-组。

(2) 一种五肽:该肽含有的氨基酸有谷氨酸、甘氨酸、赖氨酸、组氨酸和苯丙氨酸。酸水解后获得的碎片有组-甘-谷,甘-谷-苯丙和赖-组。

四、写出亮氨酸与下列试剂发生反应的化学反应式。

1. $NaNO_2+HCl$　　2. 乙酐,吡啶　　3. C_6H_5COCl,吡啶

4. $C_6H_5CH_2OH/H^+$　　5. $(CH_3)_3COCl$

*五、合成题。

用化学反应式表示合成丙氨酰苯丙氨酸的步骤,并说明每个步骤的意义。

参考答案

一、1. D　2. D　3. B　4. D　5. A　6. C

二、1. AC　2. ABCD　3. BCD　4. BC　5. ABD

三、1. A 的可能结构为

$H_3\overset{+}{N}$-CH($CH_2C_6H_5$)-CO-NH-CH_2-CO-NH-CH(CH_3)-COO^-

苯丙氨酰甘氨酰丙氨酸(Phe-Gly-Ala)

有关反应式:

$$H_3\overset{+}{N}CH(CH_2C_6H_5)CONHCH_2CONHCH(CH_3)COO^- \xrightarrow[H^+]{HNO_2} C_6H_5CH_2CH(OH)COOH + H_3\overset{+}{N}CH_2CONHCH(CH_3)COO^- + N_2\uparrow + H_2O$$

$$H_3\overset{+}{N}CH_2CONHCH(CH_3)COO^- \xrightarrow{H_2O/H^+} H_3\overset{+}{N}CH_2COO^- + H_3\overset{+}{N}CH(CH_3)COO^-$$

$$H_3\overset{+}{N}CH(CH_3)COO^- \xrightarrow[H^+]{HNO_2} HOCH(CH_3)COOH + N_2\uparrow + H_2O$$

2.(1) 该四肽氨基酸顺序为甘-丙-组-酪。

(2) 该五肽氨基酸顺序为赖-组-甘-谷-苯丙。

四、1. $(CH_3)_2CHCH_2CH(\overset{+}{N}H_3)COOH + HNO_2 + HCl \longrightarrow (CH_3)_2CHCH_2CH(OH)COOH + N_2\uparrow + H_2O$

2. $(CH_3)_2CHCH_2CH(\overset{+}{N}H_3)COO^- + (CH_3CO)_2O \xrightarrow{\text{吡啶}} (CH_3)_2CHCH_2CH(NHCOCH_3)COOH$

3. $(CH_3)_2CHCH_2CH(\overset{+}{N}H_3)COO^- + C_6H_5COCl \xrightarrow{\text{吡啶}} (CH_3)_2CHCH_2CH(NHCOC_6H_5)COOH$

4. $(CH_3)_2CHCH_2CH(\overset{+}{N}H_3)COO^- + C_6H_5CH_2OH \xrightarrow{H^+} (CH_3)_2CHCH_2CH(NH_2)COOCH_2C_6H_5$

5. $(CH_3)_2CHCH_2CH(\overset{+}{N}H_3)COO^- + (CH_3)_3COCl \longrightarrow (CH_3)_2CHCH_2CH(NHCOC(CH_3)_3)COOH$

五、用 Boc 保护丙氨酸的氨基

$$H_3\overset{+}{N}CH(CH_3)COO^- \xrightarrow{ClCOOC(CH_3)_3} Boc\text{-}NHCH(CH_3)COOH$$

用苄基保护苯丙氨酸的羧基

$$H_3\overset{+}{N}CH(CH_2C_6H_5)COO^- \xrightarrow{C_6H_5CH_2OH} H_3NCH(CH_2C_6H_5)COOCH_2C_6H_5$$

用缩水剂接肽，形成新的肽键

$$Boc\text{-}NHCH(CH_3)COOH + H_2NCH(CH_2C_6H_5)COOCH_2C_6H_5 \xrightarrow[\text{接肽}]{DCC} Boc\text{-}NHCH(CH_3)CONHCH(CH_2C_6H_5)COOCH_2C_6H_5$$

脱保护基苄基

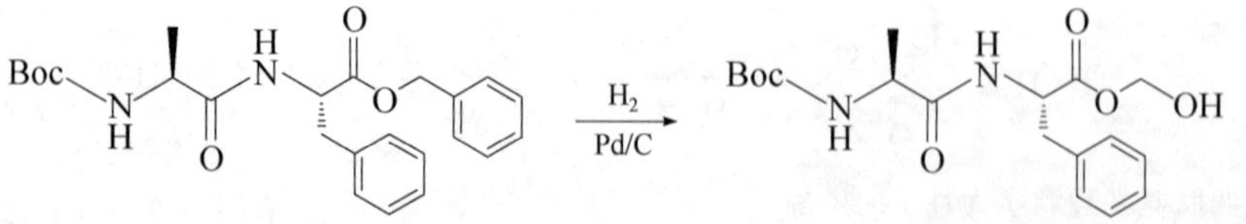

脱保护基 Boc

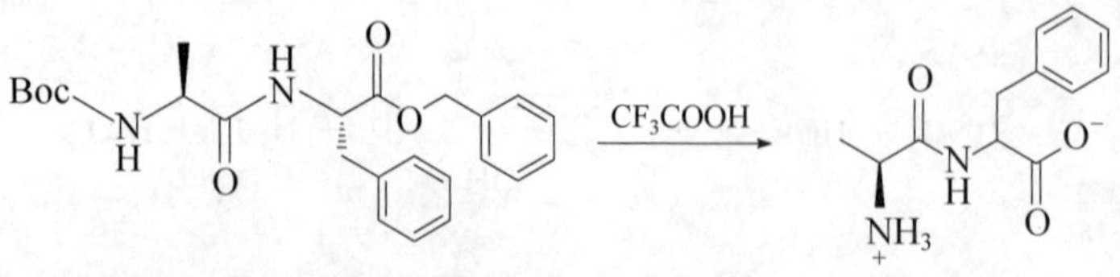

教材中的问题及习题解答

一、教材中的问题及解答

问题与思考 15-1 某氨基酸溶于 pH=7.0 的水中，所得氨基酸溶液 pH=8.0，此氨基酸的 pI 值是大于 8.0、等于 8.0 还是小于 8.0？为什么？

答 该氨基酸溶于 pH=7.0 的水中，所得氨基酸溶液 pH=8.0，溶液的 pH 增大说明该氨基酸的氨基结合了水中的 H^+，此时氨基酸带正电。要使氨基酸的净电荷呈中性，应向溶液中添加碱性物质，当氨基酸净电荷为零时，溶液的 pH 大于 8.0。所以此氨基酸的 pI 值大于 8.0。

问题与思考 15-2 指出下列氨基酸在 pH=7.35 的溶液中的净电荷及其电泳方向。

(1) 组氨酸(pI=7.59)　(2) 天冬氨酸(pI=2.77)　(3) 蛋氨酸(pI=5.74)

答 (1) 组氨酸 pI=7.59，pH<pI，净电荷为正，电泳时移向阴极。

(2) 天冬氨酸 pI=2.77，pH>pI，净电荷为负，电泳时移向阳极。

(3) 蛋氨酸 pI=5.74，pH>pI，净电荷为负，电泳时移向阳极。

问题与思考 15-3 用费歇尔投影式表示丙氨酰丝氨酰甘氨酰苯丙氨酸的结构。

答

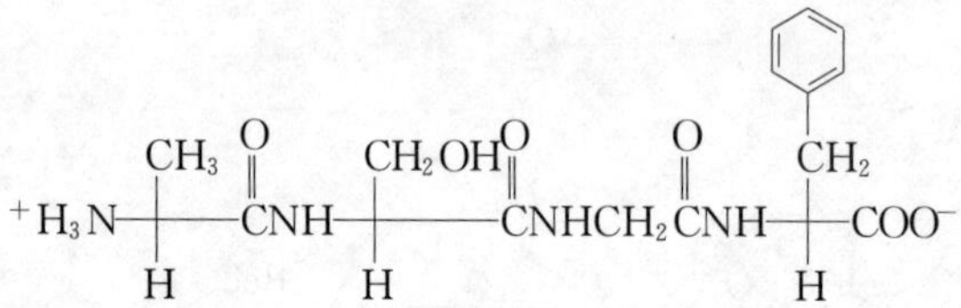

二、教材中的习题及解答

1. 解释下列名词。

(1) 偶极离子　(2) 等电点　(3) 氨基酸残基　(4) 肽键平面

(5) N-端　(6) C-端　(7) 蛋白质的一级结构　(8) 亚基

答 略

2. 判断下列氨基酸在给定的 pH 溶液中的净电荷及其电泳方向。

(1) 亮氨酸(pI=5.98)在 pH=5.0　(2) 赖氨酸(pI=9.74)在 pH=9.74

(3) 谷氨酸(pI=3.22)在 pH=7.0　(4) 缬氨酸(pI=5.96)在 pH=6.0

(5) 精氨酸(pI=10.76)在 pH=9.0　(6) 天冬酰胺(pI=5.41)在 pH=7.0

答 (1) 亮氨酸(pI=5.98)在 pH=5.0 溶液中，pH<pI，净电荷为正，电泳时移向阴极。

(2) 赖氨酸(pI=9.74)在 pH=9.74 溶液中，pH=pI，净电荷为中性，电泳时不移动。

(3) 谷氨酸(pI=3.22)在 pH=7.0 溶液中，pH>pI，净电荷为负，电泳时移向阳极。

(4) 缬氨酸(pI=5.96)在 pH=8.0 溶液中，pH>pI，净电荷为负，电泳时移向阳极。

(5) 精氨酸(pI=10.76)在 pH=9.0 溶液中，pH<pI，净电荷为正，电泳时移向阴极。

(6) 天冬酰胺(pI=5.41)在 pH=7.0 溶液中，pH>pI，净电荷为负，电泳时移向阳极。

3. 写出下列寡肽的结构式。

(1) 甘氨酰苯丙氨酸　　(2) 蛋氨酰谷氨酸

(3) 脯氨酰丝氨酸　　(4) γ-谷氨酰半胱氨酰甘氨酸

答 (1)

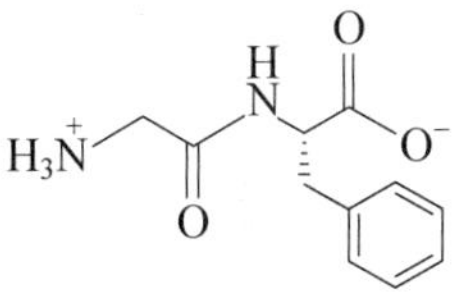

(2)

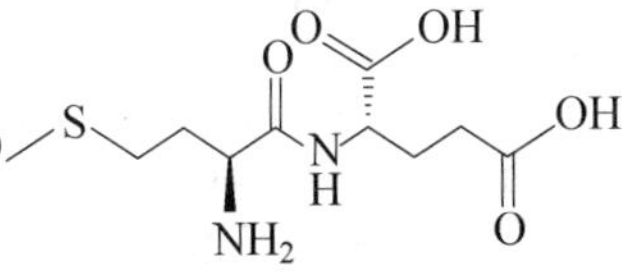

(3)

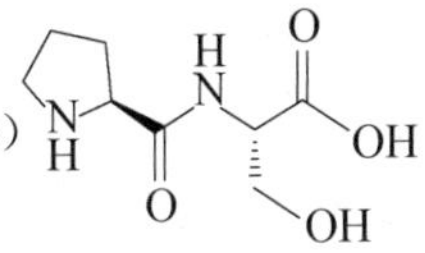

(4)

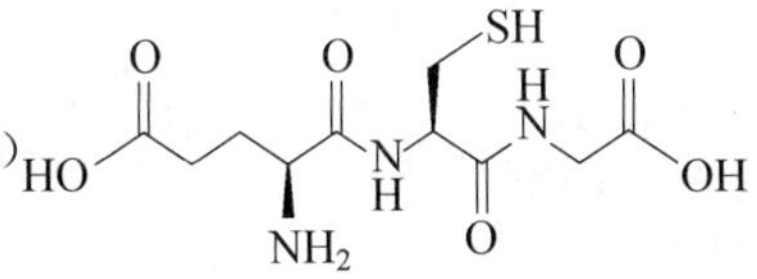

4. 如果需要用电泳分离含有组氨酸、丝氨酸和谷氨酸的混合物，你认为实验时溶液 pH 为多少最佳？为什么？

答　在 pH=5.68 的溶液中，组氨酸(pI=7.59)被质子化而带正电，在电场的作用下，向阴极移动；谷氨酸(pI=3.22)则被去质子化而带负电，在电场的作用下，向阳极移动；丝氨酸(pI=5.68)为中性，不移动。所以在 pH=5.68 的溶液中，可以通过电泳实现组氨酸、丝氨酸和谷氨酸的分离。

5. 请解释为什么半胱氨酸是决定蛋白质的三级结构的一种非常重要的氨基酸。

答　当多肽链形成后进行三级结构的加工时，两分子半胱氨酸在脱氢酶的作用下转化为胱氨酸形成二硫键，二硫键是稳定蛋白质的三级结构的重要共价键。所以，半胱氨酸是决定蛋白质的三级结构的一种非常重要的氨基酸。

6. 完成下列反应。

(1) 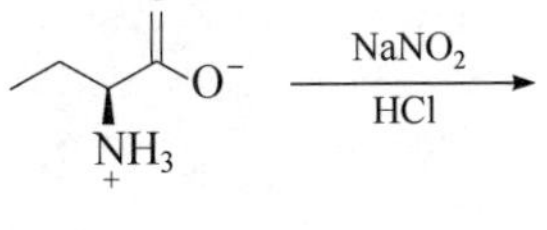 $\xrightarrow[HCl]{NaNO_2}$

(2) 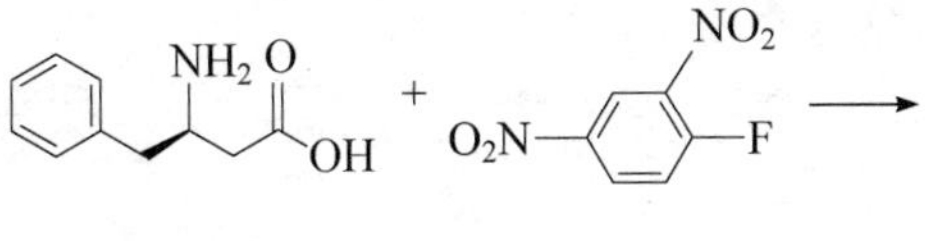 $\longrightarrow$

(3) 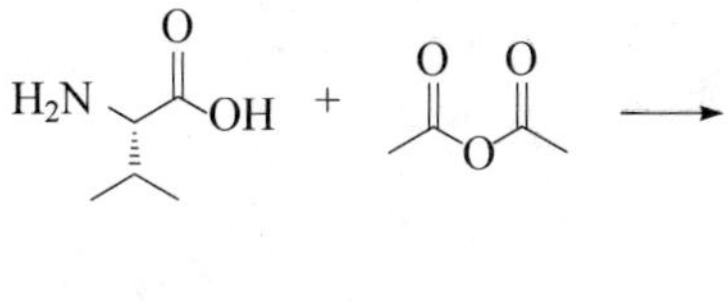 $\longrightarrow$

(4) Boc-Ala-O$^-$ + H_2N-CH_2-COO-CH_2Ph $\xrightarrow{DCC}$

答 (1) $CH_3CH_2CH(\overset{+}{N}H_3)COO^-$ $\xrightarrow[HCl]{NaNO_2}$ $CH_3CH_2CH(OH)COOH$ + N_2↑ + H_2O

(2) PhCH$_2$CH(NH$_2$)CH$_2$COOH + 2,4-$(NO_2)_2C_6H_3F$ ⟶ 2,4-$(NO_2)_2C_6H_3$-NH-CH(CH$_2$Ph)COOH

(3) H_2N-CH(CH(CH$_3$)$_2$)-COOH + $(CH_3CO)_2O$ ⟶ CH_3CO-NH-CH(CH(CH$_3$)$_2$)-COOH

(4) Boc-NH-CH(CH$_3$)-COOH + H_2N-CH_2-COO-CH_2Ph $\xrightarrow{DCC}$ Boc-NH-CH(CH$_3$)-CO-NH-CH_2-COO-CH_2Ph

7. 某化合物 A 的分子式为 $C_{12}H_{16}O_4N_2$，与亚硝酸作用放出氮气，并生成化合物 B，分子式为 $C_{12}H_{15}O_5N$，A 与 B 均能发生米伦反应，若将 B 水解，则得到乳酸和酪氨酸。化合物 A、B 可能是什么？

答 A. $H_3\overset{+}{N}$-CH(CH$_3$)-CO-NH-CH(CH$_2$-C_6H_4-OH)-COO$^-$　　B. CH$_3$CH(OH)-CO-NH-CH(CH$_2$-C_6H_4-OH)-COOH

8. 一个五肽完全水解得到苯丙氨酸及丙氨酸各 1 mol、甘氨酸 3 mol。部分水解产物中有二肽丙-甘及甘-丙。此五肽与 HNO_2 反应时不放出 N_2。推测该五肽的氨基酸顺序。

答 该肽的结构为 环状：甘—丙—甘—苯丙—甘—（回到甘）

* 9. 写出缬氨酸与下列试剂反应的化学方程式，并指出各反应在合成多肽过程中的作用。

(1) CH_3OH, H^+　　(2) $PhCH_2OH$，H^+

(3) $PhCH_2OCOCl$，OH^-　　(4) $(CH_3)_3COCOCl$，OH^-

答 (1) $H_3\overset{+}{N}$-CH(CH(CH$_3$)$_2$)-COO$^-$ $\xrightarrow{CH_3OH, H^+}$ H_2N-CH(CH(CH$_3$)$_2$)-COOCH$_3$

此反应可用于保护氨基酸的羧基。

(2) $H_3\overset{+}{N}$-CH(CH(CH$_3$)$_2$)-COO$^-$ $\xrightarrow{PhCH_2OH, H^+}$ H_2N-CH(CH(CH$_3$)$_2$)-COOCH$_2$Ph

此反应可用于保护氨基酸的羧基。

(3) 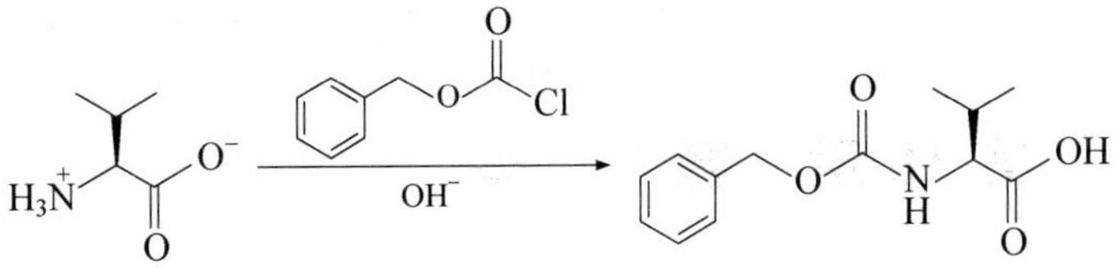 $\xrightarrow{OH^-}$

此反应可用于保护氨基酸的氨基。

(4) 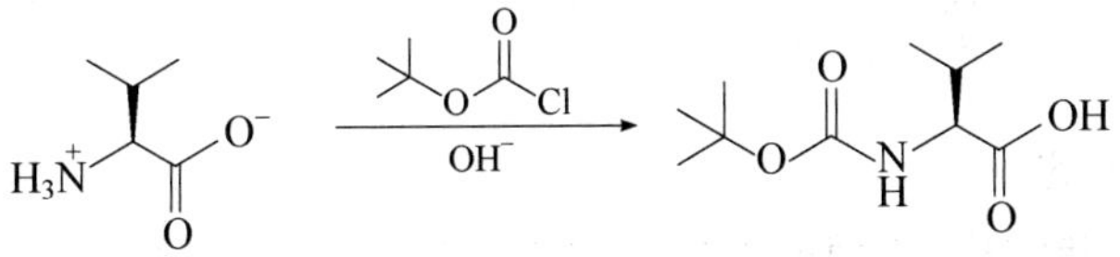 $\xrightarrow{OH^-}$

此反应可用于保护氨基酸的氨基。

（程　魁）

第 16 章 糖 类

学习目标

(1) 掌握糖类化合物的定义、分类。

(2) 掌握单糖的开链结构和环状结构;单糖的差向异构化、氧化、成脎、成苷、脱水反应等化学性质。

(3) 掌握常见二糖和重要多糖的组成、结构和主要化学性质。

(4) 了解糖类化合物及其衍生物的来源和重要的生物功能。

重点内容提要

糖类是多羟基醛或多羟基酮及其衍生物或缩合物。根据其能否水解和水解产物的数目可以分为三类:单糖、低聚糖和多糖。

16.1 单糖

1. 单糖的开链结构

单糖是多羟基醛或酮,除丙酮糖外都含有不同数目的手性碳,其开链结构常用费歇尔投影式表示。D-核糖、D-脱氧核糖是重要的戊醛糖,D-葡萄糖是最重要的己醛糖,D-果糖是 D-葡萄糖的同分异构体。

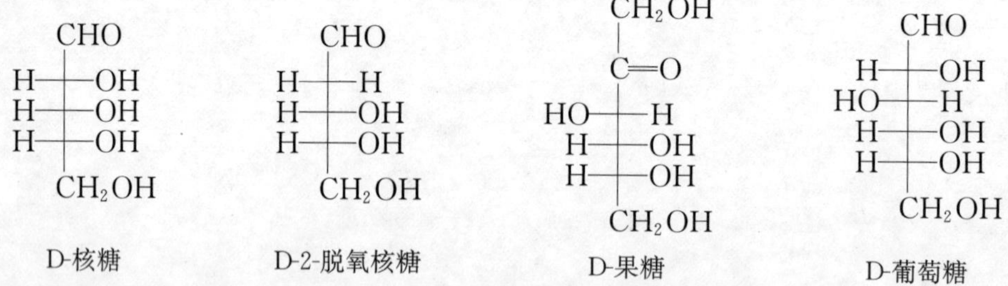

单糖的构型多采用 D/L 表示,单糖费歇尔投影式中编号最大的手性碳羟基在右侧的为 D 型,羟基在左侧的为 L 型。天然存在的单糖多为 D 型糖。

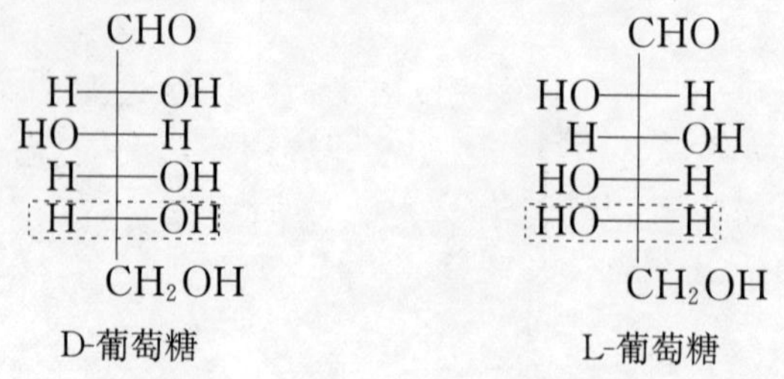

2. 单糖的环状结构和变旋光现象

由于单糖分子既含有羰基又含有羟基，因此可以在分子内生成环状半缩醛(或半缩酮)。单糖的环状结构以哈沃斯式表示，成环后所生成的羟基称为半缩醛(酮)羟基。例如，葡萄糖以 C-5 的羟基与醛基形成六元环的半缩醛结构，原来的醛基碳成为新的手性碳，因此有两种异构体。半缩醛羟基与 C-5 的羟甲基在环同侧的构型称为 β 型，在异侧的构型称为 α 型。

单糖在结晶状态时以环状结构存在，但在水溶液中，两种环状结构可以通过链状结构相互转变，最后形成三者的平衡混合物，故单糖具有变旋光现象。例如：

α-D-吡喃葡萄糖(36％)　$[\alpha]_D^{25}=+112°$ ⇌ (0.024％) ⇌ β-D-吡喃葡萄糖(64％)　$[\alpha]_D^{25}=+18.7°$

若单糖形成的半缩醛(酮)结构是六元环，则称为吡喃糖；若单糖形成的半缩醛(酮)是五元环，则称为呋喃糖。果糖的 C_5 羟基与羰基形成的半缩酮结构就是五元环，此外，果糖还能以 C_6 羟基与羰基形成六元环的吡喃糖结构。

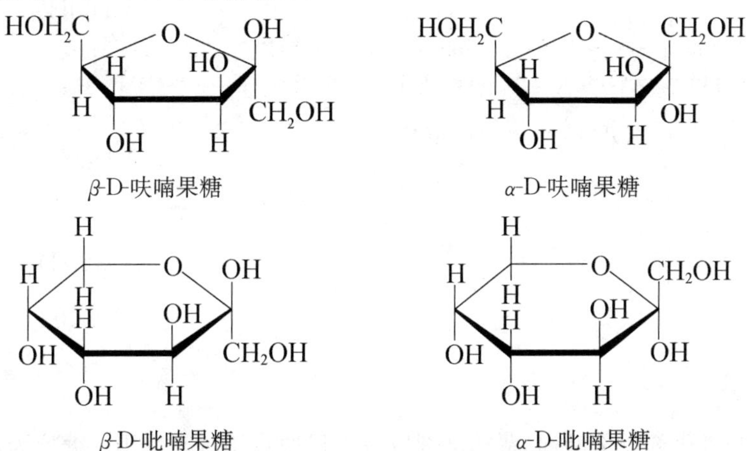

β-D-呋喃果糖　　α-D-呋喃果糖

β-D-吡喃果糖　　α-D-吡喃果糖

3. 差向异构体与端基异构体

差向异构体：含有多个手性碳的立体异构体中，若只有一个手性碳构型相反，其他手性碳构型完全相同，则它们互为差向异构体。例如，D-葡萄糖和 D-甘露糖，仅是 C_2 构型相反，它们互为 C_2 差向异构体。D-葡萄糖和 D-阿洛糖是 C_3 差向异构体。

$$
\begin{array}{ccc}
\begin{array}{c}CHO\\ H-\!\!\!-\!\!\!-OH\\ H-\!\!\!-\!\!\!-OH\\ H-\!\!\!-\!\!\!-OH\\ H-\!\!\!-\!\!\!-OH\\ CH_2OH\end{array} &
\begin{array}{c}CHO\\ H-\!\!\!-\!\!\!-OH\\ HO-\!\!\!-\!\!\!-H\\ H-\!\!\!-\!\!\!-OH\\ H-\!\!\!-\!\!\!-OH\\ CH_2OH\end{array} &
\begin{array}{c}CHO\\ HO-\!\!\!-\!\!\!-H\\ HO-\!\!\!-\!\!\!-H\\ H-\!\!\!-\!\!\!-OH\\ H-\!\!\!-\!\!\!-OH\\ CH_2OH\end{array}\\
\text{D-阿洛糖} & \text{D-葡萄糖} & \text{D-甘露糖}
\end{array}
$$

端基异构体：α-、β-两种 D-葡萄糖除 C_1 外，其他手性碳的构型完全相同，这种异构体称为端基异构体。

端基异构体也属于差向异构体，差向异构体都属于非对映异构体。

16.2　单糖的化学性质

单糖除具有羰基和羟基的典型化学性质外，还具有环状半缩醛的性质，主要性质如下：

1. 差向异构化

单糖在碱性溶液中可以通过烯二醇中间体发生差向异构化，其产物是 C_2 上的差向异构体及相应的酮糖。

$$
\begin{array}{c}CHO\\ |\\ H-C-OH\\ |\\ (CHOH)_n\\ |\\ CH_2OH\end{array}
\rightleftharpoons
\begin{array}{c}CHOH\\ \|\\ C-OH\\ |\\ (CHOH)_n\\ |\\ CH_2OH\end{array}
\longrightarrow
\begin{array}{c}
\begin{array}{c}CHO\\ |\\ HO-C-H\\ |\\ (CHOH)_n\\ |\\ CH_2OH\end{array}\\[1em]
\begin{array}{c}CH_2OH\\ |\\ C=O\\ |\\ (CHOH)_n\\ |\\ CH_2OH\end{array}
\end{array}
$$

2. 氧化反应

能与碱性弱氧化剂托伦试剂、费林试剂以及本尼迪克特试剂作用的糖称为还原糖，否则为非还原糖。单糖在此条件下会差向异构化，最终产物为混合物，单糖都是还原糖。

溴水氧化在弱酸性条件(pH=6)下进行，酮糖不能发生反应，可用来鉴别醛糖和酮糖。

稀硝酸的氧化性比溴水强，单糖的醛基和羟甲基都被氧化，生成相应的糖二酸。

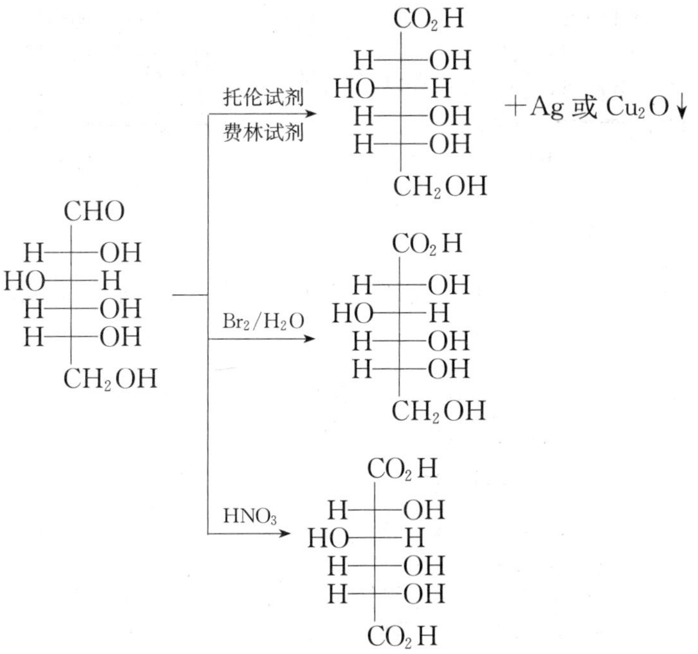

CO_2H
H—OH
HO—H
H—OH
H—OH
CH_2OH

托伦试剂 / 费林试剂 → $+Ag$ 或 $Cu_2O\downarrow$

CHO
H—OH
HO—H
H—OH
H—OH
CH_2OH

Br_2/H_2O →
CO_2H
H—OH
HO—H
H—OH
H—OH
CH_2OH

HNO_3 →
CO_2H
H—OH
HO—H
H—OH
H—OH
CO_2H

3. 成脎反应

单糖与过量的苯肼一起加热反应，生成难溶于水的黄色结晶物质，称为糖脎(osazone)。

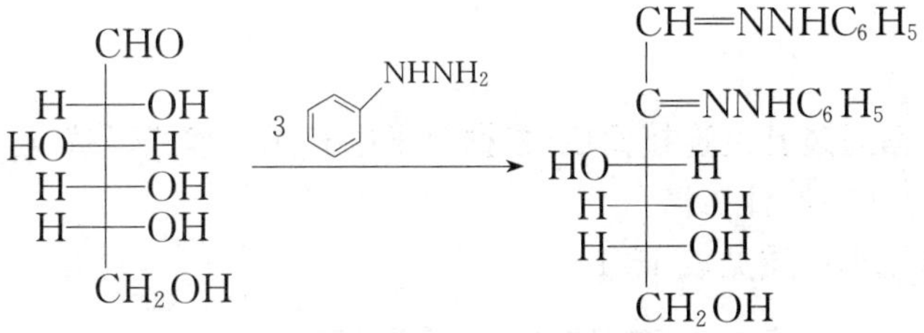

CHO
H—OH
HO—H
H—OH
H—OH
CH_2OH

3 $C_6H_5NHNH_2$ →

$CH{=}NNHC_6H_5$
$C{=}NNHC_6H_5$
HO—H
H—OH
H—OH
CH_2OH

除 C_1、C_2 外，其他手性碳构型相同的碳会生成相同的糖脎。

4. 成苷反应

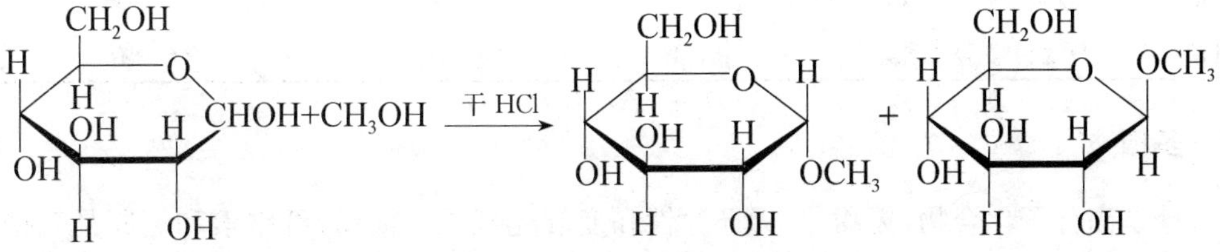

CH_2OH … CHOH $+CH_3OH$ $\xrightarrow{\text{干 HCl}}$ (α-OCH_3) + (β-OCH_3)

糖苷性质类似缩醛，在中性或碱性溶液中较稳定，在酸性条件下会水解成糖和糖苷配基。糖苷无还原性，无变旋光现象。

5. 成酯反应

单糖分子中的羟基可以像醇中的羟基一样发生酯化反应。

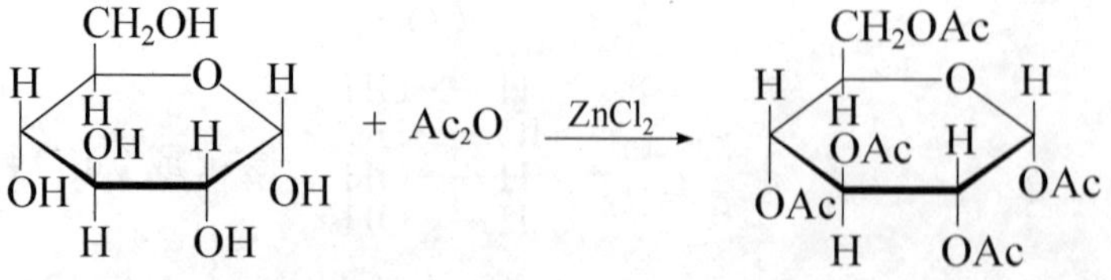

$$\text{β-D-吡喃葡萄糖} + Ac_2O \xrightarrow{ZnCl_2} \text{五乙酰基-β-D-吡喃葡萄糖}$$

6. 酸性条件下的脱水反应

在浓酸(浓硫酸或浓盐酸)作用下,戊糖或己糖发生分子内脱水形成糠醛或糠醛的衍生物。

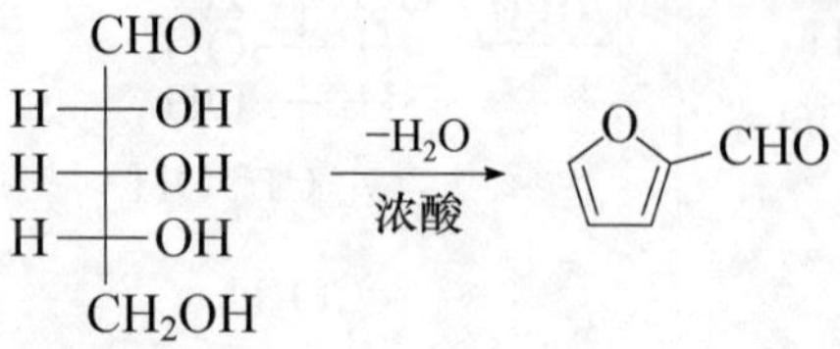

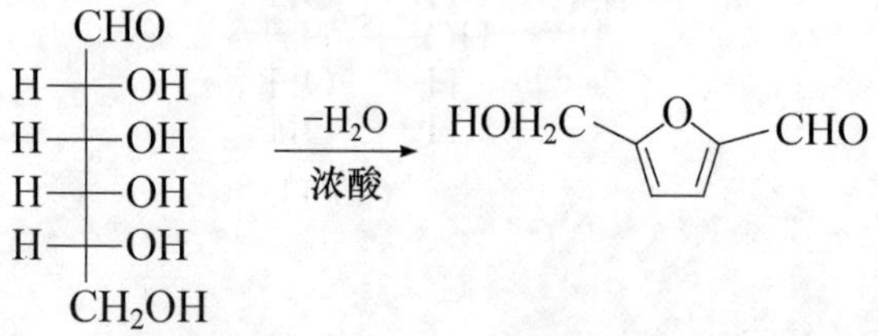

$$\text{戊糖} \xrightarrow[\text{浓酸}]{-H_2O} \text{糠醛(CHO)}$$

$$\text{己糖} \xrightarrow[\text{浓酸}]{-H_2O} HOH_2C\text{-呋喃-CHO}$$

糠醛及其衍生物可与酚类化合物缩合生成有色物质,常用于糖类的鉴别。

16.3　重要二糖

二糖是由两分子单糖通过苷键连接而成,根据分子中有无半缩醛羟基,可分为还原性二糖和非还原性二糖,蔗糖是非还原性二糖。

常见二糖的结构单元和性质见表 16-1。

表 16-1　常见二糖的结构单元和性质

二糖	结构单元	苷键类型	半缩醛羟基	还原性和变旋光现象
麦芽糖	D-葡萄糖	α-1,4-	有	有
蔗糖	D-葡萄糖、D-果糖	α,β-1,2-	无	无
乳糖	D-葡萄糖、D-半乳糖	β-1,4-	有	有

16.4　多糖

多糖是高分子化合物,无甜味、无还原性和变旋光现象。淀粉、纤维素和糖原是三种重要的多糖(表 16-2)。

表 16-2　常见多糖的结构单元和性质

多糖		组成单糖	苷键类型	分子形状	与碘的显色反应
淀粉	直链淀粉	D-葡萄糖	α-1,4-	螺旋链状	蓝色
	支链淀粉	D-葡萄糖	α-1,4-、α-1,6-(支链处)	树枝状	紫红色
纤维素		D-葡萄糖	β-1,4-	直链绳索状	不显色
糖原		D-葡萄糖	α-1,4-、α-1,6-(支链处)	树枝状(分支更多)	紫红色至红褐色

解题示例

【例 16-1】 按要求写出结构式。

（1）根据 D-古罗糖的费歇尔投影式，写出 α-D-吡喃古罗糖的哈沃斯式。

CHO
H—|—OH
H—|—OH
HO—|—H
H—|—OH
CH_2OH

（2）根据 D-半乳糖的费歇尔投影式，写出生成糖脎与 D-半乳糖脎相同的单糖结构式。

CHO
H—|—OH
HO—|—H
HO—|—H
H—|—OH
CH_2OH

（3）写出 D-葡萄糖的 C_4 差向异构体的费歇尔投影式。

【答案】（1）

【解析】（1）根据费歇尔投影式书写相应哈沃斯式的简单方法：

① 先画出六元含氧杂环，按顺时针方向从氧邻近的碳原子编号。

5 O
4 1
3 2

② 根据费歇尔投影式，按“左上右下”的原则书写羟基，即费歇尔投影式中左边的羟基画在环的上方，右边的羟基画在下方。

CHO
H—1—OH
H—2—OH
HO—3—H
H—4—OH
5
CH_2OH

HO 5 O
4 1
3 2
OH OH

③ D 型糖按顺时针编号，5 号碳羟甲基在环的上方。α-构型半缩醛羟基与羟甲基异侧，在环的下方；β-构型半缩醛羟基与羟甲基同侧，在环的上方。

【答案】（2）

CHO
H—OH
HO—H
HO—H
H—OH
CH_2OH

D-半乳糖

CHO
HO—H
HO—H
HO—H
H—OH
CH_2OH

D-塔罗糖

CH_2OH
C=O
HO—H
HO—H
H—OH
CH_2OH

D-塔格糖

【解析】（2）只有C-1、C-2构型不同，其他手性碳构型相同的糖会生成相同的脎，所以能和D-半乳糖生成相同脎的单糖包括它的C-2差向异构体醛糖和相应酮糖。

【答案】（3）

CHO
H—OH
HO—H
H—OH
H—OH
CH_2OH

CHO
H—OH
HO—H
HO—H
H—OH
CH_2OH

【解析】（3）差向异构体除一个手性碳构型相反外，其他手性碳构型完全相同，只需把D-葡萄糖C_4羟基和氢交换位置即可。

【例16-2】 写出α-D-半乳糖、β-D-半乳糖的优势构象，并判断哪个更稳定。

【答案】 β-D-半乳糖更稳定，优势构象如下所示。

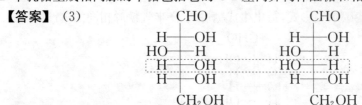

CHO
H—OH
HO—H
HO—H
H—OH
CH_2OH

α-D-半乳糖

β-D-半乳糖

【解析】 先画出哈沃斯结构式，然后转换成椅式构象，先把大基团羟甲基放在e键，再依次正确画出羟基，α-D-半乳糖椅式构象中羟基有2个为a键、2个为e键，而β-D-半乳糖椅式构象中羟基有1个为a键、3个为e键，因此β-D-半乳糖更稳定。

【例16-3】 某非还原性二糖，用酸水解只得到D-葡萄糖，它没有变旋光现象，可以被α-葡萄糖苷酶水解但不能被β-葡萄糖苷酶水解，试写出其结构式。

【答案】

【解析】 没有变旋光现象，说明该二糖是葡萄糖分子通过苷羟基结合；只能被 α-葡萄糖苷水解，说明葡萄糖分子的苷羟基都是 α 型。

【例 16-4】 判断下列化合物中，哪个能还原费林试剂。

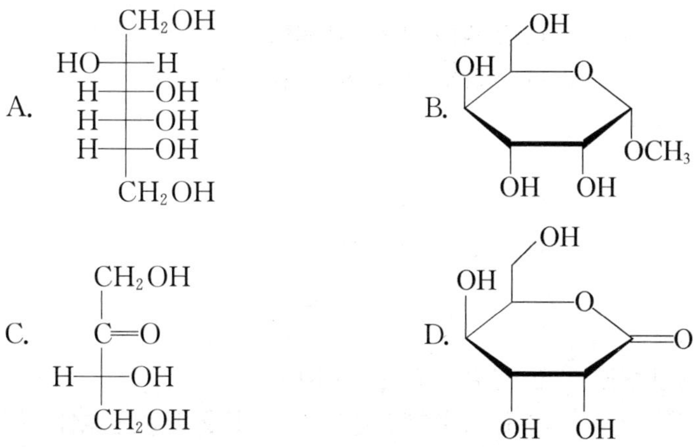

【答案】 C

【解析】 A 是多元醇，B 是糖苷，D 是糖酸内酯，它们均无半缩醛羟基，无还原性。C 是酮糖，在碱性条件下可差向异构化生成醛糖，有还原性。

学生自我测试题及参考答案

一、写出下列化合物的结构式。

1. L-葡萄糖（费歇尔式）
2. 甲基-α-D-吡喃葡萄糖苷
3. D-葡萄糖的 C_3 差向异构体（费歇尔式）
4. 果糖脎
5. α-D-吡喃甘露糖（哈沃斯式）
6. α-D-呋喃果糖（哈沃斯式）

二、根据单糖的哈沃斯式或构象式写出其开链式的费歇尔投影式。

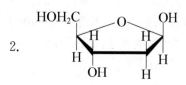

1. 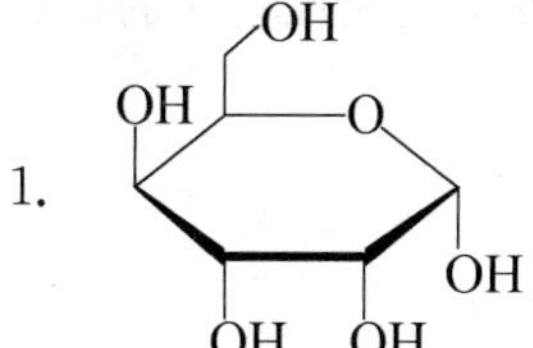

2.

3.　　　　4.

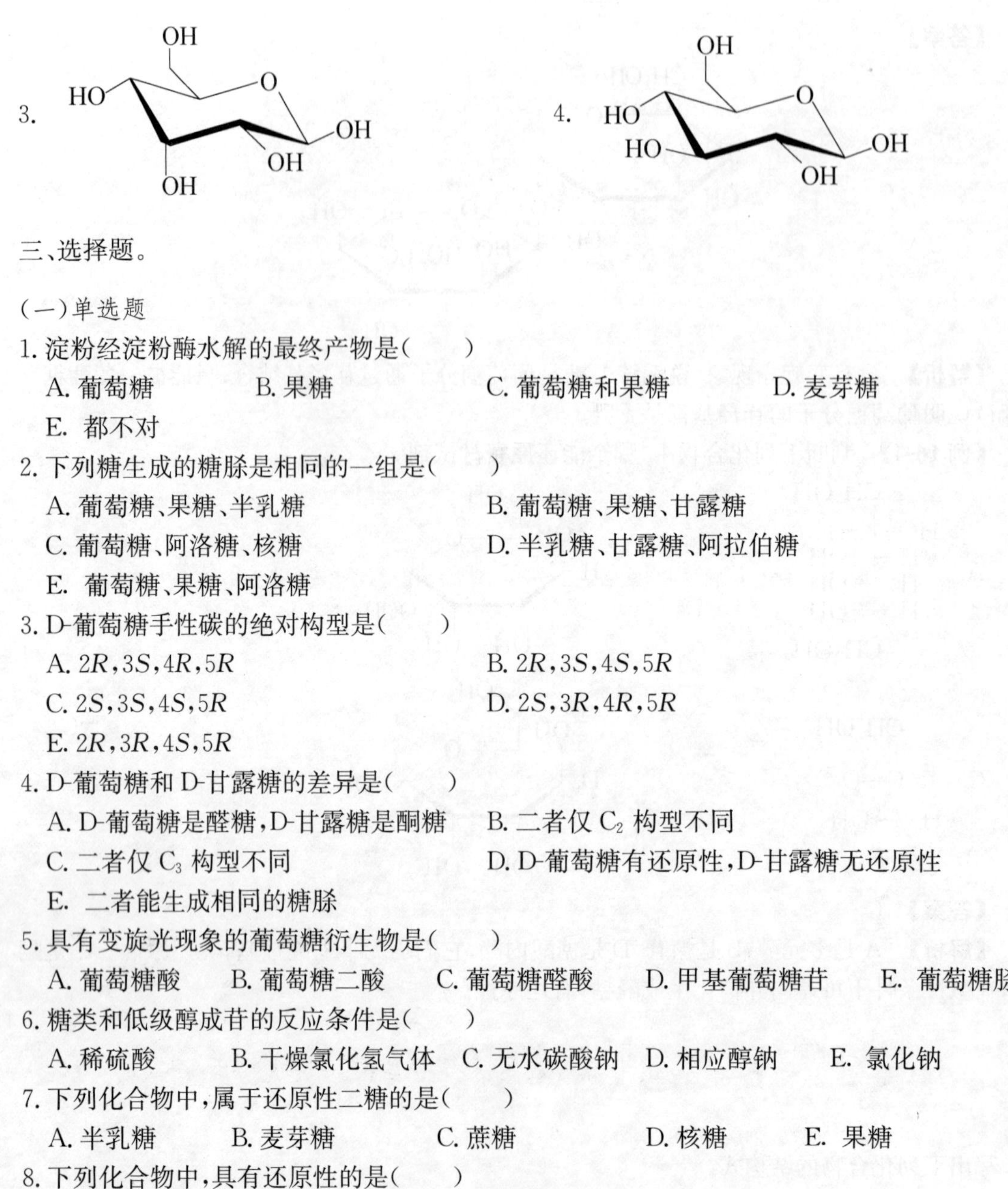

三、选择题。

(一)单选题

1. 淀粉经淀粉酶水解的最终产物是(　　)

A. 葡萄糖　B. 果糖　C. 葡萄糖和果糖　D. 麦芽糖

E. 都不对

2. 下列糖生成的糖脎是相同的一组是(　　)

A. 葡萄糖、果糖、半乳糖　B. 葡萄糖、果糖、甘露糖

C. 葡萄糖、阿洛糖、核糖　D. 半乳糖、甘露糖、阿拉伯糖

E. 葡萄糖、果糖、阿洛糖

3. D-葡萄糖手性碳的绝对构型是(　　)

A. $2R,3S,4R,5R$　B. $2R,3S,4S,5R$

C. $2S,3S,4S,5R$　D. $2S,3R,4R,5R$

E. $2R,3R,4S,5R$

4. D-葡萄糖和D-甘露糖的差异是(　　)

A. D-葡萄糖是醛糖,D-甘露糖是酮糖　B. 二者仅 C_2 构型不同

C. 二者仅 C_3 构型不同　D. D-葡萄糖有还原性,D-甘露糖无还原性

E. 二者能生成相同的糖脎

5. 具有变旋光现象的葡萄糖衍生物是(　　)

A. 葡萄糖酸　B. 葡萄糖二酸　C. 葡萄糖醛酸　D. 甲基葡萄糖苷　E. 葡萄糖脎

6. 糖类和低级醇成苷的反应条件是(　　)

A. 稀硫酸　B. 干燥氯化氢气体　C. 无水碳酸钠　D. 相应醇钠　E. 氯化钠

7. 下列化合物中,属于还原性二糖的是(　　)

A. 半乳糖　B. 麦芽糖　C. 蔗糖　D. 核糖　E. 果糖

8. 下列化合物中,具有还原性的是(　　)

A. 甲基-α-D-呋喃果糖苷　B. 蔗糖

C. 果糖　D. D-葡萄糖脎　E. 淀粉

9. 下列化合物中,既能发生水解反应,又有还原性和变旋光现象的是(　　)

A. 麦芽糖　B. α-D-甲基吡喃葡萄糖苷

C. 蔗糖　D. α-D-呋喃果糖　E. 纤维素

10. 海藻糖可替代血浆蛋白作为血液制品、疫苗、淋巴细胞、细胞组织等生物活性物质的稳定剂,其结构如下所示。关于海藻糖的说法正确的是(　　)

A. 苷羟基之间形成苷键,无还原性

B. α-1,6 苷键,有还原性

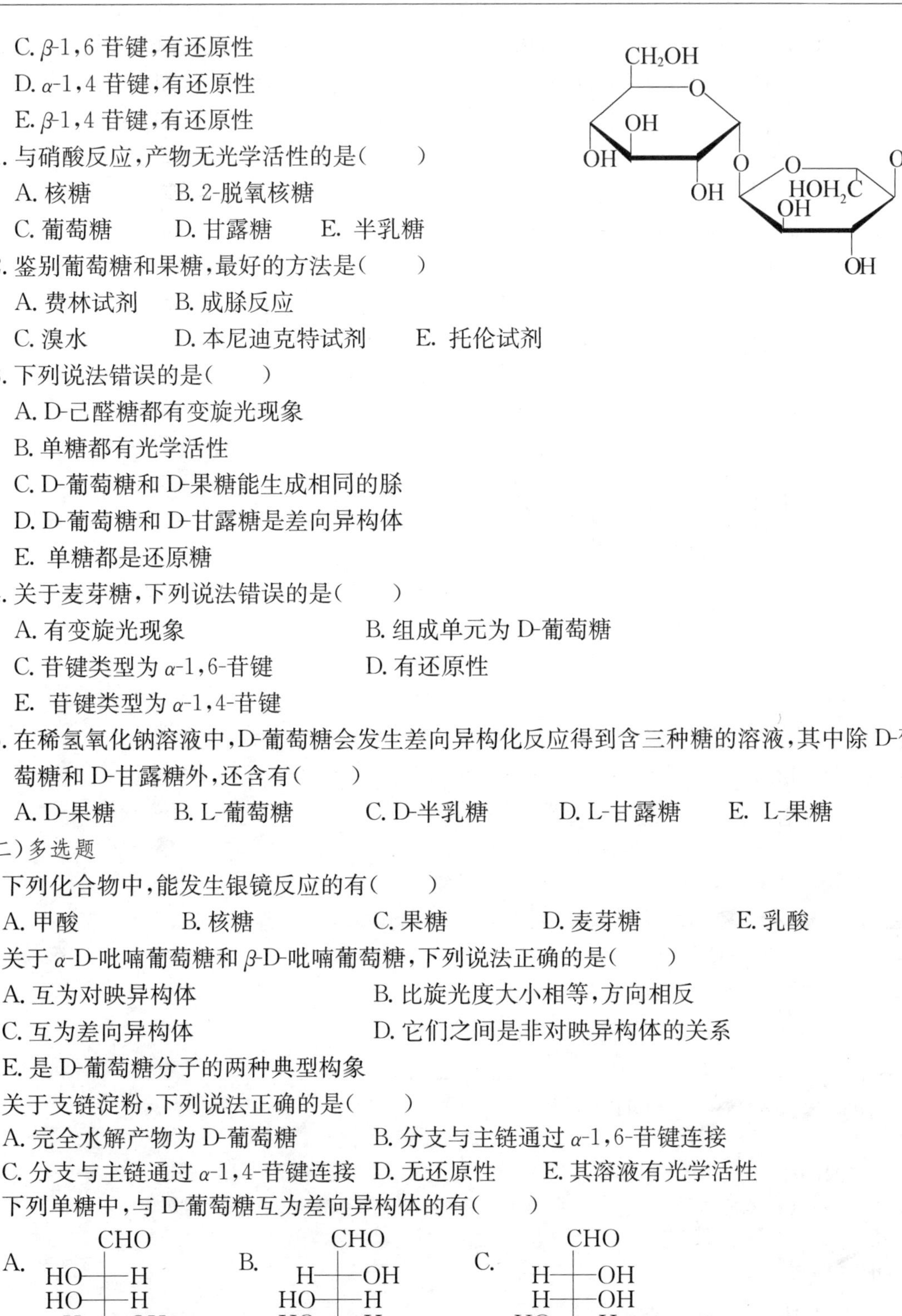

C. β-1,6 苷键,有还原性

D. α-1,4 苷键,有还原性

E. β-1,4 苷键,有还原性

11. 与硝酸反应,产物无光学活性的是( )

A. 核糖 B. 2-脱氧核糖

C. 葡萄糖 D. 甘露糖 E. 半乳糖

12. 鉴别葡萄糖和果糖,最好的方法是( )

A. 费林试剂 B. 成脎反应

C. 溴水 D. 本尼迪克特试剂 E. 托伦试剂

13. 下列说法错误的是( )

A. D-己醛糖都有变旋光现象

B. 单糖都有光学活性

C. D-葡萄糖和 D-果糖能生成相同的脎

D. D-葡萄糖和 D-甘露糖是差向异构体

E. 单糖都是还原糖

14. 关于麦芽糖,下列说法错误的是( )

A. 有变旋光现象 B. 组成单元为 D-葡萄糖

C. 苷键类型为 α-1,6-苷键 D. 有还原性

E. 苷键类型为 α-1,4-苷键

15. 在稀氢氧化钠溶液中,D-葡萄糖会发生差向异构化反应得到含三种糖的溶液,其中除 D-葡萄糖和 D-甘露糖外,还含有( )

A. D-果糖 B. L-葡萄糖 C. D-半乳糖 D. L-甘露糖 E. L-果糖

(二)多选题

1. 下列化合物中,能发生银镜反应的有( )

A. 甲酸 B. 核糖 C. 果糖 D. 麦芽糖 E. 乳酸

2. 关于 α-D-吡喃葡萄糖和 β-D-吡喃葡萄糖,下列说法正确的是( )

A. 互为对映异构体 B. 比旋光度大小相等,方向相反

C. 互为差向异构体 D. 它们之间是非对映异构体的关系

E. 是 D-葡萄糖分子的两种典型构象

3. 关于支链淀粉,下列说法正确的是( )

A. 完全水解产物为 D-葡萄糖 B. 分支与主链通过 α-1,6-苷键连接

C. 分支与主链通过 α-1,4-苷键连接 D. 无还原性 E. 其溶液有光学活性

4. 下列单糖中,与 D-葡萄糖互为差向异构体的有( )

A.
CHO
HO—H
HO—H
H—OH
H—OH
CH_2OH

B.
CHO
H—OH
HO—H
HO—H
H—OH
CH_2OH

C.
CHO
H—OH
H—OH
HO—H
H—OH
CH_2OH

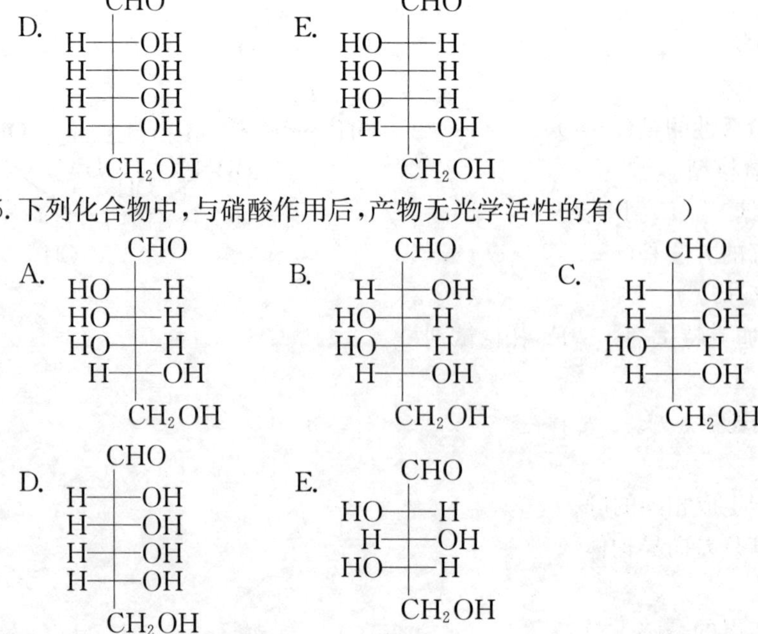

5. 下列化合物中，与硝酸作用后，产物无光学活性的有(　　)

四、用简单的化学方法鉴别下列化合物。

1. 半乳糖、蔗糖、果糖
2. 己六醇、葡萄糖、直链淀粉

五、完成下列反应。

1. 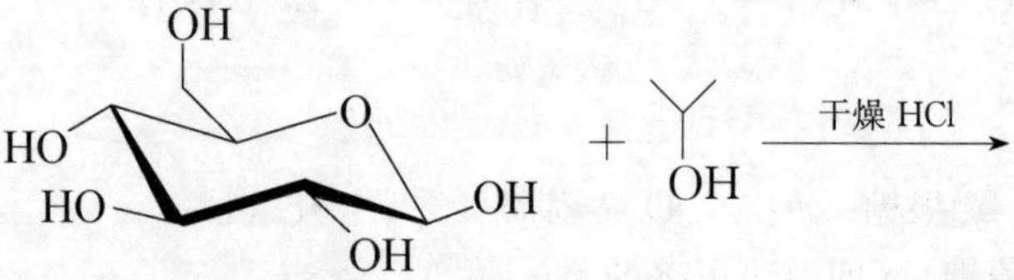 HO, HO, OH, OH, OH, O + OH $\xrightarrow{\text{干燥 HCl}}$

2. HO, HO, OH, OH, OH, O $\xrightarrow{\text{过量 } C_6H_5NHNH_2}$

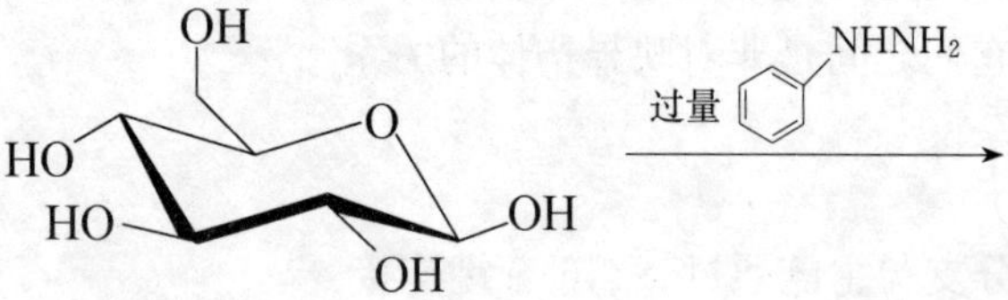

3. 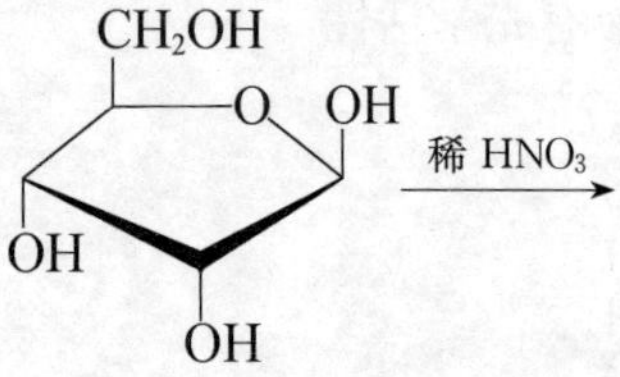 CH_2OH, O, OH, OH, OH $\xrightarrow{\text{稀 } HNO_3}$

4. 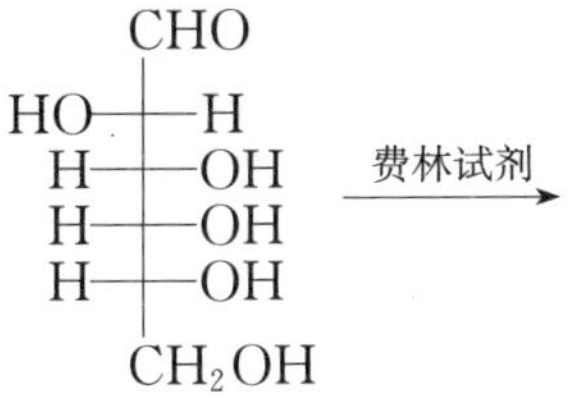 (费歇尔投影式：CHO；HO—H；H—OH；H—OH；H—OH；CH_2OH) $\xrightarrow{\text{费林试剂}}$

5. 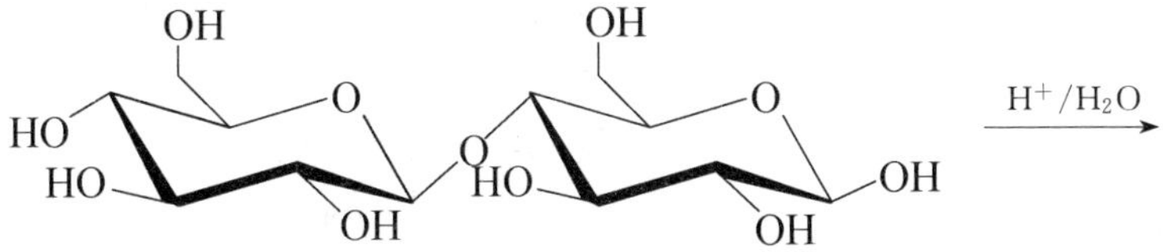 (二糖结构式) $\xrightarrow{H^+/H_2O}$

6. 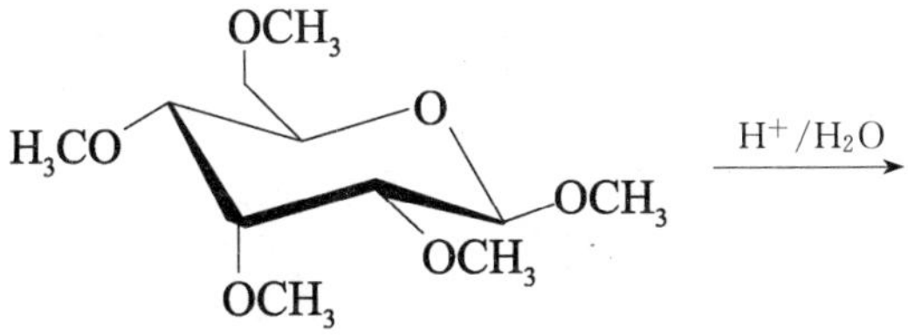 (全甲基化吡喃糖结构式：OCH_3，H_3CO，OCH_3，OCH_3，OCH_3) $\xrightarrow{H^+/H_2O}$

7. 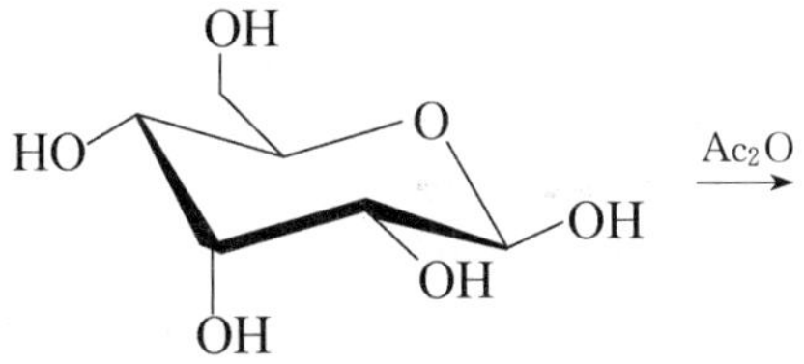 (吡喃糖结构式) $\xrightarrow{Ac_2O}$

六、推断题。

1. 海藻糖和异海藻糖都是非还原性糖，它们经酸水解后都生成 D-葡萄糖。海藻糖能被 α-葡萄糖苷酶水解，异海藻糖能被 β-葡萄糖苷酶水解，二者先甲基化后再经稀酸水解，均可得到两分子的 2,3,4,6-四-*O*-甲基-D-葡萄糖。试写出海藻糖和异海藻糖的结构。
2. A、B、C 都是 D-戊醛糖，把它们分别用 HNO_3 氧化，A 和 B 生成无光学活性的戊糖二酸，C 生成有光学活性的戊糖二酸。与过量苯肼反应时，B 和 C 能生成相同的糖脎。试写出 A、B、C 的费歇尔投影式。

七、综合应用题。

辅酶 A 是酰基转移酶的辅酶，在脂类、糖类和蛋白质代谢中具有传递酰基的作用。辅酶 A 的结构如下：

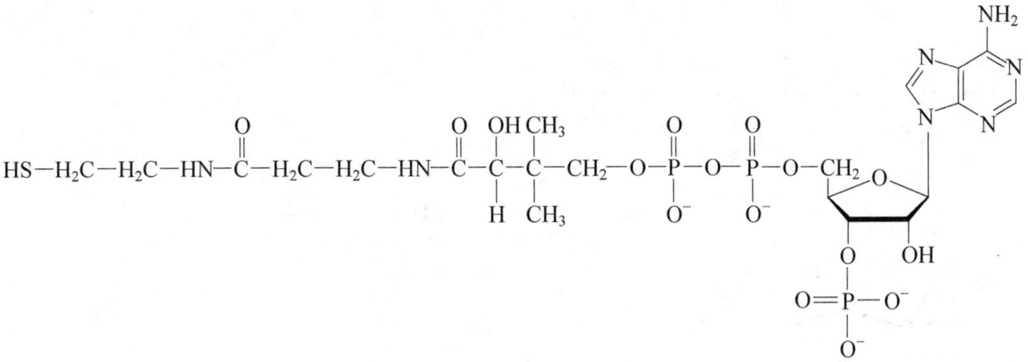

(辅酶 A 结构式：HS—H_2C—H_2C—HN—C(=O)—H_2C—H_2C—HN—C(=O)—C(OH)(H)—C(CH_3)(CH_3)—CH_2—O—P(=O)(O^-)—O—P(=O)(O^-)—O—CH_2—(核糖，3′-O—P(=O)(O^-)O^-，2′-OH，1′-腺嘌呤NH_2))

(1) 辅酶 A 含有几个手性中心？

(2) 指出辅酶 A 结构中含有的所有特性基团并预测其水溶性。

(3) 写出辅酶 A 水解的所有产物，并命名其中的糖类化合物。

参考答案

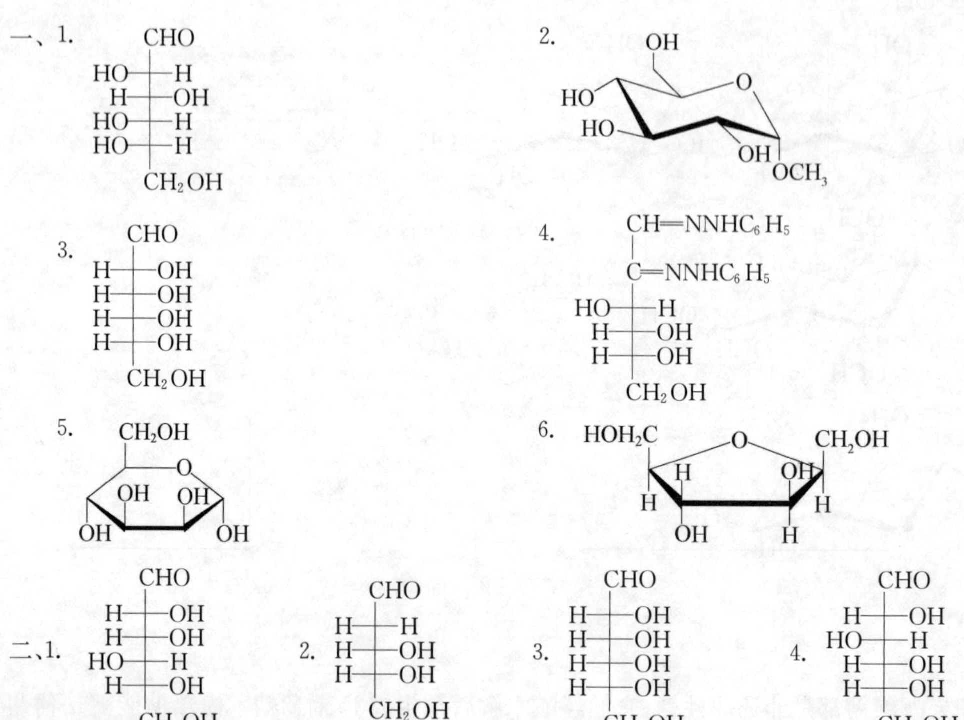

三、(一) 单选题

1. A　2. B　3. A　4. B　5. C　6. B　7. B　8. C　9. A　10. A　11. A　12. C　13. B　14. C　15. A

(二) 多选题

1. ABCDE　2. CD　3. ABDE　4. ABD　5. BDE

四、1.

半乳糖、果糖、蔗糖 —托伦试剂→ Ag↓、Ag↓、(−)；半乳糖、果糖 —溴水→ 溴水褪色、(−)

2.

己六醇、葡萄糖、直链淀粉 —碘→ (−)、(−)、蓝色；己六醇、葡萄糖 —托伦试剂→ (−)、Ag↓

五、1.

2.

CH=NNHC$_6$H$_5$
|
C=NNHC$_6$H$_5$
HO—H
H—OH
H—OH
CH$_2$OH

3.

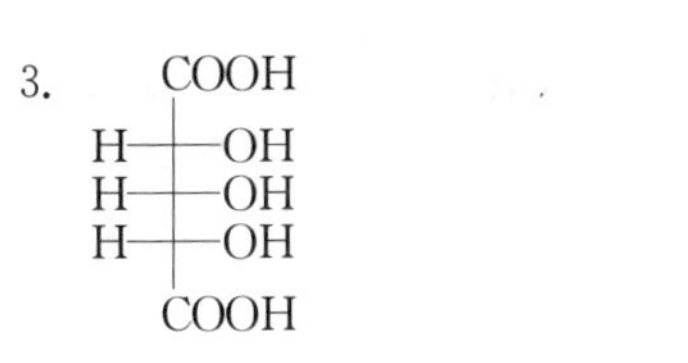

4.

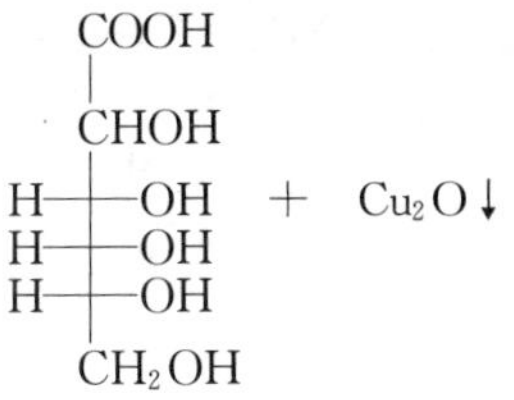

COOH
|
CHOH
H—OH
H—OH　+　Cu_2O↓
H—OH
CH_2OH

5.

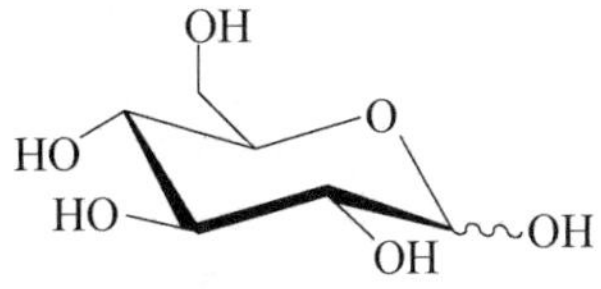

6.

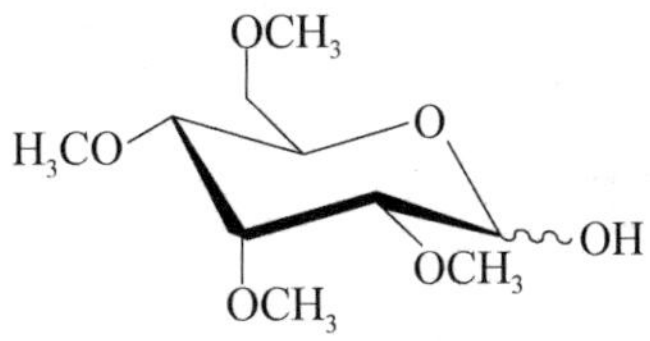

7.

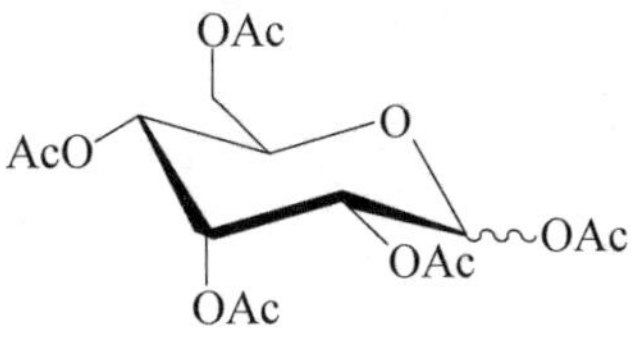

六、1.

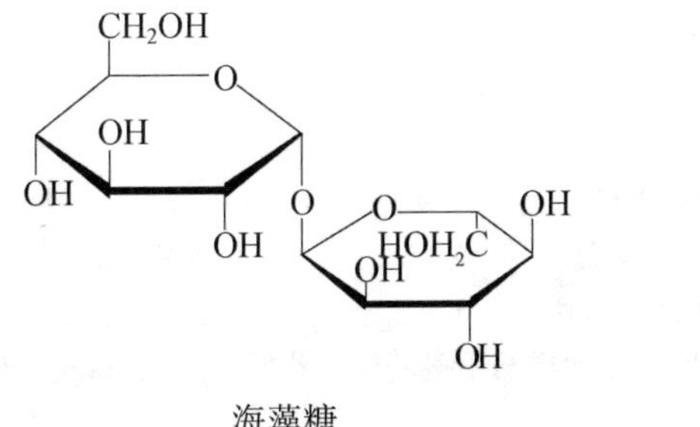

海藻糖

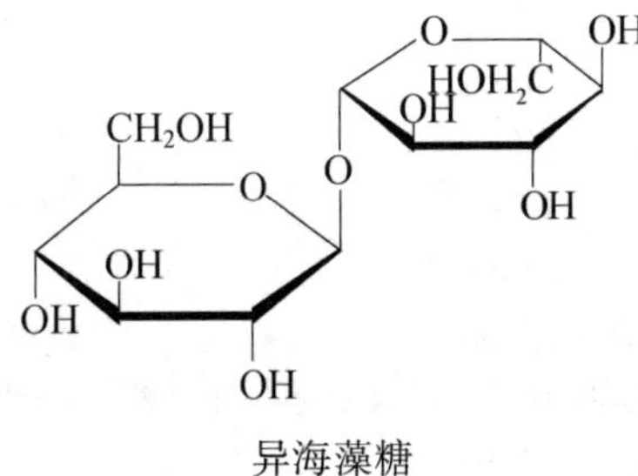

异海藻糖

2. 有两种可能。

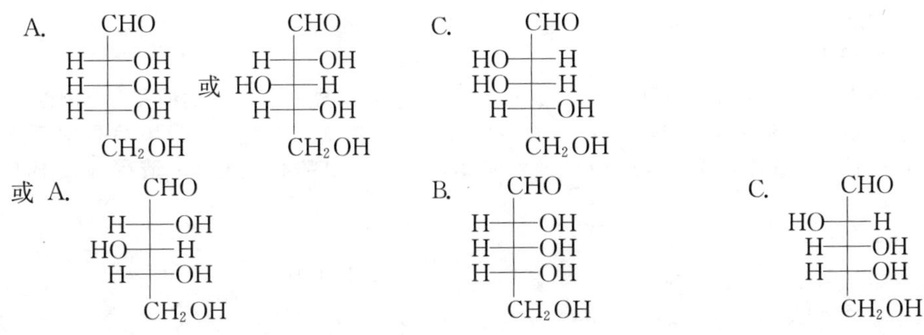

七、(1) 5 个手性中心。

(2) 辅酶 A 含有巯基、酰胺、磷酸酯、羟基、氨基等多个特性基团；其可以溶于水，因磷酸基、羟基等多个极性基团，可与水分子相互作用，生成氢键。

(3) 辅酶 A 水解可以生成：

$$HS—CH_2CH_2NH_2 + {}^-OOCH—CH_2CH_3NH_3^+ + HOOC—CH(OH)—C(CH_3)_2—OH$$

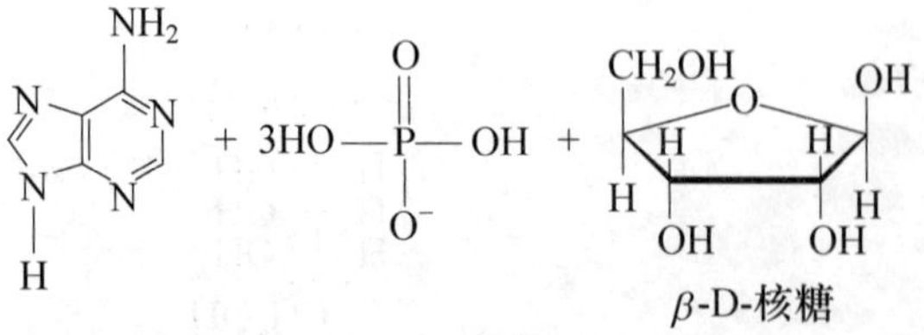

β-D-核糖

教材中的问题及习题解答

一、教材中的问题及解答

问题与思考 16-1　写出下列糖的结构：

（1）α-D-吡喃半乳糖的构象式　　（2）β-D-呋喃核糖的哈沃斯式

答　（1）

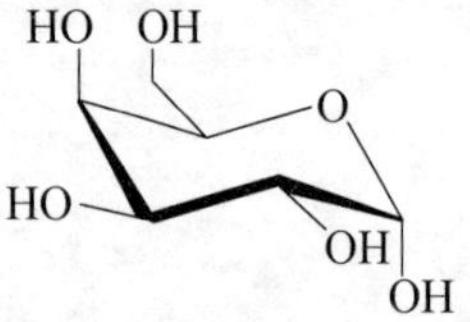

（2）

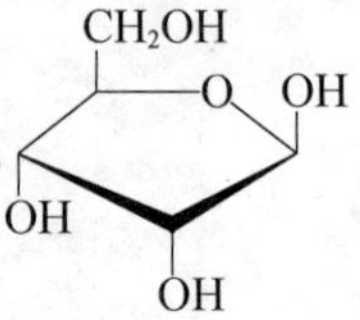

问题与思考 16-2　哪些己醛糖经稀硝酸氧化能得到内消旋化合物？

答

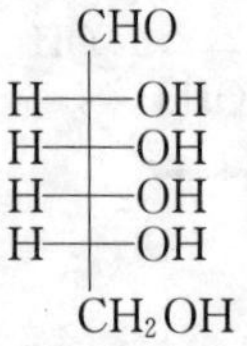

阿洛糖及其对映体

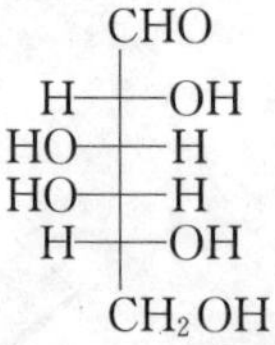

半乳糖及其对映体

问题与思考 16-3　甘露糖是一种醛糖，它与葡萄糖和果糖生成的糖脎相同，写出甘露糖的结构。

答

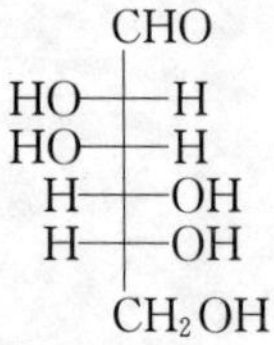

问题与思考 16-4　一个二糖 A($C_{11}H_{20}O_{10}$)可被 β-葡萄糖苷酶水解成一个 D-葡萄糖和一个戊糖，用硫酸二甲酯甲基化可得到该二糖的七-*O*-甲基醚 B，B 在酸性条件下水解生成 2，3，4，6-四-*O*-甲基-D-葡萄糖和三-*O*-甲基戊糖 C，C 在弱酸性条件下用 Br_2/H_2O 处理生成 2，3，4-三-*O*-甲基-D-核糖酸。请写出 A、B、C 的结构式。

答　A.

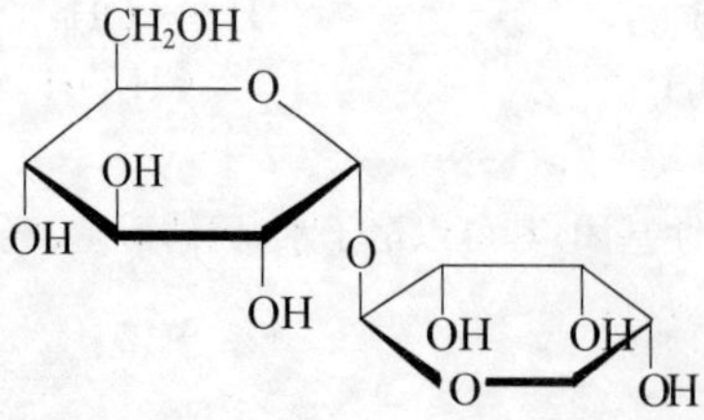

B.

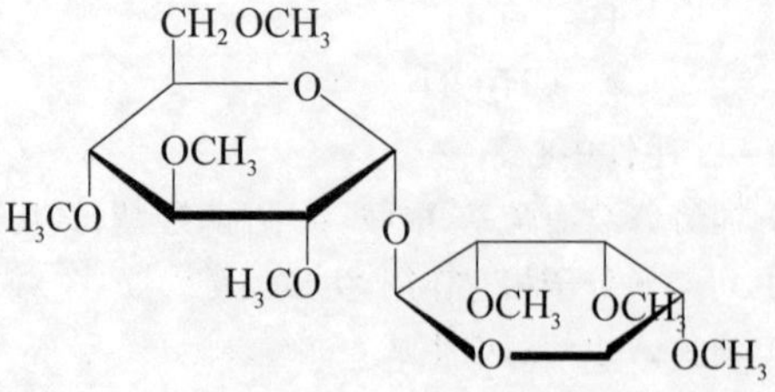

C.

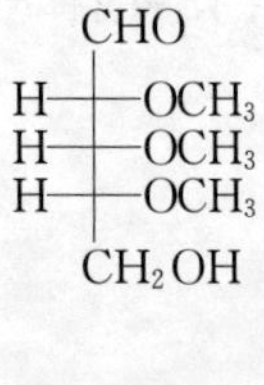

二、教材中的习题及解答

1. 写出下列单糖的哈沃斯式。

（1）α-D-呋喃甘露糖　　（2）β-D-吡喃半乳糖的 C_2 差向异构体

（3）α-D-吡喃果糖　　（4）β-D-呋喃果糖

答　（1）　　（2）

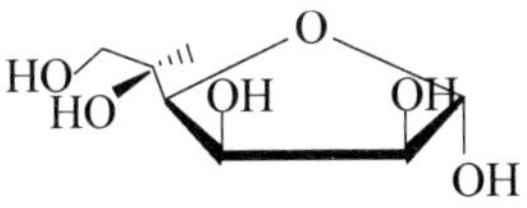

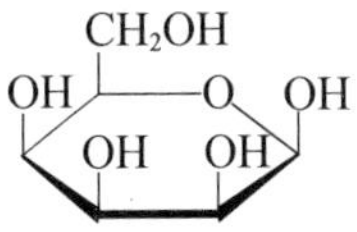

（3）

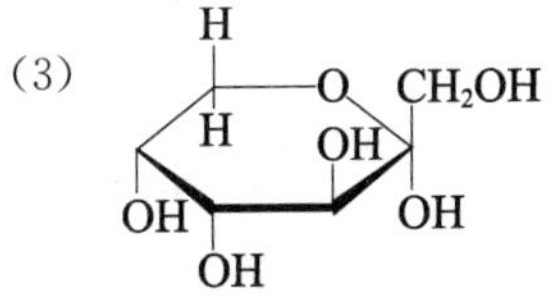

（4）

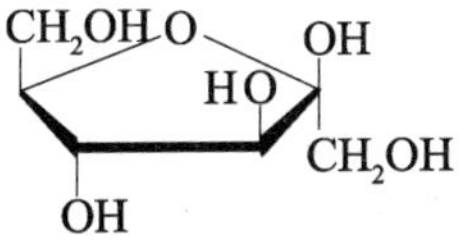

2. 标出下列单糖的 α、β 构型，并写出其开链结构费歇尔投影式。

（1）　　（2）

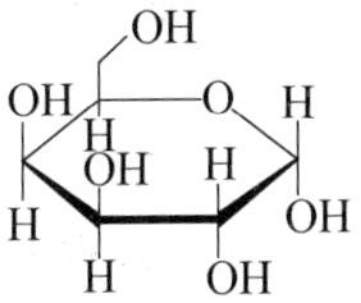

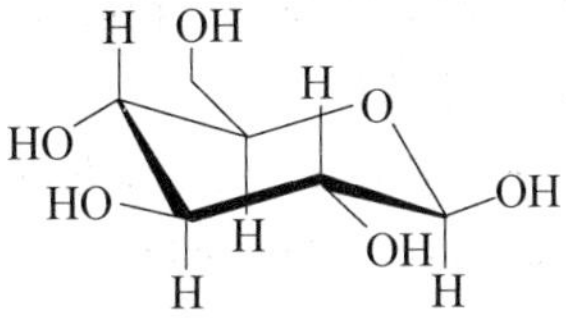

（3）

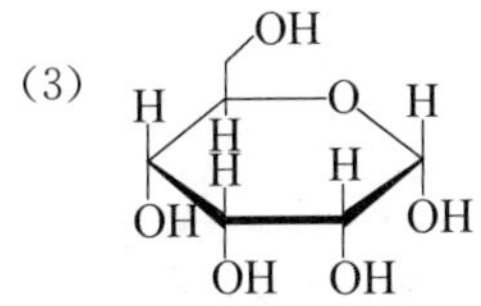

（4）

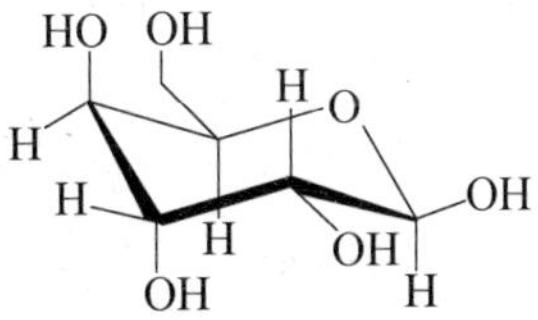

答　（1）α- 　　（2）β-

（3）α- 　　（4）β-

3. 写出下列糖的优势构象。

（1）β-D-吡喃半乳糖　　（2）α-D-吡喃艾杜糖

答　（1）　　（2）

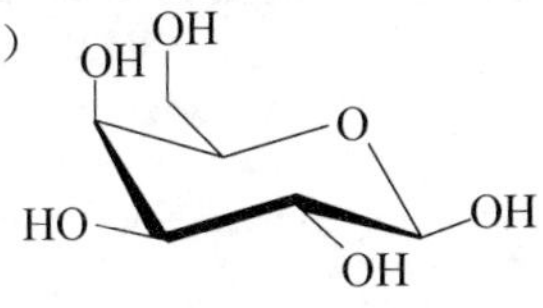

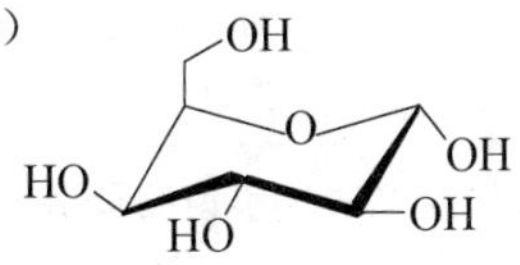

4. 写出 D-(+)-半乳糖与下列试剂反应的产物。

（1）溴水　　（2）过量的苯肼　　（3）甲醇，干燥氯化氢　　（4）乙酸酐，无水氯化锌

答　（1）

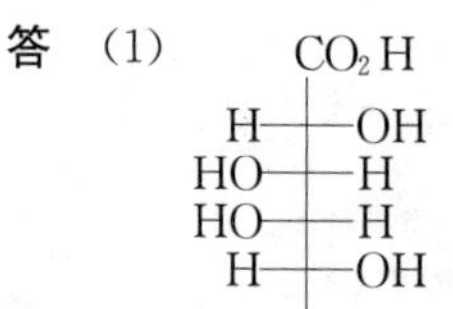

（2）

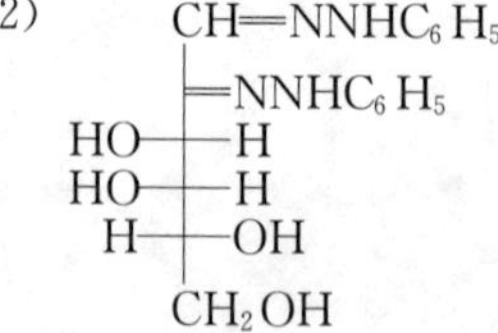

（3）

OH; OH, H, OH, H, O, $\sim OCH_3$; H, H, OH

（4）

OAc; OAc, H, OAc, H, O, H; OAc; H, H, OAc

5. 用化学方法鉴别下列各组物质。

（1）果糖、葡萄糖、淀粉、蔗糖

（2）葡萄糖、甲基葡萄糖苷、葡萄糖二酸

答　（1）遇碘变蓝的是淀粉；余下的三种物质，不能发生银镜反应的是蔗糖；葡萄糖和果糖可用溴水区分，葡萄糖可以使溴水褪色，果糖不能。

（2）能与碳酸氢钠溶液反应放出气体的是葡萄糖二酸；葡萄糖可以发生银镜反应，甲基葡萄糖苷则不能。

6. 葡萄糖在体内分解生成丙酮酸的过程，被称为葡萄糖的无氧氧化，又称糖酵解。此过程中，磷酸二羟基丙酮在丙糖磷酸异构酶的催化下，可与3-磷酸甘油醛相互转变，请写出此反应的机理。

$$HOCH_2{-}C(=O){-}CH_2OPO_3^{2-} \xrightleftharpoons{\text{丙糖磷酸异构酶}} OHC{-}CH(OH){-}CH_2OPO_3^{2-}$$

答

$$HOCH_2{-}C(=O){-}CH_2OPO_3^{2-} \xrightleftharpoons{\text{丙糖磷酸异构酶}} HOCH{=}C(OH){-}CH_2OPO_3^{2-} \xrightleftharpoons{\text{丙糖磷酸异构酶}} OHC{-}CH(OH){-}CH_2OPO_3^{2-}$$

7. 哪个糖的二酸与D-葡萄糖二酸相同？写出该糖的构造式。

答

CHO
HO—H
HO—H
H—OH
HO—H
CH_2OH

L-古罗糖

8. 根据性质写出糖的结构式。

（1）一种糖和苯肼作用生成D-葡萄糖脎，但不被溴水氧化。

（2）一种己醛糖用温热的稀 HNO_3 氧化，得到无光学活性的化合物。

（3）有三种单糖和过量苯肼作用后，得到同样晶形的脎，其中一种单糖的费歇尔投影式是

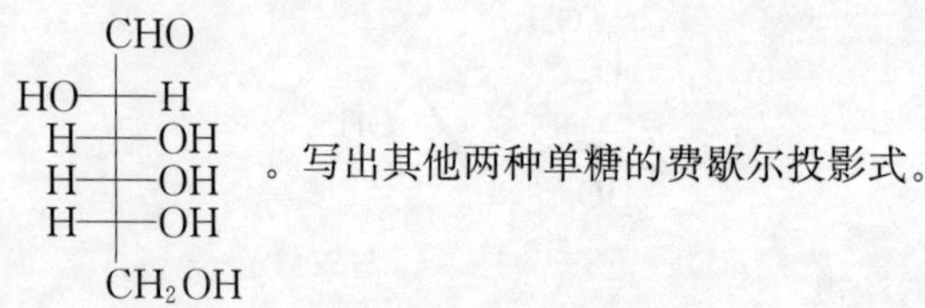

。写出其他两种单糖的费歇尔投影式。

答 (1)

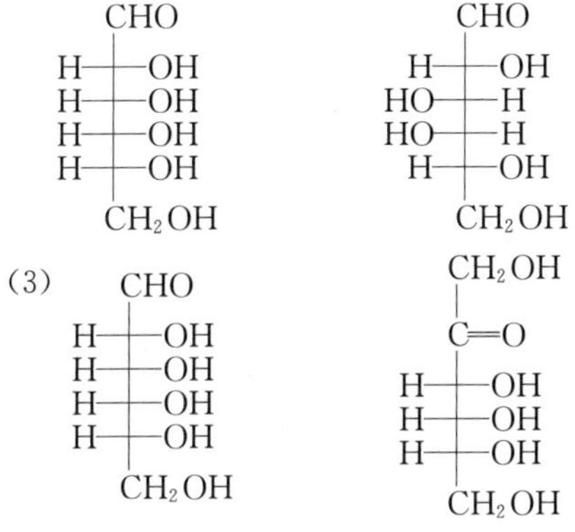

(2) D-阿洛糖、D-半乳糖及其对映异构体(结构式略)

(3)

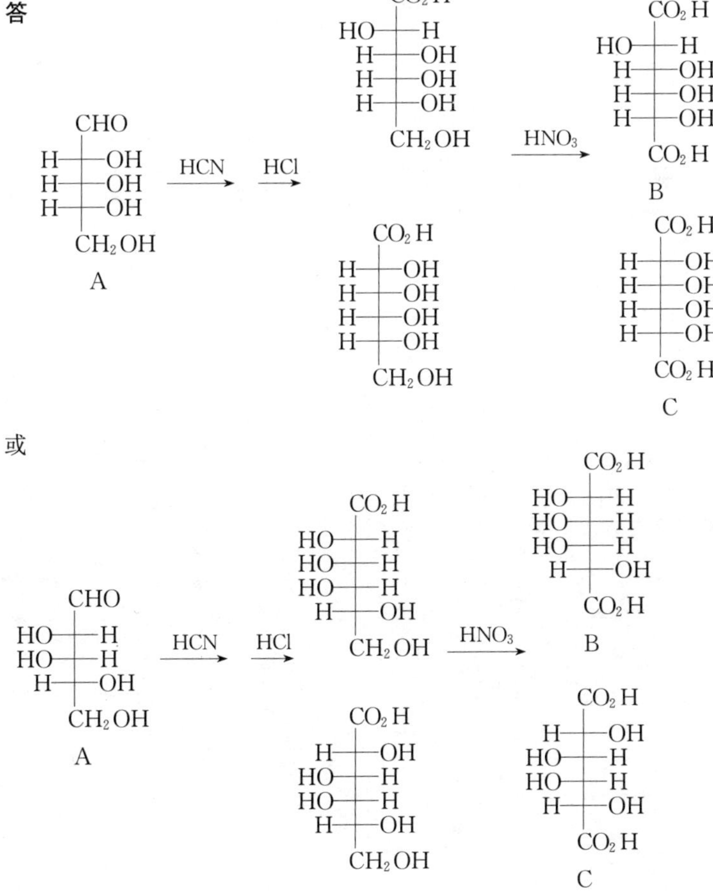

9. 某 D-戊醛糖 A,经 HCN 处理,稀 HCl 水解,再用稀 HNO_3 氧化,得到两个 D-己醛糖二酸 B 与 C 的混合物,其中 A 和 B 具有旋光性,而 C 无旋光性。试推断 A、B、C 的结构,并用反应式表示推断过程。

答

或

10. 某D型化合物A，分子式为$C_4H_8O_4$，具有旋光性，能与苯肼作用成脎。A用硝酸氧化得分子式为$C_6H_6O_6$的化合物B，B无旋光性。A的同分异构体C具有旋光性，与苯肼作用生成相同的脎，C的硝酸氧化产物D与B是差向异构体，且有旋光性。试写出A、B、C、D的构造式。

答 A.
$$\begin{array}{c} CHO \\ H-\!\!\!-\!\!\!-OH \\ H-\!\!\!-\!\!\!-OH \\ CH_2OH \end{array}$$
B.
$$\begin{array}{c} COOH \\ H-\!\!\!-\!\!\!-OH \\ H-\!\!\!-\!\!\!-OH \\ COOH \end{array}$$
C.
$$\begin{array}{c} CHO \\ HO-\!\!\!-\!\!\!-H \\ H-\!\!\!-\!\!\!-OH \\ CH_2OH \end{array}$$
D.
$$\begin{array}{c} COOH \\ HO-\!\!\!-\!\!\!-H \\ H-\!\!\!-\!\!\!-OH \\ COOH \end{array}$$

11.（略）

（郭今心）

第 17 章 核　　酸

学习目标

（1）掌握核酸的分类和组成。
（2）掌握核苷和核苷酸的结构及命名。
（3）熟悉核酸的一级结构和性质。
（4）了解 DNA 的双螺旋结构和 RNA 的二级结构。

重点内容提要

17.1 核酸的分类和组成

1. 分类

核酸分为脱氧核糖核酸(DNA)和核糖核酸(RNA)。

DNA 几乎全部集中在细胞核的染色体中，线粒体和叶绿体中也含有少量 DNA。它是生物体遗传信息的物质基础，能储存、复制和传递遗传信息。

RNA 主要分布在细胞质中，它直接参与体内蛋白质的合成。RNA 按其功能不同分为三大类：①核糖体 RNA(rRNA)，它与蛋白质结合构成核糖体的骨架；②信使 RNA(mRNA)，是合成蛋白质的模板；③转运 RNA(tRNA)，主要功能是转运氨基酸。

2. 核酸的化学组成

核酸中主要含有碳、氢、氧、氮和磷等元素。核酸中的含磷量较高且恒定，故常用含磷量来表示核酸的含量。

核酸的基本结构单位是核苷酸，核酸是由成千上万的核苷酸聚合而成的生物大分子，所以又称多聚核苷酸。核苷酸由核苷和磷酸组成，核苷又由有机碱(碱基)和戊糖组成。

DNA 和 RNA 的区别在于所含戊糖的种类不同。DNA 的戊糖是 β-D-2-脱氧核糖，RNA 的戊糖是 β-D-核糖。

构成核苷酸的碱基为含氮杂环化合物，分为嘌呤和嘧啶两类。

嘌呤碱是嘌呤的衍生物。核酸中常见的嘌呤有两种：腺嘌呤(A)和鸟嘌呤(G)。

嘧啶碱是嘧啶的衍生物。核酸中常见的嘧啶有三种：胞嘧啶(C)、胸腺嘧啶(T)和尿嘧啶(U)。

DNA 和 RNA 除所含的戊糖种类不同外，它们所含的碱基也有差别。DNA 中含有鸟嘌呤、腺嘌呤、胞嘧啶和胸腺嘧啶，RNA 中含有鸟嘌呤、腺嘌呤、胞嘧啶和尿嘧啶。其主要差别在于所含嘧啶碱基，DNA 中含胸腺嘧啶，RNA 中含尿嘧啶。

碱基分子存在着酮式和烯酮式、氨基式与亚氨基式的互变异构现象，在人体 pH 的条件下，分别以酮式和氨基式结构占优势。

17.2　核苷和核苷酸的结构及命名

核苷是由戊糖 $C_{1'}$ 上的半缩醛羟基与嘌呤碱的 N_9 或嘧啶碱的 N_1 上的氢原子脱水缩合而成的氮苷，核苷中的糖苷键均为 β-糖苷键。

核苷的名称：如果戊糖是核糖，则为碱基名＋核苷；如果戊糖是脱氧核糖，则为碱基名＋脱氧核苷。

磷酸和核苷中戊糖的羟基以酯键结合，形成核苷酸。生物体内的核苷酸多为核苷-5′-磷酸。常见的核苷酸有腺苷酸（AMP）、脱氧腺苷酸（dAMP）、鸟苷酸（GMP）、脱氧鸟苷酸（dGMP）、胞苷酸（CMP）、脱氧胞苷酸（dCMP）、尿苷酸（UMP）、脱氧胸苷酸（dTMP）。

核苷酸中的磷酸基还可继续与另外一分子或两分子的磷酸形成酸酐，这样形成的分子称为核苷二磷酸或核苷三磷酸，如腺苷-5′-二磷酸（简称腺二磷，ADP）和腺苷-5′-三磷酸（简称腺三磷，ATP）。

ADP 和 ATP 中的焦磷酸酯键含有较高能量，称为高能磷酸键。ATP 被看成是生物体内的能源库，是体内所需能量的主要来源。

各种核苷三磷酸化合物（可简写为 ATP，CTP，GTP 和 UTP）是体内 RNA 合成的直接原料。各种脱氧核苷三磷酸化合物（可简写为 dATP，dCTP，dGTP 和 dTTP）是 DNA 合成的直接原料。

17.3　核酸的结构

1. 核酸的一级结构

核酸链的一端是游离的 5′-磷酸基，称为 5′-端，另一端是游离的 3′-羟基，称为 3′-端。

核酸的一级结构是指组成核酸的核苷酸的排列顺序和连接方式，通常称为核苷酸序列。由于核苷酸的差异主要是碱基不同，所以又可称为碱基序列。书写碱基的顺序通常是从 5′-端到 3′-端。

线条式：在线条式缩写法中，P 表示磷酸，碱基分别用 A、C、T、G、U 表示。用竖线表示核糖的碳链，竖线上端标出碱基，P 引出的斜线一端与 $C_{3'}$ 相连，另一端与 $C_{5'}$ 相连。

字符式：用英文大写字母代表碱基，用小写字母 p 代表磷酸残基。核酸分子中的糖基、糖苷基和磷酸二酯键均省略不写，将碱基和磷酸残基相间排列即成。

2. DNA 双螺旋结构

1953 年，美国的沃森（Watson）和英国的克里克（Crick）根据 DNA 组成特点和 X 射线衍射分析结果，提出了著名的 DNA 双螺旋结构模型。其基本要点如下：

（1）两条 DNA 互补主链反向平行。DNA 分子由两条脱氧核苷酸链组成，这两条链围绕同一个“中心轴”向右盘绕形成右手螺旋结构，盘绕形成大、小两种沟。两条链的走向相反，一条为 5′→3′走向，另一条为 3′→5′走向。

（2）双螺旋以两条多核苷酸链的脱氧核糖基和磷酰基为骨架。脱氧核糖基和磷酰基位于螺旋外侧，碱基位于螺旋内侧，它们垂直于螺旋轴，通过糖苷键与主链相连。每圈双螺旋包含 10 个碱基对。

（3）碱基配对具有规律性。两条脱氧多核苷酸链通过碱基之间的氢键连接在一起。碱基之间有严格的配对规律：A 与 T 配对，其间形成两个氢键；G 与 C 配对，其间形成三个氢键。这种配对规律称为碱基互补配对原则。这两条链又称为互补链。

(4) DNA 结构比较稳定。DNA 中的嘌呤与嘧啶碱基形状扁平，呈疏水性，分布于双螺旋结构内侧。大量碱基层层堆积。碱基堆积力是维系 DNA 二级结构的主要作用力。

根据碱基互补原则，当一条多核苷酸的序列被确定以后，即可推知另一条互补链的序列。DNA 复制、转录、反转录等的分子基础都是碱基互补。

3. RNA 的二级结构

tRNA 的二级结构为三叶草形结构。

tRNA 的三叶草形结构分为四个双螺旋区和四个突环共 8 个结构区域。与氨基酸连接的部位为氨基酸臂，四个突环的其中一个是带有反密码子的环。

17.4　核酸的性质

1. 物理性质

DNA 为白色纤维状固体，RNA 为白色粉末状固体。它们都微溶于水，其钠盐在水中的溶解度较大。它们难溶于一般有机溶剂。

DNA 的相对分子质量在 10^6 以上，RNA 分子比 DNA 分子小得多。核酸分子的大小可用长度、核苷酸对(或碱基对)数目、沉降系数(S)或相对分子质量等表示。

核酸中的嘌呤和嘧啶碱基有共轭基团，在 260 nm 处有较强的紫外吸收，这常用于核酸、核苷酸、核苷及碱基的定量分析。

核酸若发生变性或降解，其溶液的黏度会降低。

2. 核酸的两性电离

核酸既含有呈酸性的磷酸基团，又含有呈碱性的碱基，故为两性电解质。核酸的结构与 pH 有关。调节 pH 可使核酸分子的酸性解离和碱性解离程度相等，这时核酸所带的正电荷与负电荷相等，主要以偶极离子的形式存在，此时核酸溶液的 pH 就称为核酸的等电点(pI)。核酸的等电点通常在较低的 pH 范围内。核酸在等电点时溶解度最小，利用此性质可分离核酸。

3. 核酸的变性和复性

在某些理化因素的作用下，DNA 分子中的碱基堆积力消失和氢键断裂，空间结构被破坏，从而引起理化性质和生物学功能的改变，这种现象称为核酸的变性。核酸变性后其理化性质也发生改变，如黏度降低，浮力密度升高等，260 nm 处吸收值升高，二级结构改变，有时可以失去部分或全部生物活性。引起核酸变性的因素很多，如加热、酸碱、有机溶剂、酰胺、尿素等。

变性 DNA 在适当条件下，两条彼此分开的链重新缔合成为双螺旋结构的过程称为复性。DNA 复性后，许多理化性质又得到恢复，生物活性也可以得到部分恢复。

4. 核酸的杂交

不同来源的核酸变性后，合并在一起进行复性，只要它们存在大致相同的碱基互补配对序列，就可形成杂化双链，此过程称为杂交。杂交双链可以在 DNA 与 DNA 链之间，也可在

RNA 与 DNA 链之间形成。

解 题 示 例

【例 17-1】 核酸发生变性时不会伴随发生的现象是(　　)

A. 碱基对之间的氢键被破坏　　B. 共价键断裂,核酸的相对分子质量变小

C. 在 260 nm 处的吸收强度增大　　D. 核酸溶液的黏度下降

【答案】 B

【解析】 由核酸发生变性的知识可知,核酸发生变性时碱基对之间的氢键被破坏,核酸溶液的黏度下降,在 260 nm 处的吸收强度增大,因此选 B。

【例 17-2】 下列关于 DNA 分子中的碱基组成的定量关系不正确的是(　　)

A. C+A=G+T　　B. C=G　　C. A=T　　D. C+G=A+T

【答案】 D

【解析】 碱基配对关系是 DNA 双螺旋结构和 RNA(单链)的基础,也是复制、转录和翻译作用的依据。

必须熟练掌握,A、B、C 是正确的,D 错误,因此本题选 D。

【例 17-3】 DNA 指纹法在案件侦破工作中有着重要的用途。刑侦人员将从案发现场得到的血液、头发样品中提取的 DNA 与犯罪嫌疑人的 DNA 进行比较,就可能为案件的侦破提供证据。

(1) DNA 侦破的准确率非常高,原因是绝大多数的生物,其遗传信息就储存在________中,而且每个个体的 DNA 的______________各有特点。

(2) DNA 是由脱氧核苷酸连接成的长链,是细胞内携带__________的物质,它的信息容量非常大,原因是______________________。

(3) 核酸包括______________和______________,其基本组成单位分别是____________和____________。

【答案】 (1) DNA;脱氧核苷酸序列

(2) 遗传信息;组成 DNA 的脱氧核苷酸虽然只有四种,但数量不限,排列顺序极其多样化

(3) DNA;RNA;脱氧核糖核苷酸;核糖核苷酸

【解析】 构成 DNA 的脱氧核苷酸虽有四种,配对方式仅有两种,连接方式只有四种,但其数目却可以成千上万,最重要的是形成碱基对的排列顺序可以千变万化,从而决定了 DNA 分子的多样性。例如,某 DNA 分子有 10 个碱基对,则 4 种碱基的排列顺序有 4^{10} 种。DNA 分子中脱氧核苷酸排列顺序代表了遗传信息,特定的排列顺序决定了特定的遗传信息,这就是 DNA 分子的特异性。

【例 17-4】 简述两种核酸组成成分的异同点。

【答案】 相同点:分子组成:含有碱基 A、C、G、戊糖和磷酸;分子结构:基本组成单位是单核苷酸,以 3′,5′-磷酸二酯键相连成一级结构。

不同点:脱氧核糖核酸由脱氧核糖核苷酸组成,其主体为脱氧核糖,碱基包含四种,分别为鸟嘌呤、胸腺嘧啶、胞嘧啶和鸟嘌呤。而核糖核酸由核糖核苷酸组成,其主体为核糖,碱基包含四种,分别为腺嘌呤、尿嘧啶、胞嘧啶和鸟嘌呤。

【例 17-5】 写出下列符号的名称和含义。

rRNA，mRNA，tRNA，ATP

【答案】 rRNA 即核糖体 RNA，它主要的功能是参与构成核糖体；mRNA 即信使 RNA，是由 DNA 转录而来，携带相应的遗传信息，为下一步转译成蛋白质提供所需的信息；tRNA 即转运 RNA，是具有携带并转运氨基酸功能的一类小分子核糖核酸；ATP 即腺嘌呤核苷三磷酸，是一种不稳定的高能化合物，由 1 分子腺嘌呤、1 分子核糖和 3 分子磷酸组成，又称腺苷三磷酸。

学生自我测试题及参考答案

一、填空题。

1. 按照所含戊糖种类的不同，核酸分为________和________。
2. 核苷酸水解释放出磷酸后，剩余的部分称为________。
3. RNA 的核苷中碱基是________；DNA 的核苷中碱基是________。
4. DNA 双螺旋结构的纵向稳定性是由________维系的，而横向稳定性是由________维系的。
5. 生命的主要物质基础是________和________。
6. 核苷酸是由________、________和________三部分组成的。
7. 核酸是由________聚合成的大分子。
8. 核酸包括________和________两类。
9. 存在于核苷酸中的碱基最常见有五种，它们分别是________、________、________、________和________。
10. 聚合酶链式反应(polymerase chain reaction，PCR)是一种用于放大扩增特定的 DNA 片段的分子生物学技术，它需经历如下步骤：模板 DNA 加热至 95℃并保持一段时间后，使模板 DNA 双链解离形成单链，该过程称为________________；继而将体系温度降为 60℃，使引物与模板 DNA 单链结合，该过程称为________________，遵循________________原则。

二、选择题。

1. 组成核酸的基本结构单位是(　　)

A. 核苷酸　　B. 核苷　　C. 腺苷酸　　D. 尿嘧啶

2. 在 DNA 分子中，两个核酸单元之间相连接的化学键是(　　)

A. 磷酸酯键　　B. 疏水键　　C. 糖苷键　　D. 磷酸二酯键

3. 在 DNA 分子中，正确的碱基配对是(　　)

A. A—T　　B. U—A　　C. C—A　　D. G—A

4. DNA 和 RNA 最终水解产物的特点是(　　)

A. 戊糖相同，碱基也相同　　B. 戊糖相同，但碱基不同

C. 戊糖不同，碱基也不同　　D. 戊糖不同，但碱基相同

5. 下列碱基中，存在于 RNA 中但不存在于 DNA 中的是(　　)

A. 尿嘧啶　　B. 胸腺嘧啶　　C. 鸟嘌呤　　D. 腺嘌呤

6. 在自然界中，游离核苷酸分子中的磷酸基通常连接在戊糖分子的(　　)

A. $C_{2'}$上　　B. $C_{2'}$和$C_{5'}$上　　C. $C_{3'}$上　　D. $C_{5'}$上

7. 在核酸分子中，核苷酸之间的连接方式是(　　)

A. 碳苷键　　B. 氮苷键

C. 3′,5′-磷酸二酯键　　D. 2′,5′-磷酸二酯键

8. 用紫外分光光度法可以对核酸进行定量分析，其依据是核酸具有(　　)

A. 磷酸二酯键　　B. 嘧啶与嘌呤环上的共轭双键

C. 核糖分子形成的呋喃环　　D. 碱基对之间形成的氢键

9. 在双链 DNA 中，若一条链的部分碱基序列为 5′-AGGTACGTCAAC-3′，则另一条链的相应序列应为(　　)

A. 5′-TCCATGCAGTTG-3′　　B. 5′-AGGTACGTCAAC-3′

C. 5′-GTTGACGTACCT-3′　　D. 5′-UCCAUGCAGUUG-3′

10. 下列关于双链 DNA 分子中碱基的摩尔分数关系的表达式中错误的是(　　)

A. A=T　　B. A+G=C+T　　C. A+C=T+G　　D. A+T=C+G

11. 核酸分子中碱基之间的互补依赖于(　　)

A. 氢键　　B. 范德华力　　C. 共价键　　D. 配位键

12. 某 DNA 中鸟嘌呤(G)的摩尔分数为 20.6%，则胸腺嘧啶(T)的摩尔分数为(　　)

A. 79.4%　　B. 41.2%　　C. 29.4%　　D. 10.3%

13. 信使 RNA 分子中，核苷酸之间主要存在(　　)

A. 氢键　　B. 疏水键　　C. 氮苷键　　D. 磷酸二酯键

14. 下列关于双链 DNA 的描述正确的是(　　)

A. 主链是通过糖苷键连接而成的骨架

B. 任何一段开放的双链 DNA，其每条链的 3′-末端必然有游离的—OH

C. 双链 DNA 的稳定完全依靠于碱基对之间形成的氢键

D. 虽然两条链的走向相反，但碱基序列完全相同

15. 核酸和蛋白质的变性所具备的共同点是(　　)

A. 容易恢复到原来状态　　B. 大分子内部的氢键发生断裂

C. 分子的空间结构变得松散　　D. 生物大分子的活性消失

16. 在某 mRNA 分子中，腺嘌呤 A 的摩尔分数为 20%，则尿嘧啶 U 的摩尔分数为(　　)

A. 20%　　B. 30%　　C. 10%　　D. 不确定

17. 尿嘧啶的结构特点是(　　)

A. 分子中含有一个羰基和一个氨基　　B. 分子中含有一个羰基，但不含氨基

C. 分子中含有两个羰基和一个甲基　　D. 分子中含有两个羰基，但不含甲基

18. 脱氧核糖核酸为有机体中的全部蛋白质的合成提供了密码，这是因为脱氧核糖核酸具有(　　)

A. 很大的摩尔质量　　B. 碱基连接在一起的顺序

C. 多种核苷出现在结构中　　D. 聚合物的非线形结构

19. 下列有关 α-螺旋的叙述错误的是(　　)

A. 分子内的氢键使 α-螺旋稳定

B. 减弱 R 基团间不利的相互作用使 α-螺旋稳定

C. 疏水作用使 α-螺旋稳定

D. 在某些蛋白质中，α-螺旋是二级结构的一种类型

20. 下列化合物不属于 DNA 的基本组成单位的是(　　)

A. 胍　　B. 胸腺嘧啶　　C. 腺嘌呤　　D. 胞嘧啶

21. 核苷酸的组成基本单位是(　　)

A. 嘌呤碱基、嘧啶碱基、戊糖和磷酸　　B. 嘌呤碱基和戊糖

C. 嘌呤碱基、嘧啶碱基、已糖和磷酸　　D. 嘧啶碱基和戊糖

22. DNA 是遗传的物质基础，它的主要成分是(　　)

A. 腺嘌呤、鸟嘌呤、胞嘧啶和胸腺嘧啶组成的脱氧核苷酸

B. 腺嘌呤、鸟嘌呤、胞嘧啶和胸腺嘧啶组成的核苷酸

C. 腺嘌呤、鸟嘌呤、尿嘧啶和胸腺嘧啶组成的脱氧核苷酸

D. 腺嘌呤、鸟嘌呤、尿嘧啶和胸腺嘧啶组成的核苷酸

23. 组成 RNA 的糖为(　　)

A. D-2-脱氧核糖　　B. D-核糖　　C. L-2-脱氧核糖　　D. L-核糖

24. 维系 DNA 双链结构是通过(　　)

A. 糖和碱基间形成苷键　　B. 糖和糖之间形成苷键

C. 碱基间形成氢键　　D. 碱基间通过正、负离子吸引力

25. 碱基互补配对是 DNA 双螺旋结构的主要特征。下列碱基配对正确的是(　　)

A. 鸟嘌呤和胞嘧啶配对，腺嘌呤和胸腺嘧啶配对

B. 鸟嘌呤和胸腺嘧啶配对，腺嘌呤和胞嘧啶配对

C. 鸟嘌呤和腺嘌呤配对，胸腺嘧啶和胞嘧啶配对

D. 鸟嘌呤和鸟嘌呤配对，腺嘌呤和腺嘌呤配对

26. 核苷的化学组成单元是(　　)

A. 核糖和磷酸　　B. 有机碱和磷酸

C. 脱氧核糖和有机碱　　D. 核糖和有机碱

27. 核苷酸中的有机碱一般为(　　)

A. 吡啶类和嘧啶类　　B. 吡啶类和嘌呤类

C. 嘧啶类和嘌呤类　　D. 嘧啶类和咪唑类

28. 传递生命遗传信息的 DNA 和 RNA 属于的物质种类是(　　)

A. 蛋白质　　B. 多肽　　C. 核酸　　D. 多糖

29. 酶属于的物质种类是(　　)

A. 蛋白质　　B. 糖　　C. 核酸　　D. 氨基酸

30. 下列碱基中，只存在于 DNA 中而不存在于 RNA 中的是(　　)

A. 腺嘌呤　　B. 鸟嘌呤　　C. 胸腺嘧啶　　D. 胞嘧啶

三、判断题。

1. DNA 分子内发生碱基互补时，A 与 T 之间形成三个氢键，而 G 与 C 之间形成两个氢键。(　　)

2. 碱基互补配对发生于嘧啶与嘌呤之间。(　　)

3. 在双链 DNA 分子中，两条链的走向一定是相反的。(　　)

4. 核苷分子中碱基与戊糖之间通常形成的是碳苷键。(　　)

5. 在DNA热变性的过程中，双链的解离常先发生在G、C含量丰富的部分。（　　）
6. 在一定的pH下，DNA也能像蛋白质一样在电场中发生移动，而RNA则不能。（　　）
7. 核酸的热变性通常是不可逆的。（　　）
8. 核酸易溶于非极性有机溶剂，而不溶于水。（　　）
9. 核酸在酸性条件下比在碱性条件下更容易沉淀。（　　）
10. mRNA是蛋白质多肽合成的“装配机”，rRNA是合成蛋白质的模板。（　　）

四、简答题。

1. 什么是高能磷酸键？
2. 什么是核酸的一级结构？
3. 什么是碱基互补规律？
4. DNA双螺旋结构的主要特点有哪些？

参考答案

一、1. DNA，RNA　2. 核苷　3. 尿嘧啶、胞嘧啶、腺嘌呤和鸟嘌呤，胸腺嘧啶、胞嘧啶、腺嘌呤和鸟嘌呤　4. 碱基对的堆积力，氢键　5. 蛋白质，核酸　6. 戊糖，磷酸，碱基　7. 核苷酸　8. 核糖核酸，脱氧核糖核酸　9. 尿嘧啶，胞嘧啶，胸腺嘧啶，腺嘌呤，鸟嘌呤　10. 变性；复性；碱基互补配对

二、1. A　2. D　3. A　4. C　5. A　6. D　7. C　8. B　9. C　10. D　11. A　12. C　13. D　14. B　15. B　16. D　17. D　18. B　19. C　20. A　21. A　22. A　23. B　24. C　25. A　26. D　27. C　28. C　29. A　30. C

三、1. ×　2. √　3. √　4. ×　5. ×　6. ×　7. ×　8. ×　9. √　10. ×

四、1. 高能磷酸键是指游离核苷酸分子中磷酸与磷酸之间的磷酸酐键，该键含有很高的能量，常用“～”表示。

2. 核酸的一级结构是指组成核酸的核苷酸的排列顺序和连接方式，通常用碱基的排列顺序表示。

3. 碱基互补规律是指DNA两条主链上碱基之间配对有一定规律，配对规律为A—T和G—C。

4. 主链是两条反平行的多核苷酸链，呈右手双螺旋；两条主链的碱基对之间形成氢键，互补规律为A—T和G—C；二级结构的维持横向靠氢键，而纵向靠堆积力；双螺旋的直径为2.0 nm，螺距为3.4 nm，每个螺距可容纳10个碱基对。

教材中的问题及习题解答

一、教材中的问题及解答

问题与思考17-1　指出β-D-2-脱氧核糖和β-D-核糖中的半缩醛羟基，并说出它们的化学反应。

答　β-D-2-脱氧核糖和β-D-核糖中的半缩醛羟基分别指碳1位上的羟基。半缩醛羟基容易和另一分子的醇反应生成糖苷键。

β-D-2-脱氧核糖(DNA中的糖)　β-D-核糖(RNA中的糖)

问题与思考 17-2　试用其他表示方法表示 5′ACTGCTAAC 3′。

答　5′ACTGCTAAC 3′的其他表示方法：

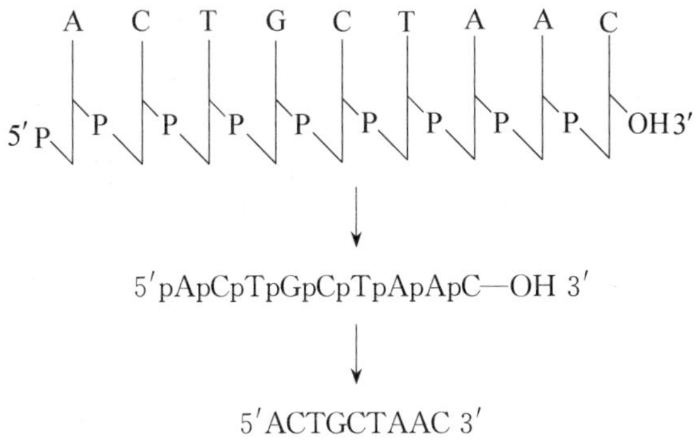

A　C　T　G　C　T　A　A　C

5′P　P　P　P　P　P　P　P　P　OH3′

↓

5′pApCpTpGpCpTpApApC—OH 3′

↓

5′ACTGCTAAC 3′

问题与思考 17-3　DNA 亲子鉴定的理论依据是什么？

答　DNA 鉴定亲子关系目前用得最多的是 DNA 分型鉴定。人类基因组是一个结构十分稳定的体系，同时又是一个变异的体系。在长期的进化过程中，基因组 DNA 的序列不断发生变异。这些变异有些被保存下来，导致了不同种族、群体和个体间基因组的差异和多态性，除同卵双生子外，没有两个个体基因组是完全相同的。亲子鉴定是根据人类遗传学的理论和实践，从子代和亲代的形态构造或生理机能方面的相似特点，分析遗传特征，对可疑的父与子或母与子之间的亲生关系进行判断，并得出肯定或否定的结论。

二、教材中的习题及解答

1. 核酸完全水解后的产物有哪些？核酸可分为哪几类？

答　核酸完全水解后可得到碱基、戊糖、磷酸三类组分。核酸分为两类：核糖核酸（RNA）和脱氧核糖核酸（DNA）。

2. DNA 和 RNA 的水解产物有何不同？DNA 与 RNA 是否都具有旋光性？

答　DNA 和 RNA 的水解产物中除都含有腺嘌呤、鸟嘌呤、胞嘧啶外，DNA 的还含有胸腺嘧啶，RNA 的还含有尿嘧啶，这是它们的不同点之一。DNA 的水解产物中含有的戊糖是 β-D-2-脱氧核糖，而 RNA 的是 β-D-核糖，这是它们的不同点之二。DNA 与 RNA 都具有旋光性。

3. 核酸的一级结构是什么？核苷酸之间主要连接方式是什么？

答　核酸的一级结构是指核苷酸按一定的数目、比例和特定的排列顺序，通过 3′,5′-磷酸二酯键连接而成的多核苷酸长链。核苷酸之间主要连接方式是 3′,5′-磷酸二酯键。

4. 写出些下列化合物的结构式。

(1) 2′-脱氧鸟苷　　(2) 腺苷　　(3) 胞苷-5′-磷酸

(4) 胸苷-3′-磷酸　　(5) 6-巯基嘌呤　　(6) 5-氟尿嘧啶

(7) 碱基序列为胞-尿-腺的三聚核苷酸

答　(1)

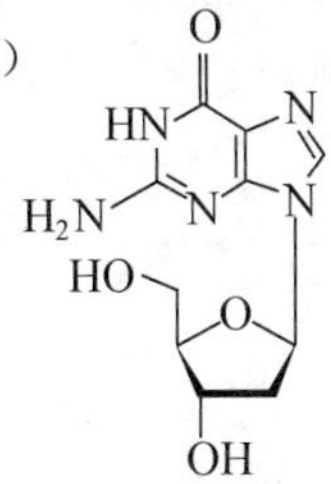

O
HN　N
H_2N　N　N
HO　O
OH

(2)

NH_2
N　N
N　N
HO　O
OH OH

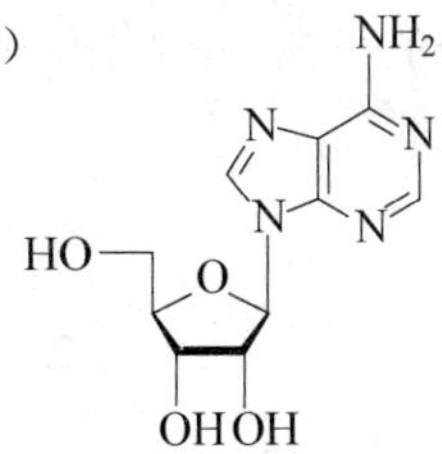

(3)

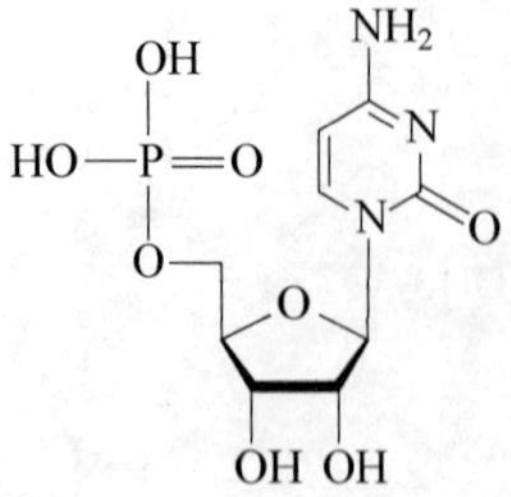

(4)

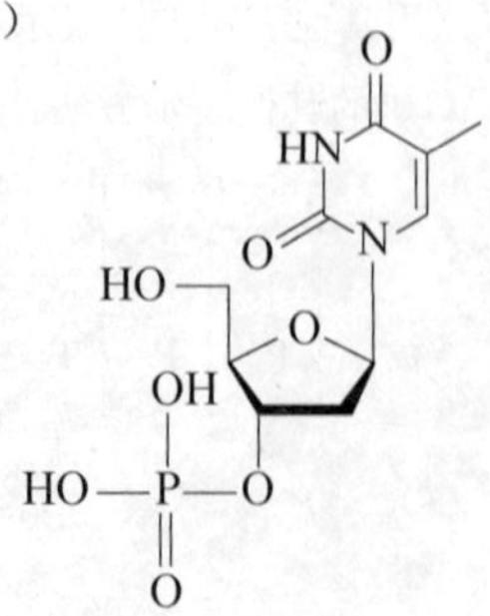

(5)

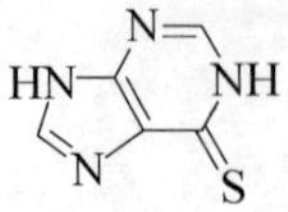

(6)

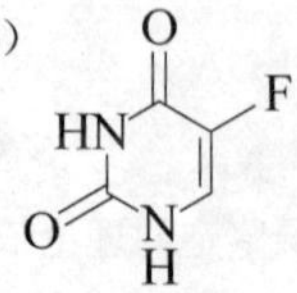

(7)

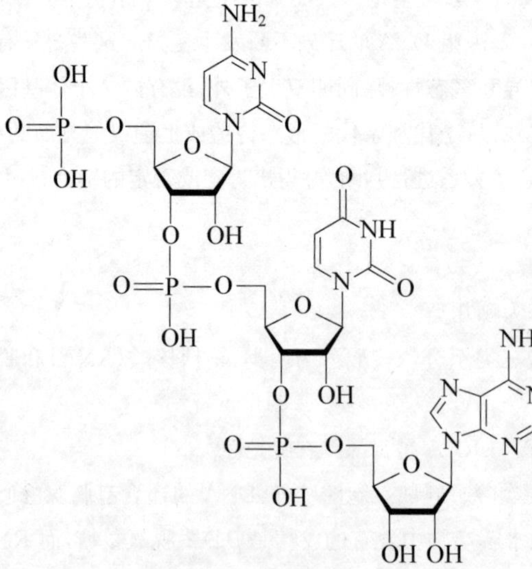

5. 某 DNA 样品含有约 30%的胸腺嘧啶和 20%胞嘧啶，可能还含有哪些有机碱？含量为多少？

答 该样品中可能还含有腺嘌呤和鸟嘌呤。根据碱基配对原理，胸腺嘧啶与腺嘌呤配对，胞嘧啶与鸟嘌呤配对，所以腺嘌呤含量约 30%，鸟嘌呤含量约 20%。

6. 一段 DNA 分子的碱基序列为 ATGGCAAGT，请写出与这段 DNA 链互补的碱基序列。

答 互补的碱基序列为 TACCGTTCA。

7. 维系 DNA 的二级结构稳定性的因素是什么？

答 维系 DNA 的二级结构稳定性的因素包括碱基堆积力、氢键、离子键。DNA 双螺旋结构在生理条件下是很稳定的，两条 DNA 链之间碱基配对形成的氢键和碱基堆积力是稳定的主要因素；另外，存在于 DNA 分子中的一些弱键在维持双螺旋结构的稳定性上也起一定的作用，即磷酸基团上的负电荷与介质中的阳离子间形成的离子键及范德华力，改变介质条件和环境温度将影响双螺旋的稳定性。

（贺　建）

第 18 章 维生素和辅酶

学 习 目 标

（1）掌握维生素、辅酶的结构和化学性质。

（2）熟悉维生素、辅酶的主要生理功能。

（3）了解辅酶参与体内生物化学反应过程。

重点内容提要

18.1 维生素

1. 分类

维生素是化学结构各异的一组有机物，一般按溶解性不同，可分为脂溶性和水溶性两大类。脂溶性维生素有维生素 A、D、E、K 等；水溶性维生素有 B 族维生素和维生素 C、P 等。

2. 结构和理化性质

（1）脂溶性维生素。

① 维生素 A。

维生素 A 的结构为具有一个共轭多烯醇侧链的环己烯，维生素 A 结构中有多个不饱和键，性质不稳定，易被空气中的氧或氧化剂氧化。

② 维生素 D。

维生素 D 的结构不属于甾族化合物，但它可以由甾族化合物合成。其中以维生素 D_2 和 D_3 的生物活性较高，维生素 D_2 和 D_3 含有多个烯键，性质不稳定，遇光或空气及其他氧化剂均发生氧化变质，使效价降低，毒性增强。

③ 维生素 E。

维生素 E 是苯并二氢吡喃醇衍生物，苯环上含有一个乙酰化的酚羟基。维生素 E 对氧十分敏感，遇光、空气易被氧化，是一类有效的天然抗氧化剂。

④ 维生素 K。

维生素 K 是 2-甲基-1，4-萘醌的衍生物，是一类具有凝血功能的维生素总称。

（2）水溶性维生素。

① B 族维生素。

a. 维生素 B_1 是由嘧啶-4-胺通过甲叉基与噻唑环相连而成的季铵类化合物，构成羧化酶的辅酶。

b. 维生素 B_2 为含核糖醇侧链的异咯嗪（或苯并蝶啶环）衍生物。

c. 烟酸和烟酰胺又称维生素 PP，两者均属吡啶衍生物。

d. 泛酸由β-丙氨酸和(R)-2,4-二羟基-3,3-二甲基丁酸缩合而成,是构成辅酶A的成分。

e. 维生素B_6是吡啶的衍生物,包括吡哆醇、吡哆醛、吡哆胺,为体内脱羧酶的辅酶。

f. 生物素是由氢化噻吩并咪唑啉酮结合而成的一个双环化合物,是许多羧化酶的辅基。

g. 叶酸由谷氨酸、对氨基苯甲酸和2-氨基-6-甲基蝶啶-4-醇组成,是人类和某些微生物生长所必需的。

h. 维生素B_{12}含有钴元素,是唯一含金属元素的维生素。

② 维生素C。

维生素C是含有烯二醇结构的糖酸内酯,结构中两个烯醇式羟基极易被氧化,是一类天然抗氧化剂。

③ 维生素P。

维生素P由芸香糖和黄酮两部分构成,维生素P的酚羟基与三氯化铁发生显色反应,芸香糖部分呈还原糖的性质。

18.2 辅酶

1. 分类

辅酶是一类具有特殊化学结构和功能的化合物,具有转移电子、原子或化学基团的能力,在酶促反应中主要起氧化还原和基团转移的作用。

2. 结构和理化性质

(1) 辅酶Ⅰ和辅酶Ⅱ。

辅酶Ⅰ又称烟酰胺腺嘌呤二核苷酸(简称NAD);辅酶Ⅱ又称烟酰胺腺嘌呤二核苷酸磷酸酯(简称NADP)。NAD和NADP是由烟酰胺和腺嘌呤分别与两个核糖通过苷键结合成核苷,再经磷酸酐键连接成二核苷酸。NAD和NADP在生物体内都是作为脱氢酶类的辅酶。

(2) 黄素辅酶。

黄素辅酶又称黄素腺嘌呤二核苷酸(简称FAD),含维生素B_2结构。参与催化反应的活性部位是其中的异咯嗪环,是许多加氢-脱氢反应的辅酶。

(3) 辅酶A。

辅酶A是含泛酸的复合核苷酸(简称CoA),末端巯基(—SH)是它的活性部位。辅酶A是酰基转移酶的辅酶。

(4) 辅酶F。

辅酶F是叶酸加氢的还原产物——5,6,7,8-四氢叶酸(简称THF或FH_4),是体内一碳基团(如—CH_3,—CH_2—,—CHO等)转移酶的辅酶,一碳基团是体内合成代谢过程中不可缺少的基团。

(5) 硫胺素焦磷酸酯。

硫胺素焦磷酸酯简称TPP,是维生素B_1在体内肝脏和脑等组织中的硫胺素焦磷酸激酶作用下转化而来的,是脱羧酶的辅酶。

(6) 磷酸吡哆醛。

磷酸吡哆醛简称PLP,其前体是维生素B_6,是氨基酸转氨、脱羧和消旋作用的辅酶。

(7) 辅酶 Q_{10}。

辅酶 Q_{10} 又称泛醌，是一种线粒体氧化还原酶的辅酶。其醌式及侧链 10 个异戊烯基结构等特点，使它在呼吸链中成为重要递氢体。

解题示例

【例 18-1】 维生素 C 具有很强的还原性，这是因为分子中具有(　　)

A. 酚羟基　B. 芳伯氨基　C. 连二烯醇　D. 共轭双键侧链　E. 巯基

【答案】 C

【解析】 根据维生素 C 的结构可知，维生素 C 是含有烯二醇结构的糖酸内酯。

【例 18-2】 维生素 C 结构中有几个手性碳原子？有几个旋光异构体？自然界存在的、具有生理活性的抗坏血酸是哪一个？

【答案】 维生素 C 结构中有两个不同的手性碳原子，故有四个旋光异构体。其中以 L-(+)-抗坏血酸的生理活性最高，D-(−)-抗坏血酸活性仅为前者的 10%，其他两个异构体几乎无活性。

【例 18-3】 案例：硫辛酸是氧化脱羧酶复合体中的一种辅酶，是含有二硫键的八碳羧酸。硫辛酸分子五元环上相邻两个硫原子上的电子对相互排斥而产生张力，易开环形成二氢硫辛酸，后者在空气中易氧化，生成带色的杂质。

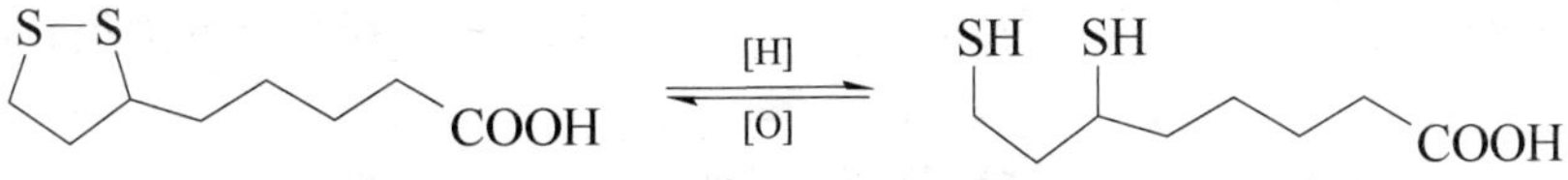

S—S　COOH　[H]　[O]　SH　SH　COOH

硫辛酸　　二氢硫辛酸

二氢硫辛酸在脱氢酶(FAD 为辅酶)作用下脱氢可得到硫辛酸。写出二氢硫辛酸氧化的反应机理(提示：二氢硫辛酸中一个硫醇负离子对进攻 FAD 黄素环的 4α 位碳)。

【答案】

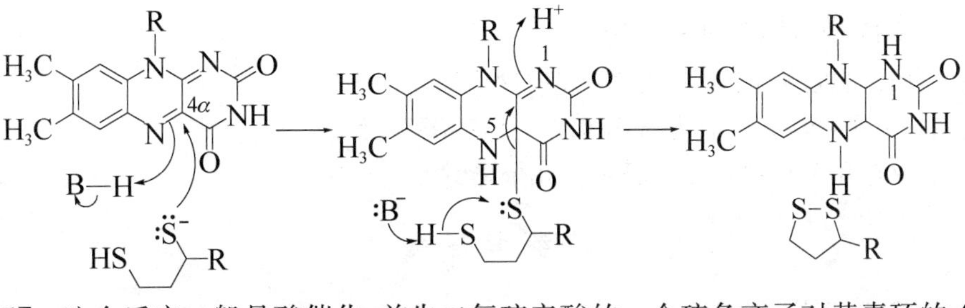

R　H_3C　H_3C　N　N　O　4α　NH　N　O　B—H　:S̈⁻　HS　R　→　R　H^+　1　H_3C　H_3C　N　N　O　5　NH　N　H　O　:B⁻　H—S　:S　R　→　R　H　N　O　1　H_3C　H_3C　N　NH　N　H　O　S-S　R

【解析】 这个反应一般是酸催化，首先二氢硫辛酸的一个硫负离子对黄素环的 4α 位碳进行亲核进攻，同时 N_5 获得一个质子，然后另一个硫负离子进攻与黄素环结合的硫原子，碳硫键断裂，同时 N_1 获得质子，生成氧化产物和 $FADH_2$。

学生自我测试题及参考答案

一、选择题。

1. 结构中含有共轭多烯醇侧链的维生素是(　　)

A. 维生素 D　　B. 维生素 A　　C. 维生素 E

D. 维生素 B_1　　E. 维生素 C

2. 可由人体内的胆固醇转化的维生素是(　　)

A. 维生素 D_3　　B. 维生素 D_2　　C. 维生素 A_1

D. 维生素 A_2　　E. 维生素 K

3. 维生素 E 易被空气中 O_2 氧化是因为其分子中含有(　　)

A. 芳伯胺基　　B. 共轭多烯醇侧链　　C. 酚羟基

D. 酯键　　E. 羧基

4. 维生素 B_1 参与构成的辅酶是(　　)

A. 辅酶Ⅰ和Ⅱ　　B. 黄素辅酶　　C. 辅酶 A

D. 四氢叶酸　　E. 硫胺素焦磷酸酯

5. 能与黄素辅酶 FAD 结合的酶蛋白是(　　)

A. 脱酸酶　　B. 脱氢酶　　C. 氨基转移酶

D. 磷酸转移酶　　E. 水解酶

6. 促进肝脏合成凝血酶原所必需的因子是(　　)

A. 辅酶 A　　B. 生物素　　C. 维生素 E

D. 维生素 K　　E. 维生素 C

二、填空题。

1. 维生素通常根据它们的溶解性质分为______维生素、______维生素两大类，水溶性维生素主要是______，包括______、______、______和______、______、______、______、______、______等，另外还有______，脂溶性维生素有______。

2. 维生素 B_2 又称______，作为某些酶的辅基形式为______、______两种。

3. NAD，FAD，CoA 的相同之处在于三者均有______作为其组成成分。

三、简答题。

1. 维生素 D_2 及 D_3 的结构有何异同点？

2. 举例说明什么是辅酶，在酶促反应中起何种作用。

3. 举例说明辅酶Ⅰ(NAD)、辅酶 A 分别参与何种类型反应。

4. FAD 分子中有几个苷键？几个酐键？几个酯键？

参考答案

一、1. B　2. A　3. C　4. E　5. B　6. D

二、1. 脂溶性，水溶性，B 族维生素，维生素 B_1，维生素 B_2，烟酸，烟酰胺，泛酸，维生素 B_6，生物素(维生素 B_7)，叶酸(维生素 B_{11})，维生素 B_{12}，维生素 C 和 P 等，维生素 A、D、E、K 等　2. 核黄素，酮式结构，烯醇式结构　3. ADP

三、1. 维生素 D_2、D_3 结构相似，均具有 9，10-开环胆甾醇母核。结构差别仅是 D_2 比 D_3 在侧链上多一个甲基和双键。一般维生素 D_3 的生物活性强于维生素 D_2。

2. 在复合酶中与酶蛋白结合的辅助因子称为辅酶，一般为有机小分子物质。例如，琥珀酸脱氢酶中黄素腺嘌呤核苷二磷酸(FAD)就是辅酶。辅酶在酶促反应中，直接与底物发生作用，起传递电子、氢或基团的作用。

3. NAD 一般参与生物体内的脱氢反应，起负氢接受体的作用。例如，三羧酸循环中，苹果酸脱氢氧化生成草酰乙酸的反应必须有辅酶 NAD 参与。而辅酶 A 是酰基转移酶的辅酶，其主要功能是传递酰基。例如，体内的多数酰基化反应均通过辅酶 A 形成酰基辅酶 A，再从酰基辅酶 A 转移出酰基到参与反应的底物上，以此完成代谢过程中的酰基化反应。

4. FAD 分子中有 1 个氮苷键、1 个酐键、2 个酯键，均在 ADP 结构部分。

教材中的问题及习题解答

一、教材中的问题及解答

问题与思考 18-1　一分子 β-胡萝卜素在体内可转化为两分子维生素 A，那么 1 μg β-胡萝卜素相当于 2 μg 维生素 A 的生物活性吗？

答　β-胡萝卜素吸收不好，故 1 μg β-胡萝卜素没有 2 μg 维生素 A_1 的生物活性好。有研究表明，6 μg β-胡萝卜素才具有 1 μg 维生素 A_1 的生物活性。

问题与思考 18-2　维生素 E 在碱性条件下，为什么氧化反应更易发生？

答　维生素 E 结构中的酚酯键在碱性条件下发生不可逆的水解反应生成酚羟基，故更易被氧化。

问题与思考 18-3　B 族维生素的结构及活性有什么共同特点？

答　B 族维生素的共同特点：①多数结构含有吡啶环；②多数属于水溶性维生素，均为辅酶或作为辅酶结构单元而发挥作用。

问题与思考 18-4　写出维生素 C 被硝酸银氧化为去氢抗坏血酸的反应式。

答

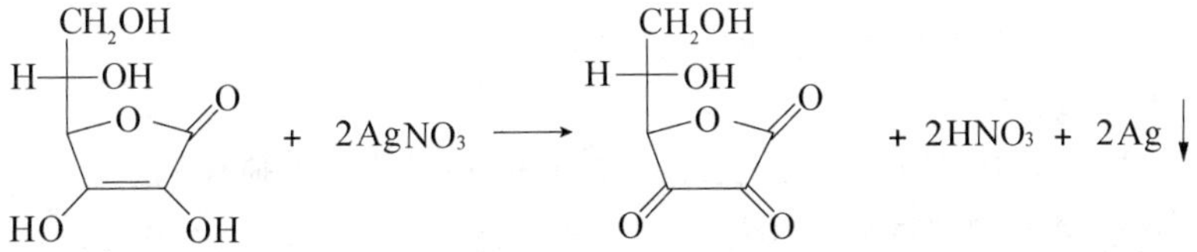

L-(+)-抗坏血酸 + $2AgNO_3$ ⟶ L-去氢抗坏血酸 + $2HNO_3$ + 2Ag↓

问题与思考 18-5　维生素 P 和维生素 C 一样具有很强的还原性，为什么？

答　维生素 P 结构中的酚羟基易被氧化，故具有强的还原性。

问题与思考 18-6　辅酶Ⅰ和辅酶Ⅱ分子结构中含有几个苷键？几个酯键？

答　有 2 个氮苷键和 2 个酯键。

问题与思考 18-7　从结构上解释为什么 FAD 为亮黄色，而 $FADH_2$ 呈无色。

答　FAD 的氧化型结构含有多个共轭双键，其最大吸收波长（λ_{max}）可向长波方向移动，为 450 nm，呈现亮黄色；当被还原成 $FADH_2$ 后，共轭链被破坏，λ_{max} 向短波方向移动，在可见光区域无吸收，因此呈无色。

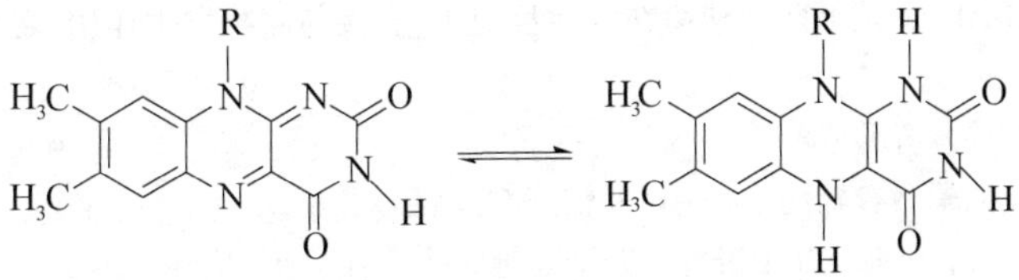

氧化氢(FAD)，黄色 ⇌ 还原型($FADH_2$)，无色

问题与思考 18-8　根据四氢叶酸的结构式，指出其中含什么氨基酸结构部分。

答　含谷氨酸结构部分。

问题与思考 18-9　写出丙酮酸在 TPP 作用下的氧化脱羧过程。

$$\underset{\text{丙酮酸}}{CH_3\overset{\overset{O}{\|}}{C}COOH} + TPP \xrightarrow{\text{丙酮酸氧化脱羧酶}} \underset{\text{丙酮酸 TPP 中间体}}{CH_3\underset{\underset{TPP}{|}}{\overset{\overset{OH}{|}}{C}}COOH} \xrightarrow{\text{丙酮酸氧化脱羧酶}} CH_3\underset{\underset{TPP}{|}}{\overset{\overset{OH}{|}}{C}}H + CO_2$$

问题与思考 18-10 辅酶 Q_{10} 与哪些维生素具有相似的结构?

答 与维生素 K 结构相似,其质子型与维生素 E 结构相似。

二、教材中的习题及解答

1. 简述水溶性维生素的分类及其作用。

答 水溶性维生素有 B 族维生素和维生素 C、P 等。水溶性维生素作用单一,主要构成辅酶直接影响相应酶的催化作用。可随尿液排出体外,体内很少储存,必须经常从食物中摄取。

2. 简述脂溶性维生素的分类及其作用。

答 脂溶性维生素有维生素 A、D、E、K 等。脂溶性维生素作用多样,除影响特异的代谢过程外,还与细胞内核受体结合,影响特定基因的表达。随脂类物质在肠道吸收,在体内常有一定的储量。吸收障碍或摄入过多都会影响机体健康。

3. B 族维生素参与构成的辅酶有哪些?

答 维生素 B_1 是硫胺素焦磷酸酯的组成部分;维生素 B_2 是 FAD 的组成部分;维生素 PP 是辅酶Ⅰ和辅酶Ⅱ的组成部分;泛酸是辅酶 A 的组成部分;维生素 B_6 是磷酸吡哆醛的组成部分。

4. 结构中含有共轭多烯醇侧链的维生素是________,可由人体内的胆固醇转化的维生素是________,促进肝脏合成凝血酶原所必需的维生素是________。

答 维生素 A,维生素 D,维生素 K。

5. 维生素 B_1 参与构成的辅酶是________,维生素 B_6 参与构成的辅酶是________。

答 硫胺素焦磷酸酯,磷酸吡哆醛。

6. 维生素 E 有几种异构体?其活性特点是什么?

答 维生素 E 有 α-生育酚、β-生育酚、γ-生育酚和 δ-生育酚四种异构体,均具有苯并二氢吡喃环的母核,环上 2 位有一个 16 碳的侧链。其中 α-生育酚活性最大,δ-生育酚活性最小。

7. 维生素 D_2 及 D_3 的结构有何异同点?

答 维生素 D_2、D_3 结构相似,均具有 9,10-开环胆甾醇母核。结构差别仅是 D_2 比 D_3 在侧链上多一个甲基和双键。一般维生素 D_3 的生物活性强于维生素 D_2。

8. 举例说明什么是辅酶,在酶促反应中起何种作用。

答 在复合酶中与酶蛋白结合的辅助因子称为辅酶,一般为有机小分子物质。例如,琥珀酸脱氢酶中黄素腺嘌呤核苷二磷酸(FAD)就是辅酶。辅酶在酶促反应中,直接与底物发生作用,起传递电子、氢或基团的作用。

9. 参与脱氢反应的辅酶有哪些?

答 参与脱氢反应的辅酶有辅酶Ⅰ,FAD 和辅酶 Q_{10} 等。

10. FAD 分子中有几个苷键?几个酐键?几个酯键?

答 有 1 个氮苷键、1 个酐键、2 个酯键,均在 ADP 结构部分。

11. 举例说明辅酶 A 参与何种类型反应。

答 辅酶 A 是酰基转移酶的辅酶,其主要功能是传递酰基。例如,体内的多数酰基化反应均通过辅酶 A 形成酰基辅酶 A,再从酰基辅酶 A 转移出酰基到参与反应的底物上,以此完成代谢过程中的酰基化反应。

12. 举例说明 FH_4 参与何种类型反应。

答 辅酶 F 是体内一碳单位(如—CH_3,—CH_2—,—CHO 等)转移酶的辅酶,如在半胱氨酸甲基转移酶的作用下,由 N_5-甲基-FH_4 提供甲基,半胱氨酸可以转化为蛋氨酸。

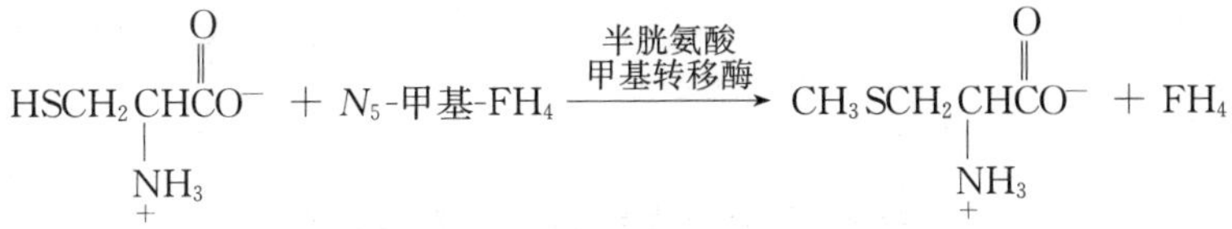

$$HSCH_2CH(NH_3^+)C(=O)O^- + N_5\text{-甲基-}FH_4 \xrightarrow[\text{甲基转移酶}]{\text{半胱氨酸}} CH_3SCH_2CH(NH_3^+)C(=O)O^- + FH_4$$

13. 举例说明 TPP 参与何种类型反应。

答　TPP 是糖代谢过程中 α-酮酸脱氢酶的辅酶，参与丙酮酸或 α-酮戊二酸的氧化脱羧反应和醛基转移。例如

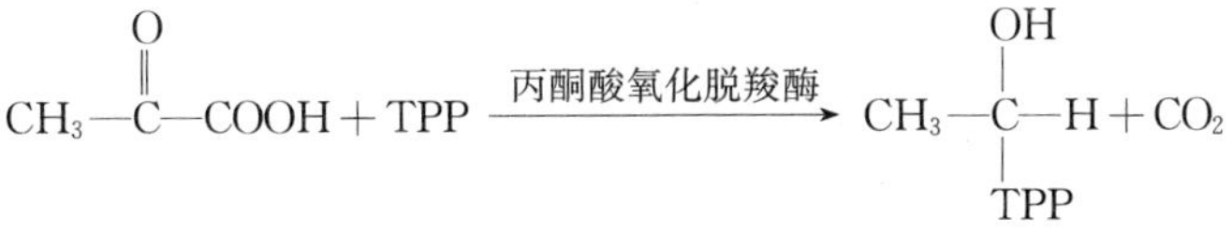

$$CH_3-C(=O)-COOH + TPP \xrightarrow{\text{丙酮酸氧化脱羧酶}} CH_3-C(OH)(TPP)-H + CO_2$$

（生理上的活性乙醛）

14. 举例说明 PLP 参与何种类型反应。

答　PLP 在氨基酸代谢中非常重要，是氨基酸转氨、脱羧和消旋作用的辅酶。例如，丙氨酸的转氨基反应中，关键一步是氨基酸中的氨基对醛基进行亲核加成生成亚胺的过程。α 位失去质子后进行键的重排生成不同的亚胺，亚胺再水解产生丙酮酸和磷酸吡哆胺。反应式如下：

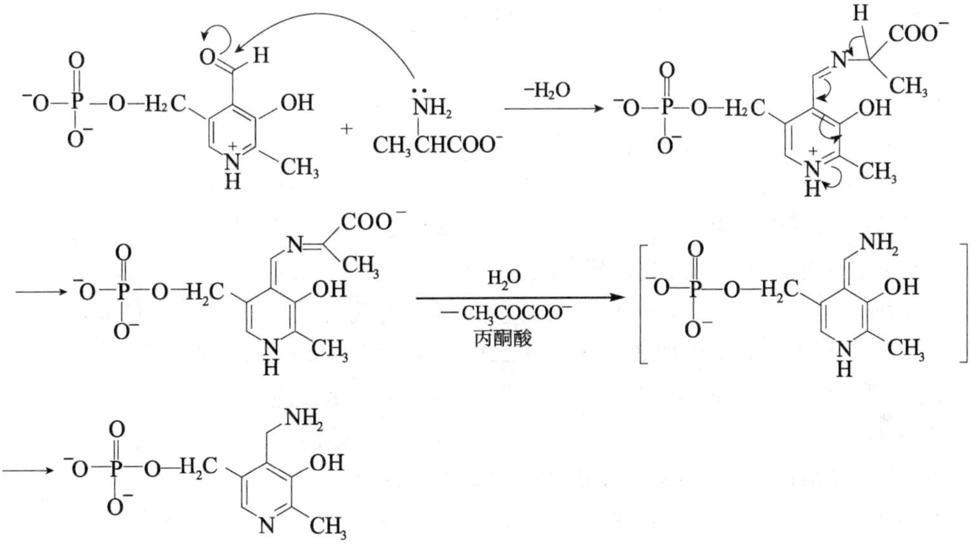

$$\text{PLP（}^-O-P(=O)(O^-)-O-H_2C\text{-吡啶环，CHO，OH，}CH_3\text{，}N^+H\text{）} + CH_3CH(\ddot{N}H_2)COO^- \xrightarrow{-H_2O} \text{亚胺（}CH=N-C(H)(CH_3)COO^-\text{）}$$

$$\longrightarrow \text{亚胺（}CH-N=C(CH_3)COO^-\text{）} \xrightarrow[\text{丙酮酸}]{H_2O,\ -CH_3COCOO^-} \left[\ ^-O-P(=O)(O^-)-O-H_2C\text{-（}=CH-NH_2\text{，OH，}CH_3\text{，NH）}\right]$$

$$\longrightarrow\ ^-O-P(=O)(O^-)-O-H_2C\text{-吡啶环（}CH_2NH_2\text{，OH，}CH_3\text{，N）}$$

（叶晓霞）

综合测试题及参考答案

综合测试题(一)

一、选择题(共 20 题,每题 1 分,共 20 分)

1. 下列化合物中哪些可能有顺反异构体(　　)

A. CHCl ═CHCl　B. CH_2═CCl_2　C. 1-戊烯　D. 2-甲基-2-丁烯

2. CH_3CH ═$CHCH_3$ 与 CH_3CH_2CH ═CH_2 是什么异构体(　　)

A. 碳架异构　B. 位置异构　C. 特性基团异构　D. 互变异构

3. $(H_3C)_2HC(CH_3)C{=}C(CH_2CH_3)CH_3$(双键左侧为 CH_3 与 $(H_3C)_2HC$,右侧为 CH_2CH_3 与 CH_3)的 *Z*、*E* 及顺、反命名是(　　)

A. *Z*,顺　B. *E*,顺　C. *Z*,反　D. *E*,反

4. 下列化合物的名称中,正确的是(　　)

A. 2,4-二甲基-2-戊烯　B. 3,4-二甲基-4-戊烯

C. 2-甲基-3-丙基-2-戊烯　D. 反-2-甲基-2-丁烯

5. 下列化合物不能使酸性高锰酸钾褪色的是(　　)

A. 1-丁烯　B. 甲苯　C. 丙烷　D. 2-丁醇

6. HBr 与 3,3-二甲基-1-丁烯加成生成 2,3-二甲基-2-溴丁烷的反应机理是(　　)

A. 碳正离子重排　B. 自由基反应

C. 碳负离子重排　D. 1,3 迁移

7. 在蛋白质一级结构中,连接氨基酸残基的主要化学键是(　　)

A. 配位键　B. 肽键　C. 离子键　D. 氢键

8. 关于 2-丁烯的两个顺反异构体,下列说法正确的是(　　)

A. 顺-2-丁烯沸点高　B. 反-2-丁烯沸点高　C. 两者一样高　D. 无法区别其沸点

9. 炔烃和烯烃的化学性质比较相似,但炔烃有一种特殊的化学反应:亲核加成反应,你认为炔烃和下列化合物的反应中,哪一种是亲核加成反应(　　)

A. 和水加成　B. 和 HCl 加成　C. 和卤素加成　D. 和甲醇加成

10. 丙烯与 HBr 加成,有过氧化物存在时,其主要产物是(　　)

A. $CH_3CH_2CH_2Br$　B. $CH_3CHBrCH_3$

C. CH_2BrCH ═CH_2　D. $CH_3CH_2CH_3$

11. 鉴别环丙烷,丙烯与丙炔需要的试剂是(　　)

A. $AgNO_3$ 的氨溶液;$KMnO_4$ 溶液　B. $HgSO_4/H_2SO_4$ $KMnO_4$ 溶液

C. Br_2 的 CCl_4 溶液;$KMnO_4$ 溶液　D. $AgNO_3$ 的氨溶液

12. 实验室中常用 Br_2 的 CCl_4 溶液鉴定烯键,其反应历程是(　　)

A. 亲电加成反应　B. 自由基加成　C. 协同反应　D. 亲电取代反应

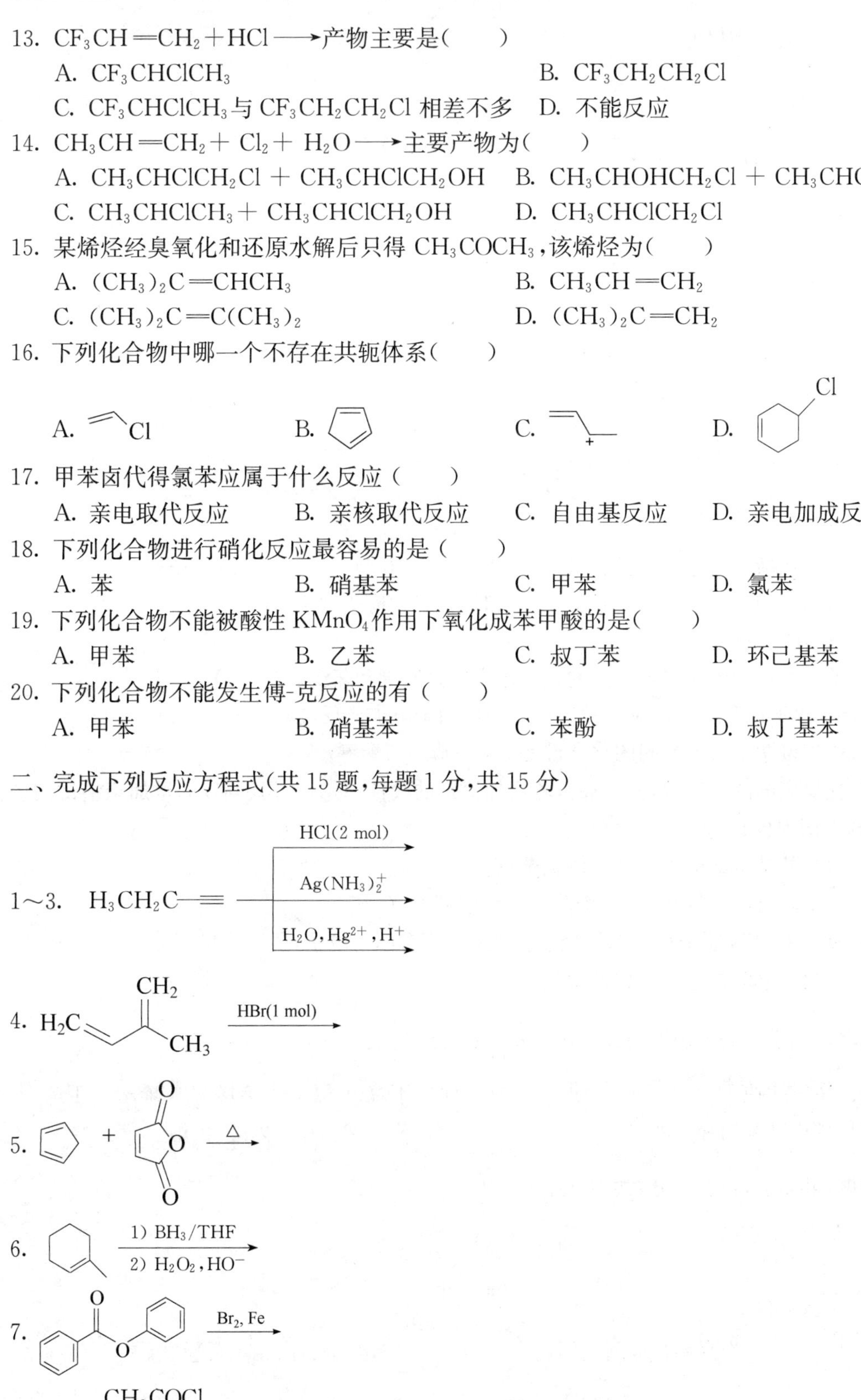

13. $CF_3CH{=}CH_2 + HCl \longrightarrow$ 产物主要是(　　)

A. $CF_3CHClCH_3$　　B. $CF_3CH_2CH_2Cl$

C. $CF_3CHClCH_3$ 与 $CF_3CH_2CH_2Cl$ 相差不多　　D. 不能反应

14. $CH_3CH{=}CH_2 + Cl_2 + H_2O \longrightarrow$ 主要产物为(　　)

A. $CH_3CHClCH_2Cl + CH_3CHClCH_2OH$　　B. $CH_3CHOHCH_2Cl + CH_3CHClCH_2Cl$

C. $CH_3CHClCH_3 + CH_3CHClCH_2OH$　　D. $CH_3CHClCH_2Cl$

15. 某烯烃经臭氧化和还原水解后只得 CH_3COCH_3,该烯烃为(　　)

A. $(CH_3)_2C{=}CHCH_3$　　B. $CH_3CH{=}CH_2$

C. $(CH_3)_2C{=}C(CH_3)_2$　　D. $(CH_3)_2C{=}CH_2$

16. 下列化合物中哪一个不存在共轭体系(　　)

A. Cl　　B.　　C. +　　D. Cl

17. 甲苯卤代得氯苯应属于什么反应(　　)

A. 亲电取代反应　　B. 亲核取代反应　　C. 自由基反应　　D. 亲电加成反应

18. 下列化合物进行硝化反应最容易的是(　　)

A. 苯　　B. 硝基苯　　C. 甲苯　　D. 氯苯

19. 下列化合物不能被酸性 $KMnO_4$ 作用下氧化成苯甲酸的是(　　)

A. 甲苯　　B. 乙苯　　C. 叔丁苯　　D. 环己基苯

20. 下列化合物不能发生傅-克反应的有(　　)

A. 甲苯　　B. 硝基苯　　C. 苯酚　　D. 叔丁基苯

二、完成下列反应方程式(共 15 题,每题 1 分,共 15 分)

1～3. $H_3CH_2C{-}{\equiv}$　→ HCl(2 mol)；→ $Ag(NH_3)_2^+$；→ H_2O, Hg^{2+}, H^+

4. H_2C CH_2 CH_3　$\xrightarrow{HBr(1\ mol)}$

5. + O O O　$\xrightarrow{\triangle}$

6. $\xrightarrow[2)\ H_2O_2, HO^-]{1)\ BH_3/THF}$

7. O O　$\xrightarrow{Br_2, Fe}$

8. CH_2COCl　$\xrightarrow{AlCl_3}$

9. O═⟨ ⟩═O $\xrightarrow{2NH_2OH}$

10. (2-萘基)-C(=O)-CH_3 $\xrightarrow{I_2/NaOH}$

11. $CH_3CHO \xrightarrow{稀碱}$

12. $CH_2═CH—O—CH_2CH═CH_2 \xrightarrow{\triangle}$

13. $Ph_3P═CHCH_3$ + (丙酮) ⟶

14～15. (对甲基苯酚) + (苯甲酰氯) ⟶ ；$\xrightarrow[\triangle]{AlCl_3}$

三、是非题(请在括号内标明,错用"×",对用"√",共 10 题,每题 1 分,共 10 分)

1. 环己烷有两种构象,最不稳定的船式构象和最稳定的椅式构象。(　　)
2. 内消旋酒石酸没有旋光性。(　　)
3. 蛋白质的一级结构中连接氨基酸的化学键主要是肽键和氢键。(　　)
4. HCN 与 α,β 不饱和醛的反应是发生在 C═C 的亲电加成反应。(　　)
5. 在核酸中连接两个核苷酸间的化学键是 3′,5′-磷酸二酯键。(　　)
6. 亲核取代反应的两种历程是竞争的,若增加溶剂的极性,对 S_N1 历程有利,增加亲核试剂浓度对 S_N2 历程也有利。(　　)
7. 构成纤维素的基本结构单元是 α-D-葡萄糖。(　　)
8. 卤代烷的消除反应多数都是 E2 消除,为反式消除。(　　)
9. 吡啶和吡咯中的 N 原子均为 sp^2 杂化,p 轨道上都有两个电子,所以均呈碱性。(　　)
10. I^- 虽然碱性很弱,但是其亲核性很强。(　　)

四、用简单的化学方法区别下列各组化合物(共 4 题,每题 2.5 分,共 10 分)

1. 乙烷、乙烯和乙炔　　2. 丁烷、1-氯丁烷、1,3-丁二烯和 1-丁烯
3. 苯甲醚、邻甲基苯酚和苄醇　　4. 苯乙酮、丙酮、丙醛、丙酸

五、合成题(共 2 题,每题 5 分,共 10 分)

1. 以 (邻硝基苯甲酸，NO_2、COOH) 为原料合成阿司匹林 (邻乙酰氧基苯甲酸，$OCCH_3$(=O)、COOH),要求写出相关反应式。

2. 以 (环戊醇，—OH) 为原料合成 (1-(2-羟基-2-丙基)环戊醇，OH、OH) 要求写出相关反应式。

六、写出反应机理(共 1 题,每题 5 分,共 5 分)

$$CH_2{=}CH{-}CH_2{-}\underset{\displaystyle OH}{\underset{|}{CH}}{-}CH_3 \xrightarrow{HBr} \underset{\displaystyle Br}{\underset{|}{CH_2}}{-}CH{=}CH{-}CH_2CH_3 + CH_2{=}CH{-}\underset{\displaystyle Br}{\underset{|}{C}}HCH_2CH_3$$

七、写出由反应物到生成物 A、B、C、D、E、F、G 各步的反应产物的结构式及每步反应历程的名称(共 14 空,每空 1 分,共 14 分)

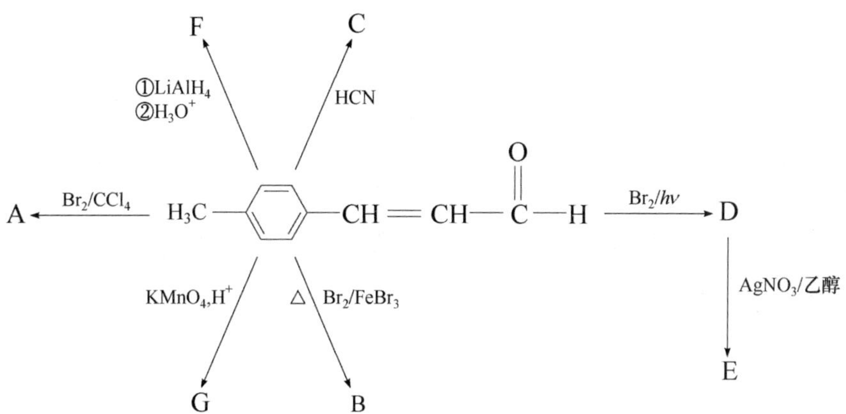

其 中:A:__________; B:__________; C:__________; D:__________;

E:__________;F:__________;G:__________;

生成 A 的反应历程是__________反应;生成 B 的反应历程是__________反应;

生成 C 的反应历程是__________反应;生成 D 的反应历程是__________反应;

生成 E 的反应历程是__________反应;生成 F 的反应历程是__________反应;

生成 G 的反应历程是__________反应。

八、推断题(共 2 题,每结构 2 分,共 18 分)

1. 化合物 A、B 和 C,分子式均为 C_6H_{12},三者都可使 $KMnO_4$溶液褪色,将 A、B、C 催化氢化都转化为 3-甲基戊烷,A 有顺反异构体,B 和 C 不存在顺反异构体,A 和 B 与 HBr 加成主要得同一化合物 D,试写出 A、B、C、D 的结构式。
2. 化合物 A 分子式 $C_6H_{12}O$,能够与羟胺反应,而与托伦试剂以及饱和亚硫酸氢钠溶液都不反应。A 催化加氢能得到 B,B 的分子式是 $C_6H_{14}O$,B 和浓硫酸脱水作用能够得到 C,C 的分子式为 C_6H_{12},C 经过臭氧化,在锌还原性水解条件下生成 D 和 E,两者的分子式均为 C_3H_6O。D 有碘仿反应而无银镜反应,E 有银镜反应而无碘仿反应,试写出 A、B、C、D、E 的结构式。

参 考 答 案

一、选择题(共 20 题,每题 1 分,共 20 分)

1. A 2. B 3. D 4. A 5. C 6. A 7. B 8. A 9. D 10. A 11. A 12. A 13. B 14. B 15. C 16. D 17. A 18. C 19. C 20. B

二、完成下列反应方程式(共 15 题,每题 1 分,共 15 分)

1~3. $CH_3CH_2CCl_2CH_3$ $CH_3CH_2C{\equiv}C{-}Ag$ $CH_3CH_2COCH_3$

4. $CH_3CBr(CH_3)CH{=}CH_2$ + $(CH_3)_2C{=}CHCH_2Br$

5. 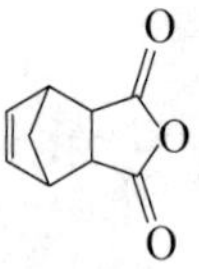 [structure: bicyclic anhydride]

6. 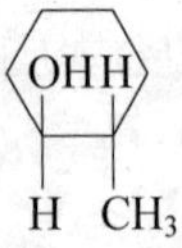 [structure: OH, H, H, CH_3]

7. 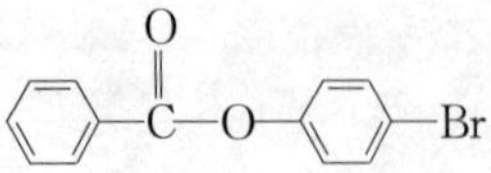 [structure: C_6H_5–C(=O)–O–C_6H_4–Br]

8. 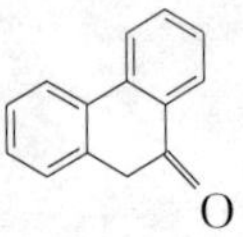 [structure: tricyclic ketone]

9. 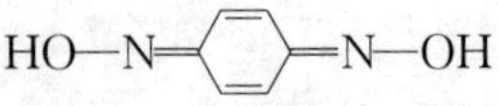 HO—N=C_6H_4=N—OH

10. 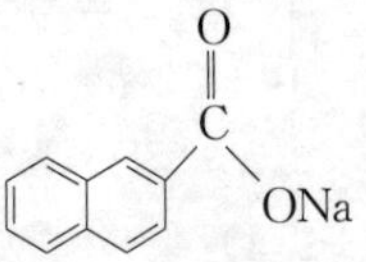 [structure: naphthalene–C(=O)ONa]

11. $CH_3CH(OH)CH_2CH_3$

12. $CH_2{=}CHCH_2CH_2CHO$

13. $(CH_3)_2C{=}CHCH_3$

三、是非题(请在括号内标明,错用"×",对用"√",共10题,每题1分,共10分)

1.× 2.√ 3.× 4.× 5.√ 6.√ 7.× 8.√ 9.× 10.√

四、用简单的化学方法区别下列各组化合物(共4题,每题2.5分,共10分)

1. 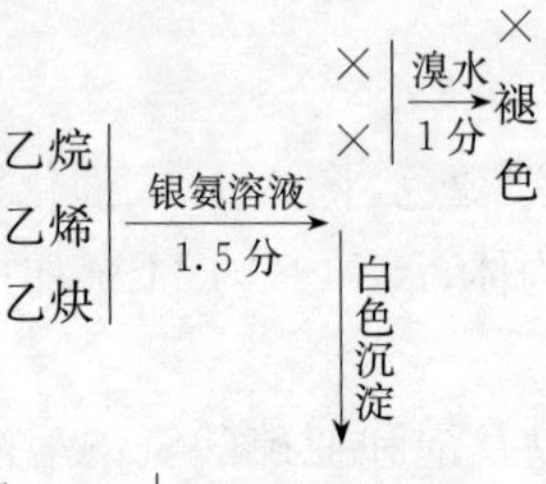 乙烷、乙烯、乙炔 —银氨溶液(1.5分)→ 乙烷 ×，乙烯 ×，乙炔 白色沉淀；乙烷、乙烯 —溴水(1分)→ 乙烷 ×，乙烯 褪色

2. 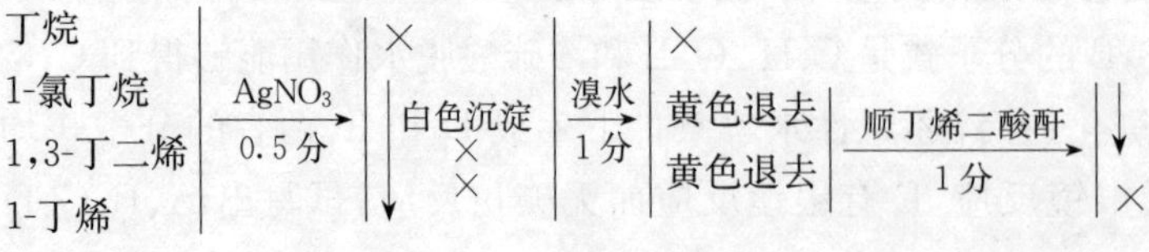 丁烷、1-氯丁烷、1,3-丁二烯、1-丁烯 —$AgNO_3$(0.5分)→ 丁烷 ×，1-氯丁烷 白色沉淀，1,3-丁二烯 ×，1-丁烯 ×；丁烷、1,3-丁二烯、1-丁烯 —溴水(1分)→ 丁烷 ×，1,3-丁二烯 黄色退去，1-丁烯 黄色退去；1,3-丁二烯、1-丁烯 —顺丁烯二酸酐(1分)→ 1,3-丁二烯 ↓，1-丁烯 ×

3. 苯甲醚、邻甲基苯酚、苄醇 —三氯化铁(1.5分)→ 苯甲醚 ×，邻甲基苯酚 蓝紫色，苄醇 ×；苯甲醚、苄醇 —钠(1分)→ 苯甲醚 ×，苄醇 ↑气体

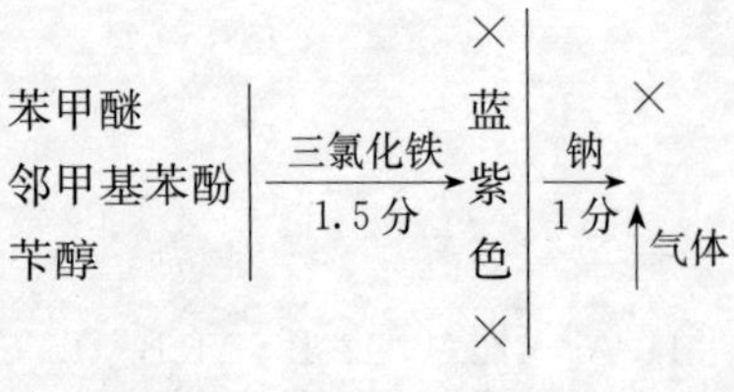

4. 苯乙酮、丙酮、CH_3CH_2CHO、CH_3CH_2COOH $\xrightarrow[1分]{Na}$ ×、×、×、↑ ；×、×、× $\xrightarrow[1分]{[Ag(NH_3)_2]^+}$ ×、×、银镜；×、× $\xrightarrow[0.5分]{NaHSO_3}$ ×、↓

五、合成题(共 2 题,每题 5 分,共 10 分)

1. 邻硝基苯甲酸(NO_2, COOH) $\xrightarrow{Zn/HCl}$ 邻氨基苯甲酸(NH_2, COOH) $\xrightarrow[2)\ H_2O,\triangle]{1)\ NaNO_2,HCl}$ 水杨酸(OH, COOH) $\xrightarrow[H^+]{(CH_3CO)_2O}$ 乙酰水杨酸($OCOCH_3$, COOH)

2. 环戊醇 $\xrightarrow{KMnO_4,H^+}$ 环戊酮

2-溴丙烷 $\xrightarrow{Ph_3P}$ $\xrightarrow{n\text{-}BuLi}$ $\xrightarrow{环戊酮}$ $\xrightarrow{KMnO_4,\ \bar{O}H}$ 1-(2-羟基-2-丙基)环戊醇(OH, OH)

六、写出反应机理(共 1 题,每题 5 分,共 5 分)

$$\xrightarrow{H^+} H_2C{=}CH{-}CH_2{-}\underset{+\ddot{O}H_2}{CH}{-}CH_3 \xrightarrow{-H_2O} H_2C{=}CH{-}\underset{H}{CH}{-}\overset{+}{C}H{-}CH_3$$

$$\xrightarrow{-H迁移} H_2C{=}CH{-}\overset{+}{C}H{-}CH_2CH_3 \equiv \overset{\delta^+}{C}H_2{\cdots}CH{\cdots}\overset{\delta^+}{C}H{-}CH_2{-}CH_3 \xrightarrow{Br^-}$$

①、②

$$\underset{Br}{CH_2}{-}CH{=}CH{-}CH_2CH_3 + CH_2{=}CH{-}\underset{Br}{CH}{-}CH_2CH_3$$

七、写出由反应物到生成物 A、B、C、D、E、F、G 各步的反应产物的结构式及每步反应历程的名称(共 14 空,每空 1 分,共 14 分)

解

A. $CH_3{-}C_6H_4{-}C(Br)(H){-}CH_2(Br){-}CHO$　　B. $CH_3{-}C_6H_3(Br){-}CH{=}CH{-}CHO$

C. $CH_3{-}C_6H_4{-}CH(CN){-}CH_2{-}CHO$　　D. $CH_2(Br){-}C_6H_4{-}CH{=}CHCHO$

E. $CH_2(ONO_2){-}C_6H_4{-}CH{=}CN{-}CHO$　　F. $CH_3{-}C_6H_4{-}CH{=}CH{-}CH_2OH$

G. $HOOC{-}C_6H_4{-}COOH$

A:亲电加成; B:亲电取代; C:亲核加成; D:游离基取代;E: 亲核取代; F:选择性还原;G:氧化反应

八、推断题(共2题,每结构2分,共18分)

1. A：$CH_3CH{=}C(CH_3)CH_2CH_3$　　B：$(CH_3CH_2)_2C{=}CH_2$

C：$CH_2{=}CHCH(CH_3)CH_2CH_3$　　D：$CH_3CH_2CBr(CH_3)CH_2CH_3$

2. A：$(CH_3)_2CH{-}COCH_2CH_3$　　B：$(CH_3)_2CH{-}CH(OH)CH_2CH_3$

C：$(CH_3)_2C{=}CHCH_2CH_3$　　D：CH_3COCH_3　E：CH_3CH_2CHO

综合测试题(二)

一、单项选择题(共 20 题,每题 1 分,共 20 分)

1. 下列叙述中不正确的是(　　)
   A. 分子与其镜像不能重叠的特性称为手性
   B. 没有手性碳原子的分子一定是非手性分子,一定没有旋光性
   C. 具有对称面或对称中心的分子都是非手性分子,一定没有旋光性
   D. 没有任何对称因素的分子一定是手性分子

2. 多元醇 $\underset{\text{OH}}{\underset{|}{CH_2}}—\underset{\text{OH}}{\underset{|}{CH}}—\underset{\text{OH}}{\underset{|}{CH}}—CH_3$ 与过量 HIO_4 反应的产物是(　　)
   A. HCHO　　B. HCHO 和 CH_3CHO
   C. OHC—CHO 和 CH_3CHO　　D. HCHO、HCOOH 和 CH_3CHO

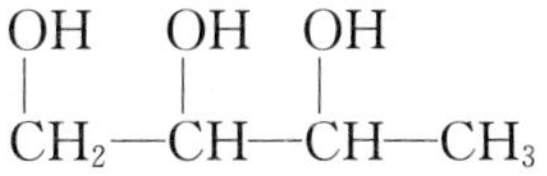

3. 下列碳正离子中,最稳定的是(　　)
   A. CH_3^+═$CHCH_2CH_3$　　B. CH_2═$\overset{+}{C}H(CH_3)_2$
   C. CH_3CH═$CHCH_2\overset{+}{C}H_2$　　D. CH_2═$CHCH_2\overset{+}{C}HCH_3$

4. 化合物 (纽曼投影式:前碳上 Cl、CH_2CH_3、H_3C;后碳上 H、H、Br) 的费歇尔投影式是(　　)

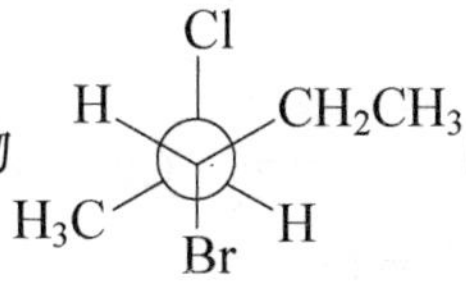

A. 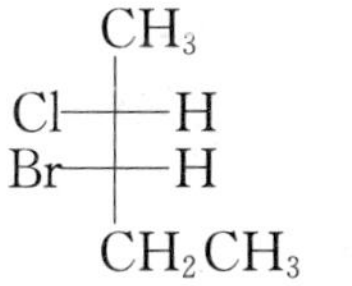 $\begin{array}{c} CH_3 \\ Cl—\!\!\!+\!\!\!—H \\ Br—\!\!\!+\!\!\!—H \\ CH_2CH_3 \end{array}$　　B. $\begin{array}{c} Cl \\ H_3C—\!\!\!+\!\!\!—H \\ Br—\!\!\!+\!\!\!—H \\ CH_2CH_3 \end{array}$

C. $\begin{array}{c} Cl \\ H_3C—\!\!\!+\!\!\!—H \\ H_3CH_2C—\!\!\!+\!\!\!—Br \\ H \end{array}$　　D. 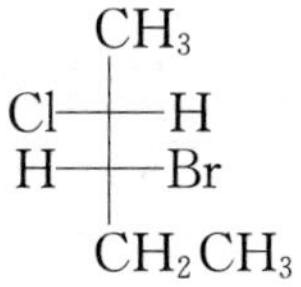 $\begin{array}{c} CH_3 \\ Cl—\!\!\!+\!\!\!—H \\ H—\!\!\!+\!\!\!—Br \\ CH_2CH_3 \end{array}$

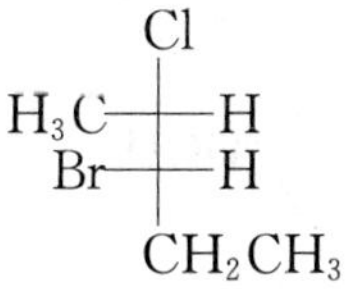

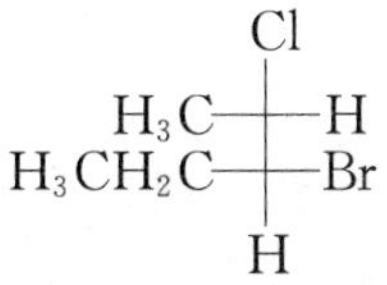

5. 烯烃发生硼氢化-氧化反应得到的产物是(　　)
   A. 反马式,顺式　　B. 反马式,反式
   C. 马式,反式　　D. 马式,顺式

6. 增加溶剂的极性,对下列反应最有利的是(　　)
   A. $(CH_3)_3CBr+NaOH \longrightarrow$　　B. $CH_3Br+NaOH \longrightarrow$
   C. CH_3CH═$CHBr+NaOH \longrightarrow$　　D. 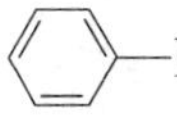 C_6H_5—Br + NaOH ⟶

7. 下列化合物构型为 S 的是(　　)

A. 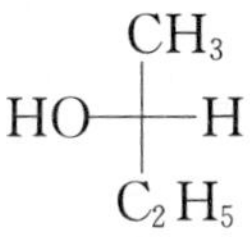 $\begin{array}{c} CH_3 \\ HO—\!\!\!+\!\!\!—H \\ C_2H_5 \end{array}$　　B. 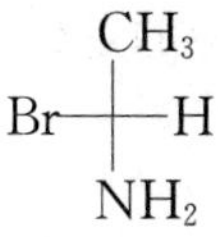 $\begin{array}{c} CH_3 \\ Br—\!\!\!+\!\!\!—H \\ NH_2 \end{array}$

C. 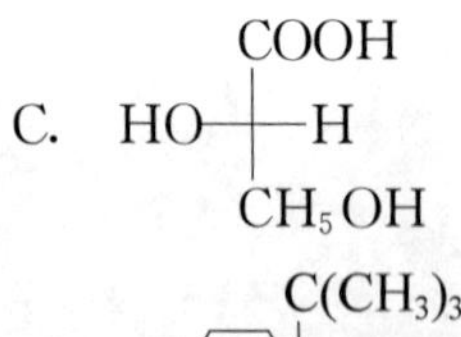

D. Fischer 投影式：上 CH_2OH，左 Cl，右 H，下 OH

8. 化合物（取代环己烷：$C(CH_3)_3$、CH_3、H、H）的优势构象为(　　)

A. 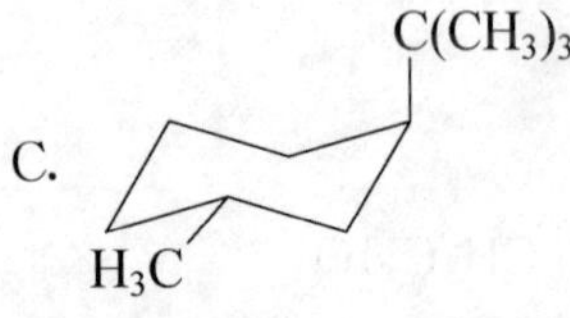

B. 椅式构象，CH_3（直立键），$C(CH_3)_3$

C. 椅式构象，$C(CH_3)_3$（直立键），H_3C

D. 椅式构象，CH_3（直立键），$C(CH_3)_3$（直立键）

9. 下列化合物发生苯环上的亲电取代反应时速率最快的是(　　)

A. C_6H_5—OCH_3　　B. C_6H_5—$COCH_3$

C. C_6H_5—CH_2CH_3　　D. C_6H_5—O—C(=O)—CH_3

10. 下列化合物中没有光学活性的是(　　)

A. (Cl)(Br)C=C=C(Cl)(Br)　　B. (H_3C)(C_2H_5)C=C=C(Cl)(Cl)

C. 4-甲基环己叉基乙酸（H、H_3C；COOH、H）　　D. 螺环化合物（H、H_3C；CH_3、C_2H_5）

11. 下列醇中，与卢卡斯试剂反应最快的是(　　)

A. $CH_3CH_2CH_2CH_2OH$　　B. $CH_3CH_2C(CH_3)_2$（C 上连 OH）

C. $(CH_3)_2CCH_2OH$　　D. CH_3CH_2—$CHCH_3$（CH 上连 OH）

12. 下列化合物中，最容易发生脱羧反应的是(　　)

A. H_3C—C_6H_{10}—COOH　　B. $(CH_3)_3CCOOH$

C. C_6H_5—COOH　　D. CH_3CHCH_2COOH（CH 上连 OH）

13. 不能发生康尼查罗反应的是(　　)

A. 甲醛　　B. 环己基甲醛

C. 2,2-二甲基丁醛　　D. 对甲基苯甲醛

14. 可用于判断油脂的平均相对分子质量大小的是(　　)

A. 酸值　　B. pI

C. 碘值　　D. 皂化值

15. 丙氨酸的等电点 pI=6.00,它在 pH=9 的溶液中的主要存在形式是(　　)

A. $CH_3—CH(NH_3^+)COOH$　　B. $CH_3—CH(NH_3^+)COO^-$

C. $CH_3—CH(NH_2)COOH$　　D. $CH_3—CH(NH_2)COO^-$

16. 重氮盐与苯酚的偶联反应属于(　　)

A. 亲核取代　　B. 游离基反应

C. 亲电取代　　D. 亲电加成

17. 费林试剂不能用于鉴别下列哪一组化合物?(　　)

A. 苯甲醛与丙酮　　B. 苯甲醛与乙醛

C. 丁醛与丁酮　　D. 甲醛与苯乙酮

18. 下列化合物中,亲电取代反应活性最高的是(　　)

A. 呋喃　　B. 噻吩

C. 苯　　D. 吡咯

19. 将 D-果糖用稀碱处理后得到的主要产物是(　　)

A. D-葡萄糖、D-果糖、D-半乳糖和 D-甘露糖　　B. D-葡萄糖和 D-半乳糖

C. D-果糖和 D-甘露糖　　D. D-葡萄糖、D-果糖和 D-甘露糖

20. 下列化合物中,烯醇式含量最高的是(　　)

A. $CH_3COCH_2CH_3$　　B. $CH_3COCH_2COOCH_2CH_3$

C. $C_6H_5COCH_2CH_3$　　D. $CH_3COCH_2CH_2COCH_3$

二、命名或写出结构式(共 20 题,每题 1 分,共 20 分)

1. 

2. 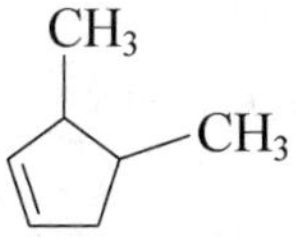 CH_3　CH_3

3. $CH=CHCH_3$

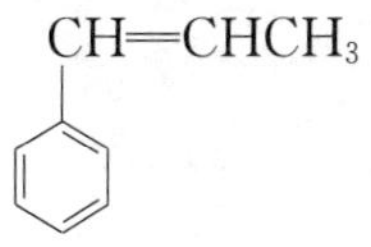

4. 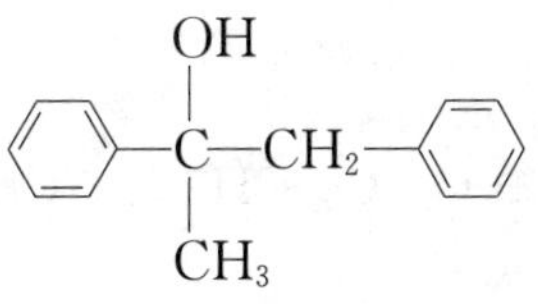 OH　C—CH_2　CH_3

5. 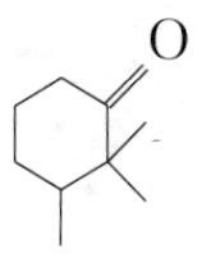 O

6. 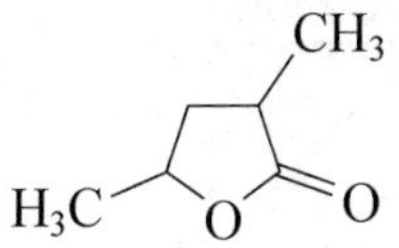 CH_3　H_3C　O　O

7. $(CH_3CH_2CH_2)_2N^+(CH_3)_2OH^-$

8. 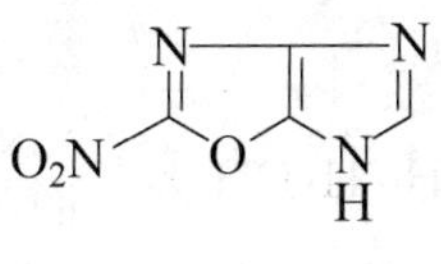 N　N　O_2N　O　N　H

9. 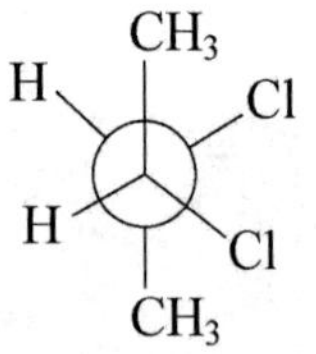 Newman projection: front carbon with CH_3 (top), H (upper left), Cl (upper right); back carbon with H, Cl, CH_3 (bottom)

10. 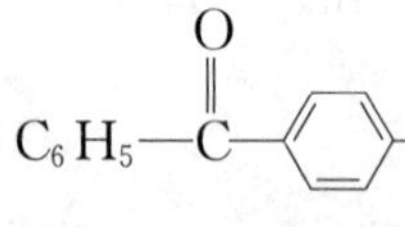 $C_6H_5-\overset{O}{\overset{\|}{C}}-C_6H_4-CH_2COOH$ (para)

11. (*E*)-2-苯基丁-2-烯

12. 3-碘-2,2,4,4-四甲基戊烷

13. 苄基叔丁基醚

14. (*Z*)-3-氯-3-戊烯-2-酮

15. 3-氯-2-甲基-5-异丙基苯酚

16. δ-戊内酰胺

17. 磺胺

18. *N*,*N*-二甲基甲酰胺

19. 顺-环戊-1,3-二醇

20. 对甲基苯甲酰氯

三、完成下列反应(共15题,每题1分,共15分)

1. 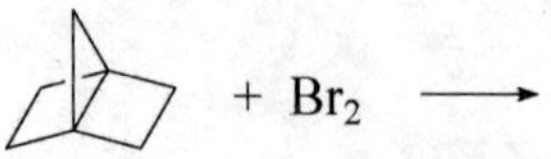 (norbornane) $+ Br_2 \longrightarrow$

2. (2,3-dimethyl-1,3-butadiene) $+$ (cis-$CH(COOCH_3)=CH(COOCH_3)$) $\xrightarrow{\triangle}$

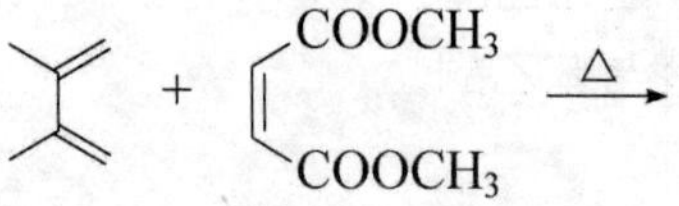

3. $CH_3CH{=}CHCH{=}CH_2 \xrightarrow{KMnO_4/H^+}$

4. 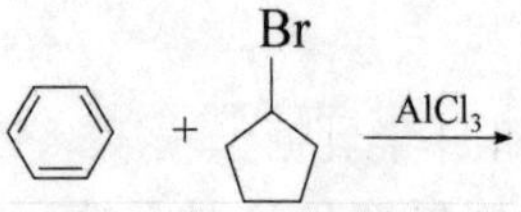 (benzene) $+$ (bromocyclopentane) $\xrightarrow{AlCl_3}$

5. 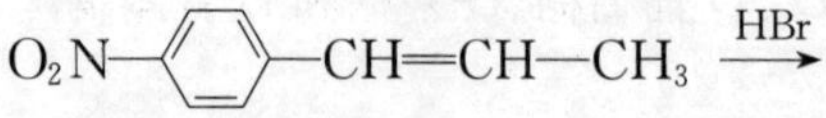 $O_2N-C_6H_4-CH{=}CH-CH_3 \xrightarrow{HBr}$ (para)

6. 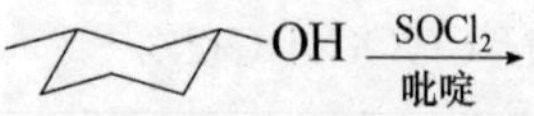 (cyclohexanol, chair) $\xrightarrow[\text{吡啶}]{SOCl_2}$

7. 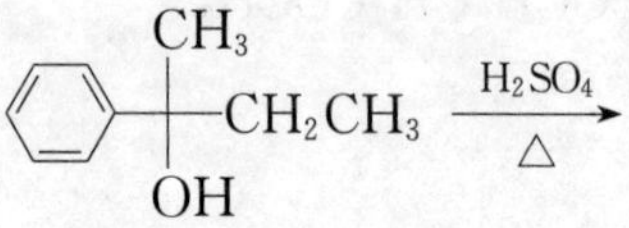 $C_6H_5-C(CH_3)(OH)-CH_2CH_3 \xrightarrow[\triangle]{H_2SO_4}$

8. 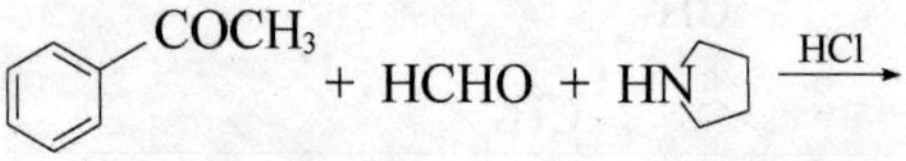 $C_6H_5COCH_3 + HCHO +$ (pyrrolidine, HN) $\xrightarrow{HCl}$

9. 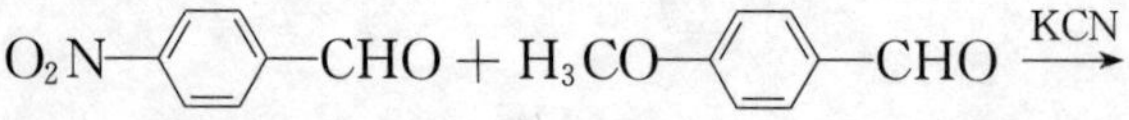 $O_2N-C_6H_4-CHO + H_3CO-C_6H_4-CHO \xrightarrow{KCN}$ (para)

10. $H_3C-\overset{O}{\overset{\|}{C}}-O-\overset{O}{\overset{\|}{C}}-CH_3 + (CH_3)_3COH \longrightarrow$

11. 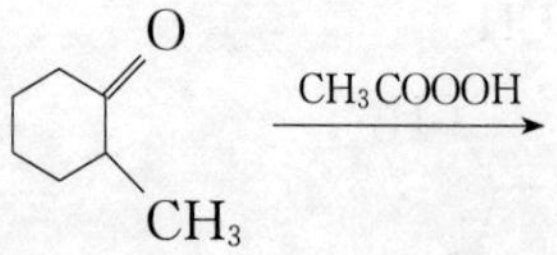 (2-methylcyclohexanone) $\xrightarrow{CH_3COOOH}$

12. 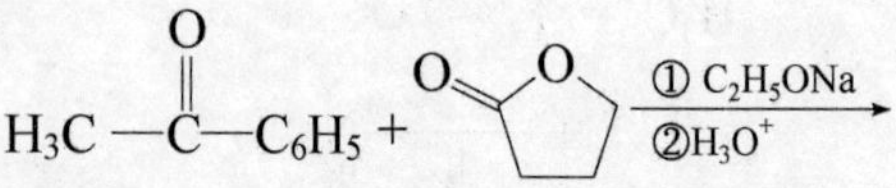 $H_3C-\overset{O}{\overset{\|}{C}}-C_6H_5 +$ (γ-butyrolactone) $\xrightarrow[\text{②} H_3O^+]{\text{①} C_2H_5ONa}$

13. $(CH_3)_2CHNHCH(CH_3)_2 \xrightarrow[HCl/H_2O]{NaNO_2}$

14. 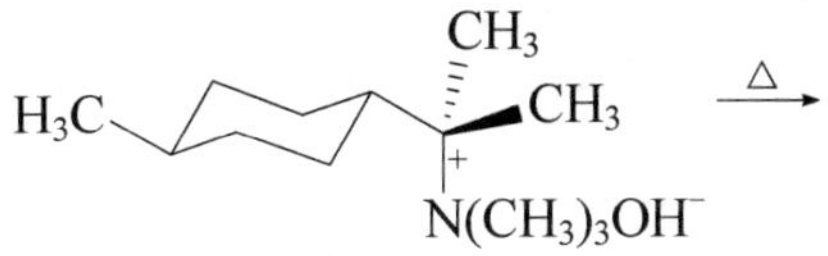 H_3C-环己基-$C(CH_3)_2\overset{+}{N}(CH_3)_3OH^-$ $\xrightarrow{\triangle}$

15. 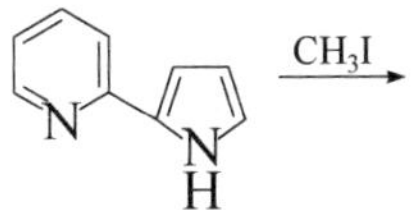 2-(2-吡咯基)吡啶 $\xrightarrow{CH_3I}$

四、完成下列转化(共 2 题,每题 5 分,共 10 分)

1. 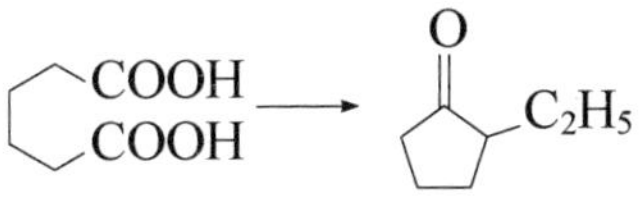 $HOOC(CH_2)_4COOH$ ⟶ 2-乙基环戊酮(C_2H_5)

2. 四氢吡咯(N-H) ⟶ 环己烷

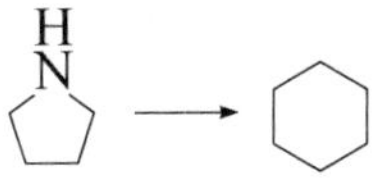

五、简答题(共 5 题,每题 4 分,共 20 分)

1. 写出 1,2-二甲基环己烷、1,3-二甲基环己烷、1,4-二甲基环己烷的所有构型异构体。
2. 写出溴苯硝化的活性中间体的共振极限式,比较这些极限式的稳定性并说明理由。
3. 解释下列反应现象。

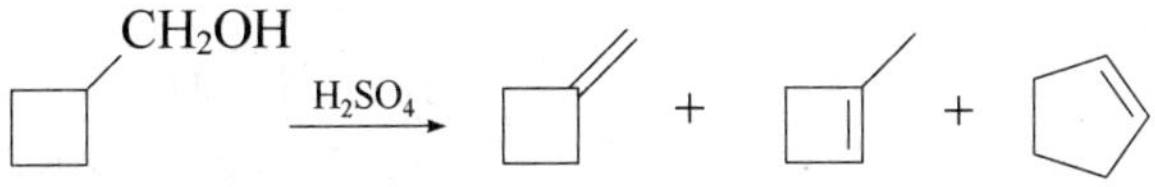

环丁基甲醇(CH_2OH) $\xrightarrow{H_2SO_4}$ 亚甲基环丁烷 + 1-甲基环丁烯 + 环戊烯

4. 某些安息香缩合反应在水溶液及室温情况下不发生,但在反应混合液中加入适量的冠醚 18-冠-6 或二苯并 18-冠-6 后,缩合反应即顺利进行了。请对上述实验现象作出解释。
5. 写出下面反应的机理。

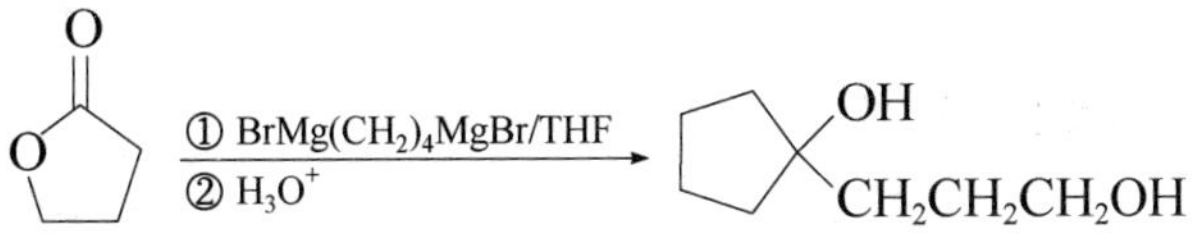

γ-丁内酯 $\xrightarrow[\text{② } H_3O^+]{\text{① } BrMg(CH_2)_4MgBr/THF}$ 1-(OH)-1-($CH_2CH_2CH_2OH$)环戊烷

六、推断结构题(共 3 题,每题 5 分,共 15 分)

1. 化合物 A 的分子式为 $C_5H_{12}O$,能与金属钠反应放出氢气,也可使酸性 $KMnO_4$ 溶液褪色,与卢卡斯试剂作用几分钟后出现浑浊。A 与浓硫酸共热可得 B(C_5H_{10}),用稀冷的高锰酸钾水溶液处理 B 则可以得到产物 C($C_5H_{12}O_2$),C 与高碘酸作用最终生成乙醛和丙酮。试写出化合物 A 的构造式。
2. 化合物 A ($C_7H_{14}O_2$)可与金属钠发生反应放出氢气,但不与苯肼发生反应。A 与高碘酸作用可得到化合物 B($C_7H_{12}O_2$),B 可与苯肼发生反应,并能被费林试剂氧化,B 与 I_2 的 NaOH 溶液作用可生成碘仿和己二酸,试推测化合物 A 和 B 的结构。
3. 化合物 A 的分子式为 $C_9H_7ClO_2$,可水解生成 B($C_9H_8O_3$);B 可溶于碳酸氢钠溶液,并能与苯肼作用,但不与费林试剂作用;将 B 强烈氧化可得到 C($C_8H_6O_4$),C 脱水可得到酸酐 D($C_8H_4O_3$)。试写出化合物 A、B、C 和 D 的构造式。

参考答案

一、单项选择题(共 20 题,每题 1 分,共 20 分)

1.B 2.D 3.B 4.A 5.A 6.A 7.C 8.B 9.A 10.B 11.B 12.C 13.B 14.D 15.D 16.C 17.A 18.D 19.D 20.B

二、命名或写出结构式(共 20 题,每题 1 分,共 20 分)

1. 2-溴-7,7-二甲基双环[2.2.1]庚烷
2. 3,4-二甲基环戊烯
3. 1-苯基丙烯
4. 1,2-二苯基丙-2-醇
5. 2,2,3-三甲基环己酮
6. 2,4-二甲基-γ-丁内酯或 α,γ-二甲基丁内酯
7. 氢氧化二丙基二甲基铵
8. 2-硝基咪唑并[4,5-*d*]噁唑
9. (2*S*,3*S*)-2,3-二氯丁烷
10. 4-苯甲酰基苯乙酸

11. 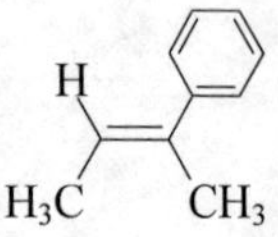 H / C=C(Ph) ; H_3C , CH_3

12. 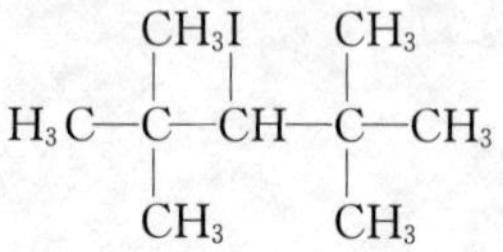 $H_3C-C(CH_3)_2-CHI-C(CH_3)_2-CH_3$

13. 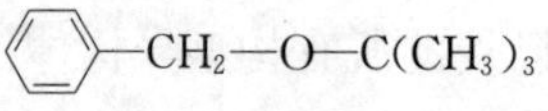 $C_6H_5-CH_2-O-C(CH_3)_3$

14. 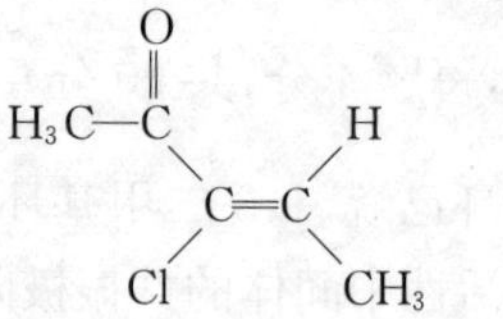 $H_3C-C(=O)-C(Cl)=CH-CH_3$

15. 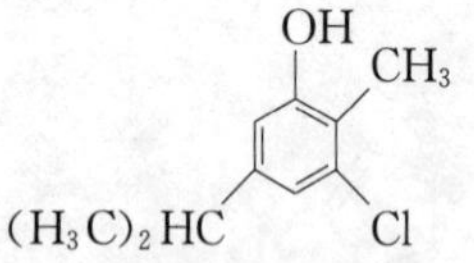 OH, CH_3, $(H_3C)_2HC$, Cl (取代苯)

16. 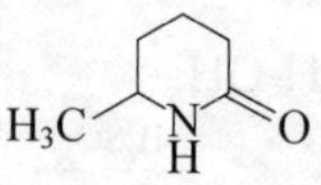 H_3C-(哌啶-2-酮), N-H, O

17. 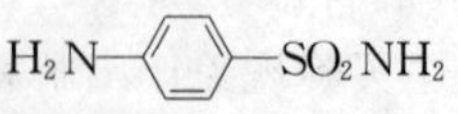 $H_2N-C_6H_4-SO_2NH_2$

18. 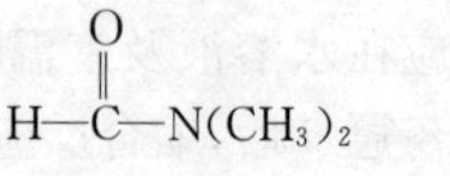 $H-C(=O)-N(CH_3)_2$

19. 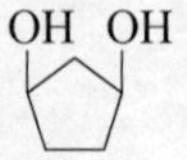 OH OH (环戊二醇)

20. 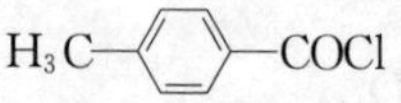 $H_3C-C_6H_4-COCl$

三、完成下列反应(共 15 题,每题 1 分,共 15 分)

1. 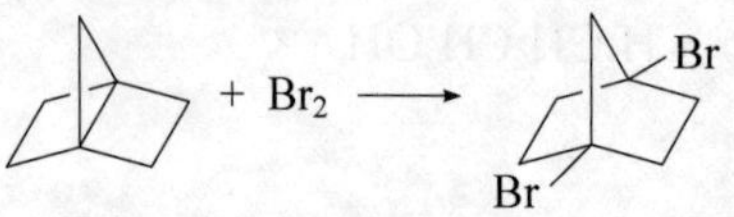 (双环化合物) + Br_2 ⟶ (二溴产物, Br, Br)

2. (2,3-二甲基丁二烯) + $CH(COOCH_3)=CH(COOCH_3)$ 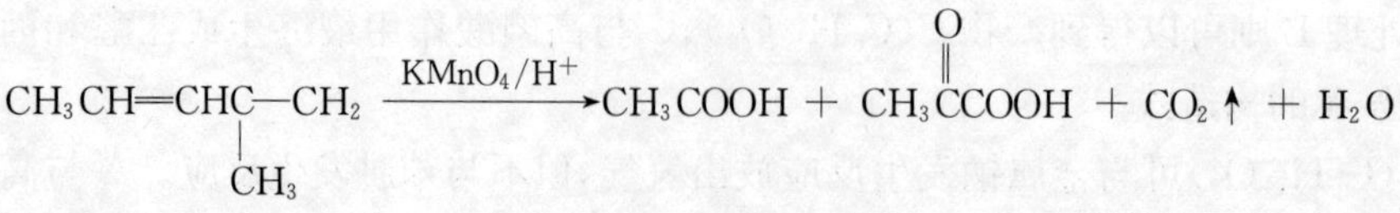 $\xrightarrow{\triangle}$ (4,5-二甲基环己烯-1,2-二甲酸二甲酯, $COOCH_3$, $COOCH_3$)

3. $CH_3CH=CHC(CH_3)=CH_2 \xrightarrow{KMnO_4/H^+} CH_3COOH + CH_3C(=O)COOH + CO_2\uparrow + H_2O$

4. C_6H_6 + (溴代环戊烷, Br) $\xrightarrow{AlCl_3}$ C_6H_5-(环戊基) + HBr

5. $O_2N-C_6H_4-CH=CH-CH_3 \xrightarrow{HBr} O_2N-C_6H_4-CH(Br)CH_2CH_3$

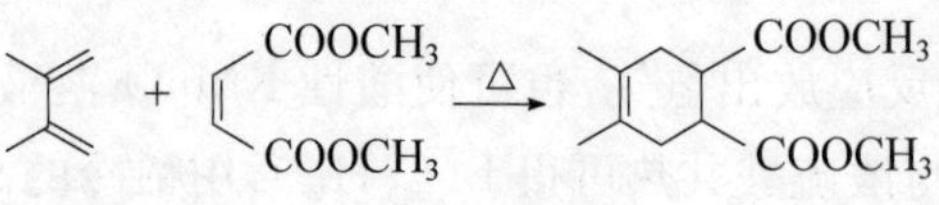

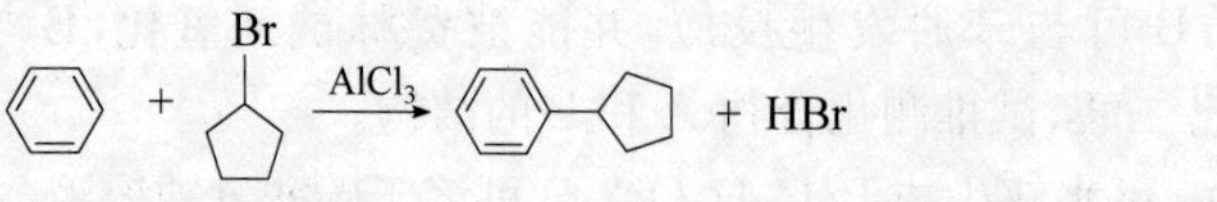

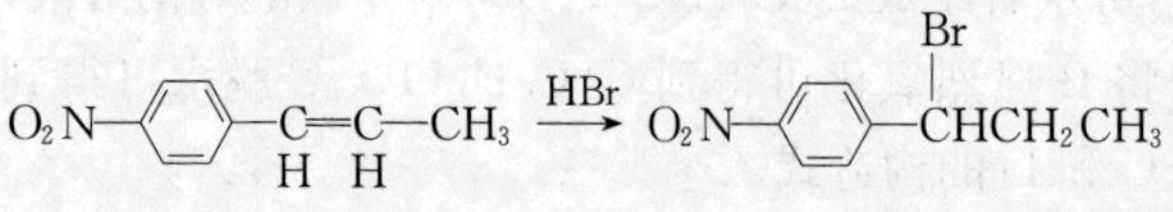

6. (4-甲基环己醇) $\xrightarrow[\text{吡啶}]{SOCl_2}$ (4-甲基氯代环己烷)

7. $C_6H_5C(CH_3)(OH)CH_2CH_3 \xrightarrow[\triangle]{H_2SO_4} C_6H_5C(CH_3)=CHCH_3$

8. $C_6H_5COCH_3 + HCHO + HN$(四氢吡咯) $\xrightarrow{HCl} C_6H_5C(=O)—CH_2—CH_2—N$(四氢吡咯基)

9. $O_2N—C_6H_4—CHO + H_3CO—C_6H_4—CHO \xrightarrow{KCN} O_2N—C_6H_4—C(=O)—CH(OH)—C_6H_4—OCH_3$

10. $H_3C—C(=O)—O—C(=O)—CH_3 + (CH_3)_3COH \longrightarrow H_3C—C(=O)—OC(CH_3)_3$

11. (2-甲基环己酮) $\xrightarrow{CH_3COOOH}$ (7-甲基-2-氧杂环庚酮)

12. $H_3C—C(=O)—C_6H_5$ + (γ-丁内酯) $\xrightarrow[\text{②}H_3O^+]{\text{①}C_2H_5ONa} C_6H_5—C(=O)—CH_2C(=O)—CH_2CH_2CH_2OH$

13. $(CH_3)_2CHNHCH(CH_3)_2 \xrightarrow[HCl/H_2O]{NaNO_2} (CH_3)_2CHN(NO)CH(CH_3)_2$

14. H_3C—(环己基)—$C(CH_3)_2N^+(CH_3)_3OH^-$ $\xrightarrow{\triangle}$ H_3C—(环己基)—$C(CH_3)=CH_2 + N(CH_3)_3$

15. 2-(2-吡咯基)吡啶 $\xrightarrow{CH_3I}$ N-甲基-2-(2-吡咯基)吡啶鎓

四、完成下列转化(共2题,每题5分,共10分)

1. (己二酸) $\xrightarrow[H^+]{C_2H_5OH}$ (己二酸二乙酯) $\xrightarrow{C_2H_5OONa}$ (2-氧代环戊烷甲酸乙酯, $COOC_2H_5$) $\xrightarrow[C_2H_5OONa]{C_2H_5Br}$

(1-乙基-2-氧代环戊烷甲酸乙酯, C_2H_5, $COOC_2H_5$) $\xrightarrow{H_3O^+}$ (1-乙基-2-氧代环戊烷甲酸, C_2H_5, $COOH$) $\xrightarrow{\triangle}$ (2-乙基环戊酮, C_2H_5)

2. (四氢吡咯) $\xrightarrow{2CH_3I}$ (N,N-二甲基四氢吡咯鎓 I^-, H_3C, CH_3) $\xrightarrow[\triangle]{Ag_2O}$ (H_3C—N—CH_3 开环烯胺) $\xrightarrow{2CH_3I}\xrightarrow[\triangle]{Ag_2O}$ (1,3-丁二烯) $\xrightarrow{CH_2=CH_2}$ $\xrightarrow{H_2/Ni}$ (环己烷)

五、简答题(共 5 题,每题 4 分,共 20 分)

1.

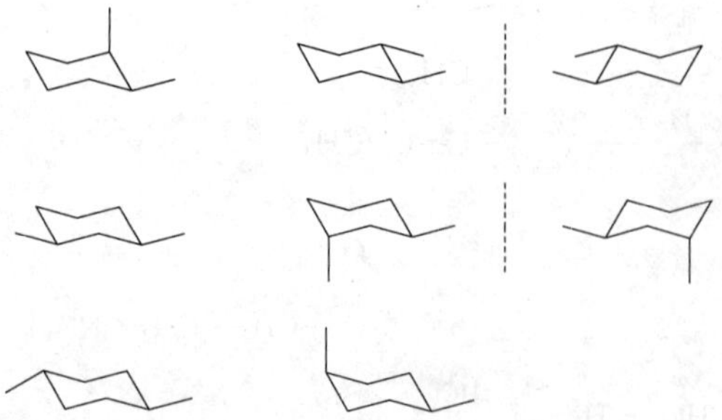

2.

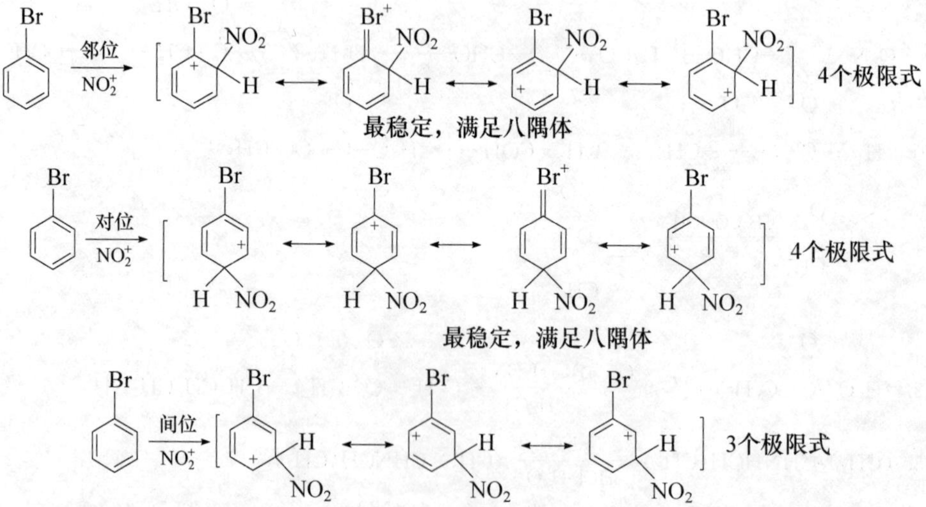

邻位 NO_2^+ 4个极限式

最稳定，满足八隅体

对位 NO_2^+ 4个极限式

最稳定，满足八隅体

间位 NO_2^+ 3个极限式

3.

H_2SO_4 $-H_2O$ $-H^+$ E_1

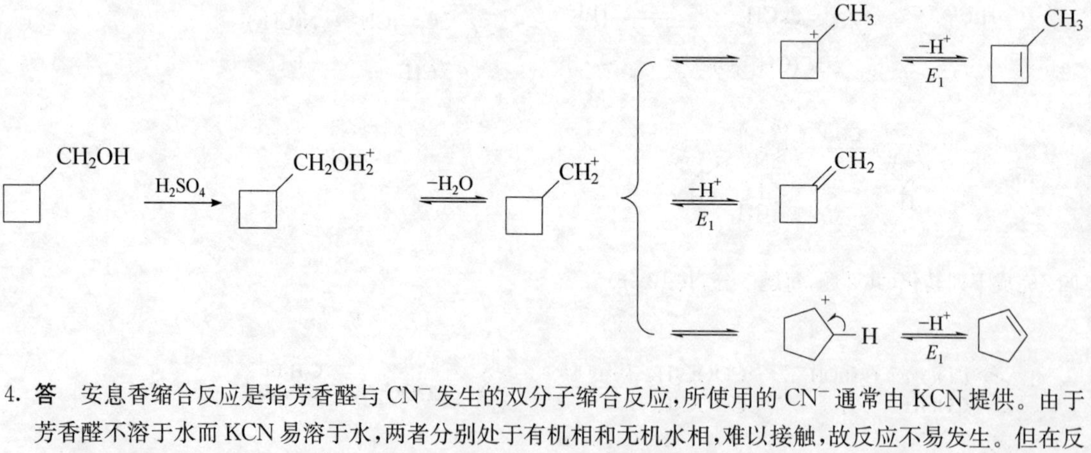

4. **答** 安息香缩合反应是指芳香醛与 CN^- 发生的双分子缩合反应,所使用的 CN^- 通常由 KCN 提供。由于芳香醛不溶于水而 KCN 易溶于水,两者分别处于有机相和无机水相,难以接触,故反应不易发生。但在反应混合液中加入适量的冠醚 18-冠-6 或二苯并 18-冠-6 后,由于其可以将 K^+ 包裹在冠醚环中,与 CN^- 形成络合物,而该络合物又可溶于有机相中,因而可将 CN^- 从水相带入有机相中,与芳香醛充分接触,使反应可以顺利完成。

5. 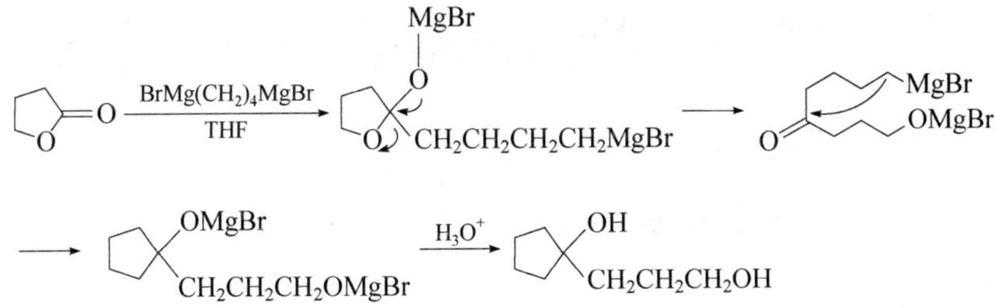 $\xrightarrow[\text{THF}]{BrMg(CH_2)_4MgBr}$ MgBr O $CH_2CH_2CH_2CH_2MgBr$ ⟶ O MgBr OMgBr

⟶ OMgBr $CH_2CH_2CH_2OMgBr$ $\xrightarrow{H_3O^+}$ OH $CH_2CH_2CH_2OH$

六、推断结构题(共 3 题,每题 5 分,共 15 分)

1. A. 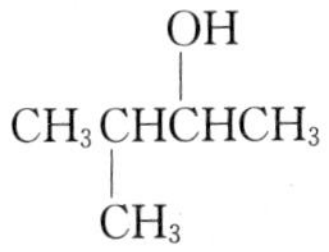 $CH_3CH(CH_3)CH(OH)CH_3$

2. A. 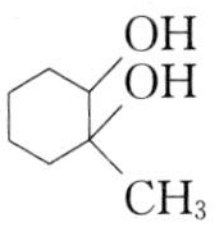 OH OH CH_3　　B. 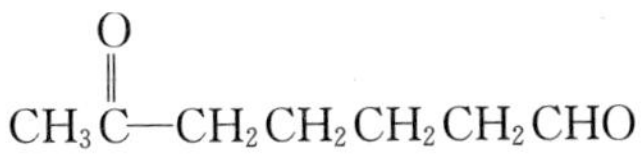 $CH_3\overset{O}{\overset{\|}{C}}—CH_2CH_2CH_2CH_2CHO$

3. A. 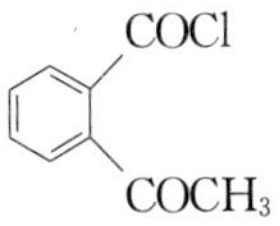 COCl $COCH_3$　　B. 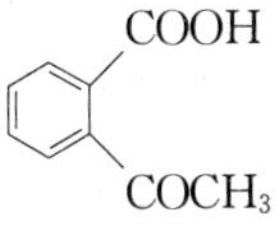 COOH $COCH_3$　　C. 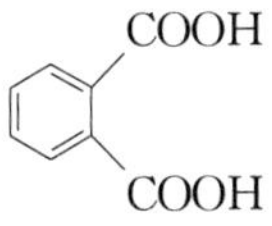 COOH COOH　　D. 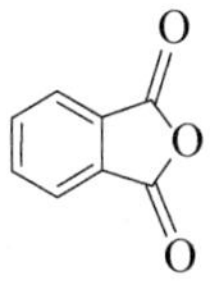 O O O

综合测试题(三)

一、选择题(共 20 题，每题 1 分，共 20 分)

1. 能与酸性高锰酸钾溶液反应生成 $HOOC(CH_2)_3COCH_3$ 的是(　　)

A. 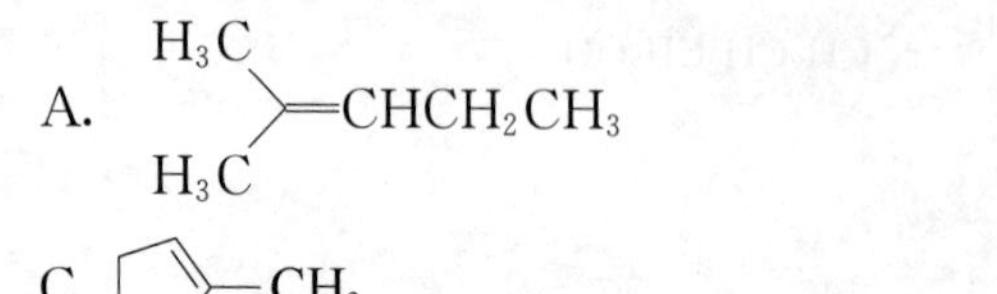

H_3C / H_3C >C=$CHCH_2CH_3$

B. $H_3C-C(CH_3)=CH-CH_2-CH=CH_2$

C. 1-甲基环戊烯（环戊烯—CH_3）

D. 1-甲基环己烯（环己烯—CH_3）

2. 下列化合物的溶液不能与溴水反应的是(　　)

A. D-果糖　　B. D-核糖　　C. 胆固醇　　D. 甘油三油酸酯

3. 下列化合物受热脱水产物为环酮的是(　　)

A. 1,1-环己烷二甲酸（—COOH，—COOH）

B. 环己烯-1,2-二甲酸（COOH，COOH）

C. H_2C-CH_2COOH | H_2C-CH_2COOH

D. H_2C-CH_2COOH | CH_2OH

4. 下列化合物中既能与 $NaHSO_3$ 反应析出结晶，又能与 $FeCl_3$ 显色的是(　　)

A. 丁酮（O）　　B. 2,4-戊二酮（O　O）　　C. 邻羟基苯甲酸（OH，COOH）　　D. 邻羟基苯甲酸甲酯（OH，$COOCH_3$）

5. 下列试剂中能与糖类化合物发生显色反应的是(　　)

A. $FeCl_3$ 溶液　　B. 水合茚三酮溶液

C. α-萘酚/浓 H_2SO_4(Molisch 试剂)　　D. 稀 $CuSO_4/OH^-$ 溶液

6. 下列化合物中既能与 HCN 加成，又能发生碘仿反应的是(　　)

A. 苯乙酮　　B. 丙醛　　C. 丙酮酸　　D. 异丙醇

7. 环丙二羧酸 X 无旋光性，加热后脱羧得到环丙烷甲酸，则 X 的结构为(　　)

A. 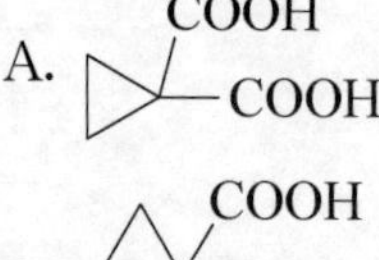

B. 环丙烷（CH_2COOH，CH_2COOH）

C. 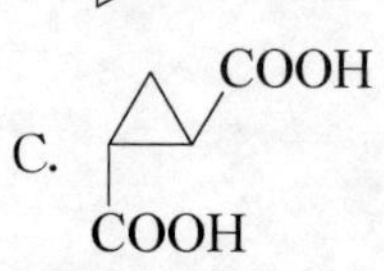

D. HOOC（环丙烷）COOH

8. 下列试剂中不能用来鉴别丙醛和丙酮的试剂是(　　)

A. 托伦试剂　　B. 费林试剂　　C. NaOH+I_2溶液　　D. HNO_2溶液

9. 下列化合物受热生成交酯的是(　　)

A. 1-羟基环戊基甲酸　　B. γ-氨基己酸　　C. β-环戊酮甲酸　　D. 己二酸

10. 有关丙二烯分子叙述中正确的是(　　)

A. 分子中存在 π-π 共轭效应

B. 分子中所有原子共平面

C. 分子中存在对称因素，故无光学异构体

D. 分子中所有的碳原子都为 sp^2 杂化

11. 化合物 A 的分子式为 C_5H_8，可以吸收两分子溴，但不能与硝酸银的氨溶液反应。A 与 $KMnO_4/H^+$ 反应生成化合物 B($C_3H_4O_3$)和放出二氧化碳，由此可知 A 是(　　)

A. 2-甲基-1,3-丁二烯　　B. 环戊烯

C. 2-戊炔　　D. 1,3-戊二烯

12. 下列化合物为内消旋体的是(　　)

A. 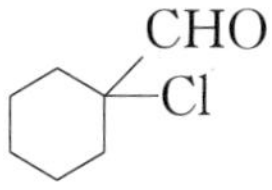 (1-氯环己烷甲醛：环己烷同一碳上连 CHO 和 Cl)　　B.  HOOC—(环己烷)—COOH

C. 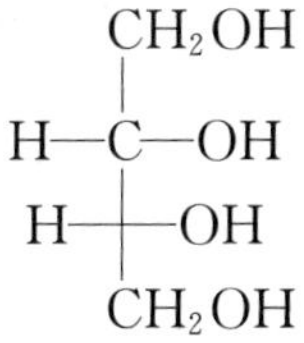 CH_2OH—C(H)(OH)—C(H)(OH)—CH_2OH　　D. 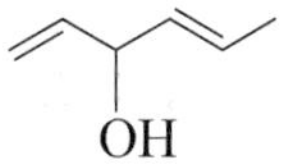 (CH₂=CH—CH(OH)—CH=CH—CH₃)

13. 下面描述的反应机制不属于自由基反应的是(　　)

A. 环戊烷高温下与氯气的反应　　B. 甲苯在 $FeCl_3$存在下与氯气的反应

C. 环己烯在光照下与溴的反应　　D. 丙烯在过氧化物存在下与 HBr 的反应

14. 下列碳正离子的稳定性顺序为(　　)

a. 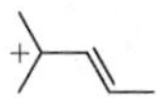 (烯丙型碳正离子)　b. 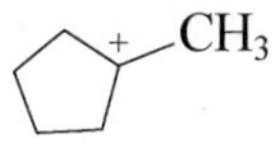 (1-甲基环戊基正离子，CH_3)　c. $CH_3CH_2\overset{+}{C}HCH_2CH(CH_3)_2$　d. $H_3CH_2CHC{=}CH\overset{+}{C}H_2$

A. a>b>c>d　　B. d>c>b>a

C. b>d>a>c　　D. a>d>b>c

15. 下列化合物酸性强弱的顺序是(　　)

a. 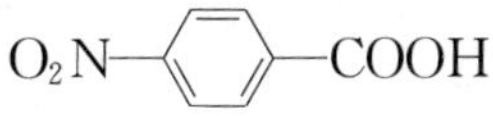 O_2N—C₆H₄—COOH　b. 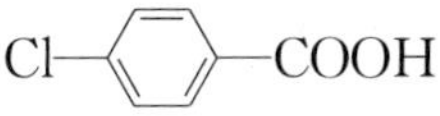 Cl—C₆H₄—COOH　c. 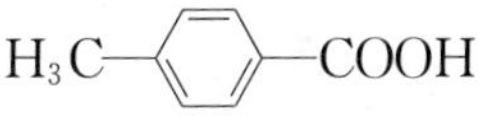 H_3C—C₆H₄—COOH

d. 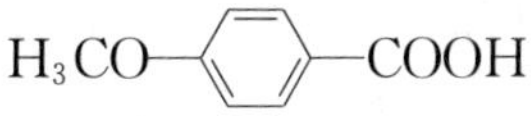 H_3CO—C₆H₄—COOH

A. a>b>c>d　　B. d>c>b>a

C. b>d>a>c　　D. a>d>b>c

16. 下列糖中既能发生水解反应，又有还原性和变旋光现象的是(　　)

A. 麦芽糖　　B. α-D-甲基吡喃葡萄糖苷

C. 蔗糖　　D. α-D-呋喃果糖

17. 下列化合物中属于倍半萜的是(　　)

A. 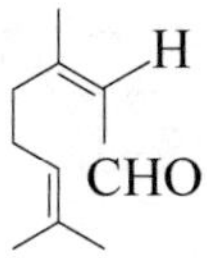 (结构式，含 H、CHO)　B. 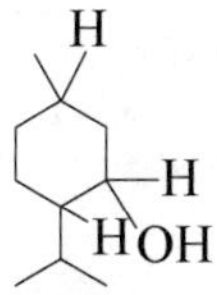 (结构式，含 H、H、OH)　C. 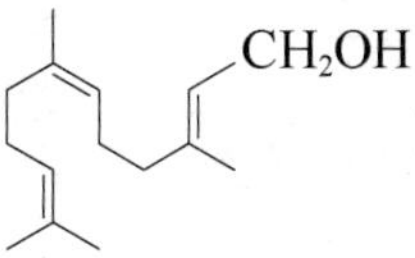 (结构式，含 CH_2OH)　D. 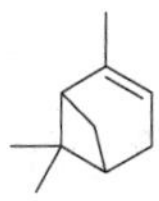 (结构式)

18. 下列杂环母核的名称为嘌呤的是(　　)

A. 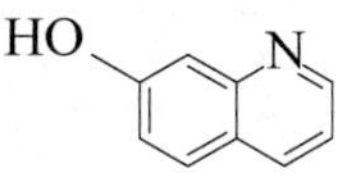 (HO—喹啉，含 N)　　B. 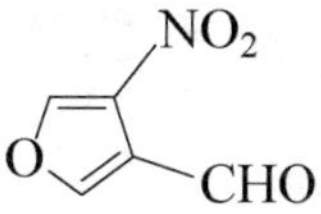 (呋喃环，含 O、NO_2、CHO)

C. 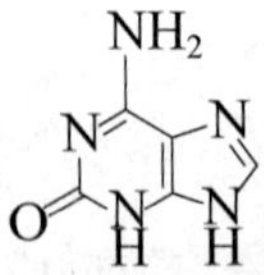 [structure: 2-oxo-adenine (6-amino-purin-2-one) with NH_2, N, H labels]　　D. 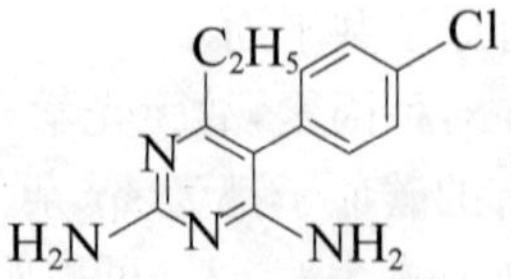 [structure: pyrimidine with C_2H_5, 4-chlorophenyl, H_2N, NH_2]

19. 下列化合物中,有旋光性的是(　　)

A. 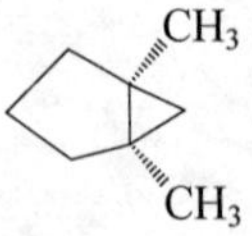 [bicyclic structure with two CH_3]　B. 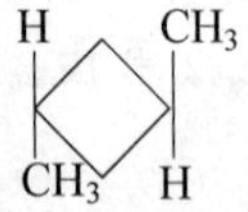 [cyclobutane with H, CH_3, CH_3, H]　C. 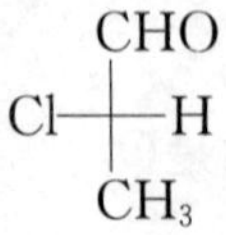 [Fischer projection: CHO, Cl, H, CH_3]　D. 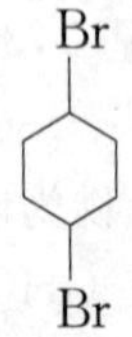 [1,4-dibromocyclohexane: Br, Br]

20. 构成天然蛋白质的 20 种氨基酸(除甘氨酸外)都是(　　)

A. *R*-α-氨基酸　B. *D*-α-氨基酸　C. *S*-α-氨基酸　D. *L*-α-氨基酸

二、完成下列反应方程式(共 15 题,每题 1 分,共 15 分)

1. 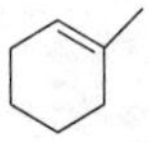 [1-methylcyclohexene] $\xrightarrow{KMnO_4/H^+}$　　2.  [2-methylpropene] + HBr ⟶

3. [benzene-$CH_2CH_2CH_2CHClCH_3$] 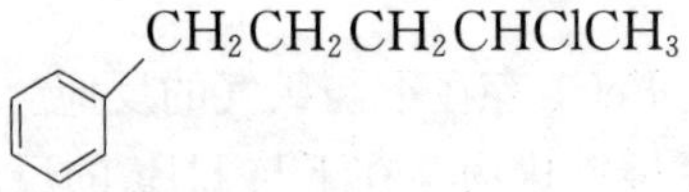 $\xrightarrow{AlCl_3}$　　4. 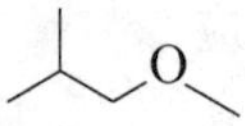 [isobutyl methyl ether] + HI ⟶

5. 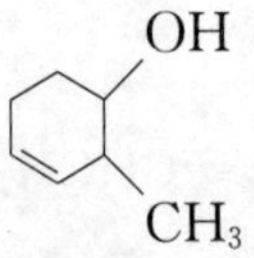 [2-methylcyclohex-3-enol: OH, CH_3] $\xrightarrow[\triangle]{H_2SO_4}$　　6. 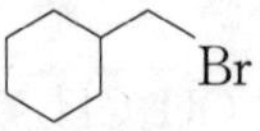 [cyclohexylmethyl-Br] + NaCN ⟶ $\xrightarrow[\triangle]{H_2SO_4}$

7. 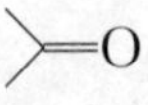 [acetone] + [H_2NHN-2,4-dinitrophenyl: O_2N, NO_2] ⟶　　8. 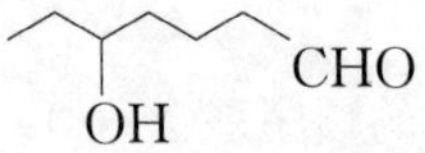 [5-hydroxyheptanal: OH, CHO] $\xrightarrow{干燥\ HCl}$

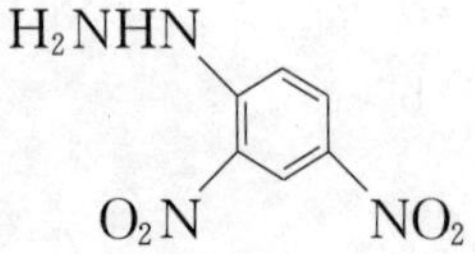

9. 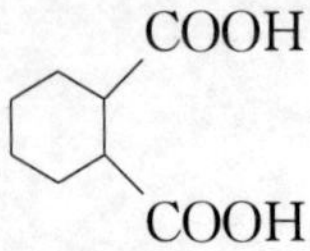 [cyclohexane-1,2-dicarboxylic acid: COOH, COOH] $\xrightarrow{\triangle}$　　10. 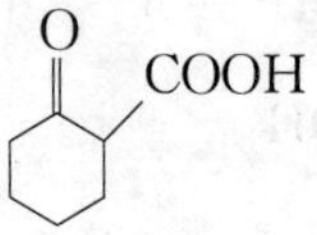 [2-oxocyclohexanecarboxylic acid: O, COOH] $\xrightarrow{\triangle}$

11. 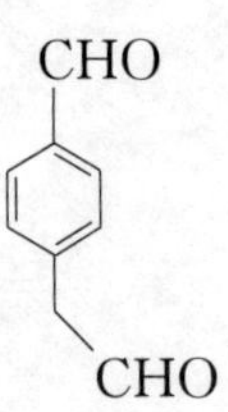 [benzene with CHO and CH_2CHO] $\xrightarrow{费林试剂}$　　12. 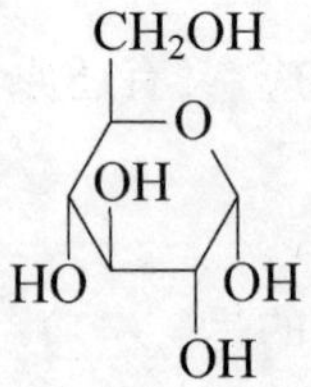 [pyranose: CH_2OH, O, OH, HO, OH, OH] + CH_3OH $\xrightarrow{干燥HCl}$

13. 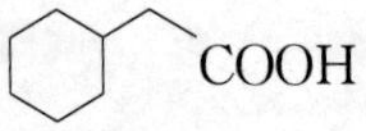 [cyclohexyl-CH_2]COOH $\xrightarrow[\triangle]{Br_2/PBr_3}$　　14. 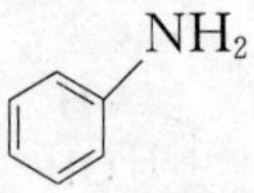 [aniline: NH_2] $\xrightarrow[0\sim5℃]{HCl+NaNO_2}$ $\xrightarrow{[phenol: OH]}$

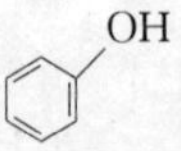

15. 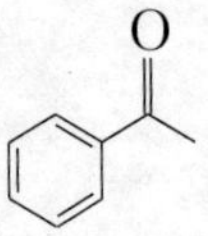 [acetophenone: O] + CH_3MgBr $\xrightarrow{无水乙醚}$ $\xrightarrow{H^+/H_2O}$

三、用简单的化学方法区别下列各组化合物(共 4 题,每题 2.5 分,共 10 分)

1. 1-己炔　2-己烯　2-甲基戊烷　丙酮

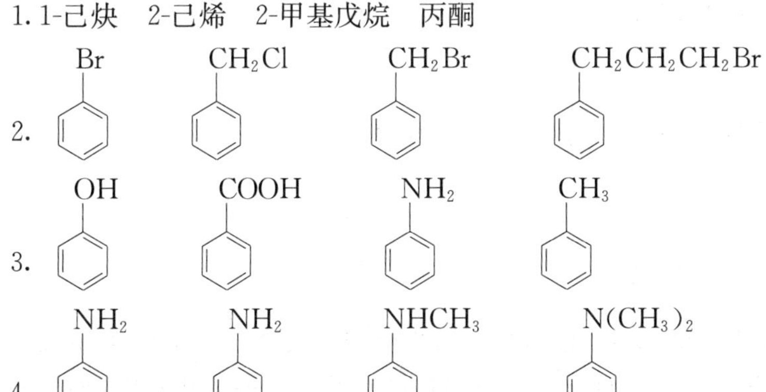

四、合成题(共 2 题,每题 5 分,共 10 分)

1. 以环己烷和四个碳以下的有机化合物为原料合成 2-环己基-2-丁醇。
2. 用苯胺为原料合成 2,4,6-三溴苯酚。

五、简答题(共 5 题,每题 5 分,共 25 分)

1. 青霉素(benzylpenicillin / penicillin)又称为盘尼西林,是指从青霉菌培养液中提制的能破坏细菌的细胞壁并在细菌细胞的繁殖期起杀菌作用的一类抗生素,是第一种能够治疗人类疾病的抗生素。由于分子中含有 β-内酰胺键,在水溶液中易水解,因此青霉素注射液往往需要在注射前临时配制,但青霉素的水溶性不理想,请结合青霉素的结构用适当的化学方法解决上述问题(可用化学反应方程式表示),并用相关化学理论解释。

CH_2CONH　S　CH_3　CH_3　O　N　COOH

青霉素

2. 近年报道的关于一些化学致癌物的研究表明,许多物质本身是较稳定的化合物,并无致癌作用,如苯并[α]芘。但在体内经生物活化作用,在酶的催化下被氧化成环氧化合物,环氧化合物可能与细胞内的 DNA 作用,引起细胞结构突变,导致不受控制的细胞繁殖而形成肿瘤。请用化学理论解释为什么经体内氧化的产物具有致癌性(可用化学反应简式表示)。

肝内氧化　O　HO　HO

苯并[α]芘　　二醇环氧化合物

3. 蛋白质分子结构可分为几级？维系各级结构的化学键是什么？
4. 根据下面分子式及其红外光谱和核磁共振光谱数据写出化合物的结构。
分子式：$C_8H_{11}NO$，IR/cm^{-1}：3490，1600，820；^1H NMR δ：6.6（多重峰，4H），3.9（四重峰，2H），3.2（单峰，2H），1.3（三重峰，3H）。
5. 写出下列反应的反应历程。

$$(CH_3)_3CX \xrightarrow[CH_3CH_2OH]{KOH} CH_3\underset{\displaystyle CH_3}{\underset{|}{C}}{=}CH_2$$

六、推断结构题（共 2 题，每题 10 分，共 20 分）

1. 某一具有旋光性的化物 A（$C_5H_{11}NO_2$），既能与酸成盐，也能与碱成盐。A 与 Na_2CO_3 反应放出 CO_2；与 HNO_2 作用放出 N_2，并生成化合物 B（$C_5H_{10}O_3$），将 B 加热得化合物 C（$C_5H_8O_2$），C 有顺反异构体。将 B 氧化得到化合物 D（$C_5H_8O_3$）。D 不能发生碘仿反应，与 2，4-二硝基苯肼反应生成黄色沉淀，将 D 加热也要放出 CO_2。写出 C 的一对顺反异构体的结构式，用 *Z*/*E* 命名法进行构型标记。
2. 旋光性化合物 A（$C_5H_{10}O_3$）能溶于碳酸氢钠溶液，A 加热发生脱水反应生成化合物 B（$C_5H_8O_2$），B 存在两种构型，均无旋光性。B 用酸性高锰酸钾溶液处理，得到 C（$C_2H_4O_2$）和 D（$C_3H_4O_3$）。C 和 D 均能与 $NaHCO_3$ 溶液作用放出 CO_2，且 D 还能发生碘仿反应。试写出 A、B、C、D 的结构式。

参考答案

一、选择题（共 20 题，每题 1 分，共 20 分）

1. C　2. A　3. C　4. B　5. C　6. C　7. A　8. D　9. A　10. C　11. A　12. C　13. B　14. D　15. A
16. A　17. C　18. C　19. C　20. D

二、完成下列反应方程式（共 15 题，每题 1 分，共 15 分）

1. 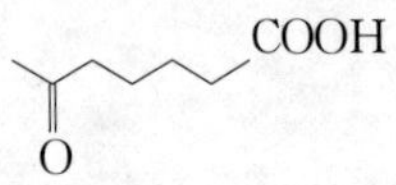 COOH O

2. 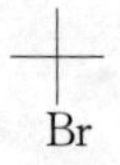 Br

3.

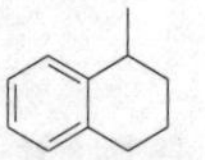

4. 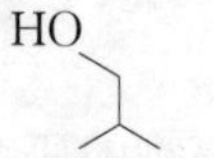 HO　+ CH_3I

5. 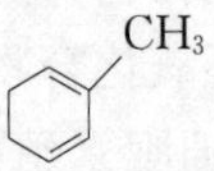 CH_3

6. 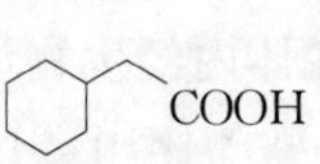 COOH

7. 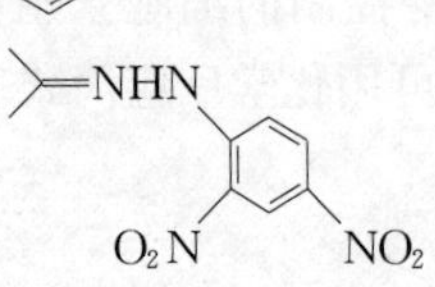 NHN　O_2N　NO_2

8. 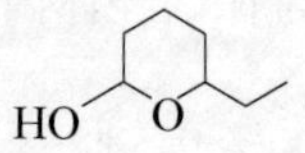 HO　O

9. 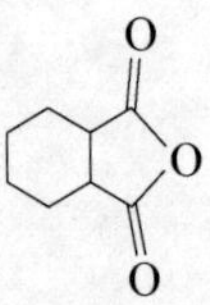 O　O　O

10. 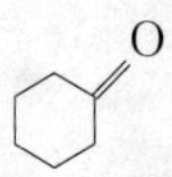 O　+ CO_2

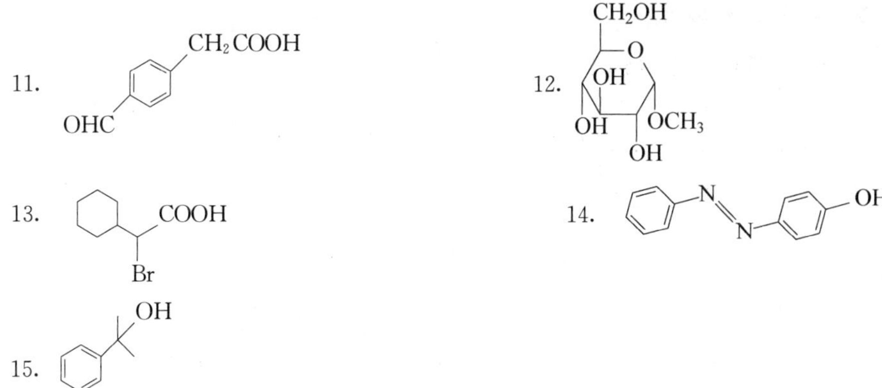

三、用简单的化学方法区别下列各组化合物(共 4 题,第题 2.5 分,共 10 分)

1. 1-己炔　2-己烯　2-甲基戊烷　丙酮

　第一步:加水,丙酮可以与水混溶,现象为不分层;

　第二步:加入银氨溶液,1-己炔中有白色沉淀;

　第三步:加入溴水,2-己烯烃可以使其褪色。

2. 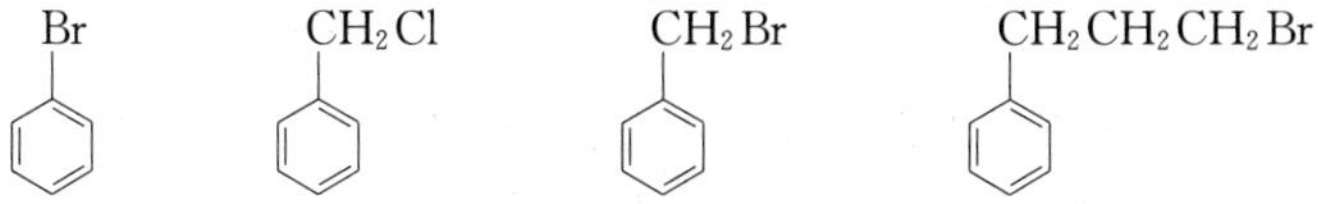 A: 溴苯（C_6H_5Br）　B: $C_6H_5CH_2Cl$　C: $C_6H_5CH_2Br$　D: $C_6H_5CH_2CH_2CH_2Br$

A、B、C、D $\xrightarrow{AgNO_3}$
- 加热也不产生沉淀:A
- 立即产生黄色沉淀:B
- 立即产生白色沉淀:C
- 加热产生黄色沉淀:D

3. 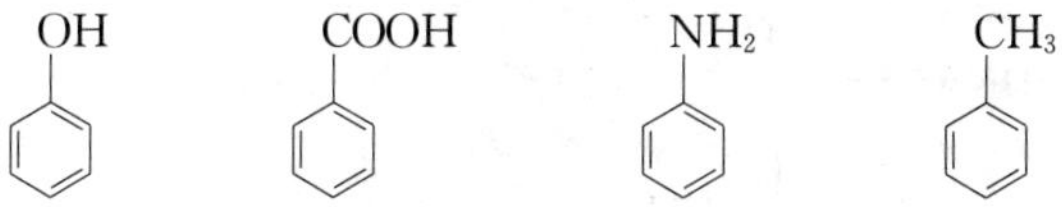 A: C_6H_5OH　B: C_6H_5COOH　C: $C_6H_5NH_2$　D: $C_6H_5CH_3$

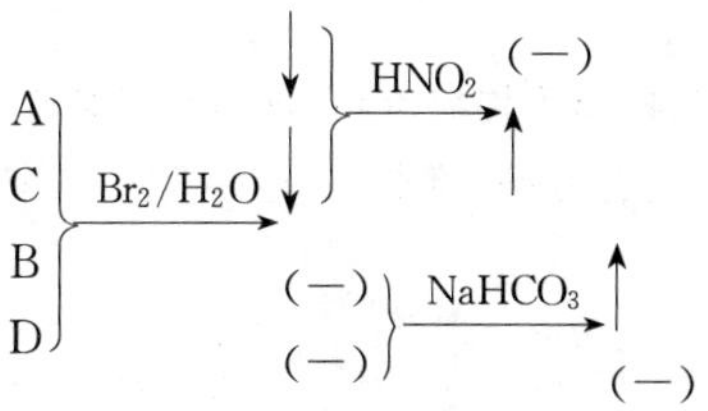

A、C、B、D $\xrightarrow{Br_2/H_2O}$
- A ↓、C ↓ $\xrightarrow{HNO_2}$ (－)、↑
- B (－)、D (－) $\xrightarrow{NaHCO_3}$ ↑、(－)

4. A: $C_6H_5NH_2$（苯胺）　B: 环己基-NH_2　C: 环己基-$NHCH_3$　D: 环己基-$N(CH_3)_2$

A、C、B、D $\xrightarrow{Br_2/H_2O}$
- A ↓
- C (－)、B (－)、D (－) $\xrightarrow{HNO_2}$ ↑、黄色物质、无明显反应

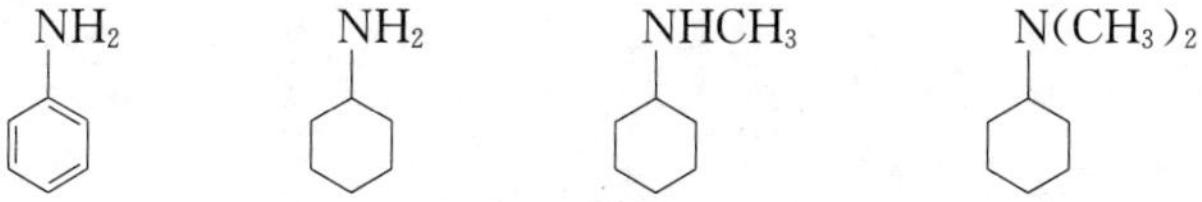

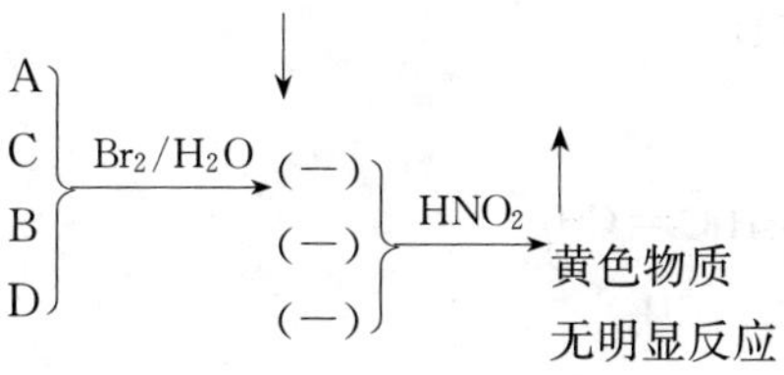

四、合成题(共2题,每题5分,共10分)

1. 环己烷 $\xrightarrow[h\nu]{Cl_2}$ 环己基—Cl $\xrightarrow[Et_2O]{Mg}$ 环己基—MgCl

$CH_3COCH_2CH_3$ $\xrightarrow[2)\ H_2O/H^+]{1)\ 环己基-MgCl}$ 环己基—$C(CH_2CH_3)(OH)CH_3$

2. 苯—NH_2 $\xrightarrow{Br_2}$ 2,4,6-三溴苯胺 $\xrightarrow[0\sim5℃]{HNO_2}$ 2,4,6-三溴苯—N_2^+ $\xrightarrow[\triangle]{H_2SO_4}$ 2,4,6-三溴苯酚(Br—苯—OH)

五、简答题(共5题,每题5分,共25分)

1.

青霉素(苯—CH_2CONH—β-内酰胺环,S—$CH(CH_3)_2$,N—COOH) + KOH ⟶ 青霉素钾盐(…N—COOK) + H_2O

青霉素的羧酸形式水溶性较差,利用酸性与强碱反应成盐,青霉素钾盐水溶性好。所以,通过酸碱反应增大青霉素的溶解性,可以实现剂型转化,以固体盐的形式存在,可以长期保存;水溶性好,使用时可临时稀释。

2. DNA链碱基上的氨基易与环氧化合物发生亲核开环反应(可用下式表示),使细胞繁殖时DNA链的复制发生碱基错配,引起DNA突变,进而引起细胞结构突变,发生分子疾病。

二醇环氧化合物 + NH_2—DNA ⟶ 开环产物(HN—DNA, OH, HO, HO)

二醇环氧化合物的开环反应

3. 蛋白质分子结构可分为一级、二级、三级和四级结构。二级以上的结构属于构象范畴,称为高级结构。维系蛋白质一级结构的化学键是肽键;而维系蛋白质高级结构的化学键有氢键、疏水作用力、盐键、二硫键、酯键、范德华力等。

4. H_2N—⟨苯环⟩—OCH_2CH_3

5. 反应两步完成:

第一步: $(CH_3)_3C—X \xrightarrow{慢} (CH_3)_3C^{\oplus} + {}^{\ominus}X$

第二步: ${}^{\ominus}OH$ + $H—CH_2—C^{\oplus}(CH_3)_2 \xrightarrow{快} CH_3C(CH_3)=CH_2$

六、推断结构题(共2题,每题10分,共20分)

1. C的一对顺反异构体的结构式如下:

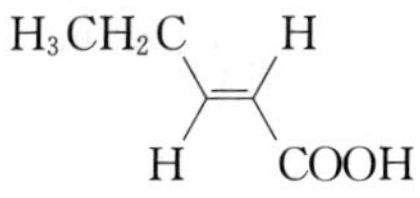

$$\underset{E\text{型}}{\begin{matrix} H_3CH_2C & & H \\ & C{=}C & \\ H & & COOH \end{matrix}} \qquad \underset{Z\text{型}}{\begin{matrix} H_3CH_2C & & COOH \\ & C{=}C & \\ H & & H \end{matrix}}$$

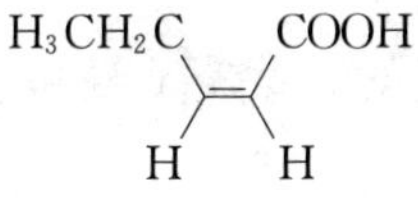

2\. A. 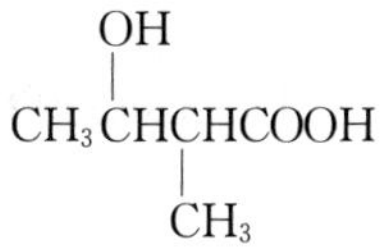 $CH_3CH(OH)CH(CH_3)COOH$　B. 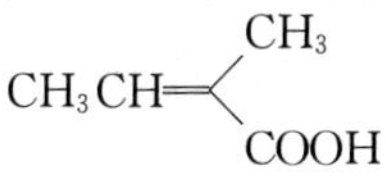 $CH_3CH{=}C(CH_3)COOH$　C. CH_3COOH　D. $CH_3COCOOH$

综合测试题(四)

一、选择题(共 20 题,每题 1 分,共 20 分)

1. 环己烯经酸性高锰酸钾氧化后,再加热,生成的主要产物是(　　)

A. 酯　　B. 酸酐　　C. 环酮　　D. 一元羧酸

2. 除去烷烃中的少量烯烃可采用(　　)

A. NaOH　　B. H_2O　　C. 浓 H_2SO_4　　D. Br_2

3. 蛋白质结构中的副键不包括(　　)

A. 二硫键　　B. 氢键　　C. 疏水键　　D. 肽键

4. 下列卤代烃按 S_N1 进行反应,最快的是(　　)

A. Br　　B. Br　　C. Br　　D. Br

5. 能与费林试剂作用的化合物是(　　)

A. 苯甲醇　　B. 苯甲醚　　C. 苯甲醛　　D. 苯乙醛

6. 羧酸分子中的羰基不容易发生亲核加成反应,主要是由于羧酸分子中存在(　　)

A. p-π 共轭效应　　B. π-π 共轭效应　　C. 诱导效应　　D. 空间效应

7. 下列化合物中没有立体异构现象的是(　　)

A. 乳酸　　B. 水杨酸　　C. 酒石酸　　D. 油酸

8. α-D-葡萄糖和 β-D-葡萄糖不是(　　)

A. 端基异构体　　B. 差向异构体　　C. 非对映体　　D. 对映体

9. 可用于临床检验胆固醇的是(　　)

A. 乙酸酐-浓硫酸　　B. 卢卡斯试剂　　C. 托伦试剂　　D. 费林试剂

10. 组成核酸的基本单位是(　　)

A. 核糖　　B. 碱基　　C. 鸟嘌呤　　D. 核苷酸

11. 蔗糖分子中,葡萄糖和果糖连接是通过(　　)

A. α,β-1,2-苷键　　B. α,β-2,1-苷键　　C. α-苷键　　D. β-苷键

12. 下列物质最容易与钠反应的是(　　)

A. 甲醇　　B. 乙醇　　C. 异丙醇　　D. 叔丁醇

13. 化合物 Ph—P(=O)(HO)(OH) 的正确名称是(　　)

A. 苯基亚磷酸　　B. 苯基亚膦酸　　C. 苯亚磷酸　　D. 苯基膦酸

14. 吡啶和吡咯比较,下列叙述不正确的是(　　)

A. 吡啶的碱性比吡咯强

B. 吡啶环比吡咯环稳定

C. 吡啶亲电取代反应活性比吡咯强

D. 吡啶分子和吡咯分子中氮都是 sp^2 杂化

15. 水解能生成胆碱的化合物是(　　)

A. 油脂　　B. 蜡　　C. 卵磷脂　　D. 脑磷脂

16. 在有机合成中，常用作保护醛基的反应是(　　)

A. 缩醛的生成反应　B. 醇醛缩合反应　C. 康尼查罗反应　D. 克莱门森反应

17. 下列有关试剂的亲核性和碱性关系的论述，不正确的是(　　)

A. 亲核试剂都具有未共用电子对，都具有碱性

B. HO^-、$CH_3CH_2O^-$、$C_6H_5O^-$和CH_3COO^-中，亲核性和碱性都是HO^-为最强

C. 试剂中亲核原子相同时，其亲核性的大小次序和碱性的强弱次序相一致

D. 在OH^-、Cl^-、RO^-和I^-中，亲核性最强的是I^-，而碱性最强的是RO^-

18. RNA 不含有的碱基是(　　)

A. 胞嘧啶　B. 胸腺嘧啶　C. 尿嘧啶　D. 腺嘌呤

19. 下列化合物进行S_N2反应速率最快的是(　　)

A. 1-溴丁烷　B. 2,2-二甲基-1-溴丁烷

C. 2-甲基-1-溴丁烷　D. 3-甲基-1-溴丁烷

20. 具有甾核结构的化合物(　　)

A. 有顺反结构，但无对映异构　B. 有对映异构，但无顺反异构

C. 既有顺反结构，又有对映异构　D. 既无顺反结构，又无对映异构

二、完成下列反应方程式(共 20 题，每题 1 分，共 20 分)

1. 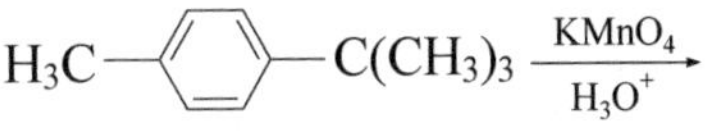 $H_3C-C_6H_4-C(CH_3)_3 \xrightarrow[H_3O^+]{KMnO_4}$

2. H—C(CH(CH_3)_2)(CH_3)—Br + $H_2O \xrightarrow[S_N2]{NaOH}$

3. $Cl-C_6H_4-\overset{+}{N}\equiv NCl^-$ + 对甲基苯酚(OH, CH_3) $\xrightarrow{pH=8}$

4. 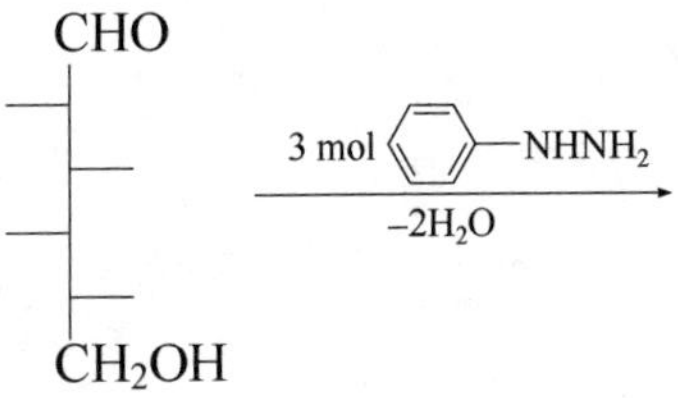 CHO / 费歇尔投影式 / CH_2OH $\xrightarrow[-2H_2O]{3\ mol\ C_6H_5-NHNH_2}$

5. 吡喃葡萄糖(哈沃斯式：CH_2OH, O, H, OH) + $HO-\overset{\overset{O}{\|}}{\underset{\underset{OH}{|}}{P}}-OH \xrightarrow{酶}$

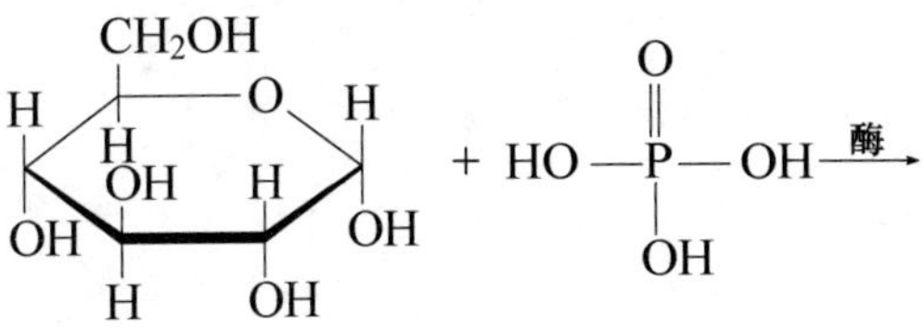

6. 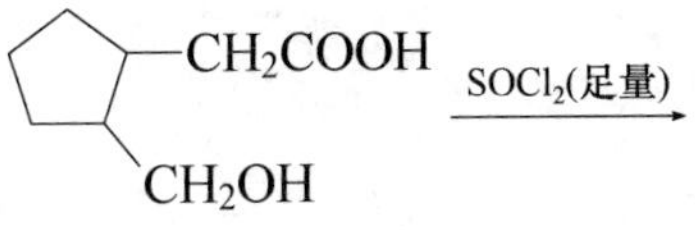 环戊烷(1-CH_2COOH, 2-CH_2OH) $\xrightarrow{SOCl_2(足量)}$

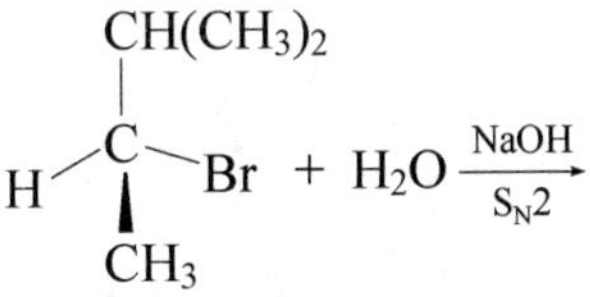

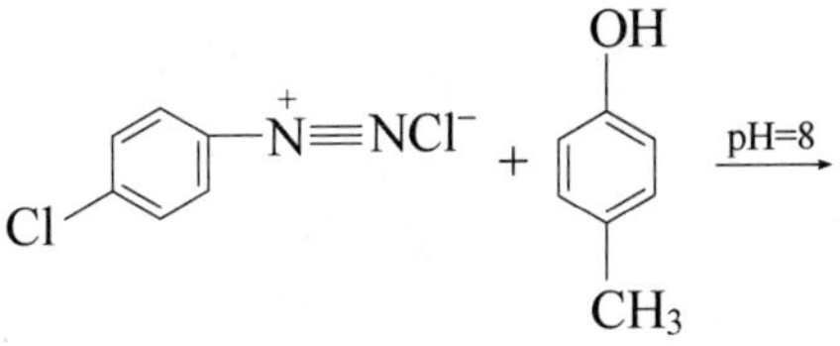

7. $(H_3C)_2C{=}CH{-}CH_2{-}CH(CH_3){-}CH_2{-}OH \xrightarrow[CH_2Cl_2]{PCC}$

8. $C_6H_5{-}\overset{O}{\overset{\|}{C}}{-}CH_3 + I_2 \xrightarrow{NaOH}$

9. $C_6H_5{-}\overset{O}{\overset{\|}{C}}CH_2CH_2COOH + NH_2NH_2 \xrightarrow[200℃]{NaOH,HO(CH_2)_2OH}$

10. $C_6H_5{-}CHO + CH_3CHO \xrightarrow{OH^-}$

11. 2-呋喃甲醇（CH_2OH） $+ (CH_3CO)_2O \xrightarrow{OH^-} \xrightarrow[C_2H_5ONa]{C_6H_5\overset{O}{\overset{\|}{C}}OC_2H_5}$

12. $O_2N{-}C_6H_3(NO_2){-}F + HO{-}C_6H_4{-}CH_2CH(NH_2)COOH \longrightarrow$

13. $(H_3C)_2$-环丙烷-CH_2CH_3 $+ HBr \longrightarrow$

14. $o\text{-}CH_3C_6H_4CH_2CH_2CH_2CHClCH_3 \xrightarrow[\triangle]{AlCl_3}$

15. $CH_3CH_2CN \xrightarrow{H_2/Ni}$

16. 3,5-$(O_2N)_2C_6H_3CONH_2 \xrightarrow[NaOH]{Br_2}$

17. $C_6H_5\overset{O}{\overset{\|}{C}}OC_2H_5 + 2C_2H_5MgBr \xrightarrow[2)\ H_2O]{1)\ 四氢呋喃}$

18. 1-甲基环己烯 $\xrightarrow[Zn/H_2O]{O_3}$

19. $H_3C{-}CH{=}CH{-}CH_3 \xrightarrow{H_2/Pt}$

20. $C_6H_5CH_2\overset{O}{\overset{\|}{C}}{-}NH{-}CH_3 \xrightarrow{LiAlH_4}$

三、用简单的化学方法区别下列各组化合物(共3题,第1题2分,第2、3题各4分,共10分)

1. 两瓶没有标签的无色液体,一瓶是正己烷,另一瓶是1-己烯,用什么简单方法可以给它们贴上正确的标签?

2. 用简单化学方法鉴别下列各组化合物。

a. 1,3-环己二烯、苯和1-己炔　　b. 环丙烷和丙烯

3. 用简单化学方法鉴别下列各组化合物。

a. 丙醛、丙酮、丙醇和异丙醇　　b. 戊醛、2-戊酮和环戊酮

四、合成题(共4题,每题5分,共20分)

1. 用苯为原料合成4-硝基苯甲酸。

2. 以乙酸乙酯为原料和不超过4个碳原子的有机化合物和必要的试剂合成 $CH_3CH(OH)CH_2CH_2CH(OH)CH_3$ 。

3. 由环己酮合成环戊酮,要求写出相关反应式。

4. 以 CH_3CH_2Cl、$C_6H_5-NH_2$ 和不超过两个碳原子的化合物为原料合成 $C_6H_5-N{=}C(CH_3)CH_2CH_3$,要求写出相关反应式。

五、推断题(共3题,每题10分,共30分)

1. 某化合物分子式为A(C_7H_8O),能溶于NaOH,但不溶于$NaHCO_3$溶液,与$FeCl_3$水溶液有颜色反应,A与溴水很快生成化合物B($C_7H_5OBr_3$);A与乙酸酐[$(CH_3CO)_2O$]作用生成化合物C($C_9H_{10}O_2$);D是A的同分异构体,D不溶于NaOH和Na_2CO_3溶液,但能与金属Na反应放出气体。试写出化合物A、B、C和D的结构。

2. 某化合物A分子式为C_9H_{12},能被高锰酸钾氧化得化合物B分子式为$C_8H_6O_4$。将A进行硝化,只得到两种一硝基产物。试推断A和B的结构式。

3. 化合物A,分子式为$C_6H_{12}O_3$,其IR谱在1710 cm^{-1}处有强吸收峰,A的^1H NMR为:δ:2.1 ppm(3H s),2.6 ppm(2H d),3.2 ppm(6H s),4.7 ppm(1H t)。A用I_2/NaOH溶液处理产生黄色沉淀,用托伦试剂处理无反应。当A用稀酸处理后得到B,B再用托伦试剂处理得到C,并有银镜生成。给出化合物A、B、C的结构式,并标出A中各类质子的化学位移。

参考答案

一、选择题(共20题,每题1分,共20分)

1.C　2.C　3.D　4.B　5.D　6.A　7.B　8.D　9.A　10.D　11.A　12.A　13.D　14.C　15.C　16.A　17.B　18.B　19.A　20.B

二、完成下列反应方程式(共20题,每题1分,共20分)

1. $HOOC-C_6H_4-C(CH_3)_3$

2. $HO-C(H)(CH_3)-CH(CH_3)_2$

3. (4-Cl-C$_6$H$_4$)—N=N—(2-OH-5-CH$_3$-C$_6$H$_3$)

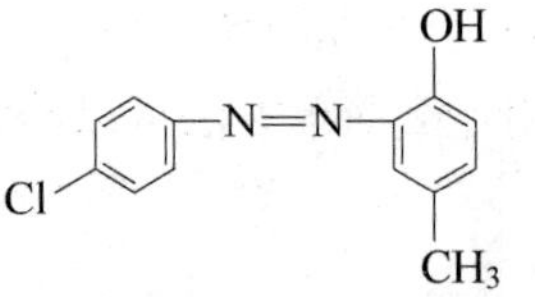

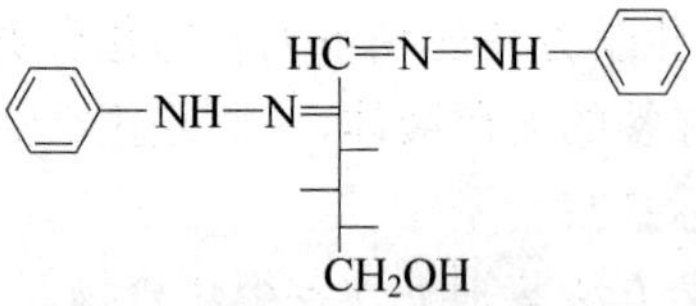

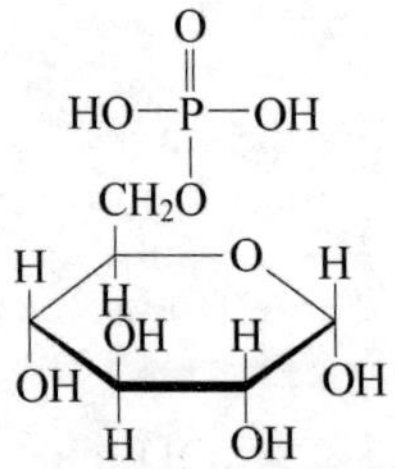

4. HC=N—NH—C$_6$H$_5$; C$_6$H$_5$—NH—N=C; CH$_2$OH

5. $HO-\overset{O}{\overset{\|}{P}}-OH$, CH_2O (glucose-6-phosphate, Haworth formula: H, OH, H, OH, H, OH, H, OH)

6. (cyclopentane with CH_2Cl and CH_2COCl)

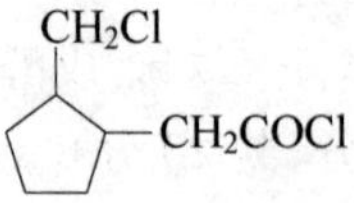

7. 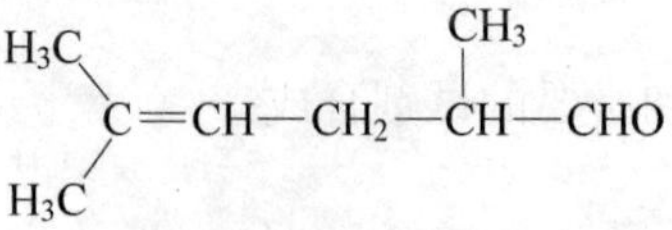 $(H_3C)_2C=CH-CH_2-\overset{CH_3}{\overset{|}{CH}}-CHO$

8. 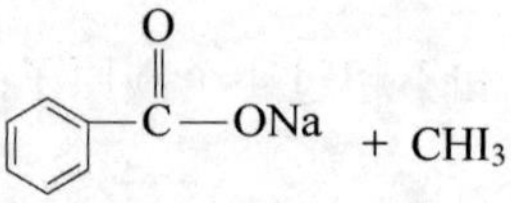 $C_6H_5-\overset{O}{\overset{\|}{C}}-ONa$ + CHI_3

9. 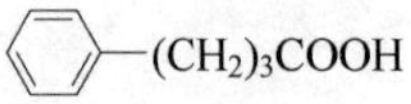 $C_6H_5-(CH_2)_3COOH$

10. 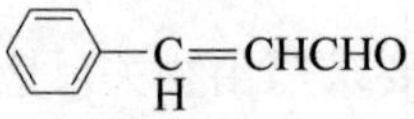 $C_6H_5-\underset{H}{C}=CHCHO$

11. 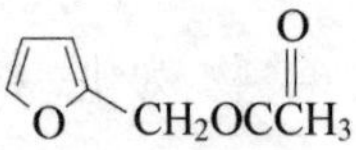 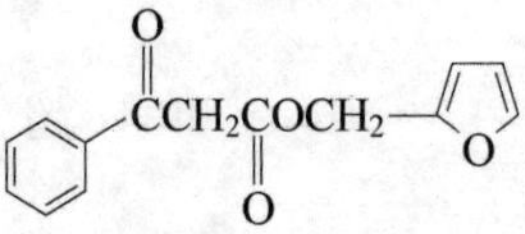 (2-furyl)$CH_2O\overset{O}{\overset{\|}{C}}CH_3$

$C_6H_5\overset{O}{\overset{\|}{C}}CH_2\underset{O}{\underset{\|}{C}}OCH_2$-(2-furyl)

12. 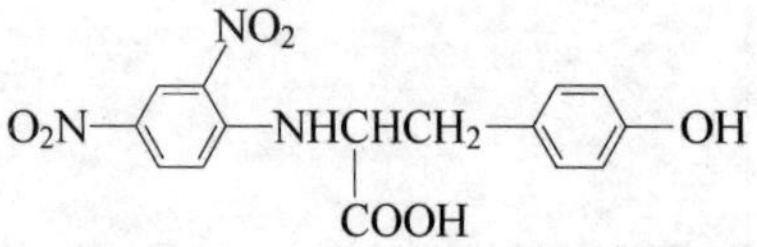 O_2N—(2-NO_2-C$_6$H$_3$)—$NHCHCH_2$—(C$_6$H$_4$)—OH, COOH

13. 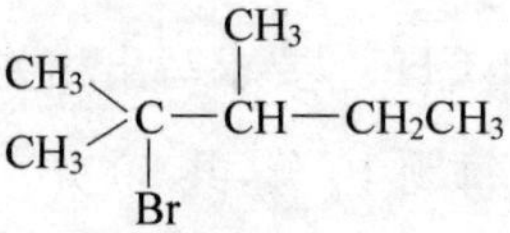 $CH_3-\underset{Br}{\overset{CH_3}{C}}-\overset{CH_3}{CH}-CH_2CH_3$

14. 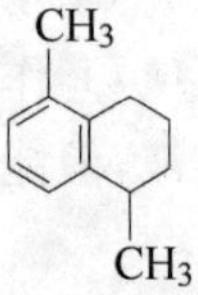 (1,5-dimethyl-tetralin; CH_3, CH_3)

15. $CH_3CH_2CH_2NH_2$

16. 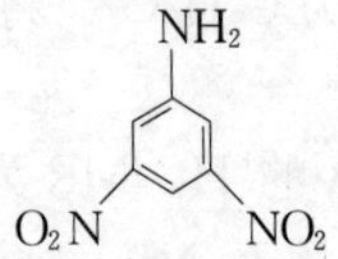 NH_2; O_2N, NO_2 (3,5-dinitroaniline)

17. 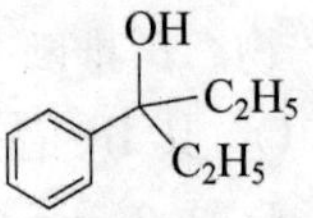 $C_6H_5-\overset{OH}{C}(C_2H_5)_2$

18. 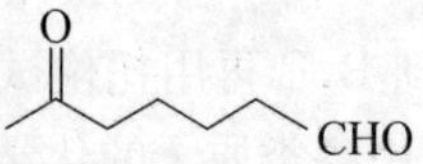 O, CHO

19.  (butane, skeletal)

20. 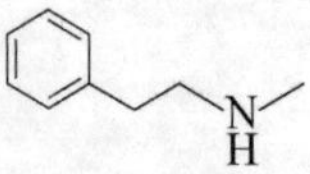 $C_6H_5CH_2CH_2\underset{H}{N}CH_3$

三、用简单的化学方法区别下列各组化合物(共 3 题,第 1 题 2 分,第 2、3 题各 4 分,共 10 分)

1. 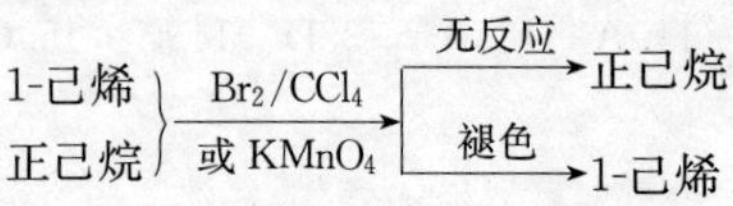 1-已烯、正已烷 $\xrightarrow[\text{或 }KMnO_4]{Br_2/CCl_4}$ 无反应→正已烷；褪色→1-已烯

2. a. 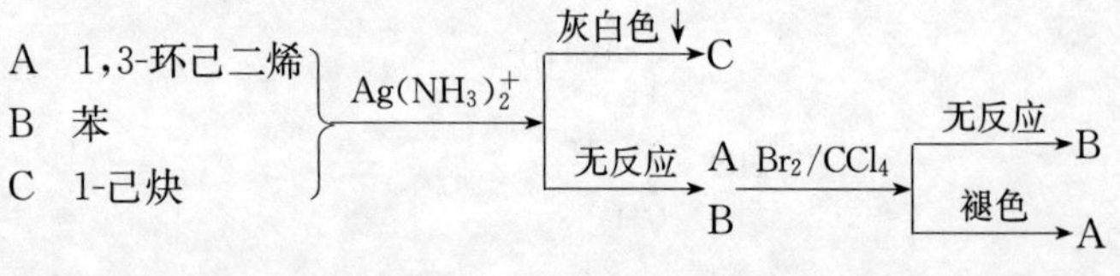 A 1,3-环已二烯、B 苯、C 1-已炔 $\xrightarrow{Ag(NH_3)_2^+}$ 灰白色↓→C；无反应→A、B $\xrightarrow{Br_2/CCl_4}$ 无反应→B；褪色→A

b. A 环丙烷 B 丙烯 $\xrightarrow{KMnO_4}$ 无反应 → A；褪色 → B

3. a. A 丙醛 B 丙酮 C 丙醇 D 异丙醇 $\xrightarrow{2,4\text{-二硝基苯肼}}$ 有沉淀 A、B $\xrightarrow{\text{托伦试剂}}$ 沉淀 → A；无沉淀 → B
无沉淀 C、D $\xrightarrow{I_2/NaOH}$ 无沉淀 → C；黄色沉淀 → D

b. A 戊醛 B 2-戊酮 C 环戊酮 $\xrightarrow{\text{托伦试剂}}$ 沉淀 → A；无沉淀 B、C $\xrightarrow{I_2/NaOH}$ $CHI_3\downarrow$ → B；无沉淀 → C

四、合成题(共 4 题,每题 5 分,共 20 分)

1. 苯 $\xrightarrow[AlCl_3]{CH_3Cl}$ $C_6H_5—CH_3$ $\xrightarrow{HNO_3/H_2SO_4}$ $O_2N—C_6H_4—CH_3$ $\xrightarrow{KMnO_4/H^+}$ $O_2N—C_6H_4—CH_3$

2. $CH_3COOEt \xrightarrow{EtONa/EtOH} \xrightarrow{H^+}$ CH_3COCH_2COOEt $\xrightarrow[EtONa/EtOH]{BrCH_2COCH_3}$ $CH_3COCH_2CH(COOEt)COCH_3$ $\xrightarrow[\triangle]{^-OH}$ $CH_3COCH_2CH_2COCH_3$ $\xrightarrow{Ni, H_2}$ $CH_3CH(OH)CH_2CH_2CH(OH)CH_3$

3. 环己酮 $\xrightarrow{H_2/Ni}$ 环己醇 $\xrightarrow[\triangle]{H_2SO_4\text{浓}}$ 环己烯 $\xrightarrow{KMnO_4/H^+}$ $HOOC(CH_2)_4COOH$ $\xrightarrow{\triangle}$ 环戊酮

4. $CH_3CH_2Cl \xrightarrow[\text{无水乙醚}]{Mg} CH_3CH_2MgCl \xrightarrow[\text{无水乙醚}]{CH_3CHO} H_3C—CH(OH)CH_2CH_2 \xrightarrow{K_2Cr_2O_4}$

$H_3C—\overset{O}{\overset{\|}{C}}CH_2CH_3 \xrightarrow{C_6H_5NH_2} H_3C—\overset{N—C_6H_5}{\overset{\|}{C}}CH_2CH_3$

五、推断题(共 3 题,每题 10 分,共 30 分)

1. A：3-甲基苯酚（间甲苯酚）；B：2,4,6-三溴-3-甲基苯酚；C：$CH_3COO—C_6H_4—CH_3$（乙酸间甲苯酯）；D：$C_6H_5CH_2OH$

A B C D

2. A. $CH_3CH_2—C_6H_4—CH_3$ B. $HOOC—C_6H_4—COOH$

3. A 的结构式为：$CH_3—\overset{O}{\overset{\|}{C}}—CH_2—CH(OCH_3)_2$

B的结构式为：$CH_3-\overset{\overset{\displaystyle O}{\|}}{C}-CH_2-\overset{\overset{\displaystyle O}{\|}}{C}H$

C的结构式为：$CH_3-\overset{\overset{\displaystyle O}{\|}}{C}-CH_2-\overset{\overset{\displaystyle O}{\|}}{C}-OH$

A的各类质子的化学位移表示如下：

$$\underset{\uparrow\atop 2.1}{CH_3}-\overset{\overset{\displaystyle O}{\|}}{C}-\underset{\uparrow\atop 2.6}{CH_2}-\underset{\uparrow\atop 4.7}{CH}\begin{matrix}OCH_3\\OCH_3\end{matrix}\Big\}\ 3.2$$

综合测试题(五)

一、填空题(共 12 题,每空 1 分,共 20 分)

1. 电子效应包括________和________。
2. 环己烷的稳定构象为________。
3. 甲苯与溴在 $FeBr_3$ 条件下和光照条件下发生的氯代反应,其反应机理分别属于________反应和________反应。
4. 具有芳香性的化合物必须具有一个________共轭体系,而且其 π 电子数为________个。
5. 薄荷醇的结构为 [结构式] ,有________个手性碳原子。

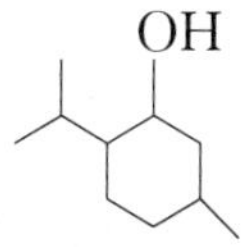

6. α-羟基丁二酸俗称苹果酸,具有旋光性,写出其 D-构型的费歇尔投影式:________。苹果酸受热易发生________反应,得到的产物具有顺反异构,写出其中反式异构体的构型________。
7. 乙胺、氨、苯胺、吡啶和吡咯的碱性由强到弱的排列顺序是________。
8. 在缩二脲的碱性溶液中加入少许硫酸铜溶液,溶液显紫红色或紫色,这个反应称为________反应。凡分子中含有两个或两个以上________的化合物都能发生缩二脲反应。
9. 脱氧胆酸的结构式为:

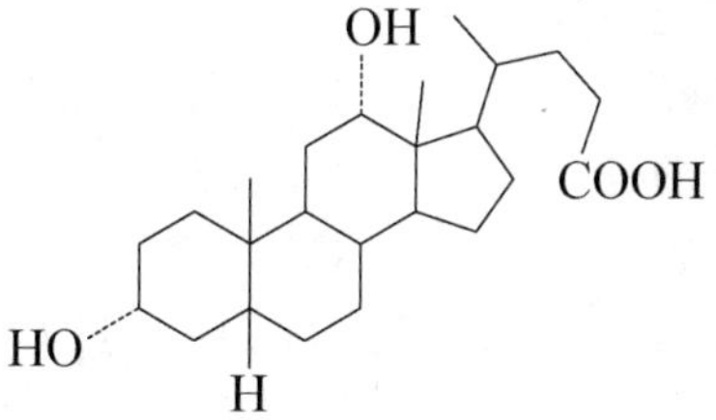

其中 A/B 环以________式稠合,C_3—OH 为________构型。

10. 组胺分子结构如下图所示,比较分子中三个氮原子碱性由强到弱的顺序是________。

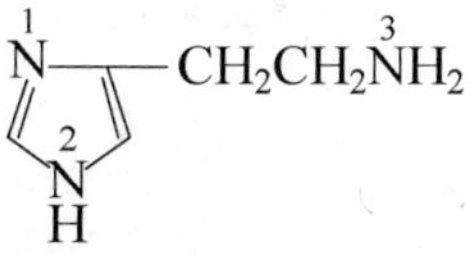

11. 糖在溶液中自行改变比旋光度的现象,称为________,D-甘露糖是 D-葡萄糖的 C_2 差向异构体,写出 α-D-吡喃甘露糖环状结构的 Haworth 式________。
12. 具有对称轴的有机化合物________具有手性 。

二、选择题(共 40 题,每题 1 分,共 40 分)

1. 下列化合物不属于亲电试剂的是(　　)

   A. Br_2　　B. HCN　　C. $AlCl_3$　　D. NO_2^+

2. 最稳定的游离基中间体是(　　)

   A. $CH_3\dot{C}HCH_2CH_3$　　B. $(CH_3)_2\dot{C}CH_2CH_3$

   C. $(CH_3)_2CH\dot{C}HCH_3$　　D. $\dot{C}H_3$

3. 在室温下,下列物质分别与 Cu_2Cl_2 的氨溶液作用能立即产生沉淀的是(　　)

A. $CH_3(CH_2)_2C\equiv CH$　　B. $CH_3C\equiv CCH_2CH_3$

C. $(CH_3)_2CHC\equiv CCH_3$　　D. $CH_2=C(CH_3)CH=CH_2$

4. 下列说法中错误的是(　　)

A. 丙烯在 H_2O_2 存在下与 HBr 的加成属于游离基机理

B. 烷基苯的侧链卤代反应属于亲电取代反应历程

C. 卤代烃的碱性水解反应属于亲核取代反应

D. 1,3-丁二烯在发生加成反应时,有 1,2-和 1,4-加成产物

5. 下列叙述错误的是(　　)

A. 含有一个手性碳原子的化合物一定是手性分子

B. 含有两个不相同手性碳原子的化合物一定是手性分子

C. 内消旋体和外消旋体都没有旋光性的化合物

D. 有旋光性的分子一定具有手性,必定有旋光异构现象存在

6. 下列化合物不具有芳香性的是(　　)

A. 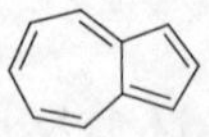 [薁]　　B.  [环戊二烯正离子]　　C.  [环戊二烯负离子]　　D.  [环庚三烯正离子]

7. 下列化合物中碱性最弱的是(　　)

A. 尿素　　B. 邻苯二甲酰亚胺　　C. CH_3CONH_2　　D. 氢氧化四甲铵

8. 下列化合物发生水解反应时速率最快的是(　　)

A. 丙酸氯　　B. 丙酸酐　　C. 乙酸甲酯　　D. 丙酰胺

9. 下列不是卵磷脂的水解产物的是(　　)

A. 胆胺　　B. 胆碱　　C. 甘油　　D. 磷酸

10. 将化合物 CH_3COCH_3(a)、$CH_3COCH_2COCH_3$(b)、$CH_3COCH_2COOC_2H_5$(c)按烯醇式含量从多到少排列成序为(　　)

A. b>a>c　　B. b>c>a　　C. a>b>c　　D. c>b>a

11. 下列化合物中酸性最大的是(　　)

A. 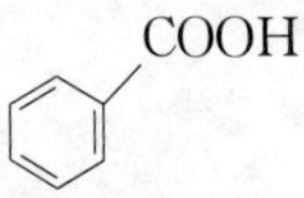 苯甲酸(COOH)　　B. 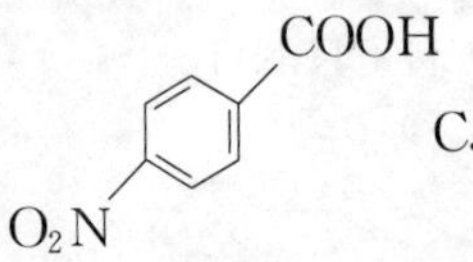 对硝基苯甲酸(COOH, O_2N)　　C. 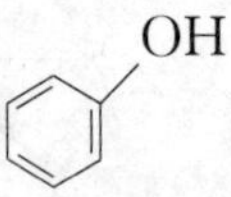 苯酚(OH)　　D. 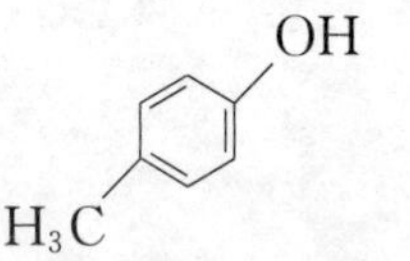 对甲基苯酚(OH, H_3C)

12. 下列化合物稳定性最大的是(　　)

A. 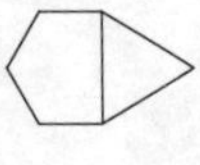 [双环[3.3.0]结构]　　B. 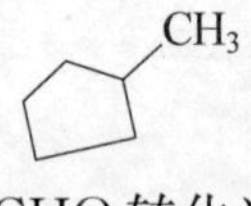 甲基环戊烷(CH_3)　　C. 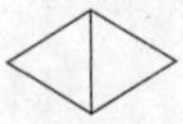 [双环[1.1.0]丁烷]　　D. 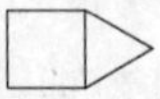 [双环[2.1.0]戊烷]

13. 由 $CH_3CH=CHCH_2CHO$ 转化为 $CH_3CH=CHCH_2CH_3$ 可使用的试剂是(　　)

A. $NaBH_4$　　B. H_2/Pt　　C. $LiAlH_4$　　D. Zn-Hg/浓 HCl

14. S_N2 的反应活性最大的是(　　)

A. 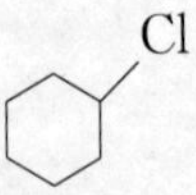 氯代环己烷(Cl)　　B. $(CH_3)_3CCl$　　C. CH_3CH_2Cl　　D. $CH_2=CHCl$

15. 下列糖类中,能与葡萄糖生成相同的糖脎的是(　　)

A. 半乳糖　　B. 乳糖　　C. 果糖　　D. 麦芽糖

16. 下列化合物中进行亲核加成反应的活性顺序为(　　)

a. 乙醛　b. 丙酮　c. 苯乙酮　d. 二苯甲酮

A. d>c>b>a　B. a>b>c>d　C. b>c>d>a　D. c>d>b>a

17. 下列化合物不属于二糖的是(　　)

A. 麦芽糖　B. 糖原　C. 乳糖　D. 蔗糖

18. 下列化合物 a. 吡啶　b. 吡咯　c. 苯胺的碱性次序从大到小正确的是(　　)

A. c>b>a　B. a>c>b　C. b>c>a　D. a>b>c

19. 下列化合物中,亲电取代反应发生在邻对位,且取代反应活性比苯还小的是(　　)

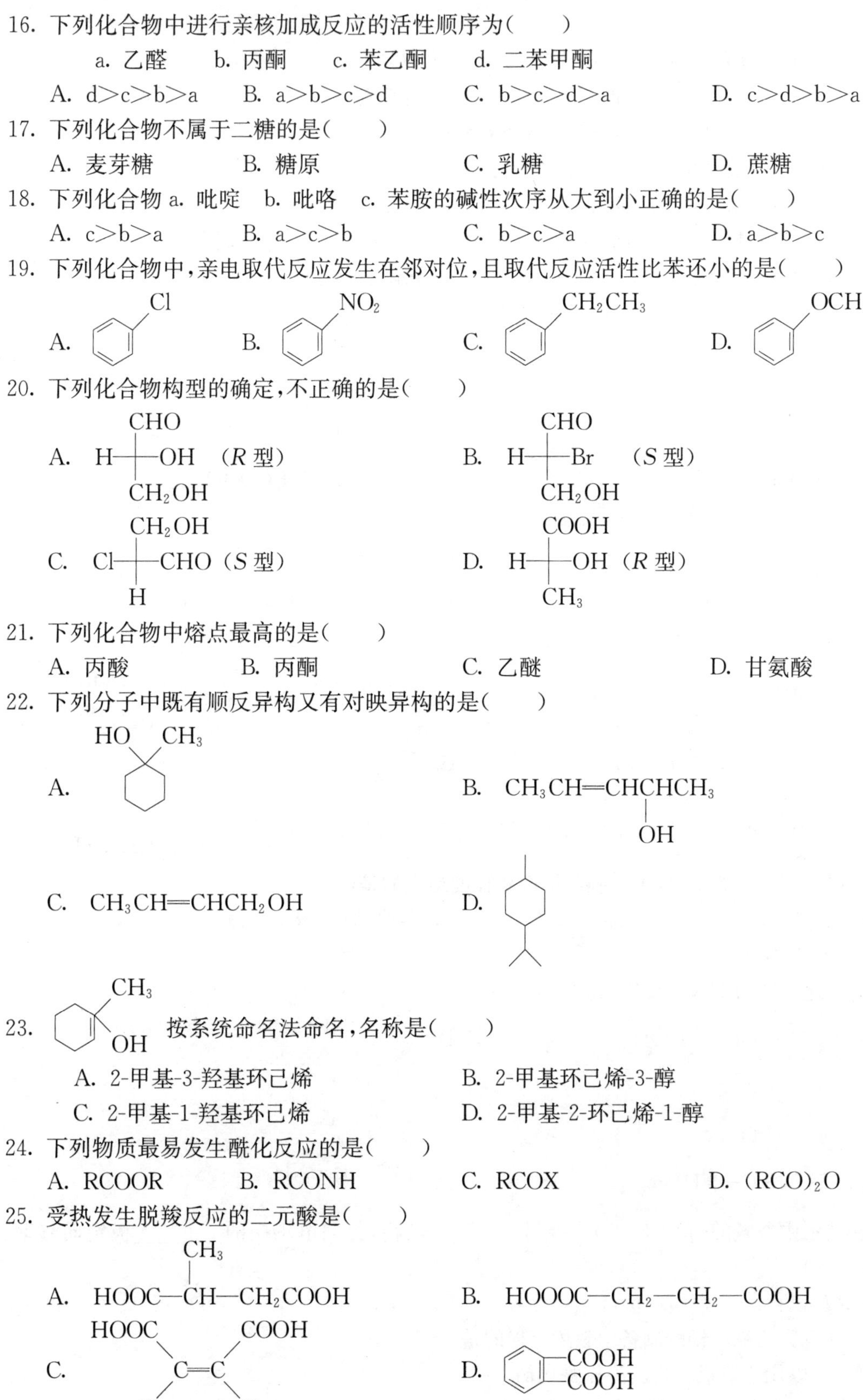

A. (Cl 取代苯)　B. (NO_2 取代苯)　C. (CH_2CH_3 取代苯)　D. (OCH_3 取代苯)

20. 下列化合物构型的确定,不正确的是(　　)

A. Fischer 投影式：上 CHO，左 H，右 OH，下 CH_2OH　(*R* 型)

B. Fischer 投影式：上 CHO，左 H，右 Br，下 CH_2OH　(*S* 型)

C. Fischer 投影式：上 CH_2OH，左 Cl，右 CHO，下 H　(*S* 型)

D. Fischer 投影式：上 COOH，左 H，右 OH，下 CH_3　(*R* 型)

21. 下列化合物中熔点最高的是(　　)

A. 丙酸　B. 丙酮　C. 乙醚　D. 甘氨酸

22. 下列分子中既有顺反异构又有对映异构的是(　　)

A. (1-甲基环己醇：HO、CH_3)　B. $CH_3CH{=}CHCHCH_3$ (OH 连于第四个碳)

C. $CH_3CH{=}CHCH_2OH$　D. (1-甲基-4-异丙基环己烷)

23. (2-甲基环己烯醇结构：CH_3、OH) 按系统命名法命名,名称是(　　)

A. 2-甲基-3-羟基环己烯　B. 2-甲基环己烯-3-醇

C. 2-甲基-1-羟基环己烯　D. 2-甲基-2-环己烯-1-醇

24. 下列物质最易发生酰化反应的是(　　)

A. RCOOR　B. RCONH　C. RCOX　D. $(RCO)_2O$

25. 受热发生脱羧反应的二元酸是(　　)

A. HOOC—CH(CH_3)—CH_2COOH　B. HOOOC—CH_2—CH_2—COOH

C. (顺丁烯二酸：HOOC、COOH 位于 C=C 同侧，H、H)　D. (邻苯二甲酸：COOH、COOH)

26. 下列二糖不具有还原性的是(　　)

A. 蔗糖　　B. 乳糖　　C. 麦芽糖　　D. 纤维二糖

27. 硫醇的特性基团称为巯基,下列描述不正确的是(　　)

A. 硫醇因不能与水形成氢键,故在水中溶解度较小

B. 乙硫醇的相对分子质量比乙醇大,因此沸点比乙醇高

C. 体内某些酶含有巯基,能与重金属离子结合使酶失去活性而引起中毒

D. 硫醇与二硫化物的相互转化是体内重要的氧化还原过程

28. 下列羧酸或取代羧酸中,酸性最强的是(　　)

A. $CH_3-\overset{O}{\overset{\|}{C}}-COOH$　　B. $CH_3-\overset{OH}{\overset{|}{C}H}-COOH$

C. CH_3CH_2COOH　　D. $CH_3-\overset{O}{\overset{\|}{C}}-CH_2COOH$

29. 下列化合物中,烯醇型含量最高的是(　　)

A. $CH_3COCH_2CH_3$　　B. $CH_2COCH_2COOCH_2CH_3$

C. $C_6H_5-COCH_2COCH_3$　　D. $CHM2COCH_2CH_2COCH_3$

30. 与D-葡萄糖互为 C_4 差向异构体的是(　　)

A. CHO / CH₂OH Fischer 投影式　　B. CHO / CH₂OH Fischer 投影式　　C. CHO / CH₂OH Fischer 投影式　　D. CH_2OH, C=O / CH_2OH Fischer 投影式

31. 根据下列油脂的碘值,可以确定不饱和程度最大的是(　　)

A. 猪油 46～66　　B. 桐油 160～180

C. 牛油 31～47　　D. 豆油 120～136

32. 下列化合物与 HNO_2 反应,无 N_2 放出的是(　　)

A. $CH_3-\underset{NH_2}{\underset{|}{C}H}-COOH$　　B. $C_6H_5-NH-CH_3$

C. $H_2N-\overset{O}{\overset{\|}{C}}-NH_2$　　D. $C_6H_5-\overset{O}{\overset{\|}{C}}-NH_2$

33. 在纯水中谷氨酸(pI=3.22)主要带________电荷,并向电场中的________极定向移动。(　　)

A. 负,负　　B. 负,正　　C. 正,正　　D. 正,负

34. 下列有关乙酰水杨酸制备中叙述错误的是(　　)

A. 可以用乙酰氯代替乙酐作酰化剂

B. 反应中需要加入几滴浓硫酸或磷酸

C. 制备时锥形瓶必须干燥

D. 反应后加入 $FeCl_3$ 显紫色，说明生成了乙酰水杨酸

35. 下列结构中不具芳香性的是（　　）

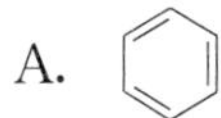　　B. 　　C. 　　D.

36. 下列有关苯的描述不正确的是（　　）

A. 苯环上的 π 电子是离域运动的

B. 苯由于电子云密度分布完全平均化，体系很稳定，难氧化和加成而易取代

C. 苯环侧链的卤代与烷烃卤代为同种反应类型

D. 苯环上的卤原子是邻对位定位基，它会使苯环活化

37. 有机化合物的异构现象普遍存在，下列有关异构现象的描述不正确的是（　　）

A. 分子组成相同，但结构不同，化合物的性质也不同

B. 顺反异构是由于键的旋转受到限制而导致原子在空间有不同的排布而引起的异构

C. 甲基环己烷中，甲基处于 e 键的椅式构象是优势构象

D. 由于环也限制键的旋转，因此苯环上若连有两个取代基时则有顺和反两种异构体

38. 丙胺、异丙胺、三甲胺互为异构体，下列叙述不正确的是（　　）

A. 由于三甲胺为叔胺，不能形成分子间氢键，故其沸点最低

B. 正丙胺为伯胺，加入亚硝酸有 N_2 放出

C. 异丙胺为仲胺，加入亚硝酸有黄色油状物生成

D. 这三种胺与盐酸反应均生成易溶于水的胺盐

39. 下列关于高级脂肪酸的描述不正确的是（　　）

A. 常为 14～20 个偶数碳原子的长链一元脂肪酸

B. 天然存在的不饱和脂肪酸中双键大多为反式构型

C. 构成油脂的高级脂肪酸的不饱和程度越大，油脂熔点越低

D. 人体自身不能合成，只能从食物中获得的高级脂肪酸称为必需脂肪酸

40. 下列物质能与茚三酮发生显色反应的是（　　）

A. 尿素　　B. 丙氨酸　　C. 缩二脲　　D. 水杨酸

三、完成下列反应方程式（共 15 题，每题 1 分，共 15 分）

1. $CH_3CH_2\underset{\underset{Br}{|}}{C}HCH_3 + NaOH \xrightarrow[\triangle]{乙醇}$

2. $CH_3CH_2CH{=}CH_2 + HBr \xrightarrow{过氧化物}$

3. CH_3 (甲苯) $+ Cl_2 \xrightarrow[\triangle]{Fe}$

4. $\xrightarrow{KMnO_4/H^+}$

5. 3,4,5-三羟基苯甲酸 $\xrightarrow{\triangle}$

6. 3-氧代环己烷甲酸 $\xrightarrow{微热}$

7. $H_2N-CO-NH_2 + HNO_2 \longrightarrow$

8. $CH_3OCH_2CH_3 + HI$(浓)$\longrightarrow$

9. 环戊酮 $+ HCN \xrightarrow{\bar{O}H}$

10. CHO / H—OH / H—OH / HO—H / HO—H / CH_2OH $\xrightarrow{稀\ HNO_3}$

11. 2-羟基环己烷甲酸 $\xrightarrow{\triangle}$

12. γ-丁内酯 $+ H_2O \xrightarrow{NaOH}$

13. 3-甲基吡啶 $+ KMnO_4 \xrightarrow{\triangle}$

14. CH_3NH_2 + 丁二酸酐 $\longrightarrow$

15. $CH_3CONH-C_6H_4-Br + H_2O \xrightarrow{KOH}$

四、用简单的化学方法区别下列各组化合物(共 4 题,每题 2.5 分,共 10 分)

1. a. 草酸 1,4-丁二酸 b. 2-甲氧基苯甲酸 2-羟基苯甲酸

2. 邻甲苯胺 *N*-甲基苯胺 苯甲酸 邻羟基苯甲酸

3. 对甲基苯甲酸 对羟基苯乙酮 2-乙烯基对苯二酚

4. 三甲胺盐酸盐 溴化四乙基铵

五、合成题(共 2 题,每题 5 分,共 10 分)

1. 只由环丙烷为有机原料,采用必要试剂合成 $CH_3CH_2CH_2CH(CH_3)_2$。

2. 由萘和不超过 2 个碳的有机分子及必要试剂合成 (1-硝基-4-乙酰基萘:萘环上 NO_2 与 $COCH_3$ 处于对位) 。

六、推断题(共 1 题,每题 5 分,共 5 分)

某化合物 A($C_{10}H_{12}O_3$)不溶于水、稀 HCl 溶液和稀 $NaHCO_3$ 溶液;但它能溶于稀 NaOH 溶液,将 A 的稀 NaOH 溶液煮沸蒸馏。收集馏出液于 NaOI 溶液中,有黄色沉淀生成。将蒸馏瓶中的残液酸化后过滤出来,B 具有 $C_7H_6O_3$ 的分子式,它溶于 $NaHCO_3$ 水溶液,溶解时释放出气体,且 B 是合成药物阿司匹林的原料。试写出 A、B 的结构式。

参考答案

一、填空题(共 12 题,每空 1 分,共 20 分)

1. 诱导效应;共轭效应
2. 椅式构象
3. 亲电取代;自由基取代
4. 平面闭合;$4n+2$ 个
5. 3
6. (Fischer 投影式:COOH 在上,H—C—OH,CH_2COOH 在下);脱水;(HOOC(H)C=C(H)COOH,反式)
7. 乙胺>氨>吡啶>苯胺>吡咯
8. 缩二脲;肽键
9. 顺式;3α
10. 3>1>2;
11. 变旋光现象;(哈沃斯式:CH_2OH,环上 OH、HO,下方 OH、OH)
12. 不一定

二、选择题(共 40 题,每题 1 分,共 40 分)

1.B 2.B 3.A 4.B 5.C 6.B 7.B 8.A 9.A 10.B 11.B 12.B 13.D 14.C 15.C 16.B 17.B 18.B 19.A 20.B 21.A 22.B 23.D 24.C 25.A 26.A 27.B 28.A 29.C 30.A 31.B 32.B 33.B 34.D 35.D 36.D 37.D 38.C 39.B 40.B

三、完成下列反应方程式(共 15 题,每题 1 分,共 15 分)

1. (2-丁烯键线式)
2. $CH_3CH_2CH_2CH_2Br$
3. (邻氯甲苯:CH_3、Cl)+(对氯甲苯:CH_3、Cl)

4. 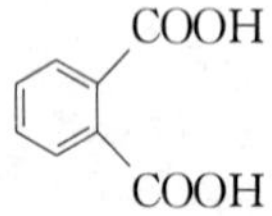 COOH COOH

5. 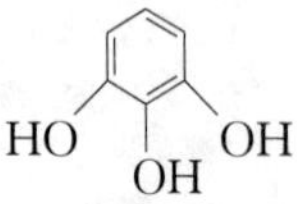 HO OH OH

6. 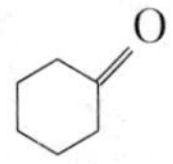 O

7. $N_2+CO_2+H_2O$

8. $CH_3I+CH_3CH_2OH$

9. 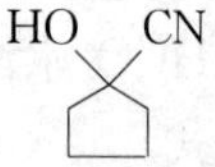 HO CN

10. 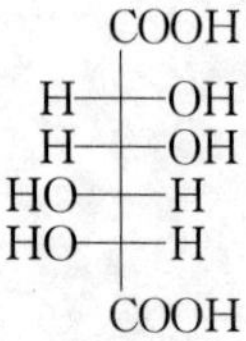
COOH
H—OH
H—OH
HO—H
HO—H
COOH

11. 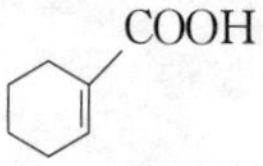 COOH

12. $HOCH_2CH_2CH_2COOH$ 或钠盐($HOCH_2CH_2CH_2COONa$)

13. 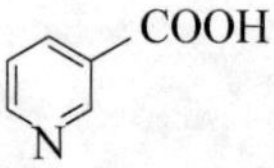 COOH N

14. $HOOCCH_2CH_2CONHCH_3$ 或双酰胺产物

15. 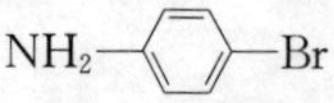 NH_2—⟨苯环⟩—Br

四、用简单的化学方法区别下列各组化合物(共4题,每题2.5分,共10分)

1. a. $KMnO_4$ b. $FeCl_3$

2. 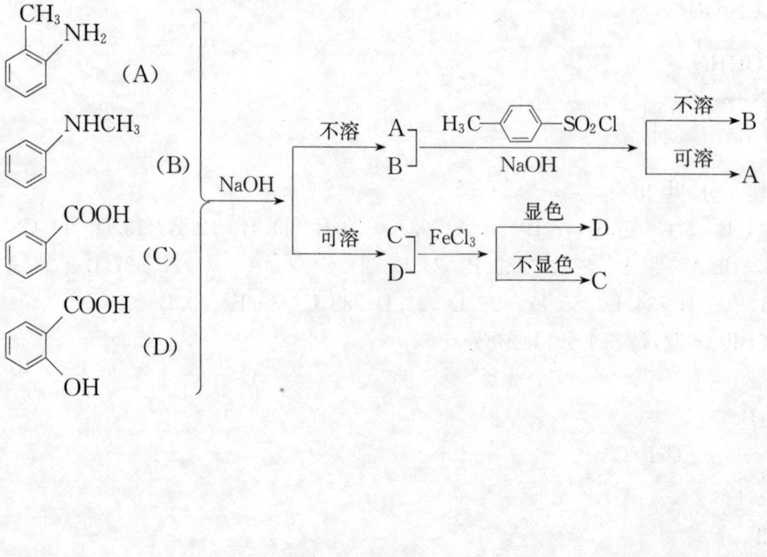
CH_3 NH_2 (A)
$NHCH_3$ (B)
COOH (C)
COOH OH (D)

NaOH
不溶 A B —— H_3C—⟨苯环⟩—SO_2Cl / NaOH —— 不溶 → B；可溶 → A
可溶 C D —— $FeCl_3$ —— 显色 → D；不显色 → C

3. 对甲基苯甲酸、对羟基苯乙酮（OH 与 $COCH_3$ 对位取代）、2-乙基-4-甲基苯甲酸 $\xrightarrow{FeCl_3}$ (−)、(+)、(+)；两个 (+) $\xrightarrow{I_2,NaOH}$ (+)、(−)

4. $(CH_3)_3N,HCl$ (A)　$(CH_3CH_2)_4N^+Br^-$ (B) $\xrightarrow{AgNO_3}$ AgCl↓白 → A；AgBr↓黄 → B（或者用 NaOH —— A 分层，B 均相）

五、合成题(共 2 题,每题 5 分,共 10 分)

1.

环丙烷 $\xrightarrow{HBr}$ $CH_3CH_2CH_2Br$ $\xrightarrow{EtOH/EtONa}$ $CH_3CH{=}CH_2$ $\xrightarrow{HBr}$ $(CH_3)_2CHBr$ $\xrightarrow{Mg/Et_2O}$ $(CH_3)_2CHMgBr$ $\xrightarrow[Cu^+]{CH_3CH_2CH_2Br}$ $(CH_3)_2CHCH_2CH_2CH_3$

2. 萘 $\xrightarrow[AlCl_3]{CH_3CH_2Cl}$ 1-CH_2CH_3-萘 $\xrightarrow[H_2SO_4]{HNO_3}$ 1-CH_2CH_3-4-NO_2-萘 $\xrightarrow[h\nu]{NBS}$ 1-$CHBrCH_3$-4-NO_2-萘

$\xrightarrow{NaOH/H_2O}$ 1-$CH(OH)CH_3$-4-NO_2-萘 $\xrightarrow{MnO_2}$ 1-$COCH_3$-4-NO_2-萘

六、推断题(共 1 题,每题 5 分,共 5 分)

1. A. 邻羟基苯甲酸异丙酯（OH，$COOCH(CH_3)_2$）　B. 邻羟基苯甲酸（OH，COOH）

综合测试题(六)

一、选择题(共 20 题,每题 1 分,共 20 分)

1. 下列碳正离子中最稳定的是(　　)

A. $H_3CH_2CHC{=}CH{-}\overset{+}{C}H_2$　　B. $H_2C{=}CH{-}CH_2{-}\overset{+}{C}H_2$

C. $H_3C{-}\overset{+}{C}H{-}CH_2CH_2CH_3$　　D. $C_2H_5{-}CH_2{-}\overset{+}{C}H_2$

2. 顺-1-甲基-2-异丙基环己烷最稳定的构象是(　　)

A. 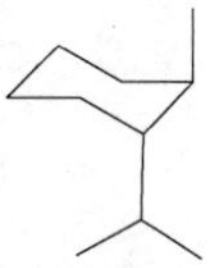　　B. 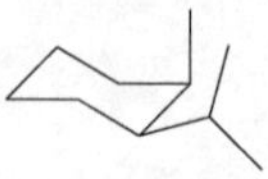　　C. 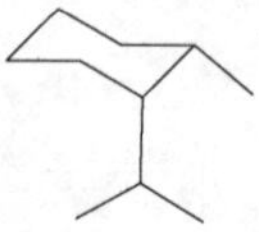　　D.

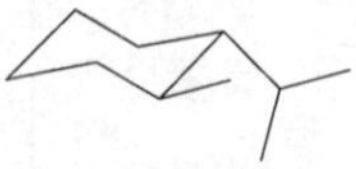

3. 下列物质不能使 $KMnO_4$ 溶液褪色的是(　　)

A. 乙烯　　B. 甲苯　　C. 乙苯　　D. CH_3COOH

4. $(CH_3CH_2)_2CHCH_3$ 的正确命名是(　　)

A. 3-甲基戊烷　　B. 2-甲基戊烷　　C. 2-乙基丁烷　　D. 3-乙基丁烷

5. 能用来鉴别乙醇、乙酸溶液、葡萄糖溶液、苯四种无色溶液的一种试剂是(　　)

A. 金属钠　　B. 溴水

C. 新制的 $Cu(OH)_2$ 悬浊液　　D. 氢氧化钠溶液

6. 我国化学家黄鸣龙改良了(　　)过程

A. 克莱门森还原法　　B. 凯西纳-沃尔夫反应

C. 雷尼镍脱硫反应　　D. 频哪醇重排反应

7. 下列化合物碱性相对最强的是(　　)

A. 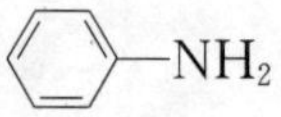 —NH_2　　B. 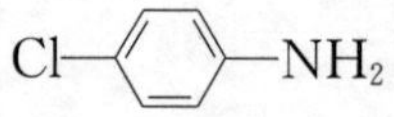 Cl— —NH_2

C.  O_2N— —NH_2　　D.  H_3C— —NH_2

8. 下列化合物酸性大小排序正确的是(　　)

(1)乙炔　(2) 乙醇　(3) 乙酸　(4) 苯酚

A. 3>4>2>1　　B. 3>2>4>1　　C. 4>3>2>1　　D. 3>4>1>2

9. 下列化合物不能发生碘仿反应的是(　　)

A. 乙醇　　B. 丙酮　　C. 丙醛　　D. 丁酮

10. 下列糖属于非还原糖的是(　　)

A. 乳糖　　B. 麦芽糖　　C. 蔗糖　　D. 纤维二糖

11. 下列化合物能与托伦试剂产生银镜的是(　　)

A. CCl_3COOH　　B. CH_3COOH　　C. $CH_2ClCOOH$　　D. HCOOH

12. 下列烯烃和水反应能得到伯醇的是(　　)

A. 乙烯　　B. 丙烯　　C. 2-甲基丙烯　　D. 1,3-丁二烯

13. 下列说法错误的是(　　)

A. 福尔马林溶液中含有甲醛　　B. 木板中含有甲醛

C. 棉纺织工艺中含有甲醛　　D. 自来水中含有甲醛

14. 常作为水果催熟剂的是(　　)

A. 苯酚　　B. 乙烯　　C. 乙醛　　D. 甲烷

15. 威廉姆逊合成法主要用于合成(　　)

A. 混合醚　　B. 氯代烃　　C. 醇类化合物　　D. 酚类化合物

16. 下列物质中,与卢卡斯试剂反应最快的(　　)

A. 丙醇　　B. 丁醇　　C. 异丙醇　　D. 叔丁醇

17. 下列化合物沸点最高的是(　　)

A. 对苯二酚　　B. 甲苯　　C. 苯酚　　D. 苯甲醚

18. 下列物质中最容易发生硝化反应的是(　　)

A. 甲苯　　B. 硝基苯　　C. 氯苯　　D. 苯酚

19. 下列基团是间位定位基团的是(　　)

A. 乙酯基　　B. 乙酰基　　C. 甲氧基　　D. 氨基

20. 下列化合物不是人体必需的八种氨基酸的是(　　)

A. 赖氨酸　　B. 蛋氨酸　　C. 异亮氨酸　　D. 丝氨酸

二、完成下列反应方程式(共 15 题,每题 1 分,共 15 分)

1.  (1-butene skeletal) + HBr ⟶

2. 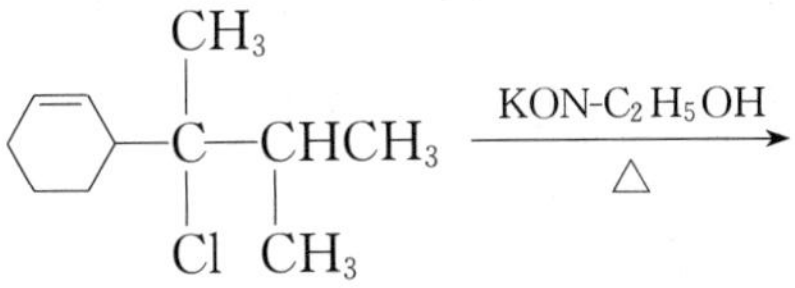 (cyclohexenyl)–C(CH_3)(Cl)–$CHCH_3$(–CH_3) $\xrightarrow[\triangle]{KON\text{-}C_2H_5OH}$

3. (cyclohexane with COOH and OH) $\xrightarrow[\triangle]{}$

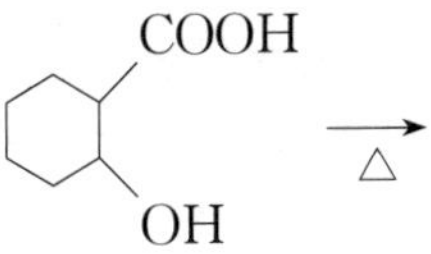

4. 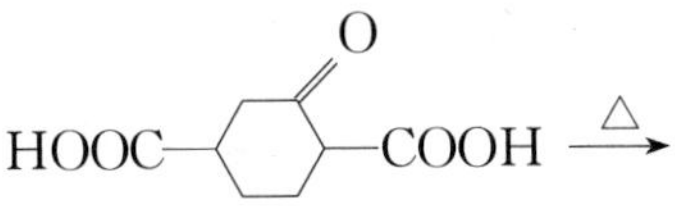 HOOC–(cyclohexanone)–COOH $\xrightarrow{\triangle}$

5. 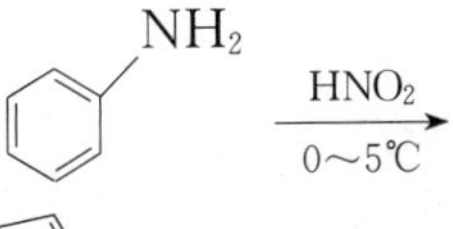 (aniline, NH_2) $\xrightarrow[0\sim5℃]{HNO_2}$

6. 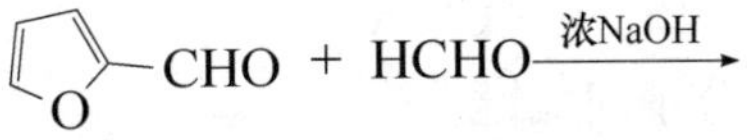 (furan)–CHO + HCHO $\xrightarrow{浓NaOH}$

7. 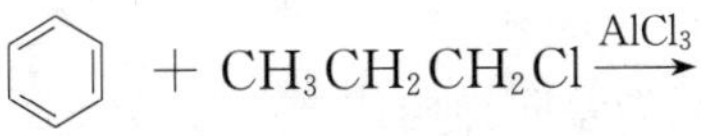 (benzene) + $CH_3CH_2CH_2Cl$ $\xrightarrow{AlCl_3}$

8. 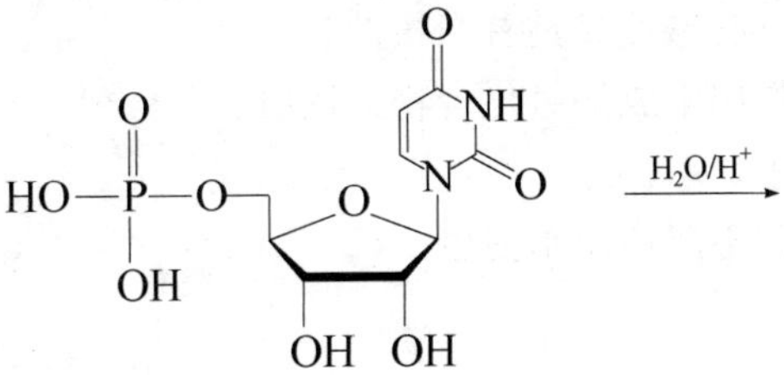 HO–P(=O)(OH)–O–CH_2–(ribose with OH, OH)–N(uracil: O, NH, O) $\xrightarrow{H_2O/H^+}$

9. $2CH_3CHO \xrightarrow{NaOH}$? $\xrightarrow[\triangle]{}$?

10. (邻-CH_2OH、CH_2SH 取代苯) + NaOH ⟶

11. OHC-(3,4-亚甲二氧基苯) $\xrightarrow[2)\ H^+]{1)\ KMnO_4/H_2O}$

12. (邻羟基苯甲酸，COOH、OH) + CH_3COCl ⟶

13. (亚甲基环戊烷 CH_2) + Br_2 ⟶

14. (PhCH$_2$CHClCH$_2$CH$_3$) $\xrightarrow{KOH}$(写出立体加成产物)

15. (对甲苯磺酸，CH_3、SO_3H) $\xrightarrow[Fe]{Br_2}$

三、用简单的化学方法区别下列各组化合物(共 3 题,每题 5 分,共 15 分)

1. 苯甲醚、邻甲基苯酚和苄醇。

2. 1,2-丙二醇、正丁醇、甲丙醚和环己烷。

3. 选用最合适的试剂 A、B 和 C,鉴别下列化合物。

苯甲醛、苯甲醇、苯甲醚、苯酚 $\xrightarrow{(A)}$ 苯甲醛：试管内壁出现银镜；苯甲醇、苯甲醚、苯酚：不反应 $\xrightarrow{(B)}$ 苯甲醇、苯甲醚：不反应；苯酚：变成紫黑色溶液；苯甲醇、苯甲醚 $\xrightarrow{(C)}$ 苯甲醇：放出氢气；苯甲醚：不反应

四、判断题(共 10 题,每题 1 分,共 10 分)

1. 卤代烃的亲核取代反应和消除反应是一对竞争性反应。(　　)

2. S_N1 反应的产物发生外消旋化,并常会伴有重排产物。(　　)

3. 亲核取代反应碳卤键断裂由难到易为 C—I>C—Br>C—Cl。(　　)

4. 醇的沸点比相应烷烃高的主要原因是醇能形成分子间氢键。(　　)

5. π 键能够自由旋转,所以双键具有顺反异构体。(　　)

6. 葡萄糖、果糖和甘露糖三者既为同分异构体,又互为差向异构体。(　　)

7. 胺分子中氮原子上的孤对电子使胺既具有碱性又具有亲核性。(　　)

8. 重氮化反应是重氮盐与酚类或芳胺类作用生成偶氮化合物的反应。(　　)

9. 含有手性碳原子的分子一定是手性分子。(　　)

10. 乙酰乙酸乙酯分子中无碳碳双键,因此不能使溴水褪色。(　　)

五、合成题(共 4 题,每题 5 分,共 20 分)

1. (乙醇 OH) ⟶ (丁酸 COOH)

2. 以苯为原料合成 O_2N—⟨苯环⟩—NH_2

3. 以丙二酸二乙酯和甲基乙烯基酮为原料合成化合物 A,其他试剂任选。

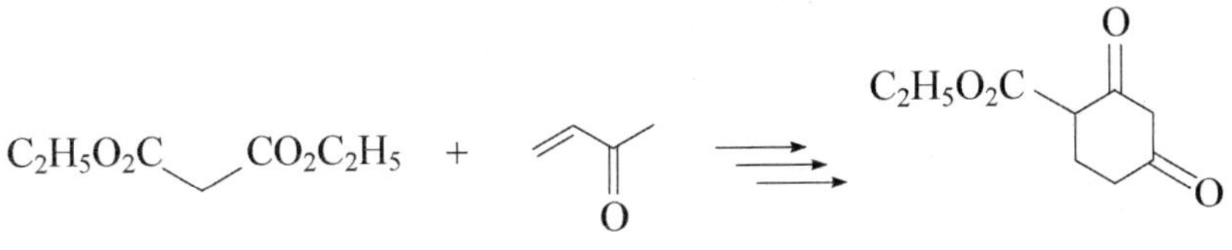

$C_2H_5O_2C$ $CO_2C_2H_5$ + O ⟶ $C_2H_5O_2C$ O O

A

4. 以己二酸为原料合成化合物 B,其他试剂任选。

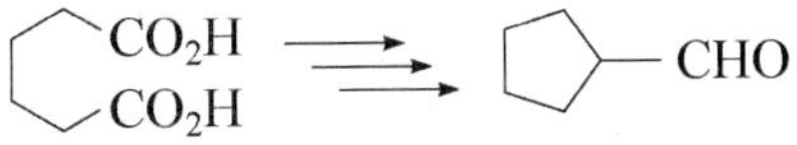

CO_2H CO_2H ⟶ CHO

B

六、推断题(共 2 题,每题 10 分,共 20 分)

1. 化合物 A(C_9H_{12})具有旋光活性,在室温下可使溴褪色,用 $KMnO_4$ 加热处理放出 CO_2 并生成 2-环己酮-1,4-二羧酸。

(1) 产物 2-环己酮-1,4-二羧酸是否具有旋光性?它有多少种立体异构?

(2) 写出 A 的可能结构。

2. 某化合物 A($C_{10}H_{12}O_2$),能溶于 NaOH 溶液,但不溶于 $NaHCO_3$ 溶液。当用苯甲酰氯处理时,生成化合物 B($C_{17}H_{16}O_3$)。若用 CH_3I 碱性溶液处理,得到化合物 C($C_{11}H_{14}O_2$),C 不溶于 NaOH 溶液,但能与 $KMnO_4$ 反应,并能使 Br_2/CCl_4 褪色。A 经 O_3 氧化及 Zn/H_2O 处理后,可得到 4-羟基-3-甲氧基苯甲醛。试写出 A、B 和 C 的结构式。

参考答案

一、选择题(共 20 题,每题 1 分,共 20 分)

1. A 2. B 3. D 4. A 5. C 6. B 7. D 8. A 9. C 10. C 11. D 12. A 13. D 14. B 15. A 16. D 17. A 18. D 19. B 20. D

二、完成下列反应方程式(共 15 题,每题 1 分,共 15 分)

1. $H_3C—CH(Br)—CH_2—CH_3$　　2. 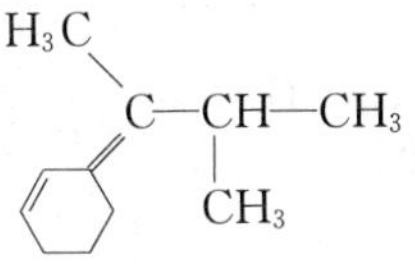 H_3C C—CH—CH_3 CH_3　　3. COOH

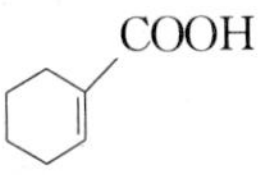

4. 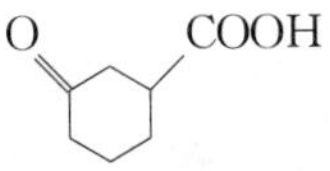 O COOH　　5. 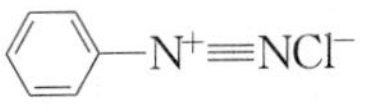 ⟨苯环⟩—$N^+≡NCl^-$

6. 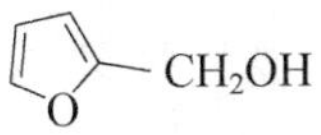 ⟨呋喃环⟩—CH_2OH + HCOONa　　7. 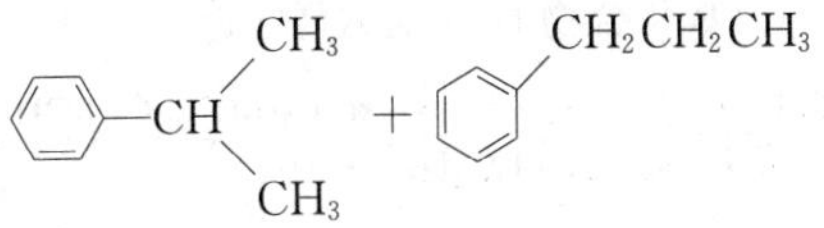 ⟨苯环⟩—$CH(CH_3)_2$ + ⟨苯环⟩—$CH_2CH_2CH_3$

8. 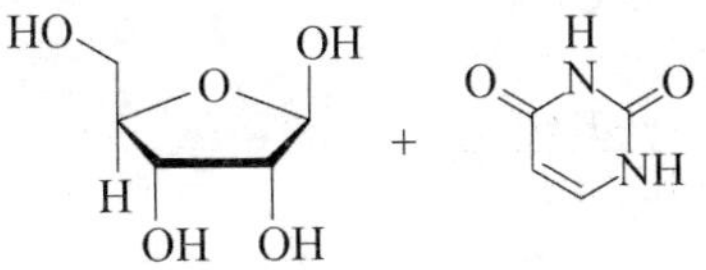 HO O OH H OH OH + O N H O NH + H_3PO_4

9. $H_3C-CH(OH)-CH_2CHO$ $CH_3CH=CH-CH_2OH$

10. （邻位 CH_2OH、CH_2SNa 取代苯） 11. （3,4-二羟基苯甲酸：HOOC、OH、OH 取代苯） + HCHO

12. （邻乙酰氧基苯甲酸：COOH、$O-C(=O)CH_3$） 13. （1,2-二溴-1-甲基环戊烷：Br、CH_3、Br） (±)

14. （苯基-1-丁烯） 15. （CH_3、Br、SO_3H 取代苯）

三、用简单的化学方法区别下列各组化合物(共3题,每题5分,共15分)

1. 第一步:先加入三氯化铁,苯甲醚和苄醇没有现象,邻甲基苯酚显色。第二步:加入金属钠,有气泡的是苄醇。

2. 第一步:先加入新制的氢氧化铜溶液,1,2-丙二醇显蓝色。第二步:加入金属钠,冒气泡的是正丁醇。第三步:加入浓硫酸,不分层是甲丙醚,分层的是环己烷。

3. A. $AgNO_3$的氨水溶液;B. $FeCl_3$水溶液;C. 金属钠。

四、判断题(共10题,每题1分,共10分)

1.√ 2.× 3.× 4.√ 5.× 6.× 7.√ 8.√ 9.× 10.×

五、合成题(共4题,每题5分,共20分)

1. （乙醇）OH $\xrightarrow{HBr}$ $\xrightarrow[Et_2O]{Mg}$ （乙基）MgBr $\xrightarrow{环氧乙烷}$ $\xrightarrow[H^+]{KMnO_4}$ （丁酸）COOH

2. （苯） $\xrightarrow{HNO_3/H_2SO_4}$ （苯基）$-NO_2$ $\xrightarrow{Fe,HCl}$ （苯基）$-NH_2$ $\xrightarrow{CH_3COCl}$ （乙酰苯胺）NH

$\xrightarrow{HNO_3/H_2SO_4}$ O_2N-（对硝基乙酰苯胺）NH $\xrightarrow{H^+/H_2O}$ $O_2N-C_6H_4-NH_2$

3. 以丙二酸二乙酯和甲基乙烯基酮为原料合成化合物A,其他试剂任选。

$C_2H_5O_2C\ CH_2\ CO_2C_2H_5$ + （甲基乙烯基酮）O $\xrightarrow[-10℃]{C_2H_5ONa-C_2H_5OH}$

$(C_2H_5O_2C)_2CH-CH_2CH_2COCH_3$ $\xrightarrow{C_2H_5ONa}$ （1,3-环己二酮-4-甲酸乙酯）$CO_2C_2H_5$

A

4. 以己二酸为原料合成化合物B,其他试剂任选。

（己二酸）CO_2H / CO_2H $\xrightarrow[b.\ C_2H_5OH]{a.\ SOCl_2}$ $CO_2C_2H_5$ / $CO_2C_2H_5$ $\xrightarrow[b.\ H^+]{a.\ C_2H_5ONa-C_2H_5OH}$ （2-氧代环戊烷甲酸酯）=O, $CO_2C_2H_2$

$\xrightarrow[b.\ H^+/加热]{a.\ 稀NaOH}$ （环戊酮）=O $\xrightarrow[t\text{-}BuOK]{ClCH_2CO_2C_2H_5}$ （螺环环氧化合物）$CO_2C_2H_2$ $\xrightarrow[b.\ H^+]{a.\ OH\text{-}/H_2O}$ B

六、推断题(共 2 题,每题 10 分,共 20 分)

1.(1) 有旋光活性,4 种立体异构。(2)

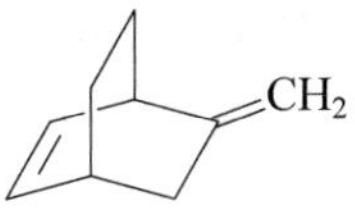

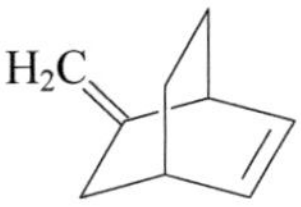

CH_2 H_2C

2. A. 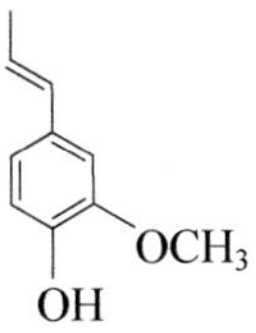 OCH_3 OH　B. 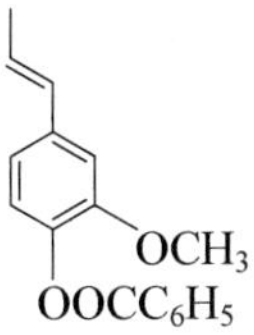 OCH_3 $OOCC_6H_5$　C. 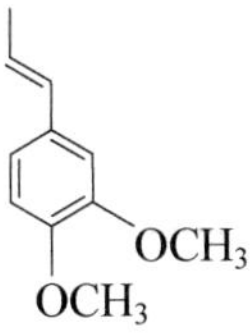 OCH_3 OCH_3

(张　强　李明华)